Mario Franz

Projektmanagement mit SAP Projektsystem

Customizing, Integration und Anwendung von SAP PS

Galileo Press

Bonn • Boston

Liebe Leserin, lieber Leser,

vielen Dank, dass Sie sich für ein Buch von SAP PRESS entschieden haben.

»If you fail to plan, you plan to fail«, lautet ein bekanntes Sprichwort, das einen zentralen Aspekt des Projektmanagements in den Blick nimmt. Doch nicht nur eine durchdachte Ressourcen- und Terminplanung ist ein maßgeblicher Erfolgsfaktor im Projektmanagement: Daneben gilt es, ein Budget zu erstellen – und es auch einzuhalten – und den gesamten Prozess der Projektdurchführung bis zur Zielgeraden zu begleiten. Je komplexer ein Projekt ist, desto größer wird die Herausforderung. Das SAP Projektsystem antwortet auf diese Herausforderungen, indem es alle Phasen unterschiedlichster Projekttypen unterstützt.

Mit diesem Buch möchten wir Sie auf Ihrem Weg zum Projekterfolg mit SAP PS begleiten. Hier finden Sie zum einen Informationen zu den Funktionen und Integrationsmöglichkeiten des Projektsystems, zum anderen lernen Sie, welche Einstellungen im Customizing des Projektsystems vorzunehmen sind. Ich bin mir sicher, dass Sie mit diesem Buch die Möglichkeiten von SAP PS voll ausschöpfen werden.

Jedes unserer Bücher will Sie überzeugen. Damit uns das immer wieder gelingt, sind wir auf Ihre Rückmeldung angewiesen. Kritik oder Zuspruch hilft uns bei der Arbeit an weiteren Auflagen. Ich freue mich deshalb, wenn Sie sich mit Ihren kritischen Anmerkungen oder Ihrem Lob an mich wenden.

Ihre Eva Tripp
Lektorat SAP PRESS

Galileo Press
Rheinwerkallee 4
53227 Bonn

eva.tripp@galileo-press.de
www.sap-press.de

Auf einen Blick

Der Name Galileo Press geht auf den italienischen Mathematiker und Philosophen Galileo Galilei (1564–1642) zurück. Er gilt als Gründungsfigur der neuzeitlichen Wissenschaft und wurde berühmt als Verfechter des modernen, heliozentrischen Weltbilds. Legendär ist sein Ausspruch *Eppur se muove* (Und sie bewegt sich doch). Das Emblem von Galileo Press ist der Jupiter, umkreist von den vier Galileischen Monden. Galilei entdeckte die nach ihm benannten Monde 1610.

Gerne stehen wir Ihnen mit Rat und Tat zur Seite:
eva.tripp@galileo-press.de bei Fragen und Anmerkungen zum Inhalt des Buches
service@galileo-press.de für versandkostenfreie Bestellungen und Reklamationen
thomas.losch@galileo-press.de für Rezensionsexemplare

Lektorat Eva Tripp
Korrektorat Alexandra Müller, Olfen
Einbandgestaltung Silke Braun
Typografie und Layout Vera Brauner
Herstellung Steffi Ehrentraut
Satz DREI-SATZ, Husby
Druck und Bindung Bercker Graphischer Betrieb, Kevelaer

Bibliografische Information der Deutschen Bibliothek
Die Deutsche Bibliothek verzeichnet diese Publikation in der Deutschen Nationalbibliografie; detaillierte bibliografische Daten sind im Internet über http://dnb.ddb.de abrufbar.

ISBN 978-3-89842-818-7

© Galileo Press, Bonn 2007
1. Auflage 2007

Inhalt

Das Einführungskapitel behandelt die Zielsetzung dieses Buches und gibt Ihnen einen Überblick über die Inhalte der einzelnen Kapitel.

1 Einführung

Aufgrund der Anforderung, Vorhaben in immer kürzer werdenden Zeiträumen unter stetig wachsendem Kostendruck erfolgreich zu realisieren, gewinnen Projektmanagement-Methoden und -Werkzeuge in der Industrie, aber auch im öffentlichen Bereich zunehmend an Bedeutung. Die Palette reicht dabei von kleineren Kosten- und Investitionsvorhaben über Entwicklungs- oder Instandhaltungsprojekte bis hin zu Großprojekten im Anlagen- und Maschinenbau.

Auf dem Markt findet man eine Fülle an Projektmanagement-Software, die Projektleiter bei der Planung und Durchführung ihrer Projekte unterstützen können. Viele Unternehmen setzen für einzelne Aspekte der Projektplanung oder -durchführung zusätzlich auch selbst entwickelte Programme ein. Nur wenige Projektmanagement-Werkzeuge sind jedoch in der Lage, den gesamten Projektlebenszyklus vollständig und durchgängig abzubilden. Mangelnde Integrationsmöglichkeiten führen außerdem oft dazu, dass Projektdaten, wie z. B. Kosteninformationen oder Zeitdaten, mehrfach erfasst werden müssen. Die gleichzeitige Verfügbarkeit aller aktuellen projektrelevanten Daten und Dokumente für das Projektmanagement ist daher bei den meisten Projektmanagement-Werkzeugen nur bedingt gegeben.

Um diese Probleme zu vermeiden, verwenden gerade Unternehmen, die bereits ein SAP-ERP-System[1], also z. B. ein R/3-, ein Enterprise- oder ECC-System[2], einsetzen, zunehmend das SAP Projektsystem für das Management ihrer Projekte und profitieren somit von den festen Integrationen des Projektsystems mit dem Rechnungswesen,

---

1 ERP = Enterprise Resource Planning.
2 ECC = ERP Core Component.

der Materialwirtschaft, dem Vertrieb, der Produktion, dem Personalwesen usw. Seit den Anfängen des Projektsystems als RKP (Realtime-Kostenrechnung-Projekte) im R/2-System sind der Funktionsumfang des Projektsystems und auch die zur Verfügung stehenden Integrationsmöglichkeiten stetig angewachsen. Dabei sind die Erfahrungen und Anforderungen von Unternehmen aus den unterschiedlichsten Branchen in die Entwicklung des Projektsystems eingeflossen.

Da das Projektsystem Funktionen für das Management praktisch aller Projekttypen – und je nach Anforderung oft sogar in unterschiedlichen Formen – bietet, verwenden die meisten Unternehmen, die das Projektsystem einsetzen, nur einen geringen Teil der zur Verfügung stehenden Funktionen. Häufig setzen Unternehmen zunächst nur wenige Werkzeuge des Projektsystems, z.B. für das Kosten-Controlling ihrer Vorhaben, ein und greifen dann nach und nach auf weitere Möglichkeiten des Projektsystems zurück.

Zielsetzung des Buches
Ziel dieses Buches ist es, die wesentlichen Funktionen und Integrationsszenarien des Projektsystems zu erläutern. Dazu werden zum einen Geschäftsprozesse erörtert, die mithilfe des Projektsystems abgebildet werden können, zum anderen die notwendigen Einstellungen behandelt, die dazu in den Projekten, insbesondere jedoch auch im Customizing des Projektsystems, vorgenommen werden müssen. Verweise auf Kundenerweiterungen (User-Exits) und Business Add-Ins (BAdIs) oder auch auf Modifikationshinweise zeigen weitere Anpassungsmöglichkeiten des Projektsystems auf. Der Inhalt des Buches bezieht sich auf das Release SAP ECC 6.0. Die meisten Funktionen stehen jedoch bereits auch in früheren Releaseständen zur Verfügung, so dass das Buch auch für Leser geeignet ist, die z.B. Release SAP R/3 4.6 oder ein Enterprise-Release einsetzen. Auf Funktionen, die ab dem Enterprise-Release hinzugekommen sind, wird explizit im Text hingewiesen.

Der Funktionsumfang des Projektsystems ist projekttyp- und branchenübergreifend. Dieses Buch beschreibt daher die Funktionen des Projektsystems in möglichst allgemeiner Form, ohne sich auf spezielle Verwendungen des Projektsystems oder auf einzelne Projekttypen zu beschränken. Nichtsdestotrotz können oft nur explizite Beispiele und konkrete Bildschirmabgriffe Funktionen und Zusammenhänge deutlich machen. In diesen Fällen greift das Buch auf ein

IDES-Szenario[3], die Projektfertigung von Aufzügen, zurück. Leser, die die Möglichkeit besitzen, IDES-Daten zu verwenden, können so die angeführten Beispiele selbst an ihrem SAP-System nachvollziehen.

Aufgrund seiner Zielsetzung richtet sich dieses Buch zum einen an Leser, die detaillierte Kenntnisse zu den verschiedenen Einstellungsmöglichkeiten des Projektsystems benötigen, wie z.B. Berater oder Verantwortliche für die Implementierung des Projektsystems, bzw. ihre Kenntnisse erweitern oder auffrischen möchten, also z.B. Projektleiter, Mitarbeiter von Competence-Centern oder Key-User eines Unternehmens. Zum anderen richtet sich dieses Buch aber auch an Leser, die an einem Überblick über die Funktionen und Konzepte des Projektsystems interessiert sind, wie z.B. Entscheidungsträger eines Unternehmens, die die Einführung des Projektsystems erwägen.

Zielgruppe des Buches

Grundsätzlich setzt dieses Buch voraus, dass der Leser grundlegende betriebswirtschaftliche Kenntnisse besitzt sowie mit Methoden des Projektmanagements vertraut ist. Aufgrund seiner Integration mit den diversen anderen SAP-Komponenten sind für das Verständnis vieler Funktionen und Prozesse des Projektsystems zusätzlich auch Grundkenntnisse dieser SAP-Komponenten notwendig. So kennt das Projektsystem beispielsweise keine eigenen Organisationseinheiten, sondern verwendet stattdessen Organisationseinheiten des externen und internen Rechnungswesens, der Produktion, des Einkaufs, des Vertriebs usw. Eine ausführliche Erläuterung all dieser Organisationseinheiten bzw. der integrierten Komponenten würde den Rahmen dieses Buches sprengen. Leser mit bisher nur wenigen SAP-Kenntnissen sollten daher bei Bedarf das SAP-Glossar und die SAP-Bibliothek zu Hilfe nehmen, die im Internet unter *help.sap.com* frei verfügbar sind.

Der Aufbau des Buches orientiert sich weitestgehend an den einzelnen Phasen eines Projektmanagements mithilfe des Projektsystems. So behandelt das anschließende **Kapitel 2**, *Strukturen und Stammdaten*, zunächst, wie Sie Ihre Projekte mithilfe geeigneter Strukturen im SAP-System abbilden können. Diese Strukturen und ihre Stammdaten bilden die Basis für alle weiteren Planungs- und Realisierungs-

Aufbau des Buches

---

3 IDES = Internet Demo and Evaluation System.

schritte. Bei der Strukturierung stellen Sie bereits mithilfe von Profilen und steuernden Kennzeichen die Weichen für die weiteren Planungs- und Realisierungsfunktionen. Leser, die dieses Buch als eine erste Einführung in das Projektmanagement mit dem Projektsystem nutzen wollen, sollten daher die in Kapitel 2 behandelten Details zu diesen Profilen und Kennzeichen beim ersten Lesen des Buches übergehen, um sich zunächst mithilfe der darauf folgenden Kapitel einen Überblick über die Planungs- und Realisierungsfunktionen des Projektsystems zu verschaffen.

Kapitel 3, *Planungsfunktionen*, beschäftigt sich mit den diversen Funktionen des Projektsystems, die Ihnen zur Planung der logistischen und der für das Rechnungswesen relevanten Aspekte Ihrer Projekte zur Verfügung stehen. Bei vielen Projekten, insbesondere z. B. bei Kosten- oder Investitionsprojekten, findet im Rahmen der Genehmigungsphase von Projekten eine Budgetierung statt. **Kapitel 4**, *Budget*, erläutert die dazu zur Verfügung stehenden Funktionen des Projektsystems. **Kapitel 5**, *Prozesse der Projektdurchführung*, behandelt typische Prozesse, die nach der Genehmigung, im Rahmen der Realisierungsphase von Projekten, im SAP-System abgebildet werden können, und die dabei entstehenden Mengen- und Werteflüsse. In diesem Kapitel wird insbesondere auch auf die vielfältigen Integrationen des Projektsystems mit anderen SAP-Komponenten eingegangen. Periodisch werden zusätzliche Verfahren wie beispielsweise eine Gemeinkostenbezuschlagung oder Abrechnung von Projekten durchgeführt. Die im Projektsystem zur Verfügung stehenden periodischen Verfahren für die Plan- und Istdaten Ihrer Projekte sind Inhalt des **Kapitels 6**, *Periodenabschluss*.

Die Auswertung aller projektbezogenen Daten ist ein zentraler Aspekt des Projektmanagements. Die Reporting-Funktionen des Projektsystems, die Sie in allen Phasen Ihres Projektmanagements unterstützen, werden in **Kapitel 7**, *Reporting*, vorgestellt. Abschließend behandelt das **Kapitel 8**, *Integrationsszenarien mit anderen Projektmanagement-Werkzeugen*, die mögliche Integration des Projektsystems mit Microsoft Project (Client), cProjects und dem SAP xApp Resource and Portfolio Management (xRPM).

Im **Anhang** finden Sie eine Auflistung der wichtigsten Datenbanktabellen des Projektsystems sowie eine Liste von Business Application Programming Interfaces (BAPIs), die Ihnen für die Entwicklung eigener Schnittstellen zur Verfügung stehen. Ferner werden im Anhang die Transaktionscodes und Menüpfade der wichtigsten im Text erwähnten Transaktionen und Customizing-Aktivitäten tabellarisch aufgeführt.

Spezielle Symbole

Um Ihnen die Arbeit mit diesem Buch zu erleichtern, werden Sie durch spezielle Symbole auf Informationen hingewiesen, die für Sie von besonderer Bedeutung sein können:

▸ **Achtung**
Mit diesem Symbol möchten wir Sie vor einem möglichen Pro- [!]
blem warnen. Seien Sie besonders achtsam, wenn Sie diese Aufgabe in Angriff nehmen.

▸ **Hinweis**
Dieses Icon markiert einen Hinweis. Hier weisen wir auf eine [«]
wichtige Information noch einmal besonders hin, die Ihnen Ihre
Arbeit erleichtern kann.

Überblick

Die Strukturierung von Projekten ist im Projektsystem die Grundlage für alle weiteren Schritte Ihres Projektmanagements. Die Auswahl der richtigen Strukturen und eine effiziente Strukturierung sind somit zentrale Aspekte des Managements Ihrer Projekte.

2   Strukturen und Stammdaten

Voraussetzung für das Management von Projekten mit dem Projektsystem ist die Abbildung Ihrer Projekte im SAP-System mithilfe geeigneter Strukturen. Diese Strukturen bilden das Grundgerüst für die Planung, Erfassung und Auswertung aller projektbezogenen Daten. Das Projektsystem stellt für diesen Zweck eigens zwei Strukturen zur Verfügung: *Projektstrukturpläne* und *Netzpläne*. Diese beiden Strukturen unterscheiden sich zum einen in der Art, wie Sie mit ihnen Projekte strukturieren können, und zum anderen durch die Funktionen, die im SAP-System für die beiden Strukturen zur Verfügung stehen. Benötigen Sie für ein Projekt z.B. eine hierarchische Budgetverwaltung, verwenden Sie einen Projektstrukturplan, möchten Sie zusätzlich z.B. eine Kapazitätsplanung für dieses Projekt durchführen, setzen Sie auch einen oder mehrere Netzpläne ein.

Dieses Kapitel erörtert zunächst die grundlegenden Unterschiede zwischen den beiden Strukturen Projektstrukturplan und Netzplan. Anschließend werden die wesentlichen Stammdaten dieser Strukturen, Meilensteine und Dokumentationsmöglichkeiten sowie die für eine Strukturierung notwendigen Customizing-Aktivitäten erläutert. Eine wichtige Rolle bei der Steuerung von Projekten spielen Status. Dieses Kapitel zeigt Ihnen, welche Funktionen Status im Projektsystem wahrnehmen und wie Sie eigene Status definieren können. Ferner werden in diesem Kapitel die Transaktionen und Werkzeuge zur Strukturierung und Stammdatenbearbeitung vorgestellt sowie Versionen des Projektsystems, die Sie zur Dokumentation des Projektverlaufs oder für »Was-wäre-wenn«-Analysen verwenden können. Abschließend werden die verschiedenen Schritte und die notwendigen Voraussetzungen zur Archivierung und zum Löschen von Projektstrukturen erörtert.

2.1 Grundlagen

In Abhängigkeit von den Anforderungen können Sie ein Projekt nur mithilfe eines Projektstrukturplans, nur mithilfe eines oder mehrerer Netzpläne oder auch mittels einer Kombination aus einem Projektstrukturplan und Netzplänen abbilden.

In Abbildung 2.1 sind die unterschiedlichen Strukturierungsmöglichkeiten schematisch dargestellt. Die in der Abbildung für die verschiedenen Strukturobjekte verwendeten Symbole entsprechen den Symbolen, die auch im SAP-System zur Darstellung dieser Objekte verwendet werden. Im Folgenden werden nun die wesentlichen Unterschiede der unterschiedlichen Strukturierungsmöglichkeiten erörtert.

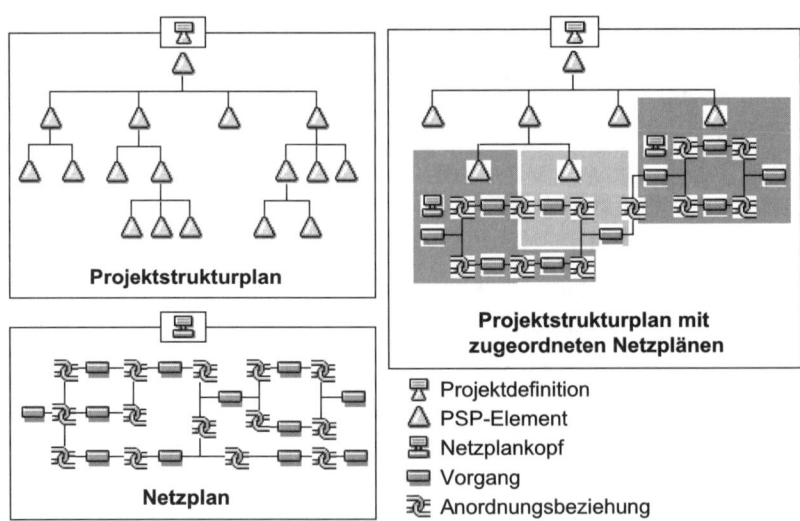

Abbildung 2.1 Verwendungsmöglichkeiten von Projektstrukturplänen und Netzplänen zur Strukturierung von Projekten

Projektstrukturplan | Mithilfe eines Projektstrukturplans bilden Sie den Aufbau eines Projekts im SAP-System ab. Dies geschieht durch *Projektstrukturplanelemente* (*PSP-Elemente*), die – auf verschiedenen Stufen angeordnet – das Projekt in hierarchischer Form gliedern (siehe Abbildung 2.2).

Ein Vorteil dieses hierarchischen Aufbaus ist es, dass Daten innerhalb der Struktur top-down vererbt bzw. verteilt oder auch bottom-up aggregiert bzw. verdichtet werden können.

Die Strukturierung eines Projekts mithilfe von PSP-Elementen kann dabei auf den einzelnen Stufen z. B. phasenorientiert, funktionsorientiert oder auch nach organisatorischen Gesichtspunkten geschehen. Pauschale Empfehlungen, wie Projekte mithilfe eines Projektstrukturplans zu gliedern sind, gibt es nicht. Vielmehr hängt die Auswahl der geeigneten Gliederungen von sehr vielen unterschiedlichen Aspekten ab und sollte im Vorfeld sorgfältig überlegt sein. Abschnitt 2.2 beinhaltet einige allgemeine Tipps zur Strukturierung von Projekten mithilfe eines Projektstrukturplans.

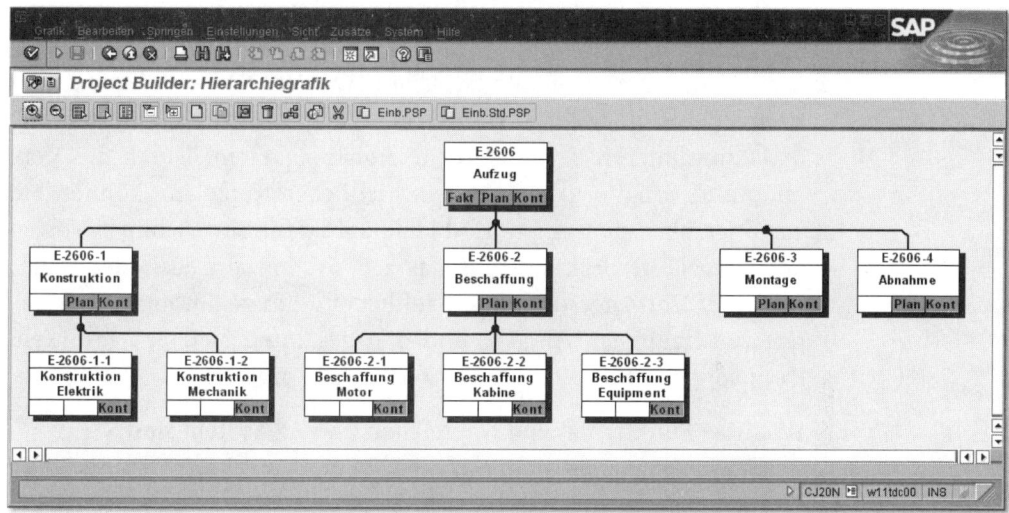

Abbildung 2.2 Hierarchischer Aufbau eines Projektstrukturplans (Hierarchiegrafik)

Wichtige Funktionen von Projektstrukturplänen im SAP-System sind:

- Planung und Erfassung von Terminen
- Kostenplanung und Kontierung von Belegen
- Planung und Fakturierung von Erlösen
- Planung und Überwachung von Zahlungsflüssen
- hierarchische Budgetverwaltung
- Bestandsführung von Material

- diverse Periodenabschlusstätigkeiten
- Überwachung des Projektfortschritts
- aggregierte Auswertung von Daten

Aufgrund des Funktionsumfangs werden Projektstrukturpläne ohne zugeordnete Netzpläne typischerweise für die Abbildung von Projekten verwendet, bei denen Controlling-Aspekte im Vordergrund stehen, aber weniger logistische Funktionen benötigt werden, also z.B. Gemeinkosten- oder Investitionsprojekte.[1]

Netzplan Mithilfe eines oder auch mehrerer Netzpläne bilden Sie ein Projekt oder Teile des Projekts ablauforientiert im SAP-System ab. In einem Netzplan werden dazu einzelne Aspekte des Projekts in Form von *Vorgängen* abgebildet, die durch so genannte *Anordnungsbeziehungen* verknüpft werden (siehe Abbildung 2.3).

Die Anordnungsbeziehung zwischen zwei Vorgängen definiert zum einen deren logische Abfolge (Vorgänger-Nachfolger-Beziehung) und zum anderen deren zeitliche Abhängigkeiten. Durch die Verknüpfung von Vorgängen unterschiedlicher Netzpläne können Sie auch netzplanübergreifende Abläufe abbilden. Ein wichtiger Vorteil der Netzplantechnik ist, dass das SAP-System auf Basis der Dauer einzelner Vorgänge und deren zeitlicher Abfolge automatisch Plantermine für jeden Vorgang und den gesamten Netzplan ermitteln kann sowie Pufferzeiten und zeitkritische Vorgänge.

Wichtige Funktionen von Netzplänen im SAP-System sind:

- Terminierung
- Ressourcenplanung
- Rückmeldung von Arbeit
- Fremdbeschaffung von Leistungen
- Materialplanung, -beschaffung und -lieferung
- Netzplankalkulation

---

1 Auch bei kleineren Vorhaben werden Projektstrukturpläne oft anstelle von Innenaufträgen im SAP-System verwendet, da sie die Möglichkeit eines hierarchischen Projekt-Controllings bieten. So kann z.B. im Gegensatz zu Innenaufträgen ein Budget innerhalb eines Projektstrukturplans auf einzelne Projektteile aufgeteilt werden.

▸ diverse Periodenabschlusstätigkeiten

▸ Überwachung des Projektfortschritts

Aufgrund der Funktionen von Netzplänen werden diese insbesondere für die Abbildung von Projekten verwendet, bei denen logistische Funktionen, wie die automatische Terminplanung mithilfe der Terminierung, die Planung von Ressourcen oder die Beschaffung von Material, benötigt werden. Sie können Netzpläne unabhängig von oder in Kombination mit einem Projektstrukturplan verwenden.

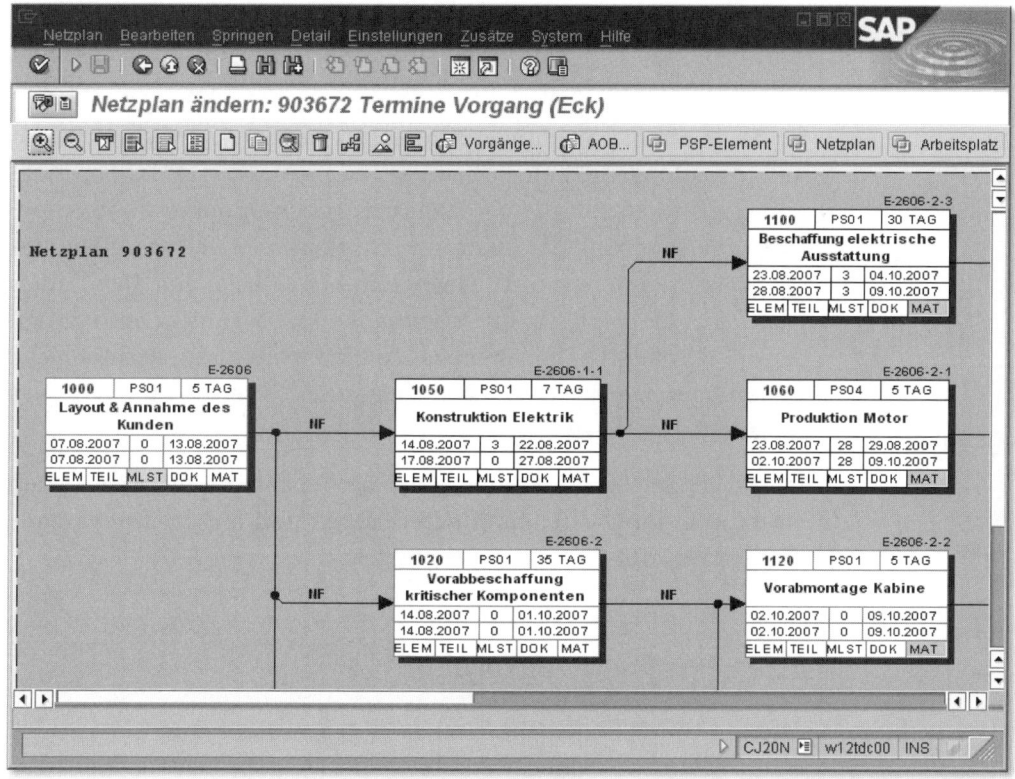

Abbildung 2.3 Ablaufstruktur eines Netzplans (Netzplangrafik)

Um die Funktionen und Vorteile von Projektstrukturplänen und Netzplänen gemeinsam nutzen zu können, besteht die Möglichkeit, Netzplanvorgänge PSP-Elementen zuzuordnen. Einem PSP-Element können Sie dabei mehrere Vorgänge (ggf. auch unterschiedlicher Netzpläne) zuordnen. Ein Vorgang kann jedoch maximal einem PSP-Element zugeordnet werden. Nach der Zuordnung von Vorgängen

Projektstrukturplan und Netzpläne

zu PSP-Elementen können Daten zwischen dem Projektstrukturplan und den Vorgängen ausgetauscht werden. So können z.B. Status von den PSP-Elementen auf die zugeordneten Vorgänge vererbt werden. Umgekehrt können z.B. Vorgangstermine auf die PSP-Elemente hochgerechnet oder Verfügungen der Vorgänge gegen das Budget der PSP-Elemente verprobt werden. Im Reporting können Sie auf Ebene der PSP-Elemente die Daten der zugeordneten Vorgänge aggregiert auswerten.

Operative Strukturen, Standardstrukturen und Versionen

Bei den Strukturen im Projektsystem unterscheidet man allgemein *operative Strukturen* (Projektstrukturplan und Netzplan) von *Standardstrukturen* (Standardprojektstrukturplan und Standardnetz) und *Versionen* (Projektversion und Simulationsversion).

Während Sie die operativen Strukturen für die eigentliche Planung und Durchführung Ihrer Projekte verwenden, also für das operative Projektmanagement, dienen Standardstrukturen rein als Kopiervorlagen zur Erstellung der operativen Strukturen oder von Teilen dieser Strukturen. Versionen dienen zum einen dazu, den Stand eines Projekts zu einem bestimmten Zeitpunkt oder bei einem bestimmten Status im System festzuhalten, zum anderen z.B. dazu, nachträgliche Änderungen zunächst zu testen, bevor Sie diese für Ihr operatives Projekt übernehmen.

Im Folgenden werden nun die Stammdaten der verschiedenen Strukturen, ihre Erstellungsmöglichkeiten und die dazu notwendigen Customizing-Einstellungen erörtert.

2.2 Projektstrukturplan

Größe von Projektstrukturplänen

Mithilfe von PSP-Elementen eines Projektstrukturplans gliedern Sie ein Projekt in verschiedene Teile. Diese Teile können Sie wiederum untergliedern usw., bis Sie schließlich den benötigten Detaillierungsgrad erreicht haben. Maximal stehen Ihnen dazu bis zu 99 Gliederungsstufen zur Verfügung. Pro Stufe können Sie im Prinzip beliebig viele PSP-Elemente anordnen. Insgesamt sollte ein Projektstrukturplan aus Performancegründen jedoch nicht mehr als 10 000 PSP-Elemente umfassen.[2]

---

2 Nähere Informationen zur Größe von Projektstrukturen finden Sie im Hinweis 206 264.

Ein Projektstrukturplan sollte alle relevanten Aspekte eines Projekts abbilden, nur so ist auch eine vollständige Planung und Analyse des Projekts im SAP-System möglich. Die Aufgaben der verschiedenen Projektteile und insbesondere der einzelnen PSP-Elemente sollten dabei klar und eindeutig, termingebunden und erreichbar definiert sein sowie für eine Analyse des Projektfortschritts Kriterien zur Messung ihres Fortschritts besitzen.

Einige mögliche Arten der Gliederung eines Projektstrukturplans innerhalb einer Stufe sollen kurz am Beispiel des Aufzugprojekts erörtert werden:

Gliederungs-möglichkeiten

▶ **Phasenorientierte Strukturierung**
Diese Form der Strukturierung könnte z.B. folgende PSP-Elemente umfassen: *Konstruktion, Beschaffung, Montage.* Diese Form der Strukturierung ist insbesondere für eine aussagekräftige Terminplanung und die sukzessive Durchführung von Projektteilen geeignet.

▶ **Funktionsorientierte Strukturierung**
Diese Strukturierungsmöglichkeit könnte PSP-Elemente für einzelne Baugruppen des Aufzuges umfassen, z.B. *Motor, Schacht, Kabine.* Wenn Sie mit Projektbeständen arbeiten (siehe Abschnitt 3.3.2), können Sie so separate Bestände für die einzelnen Baugruppen führen.

▶ **Strukturierung nach organisatorischen Gesichtspunkten**
Hierbei könnten Strukturen z.B. einzelne PSP-Elemente für *Vertrieb, Einkauf* und *Produktion* beinhalten oder eine Aufteilung nach verantwortlichen Kostenstellen umfassen. Diese Form der Strukturierung erlaubt im Reporting den unmittelbaren Ausweis der Kostenanteile für die verschiedenen Organisationseinheiten.

Abbildung 2.2 zeigt die Strukturierung des Aufzugprojekts. Für die Stufe 2 wurde eine phasenorientierte Strukturierung verwendet, während für die Stufe 3 eine Strukturierung gewählt wurde, die sich nach funktionellen Gesichtspunkten richtet. Das Beispiel zeigt, dass Sie die Logik der Strukturierung für unterschiedliche Stufen durchaus verschieden wählen können, innerhalb einer Stufe des Projektstrukturplans sollte die Strukturierung jedoch der gleichen Logik folgen.

Bei der Strukturierung Ihrer Projekte sollten Sie insbesondere berücksichtigen, nach welchen Gesichtspunkten Sie die Daten hauptsächlich im Reporting analysieren möchten.[3] Der benötigte Detaillierungsgrad der Kostenplanung und Budgetierung kann Ihnen ferner Anhaltspunkte dazu geben, wie viele Hierarchiestufen insgesamt benötigt werden. Sollen die Projektkosten später weiterverrechnet werden oder eine Ergebnisermittlung durchgeführt werden, sollten Sie sich ggf. überlegen, welche Strukturierung dafür am besten geeignet ist (siehe Kapitel 6, *Periodenabschluss*).

2.2.1 Aufbau und Stammdaten

Ein Projektstrukturplan besteht aus PSP-Elementen, die, auf verschiedenen Stufen angeordnet, den hierarchischen Aufbau eines Projekts abbilden. Jeder Projektstrukturplan besitzt jedoch auch eine so genannte *Projektdefinition*, die als Rahmen um das Projekt fungiert und Parameter enthält, die die Eigenschaften des gesamten Projekts steuern. Des Weiteren enthält die Projektdefinition Vorschlagswerte, die an neu angelegte PSP-Elemente weitergereicht werden. Die eigentlichen Träger der Kosten-, Erlös-, Budget- und Termindaten sind jedoch die PSP-Elemente. Die Projektdefinition ist kein eigenes Controlling-Objekt im SAP-System.

[!]   Jedes PSP-Element ist eindeutig einer Projektdefinition zugeordnet. Diese Zuordnung kann auch nicht geändert werden, d.h., Sie können z.B. ein PSP-Element einer Projektdefinition im Nachhinein nicht einer anderen Projektdefinition zuordnen.

Projektdefinition

Identifikation   Wenn Sie ein Projekt im Projektsystem mit einer der in Abschnitt 2.7 erläuterten Transaktionen anlegen, erstellen Sie zunächst eine Projektdefinition (siehe Abbildung 2.4).[4] Beim Anlegen vergeben Sie manuell eine eindeutige, maximal 24-stellige *Identifikation* für diese

---

3 Im Reporting haben Sie durch die Verwendung von Projektsichten und insbesondere der Projektverdichtung auch die Möglichkeit, andere Auswertungshierarchien zu verwenden (siehe Kapitel 7, *Reporting*).

4 Bei einigen Prozessen wird zuerst ein PSP-Element erstellt und erst beim Sichern automatisch eine Projektdefinition. Es kann nach dem Sichern jedoch niemals ein PSP-Element ohne Bezug zu einer Projektdefinition geben.

Projektdefinition. Sie können auch nach der nächsten freien Identifikation suchen. Der Aufbau der Identifikation kann dabei durch so genannte *Editionsmasken* gesteuert werden (siehe Abschnitt 2.2.2).

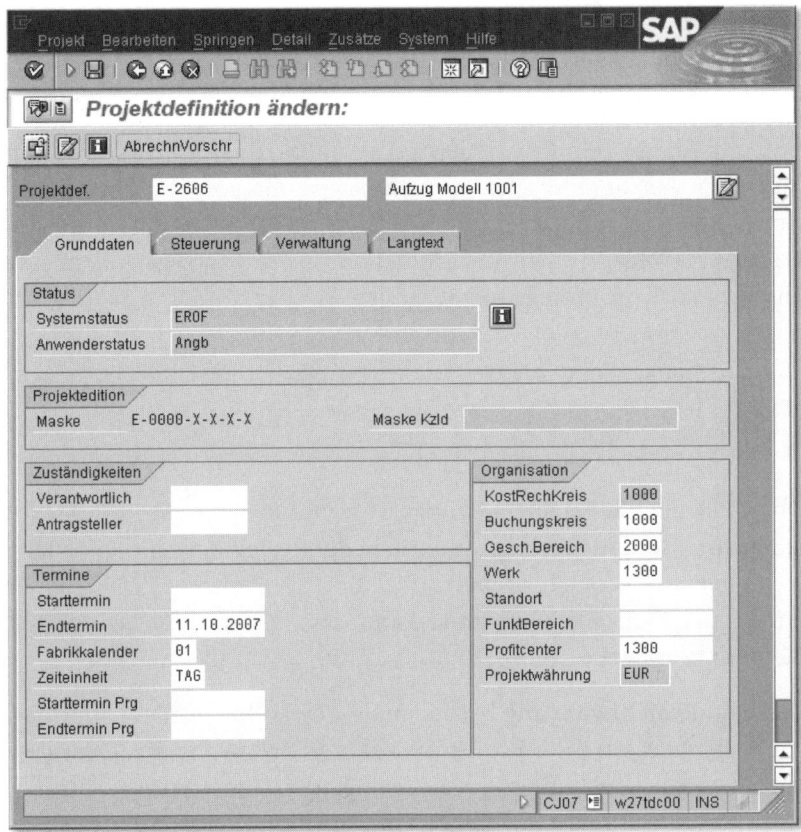

Abbildung 2.4 Grunddaten einer Projektdefinition

Neben der Identifikation vergeben Sie auch einen *Kurztext* als Bezeichnung für Ihr Projekt. Bei Bedarf können Sie auch einen beschreibenden *Langtext* erfassen. Je nach Terminierungseinstellungen (siehe Abschnitt 3.1) müssen Sie einen Start- oder Endtermin für Ihr Projekt angeben, ansonsten schlägt das System Ihnen das aktuelle Tagesdatum vor. Diese Termine können natürlich später im Rahmen Ihrer Terminplanung geändert werden.

Beim Erstellen der Projektdefinition müssen Sie immer auch ein *Projektprofil* angeben. Das Projektprofil enthält Steuerungsdaten und Vorschlagswerte für das Projekt. Im Projektprofil können Sie bereits alle weiteren Mussfelder der Projektdefinition als Vorschlagswerte hinterlegen, so dass in der Regel die Angabe der Identifikation und des Projektprofils zum Erstellen der Projektdefinition ausreicht. Ein nachträglicher Wechsel des Projektprofils für ein Projekt ist nicht möglich. Sie definieren Projektprofile für die unterschiedlichen Projekttypen eines Unternehmens im Customizing des Projektsystems (siehe Abschnitt 2.2.2).

Organisatorische Zuordnungen

Auf der Ebene der Projektdefinition nehmen Sie die Zuordnung Ihres Projekts zu einem **Kostenrechnungskreis** vor. Die Zuordnung zum Kostenrechnungskreis ist obligatorisch, kann bereits über das Projektprofil vorgeschlagen werden und ist spätestens nach dem ersten Sichern Ihres Projekts nicht mehr änderbar.

[!]

Die Zuordnung eines Projektes zu einem Kostenrechnungskreis über die Projektdefinition ist eindeutig. Ein Projektstrukturplan kann also nicht mehrere Kostenrechnungskreise umfassen.

Obwohl auch die Felder **Buchungskreis** und **Projektwährung** Mussfelder sind, sind die Einträge, die Sie in der Projektdefinition vornehmen, lediglich Vorschlagswerte für die PSP-Elemente. Die Zuordnung zu einem Buchungskreis kann also separat für jedes PSP-Element geändert werden.

Objektwährung

Das Feld **Projektwährung** hat folgende Bewandtnis: Alle währungsabhängigen Daten Ihrer Projekte werden in drei Währungen verwaltet, der Kostenrechnungskreiswährung, der Transaktionswährung, also der Währung des jeweiligen Geschäftsvorfalls, und der Projekt- bzw. Objektwährung.[5] Sie können diese Objektwährung für jedes PSP-Element separat wählen, sofern Sie nur einen Buchungskreis in Ihrem Kostenrechnungskreis besitzen. Verwenden Sie eine buchungskreisübergreifende Kostenrechnung, wird die Objektwährung automatisch aus der Hauswährung des jeweiligen Buchungskreises abgeleitet und kann nicht manuell geändert werden.

Die Zuordnungen zu anderen Organisationseinheiten des Rechnungswesens (**Geschäftsbereich**, **Profit Center**) und der Logistik

---

5 Der Kostenrechnungskreis muss die Fortschreibung von Daten in allen drei Währungen explizit erlauben. Die Umrechnung der währungsabhängigen Daten geschieht dann automatisch bei der Erfassung der Daten anhand der im Customizing festgelegten aktuellen Umrechnungskurse.

(**Werk, Standort**), die Sie in der Projektdefinition vornehmen können, dienen als Vorschlagswerte für die PSP-Elemente dieses Projekts. Beachten Sie jedoch, dass auch das Feld **Geschäftsbereich** ein Mussfeld ist, wenn Geschäftsbereichsbilanzen geführt werden.

Sie können in der Projektdefinition auch einen *Verantwortlichen* für Ihr Projekt sowie einen *Antragsteller* hinterlegen (siehe Abschnitt 2.2.2). Diese werden automatisch beim Anlegen von PSP-Elementen als Vorschlagswerte übernommen.

Möchten Sie zu Informationszwecken zusätzliche Personendaten oder Partnerinformationen angeben, können Sie in der Projektdefinition ein *Partnerschema* festlegen (siehe Abschnitt 2.2.2). Sobald Sie das Partnerschema spezifiziert haben, erscheint für die Projektdefinition (und alle zugeordneten PSP-Elemente) eine weitere Registerkarte auf der Sie – je nach Definition des Partnerschemas – weitere Verantwortliche, Personalnummern, SAP-Benutzer oder auch z.B. Lieferanten oder Kundennummern hinterlegen und ggf. in deren Details verzweigen können. Im Reporting steht Ihnen ab dem Enterprise-Release ein eigener Bericht für die Auswertung dieser Partnerdaten zur Verfügung.[6]

Partnerschema

Neben dem Partnerschema können Sie auch das Plan-, Budget- (siehe Abschnitte 3.4 und 4.1) und Simulationsprofil (siehe Abschnitt 2.9.2) in der Projektdefinition festlegen. Die anderen Profile im Detailbild **Steuerung** der Projektdefinition sind Vorschlagswerte für die PSP-Elemente des Projekts.

Eine weitere wichtige Einstellung, die Sie auf Ebene der Projektdefinition vornehmen, sind Kennzeichen zur Projektbestandsführung. Details zu dieser Einstellung finden Sie in Abschnitt 3.3.2. Beachten Sie jedoch, dass Sie die Einstellungen dazu, ob Sie einen bewerteten Projektbestand erlauben möchten oder nicht, nach dem Sichern nicht mehr ändern können.

Projektbestand

Die Felder zur *Verkaufspreiskalkulation* sind nur relevant, wenn Sie allein auf Basis Ihrer Projektdaten, also ohne Bezug zu einer Kundenanfrage, eine Verkaufspreiskalkulation erstellen möchten (siehe Abschnitt 3.5.4).

---

6 Mithilfe einer Modifikation (siehe Hinweis 638 781) können Sie die Partnerdaten zu SAP-Benutzern auch für ein objektbezogenes Berechtigungskonzept für Projekte einsetzen.

Die Darstellung der Felder der Projektdefinition kann über eine *Feldauswahl* gesteuert werden (siehe Abschnitt 2.8.1). Zusätzliche Felder für die Projektdefinition können Sie mithilfe einer Kundenerweiterung realisieren.

PSP-Elemente

Abbildung 2.5 zeigt Ihnen das Detailbild eines PSP-Elements. Genau wie die Projektdefinition besitzt auch ein PSP-Element eine eindeutige, maximal 24-stellige externe Identifikation, die über eine Editionsmaske gesteuert werden kann.[7] Intern vergibt das System eine weitere eindeutige Nummer für das PSP-Element, so dass Sie die externe Identifikation später noch ändern können.[8] Neben der eindeutigen Identifikation und dem Kurztext als Bezeichnung können Sie auch eine *Kurzidentifikation* vergeben.

Kurzidentifikation Mithilfe von Kurzidentifikationen können Sie in tabellarischen Darstellungen oder z. B. in der hierarchischen Kostenplanung oder der Budgetierung Platz sparen für den Ausweis der PSP-Elemente. Sie können entweder manuell eine Kurzidentifikation völlig frei vergeben oder über das Feld **Maske Kurz-ID** in der Projektdefinition die Kurzidentifikation der PSP-Elemente aus deren Identifikation ableiten lassen.

Organisatorische Zuordnung Durch die Zuordnung zu Organisationseinheiten des Rechnungswesens und der Logistik betten Sie ein PSP-Element in Ihre Unternehmensstruktur ein. Die meisten Organisationseinheiten können dabei über das Projektprofil oder die Projektdefinition vorgeschlagen werden und bei Bedarf separat pro PSP-Element geändert werden. Solche Änderungen müssen dabei jedoch mit Ihrer bestehenden Unternehmensstruktur übereinstimmen.

---

7 Da Projektdefinition und PSP-Elemente unterschiedliche Objekte sind, kann ein PSP-Element genau die gleiche Identifikation wie die Projektdefinition tragen.

8 Ein nachträgliches Ändern der externen Identifikation ist nicht möglich, wenn Sie z. B. den Projektstrukturplan mittels ALE (Application Link Enabling) in andere Systeme verteilt haben oder z. B. der Status des PSP-Elements eine Änderung verbietet.

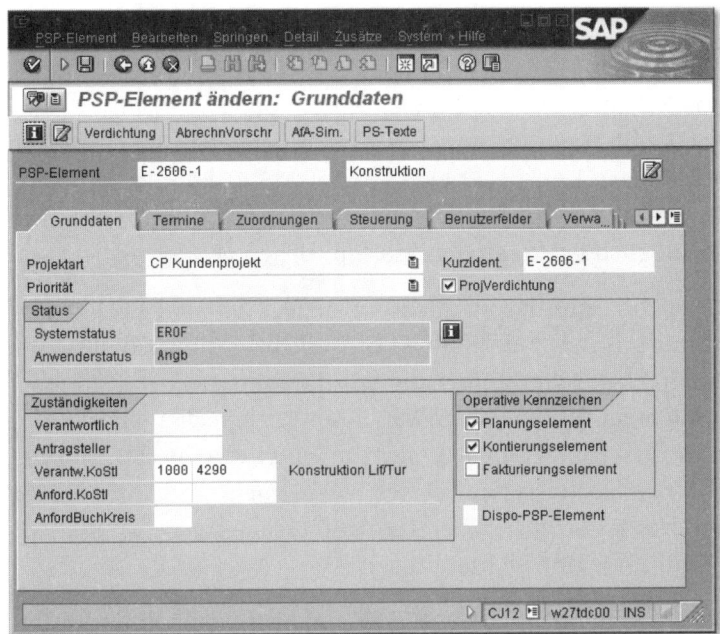

Abbildung 2.5 Grunddaten eines PSP-Elements

> Bei einem internationalen Projekt können Sie verschiedene Buchungs- **[«]**
> kreise in unterschiedlichen PSP-Elementen hinterlegen. Die Buchungs-
> kreise innerhalb eines Projektstrukturplans müssen jedoch alle dem Kos-
> tenrechnungskreis zugeordnet sein, den Sie in der Projektdefinition fest-
> gelegt haben.

Der Buchungskreis, die Objektwährung, die Objektklasse und –
sofern Geschäftsbereichsbilanzen geführt werden – auch der Geschäftsbereich sind dabei Mussfelder auf Ebene der PSP-Elemente
und können nicht mehr geändert werden, sobald z. B. Plan- oder Istwerte vorhanden sind.

In den PSP-Elementen finden Sie eine Reihe steuernder Profile und
Kennzeichen. Während die Profile später in den Abschnitten 6.3,
6.4, 6.6 und 6.9 näher erörtert werden, sollen die steuernden Kennzeichen bereits hier erläutert werden.

Bei den Grunddaten eines PSP-Elements finden Sie die drei operativen Kennzeichen **Planungselement**, **Kontierungselement** und **Fak-**

Operative
Kennzeichen

turierungselement. Mithilfe dieser Kennzeichen können Sie die Controlling-Eigenschaften des PSP-Elements festlegen.

Planungselemente

PSP-Elemente, auf denen Sie manuell Kosten planen möchten, kennzeichnen Sie als Planungselemente. Durch geeignete Einstellungen im Planprofil des Projekts (siehe Abschnitt 3.4) können Sie sogar erzwingen, dass eine manuelle Kostenplanung auf einem PSP-Element nur möglich ist, wenn dieses Kennzeichen gesetzt ist.[9]

Kontierungselemente

Das Kennzeichen **Kontierungselement** steuert, ob Sie dem PSP-Element Aufträge (insbesondere auch Vorgänge bzw. Netzpläne) zuordnen können, sowie die Kontierung von Belegen, die zu Kosten auf dem PSP-Element führen. Wenn Sie dieses Kennzeichen für ein PSP-Element nicht setzen, ist es z.B. nicht möglich, eine Bestellanforderung oder eine Rechnung auf dieses PSP-Element zu kontieren. Sie können dieses Kennzeichen bereits als Vorschlagswert für alle PSP-Elemente im Projektprofil hinterlegen.

Fakturierungselemente

Wenn Sie auf einem PSP-Element Erlöse planen möchten und später ggf. Isterlöse auf das PSP-Element gebucht werden sollen, müssen Sie dieses PSP-Element als Fakturierungselement kennzeichnen.

Sie können für ein PSP-Element unabhängig von seiner Stufe eine beliebige Kombination dieser Kennzeichen festlegen. Abbildung 2.2 zeigt ein Beispiel für die operativen Kennzeichen eines Projekts. In dem dargestellten Beispiel ist eine manuelle Kostenplanung nur auf den PSP-Elementen der Stufen 1 und 2 möglich. Der Ausweis der Istkosten kann jedoch detaillierter erfolgen, da die Kontierung von Belegen auch auf den PSP-Elementen der Stufe 3 möglich ist. Das oberste PSP-Element ist zusätzlich für die Planung und Realisierung von Erlösen zuständig.[10]

Statistische PSP-Elemente

Ein weiteres Kennzeichen, das die Controlling-Eigenschaften eines PSP-Elements mitbestimmt, ist das Kennzeichen **Statistisch**. Ist dieses Kennzeichen für ein PSP-Element gesetzt (Sie können es auch als Vorschlagswert für alle PSP-Elemente im Projektprofil setzen), wer-

---

9 Das Erzeugen von Plankosten durch das Hochrollen der Planwerte untergeordneter PSP-Elemente oder Aufträge ist unabhängig vom Kennzeichen Planungselement möglich.

10 Beachten Sie zum Setzen des Kennzeichens **Fakturierungselement** auch die Abschnitte 6.6 und 6.9.

den die Istkosten auf dem PSP-Element nur statistisch unter dem Werttyp **11 (Statistisches Ist)** fortgeschrieben statt unter dem Werttyp **4 (Ist)**. Dies bedeutet, dass Sie bei der Kontierung von Belegen auf ein statistisches PSP-Element nicht nur das PSP-Element als Kontierungsempfänger angeben müssen, sondern gleichzeitig auch ein »echtes« Kontierungsobjekt, das als Empfänger der Istkosten dient. Ist dies immer eine bestimmte Kostenstelle, können Sie diese Kostenstelle bereits als Vorschlagskontierung im Detailbild des statistischen PSP-Elements hinterlegen.

Es gibt verschiedene Verwendungsmöglichkeiten für statistische PSP-Elemente bzw. statistische Projekte. Manche Unternehmen setzen statistische Projekte rein zu hierarchischen Auswertungszwecken ein. Das operative Controlling wird dabei weiterhin auf der Ebene von z.B. Kostenstellen, Innenaufträgen oder Kostenträgern durchgeführt.

Eine andere typische Verwendung statistischer PSP-Elemente ist die indirekte Budgetierung und Verfügbarkeitskontrolle (siehe Abschnitt 4.1.5) ansonsten nicht Budget-tragender Objekte im SAP-System. So können beispielsweise Anlagen in der Anlagenbuchhaltung nicht budgetiert werden, und es gibt daher nicht die Möglichkeit, mithilfe einer Verfügbarkeitskontrolle Direktaktivierungen der Anlage zu steuern, also automatisch die Überschreitung bestimmter Schwellenwerte zu verhindern. Dies können Sie jedoch erreichen, indem Sie im Stammsatz der Anlage ein statistisches PSP-Element als Investitionskontierung eintragen.[11] Wurde das PSP-Element budgetiert und die Verfügbarkeitskontrolle für das Projekt aktiviert, findet bei jeder Buchung auf die Anlage gleichzeitig auch eine statistische Mitkontierung auf dem PSP-Element und somit auch eine Verprobung der statistischen Istkosten gegen das Budget des PSP-Elements statt.

Statistische Budget-überwachung

---

11 Zusätzlich müssen die Bestandskonten als statistische Kostenart definiert sein und eine Feldstatusdefinition besitzen, die eine Zusatzkontierung auf ein PSP-Element erlaubt, sowie PSP-Elemente in der Anlagenbuchhaltung als Kontierungsobjekte aktiviert werden.

[!] Beachten Sie, dass für statistische PSP-Elemente nicht alle Rechnungswesenfunktionen zur Verfügung stehen. Sie können z.B. keine Gemeinkostenbezuschlagung auf Basis der statistischen Istkosten durchführen oder auch keine Abrechnung der statistischen Istkosten vornehmen. Statistische PSP-Elemente können zwar zur Berechnung von Zinsen herangezogen werden, die Fortschreibung der Zinsen muss jedoch auf einem echten Kontierungsobjekt stattfinden (siehe Abschnitt 6.5).

Planintegration

Das Kennzeichen **Planintegriert** verweist auf eine spezielle Funktion, bei der geplante Leistungsaufnahmen eines Projekts als disponierte Leistungen an die Kostenstellenrechnung weitergeleitet werden können. Nähere Informationen zur Planintegration finden Sie in den Abschnitten 3.4.3 und 3.4.5.

Projektverdichtung

Mithilfe des Kennzeichens **Projektverdichtung** in den Grunddaten eines PSP-Elements steuern Sie, wie das PSP-Element bei einer – typischerweise projektübergreifenden – Auswertung mithilfe selbst definierter Auswertungshierarchien berücksichtigt werden soll (siehe Abschnitt 7.4). Im Projektprofil können Sie dieses Kennzeichen als Vorschlagswert für alle PSP-Elemente, nur für die Kontierungselemente oder die Fakturierungselemente hinterlegen. Wenn Sie die Projektverdichtung nicht verwenden, spielt das Kennzeichen keine Rolle.

Dispo-PSP-Elemente

Das Kennzeichen **Dispo-PSP-Element** kennzeichnet ein PSP-Element als relevant für die Zusammenfassung von Bedarfen und Beständen einzelbestandsgeführter Materialkomponenten. Das Kennzeichen wird entweder manuell für ausgewählte PSP-Elemente oder automatisch für das oberste PSP-Element gesetzt, sofern in der Projektdefinition die automatische Bedarfszusammenfassung eingestellt wurde. Details zu den möglichen Ausprägungen des Kennzeichens und zu den weiteren Voraussetzungen der Bedarfszusammenfassung finden Sie in Abschnitt 3.3.2.

Für die Terminplanung und die Erfassung von Istterminen gibt es ein eigenes Detailbild für jedes PSP-Element. Auch für die Ermittlung des Projektfortschritts steht ein eigenes Detailbild pro PSP-Element zur Verfügung. Auf die Daten dieser Detailbilder wird in den Abschnitten 3.1.1 bzw. 5.7.2 näher eingegangen.

Projektart, Priorität

Viele Felder der PSP-Elemente sind reine Informationsfelder ohne steuernde Funktionen. So können Sie z.B. im Customizing Ausprägungen für die Felder **Projektart**, **Priorität**, **Größenordnung**, **Inves-**

titionsgrund oder **Joint-Venture** definieren und separat pro PSP-Element hinterlegen. Auch die Felder **Equipment** und **technischer Platz** im Detailbild **Zuordnungen** dienen rein informativen Zwecken, d.h., Sie können all diese Felder im Reporting auswerten, zum Gruppieren oder Filtern einsetzen oder auch bereits als Selektionskriterien bei der Auswahl der auszuwertenden Objekte verwenden.

In der Regel hat jedes Unternehmen eigene Anforderungen an Informationsfelder in PSP-Elementen, die im Reporting zusammen mit den Stammdatenfeldern ausgewertet werden sollen. Zu diesem Zweck besitzt jedes PSP-Element das Detailbild **Benutzerfelder** (siehe Abbildung 2.6), in dem Ihnen folgende Felder zur Verfügung stehen:

Benutzerfelder

- zwei Felder für je 20 alphanumerische Zeichen
- zwei Felder für je 10 alphanumerische Zeichen
- zwei Datumsfelder
- zwei numerische Felder mit Mengeneinheiten
- zwei numerische Felder mit Währungen
- zwei Kennzeichen

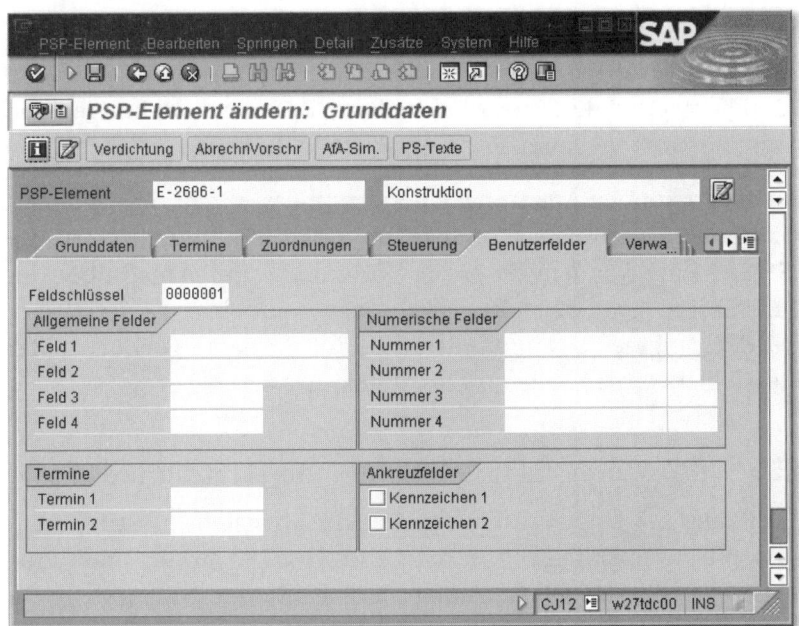

Abbildung 2.6 Benutzerfelder eines PSP-Elements

35

Die Bezeichnung der Felder im Detailbild kann über den **Feldschlüssel** (siehe Abschnitt 2.2.2) gesteuert werden, der über das Projektprofil vorgeschlagen werden kann. Statt der Standardbezeichnung **Feld 1** können Sie also z.B. die Bezeichnung **Modellreihe** für das erste alphanumerische Feld im Customizing des Feldschlüssels hinterlegen. Über eine Kundenerweiterung können Sie eine Verprobung der Eingaben realisieren. Eine Eingabehilfe für die alphanumerischen Felder ist standardmäßig nicht möglich.

[!] Beachten Sie bei der Verwendung von Benutzerfeldern, dass der Feldschlüssel individuell für jedes PSP-Element gesetzt werden kann. Dies kann jedoch zu Irritationen im Reporting führen. Verwenden Sie z.B. in Ihrem Projekt zwei unterschiedliche Feldschlüssel, wobei der eine die Bezeichnung **Modellreihe** für das erste alphanumerische Feld enthält und der zweite die Bezeichnung **Farbe** für dieses Feld, tauchen im Reporting die Feldwerte in ein und derselben Spalte[12] des Berichts auf, unabhängig davon, dass in PSP-Elementen mit dem einem Feldschlüssel Angaben zu Modellreihen stehen und bei den anderen PSP-Elementen Farben. Daher sollten Sie entweder den Feldschlüssel einheitlich innerhalb eines Projekts wählen oder den Feldschlüssel als Selektionskriterium bei Ihren Auswertungen verwenden.

Sollte die Anzahl der zur Verfügung stehenden Benutzerfelder für Ihre Anforderungen nicht ausreichend sein, können Sie über eine Kundenerweiterung weitere Felder für PSP-Elemente definieren, die typischerweise in einem eigenen Detailbild dargestellt werden.

Bei Bedarf können Änderungen der Stammdaten in Form von *Änderungsbelegen* protokolliert und später ausgewertet werden. Für die PSP-Elemente können Sie genau wie für die Projektdefinition im Customizing über die **Feldauswahl** steuern, welche Felder ausgeblendet, angezeigt, eingabebereit, farblich hervorgehoben oder Mussfelder werden sollen (siehe Abschnitt 2.8.1).

2.2.2 Strukturen-Customizing des Projektstrukturplans

Abbildung 2.7 zeigt die verschiedenen Aktivitäten im Strukturen-Customizing operativer Projektstrukturpläne. Bevor Sie einen Projektstrukturplan erstellen können, müssen Sie hier mindestens ein

---

12 Als Spaltenüberschrift können Sie außer dem generischen Namen des Benutzerfeldes auch die Bezeichnung aus genau einem Feldschlüssel übernehmen.

Projektprofil erstellen. Vor dem ersten Anlegen eines Projektstrukturplans sollten Sie sich auch Gedanken über die Definition von Editionsmasken machen. Die Verwendung von Editionsmasken ist zwar keine Pflicht, hat jedoch viele Vorteile. Das nachträgliche Erstellen oder Ändern von Editionsmasken ist – wenn überhaupt – nur bedingt möglich.

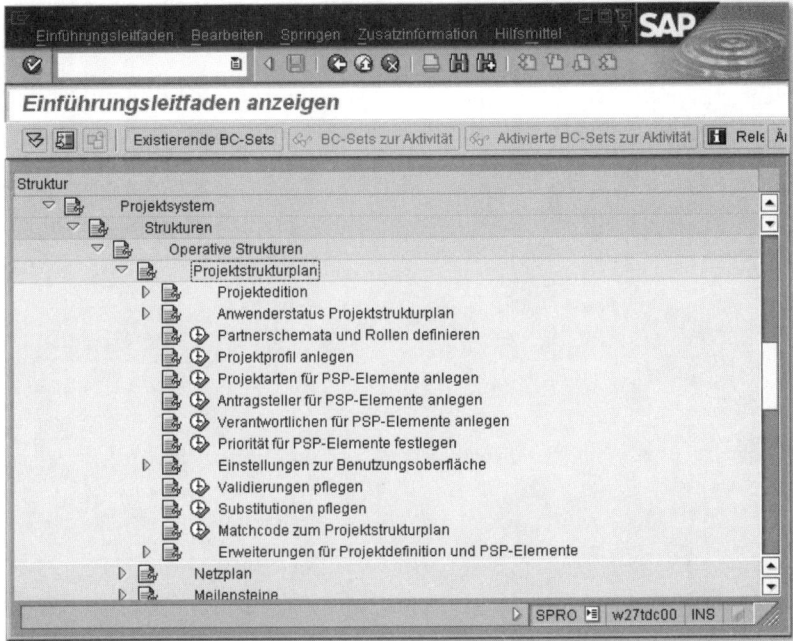

Abbildung 2.7 Strukturen-Customizing der Projektstrukturpläne

Je nach Ihren Anforderungen müssen Sie neben der Definition von Projektprofilen und Editionsmasken weitere Einstellungen im Strukturen-Customizing der operativen Projektstrukturpläne vornehmen. Im Folgenden sollen die einzelnen Customizing-Aktivitäten kurz erläutert werden. Zu jeder dieser Customizing-Aktivität finden Sie eine ausführliche Dokumentation im Einführungsleitfaden des SAP-Systems.

Projektprofil

Beim Anlegen eines Projekts müssen Sie stets ein Projektprofil angeben, das zuvor in der Transaktion OPSA für den jeweiligen Projekttyp definiert worden sein muss. Das Projektprofil enthält zum einen

Werte und Profile, die als Vorschlagswerte für Projektdefinitionen bzw. PSP-Elemente beim Anlegen fungieren und dort (je nach Feldauswahl und Status des Objekts) änderbar sind (z.B. Projektart, Organisationseinheiten usw.), und zum anderen so genannte referenzierte Felder (siehe Abbildung 2.8).

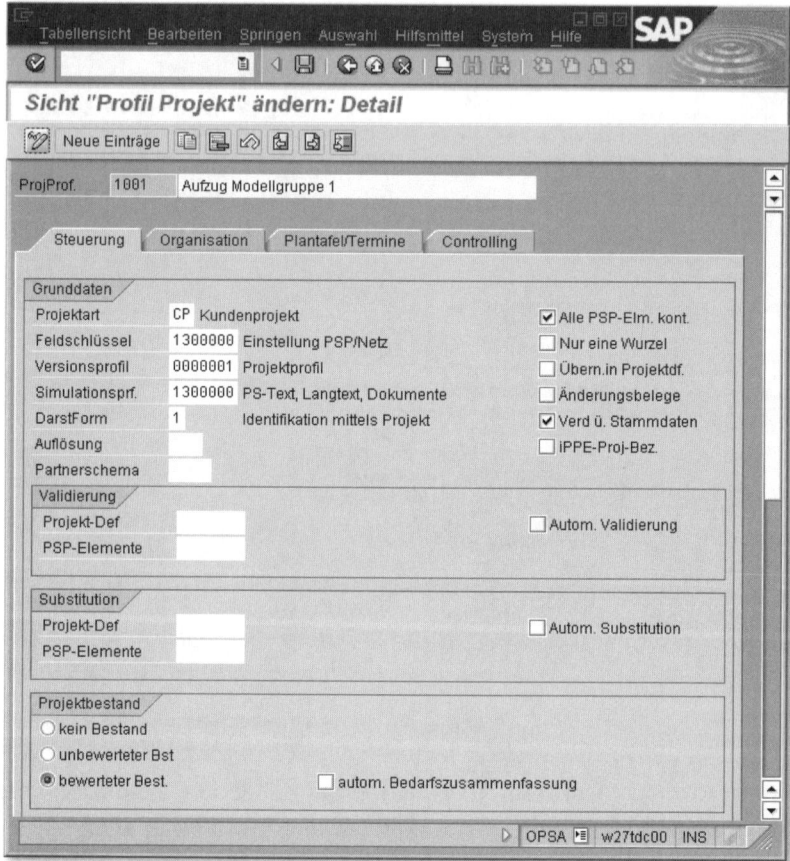

Abbildung 2.8 Beispiel eines Projektprofils

Referenzierte Felder Referenzierte Felder legen Eigenschaften Ihres Projekts fest, ohne dass diese Felder im Projektstrukturplan sichtbar oder änderbar sind. Diese referenzierten Felder sollen nun kurz erörtert werden.

Das Kennzeichen **Nur eine Wurzel** steuert, ob auf der Stufe 1 des Projektstrukturplans nur ein PSP-Element oder mehrere PSP-Elemente erlaubt sind. Ist das Kennzeichen gesetzt und Sie versuchen, zwei oder mehr PSP-Elemente auf der obersten Stufe zu sichern, gibt das System eine Fehlermeldung aus, und Sie müssen zunächst die hierarchische Struktur ändern, bevor Sie das Projekt sichern können.

Für das Schreiben von Änderungsbelegen gibt es zwei Kennzeichen im Projektprofil. Ein Kennzeichen bezieht sich rein auf Stammdatenänderungen, das andere auf Statusänderungen. Neben der Aktivierung des entsprechenden Kennzeichens gibt es jedoch noch eine weitere Voraussetzung für das Schreiben von Änderungsbelegen: Ein Status muss explizit den betriebswirtschaftlichen Vorgang **Änderungsbeleg erstellen** erlauben (siehe Abschnitt 2.6).

Das Kennzeichen **Projektverdichtung über Stammdaten** ist nur relevant, wenn Sie die Funktion der Projektverdichtung für Ihre Auswertungen einsetzen möchten (siehe Abschnitt 7.4). Mithilfe des Kennzeichens entscheiden Sie, ob die Verdichtung anhand der Stammdaten oder mithilfe einer Klassifizierung der PSP-Elemente durchgeführt werden soll. Insbesondere aus Performancegründen ist die Verdichtung über die Stammdatenmerkmale zu bevorzugen. Über das Projektprofil können Sie vorschlagsweise bereits Fakturierungselemente, Kontierungselemente oder alle PSP-Elemente des Projekts als relevant für die Vererbung von Stammdaten im Rahmen der Projektverdichtung kennzeichnen.

Das **Versionsprofil** steuert das automatische Erzeugen von Projektversionen in Abhängigkeit von deren Status (siehe Abschnitt 2.9.1) und wird über das Projektprofil referenziert.

Über die Angabe von **Substitutionen** und **Validierungen** und das Setzen des Kennzeichens **Automatisch** können von Ihnen definierte Logiken zum Setzen oder Überprüfen von Feldwerten beim Sichern durchlaufen werden (siehe Abschnitte 2.8.4 und 2.8.5).

Die Angabe von **Statusschemata** (siehe Abschnitt 2.6) für Projektdefinitionen und PSP-Elemente ist zwar nur ein Vorschlagswert für die entsprechenden Objekte; wird über ein Statusschema jedoch direkt ein Anwenderstatus gesetzt, kann das Statusschema in dem Objekt nicht mehr geändert werden. In diesem Fall hat der Eintrag des Statusschemas im Projektprofil also ebenfalls referenzierenden Charakter. Da das nachträgliche Eintragen von Statusschemata in den Objekten mühsam ist und nicht mithilfe der Massenänderung (siehe Abschnitt 2.8.3) geschehen kann, sollten Sie die von Ihnen definierten Schemata bereits im Projektprofil hinterlegen.

Eine grafische Darstellung von PSP-Element-Daten in hierarchischer Form kann über die Bearbeitungstransaktionen (siehe Abschnitt 2.7) oder auch Transaktionen zur Kosten-, Terminplanung und Budgetierung aufgerufen werden. Die jeweilige grafische Aufbereitung der Daten wird über die **Grafikprofile** gesteuert, die Sie im Projektprofil für die unterschiedlichen Zwecke hinterlegen. Sie können bei Bedarf eigene Grafikprofile definieren, in den meisten Fällen sind jedoch die Standardprofile ausreichend.

Wenn Sie das Kennzeichen **iPPE-Proj-Bez.** setzen, wird eine zusätzliche Registerkarte für PSP-Elemente angezeigt, die eine Integration zum iPPE (Integriertes Produkt- und Prozess-Engineering, siehe Abschnitt 3.3.1) erlaubt.

Durch den Eintrag einer **Strategie** auf der Registerkarte **Controlling** im Projektprofil können Sie Abrechnungsvorschriften für PSP-Elemente automatisch generieren. Die Definition von Strategien und das Ableiten von Abrechnungsvorschriften werden in Abschnitt 6.9 behandelt.

Editionsmasken

Um Mitarbeitern aus unterschiedlichen Abteilungen die Arbeit mit Projektstrukturen zu erleichtern, empfiehlt es sich, Konventionen für die Identifikation der Projektstrukturplanobjekte, z.B. in Abhängigkeit vom Typ und der Verwendung der Projekte, zu vereinbaren. Zu diesem Zweck können Sie Editionsmasken für die Steuerung der externen Identifikation von Projektdefinitionen und PSP-Elementen im Customizing definieren.

Editionsmasken festlegen

In der Customizing-Aktivität **Projektcodierung für Projekt festlegen** (OPSJ) definieren Sie Editionsmasken in Abhängigkeit von *Schlüsseln*. Eine Editionsmaske enthält jeweils durch Sonderzeichen getrennte *Abschnitte* für die externen Identifikationen. Ein Abschnitt kann entweder aus Ziffern bestehen, repräsentiert durch Nullen in der Editionsmaske, oder aus alphanumerischen Zeichen, dargestellt durch X-Zeichen in der Maske. Zu jeder Maske können Sie einen beschreibenden Text im Customizing hinterlegen und über *Sperrkennzeichen* steuern, ob der Schlüssel und die dazugehörige Maske für operative oder Standardprojektstrukturpläne verwendet werden dürfen.

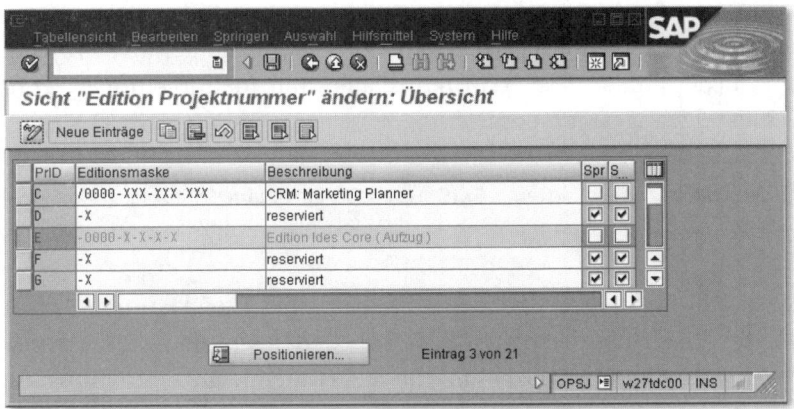

Abbildung 2.9 Beispiele für Editionsmasken

Die Definition von Editionsmasken soll nun an unserem IDES-Beispiel erläutert werden. Alle Aufzugprojekte im IDES-Unternehmen beginnen mit dem Buchstaben E. Zum Schlüssel E wurde daher – noch bevor das erste Aufzugprojekt angelegt wurde – im Customizing die in Abbildung 2.9 dargestellte Editionsmaske definiert. Jede mit dem Buchstaben E beginnende Identifikation von Projektdefinitionen und PSP-Elementen folgt nun der Konvention, dass nach dem Schlüssel E ein Bindestrich als Sonderzeichen folgt, danach ein maximal vierstelliger Abschnitt, in dem nur Ziffern stehen dürfen. Wird im ersten Abschnitt ein Buchstabe eingegeben, reagiert das System mit einer Fehlermeldung. Im IDES-Unternehmen wird der erste Abschnitt für eine fortlaufende Nummerierung von Projekten verwendet, dies wird vom System durch die Möglichkeit, nach der nächsten freien Nummer zu suchen, unterstützt.

Wird eine längere Identifikation für PSP-Elemente vergeben, muss nach dem numerischen Abschnitt wieder ein Bindestrich folgen und danach ein einstelliger Abschnitt, in dem ein alphanumerisches Zeichen stehen darf, usw. Bei der Eingabe der Identifikation kann dabei in der Regel auf die Angabe der Sonderzeichen verzichtet werden, da das System die Sonderzeichen nach der Datenfreigabe automatisch an die vorgesehene Stelle der angezeigten Identifikation einfügt.[13]

---

13 In der Datenbanktabelle der PSP-Elemente wird die externe Identifikation jedoch ohne die Sonderzeichen abgelegt. Weitere Informationen zu Editionsmasken finden Sie auch im Hinweis 536 471.

Da in dem Beispiel weder ein Sperrkennzeichen für operative noch für Standardstrukturen gesetzt ist, können sowohl operative Projekte als auch Standardprojektstrukturpläne mit Identifikationen zum Schlüssel E angelegt werden.

[!]   Beachten Sie, dass Sie eine Editionsmaske zu einem Schlüssel nur dann erstellen können, wenn es noch kein Objekt zu diesem Schlüssel gibt.

Sie sollten sich bereits bei der Einführung des Projektsystems, noch vor dem Anlegen der ersten Projekte, Gedanken über die Verwendung von Editionsmasken machen. Definieren Sie ggf. frühzeitig einfache Masken zu Schlüsseln, die Sie später eventuell nutzen möchten, und sperren Sie diese Editionsmasken. Zu einem späteren Zeitpunkt können Sie die Masken dann detaillieren und für die Verwendung freigeben, d.h. die Sperrkennzeichen entfernen.

[!]   Editionsmasken, die bereits von Objekten verwendet werden, sind nur noch bedingt änderbar. Die einzigen beiden nachträglichen Änderungsmöglichkeiten sind das Hinzufügen neuer alphanumerischer Abschnitte und das Ändern eines numerischen in einen alphanumerischen Abschnitt der gleichen Länge.

Wenn Sie Editionsmasken anlegen oder ändern, führt das System verschiedene Prüfungen durch. Beim Transport der Customizing-Einstellungen zu Editionsmasken werden jedoch nicht alle Prüfungsschritte durchlaufen. Es ist daher empfehlenswert, Editionsmasken nicht zu transportieren, sondern manuell in den jeweiligen Systemen zu erstellen.

Sonderzeichen festlegen
Bevor Sie Editionsmasken im Customizing definieren können, müssen Sie in der Customizing-Aktivität **Sonderzeichen für Projekt festlegen** (OPSK) Einstellungen vorgenommen haben. Zunächst müssen Sie hier definieren, wie lang die Schlüssel der Editionsmasken sein dürfen. Maximal darf ein Schlüssel jedoch nur fünf Zeichen (numerisch oder alphanumerisch) lang sein. Geben Sie in dem entsprechenden Feld z.B. **3** ein, dürfen Sie bei der Festlegung der Editionsmasken nur Schlüssel bis zu einer Länge von drei Zeichen verwenden. Sollen die Schlüssel immer genau drei Zeichen lang sein und nicht kürzer, setzen Sie zusätzlich das Kennzeichen **SL** (Strukturlänge).

Indem Sie ein beliebiges Zeichen in dem Feld **Eh** (Erfassungshilfe) hinterlegen, können Sie das tabellarische Anlegen von PSP-Elementen vereinfachen. Anstatt immer die komplette Identifikation für eine neues PSP-Element anzugeben – was bei langen Identifikationen fehleranfällig sein kann –, können Sie für denjenigen Teil der Identifikation, der identisch mit dem hierarchisch übergeordneten Objekt ist, einfach das Erfassungshilfezeichen eintragen. Bei der Datenfreigabe ersetzt das System dann das Zeichen durch die Identifikation des übergeordneten Objekts.

Erfassungshilfe

In den acht Feldern **Sonderzeichen** hinterlegen Sie diejenigen Zeichen, die Sie bei der Definition der Editionsmasken als Trennzeichen zwischen zwei Abschnitten einsetzen möchten.

Durch das Setzen des Kennzeichens **Edit** erzwingen Sie, dass Projektdefinitionen und PSP-Elemente nur mit Identifikationen angelegt werden können, die durch nicht gesperrte Editionsmasken gesteuert werden. Haben Sie z.B. zum Schlüssel Z keine Editionsmaske definiert, können Sie keine mit Z beginnenden Projekte anlegen, wenn das Kennzeichen gesetzt ist.

Wenn Sie in das Feld **ANr** (Automatische Nummernvergabe) ein beliebiges Zeichen eintragen, schlägt Ihnen das System beim Anlegen eines PSP-Elements aus dem Vorlagenbereich (siehe z.B. Abschnitt 2.7.1) automatisch eine Identifikation für dieses PSP-Element vor. Kann das System keine Nummer automatisch vorschlagen, vergibt es eine vorläufige Nummer, beginnend mit dem Zeichen, das Sie in dem Feld **ANr** eingetragen haben.

Projektart, Priorität

Die Definition von Projektarten und Prioritäten besteht lediglich aus einer Identifikation und einer Bezeichnung. Projektarten und Prioritäten können in den Grunddaten von PSP-Elementen eingetragen werden und dienen rein informativen Zwecken bzw. können über die erweiterte Abgrenzung als Selektionskriterien im Reporting verwendet werden. Im Projektprofil können Sie einen Vorschlagswert für die Projektart und die Priorität hinterlegen.

Partnerschema

Definition von
Partnerrollen

Die Definition von Partnerschemata besteht aus drei Customizing-Aktivitäten. Zunächst legen Sie Identifikationen und Bezeichnungen für diejenigen Rollen[14] an, die Sie später Projekten zuordnen möchten, und verknüpfen diese mit vorgegebenen Arten von Partnernummern.

Möchten Sie z.B. in Vertriebsprojekten den Auftraggeber als Information manuell hinterlegen, legen Sie eine Rolle **Auftraggeber** an und verknüpfen sie mit der Art **Kunde**. Sie können so zur Rolle **Auftraggeber** eine Debitorennummer eingeben und sich im Projekt die Daten des entsprechenden Debitorenstammsatzes anzeigen lassen.

Sprachabhängige
Umschlüsselung

In der zweiten Customizing-Aktivität können Sie die Bezeichnung der Rollen in andere Sprachen übersetzen. Je nach Anmeldesprache gibt das System später die entsprechende Bezeichnung aus.

Definition von
Partnerschemata

Im letzten Schritt fassen Sie schließlich diejenigen Rollen, die später gemeinsam in einem Projekt zur Auswahl stehen sollen, in einem Partnerschema zusammen. Dabei können Sie für jede Rolle festlegen, ob sie auf jeden Fall spezifiziert werden muss, ob ein Eintrag zur Rolle später noch geändert werden kann und ob Sie zu einer Rolle auch mehrere Werte eintragen können. Sie können ein Partnerschema als Vorschlagswert im Projektprofil hinterlegen.

Antragsteller, Verantwortliche

Mithilfe der Transaktionen OPS6 und OPS7 legen Sie mögliche Verantwortliche und Antragsteller für Projektdefinitionen und PSP-Elemente an. Die Definition von Antragstellern und Verantwortlichen besteht einfach aus einer maximal achtstelligen Identifikation und dem Namen der entsprechenden Person. Die Einträge werden manuell vorgenommen, es werden keine Daten aus dem Personalwesen dafür benötigt.

Für Verantwortliche können Sie zusätzlich den entsprechenden SAP-Benutzer eintragen. Dieser Eintrag ist relevant, wenn der Benutzer

---

14 Der Begriff *Rolle* taucht in unterschiedlichen Kontexten auf. Die hier definierten Rollen haben keinen Bezug zu den Rollen, die zur Vergabe von Berechtigungen verwendet werden, oder zu den Rollen, die in cProjects-Projekten definiert werden.

im Falle von Budgetüberschreitungen automatisch per E-Mail informiert werden soll (siehe Abschnitt 4.1.5).

Feldschlüssel

Mithilfe von Feldschlüsseln steuern Sie die Bezeichnung von Benutzerfeldern (siehe Abbildung 2.6). Nur diejenigen Benutzerfelder sind eingabebereit, für die Sie in der Definition des Feldschlüssels eine Bezeichnung hinterlegen. Für die beiden Mengenfelder der Benutzerfelder können Sie eine Verknüpfung zu Parametern herstellen, um so die Mengen später in Formeln verwenden zu können (siehe Abschnitt 3.2.1). Im Projektprofil können Sie einen Vorschlagswert für den Feldschlüssel eintragen.

2.2.3 Standardprojektstrukturpläne

Ein Standardprojektstrukturplan besteht aus einer *Standardprojektdefinition* und *Standard-PSP-Elementen* und dient als Kopiervorlage für operative Projekte. Standardprojektstrukturpläne werden mithilfe der Transaktion CJ91 mit Bezug zu einem Projektprofil erstellt. Dabei können andere Standardprojektstrukturpläne oder auch operative Projekte als Kopiervorlage genutzt werden.

Ein Standardprojektstrukturplan kann bereits wesentliche Stammdaten enthalten. Sie können Standard-PSP-Elementen auch bereits Meilensteine (siehe Abschnitt 2.4) oder PS-Texte (siehe Abschnitt 2.5.1) zuordnen. Es können jedoch keine Plandaten, wie z.B. Termininformationen, Plankosten oder -erlöse und auch keine Abrechnungsvorschriften im Standardprojektstrukturplan hinterlegt werden. Auch eine Zuordnung von Dokumenteninfosätzen (siehe Abschnitt 2.5.2) ist nicht möglich. **Stammdaten**

Ferner können noch keine Status für die Standard-PSP-Elemente gesetzt werden. In der Standardprojektdefinition können Sie jedoch bereits die Statusschemata für die operative Projektdefinition und die operativen PSP-Elemente hinterlegen. Auf der Ebene der Standardprojektdefinition gibt es darüber hinaus drei Systemstatus:

▶ **Standard-Eröffnet**
Das System gibt eine Warnmeldung aus, wenn Sie den Standardprojektstrukturplan in diesem Initial-Status als Kopiervorlage nutzen möchten. **Standard-Systemstatus**

▶ **Standard-Freigegeben**
Der Standardprojektstrukturplan kann ohne Einschränkung als Kopiervorlage verwendet werden. Dieser Status kann nicht zurückgenommen werden.

▶ **Standard-Abgeschlossen**
Der Standardprojektstrukturplan kann bei diesem Status nicht kopiert werden.

Zusammenfassung

Mithilfe der PSP-Elemente eines Projektstrukturplans bilden Sie ein Projekt in hierarchischer Form im SAP-System ab. Alle PSP-Elemente eines Projektstrukturplans sind eindeutig einer Projektdefinition zugeordnet. In den Stammdaten dieser Projektelemente hinterlegen Sie diverse Daten zu Informationszwecken, aber auch steuernde Profile und Kennzeichen. Standardprojektstrukturpläne dienen als Kopiervorlage für operative Projekte. Bevor Sie Projektstrukturpläne anlegen, müssen Sie im Customizing des Projektsystems ein Projektprofil definieren. Sinnvoll ist es ferner, im Customizing auch Editionsmasken festzulegen, die die Identifikation der Projektelemente steuern.

2.3 Netzplan

Netzpläne dienen dazu, den Ablauf der verschiedenen Projektaktivitäten in Form von Vorgängen und Anordnungsbeziehungen im System abzubilden. Mithilfe von Netzplänen können Sie insbesondere diverse logistische Integrationen in die Materialwirtschaft, Produktion, Instandhaltung, den Einkauf und die Kapazitätsplanung sowie die Terminierung nutzen.

Größe von Netzplänen
Netzpläne sollten eine Größe von ca. 500 Vorgängen nicht überschreiten, da Sie pro Netzplan in der Regel nur einen Verantwortlichen (*Disponent*) hinterlegen. Ein anderer Grund dafür ist die Sperrlogik von Netzplänen: Immer wenn ein Netzplanobjekt bearbeitet oder z. B. rückgemeldet wird, ist der gesamte Netzplan gesperrt. Je größer Ihre Netzpläne und je höher die Anzahl der voraussichtlichen Rückmeldungen, desto größer ist also die Gefahr, dass der Netzplan für die Bearbeitung gesperrt ist.

2.3.1 Aufbau und Stammdaten

Ein Netzplan besteht aus einem *Netzplankopf* und *Vorgängen*. Die Vorgänge können durch *Anordnungsbeziehungen* miteinander verknüpft werden. Mithilfe von *Vorgangselementen* können Sie Vorgänge detaillieren bzw. ergänzen.

Im Kopf eines Netzplans sowie in den Vorgängen und Vorgangselementen können Sie jeweils die Identifikation eines PSP-Elements eintragen und so eine Zuordnung zu einem Projektstrukturplan herstellen. Aufgrund dieser Zuordnung können Daten zwischen den Netzplanobjekten und den jeweiligen PSP-Elementen ausgetauscht werden.

Jeder Netzplan besitzt eine maximal 12-stellige eindeutige Identifikation. In Abhängigkeit von den Customizing-Einstellungen müssen Sie diese Identifikation entweder beim Anlegen des Netzplans manuell eingeben, oder die Identifikation wird vom System automatisch vergeben.[15]

Identifikation

Netzpläne sind technisch als *Aufträge* realisiert und einige ihrer Funktionen ähneln daher z.B. denen von Fertigungs-, Instandhaltungs- oder Serviceaufträgen oder im weiteren Sinne auch denen von Innenaufträgen. Die unterschiedlichen Aufträge im SAP-System werden durch fest vorgegebene *Auftragstypen* unterschieden. Netzpläne bilden den *Auftragstyp 20*.

Auftragstyp

Die Eigenschaften von Aufträgen werden innerhalb der einzelnen Auftragstypen durch *Auftragsarten* – im Falle von Netzplänen auch *Netzplanarten* genannt – spezifiziert, die Sie im Customizing der jeweiligen Anwendung definieren. In Abhängigkeit von der Netzplanart und dem Werk im Kopf des Netzplans legen Sie weitere Eigenschaften der Netzpläne im Customizing des Projektsystems fest (siehe Abschnitt 2.3.2).

Netzplankopf

Ein Netzplankopf bildet einen Rahmen für die unterschiedlichen Objekte des Netzplans. Der Netzplankopf enthält sowohl steuernde

---

15 Für Netzpläne, die einem PSP-Element zugeordnet werden, kann die Identifikation mithilfe einer Kundenerweiterung auch aus der Identifikation des PSP-Elements abgeleitet werden.

Profile und Kennzeichen als auch Vorschlagswerte für die verschiedenen Netzplanobjekte (siehe Abbildung 2.10).

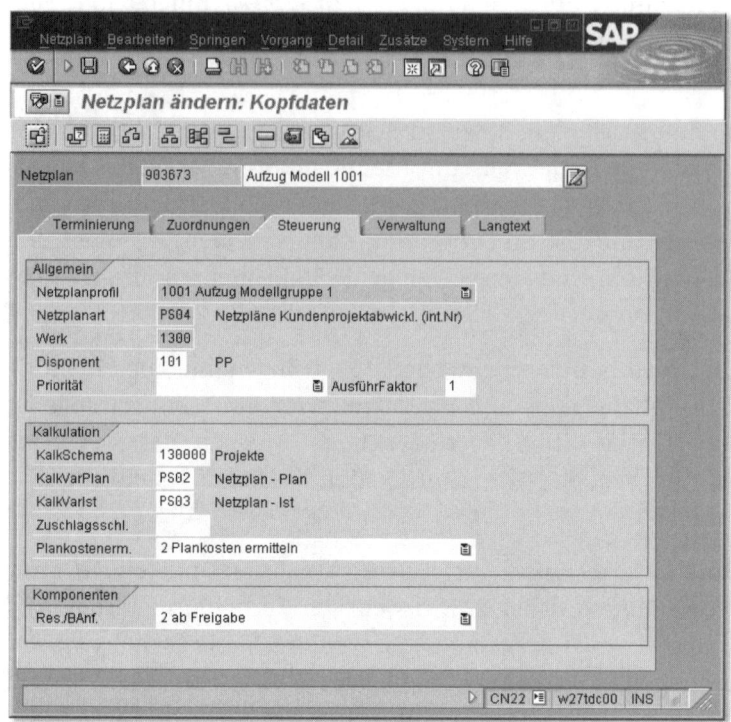

Abbildung 2.10 Steuerungsdaten eines Netzplankopfes

Wenn Sie einen Netzplankopf anlegen (siehe Abschnitt 2.7), müssen Sie ein **Netzplanprofil**, eine **Netzplanart** und ein **Werk** angeben, wobei die Netzplanart und das Werk auch über das Netzplanprofil vorgeschlagen werden können. Über das Werk wird die Zugehörigkeit zu Buchungskreis und Kostenrechnungskreis ermittelt. Das Werk wird auch als Vorschlagswert an die Vorgänge des Netzplans weitergegeben, kann dort jedoch geändert werden, sofern das neue Werk noch zu dem gleichen Kostenrechnungskreis des Netzplankopfes gehört. Auch andere Daten des Netzplankopfes, wie z.B. der **Geschäftsbereich**, das **Profit Center** (auf der Registerkarte **Zuordnungen**) oder das Kennzeichen **Res./BAnf**, dienen als Vorschlagswerte für die Vorgänge des Netzplans.

Im Netzplankopf nehmen Sie neben der Spezifikation des Netzplanverantwortlichen, dem Disponenten, auch verschiedene Einstellungen zur Termin- und Kapazitätsplanung sowie zur Kostenkalkulation vor. Diese werden in den entsprechenden Abschnitten 3.1.2, 3.2.1 und 3.4.5 näher erläutert.

Mithilfe des Feldes **AusführFaktor** können Sie Mengeninformationen in den Vorgängen, Vorgangselementen und zugeordneten Materialkomponenten vervielfachen. Wenn Sie einen ganzzahligen Faktor im Netzplankopf hinterlegen, werden automatisch Dauer, Arbeit, Kosten und Mengen von Vorgängen und deren zugeordneten Vorgangselementen und Materialkomponenten mit diesem Faktor multipliziert. Dabei werden jedoch nur diejenigen Vorgänge berücksichtigt, die Sie explizit für diese Vervielfachung gekennzeichnet haben.

Ausführungsfaktor

Vorgänge

Man unterscheidet bei Netzplänen die vier unterschiedlichen Vorgangstypen:

▶ Eigenbearbeitung

▶ Fremdbearbeitung

▶ Dienstleistung

▶ Kosten

Der Typ eines Vorgangs wird dabei durch den *Steuerschlüssel* des Vorgangs (siehe Abschnitt 2.3.2) festgelegt. Über die Bezeichnung, Langtexte oder auch zugeordnete PS-Texte und Dokumente (siehe Abschnitt 2.5) können Sie die Aufgabe jedes einzelnen Vorgangs näher spezifizieren.

Jeder Vorgang besitzt innerhalb des Netzplans eine eindeutige, vierstellige Identifikation und kann so zusammen mit der Netzplanidentifikation eindeutig identifiziert werden. Legen Sie einen neuen Vorgang an, schlägt Ihnen das System automatisch eine Identifikation für diesen Vorgang vor, basierend auf der bisher höchsten Vorgangsnummer innerhalb des Netzplans und der im Netzplanprofil angegebenen Vorgangsschrittweite.

Ein Eigenbearbeitungsvorgang – standardmäßig steht hierfür der Steuerschlüssel PS01 zur Verfügung – dient der Planung und Erfassung einer Leistung, die von Kapazitäten (z.B. Personen oder

Eigenbearbeitung

49

Maschinen) des eigenen Unternehmens erbracht wird. Abbildung 2.11 zeigt ein Beispiel eines Eigenbearbeitungsvorgangs, der dazu dient, die Erstellung eines ersten Layouts des Aufzugs im Netzplan abzubilden.

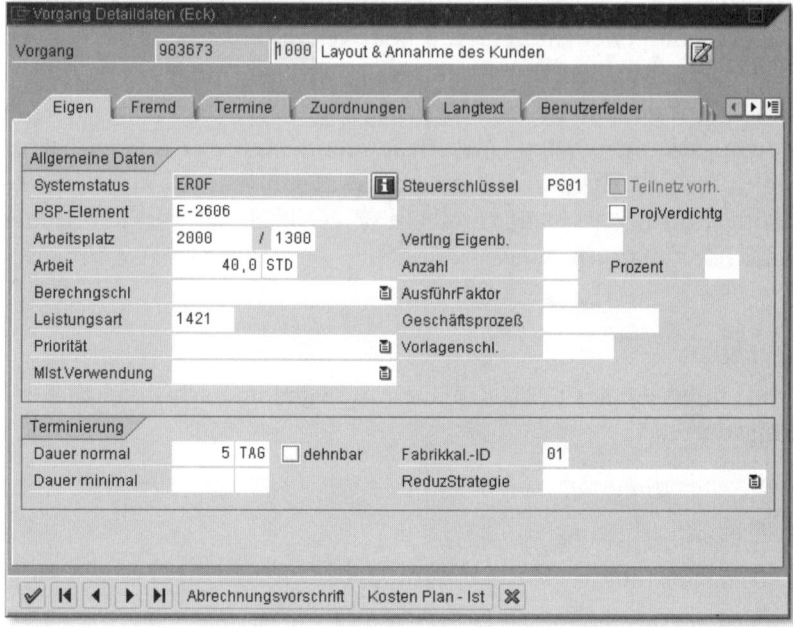

Abbildung 2.11 Beispiel eines Eigenbearbeitungsvorgangs

Mithilfe des Feldes **Dauer normal** planen Sie die Größe des Zeitraums, der für die Eigenleistung im Rahmen der Terminierung berücksichtigt werden soll. Wenn Sie Kosten und Kapazitätsbedarfe für die Eigenleistung planen möchten, müssen Sie einen **Arbeitsplatz** angeben (siehe Abschnitt 3.2.1), der die entsprechende Leistung erbringen soll, und den Arbeitsaufwand in dem Feld **Arbeit** eingeben.

Berechnungs-schlüssel
Gibt es für einen Eigenbearbeitungsvorgang einen festen Bezug zwischen der geplanten Arbeit und der Dauer der Durchführung, können Sie über das Feld **Berechngschl** (Berechnungsschlüssel) z.B. steuern, dass die Dauer aus der geplanten Arbeit des Vorgangs und der Einsatzzeit des Arbeitsplatzes berechnet wird. Mittels der Felder **Anzahl** und **Prozent** können Sie dabei zusätzlich spezifizieren, wie viele Kapazitäten zu wie viel Prozent bei der Umrechnung berück-

sichtigt werden sollen. Umgekehrt kann auch die benötigte Arbeit aus der Dauer des Vorgangs berechnet werden. Eine dritte mögliche Verwendung des Berechnungsschlüssels ist, dass Sie manuell die geplante Arbeit und Dauer angeben und das System Ihnen die Anzahl der benötigten Kapazitäten berechnet.

Mithilfe eines Fremdbearbeitungsvorgangs – standardmäßig können Sie für diesen Vorgangstyp den Steuerschlüssel PS02 verwenden – planen und beschaffen Sie eine Leistung, die von einer externen Ressource erbracht werden soll. Die zu beschaffende Leistung können Sie entweder manuell mittels Langtexten, PS-Texten oder zugeordneten Dokumenten beschreiben oder durch die Angabe geeigneter **Infosätze** oder **Rahmenverträge** des Einkaufs spezifizieren. Abbildung 2.12 zeigt das Beispiel eines Fremdbearbeitungsvorgangs, der für die Beschaffung einer externen Konstruktionsleistung innerhalb des Netzplans verwendet wird.

Fremdbearbeitung

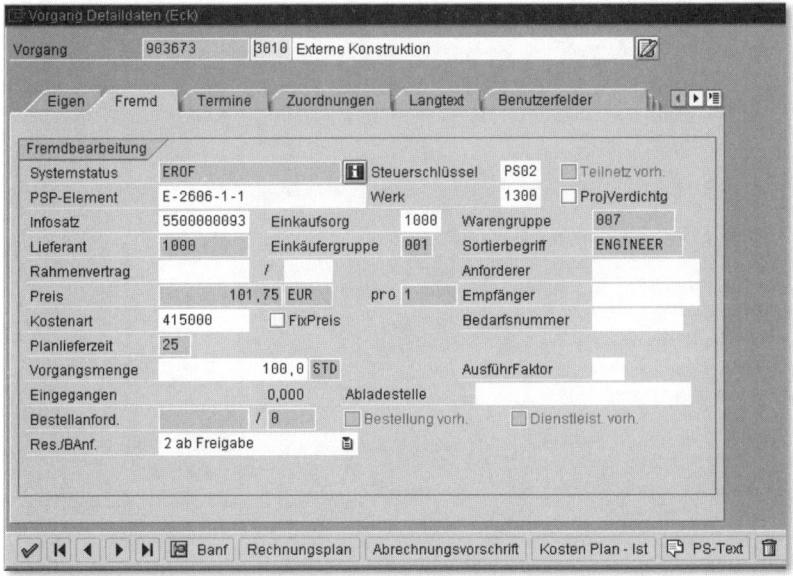

Abbildung 2.12 Beispiel eines Fremdbearbeitungsvorgangs

Mithilfe Ihrer Angaben zur Fremdleistung, dem **Endtermin** des Fremdbearbeitungsvorgangs, der angegebenen **Menge**, der **Warengruppe** und der verantwortlichen **Einkaufsorg** und **Einkäufergruppe**, kann das System später eine Bestellanforderung erstellen. Dies geschieht in Abhängigkeit von dem Kennzeichen **Res./BAnf**:

Kennzeichen Res./Banf

51

► **sofort**, also automatisch beim nächsten Sichern des Netzplans

► **ab Freigabe** des Vorgangs und dem anschließenden Sichern

► **nie** automatisch, sondern zu einem beliebigen Zeitpunkt beim Sichern, nachdem Sie das Kennzeichen manuell von **Nie** auf **Sofort** gesetzt haben

Dienstleistung Ähnlich wie ein Fremdbearbeitungsvorgang dient auch ein Dienstleistungsvorgang (standardmäßig Steuerschlüssel PS05) der Planung und Beschaffung von Fremdleistungen über den Einkauf (siehe Abbildung 2.13). Während Sie mithilfe eines Fremdbearbeitungsvorgangs nur eine spezifizierte Leistung beschaffen, erlaubt ein Dienstleistungsvorgang die Planung und Beschaffung mehrerer Dienstleistungen sowie die Angabe von Daten zu noch nicht näher spezifizierten Leistungen.

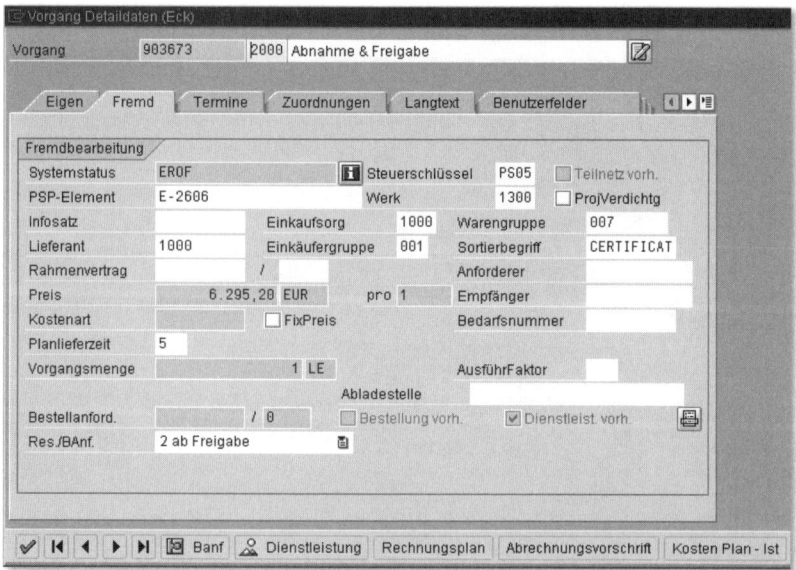

Abbildung 2.13 Beispiel eines Dienstleistungsvorgangs

Leistungs- verzeichnis Zu diesem Zweck erstellen Sie beim Anlegen eines Dienstleistungsvorgangs ein *Leistungsverzeichnis*, in dem Sie ggf. mit Bezug auf **Leistungsstammsätze**, **Muster-** oder **Standardleistungsverzeichnisse** tabellarisch – bei Bedarf hierarchisch strukturiert – geplante Leistungen angeben (siehe Abschnitt 3.2.5). Zusätzlich müssen Sie ein **Wertelimit** für ungeplante Leistungen, d.h. für Leistungen, die noch nicht genau spezifiziert werden können, angeben. Dieses Limit darf später vom Lieferanten bei der *Leistungserfassung* durch die Werte ungeplanter Leistungen nicht überschritten werden (siehe Abschnitt 5.4.2).

Genau wie bei einem Fremdbearbeitungsvorgang steuern Sie mithilfe des Kennzeichens **Res./BAnf,** wann eine Bestellanforderung anhand der Daten eines Dienstleistungsvorgangs erstellt werden soll. Die Weiterverarbeitung der Bestellanforderung geschieht dann mithilfe von Funktionen des Dienstleistungsbereichs im Einkauf.

Für die Planung und spätere Kontierung von Kosten, die nicht aufgrund von Eigenleistungen, der Beschaffung von Fremdleistungen oder Dienstleistungen über den Einkauf oder den Verbrauch von Material entstehen, also z. B. für Reisekosten oder andere Primärkosten, können Sie Kostenvorgänge einsetzen. Standardmäßig wird für Kostenvorgänge der Steuerschlüssel PS03 ausgeliefert. Abbildung 2.14 zeigt ein Beispiel eines Kostenvorgangs für die Abbildung von Versicherungskosten innerhalb des Netzplans.

Kostenvorgang

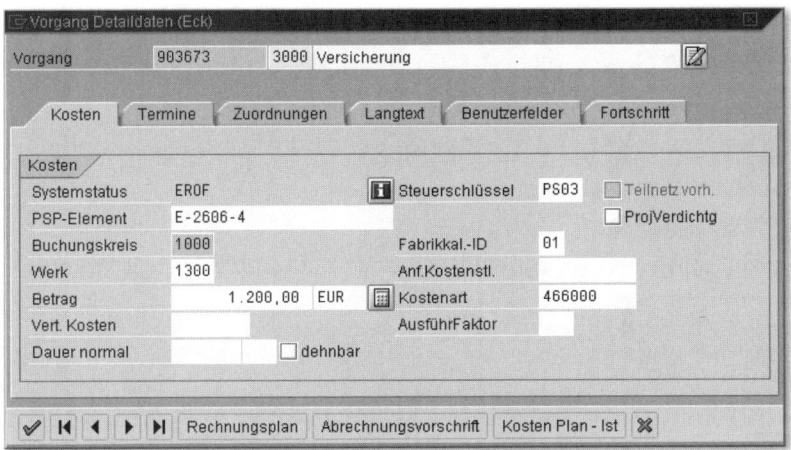

Abbildung 2.14 Beispiel eines Kostenvorgangs

Für die Planung solcher Kosten stehen dabei in Kostenvorgängen unterschiedliche Möglichkeiten zur Verfügung. Im einfachsten Fall geben Sie lediglich einen **Betrag** und eine **Kostenart** an. Detaillierte Möglichkeiten stellen Einzelkalkulationen oder alternativ Rechnungspläne dar (siehe Abschnitt 3.4.5).

Um eine Verteilung der Kosten über mehrere Perioden zu erreichen, können Sie in einem Kostenvorgang eine Dauer eingeben und – falls

Sie keine gleichmäßige Verteilung über die Dauer möchten – auch einen **Verteilungsschlüssel** (siehe Abschnitt 3.2.1).

Anordnungsbeziehungen

Mithilfe von Anordnungsbeziehungen definieren Sie die Abfolge von Vorgängen. Wenn Sie eine Anordnungsbeziehung zwischen zwei Vorgängen erstellen, legen Sie dabei fest, welcher Vorgang der *Vorgänger* und welcher der *Nachfolger* ist, und spezifizieren so die logische Abfolge. Zusätzlich geben Sie die Art der Anordnungsbeziehung an, über die das System im Rahmen der Terminierung die zeitliche Abfolge von Vorgänger und Nachfolger ermittelt.

Arten von Anordnungs- beziehungen Folgende Arten von Anordnungsbeziehungen stehen Ihnen zur Verfügung:

▶ **NF Normalfolge**
Der Nachfolger beginnt zeitlich nach dem Ende der Vorgängers.

▶ **AF Anfangsfolge**
Der Nachfolger beginnt zeitgleich oder zeitlich nach dem Start des Vorgängers.

▶ **EF Endfolge**
Der Nachfolger endet zeitgleich oder zeitlich nach dem Ende des Vorgängers.

▶ **SF Sprungfolge**
Der Vorgänger beginnt zeitlich nach dem Ende des Nachfolgers.

Zeitabstand Durch die Angabe eines positiven Zeitabstands in einer Anordnungsbeziehung können Sie bei der Terminierung erreichen, dass dieser zeitliche Abstand zwischen den Vorgängen mindestens gewahrt bleibt. Ein negativer Zeitabstand bedeutet umgekehrt z.B. bei einer Normalfolge, dass sich die Vorgänge um diesen Abstand zeitlich überlappen können.

Sie können Zeitabstände entweder absolut, z.B. als eine Anzahl von Tagen, eingeben oder prozentual gerechnet anhand der Dauer des Vorgängers oder des Nachfolgers spezifizieren. Sollen sich die Zeitabstände dabei rein auf Arbeitstage oder die Einsatzzeit von Kapazitäten beziehen, tragen Sie zusätzlich einen Fabrikkalender oder einen Arbeitsplatz in die Anordnungsbeziehung ein.

Sie können Anordnungsbeziehungen tabellarisch für Vorgänge erstellen. In der Netzplangrafik und der Projektplantafel können Sie mithilfe des so genannten *Verbindungsmodus* auch grafisch Anordnungsbeziehungen anlegen. In der Projektplantafel können Sie ferner einfach Vorgänge selektieren und mithilfe des Icons **Markierte Vorgänge verknüpfen** automatisch Normalfolgen zwischen diesen Vorgängen in der Reihenfolge ihrer tabellarischen Darstellung erstellen.

Sie können auch Anordnungsbeziehungen zwischen Vorgängen unterschiedlicher Netzpläne erstellen und so Abhängigkeiten zwischen diesen Netzplänen abbilden. Die so durch Anordnungsbeziehungen verbundenen Netzpläne können auch zu unterschiedlichen Projekten gehören. Anordnungsbeziehungen zwischen Vorgängen unterschiedlicher Netzpläne werden auch als *externe Anordnungsbeziehungen* bezeichnet.

Externe Anordnungsbeziehungen

Vorgangselemente

Bei Vorgangselementen unterscheidet man die vier Typen:

▸ Eigenbearbeitungselement
▸ Fremdbearbeitungselement
▸ Dienstleistungselement
▸ Kostenelement

Genau wie bei einem Vorgang können Sie mithilfe eines Vorgangselements in Abhängigkeit vom Steuerschlüssel, der den Typ des Vorgangselements festlegt, Kosten und Kapazitätsbedarfe für Eigenleistungen planen, die Beschaffung von Fremd- und Dienstleistungen über den Einkauf planen und anstoßen oder zusätzliche Kosten planen. Ein Vorgangselement wird durch eine eindeutige Nummer innerhalb des Netzplans identifiziert. Abbildung 2.15 zeigt ein Beispiel eines Vorgangselements vom Typ **Kosten**.

Im Unterschied zu einem Vorgang besitzt ein Vorgangselement jedoch keine Anordnungsbeziehungen und ist somit nicht relevant für die Terminierung des Netzplans. Ein Vorgangselement wird fest einem Vorgang zugeordnet und übernimmt dessen Termine, wobei Sie durch die Eingabe von Zeitabständen planen können, dass das Vorgangselement später beginnen oder früher enden soll als der übergeordnete Vorgang. Der Plantermin eines Vorgangselements muss jedoch immer innerhalb des Plantermins des Vorgangs liegen.

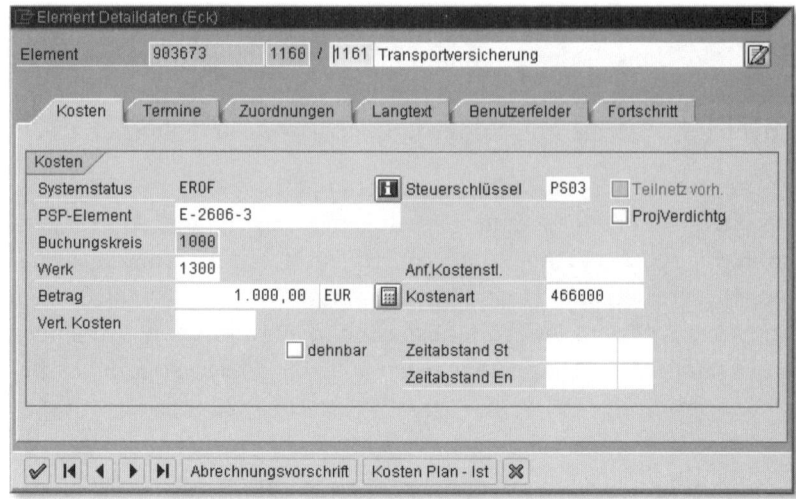

Abbildung 2.15 Beispiel eines Vorgangselements vom Typ »Kosten«

Ein weiterer Unterschied zwischen Vorgangselementen und Vorgängen besteht darin, dass Sie Vorgangselementen keine weiteren Objekte, also insbesondere keine PS-Texte, Dokumente, Meilensteine oder Materialkomponenten, zuordnen können.

Durch die Verwendung von Vorgangselementen anstelle von Vorgängen können Sie die Struktur des Netzplans und insbesondere die Terminplanung des Netzplans überschaubar halten. Die folgenden beiden Beispiele des Aufzugprojekts sollen dies erläutern:

Beispiele für Vorgangselemente Die Lieferung von Aufzugteilen wird durch einen Eigenbearbeitungsvorgang **Lieferung** abgebildet. Für den Transport möchten Sie zusätzliche Versicherungskosten planen. Sie realisieren dies durch ein Kostenelement **Transportversicherung**, das Sie dem Vorgang **Lieferung** zuordnen. Die Plankosten des Kostenelements liegen aufgrund des festen Terminbezugs zwischen Vorgang und Vorgangselement automatisch in dem terminierten Zeitraum der Lieferung.

Die Montage einer Aufzugkomponente wird von mehreren Arbeitsplätzen durchgeführt, ein Teil der Leistung wird dabei auch von einem Lieferanten erbracht. Da die Arbeiten parallel durchgeführt werden bzw. eine detaillierte Ablaufplanung der einzelnen Aktivitäten nicht notwendig ist, verwenden Sie Vorgangselemente anstelle einzelner Vorgänge für jeden Arbeitsplatz und jede Fremdleistung. Das heißt, Sie legen einen Vorgang mit einer geplanten Dauer für die gesamte Montage der Komponente und den benötigten Anordnungsbeziehungen an und ordnen diesem Vorgang anschließend für jeden beteiligten Arbeitsplatz und die benötigten Fremdbeschaffungen jeweils ein Vorgangselement zu.

Teilnetze

Als Teilnetze werden Netzpläne bezeichnet, die über eine Zuordnung auf der Ebene des Netzplankopfes mit einem Vorgang eines anderen Netzplans verknüpft sind. Teilnetze dienen so der Detaillierung des übergeordneten Vorgangs.

Bei der Zuordnung des (Teil-)Netzes zu dem übergeordneten Vorgang übergibt das System Vorgangstermine an den Kopf des Teilnetzes. Ferner können die Zuordnung des Vorgangs zu PSP-Elementen, organisatorische Daten und die Anordnungsbeziehungen des Vorgangs im Teilnetz übernommen werden. Im übergeordneten Vorgang wird bei der Zuordnung eines Teilnetzes das Kennzeichen **Teilnetz vorhanden** gesetzt, und der Steuerschlüssel des Vorgangs wird geändert (siehe Abschnitt 2.3.2).

Datenaustausch

Sie können einem Vorgang auch mehrere Teilnetze zuordnen. Den Vorgängen eines Teilnetzes können Sie wiederum Teilnetze zuordnen. Im Falle von Instandhaltungs- oder Dienstleistungsprojekten können Sie anstelle von Netzplänen auch Instandhaltungs- oder Serviceaufträge als Teilnetze verwenden. Dabei hinterlegen Sie ebenfalls im Kopf dieser Aufträge die Zuordnung zu einem übergeordneten Netzplanvorgang. Mithilfe der Gesamtnetzterminierung (siehe Abschnitt 3.1.2) können die Termine des übergeordneten Netzplans und der Teilnetze (auch der in Form von Teilnetzen zugeordneten Instandhaltungs- und Serviceaufträge) gemeinsam terminiert werden.

Anstatt manuell Teilnetze anzulegen, können Sie über Meilensteinfunktionen (siehe Abschnitt 2.4.2) auch automatisch Netzpläne mithilfe von Standardnetzen anlegen und dabei gleichzeitig als Teilnetze Vorgängen zuordnen. Eine mögliche Verwendung von Teilnetzen soll nun an einem einfachen Beispiel erläutert werden:

Beispiel für
Teilnetze

In einer frühen Planungsphase des Aufzugprojekts definieren Sie einen Netzplan, um den groben Ablauf der einzelnen Aktivitäten des Projekts abzubilden. Sie planen so mithilfe dieses Netzplans bereits Termine, Kosten und benötigte Kapazitätsbedarfe für die Planung, Konstruktion und Montage des Aufzugs.

Im Rahmen der Detailplanung des Projekts erstellen Sie nun eigens für die Konstruktion und die Montage neue, detaillierte Netzpläne mit eigenen Verantwortlichen und ordnen diese den Vorgängen **Konstruktion** und **Montage** Ihres ersten Netzplans zu. Dabei übergibt das System die Termine dieser Vorgänge und die Zuordnung zu dem Projektstrukturplan des Aufzugprojekts an die beiden Teilnetze.

Um zu verhindern, dass nun doppelte Plankosten und Kapazitätsbedarfe für die Konstruktion und die Montage für Ihr Projekt im Reporting ausgewiesen werden, haben Sie im Customizing des Projektsystems festgelegt, dass die Steuerschlüssel der übergeordneten Vorgänge automatisch so geändert werden, dass diese nun nicht mehr relevant für die Kalkulation von Kosten und die Berechnung von Kapazitätsbedarfen sind.

Die Verantwortlichen der Teilnetze können anschließend die Teilnetze bearbeiten bzw. weiter detaillieren, ohne dass dabei der übergeordnete Netzplan gesperrt wird. Müssen das Projekt oder Teile des Projekts zeitlich verschoben werden, können Sie mithilfe der Gesamtnetzterminierung die Termine des übergeordneten Netzplans und der Teilnetze gleichzeitig neu berechnen.

2.3.2 Strukturen-Customizing des Netzplans

Bevor Sie operative Netzpläne im SAP-System anlegen können, müssen Sie verschiedene Einstellungen im Customizing des Projektsystems vorgenommen haben. Neben den im Anschluss erörterten Einstellungen im Strukturen-Customizing müssen Sie ferner *Terminierungs-* und *Rückmeldeparameter* definieren sowie Einstellungen zur *Verfügbarkeitsprüfung von Material* vorgenommen haben. Diese Customizing-Aktivitäten werden in den folgenden Kapiteln behandelt.

Netzplanart

Im ersten Schritt definieren Sie in der Transaktion OPSC eine Netzplanart[16] (siehe Abbildung 2.16) und ordnen diese einem Nummernkreis zu. Bei der Definition der Nummernkreise aller Auftragstypen
(Transaktion CO82) legen Sie fest, ob die Nummer automatisch vom
System oder vom Anwender vergeben werden soll (interne oder
externe Nummernvergabe).

Interne/Externe
Nummernvergabe

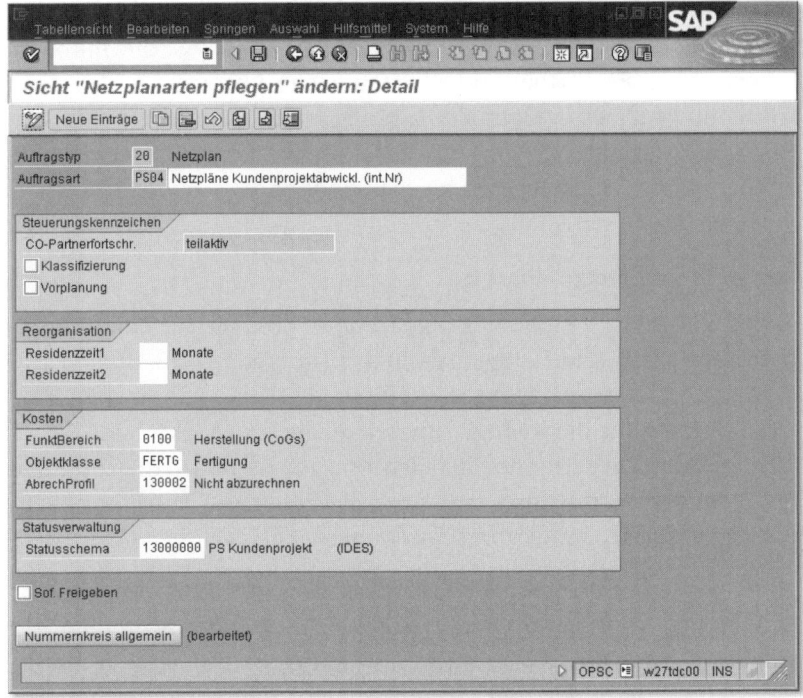

Abbildung 2.16 Beispiel einer Netzplanart

In der Netzplanart können Sie ferner Vorschlagswerte für den **Funk-
tionsbereich**, die **Objektklasse** und das **Abrechnungsprofil** der Netzplanobjekte sowie für das **Anwenderstatusschema** (siehe Abschnitt
2.6) hinterlegen. Mithilfe des Kennzeichens **Sof. Freigeben** erreichen
Sie, dass alle Netzplanobjekte den Status **Freigegeben** als Initialstatus

---

16 Da Netzpläne technisch als Aufträge im SAP-System realisiert sind, wird im Cus-
    tomizing des Projektsystems anstelle des Begriffs *Netzplanart* oft auch einfach der
    Oberbegriff *Auftragsart* verwendet.

erhalten und somit direkt nach Anlegen des Netzplans die Erfassung von Istdaten auf dem Netzplan möglich ist.

Vorplanungsnetze

Neben steuernden Einstellungen zur Klassifizierung und Archivierung (**Residenzzeiten**, siehe Abschnitt 2.10) legen Sie ferner über das Kennzeichen **Vorplanung** fest, ob die Planwerte des Netzplans bei einer aktiven Verfügbarkeitskontrolle gegen das Budget der zugeordneten PSP-Elemente verprobt werden sollen (siehe Abschnitt 4.1.5). Netzpläne, deren Plankosten nicht in die Verfügbarkeitskontrolle einfließen, werden als Vorplanungsnetze bezeichnet. Vorplanungsnetze sind insbesondere relevant für Projekte, die mit dem unbewerteten Projektbestand arbeiten (siehe Abschnitt 3.3.2), da in Vorplanungsnetzen anders als in normalen Netzplänen Plankosten für Materialkomponenten, die im unbewerteten Projektbestand geführt werden, ausgewiesen werden können.

Parameter zur Netzplanart

Nach dem Anlegen einer Netzplanart definieren Sie für eine Kombination aus Werk und Netzplanart in der Transaktion OPUV die Parameter zur Netzplanart (siehe Abbildung 2.17). Außer den Vorschlagswerten für die **Reduzierungsstrategie** (siehe Abschnitt 3.1.2), den **Kalkulationsvarianten** im Plan und im Ist und dem Zeitpunkt der **Plankostenermittlung** enthalten die Parameter zur Netzplanart nur referenzierte, steuernde Einstellungen.

Diese Einstellungen umfassen Parameter zur Generierung von Abrechnungsvorschriften (siehe Abschnitt 6.9), dem Schreiben von Änderungsbelegen bei Stammdaten- (Kennzeichen **Belegschreibung**) und Statusänderungen, der automatischen Alternativenbestimmung von Stücklisten und Kennzeichen für Fremdbeschaffungsprozesse (siehe Abschnitt 5.4).

Die Angabe eines Änderungsprofils ist nur relevant, wenn Sie die Variantenkonfiguration von Netzplänen nutzen (siehe Abschnitt 2.8.6). In diesem Fall steuert das Änderungsprofil, das Sie über die Transaktion OPSG definieren können, wie nach der Freigabe von Netzplänen nachträgliche Änderungen der Konfiguration behandelt werden sollen.

Kopf- und Vorgangskontierung

Über das Kennzeichen **Vorg.Kont.** steuern Sie, ob Netzpläne zu dieser Kombination aus Werk und Netzplanart entweder *kopf*- oder *vorgangskontiert* sind.

Bei kopfkontierten Netzplänen werden sämtliche Plan-, Istkosten und Obligos auf Ebene der Netzplanköpfe geführt. Eine detailliertere Auswertung auf Vorgangsebene ist dabei nicht möglich. Die Verwendung von kopfkontierten Netzplänen ist notwendig, wenn Sie Netzpläne ohne Projektstrukturpläne Kundenauftragspositionen zuordnen möchten.

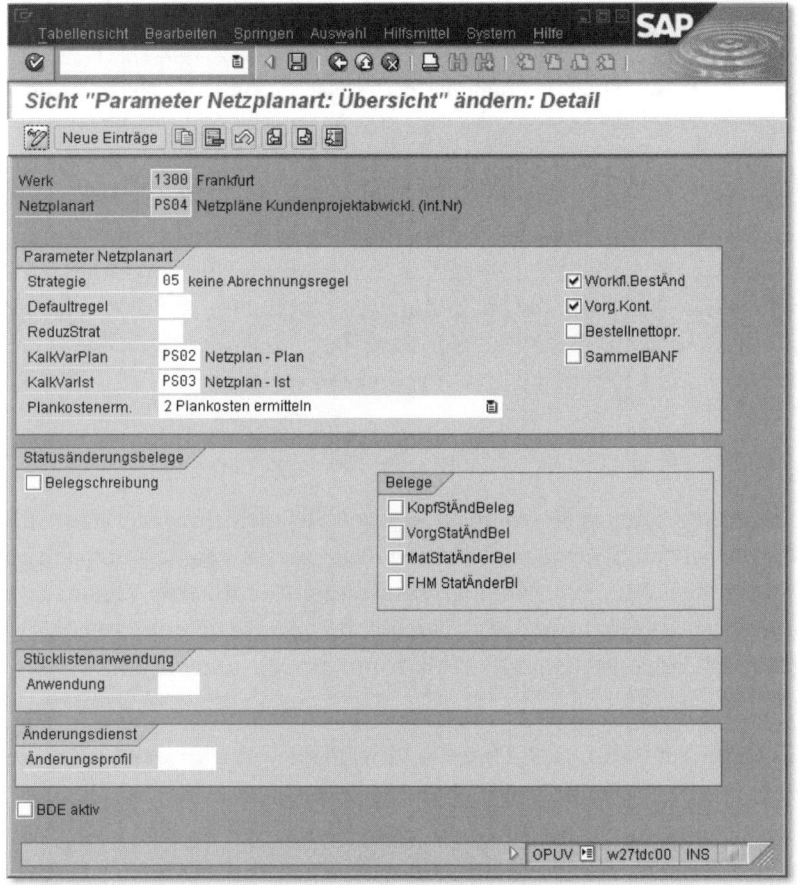

Abbildung 2.17 Beispiel für Parameter zur Netzplanart

> Wenn Sie kopfkontierte Netzpläne zusammen mit Projektstrukturplänen **[!]** einsetzen, sollten Sie die Vorgänge der kopfkontierten Netzpläne nicht unterschiedlichen PSP-Elementen zuordnen. Da die Kosteninformationen nur auf den PSP-Elementen aggregiert ausgewiesen werden, denen die Netzplanköpfe zugeordnet sind, könnte dies ansonsten zu Irritationen bei der Analyse der Kosten führen.

Bei vorgangskontierten Netzplänen stellen die Vorgänge und Vorgangselemente jeweils eigenständige Kontierungsobjekte dar. Alle Kosteninformationen können separat auf den einzelnen Vorgängen und Vorgangselementen analysiert werden. Eine Zuordnung der Vorgänge von vorgangskontierten Netzplänen zu unterschiedlichen PSP-Elementen ist im Gegensatz zu kopfkontierten Netzplänen ohne Probleme möglich.

[»] Ein Netzplan kann entweder nur kopfkontiert oder nur vorgangskontiert sein. Eine nachträgliche Änderung dieser Eigenschaft eines Netzplans ist nicht möglich.

Die werksabhängige Definition der Parameter zur Netzplanart erlaubt es Ihnen, für die Verwendung von Netzplänen in unterschiedlichen Werken bei Bedarf auch unterschiedliche Parameter zu definieren. Die von Ihnen definierten Parameter zur Netzplanart werden aus dem Werk und der Netzplanart ermittelt, die Sie beim Anlegen eines Netzplans im Netzplankopf eintragen.

Netzplanprofil

Zum Anlegen eines Netzplans benötigen Sie auch ein Netzplanprofil, das Sie mithilfe der Transaktion OPUU definieren können (siehe Abbildung 2.18). Im Netzplanprofil tragen Sie diverse Vorschlagswerte für die Felder und die Darstellung von Netzplanköpfen, Vorgängen, Vorgangselementen, Anordnungsbeziehungen und Materialkomponenten ein.

Insbesondere können Sie bereits Vorschlagswerte für das Werk, die Netzplanart und den Disponenten des Netzplans in einem Netzplanprofil hinterlegen, so dass die Angabe des Netzplanprofils beim Erstellen eines Netzplans ausreicht. Wenn Sie noch keine Disponenten in der Produktion definiert haben oder für Netzpläne andere Disponenten verantwortlich sein sollen, müssen Sie zuvor im Customizing Disponenten für Ihre Netzpläne definieren.

Ähnlich wie im Projektprofil der Projektstrukturpläne können Sie im Netzplanprofil Einstellungen zum Erstellen von Projektversionen (siehe Abschnitt 2.9.1), zur Verwendung von Substitutionen und Validierungen (siehe Abschnitte 2.8.4 bzw. 2.8.5), zur Verdichtung und grafischen Darstellung der Netzpläne vornehmen.

Für Vorgänge und Vorgangselemente können Sie in Abhängigkeit von dem jeweiligen Typ diverse Vorschlagswerte im Netzplanprofil eintragen. Insbesondere hinterlegen Sie Vorschlagswerte für den jeweiligen Steuerschlüssel der Vorgänge und Vorgangselemente.

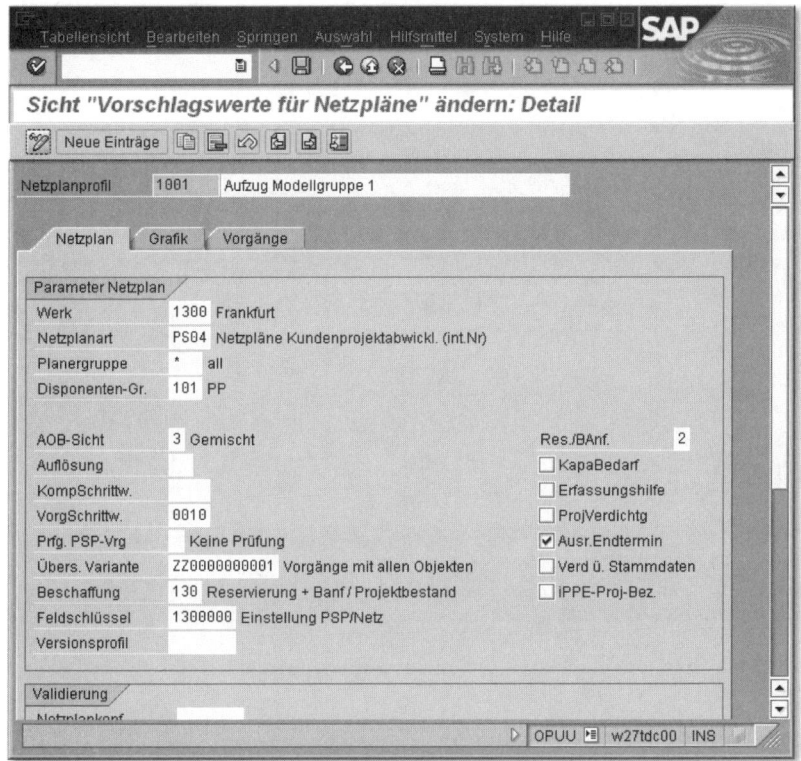

Abbildung 2.18 Beispiel eines Netzplanprofils

Damit Sie in Eigenbearbeitungsvorgängen Werte zur Materialvorplanung angeben können, müssen Sie im Netzplanprofil eine Kostenart für die erwarteten Kosten der Materialvorplanung eintragen. Mithilfe solcher Materialvorplanungswerte können Sie in einer frühen Planungsphase bereits Plankosten für Material erfassen, ohne dass Sie explizit Material dem Vorgang zuordnen müssen. Wenn Sie zu einem späteren Zeitpunkt Materialkomponenten dem Vorgang zuordnen, wird der Anteil des Materialvorplanungswertes an den Plankosten automatisch um den Planwert der zugeordneten Komponenten reduziert. So wird ein Ausweis doppelter Plankosten verhindert.

Materialvorplanung

Steuerschlüssel

Im Standard werden bereits Steuerschlüssel für die unterschiedlichen Vorgangstypen ausgeliefert. Bei Bedarf können Sie jedoch auch eigene Steuerschlüssel mit der Transaktion OPSU erstellen (siehe Abbildung 2.19). Mithilfe der Felder **Kostenvorgang**, **Dienstleistung** und **Fremdbearbeitung** legen Sie dabei im Steuerschlüssel den jeweiligen Typ fest.

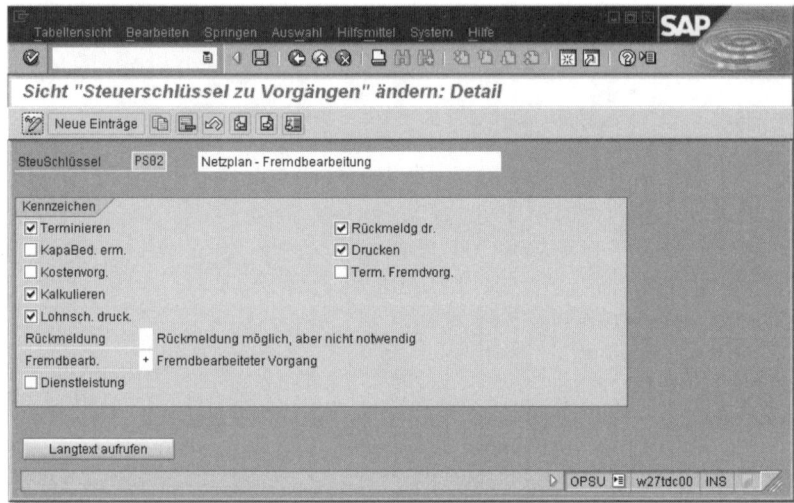

Abbildung 2.19 Steuerschlüssel für Fremdbearbeitungsvorgänge

Die Kennzeichen **Kalkulieren**, **KapaBed. erm.** (Kapazitätsbedarfe ermitteln) und **Terminieren** im Steuerschlüssel steuern, ob für einen Vorgang Plankosten ermittelt, Kapazitätsbedarfe berechnet und eine terminierungsrelevante Dauer berücksichtigt werden sollen. Wenn Sie z.B. das Kennzeichen **Terminieren** nicht gesetzt haben, verwendet das System im Rahmen der Terminierung unabhängig von den Vorgangsdaten immer die Dauer null für den Vorgang. Mithilfe des Kennzeichens **Term. Fremdvorg.** können Sie für die beiden Vorgangstypen **Fremdbearbeitung** und **Dienstleistung** spezifizieren, ob die Planlieferzeit des Vorgangs oder aber das Feld **Dauer normal** der Registerkarte **Eigen** für die Terminierung des Vorgangs verwendet werden soll.

Über die Einstellung im Feld **Rückmeldung** steuern Sie, ob ein Vorgang zurückgemeldet werden muss, bevor Sie ihn abschließen können, ob Rückmeldungen erlaubt, aber nicht notwendig sind, oder ob die Erfassung von Rückmeldungen für Vorgänge mit diesem Steuerschlüssel gar nicht möglich ist.

Damit für einen Vorgang *Arbeitspapiere*, also *Rückmeldescheine* oder *Lohnscheine*, gedruckt werden können, müssen Sie den Ausdruck über die entsprechenden Kennzeichen im Steuerschlüssel erlauben. Ferner müssen Sie im Strukturen-Customizing der Netzpläne die *Drucksteuerung* definiert haben. In den operativen Netzplanvorgängen müssen Sie schließlich die Anzahl der zu druckenden Arbeitspapiere und den Drucker angeben.

Arbeitspapiere

Parameter für Teilnetzpläne

Wenn Sie mit Teilnetzen arbeiten möchten, müssen Sie in den **Parametern für Teilnetzpläne** in Abhängigkeit von der Netzplanart des übergeordneten Netzplans und der Netzplanart (bzw. Auftragsart im Falle von Instandhaltungs- oder Serviceaufträgen) zwei Einstellungen vornehmen. Zum einen müssen Sie den Steuerschlüssel spezifizieren, der automatisch für den übergeordneten Vorgang nach der Zuordnung eines Teilnetzes gesetzt werden soll. Zum anderen müssen Sie spezifizieren, welche Termine aus dem Vorgang an den Kopf des Teilnetzes weitergegeben werden sollen.

Zusätzlich können Sie im Customizing operativer Netzpläne Prioritäten und Feldschlüssel für Benutzerfelder analog zum Customizing der Projektstrukturpläne definieren (siehe Abschnitt 2.2.2).

> Bevor Sie operative Netzpläne anlegen können, müssen Sie außer den Einstellungen im Strukturen-Customizing noch Terminierungsparameter, Rückmeldeparameter und – bei Verwendung von Material im Netzplan – die Verfügbarkeitsprüfung für Material im Customizing des Projektsystems definiert haben.

[!]

Diese Einstellungen werden in den Abschnitten 3.1.2, 5.3 und 3.3.3 erläutert.

2.3.3 Standardnetze

Ein Standardnetz besteht aus einem *Standardnetzkopf* und *Standardnetzvorgängen* und dient als Kopiervorlage für operative Netzpläne. Sie erstellen Standardnetze mithilfe der Transaktion CN01. Indem

Aufbau von Standardnetzen

Sie im Kopf des Standardnetzes und den Standardnetzvorgängen eine Zuordnung zu Standard-PSP-Elementen hinterlegen, können Sie direkt beide Standardstrukturen zusammen als Kopiervorlage nutzen (siehe Abschnitt 2.7).

Genau wie bei einem operativen Netzplan können Sie in einem Standardnetz die vier unterschiedlichen Vorgangstypen zur Strukturierung verwenden und Anordnungsbeziehungen zwischen den Vorgängen des Standardnetzes oder auch anderer Standardnetze erstellen. Zur Detaillierung der Standardnetzvorgänge können Sie Vorgangselemente und Meilensteine einsetzen. Zur Dokumentation der Vorgänge eines Standardnetzes stehen Ihnen Langtexte, PS-Texte jedoch keine Dokumenteninfosätze zur Verfügung.

Da Standardnetze technisch nicht – wie Netzpläne – als Aufträge im SAP-System realisiert sind, sondern in Form von Plänen (vergleichbar den Arbeitsplänen, die als Kopiervorlage für Fertigungsaufträge dienen), gibt es neben allen Gemeinsamkeiten jedoch auch wesentliche Unterschiede zwischen operativen Netzplänen und Standardnetzen:

Standard-
netzprofile

Zum Erstellen von Standardnetzen benötigen Sie *Standardnetzprofile*, die Sie zuvor im Customizing der Standardnetze im Projektsystem definiert haben müssen. Standardnetzprofile enthalten dabei ähnliche Daten wie Netzplanprofile für operative Netzpläne (siehe Abschnitt 2.3.2).

Sie können beim Anlegen eines Standardnetzes auf ein anderes Standardnetz als Kopiervorlage zurückgreifen, jedoch keinen operativen Netzplan als Kopiervorlage nutzen.

Ein Standardnetz wird identifiziert anhand eines achtstelligen Schlüssels aus speziellen Nummernkreisintervallen für Standardnetze und einer Alternativen-Nummer. Das heißt, zu einem Standardnetzschlüssel können Sie unterschiedliche Strukturen anlegen, die jeweils durch eine andere Alternative unterschieden werden.

Sie können lediglich im Kopf des Standardnetzes einen Status spezifizieren. Diesen Status müssen Sie zuvor im Customizing der Standardnetze erstellt haben. Dabei können Sie über ein Kennzeichen steuern, ob das System eine Warnmeldung ausgeben soll, wenn das Standardnetz als Kopiervorlage verwendet wird, oder nicht.

Zusammenfassung

Ein Netzplan besteht aus einem Netzplankopf und Vorgängen, die durch Anordnungsbeziehungen miteinander verknüpft werden und so den Ablauf verschiedener Aktivitäten eines Projekts abbilden. Je nach Vorgangstyp können unterschiedliche Daten zur Planung und Steuerung einer Aktivität in einem Vorgang hinterlegt werden. Mit Vorgangselementen und Teilnetzen stehen Ihnen unterschiedliche Möglichkeiten zur Detaillierung von Vorgängen zur Verfügung. Wenn Sie Standardnetze erstellen, können Sie diese als Kopiervorlage für operative Netzpläne verwenden. Bevor Sie Netzpläne anlegen, müssen Sie verschiedene Einstellungen im Customizing des Projektsystems vornehmen.

2.4   Meilensteine

Meilensteine dienen im Projektsystem dazu, Ereignisse von besonderer Bedeutung, wie zum Beispiel das Erreichen wichtiger Projektabschnitte, abzubilden. Dazu hinterlegen Sie in einem Meilenstein neben Daten zu dessen Verwendungszweck bzw. Funktion einen beschreibenden Kurz- und ggf. Langtext und den geplanten Termin, an dem der Meilenstein voraussichtlich erreicht wird. Das Erreichen des Meilensteins können Sie durch einen Isttermin dokumentieren.

[«]

Beachten Sie, dass Meilensteine im Projektsystem keinen steuernden Einfluss auf die Terminplanung von PSP-Elementen oder Vorgängen besitzen.

Sie können Meilensteine in beliebiger Anzahl zu PSP-Elementen oder Vorgängen in operativen und Standardstrukturen anlegen, dabei vergibt das System automatisch eine eindeutige Identifikationsnummer für jeden Meilenstein.

Wenn Sie immer wieder ähnliche Meilensteine einsetzen möchten, können Sie in der Transaktion CN11 *Standardmeilensteine* als Kopiervorlage erstellen. Sie können auch mehrere Meilensteine gleichzeitig einem Objekt in Form von *Meilensteingruppen* zuordnen. Dazu definieren Sie im Customizing des Projektsystems entsprechende Meilensteingruppen (Transaktion OPT6) und ordnen Standardmeilensteine diesen Meilensteingruppen zu.

Standardmeilensteine und Meilensteingruppen

Je nachdem, ob Sie Meilensteine einem PSP-Element oder einem Vorgang zuordnen, stehen Ihnen unterschiedliche Verwendungsmöglichkeiten zur Verfügung.

2.4.1 Meilensteine an PSP-Elementen

Abbildung 2.20 zeigt das Detailbild eines Meilensteins an einem PSP-Element. Meilensteine, die Sie einem PSP-Element zugeordnet haben, können Sie im einfachsten Fall rein zu Informationszwecken nutzen. Über die Berichte im Strukturinfosystem können Sie die Meilensteindaten z.B. getrennt nach ihrer Verwendung auswerten. Mithilfe von *Exceptions* können Sie z.B. auch Meilensteine im Reporting farblich hervorheben, deren Plantermine bereits überschritten sind.

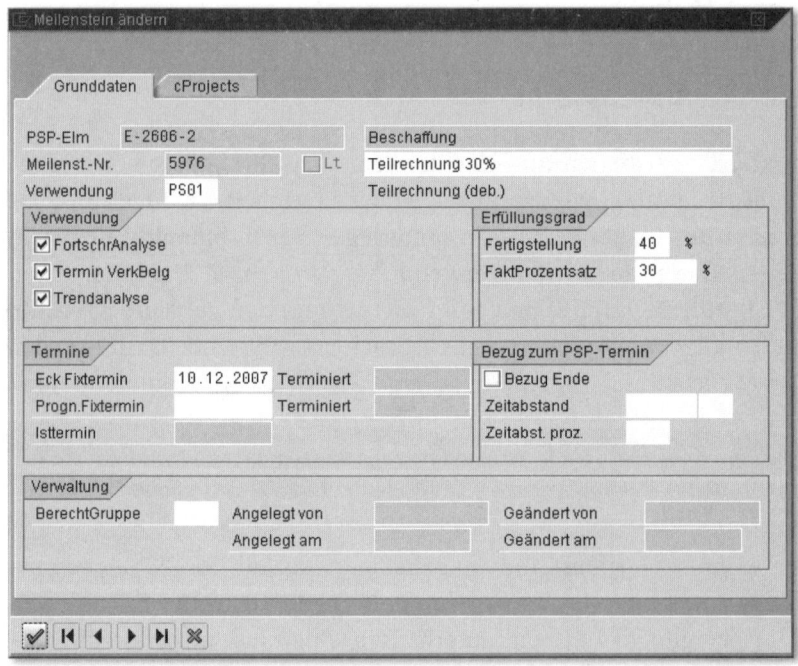

Abbildung 2.20 Beispiel eines Projektstrukturplanmeilensteins

Wenn Sie Fakturierungspläne zu PSP-Elementen oder Kundenauftragspositionen (siehe Abschnitt 3.5.3) oder auch Rechnungspläne zu Vorgängen (siehe Abschnitt 3.4.5) anlegen, können Sie die Termine und den geplanten Prozentsatz von denjenigen Meilensteinen übernehmen, die das Kennzeichen **Termin VerkBelg** tragen. Wenn sich die Termine der Meilensteine ändern, ändern sich automatisch auch die Termine in den Fakturierungs- und Rechnungsplänen. Über die **Verwendung** des Meilensteins können dabei weitere Details zur Erlös- oder Kostenplanung gesteuert werden. Die Übernahme von

Meilensteinterminen in Verkaufsbelege wird auch für die Meilensteinfakturierung eingesetzt (siehe Abschnitt 5.6.1).

Wenn Sie mit Projektversionen arbeiten (siehe Abschnitt 2.9.1) und das Kennzeichen **Trendanalyse** für einen Meilenstein setzen, können Sie später nachträgliche Änderungen der Meilensteintermine tabellarisch oder grafisch in der *Meilensteintrendanalyse* (siehe Abschnitt 5.7.2) auswerten.

Der Plantermin und der geplante Prozentsatz der **Fertigstellung** im Meilenstein können zur Ermittlung von Planfertigstellungsgraden verwendet werden (siehe Abschnitt 5.7.1), wenn Sie das Kennzeichen **FortschrAnalyse** im Meilenstein setzen. Tragen Sie einen Isttermin in den Meilenstein ein, kann der Fortschrittsgrad im Meilenstein auch als Istfortschrittsgrad verwendet werden.

Der Plantermin eines Meilensteins an einem PSP-Element kann entweder manuell als **Fixtermin** angegeben oder aus dem terminierten Termin des PSP-Elements abgeleitet werden.[17] Dabei können Sie festlegen, ob sich der Meilensteintermin auf den Start- oder den Endtermin beziehen soll, und ggf. einen Zeitabstand absolut oder prozentual (gemessen an der Dauer des PSP-Elements) angeben. Wenn Sie einen Zeitbezug zum PSP-Element verwenden, führt eine Änderung des terminierten PSP-Element-Termins gleichzeitig auch zu einer Änderung des Meilensteintermins, während ein Fixtermin unabhängig von Terminänderungen des PSP-Elements ist.

Meilenstein-
termine

Um zu dokumentieren, dass ein Meilenstein eines PSP-Elements erreicht wurde, müssen Sie manuell einen Isttermin in den Meilenstein eintragen. Eine Ableitung aus den Istterminen des PSP-Elements ist nicht möglich.

2.4.2 Meilensteine an Vorgängen

Meilensteine an Vorgängen können Sie für die gleichen Zwecke einsetzen wie die Meilensteine an PSP-Elementen (siehe Abschnitt 2.4.1). Für Meilensteine an Vorgängen stehen Ihnen jedoch zusätz-

---

17 Beachten Sie, dass der Meilensteintermin aus den terminierten Terminen abgeleitet wird. Diese werden erst über eine Terminierung des Projektstrukturplans (siehe Abschnitt 3.1.2) entweder aus den zugeordneten Vorgängen oder aber – wenn Sie ohne Netzpläne arbeiten – aus den Planterminen des PSP-Elements bestimmt.

lich die folgenden Meilensteinfunktionen zur Verfügung, wobei eine Mehrfachverwendung möglich ist (siehe auch Abbildung 2.21).

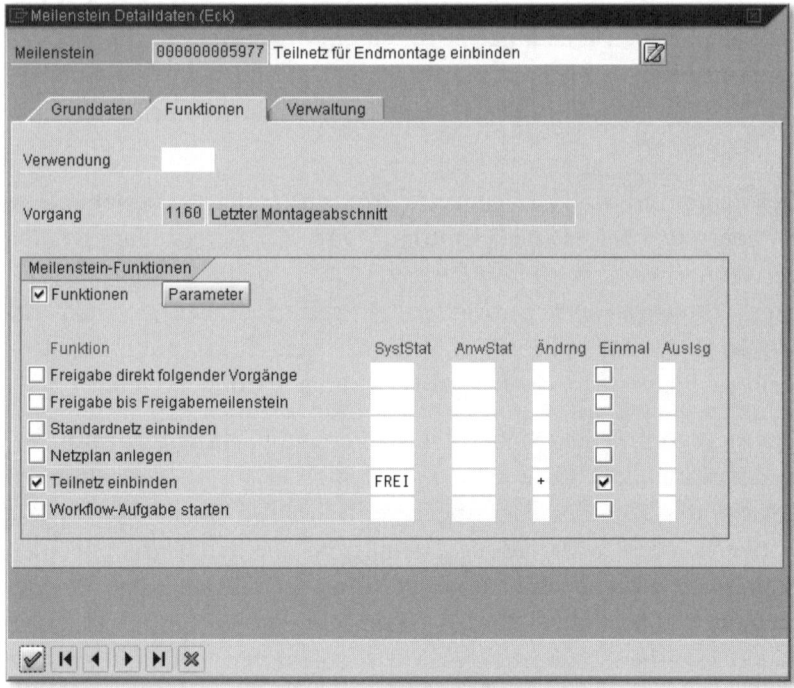

Abbildung 2.21 Funktionen von Vorgangsmeilensteinen

Meilenstein-
funktionen

▸ **Freigabe direkt folgender Vorgänge**
Wird diese Funktion ausgelöst, werden alle Vorgänge, die über Anordnungsbeziehungen mit dem Vorgang als direkte Nachfolger verknüpft sind, freigegeben.

▸ **Freigabe bis Freigabemeilenstein**
Alle nachfolgenden Vorgänge werden bei dieser Funktion freigegeben. Die automatische Freigabe endet jedoch bei Vorgängen, denen ein Freigabemeilenstein zugeordnet ist. Ein Freigabemeilenstein ist ein Vorgangsmeilenstein mit dem Kennzeichen **Freigabemeilenstein**.

▸ **Standardnetz einbinden**
Mithilfe dieser Funktion können automatisch neue Vorgänge eingebunden werden. In den Parametern zu dieser Funktion hinterlegen Sie das Standardnetz, das als Kopiervorlage dienen soll, und den Vorgänger und Nachfolger der neuen Vorgänge.

▶ **Netzplan anlegen**
Diese Funktion legt einen neuen Netzplan an. Als Kopiervorlage wird dabei das Standardnetz verwendet, das Sie in den Parametern zu dieser Funktion eintragen.

▶ **Teilnetz einbinden**
In den Parametern dieser Funktion definieren Sie, welcher Vorgang durch ein Teilnetz detailliert werden soll und welches Standardnetz als Kopiervorlage für das Teilnetz dienen soll. Wird die Funktion ausgelöst, legt das System automatisch einen Netzplan an und verknüpft ihn mit dem angegebenen Vorgang. Dabei können Sie in einem Dialogfenster entscheiden, ob die Anordnungsbeziehungen des Vorgangs vom Teilnetz übernommen werden sollen.

▶ **Workflow-Aufgabe starten**
Diese Funktion stößt einen Workflow an, den Sie in den Parametern zu dieser Funktion spezifizieren. Sie müssen den Workflow zuvor selbst definiert haben.

Für jede Meilensteinfunktion können Sie über die entsprechenden Felder im Meilenstein steuern, ob und wann die Funktion ausgelöst werden soll. Eine Meilensteinfunktion kann automatisch gestartet werden, wenn der Meilenstein einen Isttermin erhält, sich der Status des Vorgangs ändert oder eines der beiden Ereignisse eintritt. Verwenden Sie eine Statusänderung als Auslöser einer Funktion, müssen Sie zusätzlich angeben, ob das Setzen eines Status, das Zurücknehmen oder beide Statusänderungen relevant sind und welcher spezifische Status oder auch welche Statuskombination überhaupt ausschlaggebend sein sollen. Mithilfe des Kennzeichens **Einmal** steuern Sie schließlich, ob Sie eine mehrfache Auslösung der Funktion erlauben oder ob die Funktion maximal nur einmal ausgeführt werden soll.

Genau wie bei Meilensteinen an PSP-Elementen können Sie die Plantermine von Meilensteinen an Vorgängen entweder manuell eingeben (Fixtermine) oder über einen Terminbezug aus den Vorgangsterminen ableiten.

Meilenstein-
termine

Isttermine von Vorgangsmeilensteinen können entweder manuell eingegeben oder aus den Istterminen der Vorgangsrückmeldungen abgeleitet werden (siehe Abschnitt 5.3).

Verwendung

Im Customizing der Meilensteine können Sie *Verwendungen* definieren, die Sie in Meilensteinen an PSP-Elementen oder Vorgängen hinterlegen können. Eine Verwendung dient einerseits einfach als Sortier- bzw. Filterkriterium im Rahmen von Auswertungen, zum anderen können Sie bestimmte steuernde Einstellungen einer Verwendung hinterlegen.

Tragen Sie in die Verwendung eine **Fakturierungs-/Rechnungsregel** ein, kann diese zusammen mit dem Termin und dem Prozentsatz eines Meilensteins in Fakturierungs-/Rechnungspläne übernommen werden. So können Sie über die Verwendung eines Meilensteins steuern, ob zum Meilensteintermin Anzahlungen, Teilrechnungen oder Schlussrechnungen fällig sein sollen (siehe Abschnitt 3.5).

Durch das Setzen des Kennzeichens **Ohne Dialog** können Sie Dialogfenster zu reinen Informationszwecken beim Auslösen von Meilensteinfunktionen unterdrücken.

2.5   Dokumente

Langtexte

Allen Strukturobjekten des Projektsystems, also Projektdefinitionen, PSP-Elementen, Netzplanköpfen, Vorgängen, Vorgangselementen und Meilensteinen, können Sie Langtexte zuweisen, mit denen Sie die Objekte näher beschreiben können. Der Kurztext eines Objekts stellt dabei immer die erste Zeile dieser Langtexte dar.

Ein einfaches Kopieren von Langtexten von einem Objekt auf ein anderes Objekt, eine sprachabhängige Erfassung von Texten, eine Status- oder Versionsverwaltung dieser Texte wird durch die Langtexte jedoch nicht unterstützt. Im Projektsystem steht Ihnen daher zusätzlich die Verwendung von *PS-Texten* oder *Dokumenten der Dokumentenverwaltung* zur Verfügung.[18]

---

18 Sie können Projekten auch beliebige Dokumente über die generischen Objektdienste zuordnen. Diese Zuordnung wird jedoch nicht explizit in den Bearbeitungs- oder Reporting-Transaktionen des Projektsystems angezeigt, sondern muss immer über die Anlageliste der generischen Objektdienste aufgerufen werden.

2.5.1   PS-Texte

Sie können PS-Texte zentral über die Transaktion CN04 oder in jeder Bearbeitungstransaktion von Projektstrukturen anlegen und PSP-Elementen oder Vorgängen zuordnen. Sie können PS-Texte über das SAP-Mail-System auch anderen SAP-Benutzern zusenden. Ein PS-Text wird identifiziert anhand der **PS-Text-Art**, der **Bezeichnung**, des **Formats** und der **Sprache** des PS-Textes.

Die **PS-Text-Art** dient als Sortierkriterium Ihrer PS-Texte. Sie müssen geeignete PS-Text-Arten im Customizing des Projektsystems definieren.

Als **PS-Text-Formate** können Sie zwischen dem SAPscript-Format oder auch den Formaten DOC, RFT, PPT und XLS wählen.[19] Je nach gewähltem Format können Sie die entsprechende Oberfläche für die Erstellung des PS-Textes verwenden. Legen Sie z.B. einen PS-Text zum DOC-Format an, können Sie die Microsoft-Word-Oberfläche zum Erstellen des Textes verwenden. Dabei können Sie auch Microsoft-Word-Dokumente einbinden oder als Kopiervorlage verwenden. *PS-Text-Formate*

Sie können einen PS-Text in unterschiedlichen Sprachen erfassen und später anhand des Feldes **Sprache** in der Identifikation des PS-Textes unterscheiden. Das System schlägt Ihnen automatisch die PS-Texte in Ihrer Anmeldesprache vor. Ist kein PS-Text in Ihrer Anmeldesprache vorhanden, erhalten Sie ein Dialogfenster zur Auswahl des PS-Textes.

Sie können PS-Texte als Kopiervorlage für andere PS-Texte verwenden oder auch referenzieren. Wenn Sie einen PS-Text, den Sie einem Objekt zugeordnet haben, an einem anderen Objekt – dies kann sich auch in einem anderen Projekt befinden – referenzieren, führt die Änderung des PS-Textes an dem einen Objekt automatisch dazu, dass auch der PS-Text an dem anderen Objekt geändert wird.

Beachten Sie, dass PS-Texte auf der SAP-Datenbank abgelegt werden.   **[«]**

---

19 Wenn Sie bereits PS-Texte eingesetzt haben, stehen Ihnen die Formate PPT und XLS erst zur Verfügung, wenn Sie über die Transaktion SA38 einmalig den Umsetzungsreport CN_MIGRATION_PSTX_SOI ausgeführt haben. Details hierzu finden Sie im Hinweis 578 106.

2.5.2   Integration zur Dokumentenverwaltung

Sie können für operative PSP-Elemente und Vorgänge auch eine Zuordnung zu *Dokumenteninfosätzen* der SAP-Dokumentenverwaltung anlegen und so direkt aus Bearbeitungstransaktionen auf die Originaldokumente, die über die Dokumenteninfosätze verwaltet werden, zugreifen.

In Abhängigkeit von den Einstellungen der Dokumentenverwaltung können so praktisch beliebige Dokumentenformate in Projekten genutzt werden. Die Originaldokumente müssen nicht in der SAP-Datenbank gespeichert werden, sondern können auch auf eigenen Dokumentenservern abgelegt werden. Zusätzlich stehen für Dokumente Funktionen wie z.B. eine *Statusverwaltung*, *Versionierung* oder *Klassifizierung* zur Verfügung. Wenn Sie eine Zuordnung zu einem bestehenden Dokumenteninfosatz angelegt haben, können Sie aus Ihren Projekten in den Dokumenteninfosatz verzweigen.

Sie können aus den Bearbeitungsfunktionen für Projekte auch neue Dokumenteninfosätze anlegen und dabei Originaldokumente einchecken und gleichzeitig eine Verknüpfung zu einem PSP-Element oder Vorgang anlegen. Mithilfe des Internetservice CNW4 können Sie auch auf Projektdokumente über das Internet zugreifen, ohne dass ein SAP GUI auf Ihrem Computer installiert sein muss.

[»]   Beachten Sie, dass Sie Standardprojektstrukturplänen und Standardnetzen keine Dokumenteninfosätze zuordnen können.

2.6   Status

Verwendung von Status   Projektdefinitionen, PSP-Elemente, Netzplanköpfe, Vorgänge und Vorgangselemente besitzen Status. Status dokumentieren einerseits den Zustand des Objekts und dienen somit als Information oder auch als Selektionskriterium bei Auswertungen. Andererseits steuern Status, welche betriebswirtschaftlichen Vorgänge aktuell für das jeweilige Objekt möglich sind.

Man unterscheidet zwischen *Systemstatus*, also vom System vorgegebenen Status, und *Anwenderstatus*, die Sie selbst im Customizing des Projektsystems definieren können und in einem Anwenderstatusschema zusammenfassen. Die vierstellige Kurzform von bis zu jeweils sieben System- und Anwenderstatus werden bereits bei den Grunddaten der Objekte dargestellt. Im Detailbild der Status finden Sie alle aktiven Systemstatus und alle innerhalb des Statusschemas definierten Anwenderstatus mit ihrer Kurzform und ihrem Kurztext (siehe Abbildung 2.22).

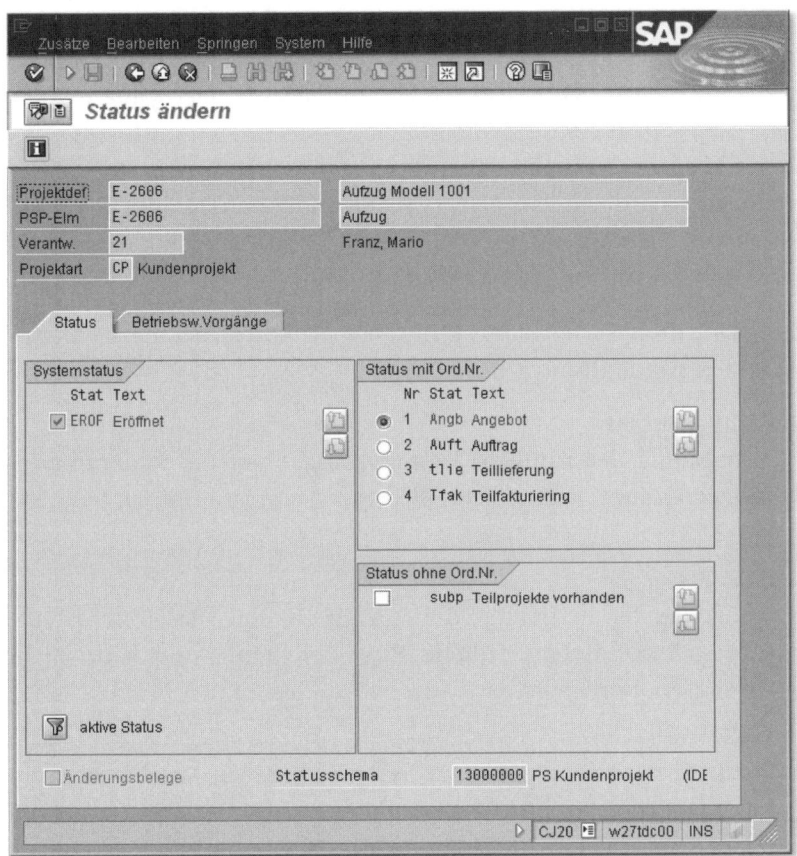

Abbildung 2.22 Detailinformationen zu System- und Anwenderstatus

Im Detailbild der Status können Sie ferner ablesen, welche betriebs-wirtschaftlichen Vorgänge bei der aktuellen Kombination aus Sys-tem- und Anwenderstatus erlaubt, nur unter Warnungen erlaubt oder gar verboten sind. Die *Vorgangsanalyse* zeigt Ihnen, welche Sta-tus jeweils dafür verantwortlich sind.

Vorgangsanalyse

Damit ein betriebswirtschaftlicher Vorgang möglich ist, muss min-destens ein Status aktiv sein, der diesen Vorgang erlaubt, darf aber kein anderer Status gesetzt sein, der eine Warnmeldung vorsieht oder den Vorgang sogar verbietet. Eine Warnmeldung wird bei einem betriebswirtschaftlichen Vorgang genau dann ausgegeben, wenn es mindestens einen aktiven Status gibt, der den Vorgang mit Warnung erlaubt, und keinen, der ihn verbietet.

[»]

> Sobald ein einziger aktiver Status einen betriebswirtschaftlichen Vorgang verbietet, kann dieser nicht durchgeführt werden. System- und Anwenderstatus wirken dabei jeweils gleichberechtigt zusammen.

Status werden automatisch vom System durch verschiedene betriebswirtschaftliche Vorgänge (z.B. die Budgetierung oder die Erfassung von Istterminen) gesetzt, durch Vererbung aktiviert[20] oder manuell vom Anwender vergeben.

Systemstatus | Einige wichtige Systemstatus für Projektstrukturpläne, die Sie manuell setzen können, sind z.B.:

▸ **EROF Eröffnet**
Initialstatus, der sämtliche Planungstätigkeiten und Strukturänderungen erlaubt, jedoch keine Erfassung von Istterminen oder Istkosten.

▸ **FREI Freigegeben**
Status, der die Erfassung von Istdaten erlaubt. Dieser Status vererbt sich auf untergeordnete Projektelemente und kann nicht zurückgenommen werden.

▸ **TFRE Teilfrei**
Status, der automatisch vom System vergeben wird, wenn ein untergeordnetes Objekt freigegeben wurde. Bei PSP-Elementen erlaubt der Status die Erfassung von Iststartterminen.

▸ **TABG Technisch abgeschlossen**
Ein sich vererbender Status, der Planungstätigkeiten verbietet, jedoch die Kontierung von Kosten und Erlösen erlaubt.[21] Deaktiviert Anlagen im Bau (siehe Abschnitt 6.9).

---

20 Ab dem Enterprise-Release können Sie auch Anwenderstatus mithilfe der Funktion **Setzen & Vererben** auf untergeordnete Projektobjekte vererben, die das gleiche Anwenderstatusschema besitzen. Umgekehrt erlaubt die Funktion **Zurücknehmen & Vererben** die Rücknahme von Anwenderstatus für ganze Projektteile.

21 Beachten Sie, dass der Status **TABG** bei Netzplänen dazu führt, dass die Kapazitätsbedarfe gelöscht werden.

▶ **ABGS Abgeschlossen**
Dieser Status verbietet nicht nur Planungstätigkeiten, sondern auch Buchungen von Istkosten. Der Status wird automatisch vererbt. Eine Rücknahme führt zum Status **TABG**.

▶ **LÖVM Löschvormerkung**
Dieser Status verbietet praktisch alle betriebswirtschaftlichen Vorgänge und ist Voraussetzung für die spätere Archivierung und Löschung von Projekten. Der Status wird vererbt und kann wieder zurückgenommen werden.

▶ **ENFA Endfakturiert**
Dieser Status, der für Fakturierungselemente gesetzt werden kann und nicht vererbt wird, verhindert weitere Fakturen, erlaubt jedoch das Buchen von Kosten.

Zusätzlich können Sie diverse Systemstatus manuell setzen, die z.B. die Kosten- oder Terminplanung oder auch die Kontierung von Belegen sperren.

Um die Funktionsweise von Systemstatus zu ergänzen, können Sie eigene Status, so genannte *Anwenderstatus*, definieren. Dazu legen Sie in der Customizing-Transaktion OK02 zunächst eine Identifikation und Bezeichnung für ein Anwenderstatusschema an und ordnen diesem Schema diejenigen Objekttypen zu, für die Sie das Anwenderstatusschema einsetzen möchten. Schließlich definieren Sie Anwenderstatus für das Statusschema. Abbildung 2.23 zeigt ein Beispiel eines Anwenderstatusschemas.

Beim Anwenderstatus unterscheidet man Status mit und ohne *Ordnungsnummern*. Für Status mit Ordnungsnummern können Sie eine Reihenfolge definieren, in der diese Status gesetzt werden können (lesen Sie sich dazu sorgfältig die **F1**-Hilfe der Felder **Niedrigste** bzw. **Höchste OrdNr.** durch). Für ein Objekt kann immer nur ein Status mit Ordnungsnummer zeitgleich aktiv sein.

Anwenderstatus ohne Ordnungsnummer können in beliebiger Anzahl gleichzeitig gesetzt werden. Mithilfe der Felder **Position** und **Priorität** können Sie dabei festlegen, welche dieser Anwenderstatus bereits in den Grunddaten der Objekte in Kurzform angezeigt werden.

Anwender-
statusschema

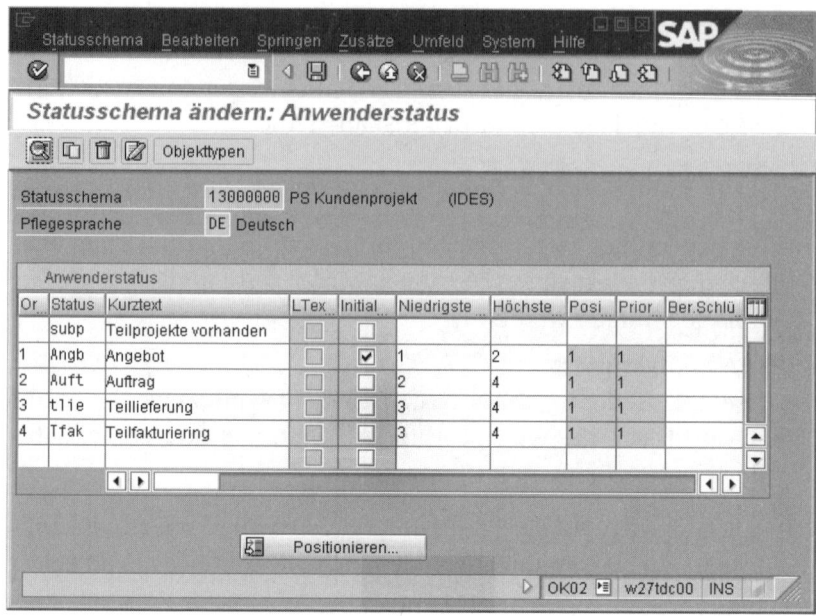

Abbildung 2.23 Beispiel eines Anwenderstatusschemas

Diejenigen Anwenderstatus, die bereits beim Anlegen eines Objekts bzw. bei der Zuordnung des Anwenderstatusschemas gesetzt werden sollen, kennzeichnen Sie als **Initial**. Über die Zuordnung von Berechtigungsschlüsseln zu Anwenderstatus können Sie explizite Berechtigungen für das Setzen oder Zurücknehmen von Anwenderstatus vergeben.[22]

Folgeaktionen und Beeinflussungen

Im Detailbild jedes Status können Sie *Beeinflussungen* und *Folgeaktionen* für diesen Status festlegen. Über die Kennzeichen der Spalten **Folgeaktion** können Sie bestimmen, ob der Anwenderstatus automatisch durch einen betriebswirtschaftlichen Vorgang gesetzt oder zurückgenommen werden soll. Mithilfe der Kennzeichen der Spalten **Beeinflussung** legen Sie fest, welche betriebswirtschaftlichen Vorgänge durch den Anwenderstatus erlaubt, mit Warnung erlaubt, verboten oder gar nicht beeinflusst werden.

---

22 Indem Sie einen Anwenderstatus automatisch als Folgeaktion zu einem betriebswirtschaftlichen Vorgang setzen lassen, können Sie mithilfe des Berechtigungsobjekts B_USERST_T über den Berechtigungsschlüssel des Anwenderstatus indirekt auch die Berechtigung für den betriebswirtschaftlichen Vorgang (z.B. die Freigabe) vergeben.

Sie können Anwenderstatusschemata als Vorschlagswerte in Projekt-profilen und Netzplanarten oder auch in Standardprojektdefinitio-nen hinterlegen. Sobald einmal ein Anwenderstatus des Anwender-statusschemas in einem Objekt aktiv war, können Sie in dem Objekt jedoch kein anderes Anwenderstatusschema mehr eintragen.

2.7 Bearbeitungsfunktionen

Sie können operative Projektstrukturen manuell anlegen oder auch auf Kopiervorlagen zurückgreifen. Als Kopiervorlagen können Sie Standardprojektstrukturpläne, Standardnetze, aber auch andere ope-rative Projektstrukturen und Simulationsversionen (siehe Abschnitt 2.9.2) nutzen.

Verwendung von Kopiervorlagen

Wenn Sie einen Projektstrukturplan mit Vorlage anlegen, passt das System automatisch den ersten Abschnitt der Identifikation an die Identifikation des neuen Projekts an.[23] Wenn Sie nur Teile der Kopiervorlage zum Kopieren auswählen, müssen Sie die Anpassung der Identifikation mithilfe der Funktion **Ersetzen** selbst durchführen.

Wenn Sie Projekte, die aus Projektstrukturplan und Netzplänen bestehen, mithilfe von Kopiervorlagen erstellen möchten, stehen Ihnen dazu zwei unterschiedliche Möglichkeiten zur Verfügung:

▸ **Projekt mit Vorlage anlegen**
Bei dieser Funktion steuern Sie über das Kennzeichen **Mit Vor-gängen**, ob die Netzpläne, die der Kopiervorlage zugeordnet sind, gleichzeitig mitkopiert werden sollen oder nicht.

▸ **Netzplan mit Vorlage anlegen**
Hierbei legen Sie zunächst nur einen Netzplan mithilfe einer Kopiervorlage an. Ist der Netzplan oder das Standardnetz, das Sie als Kopiervorlage verwendet haben, einem Projektstrukturplan bzw. Standardprojektstrukturplan zugeordnet, schlägt Ihnen das System beim Sichern des neuen Netzplans vor, auch einen neuen operativen Projektstrukturplan durch Kopieren anzulegen. Diese Funktion wird insbesondere bei der Variantenkonfiguration mit Netzplänen (siehe Abschnitt 2.8.6) und der Montageabwicklung (siehe Abschnitt 2.8.7) eingesetzt.

---

23 Mithilfe einer Kundenerweiterung können auch mehrere Abschnitte der Identi-fikation automatisch angepasst werden.

Auch während der Bearbeitung von operativen Strukturen können Sie immer wieder auf Kopiervorlagen zurückgreifen, um Ihre Projektstrukturen zu erweitern. Das Anlegen neuer Projektteile mittels Kopiervorlagen wird als **Einbinden** bezeichnet.

Für das Anlegen, Ändern und Anzeigen operativer Projektstrukturen stehen Ihnen im Projektsystem verschiedene Transaktionen, wie z. B. der *Project Builder*, die *Projektplantafel* oder die *speziellen Pflegefunktionen*, zur Verfügung. Für die Bearbeitung Ihrer Projekte müssen Sie sich nicht auf eine Transaktion festlegen. Sie können z. B. Projekte im Project Builder anlegen, später jedoch in der Projektplantafel weiterbearbeiten usw.

2.7.1 Project Builder

Sie können den Project Builder (Transaktion CJ20N) zum Anlegen, Ändern oder Anzeigen von Projektstrukturen verwenden. Aufgrund seines Aufbaus und seiner Funktionen ist der Project Builder insbesondere zur Strukturierung von Projekten geeignet. Für die Verwendung des Project Builder sind keine eigenen Customizing-Einstellungen notwendig. Über die *benutzerspezifischen Optionen* des Project Builder können Sie z. B. festlegen, welche Objekte im Project Builder bearbeitet werden können oder wie viele Hierarchiestufen eines Projekts bei dessen Aufruf geöffnet werden sollen.

Arbeitsvorrat

Die Oberfläche des Project Builder besteht aus drei Bereichen (siehe Abbildung 2.24). Im **Arbeitsvorrat** (links unten) finden Sie automatisch immer die fünf zuletzt von Ihnen bearbeiteten Projekte vor, können über die rechte Maustaste jedoch auch andere Projekte oder Projektteile in den Ordnern des Arbeitsvorrats aufnehmen. Möchten Sie ein Projekt aus dem Arbeitsvorrat bearbeiten, führen Sie z. B. einfach einen Doppelklick auf dem Projekt aus.

Vorlagenbereich

Wenn Sie ein Projekt für die Bearbeitung geöffnet haben, wird dessen Struktur im **Strukturbaum** (links oben) dargestellt. Gleichzeitig wechselt das System links unten vom Arbeitsvorrat zum **Vorlagenbereich**. Mittels Doppelklick oder durch Drag & Drop können Sie Objekte aus dem Vorlagenbereich, z. B. neue PSP-Elemente oder Vorgänge, in die Struktur des Projekts einfügen.

Strukturbaum

Im Strukturbaum des Project Builder werden in Abhängigkeit von den Einstellungen des Project Builder die Projektdefinition, PSP-Elemente, Netzplanköpfe, Vorgänge, Vorgangselemente, Meilensteine, PS-Texte, Dokumente und zugeordnete Materialkomponenten eines Projekts mit ihrer Identifikation und Bezeichnung dargestellt.[24] Mit Drag & Drop oder mithilfe der rechten Maustaste können Sie die Struktur des Projekts ändern, indem Sie z.B. die Hierarchie des Projektstrukturplans verändern oder neue Objekte anlegen oder einbinden. Der Strukturbaum dient auch zur Navigation innerhalb der Projektstruktur.

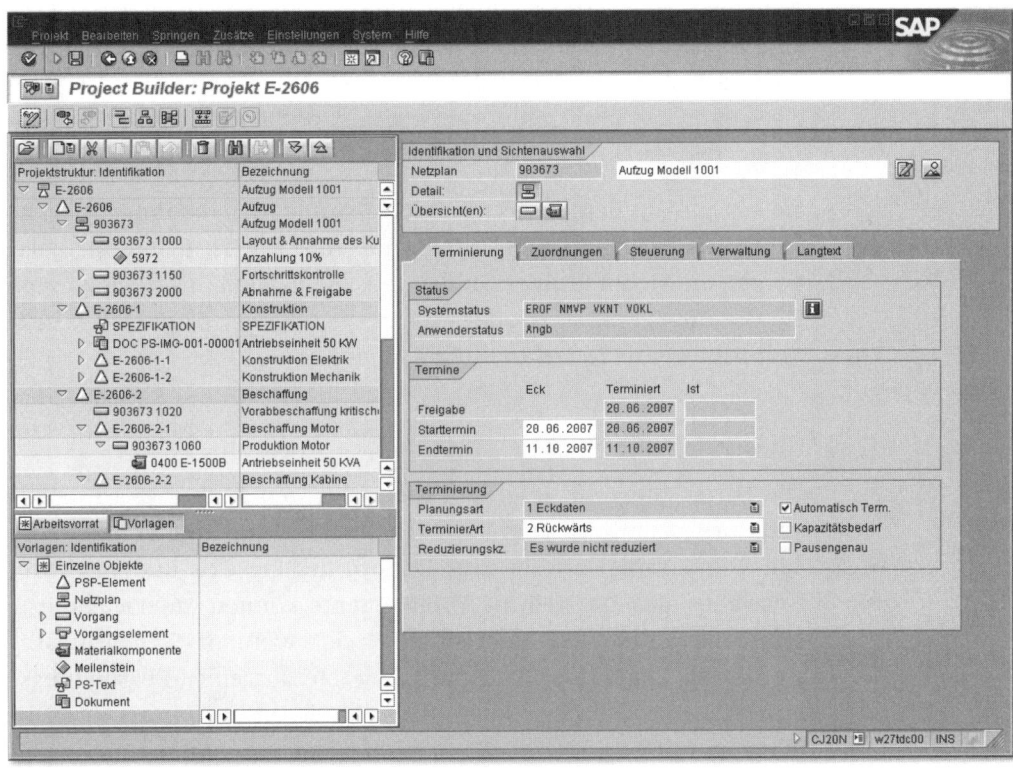

Abbildung 2.24 Bearbeitung eines Projekts im Project Builder

Haben Sie in den Optionen des Project Builder das Kennzeichen **Vorschau letztes Projekt** gesetzt, ist das zuletzt von Ihnen bearbeitete Projekt noch im Strukturbaum – im **Vorschaubereich** – sichtbar. Führen Sie einen Doppelklick auf das Projekt im Vorschaubereich

Vorschaubereich

---

24 Über die Verwendung der rechten Maustaste auf der Überschrift des Strukturbaums können Sie die Anzeigereihenfolge von Identifikation und Bezeichnung bestimmen.

aus, wird das Projekt zur Bearbeitung geöffnet, und das System verzweigt sofort zu dem von Ihnen zuletzt bearbeiteten Objekt.

Arbeitsbereich

Im rechten Bereich des Project Builder, dem so genannten *Arbeitsbereich*, werden Daten desjenigen Objekts dargestellt, das Sie im Strukturbaum markiert haben. Im Arbeitsbereich finden Sie oben die Identifikation und Bezeichnung des im Strukturbaum selektierten Objekts. Mithilfe der Icons im oberen Bereich des Arbeitsbereichs können Sie zwischen dem Detailbild des Objekts, der tabellarischen Auflistung gleichartiger Objekte oder der tabellarischen Darstellung von zugeordneten Objekten wechseln. Über die Verwendung der rechten Maustaste im Detailbild eines Objekts können Sie z.B. verzweigen in die Abrechnungsvorschrift des Objekts oder in Fakturierungs- oder Rechnungspläne usw.

Sie können aus dem Project Builder abspringen in die Projektplantafel, das Easy Cost Planning oder in diejenigen Verkaufspreiskalkulationen, die Sie im Project Builder angelegt haben. Zusätzlich können Sie die *Hierarchiegrafik* oder – wenn Sie ein Netzplanobjekt selektiert haben – die *Netzplangrafik* aufrufen.

Hierarchiegrafik

Die Hierarchiegrafik zeigt den hierarchischen Aufbau des Projektstrukturplans in grafischer Form (siehe Abbildung 2.2). In Abhängigkeit vom Grafikprofil im Projektprofil des Projekts und von Ihrer Auswahl unter **Darstellung PSP-Elemente** können unterschiedliche Daten zu jedem PSP-Element angezeigt werden. Standardmäßig werden in einer Hierarchiegrafik, die Sie aus einer Bearbeitungstransaktion aufgerufen haben, z.B. die Identifikation, die Bezeichnung und die operativen Kennzeichen der Projektstrukturplanelemente dargestellt.

Per Mausklick können Sie operative Kennzeichen ändern oder das Detailbild eines PSP-Elements aufrufen. Sie können auch neue PSP-Elemente mit oder ohne Vorlage in der Hierarchiegrafik anlegen oder – sofern erlaubt – PSP-Elemente löschen.

Verbindungs-
modus der
Hierarchiegrafik

Im **Verbindungsmodus** können Sie die hierarchische Beziehung zweier PSP-Elemente festlegen, indem Sie eine Verbindungslinie vom übergeordneten zum untergeordneten PSP-Element ziehen.

Durch die Funktion **Abschneiden** können Sie die hierarchischen Verbindungslinien eines PSP-Elements auch wieder löschen.

Für große Projektstrukturpläne besteht die Möglichkeit, einen *Navigationsbereich* einzublenden, in dem Sie dann auswählen können, welcher Projektteil im Darstellungsbereich angezeigt werden soll. Mithilfe der Funktion **Vertikal ab Stufe** können Sie festlegen, dass PSP-Elemente ab einer bestimmten Stufe nicht mehr nebeneinander, sondern untereinander dargestellt werden sollen.

Navigationsbereich

Netzplangrafik

In der Netzplangrafik werden Vorgänge eines oder auch mehrerer Netzpläne grafisch dargestellt (siehe Abbildung 2.3). Das System ordnet dabei die Vorgänge automatisch entsprechend ihrer logischen Abfolge an. Sie können mittels Drag & Drop jedoch auch die grafische Darstellung der Abfolge ändern. Zusätzlich können die Vorgänge anhand der verwendeten Arbeitsplätze oder der PSP-Elemente, denen sie zugeordnet sind, gruppiert werden. Für große Netzplanstrukturen können Sie analog zur Hierarchiegrafik einen Navigationsbereich einblenden.

In Abhängigkeit vom Grafikprofil im Netzplanprofil und von Ihrer Auswahl unter **Darstellung Vorgänge** werden in der Netzplangrafik die Vorgangsnummer, die Bezeichnung, der Steuerschlüssel, die Dauer, die Plantermine und die Pufferzeiten der Vorgänge dargestellt. Zusätzlich können Sie in der erweiterten Darstellung der Vorgänge anhand von Kennzeichen erkennen, welche Objekte einem Vorgang zugeordnet sind.

Zeitkritische Vorgänge (Gesamtpuffer kleiner oder gleich null) werden in der Netzplangrafik rot hervorgehoben, teilrückgemeldete Vorgänge einfach, endrückgemeldete Vorgänge doppelt durchgestrichen dargestellt (siehe Abschnitte 3.1.2 und 5.3).

Für die Darstellung von Anordnungsbeziehungen können Sie zwischen der zeitpunktgerechten Darstellung und der Darstellung als Normalfolgen wählen. Bei der Darstellung als Normalfolgen werden Anordnungsbeziehungen unabhängig von ihrer Art immer als Verbindungslinie zwischen dem Ende des Vorgängers und dem Anfang des Nachfolgers dargestellt. Bei der zeitpunktgerechten Darstellung dagegen wird z. B. eine Anfangsfolge als Verbindung zwischen dem Anfang des Vorgängers und dem Anfang des Nachfolgers dargestellt. Die Art und ein ggf. festgelegter Zeitabstand einer Anordnungsbeziehung werden an der grafischen Darstellung der Anordnungsbeziehung angezeigt.

Per Doppelklick können Sie in das Detailbild eines Vorgangs oder einer Anordnungsbeziehung verzweigen. Sie können in der Netzplangrafik auch Vorgänge und Anordnungsbeziehungen anlegen oder löschen.

Verbindungs-
modus der
Netzplangrafik

Zum Erstellen von Anordnungsbeziehungen in der Netzplangrafik ziehen Sie im Verbindungsmodus eine Verbindungslinie zwischen dem Vorgänger und dem Nachfolger. Möchten Sie eine Normalfolge anlegen, verbinden Sie das Ende des Vorgängers mit dem Anfang des Nachfolgers. Möchten Sie eine Endfolge anlegen, verbinden Sie das Ende des Vorgängers mit dem Ende des Nachfolgers usw.

Zyklusanalyse

Mithilfe der Funktion **Zyklusanalyse** der Netzplangrafik können Sie Anordnungsbeziehungen farblich hervorheben, die zu einer zyklischen Abfolge von Vorgängen führen. Netzpläne, die einen Zyklus besitzen, können nicht terminiert werden.

Sie können die Hierarchie- und Netzplangrafiken eines Projekts auch ausdrucken. Dabei können Sie zusätzliche Grafiken, wie z. B. Firmenlogos, in die Grafik aufnehmen.[25]

2.7.2 Projektplantafel

Mithilfe der Transaktionen CJ27, CJ2B und CJ2C der Projektplantafel können Sie Projektstrukturpläne und zugeordnete Netzpläne anlegen, ändern und anzeigen. Zum Öffnen eines Projekts in der Projektplantafel müssen Sie – sofern nicht über das Projektprofil vorgeschlagen – ein *Plantafelprofil* angeben, das die Darstellung und Funktionen der Projektplantafel steuert.

Die Oberfläche der Projektplantafel basiert auf einer interaktiven SAP-Balkenplangrafik, in der Daten zur Projektdefinition, PSP-Elementen, Vorgängen, Vorgangselementen und Meilensteinen gleichzeitig sowohl tabellarisch als auch grafisch dargestellt werden kön-

---

25 Weitere Details zum Einbinden z.B. von Firmenlogos in SAP-Grafiken finden Sie im Hinweis 39 258.

nen (siehe Abbildung 2.25). Welche dieser Objekttypen angezeigt werden und welche Felder im Tabellenbereich dargestellt werden, wird über das Plantafelprofil gesteuert, kann jedoch auch in der Projektplantafel benutzerspezifisch geändert werden.

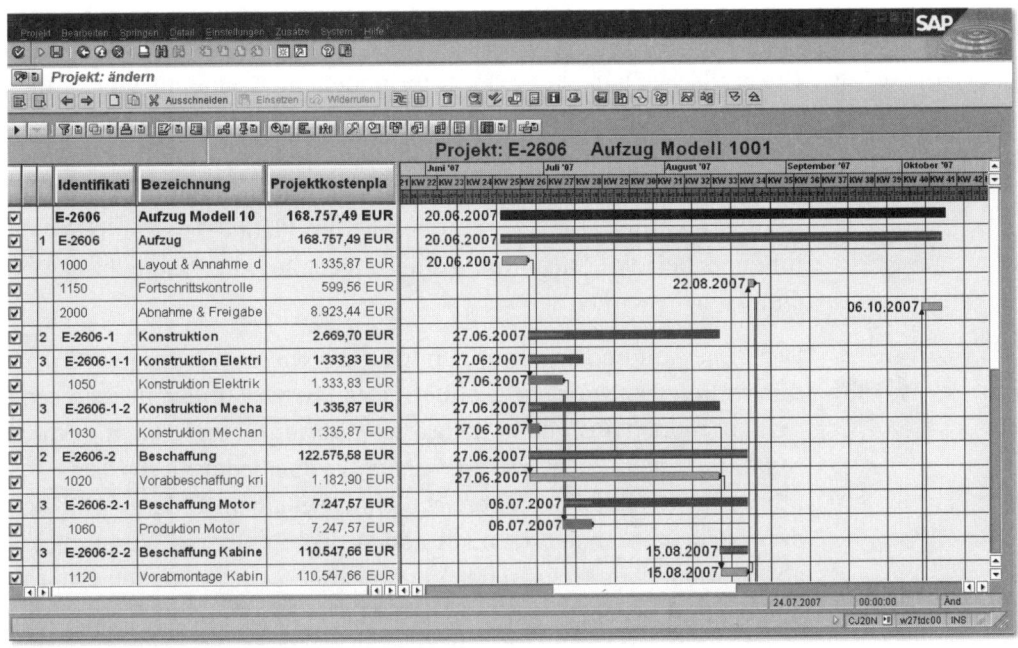

Abbildung 2.25 Bearbeitung eines Projekts in der Projektplantafel

Mittels Filter-, Sortier- und Gruppierfunktionen können Sie zusätzlich steuern, welche Objekte in welcher Reihenfolge dargestellt werden sollen. Mithilfe der Funktion **Projektelemente hervorheben** können Sie ferner Objekte farblich hervorheben, denen z.B. Dokumente zugeordnet sind oder die bestimmte Eigenschaften besitzen.

Tabellenbereich

Über das Menü der Projektplantafel können Sie auch in die Zuordnung von PS-Texten und Dokumenten verzweigen oder mithilfe des entsprechenden Icons das Detailbild eines Netzplankopfes aufrufen. Für zugeordnete Materialkomponenten steht eine eigene Übersicht in der Projektplantafel zur Verfügung.

Nach dem Einblenden eines Vorlagenbereichs können Sie mittels Doppelklick oder auch per Drag & Drop neue Objekte zu einem Projekt anlegen.

Diagrammbereich Im grafischen Bereich der Projektplantafel, dem *Diagrammbereich*, werden die Termindaten der angezeigten Objekte in Form von unterschiedlichen Terminbalken dargestellt. Zusätzlich können Termine oder auch verschiedene Stammdatenfelder der Objekte links, rechts, über, unter oder auch auf den Terminbalken angezeigt werden.

Plantafelassistent Die grafische Darstellung der verschiedenen Objekte im Tabellenbereich und insbesondere im Diagrammbereich wird durch ein Grafikprofil im Plantafelprofil gesteuert, kann jedoch mithilfe des *Plantafelassistenten* in der Projektplantafel auch benutzerspezifisch geändert werden. Ein Vorschaubereich im Plantafelassistenten zeigt Ihnen dabei, wie sich Ihre Änderungen auf die Darstellung von Objekten auswirken.

Dargestellte Zeiträume Der insgesamt im Diagrammbereich ausgewiesene Zeitraum wird als *Auswertungszeitraum* bezeichnet. Der Auswertungszeitraum setzt sich zusammen aus einem *Auswertungsvorlauf*, einem *Planungszeitraum* und einem *Auswertungsnachlauf*, wobei jeder dieser drei Zeiträume aus Gründen der Übersichtlichkeit in einem anderen Maßstab dargestellt werden kann. So können Sie für die Anzeige von Projektabschnitten, die bereits in der Vergangenheit oder noch sehr weit in der Zukunft liegen, einen größeren Maßstab wählen als für Projektabschnitte im aktuellen Planungszeitraum, für die Sie vielleicht eine tagesgenaue Darstellung benötigen.

Zeitskalenassistent Die Größe und Aufteilung des Auswertungszeitraums sowie die Darstellung der Zeitskala (Farbgestaltung, Anzeige des Wochentags oder Datums usw.) wird über Unterprofile des Plantafelprofils gesteuert, kann jedoch mithilfe der **Optionen** und des *Zeitskalenassistenten* auch benutzerspezifisch geändert werden.

Sie können die Bearbeitung eines Objekts in der Projektplantafel tabellarisch vornehmen oder auch im Detailbild, nachdem Sie z.B. einen Doppelklick auf das Objekt im Tabellen- oder Diagrammbereich gemacht haben. Änderungen von Planterminen können Sie bei Bedarf auch direkt grafisch durch das Verschieben, Verlängern oder Verkürzen von Terminbalken vornehmen.

Anordnungsbeziehungen zwischen Vorgängen können Sie in der Projektplantafel tabellarisch, grafisch im Verbindungsmodus oder mithilfe der Funktion **Markierte Vorgänge verbinden** erstellen. Bei dieser Funktion erstellt das System automatisch Normalfolgen für alle selektierten Vorgänge in der Reihenfolge, in der die Vorgänge im Tabellenbereich aufgelistet werden.

Zusätzlich zu der soeben erläuterten Terminübersicht können Sie für selektierte Objekte auch weitere Übersichten, bestehend aus einem tabellarischen und einem grafischen Bereich, einblenden. Für diese Übersichten können Sie dabei über eine Feldauswahl steuern, welche Felder im Tabellenbereich dargestellt werden sollen. Über das Kontextmenü können ferner eine Legende der dargestellten Objekte sowie weitere Funktionen aufgerufen werden. Folgende zusätzliche Übersichten stehen Ihnen in der Projektplantafel zur Verfügung:

Zusätzliche Übersichten der Projektplantafel

▶ **Komponentenübersicht**
Im grafischen Bereich dieser Übersicht werden Bedarfstermine und ggf. Liefer- und Warenbewegungstermine von zugeordneten Materialkomponenten angezeigt. Mittels Doppelklick können Sie in das Detailbild der Materialkomponenten verzweigen.

▶ **Kostenübersicht**
Im grafischen Bereich werden Plankosten und ggf. Plan- und Ist-erlöse von PSP-Elementen in Form einer Summenkurve angezeigt.

▶ **Kapazitätsübersicht**
Diese Übersicht stellt das Kapazitätsangebot der Arbeitsplätze von Vorgängen den (gesamten) Kapazitätsbedarfen periodisch in Form einer Balken- oder Histogrammdarstellung gegenüber. Mittels Doppelklick gelangen Sie in die Anzeige von Arbeitsplätzen.

▶ **Instandhaltungsübersicht**
Die zeitliche Lage von Instandhaltungsaufträgen, die Sie als Teil-netze Vorgängen zugeordnet haben, wird in dem grafischen Bereich dieser Übersicht angezeigt.

Einige weitere Funktionen, die Sie über die Projektplantafel aufrufen können, sind:

▶ Hierarchie- und Netzplangrafik

▶ Plantafeln zum Kapazitätsabgleich

▶ Arbeitsverteilung auf Personalressourcen

▶ Meilensteintrendanalyse

▶ Kosten- und Kapazitätsberichte

▶ Übersicht der direkten Vorgänger und Nachfolger eines Vorgangs

Benutzerspezi-
fische Änderungen

Wenn Sie die Projektplantafel verlassen, können Sie die Änderungen, die Sie mithilfe des Plantafel-, des Zeitskalenassistenten und
über die Feldauswahl an der Projektplantafel vorgenommen haben,
sowie einige Änderungen in den Optionen der Projektplantafel
benutzerspezifisch speichern. So stehen Ihnen diese Änderungen
auch beim nächsten Öffnen eines Projekts in der Projektplantafel
wieder zur Verfügung. Mithilfe der Funktion **Benutzereinstellungen
zurücknehmen** können Sie Ihre Änderungen wieder löschen.[26]

Plantafelprofil

Im Standard sind bereits verschiedene für die Projektplantafel benötigte Plantafelprofile und Unterprofile enthalten. Sie können im Customizing des Projektsystems jedoch auch eigene Plantafelprofile
definieren (siehe Abbildung 2.26).

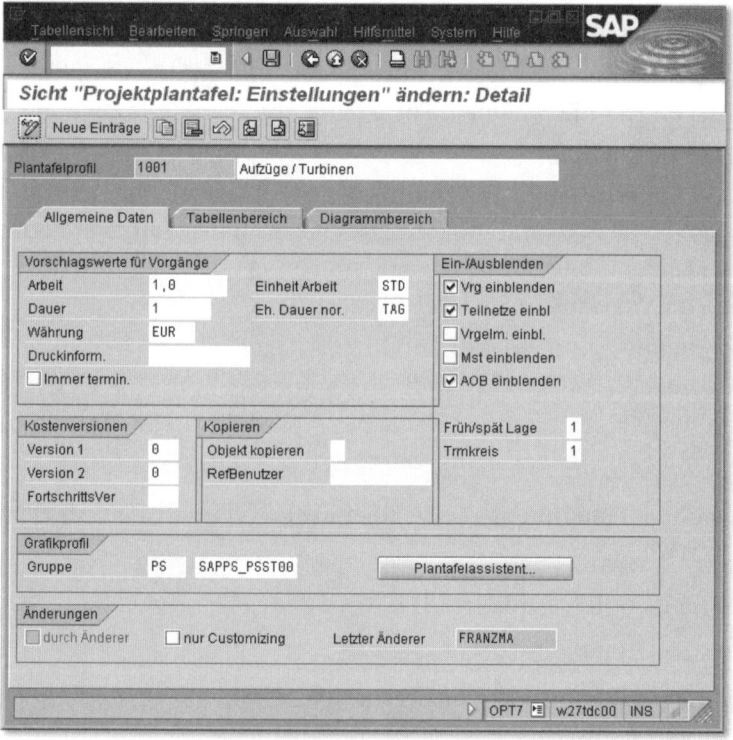

Abbildung 2.26 Beispiel eines Plantafelprofils

---

26 Mithilfe des Reports RSAPFCJGR können Sie auch benutzerspezifische Änderungen der Projektplantafel für mehrere Benutzer gleichzeitig rückgängig machen.

In einem Plantafelprofil spezifizieren Sie die Feldauswahl für die Terminübersicht und die anderen Übersichten der Projektplantafel. Über das Grafikprofil im Plantafelprofil wird die Darstellung der Objekte im tabellarischen und grafischen Bereich definiert. Zum Erstellen neuer Grafikprofile können Sie, genau wie in der Projektplantafel, den Plantafelassistenten verwenden. Weitere Unterprofile der Projektplantafel sind:

▶ **Zeitprofil**
Diese Profil steuert Beginn und Ende des Auswertungszeitraums und des Planungszeitraums. Auswertungsvor- und -nachlauf sind somit automatisch festgelegt.[27]

▶ **Maßstabsprofil**
Über dieses Profil definieren Sie den Maßstab für den Planungszeitraum und den Auswertungsvor- und -nachlauf.

▶ **Zeitskalenprofil**
Dieses Profil steuert die Darstellung der verschiedenen Zeitskalen (z.B. Jahres-, Monats- oder Tagesraster) und bestimmt, welche Zeitskalen bei welchen Maßstäben angezeigt werden sollen.

Zusätzlich spezifizieren Sie in einem Plantafelprofil unter anderem, welche Objekte, Termine und Puffer und welche Daten an den Terminbalken dargestellt werden sollen. Für die Anzeige von Kosten- und Fortschrittsdaten legen Sie im Plantafelprofil die entsprechenden CO-Versionen fest.

2.7.3 Spezielle Pflegefunktionen

Im Menü der speziellen Pflegefunktionen im Projektsystem finden Sie Transaktionen zum Anlegen, Ändern und Anzeigen von Projektstrukturplänen (Transaktionen CJ01, CJ02, CJ03), Netzplänen (Transaktionen CN21, CN22, CN23) und Projektstrukturplänen mit zugeordneten Netzplänen (Transaktionen CJ2D, CJ20, CJ2A). Abbildung 2.27 zeigt z.B. die Bearbeitung eines Projekts mithilfe der Strukturplanung (Transaktion CJ20).

In diesen Transaktionen können Sie jeweils wechseln zwischen dem Detailbild von Projektdefinition bzw. Netzplankopf und den tabellarischen Darstellungen von PSP-Elementen bzw. Vorgängen. Über

---

27 Details zur Definition von Zeitprofilen finden Sie bei Bedarf im Hinweis 207 514.

eine tabellarische Sicht können Sie wiederum in das Detailbild eines Objekts verzweigen. Über das Menü können auch Listen von zugeordneten Objekten, wie z.B. PS-Texte, Dokumente oder Meilensteine, aufgerufen werden.

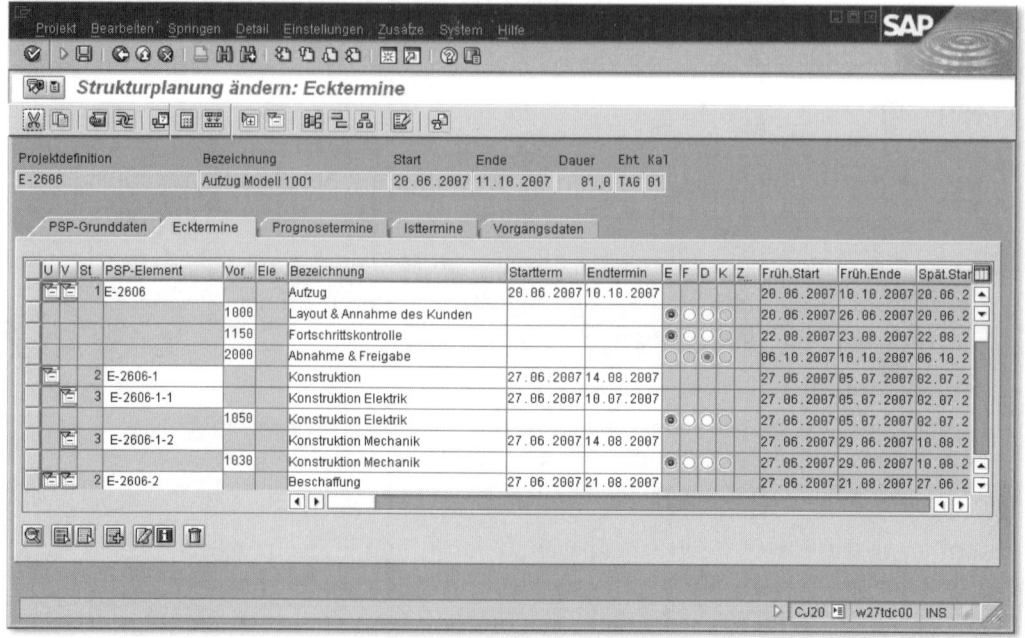

Abbildung 2.27 Bearbeitung eines Projekts in der Strukturplanung

Zusätzlich können Sie aus den speziellen Pflegefunktionen auch die Hierarchie- und Netzplangrafik für ein Projekt aufrufen sowie in Plantafeldarstellungen verzweigen.

Für die Verwendung der speziellen Pflegefunktionen sind keine zusätzlichen Customizing-Aktivitäten notwendig. Die Darstellung der Objekte in den tabellarischen Übersichten und den Grafiken sowie Funktionen zur Kapazitätsplanung werden über Einstellungen im Projekt- bzw. Netzplanprofil gesteuert.

Mithilfe der Transaktionen CJ06, CJ07, CJ08 bzw. CJ11, CJ12, CJ13 können Sie auch einzelne Projektdefinitionen bzw. PSP-Elemente anlegen, ändern oder anzeigen. Beim Anlegen eines neuen PSP-Elements mithilfe der Transaktion CJ11 müssen Sie entweder die Zuordnung zu einer bereits existierenden Projektdefinition anlegen, oder Sie erstellen beim Sichern des PSP-Elements eine neue Projektdefinition, die dann einmalig Daten des PSP-Elements übernimmt. Letzteres gelingt mithilfe eines Projektprofils, in dem das Kennzeichen **Übernahme in Projektdefinition** gesetzt ist.

Die speziellen Pflegefunktionen werden in der Praxis typischerweise von Benutzern bevorzugt, denen zur Bearbeitung von Projektstrukturen eine einfache, tabellarische Möglichkeit ausreicht und denen ggf. der Project Builder oder die Projektplantafel zu komplex sind.

2.8 Werkzeuge zur optimierten Stammdatenpflege

Um die Erstellung und Bearbeitung von Projektstrukturen möglichst einfach für die Benutzer zu gestalten, können Sie verschiedene Werkzeuge im Projektsystem einsetzen. Zum einen können Sie verschiedene Anpassungen der Eingabeoberfläche vornehmen, um so Fehleingaben zu vermeiden und allgemein die Akzeptanz der verschiedenen Bearbeitungstransaktionen bei den Endanwendern zu erhöhen. Zum anderen können Sie die Pflege von Stammdaten in einigen Fällen automatisieren und so möglichst effizient gestalten.

2.8.1 Feldauswahl

Mithilfe der Feldauswahlen im Strukturen-Customizing des Projektsystems können Sie Felder von Projektdefinitionen, PSP-Elementen, Netzplanköpfen, Vorgängen und Vorgangselementen beeinflussen. Die Eigenschaften von Feldern können Sie über eine Feldauswahl wie folgt kennzeichnen:

▸ **Eingabebereit**
Sofern nicht z.B. durch einen Status verboten, können Sie die Daten solcher Felder ändern.

▸ **Angezeigt**
Die Daten dieser Felder sind sichtbar, können aber weder tabellarisch noch im Detailbild geändert werden.[28]

▸ **Ausgeblendet**
Diese Felder werden nicht angezeigt.

---

28 Anzeigefelder sind jedoch über die Massenänderung oder die Substitution noch änderbar.

▶ **Mussfeld**
Sie müssen eine Eingabe in solchen Feldern vornehmen, bevor Sie das entsprechende Objekt sichern können.

▶ **Farblich hervorheben**
Die Werte dieser Felder besitzen eine andere Farbe als die der anderen Felder.

Mithilfe von Feldauswahlen können Sie also, entsprechend den Anforderungen Ihrer Projekte, nicht benötigte Felder komplett ausblenden, Felder, die nur über die Vorlage oder die Vorschlagswerte im Customizing gefüllt werden sollen, anzeigen lassen oder auch erzwingen, dass bestimmte Eingaben beim Erstellen eines Objekts vorgenommen werden.

Sie können eine Feldauswahl mandantenweit definieren, in der Regel werden Sie Feldauswahlen jedoch festmachen an beeinflussenden Werten, wie z.B. dem Projekt- oder Netzplanprofil oder der Netzplanart. So können Sie z.B. für unterschiedliche Projekttypen auch eine unterschiedliche Auswahl und Steuerung der Felder vornehmen.

2.8.2 Flexible Detailbilder und Table Controls

Flexible Detailbilder

Mithilfe von flexiblen Detailbildern können Sie für PSP-Elemente und Vorgänge die Aufteilung der Felder auf die verschiedenen Registerkarten steuern. Standardmäßig wird auf jeder Registerkarte genau ein Detailbild mit den entsprechenden Daten dargestellt. Auf der Registerkarte **Termine** z.B. befindet sich also das Detailbild **Termine** mit sämtlichen Terminfeldern.

Über die Funktion **Flexible Detailbilder** können Sie eigene Registerkarten definieren und jeweils bis zu fünf Detailbilder auf einer Registerkarte in beliebiger Reihenfolge zusammen aufnehmen. Dabei können Sie die Bezeichnung jeder Registerkarte bestimmen und bei Bedarf ein Icon auswählen, das zusammen mit der Bezeichnung angezeigt werden soll. Über das Kennzeichen **Vordere Karte** steuern Sie, welche Registerkarte beim Öffnen des Objekts als Erste angezeigt werden soll. Abbildung 2.28 zeigt ein Beispiel für die Definition einer Registerkarte.

Sie können Registerkarten für alle Benutzer im Customizing des Projektsystems definieren oder benutzerspezifisch in den Bearbeitungstransaktionen.

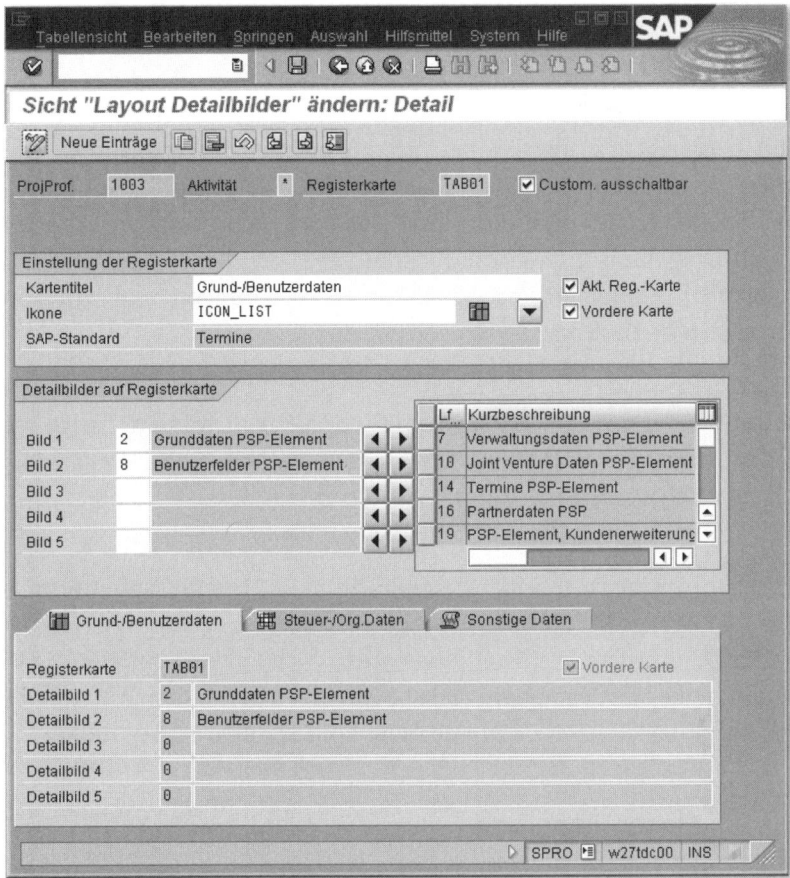

Abbildung 2.28 Beispiel zur Definition einer PSP-Element-Registerkarte im Customizing

Die Definition von Registerkarten im Customizing erfolgt in Abhängigkeit vom Projekt- bzw. Netzplanprofil und dem Aktivitätstyp (**Anlegen**, **Ändern**, **Anzeigen**, **alle Aktivitäten**). Mithilfe des Kennzeichens **Customizing ausschaltbar** legen Sie fest, ob Benutzer in der Anwendung zwischen den im Customizing definierten Registerkarten und den Standardregisterkarten wechseln können.

Berechtigte Benutzer können Registerkarten auch bei der Bearbeitung von PSP-Elementen oder Vorgängen in Abhängigkeit von dem jeweiligen Projekt- bzw. Netzplanprofil erstellen. Dabei können manuell neue Registerkarten angelegt oder auch die Standardregisterkarten oder die im Customizing definierten Registerkarten als Kopiervorlage verwendet werden. Die Definition dieser Registerkarten kann entweder rein temporär verwendet oder auch benutzerspezifisch gespeichert werden.

Table Controls
Die tabellarischen Darstellungen aller Projektstrukturobjekte ist in den Bearbeitungstransaktionen mit Ausnahme der Projektplantafel in Form von *Table Controls* realisiert. Table Controls erlauben Ihnen, die Spaltenbreite und die Reihenfolge der dargestellten Spalten durch Drag & Drop auf dem Spaltenende bzw. der Spalte selbst zu ändern. Anschließend können Sie Ihre Änderungen in Form von **Varianten** benutzerspezifisch speichern.

Beim Öffnen einer Tabelle können Sie später wieder eine von Ihnen definierte Variante zur Darstellung der Spalten auswählen. Durch die Auswahl einer Variante als **Standardeinstellung** wird die Tabelle automatisch beim Öffnen unter Verwendung dieser Variante dargestellt.

Mittels **Administratoreinstellungen** können Sie die Table-Control-Einstellungen auch für alle Benutzer vornehmen. Dabei können Sie in den Administratoreinstellungen zusätzlich Spalten komplett ausblenden oder festlegen, wie viele Spalten fest sein sollen, d.h. immer angezeigt werden sollen, unabhängig vom Scrollen in der Tabelle.

2.8.3 Massenänderung

Wenn Sie Feldinhalte für mehrere Objekte gleichzeitig ändern möchten, können Sie die Massenänderung im Projektsystem einsetzen. Die Objekte, die Sie mithilfe der Massenänderung ändern können, sind:

- Projektdefinitionen
- PSP-Elemente
- Netzplanköpfe
- Vorgänge und Vorgangselemente
- Meilensteine
- Anordnungsbeziehungen

Welche Felder Sie mit der Massenänderung verändern können, hängt von dem jeweiligen Objekttyp ab. In der Regel sind lediglich die Stammdatenfelder der Objekte über die Massenänderung änderbar. Für PSP-Elemente können Sie jedoch auch Termindaten ändern, für Vorgänge z.B. auch den Status **Freigegeben** setzen. Nicht änderbar mithilfe der Massenänderung sind unter anderem Abrechnungsvorschriften oder Statusschemata.

Für Änderungen an Objekten eines einzelnen Projekts können Sie die Massenänderung aus dem Project Builder, der Projektplantafel oder der Strukturplanung aufrufen. Wenn Sie Objekte mehrerer Projekte gleichzeitig ändern möchten, können Sie die Massenänderung dieser Projekte über das Strukturinfosystem oder die Transaktion CNMASS anstoßen. Über diese Transaktion können Sie zusätzlich die Ausführung der Massenänderung von Objekten als Hintergrundjob einplanen.

Bei Änderungen von Feldwerten mittels Massenänderung werden die gleichen Prüfungen durchgeführt wie bei einer manuellen Änderung. Insbesondere benötigen Sie also auch die Berechtigung zum Ändern eines Objekts, um Daten des Objekts über Massenänderung zu verändern.

Um eine Massenänderung direkt durchzuführen, starten Sie die Massenänderung und selektieren die zu ändernden Objekte. Sie wählen anschließend die Felder aus, die geändert werden sollen, und geben den neuen Feldwert ein. Bei Bedarf können Sie den vorherigen Feldwert als zusätzliches Filterkriterium für die Änderungen verwenden. Für numerische Felder können Sie auch Formeln definieren, die auf Basis der ursprünglichen Feldwerte die jeweils neuen Werte berechnen.

Ablauf der Massenänderung

Bevor Sie Massenänderungen an den Objekten ausführen und sichern, können Sie Ihre Änderungen testen. Zusätzlich können Sie in der Transaktion CNMASS nach dem Sichern auch ein Protokoll der gemachten Änderungen speichern und jederzeit später wieder mit der Transaktion CNMASSPROT auswerten.

[!] Beachten Sie, dass es kein Stornieren, also kein einfaches »Rückgängigmachen« einer Massenänderung, gibt. Falls notwendig, müssen Sie also Änderungen von Feldwerten durch fehlerhafte Massenänderungen manuell korrigieren.

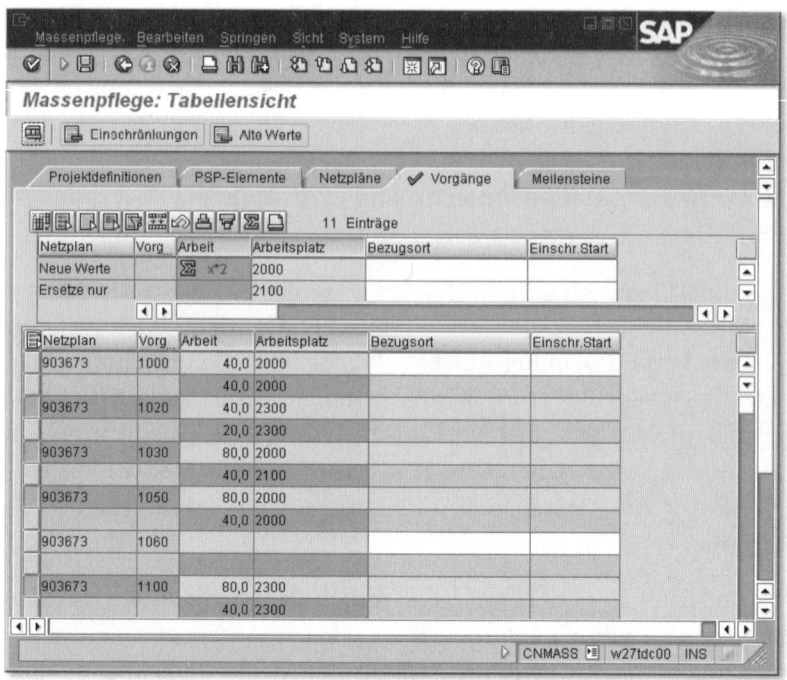

Abbildung 2.29 Beispiel einer Massenänderung von Vorgängen in der Tabellensicht

Tabellarische Massenänderung

Um mehr Kontrolle über die Massenänderungen mehrerer Objekte zu haben, können Sie neben der direkten Massenänderung in der Transaktion CNMASS auch eine tabellarische Massenänderung durchführen (siehe Abbildung 2.29). Nach der Selektion der Objekte und Felder erhalten Sie in der tabellarischen Massenänderung zunächst eine Auflistung der selektierten Objekte und können hier noch einmal manuell oder mithilfe von Filterfunktionen Objekte von der Massenänderung ausschließen. Zusätzlich können Sie hier die alten Feldwerte einblenden, eine Massenänderung durchführen und anschließend die neuen Werte mit den alten vergleichen. Solange Sie die Änderungen noch nicht gesichert haben, können Sie die Änderungen in der tabellarischen Massenänderung auch wieder rückgängig machen.

2.8.4 Substitution

Mithilfe von Substitutionen können Sie Stammdatenfelder von Projektdefinitionen, PSP-Elementen, Netzplanköpfen und Vorgängen automatisch, nach selbst definierten Bedingungen, ändern. Abbil-

96

dung 2.30 zeigt ein IDES-Beispiel für die Definition einer Substitution, mit deren Hilfe automatisch die verantwortliche Kostenstelle 4 290 für diejenigen PSP-Elemente gesetzt wird, in denen Verantwortliche mit den Nummern 0–20 eingetragen wurden.

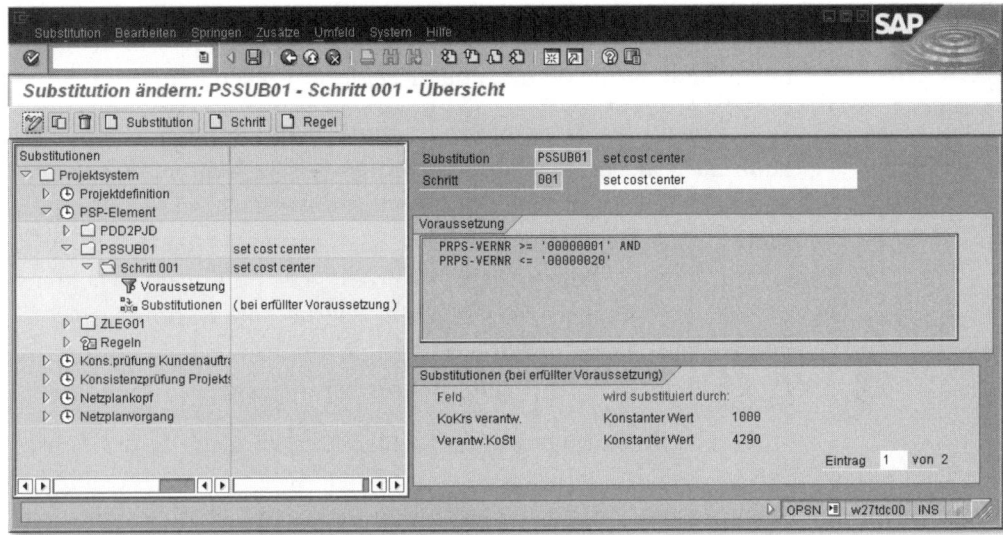

Abbildung 2.30 Beispiel der Definition einer Substitution im Customizing

Sie definieren Substitutionen im Strukturen-Customizing der Projektstrukturpläne bzw. Netzpläne. Beim Anlegen einer Substitution spezifizieren Sie, für welchen Objekttyp die Substitution verwendet werden soll, und vergeben eine Identifikation und Bezeichung für die Substitution. Anschließend legen Sie einen oder mehrere Schritte innerhalb der Substitution an. Für jeden Schritt können Sie nun auswählen, welche Felder geändert werden sollen und welche **Voraussetzungen** für eine Änderung erfüllt sein müssen.

Definition von Substitutionen

Für die Definition von Voraussetzungen können Sie auf die Stammdaten des jeweiligen Objekts und auf allgemeine Systemdaten, wie z.B. Mandant, Tagesdatum oder den Benutzernamen, als Parameter zurückgreifen sowie bei PSP-Elementen auf die Daten der übergeordneten Objekte. In einem Editor können Sie diese Parameter mithilfe von Vergleichsoperanden mit festen Werten oder anderen Feldwerten in Relation setzen. Die Vollständigkeit einer von Ihnen definierten Voraussetzung wird durch eine Ampel signalisiert.

Nur wenn bei Ausführung der Substitution für ein Objekt diese Voraussetzung erfüllt ist, wird eine Feldwertersetzung durchgeführt. Ist die Voraussetzung nicht erfüllt, wird der nächste Schritt der Substitution ausgeführt.

Für die Definition der Feldwertersetzung eines Substitutionsschritts können Sie entweder feste Werte für die zu ändernden Felder angeben oder auch auf Werte anderer Felder zurückgreifen.

Ausführung von Substitutionen
Sie können eine Substitution manuell anstoßen oder automatisch beim Sichern von Objekten ausführen lassen. Manuell können Sie eine Substitution aus allen Bearbeitungstransaktionen heraus durchführen. Dazu selektieren Sie die zu bearbeitenden Objekte und wählen die Funktion **Substitution**. Sie erhalten daraufhin ein Dialogfenster, in dem Sie auswählen können, welche Substitution ausgeführt werden soll. Nach der Auswahl der Substitution zeigt das System ein Protokoll mit den durchgeführten Änderungen an.

Für Projektdefinitionen und PSP-Elemente können Sie das Fenster zur Auswahl der Substitution vermeiden, wenn Sie im Projektprofil eine Substitution für Projektdefinitionen bzw. PSP-Elemente eintragen.

Damit eine Substitution automatisch beim Sichern ausgeführt wird, hinterlegen Sie im Projektprofil die entsprechende Substitution entweder für Projektdefinitionen oder für PSP-Elemente und setzen zusätzlich das Kennzeichen **Automat. Substitution**. Für die automatische Ausführung von Substitutionen für Netzpläne müssen Sie lediglich die entsprechende Substitution im Netzplanprofil eintragen.[29]

2.8.5 Validierung

Mithilfe von Validierungen können Sie selbst definierte Prüfungen für Stammdatenfelder von Projektdefinitionen, PSP-Elementen, Netzplanköpfen und Vorgängen ausführen. Das Ergebnis einer Validierung können Informations-, Warn- oder auch Fehlermeldungen

---

[29] Um eine automatische Substitution für mehrere Projekte gleichzeitig anzustoßen, wird in der Praxis oft eine Massenänderung eines nicht benötigten Feldes dieser Projekte ausgeführt. Beim Sichern der Massenänderung werden dann die automatischen Substitutionen durchlaufen.

sein, wobei Fehlermeldungen das Sichern des entsprechenden Objekts verhindern.

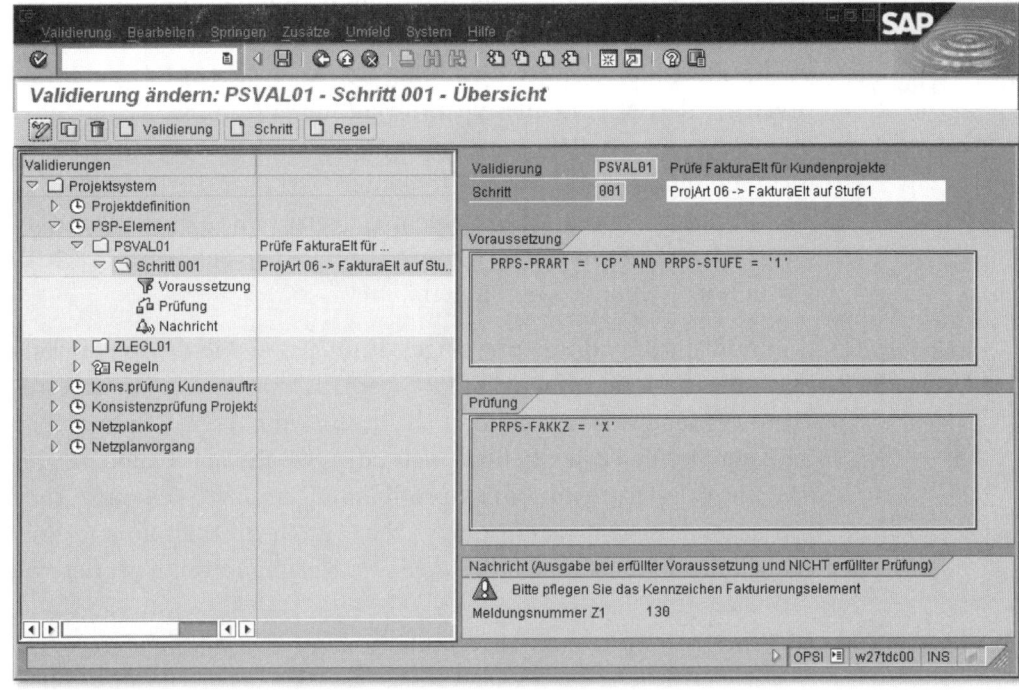

Abbildung 2.31 Beispiel der Definition einer Validierung im Customizing

Mithilfe von Validierungen können Sie also z. B. erzwingen, dass Projekte mit einem bestimmten Projektprofil immer mit demselben Schlüssel beginnen, oder Sie können die Konsistenz der Identifikation innerhalb der Projektstruktur überprüfen. Abbildung 2.31 zeigt ein IDES-Beispiel für eine Validierung, die sicherstellt, dass PSP-Elemente der Stufe 1, die die Projektart **Kundenprojekt** (CP) besitzen, als Fakturierungselemente gekennzeichnet sind.

Sie definieren Validierungen ähnlich wie Substitutionen im Strukturen-Customizing des Projektsystems. Eine Validierung kann mehrere Schritte umfassen, in denen jeweils eine Prüfung durchgeführt wird. Innerhalb eines Schritts definieren Sie eine **Voraussetzung**, eine **Prüfung** und eine entsprechende **Nachricht**. Nur wenn ein Objekt die Voraussetzung erfüllt, wird die Prüfung für das Objekt durchgeführt. Ist die Bedingung der Prüfung erfüllt, wird eine Nach-

Definition von Validierungen

richt als Reaktion ausgegeben, andernfalls wird der Validierungs-schritt für dieses Objekt beendet.

Die Definition von Voraussetzungen und Prüfungen geschieht genau wie die Definition von Voraussetzungen in Substitutionen (siehe Abschnitt 2.8.4). Bei der Definition der Nachricht spezifizieren Sie zunächst den Nachrichtentyp **Information**, **Warnung**, **Fehler** oder **Abbruch**. Sie erstellen dann einen Nachrichtentext zu einer Nach-richtennummer und ordnen diesen der Nachricht zu. Indem Sie in der Nachricht Felder als Variablen festlegen (z.B. die Identifikation des Objekts), können Sie die entsprechenden Feldwerte auch in Ihren Nachrichtentext einbinden.

Ausführung von Validierungen

Die Ausführung von Validierungen kann genau wie die Ausführung von Substitutionen manuell oder automatisch beim Sichern angesto-ßen werden. Zur automatischen Ausführung von Validierungen müssen Sie für Projektdefinitionen oder PSP-Elemente die entspre-chende Validierung im Projektprofil eintragen und das Kennzeichen zur automatischen Ausführung setzen. Für Netzplanköpfe und Vor-gänge müssen Sie die Validierungen im Netzplanprofil hinterlegen.

[»] Werden beim Sichern sowohl Substitutionen als auch Validierungen auto-matisch ausgeführt, werden zunächst die Substitutionsschritte sukzessive durchgeführt und anschließend die Validierungsschritte durchlaufen.

2.8.6 Variantenkonfiguration mit Projekten

Die Verwendung der Variantenkonfiguration von Projektstrukturen soll zunächst an dem IDES-Beispiel, der Projektfertigung von Aufzü-gen, erläutert werden, bevor im Anschluss die dafür notwendigen Voraussetzungen behandelt werden.

Beispiel einer Variantenkon-figuration

Das IDES-Unternehmen fertigt unterschiedliche Aufzugtypen in unterschiedlichen Größen und Ausführungen. Jede Aufzugvariante benötigt im Rahmen der Projektfertigung unterschiedliche Material-komponenten und Vorgänge. Für die Erstellung der benötigten Pro-jektstrukturen werden Standardstrukturen als Kopiervorlage einge-setzt. Anstatt für jede mögliche Variante ein eigenes Standardnetz mit den jeweils benötigten Materialkomponenten und Vorgängen und einen eigenem Standardprojektstrukturplan als Kopiervorlage zu definieren, wird nur ein einziges konfigurierbares Standardnetz verwendet.

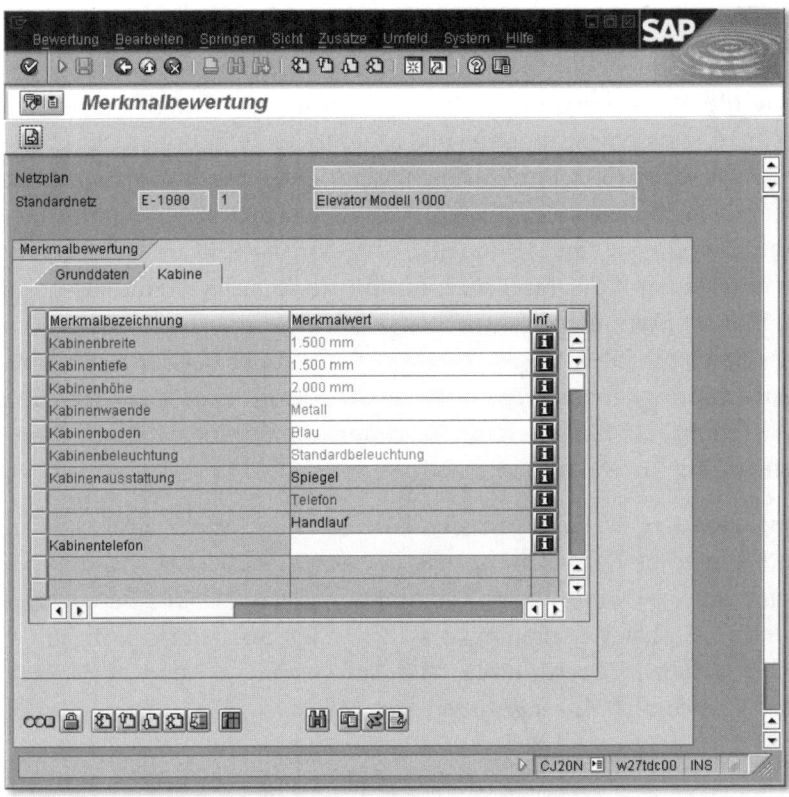

Abbildung 2.32 Beispiel einer Merkmalbewertung

Das konfigurierbare Standardnetz enthält Materialkomponenten und Vorgänge für alle möglichen Varianten der unterschiedlichen Aufzugtypen. Wenn das konfigurierbare Standardnetz als Kopiervorlage für einen operativen Netzplan verwendet wird, muss zunächst die jeweilige Aufzugvariante mithilfe einer *Merkmalbewertung* (welcher Aufzugtyp, welche Größe, welche Ausführung etc.) spezifiziert werden (siehe Abbildung 2.32). Basierend auf der Merkmalbewertung und dem *Beziehungswissen* an den Vorgängen des Standardnetzes und den Stücklistenpositionen, also den Materialkomponenten, kopiert das System nur diejenigen Vorgänge und Komponenten, die für die Variante auch tatsächlich benötigt werden. Wird beim Sichern des konfigurierten, operativen Netzplans auch ein Projektstrukturplan mit Vorlage erstellt, kopiert das System nur diejenigen PSP-Elemente, denen noch mindestens ein operativer Vorgang zugeordnet ist, und deren übergeordnete PSP-Elemente. Der Projekt-

Merkmalbewertung

strukturplan wird also »indirekt« konfiguriert, da PSP-Elemente kein Beziehungswissen besitzen können.

Merkmale, Klassen

Um die Variantenkonfiguration mit Projektstrukturen nutzen zu können, müssen Sie zunächst in den zentralen Funktionen der Logistik *Merkmale* wie z.B. den Aufzugtyp, die Größe des Aufzugs usw. definieren (Transaktion CT04). Dabei spezifizieren Sie unter anderem das Eingabeformat, mögliche Merkmalswerte und bei Bedarf bereits einen Vorschlagswert für die jeweiligen Merkmalswerte. Indem Sie Merkmale zu einer *Klasse* (Transaktion CL02) zusammenfassen, entscheiden Sie, welche Merkmale später bei der Merkmalsbewertung angeboten werden sollen. Die Klasse muss dabei zu einer Klassenart gehören, die eine Variantenkonfiguration erlaubt (standardmäßig Klassenart 300).

Beziehungswissen

Das benötigte Beziehungswissen können Sie entweder direkt bei der Pflege der Standardnetzvorgänge (*lokales Beziehungswissen*) definieren oder zentral mithilfe der Transaktion CU01 (*globales Beziehungswissen*). Globales Beziehungswissen können Sie mehrfach in unterschiedlichen Standardnetzen oder Stücklisten verwenden, es kann dort jedoch nicht lokal geändert werden.

Als Entscheidungskriterium für das Kopieren oder Nichtkopieren eines Objekts verwenden Sie die Beziehungswissensart *Auswahlbedingung*. Für die Definition der Bedingung (z.B. »Sollen die Aufzugwände aus Glas sein?«) steht ein eigener Editor mit einer speziellen Syntax (siehe SAP-Dokumentation) zur Verfügung. Ist die von Ihnen definierte Bedingung, die Sie als Beziehungswissen einer Stücklistenposition oder einem Standardnetzvorgang zugeordnet haben, aufgrund der Merkmalbewertung erfüllt, wird das Objekt kopiert. Mithilfe der Beziehungswissensart *Prozedur* können Sie auch Feldwerte von Materialkomponenten oder Vorgängen aus der Merkmalbewertung ableiten (z.B. die geplante Arbeit eines Vorgangs).

Standardstrukturen und Konfigurationsprofil

Schließlich müssen Sie noch die Standardstrukturen definieren, die als Kopiervorlage verwendet werden sollen (siehe Abschnitte 2.2.3 und 2.3.3), und mit der Klasse der Merkmale verknüpfen. Die Standardstrukturen müssen Vorgänge, Anordnungsbeziehungen, Materialkomponenten und ggf. PSP-Elemente für alle möglichen Varianten enthalten. Den relevanten Standardnetzvorgängen und Stücklistenpositionen ordnen Sie dabei das benötigte Beziehungswissen zu. Die Verknüpfung der Standardstrukturen, genauer gesagt, des Standardnetzes, mit der Klasse der Merkmale geschieht mithilfe eines *Konfigurationsprofils*, das Sie in der Transaktion CU41 im Projektsystem erstellen können.

Sollen nach Freigabe des konfigurierten, operativen Netzplans noch Änderungen an der Merkmalbewertung möglich sein, müssen Sie im Customizing der Netzpläne zusätzlich ein *Änderungsprofil* definieren und der entsprechenden Netzplanart zuordnen. Mithilfe des Änderungsprofils steuern Sie statusabhängig, ob z.B. die für die neue Variante notwendigen Änderungen von Objekten zu Fehlermeldungen oder Warnmeldungen führen sollen oder ob Einzeländerungen überhaupt zulässig sind.

Änderungsprofil

Zusätzlich stehen Ihnen bei der Variantenkonfiguration Standard-Workflows zur Verfügung, mit denen z.B. der Disponent des Netzplans über nachträgliche Änderungen informiert wird bzw. über die Änderungen entscheiden kann.

Verwenden Sie zur Strukturierung konfigurierbare Teilnetze, wird die Merkmalbewertung vom übergeordneten Netzplan automatisch an die Teilnetze weitergegeben, wenn deren Kopiervorlagen der gleichen Klasse zugeordnet sind. Schließlich können Sie die Variantenkonfiguration mit Projektstrukturen auch mit der Montageabwicklung (siehe Abschnitt 2.8.7) kombinieren. In diesem Fall nehmen Sie die Merkmalbewertung direkt in dem entsprechenden Vertriebsbeleg vor.

2.8.7 Montageabwicklung

Der Begriff der Montageabwicklung bezeichnet einen Ablauf, bei dem beim Erstellen einer Vertriebsbelegposition gleichzeitig ein operativer Netzplan und bei Bedarf auch ein operativer Projektstrukturplan erstellt werden. Dabei werden automatisch auch Termin-, Mengen- und Controlling-Daten zwischen der Vertriebsbelegposition und dem Projekt ausgetauscht.

Direkt im Vertriebsbeleg findet bereits eine Terminierung des Netzplans anhand des Wunschlieferdatums des Kunden und der Menge, die als Ausführungsfaktor an den Netzplan übergeben wird, statt. Der berechnete Endtermin des Netzplans wird als Termin zur Volllieferung der Position im Vertriebsbeleg vorgeschlagen. Das System kalkuliert auch gleichzeitig den Netzplan und übergibt die kalkulier-

Datenaustausch

ten Kosten sofort an die Vertriebsbelegposition, wo sie – je nach Konditionsschema – zur Preisfindung verwendet werden können.

Befinden sich in dem Projekt Meilensteine, die als relevant für Verkaufsbelege gekennzeichnet sind, können deren Termine und ggf. Daten zur Fakturierung ebenfalls automatisch in den Fakturierungsplan der Position übernommen werden.

Wird beim Sichern des Vertriebsbelegs auch ein operativer Projektstrukturplan erzeugt, kann die Vertriebsbelegposition automatisch auf ein PSP-Element kontiert werden.

Die Verknüpfung zwischen der Vertriebsbelegposition und dem Netzplan erlaubt Ihnen, über die Einteilungen der Position direkt in die Anzeige des Netzplans oder umgekehrt auch über den Kopf des Netzplans direkt in die Anzeige der Vertriebsbelegposition zu verzweigen. Ferner können nachträgliche Änderungen des Vertriebsbelegs direkt an das Projekt weitergegeben werden und umgekehrt.

Für Vertriebsbelege mit mehreren Positionen können Sie pro Position über die Montageabwicklung einen operativen Netzplan erzeugen. Waren dabei die entsprechenden Standardnetze bereits durch Anordnungsbeziehungen miteinander verknüpft, können diese externen Anordnungsbeziehungen auch automatisch für die operativen Netzpläne erstellt werden. Die Terminierung aller Netzpläne des Vertriebsbelegs findet mithilfe der Gesamtnetzterminierung (siehe Abschnitt 3.1.2) gleichzeitig statt.

SD/PS-Zuordnung

Pro Vertriebsbeleg kann maximal nur ein Projektstrukturplan mithilfe der Montageabwicklung angelegt werden. Wenn Sie in der Projektdefinition des Standardprojektstrukturplans das Kennzeichen **SD/PS-Zuordnung** setzen, legt das System für jede Vertriebsbelegposition einen eigenen Teilast innerhalb des Projekts an, mit einem eigenen PSP-Element auf der Stufe 1.[30] Die Montageabwicklung nur zur Erstellung eines Projektstrukturplans einzusetzen, also ohne Verwendung von Netzplänen, ist nicht möglich.

Projektidentifikation bei der Montageabwicklung

Die Identifikation des im Rahmen der Montageabwicklung erstellten Projekts wird automatisch aus der Vertriebsbeleg-Identifikation

---

30 Beachten Sie, dass Sie für die Verwendung der SD/PS-Zuordnung Editionsmasken benötigen und im Projektprofil das Kennzeichen **Nur eine Wurzel** nicht gesetzt sein darf.

abgeleitet. Haben Sie eine Editionsmaske für die Identifikation des Standardprojektstrukturplans definiert, setzt sich die Identifikation des operativen Projekts zusammen aus dem Schlüssel der Maske und der Vertriebsbelegnummer, die in den ersten Abschnitt der Projektidentifikation übernommen wird.[31] Bei der SD/PS-Zuordnung wird zusätzlich die Positionsnummer in den zweiten Abschnitt der PSP-Element-Identifikation übernommen. Verwenden Sie keine Editionsmasken, besitzt das Projekt die gleiche Identifikation wie der Vertriebsbeleg.

Die Verwendung der Montageabwicklung ist dann sinnvoll, wenn Sie Vertriebsprojekte abwickeln möchten, die immer die gleichen Strukturen besitzen und erst dann erstellt werden sollen, wenn ein Bedarf aus dem Vertrieb erzeugt wurde (durch eine Anfrage, ein Angebot oder einen Kundenauftrag) und Sie die Erstellung der Projektstrukturen und den Datenaustausch zwischen dem Projektsystem und dem Vertrieb möglichst automatisieren möchten.

Voraussetzungen für die Verwendung der Montageabwicklung sind: Voraussetzungen

▶ **Standardstrukturen**
Sie müssen ein Standardnetz und – wenn auch ein Projektstrukturplan erstellt werden soll – einen Standardprojektstrukturplan erstellen, die als Kopiervorlagen für die operativen Projektstrukturen dienen.

▶ **Materialstammsatz-Einstellungen**
Sie benötigen einen Materialstammsatz, dessen **Positionstypengruppe** (Vertriebssicht: VerkOrg 2) oder **Strategiegruppe** (Dispositionssicht 3) auf eine *Bedarfsklasse* für die Montageabwicklung mit Netzplänen verweisen.

▶ **Zuordnung zwischen Material und Standardnetz**
Optional können Sie eine Zuordnung zwischen dem Material und dem Standardnetz vornehmen. Wird diese Zuordnung nicht getroffen, kann sie auch beim Anlegen der Verkaufsbelegposition noch erstellt werden.

---

31 Ist der erste Abschnitt der Editionsmaske kürzer als die Vertriebsbeleg-Identifikation, übernimmt das System nur die hintersten Stellen der Identifikation. Insbesondere sollten Sie also darauf achten, den ersten Abschnitt der relevanten Editionsmasken lang genug zu wählen.

▶ **Customizing-Einstellungen**
Im Customizing nehmen Sie Einstellungen vor, so dass das System anhand der Vertriebsbelegart und der Materialstammsatzdaten eine geeignete Bedarfsklasse ermitteln kann.

Bedarfsarten-findung

Diese Voraussetzungen sollen nun näher erläutert werden. Wenn Sie einen Vertriebsbeleg anlegen und dabei eine Materialnummer in eine Position eintragen, findet im Hintergrund immer eine so genannte *Bedarfsartenfindung* statt. Die Ermittlung einer Bedarfsart kann dabei auf zwei unterschiedliche Arten geschehen.

Zum einen kann das System über die **Strategiegruppe** im Material-stammsatz eine Hauptstrategie ermitteln und darüber eine Bedarfs-art.[32] Zum anderen ermittelt das System unter anderem über die **Positionstypengruppe** des Materials und die **Belegart** des Vertriebs-belegs einen Positionstypen, der die wesentlichen Eigenschaften der Vertriebsbelegposition steuert und der ebenfalls auf eine Bedarfsart verweist. Die Einstellungen der Customizing-Aktivität **Steuerung der Bedarfsartenfindung** zu der Kombination aus Positionstypen-gruppe und ggf. des Dispositionsmerkmals des Materials (**Dispositi-onssicht 1**) entscheidet schließlich, welche der beiden Bedarfsarten verwendet werden soll.

Die Bedarfsart ist wiederum einer Bedarfsklasse eindeutig zugeord-net. Die Bedarfsklasse (Transaktion OVZG) steuert letztendlich die Beschaffung des Materials (siehe Abbildung 2.33). Für die Montage-abwicklung sind dabei die folgenden Felder relevant:

▶ **Montageart und Auftragsart**
Über die Montageart steuern Sie, ob überhaupt eine Montageab-wicklung mit Netzplänen ausgeführt werden soll. Die **Auftragsart** bestimmt die Netzplanart des automatisch erstellten, operativen Netzplans.

▶ **Bedarfsübergabe und Verfügbarkeit**
Diese Kennzeichen sind notwendig für einen Austausch von Ter-min- und Mengeninformationen zwischen der Vertriebsbelegpo-sition und dem Netzplan.

---

32 Fehlt die **Strategiegruppe** im Materialstammsatz, versucht das System, eine Stra-tegiegruppe über die **Dispositionsgruppe** des Materials zu ermitteln. Fehlt auch die Dispositionsgruppe im Materialstammsatz, versucht das System, die Disposi-tionsgruppe aus der **Materialart** abzuleiten.

▸ **Kontierungstyp**

Der Kontierungstyp steuert über die Kennzeichen **Verbrauchsbuchung** und **Sonderbestand** die Werteflüsse bei der Montageabwicklung und die Bestandsführung des fertigen Materials.

▸ **Keine Disposition**

Da der Netzplan bei der Montageabwicklung für die Beschaffung des fertigen Materials verwendet wird, können Sie über dieses Kennzeichen steuern, dass keine Disposition für das Material durchgeführt werden soll.

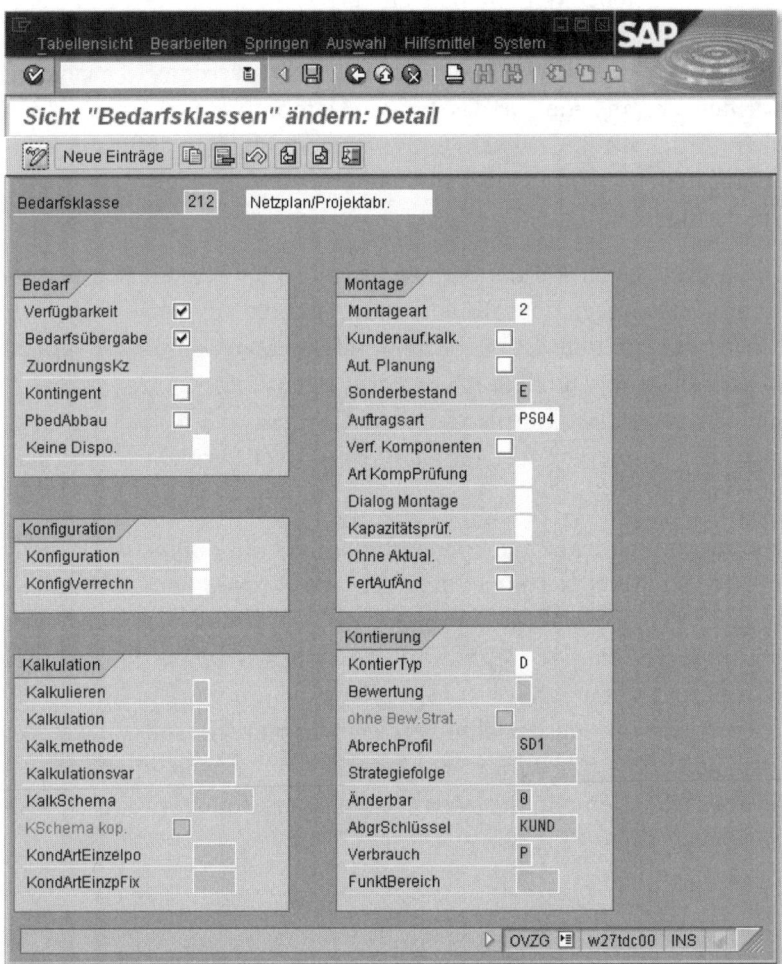

Abbildung 2.33 Standardbedarfsklasse 212 für die Montageabwicklung mit Netzplänen

Alle notwendigen Customizing-Einstellungen zu Kontierungstypen, Bedarfsklassen und insbesondere zur Bedarfsartenfindung finden Sie gesammelt im Material-Customizing des Projektsystems unter **Steuerung der Kundenauftragsfertigung**. Standardmäßig können Sie bereits die **Bedarfsart KMPN** und die **Bedarfsklasse 212** für die Montageabwicklung verwenden.[33]

Mögliche Kontierungstypen

Wenn Sie die Montageabwicklung ohne Projektstrukturpläne einsetzen, können Sie standardmäßig den Kontierungstypen **E** verwenden, der eine Werte- und Bestandsführung auf Ebene der Vertriebsbelegposition vorsieht. Wird neben einem Netzplan auch ein Projektstrukturplan bei der Montageabwicklung erzeugt, muss die Werteführung auf Ebene des Projekts durchgeführt werden. Je nachdem, welchen Bestand Sie für das fertige Material verwenden möchten (siehe Abschnitt 3.3.2), stehen Ihnen standardmäßig dafür die Kontierungstypen **Q** (Projektbestand) oder **D** (Kundenauftragsbestand) zur Verfügung.

Netzplanparameter aus Kundenauftrag

Damit das System bei der Montageabwicklung automatisch für ein Material eine geeignete Kopiervorlage für die operativen Projektstrukturen ermitteln kann, ordnen Sie die Materialnummer einem Standardnetz zu. Durch die Zuordnung des Standardnetzes zu einem Standardprojektstrukturplan kann das System dann auch automatisch die Kopiervorlage für den operativen Projektstrukturplan ermitteln.

Die Zuordnung zwischen Materialnummer und Standardnetz nehmen Sie im Projektsystem in der Transaktion CN08 vor (siehe Abbildung 2.34). Bei Bedarf können Sie diese Zuordnung in Abhängigkeit von der Netzplanart definieren. Zusätzlich können Sie bei der Zuordnung unter anderem spezifizieren, ob automatisch auch externe Anordnungsbeziehungen erstellt werden sollen, welcher Disponent für den operativen Netzplan verantwortlich ist und auf welches PSP-Element die Vertriebsbelegposition kontiert werden soll.

---

33 Beachten Sie, dass die **Bedarfsklasse 212** keine Disposition des Materials verbietet. Um eine Disposition zu verhindern, müssen Sie entweder die Bedarfsklasse anpassen bzw. eine neue Bedarfsklasse definieren, oder Sie verbieten die Disposition über den Materialstammsatz des entsprechenden Materials.

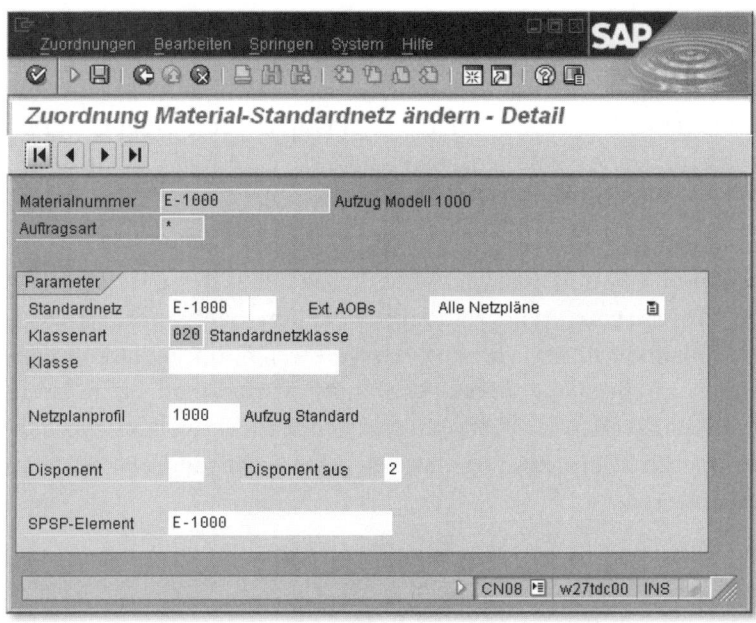

Abbildung 2.34 Beispiel der Zuordnung einer Materialnummer zu einem Standard-netz

2.9 Versionen

Im Projektsystem unterscheidet man drei verschiedene Arten von Versionen, die für jeweils unterschiedliche Verwendungszwecke eingesetzt werden:

▶ **CO-Versionen**[34]   Versionsarten

CO-Versionen können Sie im Rahmen der Projektplanung ver-wenden, um für ein Objekt mehrere unterschiedliche Kosten- oder Erlöspläne zu speichern und separat auszuwerten oder mit-einander zu vergleichen. Im Ist können CO-Versionen für unter-schiedliche Bewertungen im Rechnungswesen eingesetzt werden. CO-Versionen werden auch für spezielle Verwendungszwecke wie z.B. die Kostenprognose oder die Fortschrittsanalyse im Pro-jektsystem eingesetzt (siehe Abschnitte 6.8 und 5.7.2).

---

34 Statt des Begriffs *CO-Version* wird oft auch der Begriff *Planversion* oder nur *Version* verwendet.

▶ **Projektversionen**

Projektversionen dienen dazu, den Stand eines Projekts zu einem bestimmten Zeitpunkt oder zu einem bestimmten Status im System festzuhalten und so den Projektverlauf zu dokumentieren. Projektversionen sind Voraussetzung für eine Meilensteintrendanalyse (siehe Abschnitt 5.7.1).

▶ **Simulationsversionen**

Sie können Simulationsversionen verwenden, um unterschiedliche Projektstrukturen, Planungstätigkeiten oder auch Struktur- und Planänderungen von Projekten zu testen, ohne direkt Änderungen an den operativen Strukturen vornehmen zu müssen. Simulationsversionen können anschließend verwendet werden, um operative Projekte zu erstellen oder bestehende Projekte zu aktualisieren.

2.9.1 Projektversionen

Projektversionen stellen eine Art »Schnappschuss« von Projektdaten dar. Sie können Projektversionen zu bestimmten Zeitpunkten erstellen und so den chronologischen Verlauf Ihrer Projekte dokumentieren, oder Sie können automatisch bei bestimmten Statusänderungen Versionen von Objekten erzeugen.

Beim Erstellen von Projektversionen spezifizieren Sie immer einen *Versionsschlüssel*. Die Objekte in den Projektversionen werden also anhand der Kombination aus ihrer operativen Identifikation und dem Versionsschlüssel identifiziert. Mittels *Versionsgruppen* können Versionen mit gleichartigen Objekten zusammengefasst werden.

[!] Nur wenn Sie eine Projektversion als relevant für die Meilensteintrendanalyse kennzeichnen, können Sie deren Daten auch später für diese Funktion einsetzen.

Zeitpunkt-abhängige Projekt-versionen

Die zeitpunktabhängige Erstellung von Projektversionen können Sie über das Strukturinfosystem (Transaktion CN41) vornehmen oder direkt über die Transaktion CN72, **Projektversion erstellen**. Dabei legen Sie über das jeweilige Selektionsbild und das Datenbankprofil fest, welche Objekte und welche Daten dieser Objekte in die Projektversion kopiert werden sollen. Mithilfe der Transaktion CN72 können Sie auch einen Hintergrundjob zum automatischen Erstellen neuer Projektversionen in regelmäßigen Abständen einplanen.

Sie können zeitpunktabhängige Projektversionen für einzelne Projektstrukturpläne oder Netzpläne auch mithilfe der speziellen Pflegetransaktionen CJ02 bzw. CN22 erstellen. Dabei steuert das *Versionsprofil* (siehe Abbildung 2.35), welche Daten der Objekte in die Projektversion kopiert werden sollen.

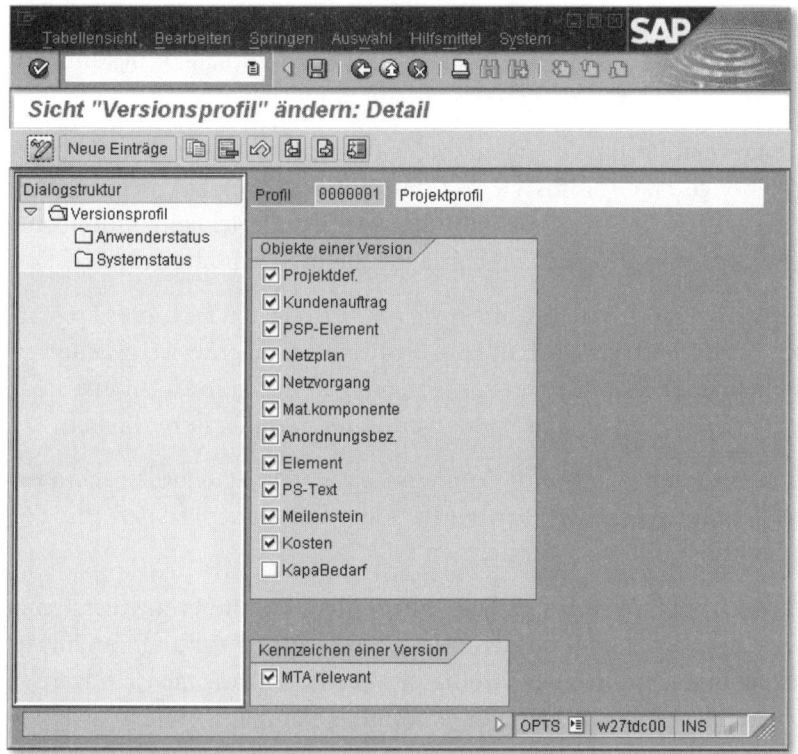

Abbildung 2.35 Beispiel der Definition eines Versionsprofils

Zum automatischen Erstellen von Projektversionen in Abhängigkeit vom Status der Objekte müssen Sie im Customizing des Projektsystems zunächst ein Versionsprofil erstellen (Transaktion OPTS) und dem Projekt- bzw. Netzplanprofil zuordnen. Das Versionsprofil steuert einerseits die Relevanz hinsichtlich der Meilensteintrendanalyse und welche Daten in die Projektversion kopiert werden sollen, andererseits legt das Versionsprofil fest, bei welcher Statusänderung eine Projektversion erzeugt werden und wie die entsprechende Ver-

Statusabhängige Projektversionen

sionsnummer lauten soll. Die Statusänderung kann sich dabei auf Systemstatus oder auch auf Anwenderstatus beziehen.

Legen Sie z.B. fest, dass bei der Freigabe eines Objekts die Projektversion mit der Versionsnummer **Freigegeben** verwendet werden soll, wird das System bei jeder Freigabe eines Objekts eine Kopie dieses Objekts in die Projektversion schreiben. Geben Sie Projektteile zu unterschiedlichen Zeitpunkten frei, würde also auch die Projektversion sukzessive um die jeweils neu freigegebenen Objekte ergänzt. Das heißt insbesondere, dass statusabhängige Projektversionen nicht den Stand eines Projekts zu einem einzigen bestimmten Zeitpunkt widerspiegeln müssen.

Auswertung von Projektversionen
Sie können Projektversionen im Strukturinfosystem und mit Hierarchieberichten des Infosystems Controlling im Projektsystem auswerten, sofern das Datenbankprofil bzw. die Berichtsdefinition eine Selektion von Versionsdaten erlaubt (siehe Abschnitte 7.1).

Im Strukturinfosystem können Sie z.B. auch Daten mehrerer Projektversionen und ggf. auch operativer Projekte zeilenweise gegenüberstellen oder mithilfe versionsabhängiger Exceptions Unterschiede zwischen Versions- und operativen Daten farblich hervorheben.

Im Infosystem Controlling können Sie z.B. den Standardbericht **Projektversionsvergleich Plan** verwenden, um Versionsdaten mit den operativen Daten zu vergleichen.

Löschen von Projektversionen
Automatisch, in Abhängigkeit vom Status, erstellte Projektversionen werden gleichzeitig mit den operativen Projektstrukturen archiviert und können so auch gleichzeitig von der Datenbank gelöscht werden (siehe Abschnitt 2.10). Für zeitpunktabhängige Projektversionen können Sie eigene Archivierungs- und Löschläufe durchführen. Sie können Projektversionen jedoch auch jederzeit manuell über die Strukturübersicht (Transaktion CN41) löschen.

2.9.2 Simulationsversionen

Mithilfe von Simulationsversionen können Sie »Was-wäre-wenn«-Analysen für Projektstrukturen durchführen. Sie können Simulationsversionen erstellen, ohne dass bereits ein operatives Projekt existiert (z.B. im Rahmen einer Angebotsphase), oder Sie können Simulationsversionen durch die *Übertragung* operativer Projekte oder anderer Simulationsversionen erzeugen.

Eine Simulationsversion wird identifiziert anhand der Kombination aus der Projektstrukturplanidentifikation und einem Versionsschlüssel. Zu einer Projektidentifikation können Sie bei Bedarf also zeitgleich mehrere Simulationsversionen unabhängig voneinander erstellen, bearbeiten und miteinander vergleichen. Im Customizing des Projektsystems können Sie mithilfe von *Eingabemasken* festlegen, welche Versionsschlüssel für Simulationsversionen vergeben werden können (Transaktion OPUS).

Für die manuelle Erstellung von Simulationsversionen und ihre Bearbeitung können Sie entweder den Project Builder (dazu müssen Simulationsversionen als änderbare Objekte in den Optionen gekennzeichnet sein) oder aber die Transaktion CJV2 verwenden, die im Wesentlichen die Bearbeitungsmöglichkeiten der Projektplantafel bietet.

Bearbeitungsmöglichkeiten

Für die Kostenplanung von Simulationsversionen stehen Ihnen das Easy Cost Planning (siehe Abschnitt 3.4.4) und die Netzplankalkulation (siehe Abschnitt 3.4.5) zur Verfügung. Eine Erlösplanung für Simulationsversionen können Sie nur mithilfe von Fakturierungsplänen (siehe Abschnitt 3.5.3) durchführen.

Das Erstellen von Simulationsversionen durch die Übertragung operativer Projekte oder anderer Simulationsversionen sowie die Rückübertragung in die operativen Projekte nehmen Sie in der Transaktion CJV4 vor. Diese Transaktion erlaubt Ihnen auch einen Test von Übertragungen.

Übertragung von Simulationsversionen

Bei der Übertragung werden sämtliche Stamm- und Plandaten der Projektstrukturpläne und Netzpläne und deren zugeordnete Meilensteine und Materialkomponenten übergeben. Zu Informationszwecken werden auch Istdaten der operativen Strukturen in die Simulationsversionen übertragen, jedoch nicht wieder zurück in das operative Projekt.

Mithilfe eines *Simulationsprofils*, das Sie im Customizing des Projektsystems definieren und anschließend im Projektprofil bzw. in der Projektdefinition hinterlegen können, steuern Sie, ob Langtexte, PS-

Texte oder die Zuordnung zu Dokumenten der Dokumentenverwaltung ebenfalls übertragen werden sollen.

Mithilfe der Transaktion CJV5 können Sie Simulationsversionen jederzeit löschen.

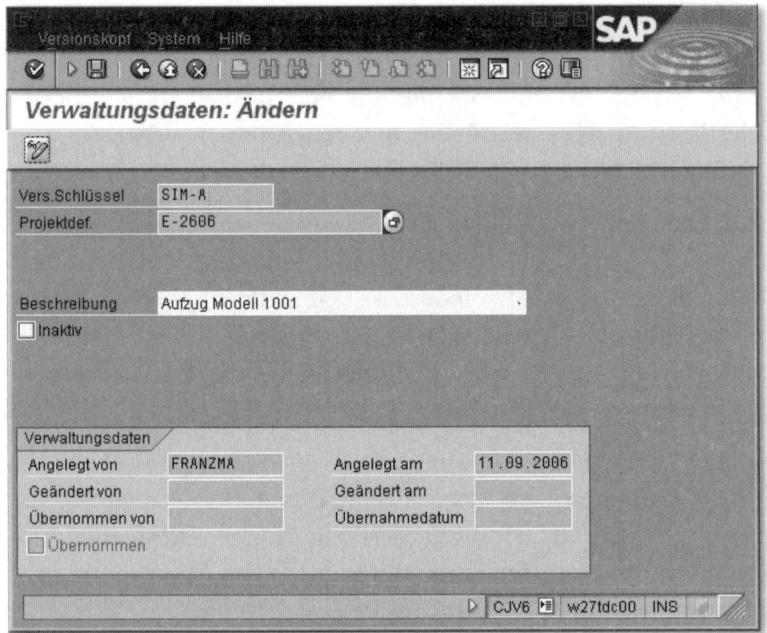

Abbildung 2.36 Beispiel von Verwaltungsdaten einer Simulationsversion

Verwaltungsdaten
Bei jedem Erstellen einer Simulationsversion legt das System *Verwaltungsdaten* für die entsprechende Version an, die mithilfe der Transaktion CJV6 analysiert werden können (siehe Abbildung 2.36). Neben Informationen zum Anlegen und Ändern finden Sie hier auch die beiden Kennzeichen **Inaktiv** und **Übernommen**.

Ist eine Simulationsversion aktiv, d.h., das Kennzeichen **Inaktiv** ist nicht gesetzt, gibt das System eine Warnmeldung aus, wenn Sie versuchen, die Struktur oder Plan- oder Stammdaten des operativen Projekts zu ändern, da diese Änderungen ggf. eine Rückübertragung der Simulationsversion verhindern.

Wenn Sie eine Simulationsversion zurück in das operative Projekt übertragen, wird automatisch das Kennzeichen **Inaktiv** für alle Simulationsversionen zu diesem Projekt gesetzt. Diese Simulationsversionen können anschließend nicht mehr bearbeitet werden.[35] Diejenige Simulationsversion, die zurückübertragen wurde, wird zusätzlich automatisch als übernommen gekennzeichnet, so dass Sie anhand der Verwaltungsdaten erkennen können, welche Version für die Aktualisierung verwendet wurde.

Sie können Simulationsversionen genauso auswerten wie Projektversionen (siehe Abschnitt 2.9.1). Insbesondere können Sie den *Versionsvergleich* im Infosystem Strukturen nutzen, um z. B. Abweichungen zwischen der Simulationsversion und dem operativen Projekt farblich hervorzuheben.

Zusätzlich steht Ihnen auch ein spezieller Kapazitätsbericht für Simulationsversionen zur Verfügung. Dieser liest die Arbeitsplätze der Vorgänge der Simulationsversion und ermittelt alle Bedarfe an den Kapazitäten dieser Arbeitsplätze. Anstelle der Bedarfe des operativen Projekts verwendet der Bericht jedoch die Bedarfe der Simulationsversion. So können Sie mithilfe von Simulationsversionen analysieren, wie sich eventuelle Termin- und Strukturänderungen auf die Kapazitätsauslastung der Arbeitsplätze Ihres Unternehmens auswirken würden.

Kapazitätsbericht für Simulationsversionen

Neben den eingeschränkten Kosten- und Erlösplanungsmöglichkeiten gibt es weitere Einschränkungen für Simulationsversionen: Die Integration zu anderen Komponenten des SAP-Systems wird von Simulationsversionen nicht unterstützt. Objekte mit Bezug zu operativen Objekten können in Simulationsversionen nicht gelöscht werden, es kann jedoch der Status **Löschvormerkung** (siehe Abschnitt 2.6) gesetzt werden. Andere Statusänderungen (System- oder Anwenderstatus) sind für Simulationsversionen jedoch nicht möglich. Ferner können Simulationsversionen nicht archiviert werden.

Einschränkungen für Simulationsversionen

2.10 Archivierung von Projektstrukturen

Sie können in jeder Bearbeitungstransaktion operative Projektstrukturpläne und Vorgänge löschen, die sich im Status **Eröffnet** oder **Freigegeben** befinden und auf denen noch keine Belege kontiert

---

35 Sie können zwar das Kennzeichen **Inaktiv** manuell wieder entfernen. In der Praxis ist jedoch eine Übertragung des operativen Projekts in eine neue Simulationsversion sinnvoller.

worden sind. Sobald jedoch ein Beleg auf einem Projektstrukturplan oder Netzplan kontiert wurde, müssen Sie die Projektstruktur zunächst archivieren, bevor die Daten von der Datenbank gelöscht werden können.

Standardstrukturen, Projekt- und Simulationsversionen können Sie jederzeit löschen, ohne dass dazu bestimmte Voraussetzungen erfüllt sein müssen. Wenn Sie Projektdaten archivieren möchten, ohne dass diese anschließend von der Datenbank gelöscht werden sollen, ist dies ebenfalls ohne weitere Voraussetzungen möglich. Wenn Sie jedoch operative, bereits bebuchte Projekte archivieren und löschen möchten, müssen Sie bestimmte Schritte durchführen, wobei für jeden Schritt verschiedene Bedingungen erfüllt sein müssen.

Schritte zum Löschen von Projektstrukturen

Der erste Schritt zum Löschen operativer Projektstrukturen ist das Setzen des Status **Löschvormerkung**. Voraussetzung für das Setzen dieses Status ist, dass zugeordnete Aufträge ebenfalls bereits löschvorgemerkt sind. Ferner dürfen z.B. keine offenen Bestellanforderungen oder Bestellungen mehr zum Projekt existieren, und der Saldo auf dem Projekt muss entweder null sein, oder das Projekt darf nicht abrechnungsrelevant sein (siehe Abschnitt 6.9). Für löschvorgemerkte Projekte sind praktisch alle betriebswirtschaftlichen Vorgänge verboten. Sie können den Status **Löschvormerkung** bei Bedarf jedoch auch wieder zurücknehmen.

Der zweite Schritt ist das Setzen eines *Löschkennzeichens* für die Projektstrukturen mithilfe von Archivierungstransaktionen. Voraussetzung für das Setzen dieses Kennzeichens ist, dass zugeordnete Aufträge ebenfalls bereits ein Löschkennzeichen tragen. Um ein vorschnelles Löschen zu verhindern, muss für Netzpläne zwischen dem ersten und dem zweiten Schritt zusätzlich eine bestimmte Anzahl an Monaten verstreichen. Diese so genannte **Residenzzeit 1** legen Sie im Customizing der Netzplanart fest. Sie können Projekte mit Löschkennzeichen noch in allen Bearbeitungs- und Reporting-Transaktionen anzeigen bzw. auswerten, jedoch keine betriebswirtschaftlichen Vorgänge mehr für diese Projekte ausführen.

[!]   Beachten Sie, dass Sie das Löschkennzeichen nicht mehr zurücknehmen können.

Im letzten Schritt archivieren Sie schließlich die Projektstrukturen und löschen die Projektdaten von der SAP-Datenbank. Dies gelingt jedoch nur für Projekte, die bereits ein Löschkennzeichen tragen. Für Netzpläne muss zusätzlich zwischen dem Setzen des Löschkennzeichens und dem Löschen die **Residenzzeit 2** verstrichen sein, die Sie in der Netzplanart, gerechnet in Monaten, hinterlegt haben.

Sie können alle notwendigen Schritte zur Archivierung von Projekten mithilfe der allgemeinen Archivierungstransaktion SARA mit Bezug zum Archivierungsobjekt PS_PROJECT vornehmen oder auch die Transaktion CN80 im Projektsystem nutzen, die speziell für dieses Archivierungsobjekt vorgesehen ist.

Archivierungs-objekt

Mithilfe des Archivierungsobjekts PS_PROJECT können Sie die Stamm-, Plan- und Istdaten von operativen Projektstrukturplänen und Netzplänen sowie von Projektversionen archivieren. Dabei sind alle notwendigen Informationen und Programme, die zum Schreiben und späteren Auswerten der Archivdateien benötigt werden, mit diesem Archivierungsobjekt verknüpft.

In der Transaktion CN80 können Sie die verschiedenen Schritte zum Archivieren und Löschen von Projektstrukturen nacheinander durchführen. Mithilfe von Selektionsvarianten können Sie dabei mehrere Projekte gleichzeitig auswählen und bei Bedarf die Durchführung der einzelnen Schritte im Hintergrund einplanen. In der Selektionsvariante zur Archivierung der Strukturen können Sie darüber hinaus z.B. einen beschreibenden Text für den Archivierungslauf hinterlegen.

Mithilfe eines Job-Monitors können Sie analysieren, welche Jobs zum Setzen von Löschvormerkungen, Löschkennzeichen und Archivieren oder Löschen von Projekten erfolgreich durchgeführt wurden, welche ggf. noch aktiv sind oder welche aufgrund von Fehlern abgebrochen wurden. Protokolle zu einzelnen Jobs zeigen Ihnen weitere Details. In dem Protokoll zum Schreiben der Archivdateien können Sie unter anderem den technischen Namen der Archivdateien, deren Größe oder auch die relevanten Datenbanktabellen ablesen.

Job-Monitor

In den Verwaltungsdaten der Transaktion CN80 können Sie analysieren, welche Archivierungsläufe durchgeführt wurden. Ampeln zeigen Ihnen dabei, welche Läufe erfolgreich beendet wurden und

Verwaltungsdaten

bei welchen es zu Problemen kam. Mittels Doppelklick können Sie in Details eines Archivierungslaufs abspringen. Aus der Übersicht können Sie auch alle relevanten Customizing-Aktivitäten zur Archivierung von Projekten aufrufen.

Retrieval

Über die Funktion **Retrieval** der Transaktion CN80, aber auch mit den Berichten der Infosysteme Strukturen und Controlling (sofern das Datenbankprofil eine Selektion von Archivdateien erlaubt) können Sie die archivierten Daten jederzeit wieder auswerten.

[»]

Eine Übernahme archivierter Projektdaten als operative Daten oder eine Verwendung archivierter Projektstrukturen als Kopiervorlage für neue Projekte ist im Projektsystem jedoch nicht möglich.

Weitere Archivierungsobjekte existieren im Projektsystem für Standardnetze (PS_PLAN), Mittelreservierungen (FM_FUNRES), Transferpreisvereinbarungen (CO_FIXEDPR), Claims (CM_QMEL) und Abrechnungsbelege (CO_KABR). Nicht archiviert werden können im Projektsystem z.B. Simulationsversionen oder Standardprojektstrukturpläne.

Vorteile der Datenarchivierung

Die Archivierung von Projekten und das anschließende Löschen der Daten von der SAP-Datenbank haben verschiedene Vorteile. Da Archivdateien komprimiert und insbesondere auf eigenen Servern abgelegt werden können, findet nach dem Löschen der operativen Daten eine Entlastung der SAP-Datenbank statt, wodurch die Performance verbessert und die Administration des Systems vereinfacht werden kann. Die Identifikation gelöschter Projektstrukturen taucht nicht mehr in den Suchhilfen auf und kann bei Bedarf auch für neue Projekte vergeben werden.

Insbesondere wenn Sie sehr viele Projekte oder sehr große Projektstrukturen verwenden und somit im Laufe der Zeit mit sehr großen Datenmengen rechnen müssen, empfiehlt es sich, bereits im Vorfeld Überlegungen zur späteren Archivierung der Projekte anzustellen. Aufgrund der unterschiedlichen Voraussetzungen, die für das Archivieren und Löschen von Projekten erfüllt sein müssen, sollte dies in Abstimmung mit den anderen betroffenen Abteilungen Ihres Unternehmens geschehen.

2.11   Zusammenfassung

In diesem Kapitel wurden die beiden Strukturen Projektstrukturplan und Netzplan behandelt, die Sie zur Abbildung von Projekten im SAP-System verwenden können. Neben den Stammdaten dieser Strukturen und verschiedenen Detaillierungsmöglichkeiten, z.B. mithilfe von Meilensteinen oder Dokumenten, wurden dabei auch die notwendigen Customizing-Aktivitäten zum Erstellen der Strukturen erläutert sowie Transaktionen und Werkzeuge zum Anlegen, Bearbeiten und schließlich auch Archivieren bzw. Löschen dieser Strukturen. Das folgende Kapitel erörtert nun, wie Sie auf Basis dieser Strukturen Projektplanungen durchführen können.

Überblick

Die Projektplanung dient einer Vorausschau der zeitlichen Abläufe, der benötigten Ressourcen und Materialien sowie der zu erwartenden Kosten und Erlöse der einzelnen Projektteile. Die Projektplanung stellt somit einen wichtigen Aspekt des Managements Ihrer Projekte dar.

3   Planungsfunktionen

Nachdem Sie ein Projekt mithilfe der Strukturen Projektstrukturplan und Netzplan geeignet abgebildet haben, können Sie verschiedene Funktionen des Projektsystems nutzen, um im Vorfeld Ihres Projekts die Termine der einzelnen Arbeitspakete zu planen, die voraussichtlichen Kosten und ggf. Erlöse abzuschätzen oder auch eigene und fremde Ressourcen sowie Material termingerecht zur Verfügung zu stellen.

Je nach Ihren jeweiligen Anforderungen stehen Ihnen zur Planung Funktionen mit unterschiedlichen Detaillierungsgraden zur Verfügung. So können Sie z.B. im Rahmen einer Angebots- oder Genehmigungsphase mit wenig Aufwand eine Grobplanung von Terminen und Kosten vornehmen und diese später bei Bedarf mittels anderer Planungsfunktionen oder zusätzlicher Strukturen weiter detaillieren.

Den Plandaten stehen in der Realisierungsphase eines Projekts Istdaten gegenüber, die durch unterschiedliche Geschäftsvorfälle auf die Projektstrukturen gebucht werden (siehe Kapitel 5, *Prozesse der Projektdurchführung*). In den Bearbeitungstransaktionen, insbesondere jedoch im Reporting des Projektsystems, können Sie so später einen Plan-Ist-Vergleich durchführen und den Projektfortschritt überwachen.

In diesem Kapitel werden nun zunächst die verschiedenen Möglichkeiten zur Terminplanung im Projektsystem behandelt, die die Grundlage verschiedener anderer Planungstätigkeiten bildet. Anschließend wird erläutert, wie Sie mithilfe von Netzplänen interne und externe Ressourcen sowie Material für Projekte planen können.

Schließlich werden die Möglichkeiten behandelt, die Ihnen zur Planung von Kosten und Erlösen für Ihre Projekte im Projektsystem zur Verfügung stehen.

3.1 Terminplanung

Die Planung der Termine eines Projekts bzw. von Projektteilen ist ein wesentlicher Aspekt Ihrer Projektplanung. Die Planung von Kapazitätsbedarfen (siehe Abschnitt 3.2.1) setzt z.B. eine vorherige Terminierung voraus. Die Kostenplanung mittels Easy Cost Planning (siehe Abschnitt 3.4.4) oder mithilfe der Netzplankalkulation (siehe Abschnitt 3.4.5) orientiert sich ebenfalls automatisch an den Planterminen des Projekts.

Je nachdem, ob Sie Projektstrukturpläne oder Netzpläne für die Strukturierung Ihrer Projekte einsetzen, stehen Ihnen unterschiedliche Funktionen zur Planung von Terminen zur Verfügung. Diese werden separat in den Abschnitten 3.1.1 bzw. 3.1.2 behandelt. Setzen Sie sowohl einen Projektstrukturplan als auch Netzpläne ein, können Termindaten zwischen den PSP-Elementen und den Vorgängen ausgetauscht werden. Dies wird ebenfalls in Abschnitt 3.1.2 erörtert.

Terminkreise · Unabhängig davon, welche Strukturen, Projektstrukturplan oder Netzplan, Sie zur Abbildung Ihrer Projekte einsetzen, stehen Ihnen im Projektsystem zwei getrennte Terminkreise zur Terminplanung zur Verfügung: *Ecktermine* und *Prognosetermine*.[1] Sie können Termine in den beiden Terminkreisen unabhängig voneinander planen. Es besteht jedoch auch die Möglichkeit, beliebig oft Termine des einen Terminkreises in den anderen Terminkreis zu kopieren. Ein dritter Terminkreis steht für die Erfassung von Istterminen zur Verfügung. Abbildung 3.1 zeigt die verschiedenen Terminkreise in dem Detailbild **Termine** eines PSP-Elements.

---

1 Termine des Prognoseterminkreises dürfen nicht verwechselt werden mit den Prognoseterminen, die Sie bei der Teilrückmeldung von Vorgängen erfassen können (siehe Abschnitt 5.3).

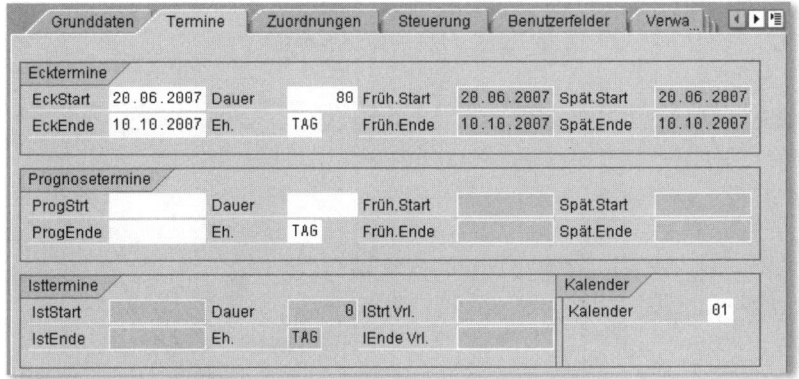

Abbildung 3.1 Detailbild Termine eines PSP-Elements

> Die Berechnung von Kapazitätsbedarfen, der Bedarfstermin von Material-
> komponenten oder z.B. das Easy Cost Planning und die Berechnung der
> Plankosten mittels der Netzplankalkulation orientieren sich ausschließlich
> an den Terminen des Eckterminkreises.

[«]

Typischerweise wird der Prognoseterminkreis für ein *Baselining*, also
das Fixieren von Planterminen zu einem bestimmten Planungsstand,
verwendet. Dazu kopieren Sie die Termine des Eckterminkreises
einmalig in den Prognoseterminkreis. Nachträglich notwendig
gewordene Terminänderungen führen Sie im Eckterminkreis durch,
während Sie die Termine des Prognoseterminkreises unverändert
lassen. Im Eckterminkreis können Sie so jeweils den aktuellen Stand
der Terminplanung ablesen, während der Prognoseterminkreis Ihre
ursprüngliche Terminplanung widerspiegelt. Möchten Sie mehrere
Terminplanungsstände festhalten, können Sie Projektversionen
(siehe Abschnitt 2.9.1) verwenden.

Die Darstellung der Prognosetermine ist abhängig von der jeweiligen
Transaktion: In der tabellarischen Darstellung der Strukturplanung
existieren z.B. separate Registerkarten für die jeweiligen Terminkreise (siehe Abschnitt 2.7.3). Im Project Builder werden im Detailbild der PSP-Elemente alle Terminkreise angezeigt, während für
Netzpläne, in Abhängigkeit von den Einstellungen, entweder der
Eck- oder der Prognoseterminkreis ausgewiesen wird. In der Projektplantafel entscheiden Sie über die Feldauswahl und die Optionen, welche Termine aufgelistet bzw. grafisch dargestellt werden

Verwendung
des Prognose-
terminkreises

sollen. Abbildung 3.2 zeigt die gleichzeitige Darstellung von Eck-
und Prognoseterminen in der Projektplantafel.

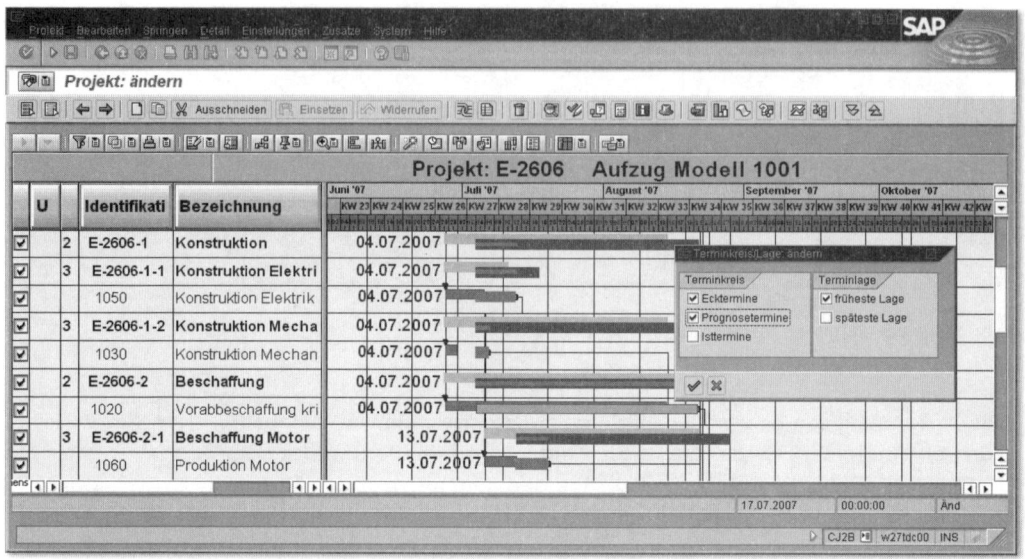

Abbildung 3.2 Eck- und Prognosetermine in der Projektplantafel

3.1.1 Terminplanung mit PSP-Elementen

Bereits beim Anlegen eines Projekts können Sie in der Projektdefinition einen geplanten Start- und Endtermin für das Projekt eintragen.
Planen Sie später Termine auf Ebene der PSP-Elemente, weist das
System Sie darauf hin, wenn die PSP-Element-Termine außerhalb
des Terminrahmens der Projektdefinition liegen. Bei Bedarf können
Start- und Endtermin der Projektdefinition jedoch auch automatisch
an die Termine der PSP-Elemente angepasst werden.

Termine für PSP-Elemente können Sie im Project Builder im Detailbild der PSP-Elemente, in der Projektplantafel oder den speziellen
Pflegefunktionen tabellarisch oder in der Projektplantafel bei Bedarf
auch grafisch planen. Wahlweise können Sie Planstart- und -endter-
mine angeben oder nur einen der beiden Termine und eine geplante
Dauer für das PSP-Element. Das System berechnet dann den jeweils
anderen Termin automatisch.

Das System berücksichtigt bei dieser Terminplanung jeweils den Fabrikkalender Fabrikkalender des PSP-Elements, der zwischen Arbeits- und Nichtarbeitstagen (Feiertage, Wochenenden, Werksferien usw.) unterscheidet. Die eingegebene Dauer in Tagen wird z.B. als Anzahl von Arbeitstagen interpretiert, Start- oder Endtermine an Nichtarbeitstagen führen zu Warnmeldungen des Systems.[2]

Im Standard gibt es bereits eine Vielzahl vordefinierter Fabrikkalender. Bei Bedarf können Sie jedoch auch eigene Fabrikkalender im Customizing mit der Transaktion SCAL definieren. Sie können die Fabrikkalender für jedes PSP-Element separat wählen oder als Vorschlagswert in der Projektdefinition oder bereits im Projektprofil eintragen.

Neben der rein manuellen Pflege von Planterminen für PSP-Elemente stehen Ihnen – in Abhängigkeit von der verwendeten Transaktion – verschiedene Funktionen zur Verfügung, die Sie bei der Terminplanung unterstützen. Am Beispiel der Projektplantafel sollen nun einige Funktionen zur Terminplanung auf PSP-Elementen ohne zugeordnete Vorgänge näher erläutert werden.

Mithilfe der Funktion **Verschieben** können Sie die Plantermine einzelner PSP-Elemente, ganzer Teiläste oder auch Ihres gesamten Projekts zeitlich verschieben. Selektieren Sie z.B. ein PSP-Element und wählen die Funktion **Verschieben Teilast**, erhalten Sie ein Dialogfenster in dem Sie – in Abhängigkeit von den PSP-Terminierungsparametern (siehe Abschnitt 3.1.2) – entweder einen neuen Start- oder einen neuen Endtermin eingeben können. Das System verschiebt anschließend sowohl das PSP-Element als auch alle untergeordneten PSP-Elemente entsprechend.

Verschieben von Terminen

Da PSP-Elemente *keine* Anordnungsbeziehungen besitzen, führt die Terminverschiebung eines PSP-Elements *nicht* automatisch zu einer Verschiebung der Plantermine von PSP-Elementen, die sich auf der gleichen Stufe befinden.

[!]

Mithilfe der Funktion **Termine vererben** können Sie die Start- und Endtermine eines PSP-Elements auf alle hierarchisch untergeordne-

Termine vererben

---

2 In der Projektplantafel werden Handhabung und Darstellung von Nichtarbeitszeiten durch das Kennzeichen **Arbeitsfreie Zeit** in den Optionen bzw. dem Plantafelprofil gesteuert.

ten PSP-Elemente kopieren.[3] Bereits vorhandene Plantermine werden dabei überschrieben.

Termine hochrechnen Anstatt Termine top-down zu vererben, können Sie umgekehrt auch Termine innerhalb der Projektstrukturplanhierarchie mithilfe der Funktion **Termine hochrechnen** aggregieren. Dabei unterscheidet man zwischen dem *Bottom-up-Hochrechnen* und dem *striktem Bottom-up-Hochrechnen*.

Bottom-up-Hochrechnen Wenn Sie die Funktion **Termine hochrechnen** für Ihr Projekt ausführen und für Ihr Projekt die *Planungsform* **freie Planung** oder **Bottom-Up** eingestellt ist, werden die Terminrahmen der Projektdefinition und aller PSP-Elemente so angepasst, dass diese die Termine der jeweils untergeordneten PSP-Elemente umfassen. Die Terminrahmen hierarchisch übergeordneter Objekte werden also ggf. vergrößert, jedoch nicht verkleinert. Das heißt, der Terminrahmen eines Objekts kann durchaus größer sein als der der untergeordneten Objekte.

Abbildung 3.3 zeigt ein Beispiel des Bottom-up-Hochrechnens von PSP-Element-Terminen. Die Termine der PSP-Elemente **Konstruktion Elektrik** und **Konstruktion Mechanik** wurden zeitlich verschoben und die Termine auf das übergeordnete PSP-Element **Konstruktion** hochgerechnet. Die oberen Terminbalken (Prognosetermine) entsprechen den Terminen vor, die unteren Terminbalken (Ecktermine) den Terminen nach der Verschiebung und dem Hochrechnen.

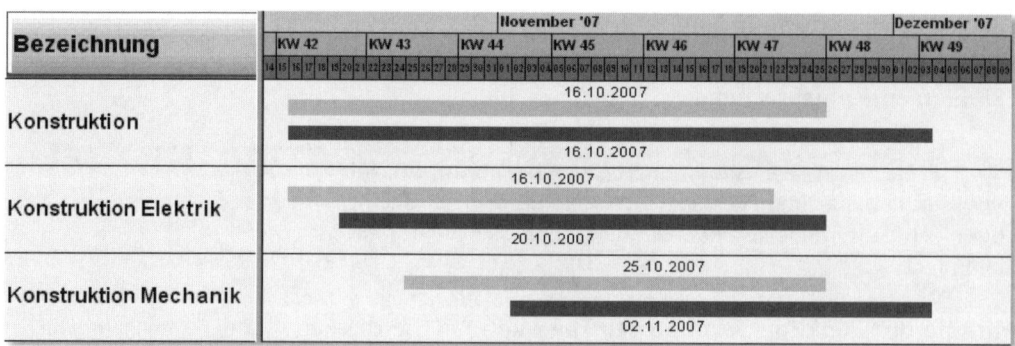

Abbildung 3.3 Bottom-up-Hochrechnen

---

3 Wenn dem PSP-Element Vorgänge zugeordnet sind, können bei Bedarf die PSP-Termine auch auf diese Vorgänge vererbt werden.

Wenn Sie die Funktion **Termine hochrechnen** für ein Projekt ausführen und für dieses Projekt die **Planungsform striktes Bottom-Up** eingestellt ist, werden die Terminrahmen der Projektdefinition und aller PSP-Elemente exakt an die Terminrahmen der untergeordneten Projektstrukturplanelemente angepasst (siehe Abbildung 3.4 im Vergleich zu Abbildung 3.3). Die Terminrahmen hierarchisch übergeordneter Objekte werden also ggf. sowohl vergrößert als auch verkleinert.

Striktes Bottom-up-Hochrechnen

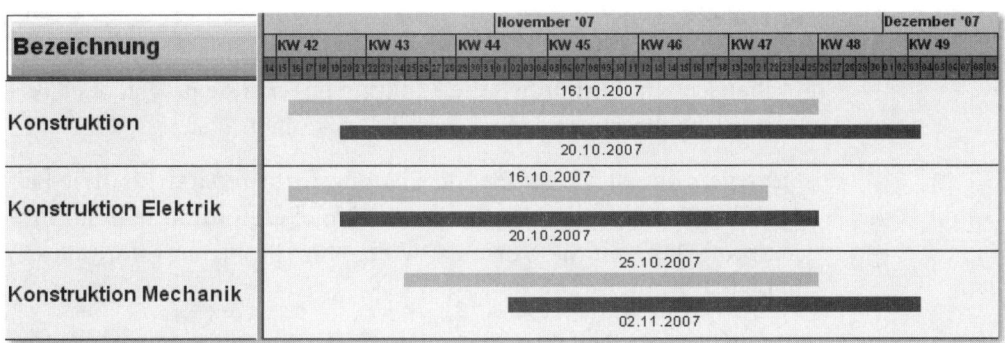

Abbildung 3.4 Striktes Bottom-up-Hochrechnen

Eine weitere Funktion, die Sie bei der Terminplanung mit PSP-Elementen einsetzen können, ist die Funktion **Termine innerhalb der Projektstruktur prüfen**. Dabei hebt das System PSP-Elemente farblich hervor, bei denen Plantermine der untergeordneten PSP-Elemente außerhalb des Terminrahmens des PSP-Elements selbst liegen. So können Sie »hierarchisch inkonsistente« Terminplanungen für Projekte vermeiden.

Termine innerhalb der Projektstruktur prüfen

Verschiedene der gerade erörterten Funktionen können mithilfe von so genannten *Planungsformen* automatisch beim Sichern, unabhängig von der jeweiligen Bearbeitungstransaktion, ausgeführt werden. Folgende Planungsformen stehen Ihnen zur Verfügung:

Planungsformen

▸ **Top-Down**
Das System prüft automatisch beim Sichern die Termine innerhalb der Projektstruktur. Ist die Terminplanung nicht konsistent, kann das Projekt nicht gesichert werden. Es werden jedoch keine Termine automatisch geändert.

▸ **Bottom-Up**
Das System ändert automatisch beim Sichern die Termine von PSP-Elementen und Projektdefinition durch ein Bottom-up-Hochrechnen.

▸ **Striktes Bottom-Up**
Das System ändert automatisch beim Sichern die Termine von PSP-Elementen und Projektdefinition mittels eines strikten Bottom-up-Hochrechnens.

▸ **Freie Planung**
Das System nimmt weder eine Prüfung noch eine Änderung automatisch vor. Sie können die Funktionen **Termine prüfen** oder **Termine hochrechnen** jedoch manuell anstoßen.

Sie legen die zu verwendende Planungsform separat für den Eck- und den Prognoseterminkreis in der Projektdefinition fest. Im Projektprofil können Sie Vorschlagswerte für die Planungsformen der beiden Terminkreise hinterlegen.

Wenn Sie mit Projektstrukturplänen ohne zugeordnete Netzpläne arbeiten, spielen die *terminierten Termine* von PSP-Elementen, d.h. deren frühesten und spätesten Start- und Endtermine (siehe Abbildung 3.1), nur eine Rolle, wenn Sie Meilensteine verwenden, deren Termine aus den PSP-Element-Terminen abgeleitet werden. Da die Termine von Meilensteinen nur aus den terminierten Terminen abgeleitet werden, müssen Sie in diesem Fall mindestens einmal die Funktion **PSP-Terminierung** ausführen. Bei Projektstrukturplänen ohne zugeordnete Netzpläne führt die PSP-Terminierung lediglich dazu, dass die Plantermine als terminierte Termine übernommen werden.

3.1.2 Terminierung mit Netzplänen

Während Sie die Plantermine von PSP-Elementen manuell oder ggf. durch das Hochrechnen oder Vererben erfassen, werden die Plantermine von Vorgängen automatisch vom System berechnet. Diese Ermittlung der Plantermine von Netzplänen wird als Terminierung bezeichnet. Je nachdem, aus welcher Transaktion heraus Sie die Terminierung anstoßen, verwenden Sie eine *Netzplanterminierung*, *Gesamtnetzterminierung* oder *PSP-Terminierung*.

Bei einer Netzplanterminierung wird genau ein Netzplan terminiert. Dabei werden also alle Vorgänge des Netzplans ausgewählt und deren Termine berechnet. Wenn Sie die Gesamtnetzterminierung verwenden, werden mehrere Netzpläne gleichzeitig terminiert, sofern sie durch Anordnungsbeziehungen oder in Form von Teilnetzen miteinander verknüpft sind. Dabei werden wiederum alle Vorgänge dieser Netzpläne terminiert. Bei einer PSP-Terminierung selektieren Sie ein oder mehrere PSP-Elemente oder auch das ganze Projekt und stoßen die Terminierung an. Das System wählt nun nur diejenigen Vorgänge für die Terminierung aus, die den selektierten PSP-Elementen zugeordnet sind, und berechnet deren Termine.

Bevor weitere Unterschiede zwischen den verschiedenen Terminierungsmöglichkeiten erläutert werden, wird nun zunächst das Prinzip der Terminierung, das für alle drei Möglichkeiten dasselbe ist, dargestellt.

> Im Projektsystem findet bei einer Terminierung immer sowohl eine Vorwärts- als auch eine Rückwärtsterminierung statt.

[«]

Bei einer Vorwärtsterminierung ermittelt das System zunächst diejenigen Vorgänge, die aufgrund ihrer Anordnungsbeziehungen keine Vorgänger mehr unter den ausgewählten Vorgängen besitzen. Ausgehend von einem Starttermin, berechnet das System nun für diese Vorgänge deren frühestmöglichen Startzeitpunkt. Der Starttermin der Vorwärtsterminierung kann dabei, je nach Einstellungen der Terminierung, aus dem Kopf des Netzplans oder den zugeordneten PSP-Elementen stammen (Projektstrukturplan ist terminbestimmend) oder auch das aktuelle Tagesdatum sein.

Vorwärts-terminierung

Nach der Ermittlung des frühesten Starts dieser Vorgänge berechnet das System dann anhand der terminierungsrelevanten Dauer deren frühestmöglichen Endzeitpunkt. Anschließend selektiert das System die direkten Nachfolger dieser Vorgänge und berechnet für diese deren frühesten Start- und Endzeitpunkt. Dabei entscheidet jeweils die Art der Anordnungsbeziehungen (siehe Abschnitt 2.3.1), ob der früheste Start nach dem Ende der Vorgänger liegen muss (Normalfolge) oder nach deren Start (Anfangsfolge) usw.

Die Terminierung durchläuft nun alle ausgewählten Vorgänge in »Vorwärtsrichtung« und berechnet analog deren frühestmögliche

Früheste Lage

Start- und Endzeitpunkte. Das Ergebnis der Vorwärtsterminierung ist also die *früheste Lage* von Vorgängen.

Bei der Rückwärtsterminierung ermittelt das System zunächst diejenigen Vorgänge, die aufgrund ihrer Anordnungsbeziehungen keine weiteren Nachfolger mehr unter den ausgewählten Vorgängen besitzen. Ausgehend von einem Endtermin – je nach Einstellungen aus dem Netzplankopf oder den zugeordneten PSP-Elementen –, berechnet das System nun den spätestmöglichen Endzeitpunkt dieser Vorgänge. Auf Basis der terminierungsrelevanten Dauer der Vorgänge werden dann die spätesten Startzeitpunkte dieser Vorgänge berechnet.

Anschließend durchläuft das System, den Anordnungsbeziehungen folgend, den Netzplan in »Rückwärtsrichtung« und berechnet so sukzessiv, unter Berücksichtigung der Art der Anordnungsbeziehungen und der Vorgangsdauern, für alle ausgewählten Vorgänge die spätestmöglichen Start- und Endzeitpunkte. Die Rückwärtsterminierung ermittelt die *späteste Lage* von Vorgängen.

Der zeitlich früheste Start und das zeitlich späteste Ende der Vorgänge eines Netzplans werden als *terminierte Termine* an den Kopf des Netzplans weitergegeben. Bei einer PSP-Terminierung werden die Vorgangstermine zusätzlich als terminierte Termine auf Ebene der zugeordneten PSP-Elemente aggregiert ausgewiesen.

Die soeben erläuterte Logik der Vorwärts- und Rückwärtsterminierung erfordert noch eine Reihe von ergänzenden Bemerkungen zu den verschiedenen Einflussfaktoren, die bei der Terminierung eine Rolle spielen.

Ohne Anordnungsbeziehungen wäre das Ergebnis der Terminierung im Projektsystem keine zeitliche Abfolge der Vorgänge. Die Art der Anordnungsbeziehungen entscheidet darüber, wie sich zwei Vorgänge zeitlich zueinander verhalten sollen. Haben Sie in einer Anordnungsbeziehung einen Zeitabstand spezifiziert, wird dieser bei der Terminierung berücksichtigt. Dieser Zeitabstand wird jedoch nur als minimaler Zeitabstand interpretiert, d.h., der terminierte zeitliche Abstand zwischen Vorgänger und Nachfolger kann durchaus größer sein als der Zeitabstand in der Anordnungsbeziehung.

Besitzen die für die Terminierung ausgewählten Vorgänge Anordnungsbeziehungen zu Vorgängen, die nicht gleichzeitig terminiert werden, werden auch diese Anordnungsbeziehungen berücksichtigt. Können Anordnungsbeziehungen nicht eingehalten werden, gibt das System Warnmeldungen aus, die Sie in einem Terminierungsprotokoll analysieren können.

Die Berechnung der terminierungsrelevanten Dauer und die Berücksichtigung von Nichtarbeitszeiten sind abhängig vom jeweiligen Vorgangstyp. Für alle Vorgangstypen gilt jedoch, dass der Steuerschlüssel der Vorgänge eine Terminierung erlauben muss, damit überhaupt eine Dauer ungleich null bei der Terminberechnung verwendet wird.

Terminierungsrelevante Dauer

Für Eigenbearbeitungsvorgänge ergibt sich die terminierungsrelevante Dauer – solange noch keine Isttermine erfasst wurden (siehe Abschnitt 5.1.2) – aus dem Wert des Feldes **Dauer** oder wenn ein Arbeitsplatz in dem Vorgang hinterlegt wurde, aus einer entsprechenden *Formel* in den Terminierungsdetails des Arbeitsplatzes. Typischerweise wird man jedoch die Standardformel SAP004 im Arbeitsplatz hinterlegen, die wiederum auf den Wert des Feldes **Dauer** im Vorgang verweist.

Die von Ihnen verwendete **Einheit** des Feldes **Dauer** ist ebenfalls relevant. Geben Sie z.B. eine Dauer von 24 Stunden ein, werden diese als Arbeitsstunden interpretiert. Besitzt die terminierungsrelevante Kapazität des Arbeitsplatzes z.B. eine Einsatzzeit von acht Stunden pro Tag, führt dies zu einer terminierungsrelevanten Dauer von drei (Arbeits-)Tagen. Würden Sie als Dauer einen Tag eingeben, würde das System auch nur einen (Arbeits-)Tag als terminierungsrelevante Dauer verwenden.

Die Terminierung von Eigenbearbeitungsvorgängen berücksichtigt ferner Nichtarbeitszeiten. Wenn Sie einen Arbeitsplatz im Vorgang gepflegt haben, verwendet das System nur die Arbeitszeiten der terminierungsrelevanten Kapazität des Arbeitsplatzes für die Terminierung. Start- und Endtermine werden dabei nur auf Arbeitstage terminiert. Die Unterscheidung zwischen Arbeits- und Nichtarbeitstagen stammt wiederum aus einem Fabrikkalender, der gemäß folgender Priorität ermittelt wird:

Nichtarbeitszeiten

1. Fabrikkalender im Vorgang

2. Fabrikkalender im Arbeitsplatz

3. Fabrikkalender des Werkes im Vorgang

Für Fremdbearbeitungs- und Dienstleistungsvorgänge verwendet das System standardmäßig die **Planlieferzeit** als terminierungsrelevante Dauer ohne Unterscheidung von Arbeits- und Nichtarbeitstagen. Möchten Sie jedoch eine abweichende Dauer für die Terminierung verwenden, können Sie einen Steuerschlüssel definieren mit dem Kennzeichen **Terminieren Fremdvorgang** und die terminierungsrelevante Dauer manuell im Feld **Dauer** der Registerkarte **Eigen** eingeben.

Für Kostenvorgänge können Sie manuell die terminierungsrelevante Dauer über das Feld **Dauer** spezifizieren. Mithilfe von Fabrikkalendern in den Kostenvorgängen können Sie die Terminplanung auf Arbeitstage beschränken.

Reduzierung | Bei Bedarf kann das System die Dauer von Vorgängen auch selbständig verringern, wenn die terminierten Termine außerhalb der Eck- bzw. Prognosetermine des Netzplankopfes liegen. So kann das System also automatisch die Dauer der Vorgänge so anpassen, dass Sie eine Durchführung des Netzplans in einem vorgegebenen Zeitrahmen erlauben. Diese automatische Anpassung von Vorgangsdauern wird als *Reduzierung* bezeichnet. Durch die Angabe einer minimalen Dauer in einem Vorgang können Sie sicherstellen, dass bei der Reduzierung eine Zeitspanne, die mindestens für die Durchführung des Vorgangs benötigt wird, nicht unterschritten wird.

Reduzierungs- stufen | Die Reduzierung der Vorgangsdauern geschieht sukzessive in mehreren Stufen. In einer ersten Stufe könnten z.B. die Dauern um 10% verringert werden. Reicht diese Reduzierung noch nicht aus, könnten in einer zweiten Stufe die ursprünglich geplanten Dauern um 15 % reduziert werden usw. Maximal können bis zu sechs Stufen durchlaufen werden. Im Netzplankopf finden Sie nach einer Terminierung die Angabe der tatsächlich benötigten Anzahl an *Reduzierungsstufen*.

Reduzierungs- strategie | Damit das System die Dauer eines Vorgangs automatisch reduziert, müssen Sie in dem Vorgang eine *Reduzierungsstrategie* hinterlegen. In der Definition einer Reduzierungsstrategie legen Sie für die Reduzierungsstufen jeweils fest, um wie viel Prozent die geplante Dauer eines Vorgangs bei einer Stufe reduziert werden soll. Abbildung 3.5 zeigt ein Beispiel der Definition einer Reduzierungsstrategie im Customizing des Projektsystems.

Schließlich müssen Sie noch in den *Terminierungsparametern* angeben, dass eine Reduzierung durchgeführt werden soll. Dazu geben Sie die Anzahl der Stufen an, die maximal durchlaufen werden sollen. Zusätzlich können Sie in den Terminierungsparametern spezifizieren, ob alle Vorgänge, die eine Reduzierungsstrategie besitzen, reduziert werden sollen oder nur diejenigen, die *zeitkritisch* sind.

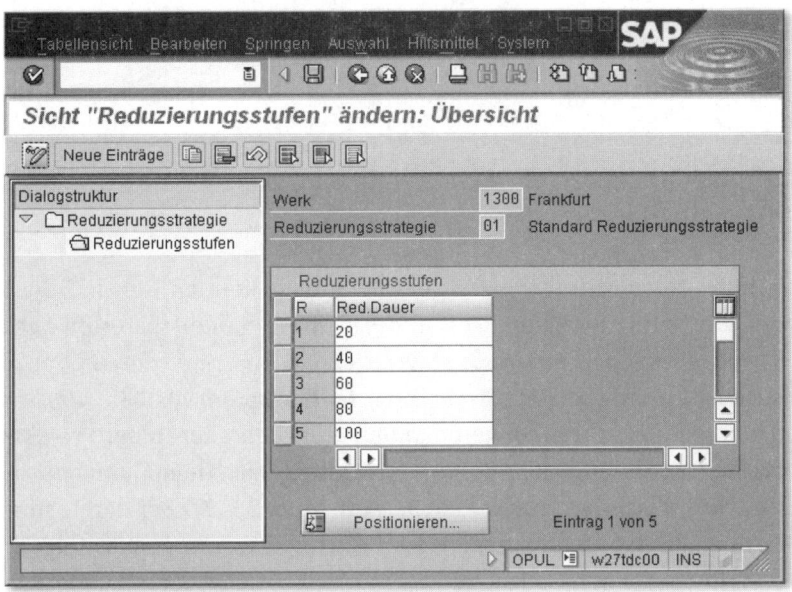

Abbildung 3.5 Beispiel einer Reduzierungsstrategie

Mithilfe der Terminierung werden die Plantermine von Vorgängen in der frühesten und spätesten Lage sowie die terminierten Termine der Netzplanköpfe und PSP-Elemente berechnet. Die entsprechenden Felder können nicht manuell geändert werden. Gegebenenfalls möchten Sie jedoch auch manuell in die Terminplanung von Vorgängen eingreifen, um z. B. fest vereinbarte Termine zu fixieren oder um Randbedingungen zu berücksichtigen, die dazu führen, dass Vorgänge nur in bestimmten Zeiträumen durchgeführt werden können. Zu diesem Zweck können Sie *terminliche Einschränkungen* für Vorgänge festlegen (siehe Abbildung 3.6).

Terminliche Einschränkungen

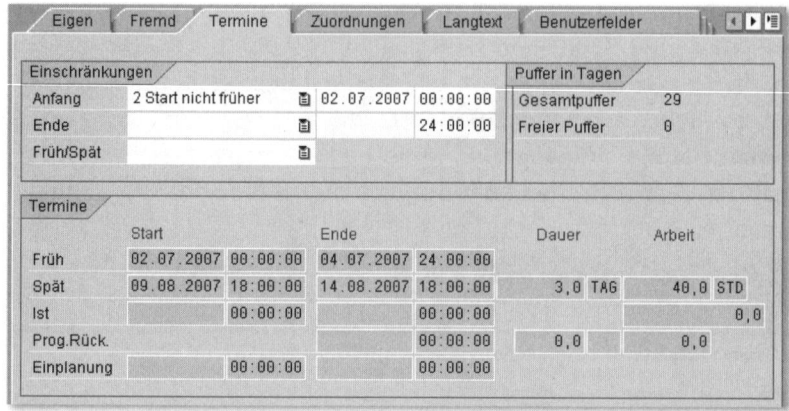

Abbildung 3.6 Beispiel für die zeitliche Einschränkung eines Vorgangs

Mithilfe von terminlichen Einschränkungen können Sie den Start oder das Ende von Vorgängen in der frühesten oder spätesten Lage entweder fest fixieren (**Muss starten/enden am**) oder durch Grenzwerte beschränken (**Start/Ende nicht früher/später als**). Sie können terminliche Einschränkungen manuell eingeben oder in der Projektplantafel in Abhängigkeit von den Optionen bzw. dem Plantafelprofil auch grafisch bestimmen (siehe Abschnitt 2.7.2). Bei der Terminierung werden die verschiedenen Einflussfaktoren gemäß folgender Priorisierung berücksichtigt:

1. Isttermine (siehe Abschnitt 5.1.2)

2. Terminliche Einschränkungen

3. Anordnungsbeziehungen

4. Start- und Endtermine des Netzplankopfes bzw. der zugeordneten PSP-Elemente, wenn der Projektstrukturplan terminbestimmend ist

Pufferzeiten Aus den terminierten Terminen der Vorgänge ermittelt das System für jeden Vorgang zusätzlich so genannte *Pufferzeiten*, die im Detailbild der Vorgänge und der Netzplangrafik angezeigt werden bzw. in der Projektplantafel auch grafisch dargestellt werden können. Bei den Pufferzeiten wird dabei zwischen einem *Gesamtpuffer* und einem *freien Puffer* unterschieden.

Gesamtpuffer Der Gesamtpuffer eines Vorgangs ergibt sich aus der Differenz seiner spätesten und frühesten Lage und gibt somit die Zeitspanne an, um die Sie einen Vorgang aus seiner frühesten Lage verschieben können, ohne den vorgegebenen Endtermin des Netzplankopfes oder – sofern terminbestimmend – des zugeordneten PSP-Elements zu überschreiten. Vorgänge mit einem Gesamtpuffer kleiner oder gleich null werden als *zeitkritisch* bezeichnet und werden in der Netzplangrafik und dem Diagrammbereich der Projektplantafel[4] farblich hervorgehoben.

Der freie Puffer eines Vorgangs ist die Zeitspanne, um die Sie den Vorgang aus der frühesten Lage zeitlich nach hinten verschieben können, ohne Einfluss auf die früheste Lage der nachfolgenden Vorgänge zu nehmen. Bei zwei Vorgängen, die durch eine Normalfolge (ohne Zeitabstand) miteinander verknüpft sind, ergibt sich der freie Puffer des Vorgängers z.B. aus der Differenz aus dem frühesten Start des Nachfolgers und dem frühesten Ende des Vorgangs selbst.

Freier Puffer

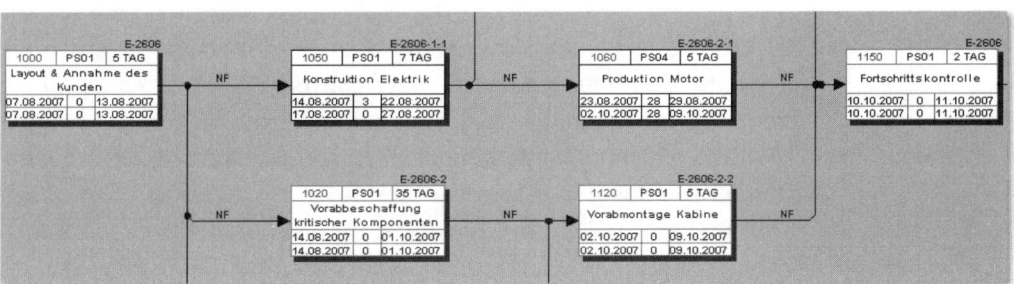

Abbildung 3.7 Zeitkritische Vorgänge und Pufferzeiten in der Netzplangrafik

Freie Puffer ergeben sich typischerweise aufgrund terminlicher Einschränkungen der nachfolgenden Vorgänge oder bei parallelen Pfaden innerhalb eines Netzplans, bei dem ein Pfad mehr Zeit in Anspruch nimmt als der andere (siehe Abbildung 3.7). Da der freie Puffer für die Durchführung von Vorgängen verwendet werden kann, ohne dass dies irgendwelche terminlichen Auswirkungen auf nachfolgende Vorgänge hätte, können Sie durch das Setzen des Kennzeichens **Dehnbar** in einem Vorgang erreichen, dass für die Berechnung der frühesten Lage des Vorgangs die Dauer zuzüglich des freien Puffers als terminierungsrelevante Dauer herangezogen

Kennzeichen »Dehnbar«

---

4 In der Projektplantafel können Sie in den Optionen oder bereits im Plantafelprofil steuern, ab welchem Gesamtpuffer Vorgänge farblich hervorgehoben werden sollen.

wird. Den Kapazitäten steht so also mehr Zeit für die Durchführung des Vorgangs zur Verfügung.

Termine von Vorgangselementen

Sie können Vorgänge durch Vorgangselemente ergänzen bzw. detaillieren (siehe Abschnitt 2.3.1). Da Vorgangselemente keine eigene Dauer oder Anordnungsbeziehungen besitzen, haben sie keinen Einfluss auf das Ergebnis der Terminierung. Vorgangselemente besitzen jedoch genau wie Vorgänge früheste und späteste Start- und Endtermine. Diese werden abgeleitet aus den terminierten Terminen des Vorgangs, dem die Vorgangselemente zugeordnet sind, und ggf. aus den Zeitabständen, die Sie in den Vorgangselementen eingetragen haben.

[»] Die Plantermine der Vorgangselemente liegen immer innerhalb der Vorgangstermine. Zeitliche Einschränkungen können nur auf Vorgangsebene, nicht jedoch für Vorgangselemente definiert werden.

Termine von Vorgangsmeilensteinen

Für Meilensteine, die Sie Vorgängen zugeordnet haben, können Sie entweder *Fixtermine* manuell eintragen oder aber einen *Zeitbezug zum Vorgang* herstellen. Bei Verwendung eines Zeitbezugs können Sie durch entsprechende Kennzeichen spezifizieren, ob der Meilensteintermin aus der frühesten oder spätesten Lage, aus dem Start- oder Endtermin des Vorgangs übernommen werden soll. Zusätzlich können Sie einen Zeitabstand entweder absolut, z.B. in einer Anzahl von Tagen, oder prozentual, gerechnet auf Basis der Dauer des Vorgangs, spezifizieren. Jede Terminverschiebung des Vorgangs wirkt sich bei Verwendung eines Zeitbezugs direkt auch auf den Meilensteintermin aus.

Bedarfstermin von Materialkomponenten

Auch wenn Sie Materialkomponenten einem Vorgang zuordnen (siehe Abschnitt 3.3.1), können Sie zwischen einem fixen Bedarfstermin für das Material oder einem Bedarfstermin wählen, der aus dem Start oder Ende des Vorgangs abgeleitet wird. Die Terminierungsparameter steuern dabei, ob sich der Terminbezug auf die früheste oder die späteste Lage des Vorgangs beziehen soll. Bei Bedarf können Sie auch einen absoluten Zeitabstand angeben, der bei der Ableitung des Bedarfstermins aus dem Vorgangstermin berücksichtigt wird.

Netzplanterminierung

Bei einer Netzplanterminierung werden alle Vorgänge eines einzelnen Netzplans terminiert. Immer wenn Sie die Terminierung aus der speziellen Pflegefunktion CN22 heraus aufrufen oder aus dem Project Builder, sofern Sie einen Netzplankopf oder Netzplanvorgang im Strukturbaum selektiert haben, stoßen Sie eine Netzplanterminierung an.

Bei der Netzplanterminierung werden die Einstellungen zur Terminierung aus den Parametern zur Netzplanterminierung ermittelt, können jedoch auch temporär geändert werden. Abbildung 3.8 zeigt ein Beispiel für die Definition von Parametern zur Netzplanterminierung.

Parameter zur Netzplanterminierung

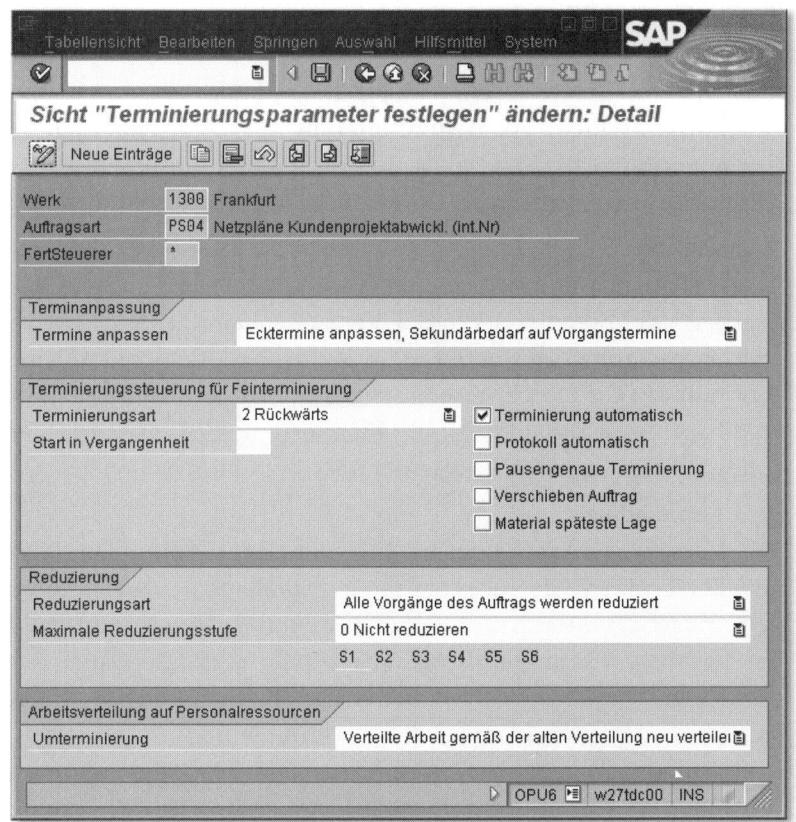

Abbildung 3.8 Parameter zur Netzplanterminierung

[»] Bevor Sie einen Netzplan anlegen können, müssen Sie im Customizing des Projektsystems zu der Kombination aus dem Werk und der Netzplanart des Netzplankopfes **Parameter zur Netzplanterminierung** definiert haben (Transaktion OPU6).

Terminierungsarten

In den Terminierungsparametern hinterlegen Sie zunächst die **Terminierungsart**, diese wird auf Ebene des Netzplankopfes angezeigt und kann dort bei Bedarf geändert werden. Folgende Terminierungsarten stehen Ihnen im Projektsystem zur Verfügung:

▸ **Vorwärts**

Das System führt erst eine Vorwärtsterminierung durch und anschließend die Rückwärtsterminierung. Sie verwenden diese Terminierungsart, wenn Sie den Start der Durchführung, aber ggf. nicht den Endtermin kennen.

▸ **Rückwärts**

Das System führt erst eine Rückwärtsterminierung durch und anschließend die Vorwärtsterminierung. Sie verwenden diese Terminierungsart, wenn Sie das Ende der Durchführung (z.B. ein vereinbartes Lieferdatum) aber ggf. nicht den Starttermin kennen.

▸ **Tagesdatum**

Das System verwendet für die Vorwärtsterminierung anstelle von Startterminen, die bereits in der Vergangenheit liegen, das aktuelle Tagesdatum. So können Sie erkennen, ob der vorgesehene Zeitraum für die Durchführung noch ausreicht und welche Puffer dafür ggf. noch zur Verfügung stehen. Es findet jedoch auch hier eine Vorwärts- und Rückwärtsterminierung statt.

▸ **Nur KapaBedarfe**

Die Vorgänge übernehmen die Start- und Endtermine des Netzplankopfes (bzw. der zugeordneten PSP-Elemente, wenn diese terminbestimmend sind) als früheste und späteste Start- und Endtermine. Anordnungsbeziehungen oder auch die Dauer der einzelnen Vorgänge werden bei dieser Terminierungsart nicht berücksichtigt. Sie können diese Terminierungsart einsetzen, wenn Sie (noch) keine Details zu Ablauf und Dauer der einzelnen Vorgänge spezifizieren möchten, jedoch bereits eine Berechnung der benötigten Kapazitätsbedarfe für die Gesamtlaufzeit durchführen wollen (siehe Abschnitt 3.2.1).

Im Projektsystem können Start- und Endtermine für die Terminierung im Netzplankopf oder den PSP-Elementen nur tagesgenau angegeben werden. Terminierungsarten mit Bezug zu Uhrzeiten können daher im Projektsystem nicht eingesetzt werden.

[«]

Mithilfe des Kennzeichens **Ecktermine anpassen** in den Terminierungsparametern steuern Sie, ob das System auf Ebene des Netzplankopfes die terminierten Termine auch als Eck- bzw. Prognosetermine übernehmen soll. Gibt es z.B. einen fest vorgegebenen Zeitrahmen für die Durchführung, tragen Sie Start- und Endtermin manuell im Netzplankopf ein und setzen das Kennzeichen **Ecktermine nicht anpassen**. Ihre Termine bleiben bei einer Terminierung fix, anhand des Vergleichs mit den terminierten Terminen erkennen Sie, ob der Zeitrahmen für die Durchführung ausreicht oder nicht.[5]

Kennzeichen »Ecktermine anpassen«

Kennen Sie jedoch z.B. nur den Starttermin und möchten, dass Ihnen das System den Endtermin berechnet und ggf. bei nachträglichen Änderungen anpasst, wählen Sie die Terminierungsart **Vorwärts**, setzen das Kennzeichen **Ecktermine anpassen** und tragen manuell einen Starttermin im Netzplankopf ein. Das System berechnet, ausgehend von Ihrem Starttermin, zunächst das terminierte Ende des Netzplans, übernimmt dieses als Endtermin und führt anschließend, ausgehend von diesem Datum, die Rückwärtsterminierung durch.

Die Anzahl an Tagen, die Sie in dem Feld **Startterminverzug (Start in Vergangenheit)** in den Terminierungsparametern hinterlegen, steuert die Art und Weise, wie Starttermine gehandhabt werden, die bereits in der Vergangenheit liegen. Ermittelt das System im Rahmen der Terminierung einen Starttermin, der weiter in der Vergangenheit liegt, als Sie über das Feld **Startterminverzug** erlaubt haben,[6] so gibt das System eine Warnmeldung aus und verwendet automatisch das aktuelle Tagesdatum für die Vorwärtsterminierung (die so genannte *Heute-Terminierung*).

Startterminverzug

---

5 Liegen die terminierten Termine außerhalb der vorgegebenen Termine, werden im Terminierungsprotokoll zusätzlich entsprechende Warnmeldungen ausgegeben.

6 Wenn Sie **999** in dem Feld **Startterminverzug** eintragen, erlaubt das System Starttermine, die beliebig weit in der Vergangenheit liegen können, ohne eine Heute-Terminierung durchzuführen.

Durch das Setzen des Kennzeichens **Terminierung automatisch** in den Terminierungsparametern erreichen Sie, dass beim Sichern des Netzplans automatisch immer dann eine Terminierung durchgeführt wird, wenn es eine terminierungsrelevante Änderung im Netzplan gab. Das Kennzeichen wird als Vorschlagswert an den Kopf eines Netzplans weitergegeben und kann dort geändert werden. Spätestens bei der Realisierungsphase eines Netzplans empfiehlt es sich i.d.R., dieses Kennzeichen aus dem Netzplankopf zu entfernen, um zu verhindern, dass unkontrolliert Änderungen an Kapazitätsbedarfen, Bestellanforderungen oder Reservierungen für Material aufgrund automatischer Terminierungen durchgeführt werden.

Weitere Kennzeichen in den Terminierungsparametern steuern die Ausgabe von Terminierungsprotokollen in der Transaktion CN22, die Handhabung von Pausenzeiten im Rahmen der Terminierung, den Terminbezug von Materialkomponenten, die Berücksichtigung von Istterminen aus Teilrückmeldungen (siehe Abschnitt 5.3) und wie sich nachträgliche Terminänderungen auf eine Arbeitsverteilung auf Personalressourcen auswirken sollen (siehe Abschnitt 3.2.2).

Gesamtnetzterminierung

Bei einer Gesamtnetzterminierung werden alle Netzpläne bzw. Aufträge gleichzeitig terminiert, die mittels externer Anordnungsbeziehungen oder in Form von Teilnetzen miteinander verknüpft sind. Die Gesamtnetzterminierung wird im Rahmen der Montageabwicklung (siehe Abschnitt 2.8.7) automatisch durchlaufen oder aus einem Vertriebsbeleg heraus gestartet. Sie können Gesamtnetzterminierungen im Projektsystem über die Transaktionen CN24 oder CN24N anstoßen.

Bei einer Gesamtnetzterminierung werden die Einstellungen der Terminierung, genau wie bei der Netzplanterminierung, aus den Terminierungsparametern zur Netzplanart ermittelt.

Wenn Sie die Transaktion CN24 für die Gesamtnetzterminierung nutzen, geben Sie zunächst die Identifikation eines Netzplans und den Terminkreis für die Terminierung an. Anschließend können Sie bei Bedarf noch temporäre Änderungen an den Terminierungseinstellungen vornehmen oder neue Start- und Endtermine für die Terminierung eingeben (sieheAbbildung 3.9).

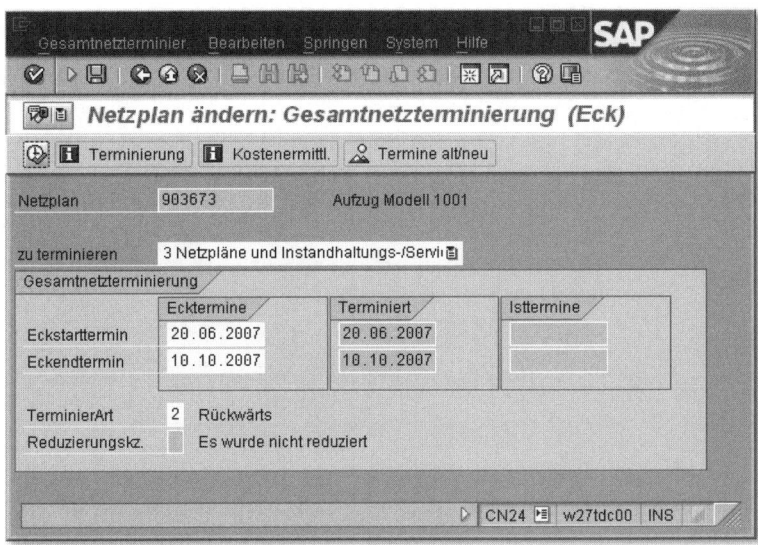

Abbildung 3.9 Gesamtnetzterminierung mithilfe der Transaktion CN24

Wenn Sie mit Instandhaltungs- oder Serviceaufträgen als zugeordneten Teilnetzen arbeiten, können Sie mithilfe des Feldes **zu terminieren** bestimmen, ob nur diese Aufträge terminiert werden sollen, nur die Netzpläne oder sowohl Netzpläne als auch zugeordnete Instandhaltungs- bzw. Serviceaufträge.

Nachdem Sie die Terminierung ausgeführt haben, können Sie mithilfe der Funktion **Termine alt/neu** die alten Termine mit den neu berechneten Terminen vergleichen. Anschließend können Sie die Terminänderungen der Netzpläne bzw. Aufträge sichern.

Bei der **Gesamtnetzterminierung mit Selektionsmöglichkeiten** (Transaktion CN24N), die ab SAP ECC 5.0 standardmäßig zur Verfügung steht, können Sie im Gegensatz zur Transaktion CN24 die Auswahl der zu terminierenden Netzpläne und Teilnetzpläne vor der Terminierung noch beeinflussen (siehe Abbildung 3.10) und zusätzlich einen Monitor für die Überwachung der Termine von Teilnetzen nutzen.

CN24N
(Gesamtnetz-
terminierung
mit Selektions-
möglichkeiten)

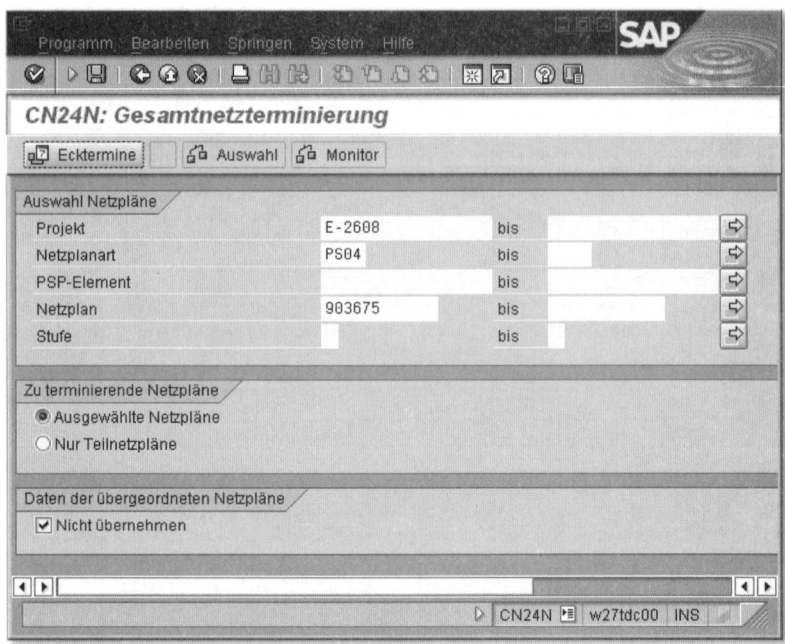

Abbildung 3.10 Gesamtnetzterminierung mit Selektionsmöglichkeiten

Teilnetzmonitor Im *Teilnetzmonitor* werden sowohl Daten der ausgewählten Netzpläne als auch Daten der zugeordneten Teilnetze tabellarisch dargestellt (siehe Abbildung 3.11). Per Mausklick können Sie in die Anzeige von Vorgängen oder Netzplanköpfen abspringen. Zusätzlich können Sie im Teilnetzmonitor Rückmeldungen für Vorgänge erfassen oder das Infosystem Strukturen (siehe Abschnitt 7.1) aufrufen. Ampeln weisen Sie darauf hin, wenn die Termine der Teilnetze außerhalb der Termine des übergeordneten Vorgangs liegen (**Konflikt**) oder nicht exakt mit diesen übereinstimmen (**Aktualisierung nötig**).

Stufen Um die Funktion der Gesamtnetzterminierung mit Selektionsmöglichkeiten nutzen zu können, müssen Sie im Customizing des Projektsystems neben der Definition der Terminierungsparameter zur Netzplanart auch *Stufen* definieren und diese manuell den Netzplanarten und Nummernintervallen der Netzpläne und Teilnetze zuordnen. Die Definition der Stufen muss die hierarchische Anordnung der Netzpläne und Teilnetze widerspiegeln. Die Stufen dienen in der Transaktion CN24N als Selektionskriterium. Eine Terminierung mithilfe der Transaktion CN24N kann jeweils nur maximal zwei Stufen umfassen.

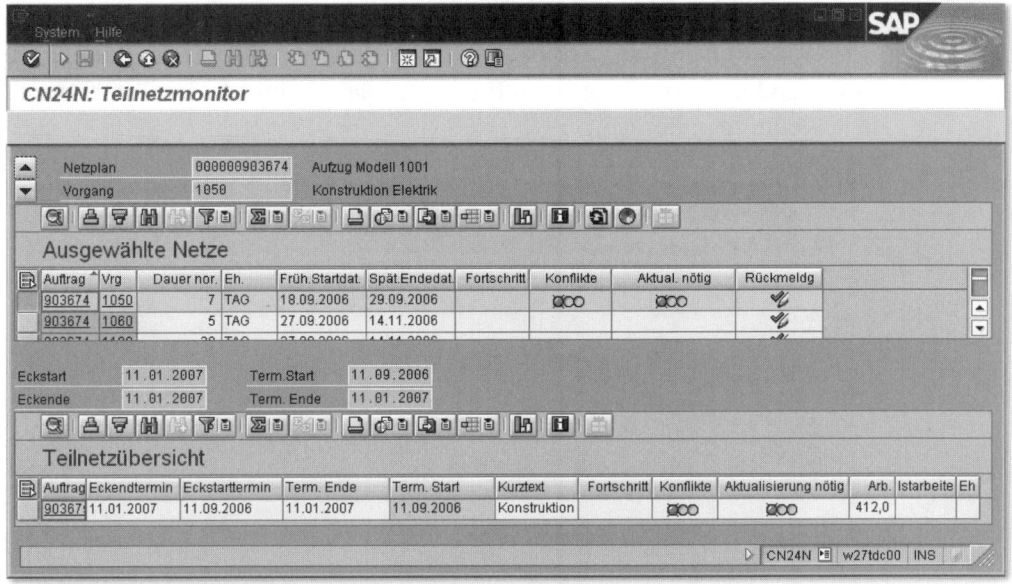

Abbildung 3.11 Teilnetzmonitor

Die Transaktion CN24N ist insbesondere für Unternehmen gedacht, die mit sehr vielen, ggf. mehrstufigen Teilnetzstrukturen arbeiten und die bei der Terminierung nicht immer alle Netzpläne und Teilnetze gleichzeitig terminieren möchten.

PSP-Terminierung

Bei einer PSP-Terminierung wird die Terminierung ausgehend von einem oder mehreren PSP-Elementen gestartet. Bei der PSP-Terminierung werden genau diejenigen Vorgänge terminiert, die diesen PSP-Elementen zugeordnet sind. So können Sie also eine Terminierung für einzelne Teile eines Projekts durchführen, ohne dass dabei alle Vorgänge eines Netzplans terminiert werden. Sie können eine PSP-Terminierung starten in den speziellen Pflegefunktionen CJ20 oder CJ02, mithilfe der Transaktion **Projektterminierung** (CJ29) oder in der Projektplantafel (CJ2B). Im Project Builder (CJ20N) können Sie eine PSP-Terminierung durchführen, wenn Sie die Projektdefinition oder ein PSP-Element im Strukturbaum selektiert haben.

143

Parameter für
PSP-Terminierung

Bei der PSP-Terminierung werden die Einstellungen zur Terminierung aus den **Steuerungsparametern für PSP-Terminierung** ermittelt, können jedoch auch temporär geändert werden. Diese Steuerungsparameter werden in einem Profil zusammengefasst, das Sie im Customizing des Projektsystems definieren (siehe Abbildung 3.12) und als Vorschlagswert für die Projektdefinition im Projektprofil eintragen können.

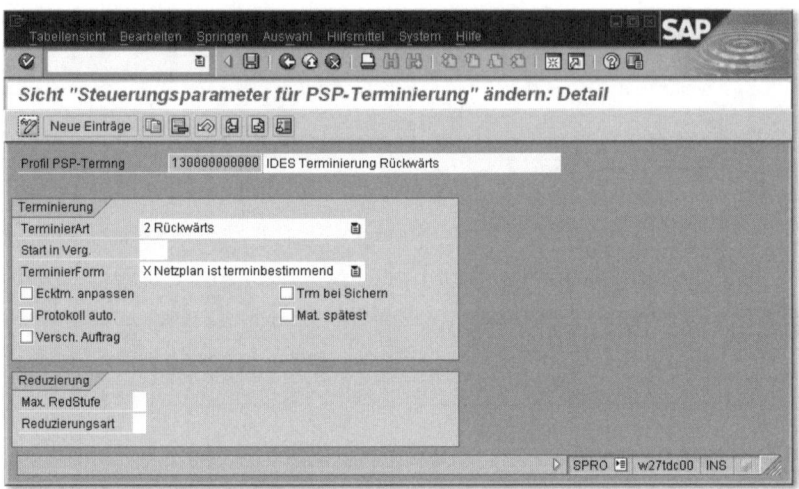

Abbildung 3.12 Steuerungsparameter für PSP-Terminierung

Die Steuerungsparameter für die PSP-Terminierung enthalten im Wesentlichen die gleichen Einstellungsmöglichkeiten wie die Parameter der Netzplanterminierung, also insbesondere die Terminierungsart, ein Kennzeichen zum automatischen Terminieren beim Sichern oder auch Einstellungen zur Reduzierung. Setzen Sie das Kennzeichen **Ecktermine anpassen** bei einer PSP-Terminierung, werden nicht nur die Termine des Netzplankopfes an die terminierten Termine angepasst, sondern es werden auch die Plantermine der PSP-Elemente aus den terminierten Terminen der zugeordneten Vorgänge abgeleitet. So können die Plantermine von Vorgängen und PSP-Elementen gleichzeitig im Rahmen einer PSP-Terminierung ermittelt werden.

Terminierungsform

Zusätzlich gibt es in den Parametern zur PSP-Terminierung das Feld **Terminierungsform** mit den beiden möglichen Ausprägungen:

▶ **Netzplan ist terminbestimmend**
Der Netzplankopf bestimmt den Start- und Endtermin der Terminierung.

▶ **PSP ist terminbestimmend**
Die Plantermine des PSP-Elements bestimmen den Start- und Endtermin für die Terminierung der zugeordneten Vorgänge.

Die Idee der Terminierungsform **PSP ist terminbestimmed** ist also, zunächst eine manuelle Terminplanung auf Ebene der PSP-Elemente vorzunehmen und anschließend eine Terminierung der zugeordneten Vorgänge durchzuführen. Die Terminierung der Vorgänge orientiert sich dann an den manuell geplanten Start- und Endterminen der PSP-Elemente.

Bei einer Terminplanung mithilfe von PSP-Elementen und Netzplänen spielen zum einen die Terminierungsparameter eine entscheidende Rolle, die die Terminierung der Vorgänge und den Datenaustausch mit den PSP-Elementen steuern, und zum anderen ggf. die Planungsformen, die den hierarchischen Austausch von Planterminen zwischen PSP-Elementen unterschiedlicher Stufen steuern. Sie können die PSP-Terminierungsparameter selbst im Customizing definieren und zusammen mit den Planungsformen für Ihr Projekt festlegen. Alternativ können Sie jedoch auch auf fest vordefinierte *Szenarien zur Terminplanung* mit PSP-Elementen und Netzplänen zurückgreifen.

Wählen Sie ein Terminierungsszenario für die Terminplanung eines Projekts aus, werden alle Einstellungen über das Terminierungsszenario ermittelt. Es gibt folgende Terminierungsszenarien:

Terminierungs-szenarien

▶ **Bottom-Up Szenario**
Ausgehend vom Eckstarttermin des Netzplankopfes (der beliebig weit in der Vergangenheit liegen darf), findet erst eine Vorwärtsterminierung und anschließend eine Rückwärtsterminierung statt. Die terminierten Termine werden als Plantermine auf Ebene des Netzplankopfes und der zugeordneten PSP-Elemente übernommen. Die Plantermine der PSP-Elemente werden schließlich bottom-up hochgerechnet.

▶ **Top-Down Szenario**
Bei diesem Szenario müssen Sie zunächst eine manuelle Terminplanung auf Ebene der PSP-Elemente vornehmen. Das System

überprüft dabei beim Terminieren oder Sichern die hierarchische Konsistenz dieser Terminplanung. Die Terminierung der zugeordneten Vorgänge richtet sich nach den Planterminen der PSP-Elemente (diese dürfen beliebig weit in der Vergangenheit liegen).

Bei beiden Terminierungsszenarien werden Bedarfstermine für Material aus der spätesten Lage der Vorgänge abgeleitet, Reduzierungen werden nicht durchgeführt. Die Einstellungen der beiden Terminierungsszenarien **Bottom-Up** und **Top-Down** sind fest vorgegeben und können nicht geändert werden.

Wenn Sie eines der beiden Terminierungsszenarien verwenden möchten, können Sie das Szenario in der Projektdefinition hinterlegen oder bereits als Vorschlagswert im Projektprofil eintragen. Möchten Sie jedoch abweichende Einstellungen verwenden, müssen Sie das Feld **Terminierungsszenario** auf den Wert **Terminierungsparameter frei wählbar** setzen und manuell die entsprechenden Einstellungen vornehmen.

> **Zusammenfassung**
>
> Mithilfe der Terminierung können Sie automatisch die Plantermine von Vorgängen und zugeordneten Objekten vom System berechnen lassen sowie zeitkritische Vorgänge identifizieren. Sind die Vorgänge PSP-Elementen zugeordnet, können Termininformationen zwischen den Vorgängen und den PSP-Elementen ausgetauscht werden. Bei Bedarf können Sie auch manuell Termine auf der Ebene von PSP-Elementen planen. Dabei werden Sie durch verschiedene Funktionen, wie z.B. das Hochrechnen von Terminen oder hierarchische Konsistenzprüfungen, unterstützt.

3.2 Ressourcenplanung

Wenn Sie ein Projekt nur mithilfe eines Projektstrukturplans abgebildet haben, können Sie Kosten für interne oder externe Ressourcen planen (siehe Abschnitt 3.4) und später z.B. Leistungsverrechnungen, Bestellanforderungen, Bestellungen, Wareneingänge und Abnahmen auf PSP-Elemente kontieren und somit Kosten für den Verbrauch der Ressourcen auf das Projekt buchen (siehe Abschnitt 5.2). Eine logistische Ressourcenplanung, im Sinne einer Kapazitätsplanung oder eines automatischen Datenaustauschs zwischen der Projektstruktur und Einkaufsbelegen, ist im Projektsystem jedoch nur möglich, wenn Sie auch Netzpläne einsetzen. Eine manuelle Kostenplanung für die benötigten Ressourcen und eine manuelle Kontierung von Einkaufsbelegen auf der Ebene der PSP-Elemente ist bei der Verwendung von Netzplänen nicht notwendig. Die folgenden Abschnitte behandeln die Funktionen, die mittels Netzplanvorgängen für eine Planung von Ressourcen zur Verfügung stehen.

3.2.1 Kapazitätsplanung mit Arbeitsplätzen

Bei der Strukturierung Ihrer Projekte haben Sie mithilfe von Eigenbearbeitungsvorgängen bzw. -vorgangselementen Leistungen spezifiziert, die von eigenen Ressourcen, z.B. Maschinen- oder Personalressourcen, erbracht werden sollen. Im Rahmen der Terminierung hat das System berechnet, wann diese Leistungen durchgeführt werden sollen. Die Terminierung überprüft dabei jedoch nicht, ob überhaupt ausreichend eigene Ressourcen zu dem geplanten Termin zur Verfügung stehen. Um Aussagen über die Verfügbarkeit Ihrer Ressourcen und somit die kapazitive Durchführbarkeit Ihrer Projekte treffen zu können, können Sie die *Kapazitätsplanung* im Projektsystem nutzen.

Aufgabe der Kapazitätsplanung ist es, Bedarfe an Kapazitäten zu ermitteln und diese dem Angebot an Kapazitäten mithilfe geeigneter Berichte (siehe Abschnitt 7.3.3) periodenweise, z.B. wochenweise oder auch tagesgenau, gegenüberzustellen. Das Angebot an Kapazitäten wird mittels Arbeitsplätzen definiert, während der Kapazitätsbedarf aus den Vorgangsdaten von Netzplänen oder z.B. auch Fertigungs- oder Instandhaltungsaufträgen abgeleitet wird. Stellen Sie in einer Periode fest, dass der Bedarf an einer Kapazität größer ist als das Kapazitätsangebot, werden Sie zunächst einen *Kapazitätsabgleich* durchführen, um Ihre Planung an die kapazitiven Gegebenheiten anzupassen.

Kapazitätsplanung

Voraussetzung für die Kapazitätsplanung mit Netzplänen ist die Verwendung von Arbeitsplätzen.

[«]

Definition von Arbeitsplätzen und Kapazitätsangeboten

Arbeitsplätze sind Organisationseinheiten im SAP-System, die festlegen, wo und von wem ein Vorgang ausgefhrt werden kann. Haben Sie Arbeitsplätze bereits für die Fertigung oder die Instandhaltung

definiert, können Sie diese Arbeitsplätze auch in Netzplänen einsetzen, sofern die Verwendung der Arbeitsplätze dies erlaubt. Haben
Sie noch keine Arbeitsplätze im SAP-System definiert oder möchten
Sie für Projekte eigene Arbeitsplätze einsetzen, können Sie im Projektsystem neue Arbeitsplätze anlegen (Transaktion CNR1).

Arbeitsplatzart
Beim Anlegen eines neuen Arbeitsplatzes spezifizieren Sie neben der
Identifikation und dem Werk des Arbeitsplatzes auch die **Arbeitsplatzart** (siehe Abbildung 3.13). Die Arbeitsplatzart legt unter anderem fest, welche Felder (**Feldausw.**) und Registerkarten (**Bildfolge**)
im Stammsatz des Arbeitsplatzes dargestellt werden sollen. Standardmäßig können Sie im Projektsystem die Arbeitsplatzart **0006**
(**Projektmanagement**) verwenden. Bei Bedarf können Sie auch
zusätzliche Arbeitsplatzarten definieren (Customizing-Transaktion
OP40).

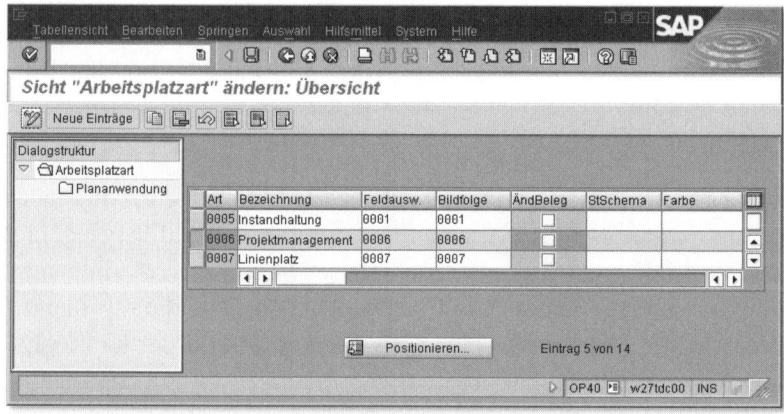

Abbildung 3.13 Definition von Arbeitsplatzarten

Planverwendung
Über das Feld **Planverwendung** in den Grunddaten des Arbeitsplatzes legen Sie fest, in welchen Plan- und Auftragstypen der Arbeitsplatz verwendet werden kann. Damit ein Arbeitsplatz in Standardnetzen und insbesondere in operativen Netzplänen eingesetzt
werden kann, muss er eine Planverwendung besitzen, die dem Plan-
typ **0** (**Standardnetz**) zugeordnet ist. Soll der Arbeitsplatz exklusiv
für Netzpläne verwendet werden, können Sie standardmäßig z.B. die
Planverwendung **003** (**nur Netzpläne**) im Stammsatz des Arbeitsplatzes eintragen. Bei Bedarf können Sie mithilfe der Customizing-

Transaktion OP45 auch eigene Planverwendungen definieren und den relevanten Plantypen zuordnen.

In den Stammdaten können Sie in Abhängigkeit von der Arbeitsplatzart eine Reihe von Einstellungen für die Terminplanung (siehe Abschnitt 3.1.2) und Kalkulation (siehe Abschnitt 3.4.5) von Vorgängen vornehmen. Für die Kapazitätsplanung sind jedoch insbesondere die Einstellungen der Registerkarte **Kapazitäten** relevant.

Auf dieser Registerkarte hinterlegen Sie zunächst eine oder auch mehrere **Kapazitätsarten**, wie z.B. für Personen oder Maschinen, und definieren anschließend das jeweilige Kapazitätsangebot. Kapazitätsarten werden im Customizing definiert und legen unter anderem fest, ob das Kapazitätsangebot in Zeiteinheiten oder in Mengen- bzw. Volumeneinheiten definiert werden muss oder ob z.B. eine Zuordnung von Personen aus dem Personalwesen möglich ist.

Kapazitätsarten

Die Definition eines Kapazitätsangebots besteht im einfachsten Fall aus der Spezifikation eines Fabrikkalenders zur Unterscheidung von Arbeits- und Nicht-Arbeitstagen, Angaben zu Beginn, Ende und Pausendauer eines Arbeitstages, der Festlegung eines Nutzungsgrads und der Anzahl der zur Verfügung stehenden Einzelkapazitäten. Der Nutzungsgrad beschreibt, wie viel der täglichen Arbeitszeit tatsächlich produktiv nutzbar ist. Das Kapazitätsangebot ergibt sich schließlich aus der produktiven Einsatzzeit einer Kapazität, multipliziert mit der Anzahl der Einzelkapazitäten (siehe Abbildung 3.14).

Kapazitätsangebot

Neben der Definition des Standardangebots gibt es verschiedene detailliertere Möglichkeiten, Kapazitätsangebote zu definieren. Zum einen können Sie Zeitintervalle spezifizieren und für jedes Intervall ein eigenes Kapazitätsangebot festlegen. So können Sie z.B. saisonal abhängige Beschäftigungsverhältnisse abbilden. Zum anderen können Sie im Customizing **Schichtprogramme** definieren (Transaktion OP4A) und der Kapazitätsart im Arbeitsplatz zuordnen. Mithilfe von Schichtprogrammen können dann auch Pausenzeiten exakt festgelegt und bei der Terminierung und der Kapazitätsplanung berücksichtigt werden.

Schließlich können Sie auch *Einzelkapazitäten* definieren und der Kapazitätsart im Arbeitsplatz zuordnen. Durch geeignete Berichtseinstellungen können Sie anstelle des Standardangebots dann auch das verdichtete Angebot der zugeordneten Einzelkapazitäten für

Kapazitätsauswertungen verwenden. Bei Personalressourcen wird dabei das Angebot der Einzelkapazitäten aus der Sollarbeitszeit (Infotyp 0007) abgeleitet, die im Personalwesen für die Mitarbeiter gepflegt wird.

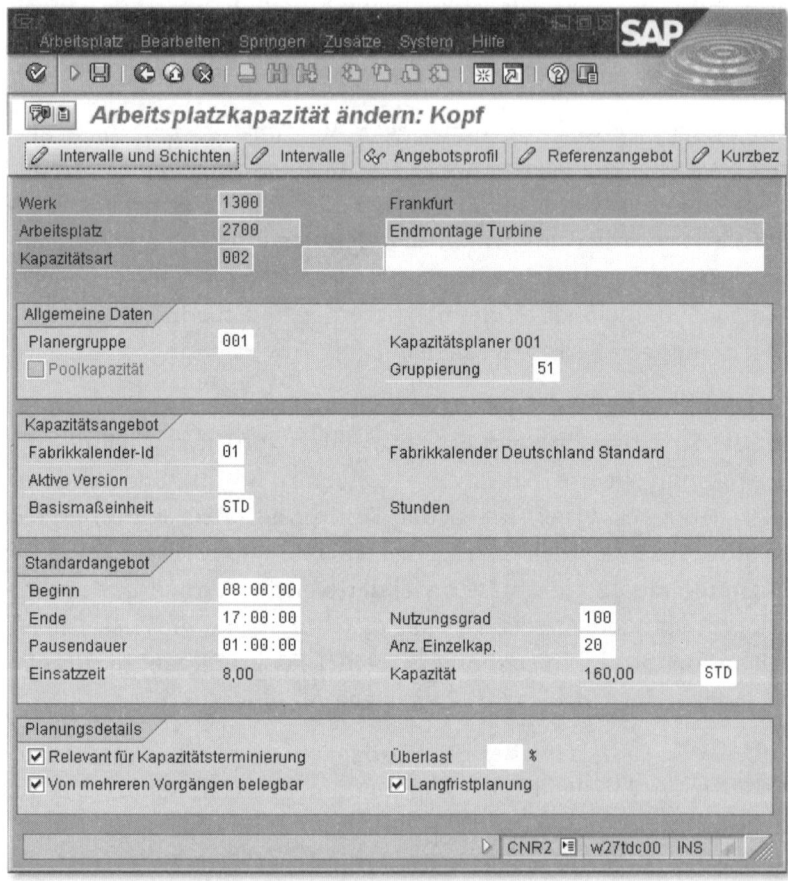

Abbildung 3.14 Beispiel einer Arbeitsplatzkapazität

Formel Bedarf Eigenbearbeitung

Nach der Definition des Kapazitätsangebots geben Sie im Arbeitsplatz eine Formel im Feld **Formel Bedarf Eigenbearbeitung** für die Kapazitätsart ein. Die Formel legt fest, wie der Kapazitätsbedarf aus den Vorgangsdaten berechnet werden soll. In der Regel wird hier die Standardformel **SAP008** eingetragen. Abbildung 3.15 zeigt die Definition dieser Formel. Der Parameter **SAP_07** in der Formel **SAP008** ist verknüpft mit dem Feld **Arbeit** in Vorgängen bzw. Vorgangselementen.

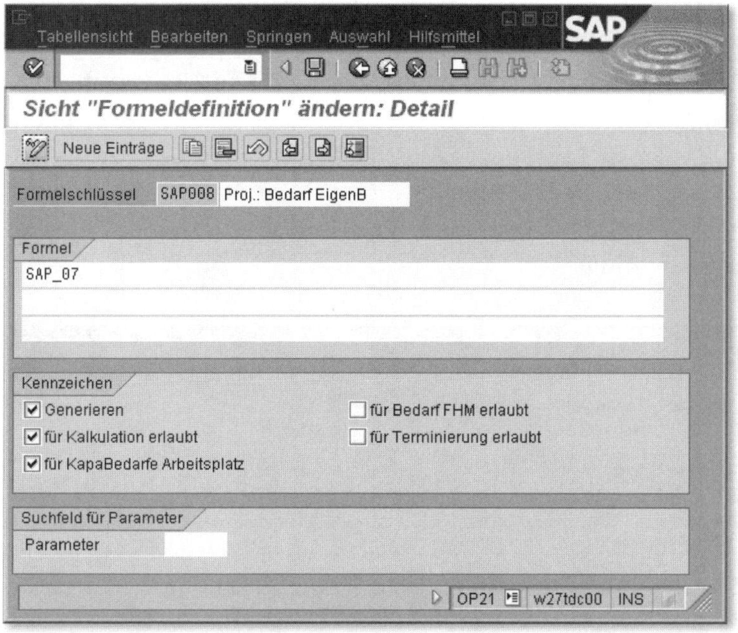

Abbildung 3.15 Definition der Formel SAP008

Im Customizing können Sie jedoch auch eigene Formeln definieren (Transaktion OP21), um auch Werte anderer Vorgangsfelder bei der Berechnung von Kapazitätsbedarfen zu berücksichtigen.[7] Im Arbeitsplatz können Sie die Berechnung von Kapazitätsbedarfen mithilfe einer Formel zunächst testen, bevor Sie den Arbeitsplatz sichern. Beachten Sie jedoch bei der Definition eigener Formeln, dass die Berechnung der Kapazitätsbedarfe im Reporting jederzeit nachvollziehbar sein sollte.

Mithilfe eines Verteilungsschlüssels im Arbeitsplatz können Sie festlegen, wie der Kapazitätsbedarf eines Vorgangs über die Vorgangsdauer verteilt werden soll. Ein Verteilungsschlüssel besteht aus einer Verteilungsstrategie und einer Verteilungsfunktion (siehe Abbildung 3.16). Die Verteilungsfunktion legt fest, nach wie viel Prozent der Vorgangsdauer wie viel Prozent des Gesamtkapazitätsbedarfs benötigt werden (siehe Abbildung 3.17). Die Verteilungs-

Verteilungs-schlüssel

---

7 Sie können auch Benutzerfelder in Formeln einbeziehen. Zu diesem Zweck müssen Sie für das entsprechende Benutzerfeld einen eigenen Parameter definieren und in der Definition des Feldschlüssels dem Benutzerfeld zuordnen. Den Parameter können Sie dann in der Definition einer Formel verwenden.

strategie bestimmt unter anderem, ob die Verteilung über die früheste oder die späteste Lage des Vorgangs vorgenommen werden soll (siehe Abbildung 3.18). Im Standard sind bereits verschiedene Verteilungsschlüssel definiert, wie z.B. **SAP030 (Gleichverteilung über die späteste Lage)** oder **SAP020 (Gleichverteilung über die früheste Lage)**. Bei Bedarf können Sie auch zusätzliche Verteilungsschlüssel, -funktionen oder -strategien im Customizing des Projektsystems definieren.

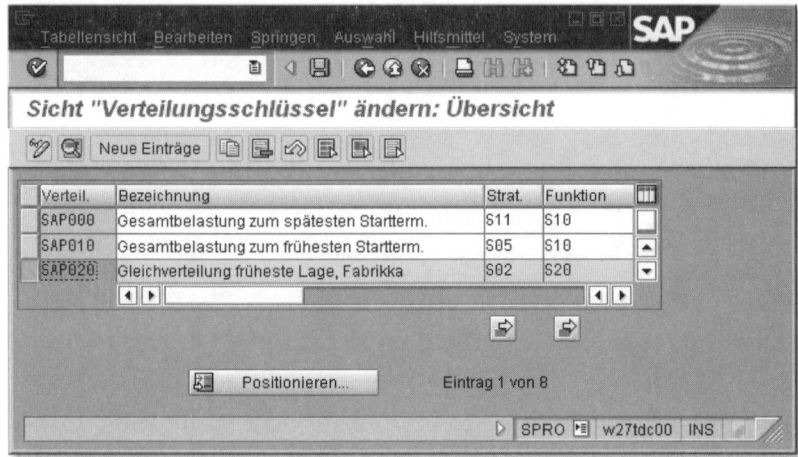

Abbildung 3.16 Definition von Verteilungsschlüsseln

Abbildung 3.17 Definition einer Verteilungsfunktion

Abbildung 3.18 Definition einer Verteilungsstrategie

Voraussetzungen für die Ermittlung von Kapazitätsbedarfen

Damit Sie in Kapazitätsberichten dem Kapazitätsangebot auch den Bedarf Ihrer Projekte an den jeweiligen Kapazitäten gegenüberstellen können, müssen im Netzplan verschiedene Voraussetzungen erfüllt sein:

▸ In den Netzplanvorgängen müssen Arbeitsplätze und geplante Arbeit eingetragen sein.

▸ Der Steuerschlüssel der Vorgänge muss als relevant für die Ermittlung von Kapazitätsbedarfen gekennzeichnet sein (siehe Abschnitt 2.3.2).[8]

▸ Die Berechnung von Kapazitätsbedarfen muss aktiviert sein, d.h., im Netzplankopf muss das Kennzeichen **Kapazitätsbedarf** gesetzt sein.[9]

▸ Nach Aktivierung der Kapazitätsbedarfe muss eine Terminierung durchgeführt worden sein.

---

8 Bei Bedarf können Sie auch für Lieferanten, also mithilfe von Fremdbearbeitungs- oder Dienstleistungsvorgängen, eine Kapazitätsplanung durchführen, sofern der Steuerschlüssel dies erlaubt. Dazu müssen Sie für den Lieferanten einen eigenen Arbeitsplatz mit einem geeigneten Kapazitätsangebot definieren und den Arbeitsplatz auf der Registerkarte **Eigen** des Vorgangs eintragen.

9 Sie können das Kennzeichen Kapazitätsbedarf auch jederzeit aus dem Netzplankopf entfernen, wenn keine Kapazitätsbedarfe mehr für einen Netzplan benötigt werden. Dies kann z.B. relevant sein, wenn ein Projekt nicht realisiert werden soll oder während der Realisierungsphase gestoppt wird.

Beachten Sie auch, dass eine Endrückmeldung oder das Setzen des Status **Technisch abgeschlossen (TABG)** den (Rest-) Kapazitätsbedarf eines Vorgangs auf null setzen.

Ermittlung der Bedarfsverteilung Bei Bedarf können Sie in den Vorgängen genau wie im Arbeitsplatz einen Verteilungsschlüssel eintragen. Sofern der Bericht, den Sie zur Kapazitätsauswertung verwenden, keinen eigenen Verteilungsschlüssel vorsieht, ermittelt das System die Verteilung der Kapazitätsbedarfe gemäß folgender Strategie:

1. Verteilungsschlüssel des Vorgangs

2. Verteilungsschlüssel des Arbeitsplatzes

3. Gleichverteilung über die späteste Lage des Vorgangs

Nachdem Sie Kapazitätsbedarfe für einen Netzplan erzeugt haben, können Sie verschiedene Berichte verwenden, um den Kapazitätsbedarf des Netzplans zusammen mit den Bedarfen anderer Projekte oder Aufträge mit dem Angebot der jeweiligen Arbeitsplätze bzw. Kapazitäten zu vergleichen. Abbildung 3.19 zeigt die Kapazitätsübersicht der Projektplantafel, in der das Kapazitätsangebot der Arbeitsplätze und der jeweilige (Gesamt-)Kapazitätsbedarf in Form von Balken oder Histogrammen grafisch dargestellt werden. Kapazitätsüberlasten, also Bedarfe, die das Angebot in einer Periode überschreiten, werden farblich hervorgehoben. Weitere, detaillierte Kapazitätsberichte werden in Abschnitt 7.3.3 erörtert.

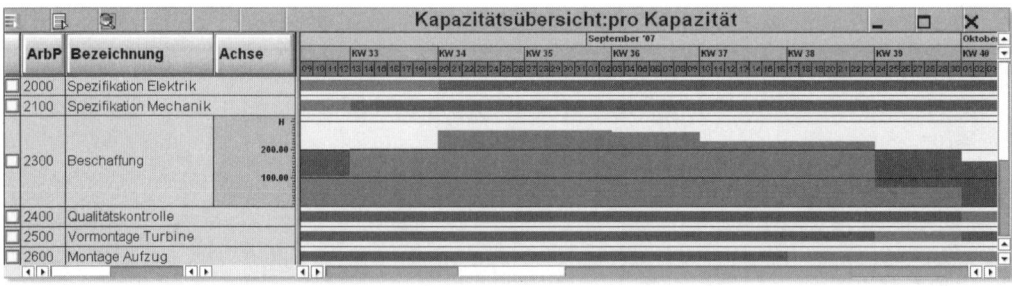

Abbildung 3.19 Kapazitätsübersicht der Projektplantafel

Soll-, Rest- und Istkapazitätsbedarfe In der Realisierungsphase von Projekten werden die Kapazitätsbedarfe aufgrund der geleisteten Arbeit und Prognosedaten aus Rückmeldungen angepasst. Im Kapazitätsberichten wird daher zwischen drei unterschiedlichen Kapazitätsbedarfen unterschieden:

▶ **Sollkapazitätsbedarf**
Der Kapazitätsbedarf, der sich aus den Plandaten der Vorgänge ergibt.

▶ **Restkapazitätsbedarf**
Der aktuelle Kapazitätsbedarf, der sich aus dem ursprünglich geplanten Bedarf, den bereits rückgemeldeten Leistungen und ggf. prognostizierter Restarbeit ergibt.

▶ **Istkapazitätsbedarf**
Die tatsächlich in Anspruch genommene und bereits rückgemeldete Leistung.[10]

3.2.2 Arbeitsverteilung auf Personalressourcen

Ein Arbeitsplatz kann durchaus das Angebot mehrerer Einzelkapazitäten umfassen. Führen Sie die Kapazitätsplanung nur auf Arbeitsplatzebene durch, spezifizieren Sie dabei jedoch nicht, welche Einzelkapazität des Arbeitsplatzes die jeweilige Leistung erbringen soll. Aussagekräftige Kapazitätsauswertungen für die Einzelkapazitäten sind somit nicht möglich.

Bei manchen Projekten ist eine Planung auf Einzelkapazitäten – insbesondere bei Personalressourcen – jedoch notwendig, um z.B. eine Überlastung einzelner Personen zu vermeiden oder die Qualifikationen der Mitarbeiter bei der Projektplanung zu berücksichtigen. Zu diesem Zweck können Sie für Projekte eine Arbeitsverteilung auf Kapazitätssplits durchführen, d.h. die geplante Arbeit eines Vorgangs auf Einzelkapazitäten aufsplitten. Kapazitätssplits können dabei z.B. einzelne Maschinen, Organisationseinheiten oder Planstellen sein. In der Regel wird im Projektsystem jedoch die *Arbeitsverteilung auf Personalressourcen* durchgeführt, also eine Verteilung mit einem direkten Bezug zu Personalnummern. Die auf eine Person verteilte Arbeit kann dann insbesondere später als Vorschlagswert für die Zeitdatenerfassung mithilfe des Arbeitszeitblattes CATS (siehe Abschnitt 5.3.3) übernommen werden.

Kapazitätssplits

---

10 Die Analyse von Istkapazitätsbedarfen setzt neben entsprechenden Einstellungen der erweiterten Kapazitätsberichte zusätzlich voraus, dass die relevanten Arbeitsplätze eine Ermittlung von Istkapazitätsbedarfen vorsehen.

Voraussetzungen für eine Arbeitsverteilung auf Personalressourcen

Personal-
stammdaten

Voraussetzung für eine Arbeitsverteilung auf Personalressourcen ist, dass dem Projektsystem einige Personalstammdaten zur Verfügung gestellt werden. Diese können entweder in Form eigener HR-Mini-Stammsätze im System gepflegt werden oder aus einem HR-System stammen. Mindestens benötigt werden Personalstammdaten der beiden Infotypen 0001 (**Organisatorische Zuordnung**) und 0002 (**Daten zur Person**). Möchten Sie die Verfügbarkeit der Personen oder deren Qualifikationen bei Ihrer Planung berücksichtigen, benötigen Sie zusätzlich die Infotypen 0007 (**Sollarbeitszeit**) bzw. 0024 (**Qualifikationen**). Für eine spätere Verwendung der Daten im Arbeitszeitblatt ist zusätzlich der Infotyp 0315 (**Vorschlagswerte Arbeitszeitblatt**) notwendig.

[»]

> Bevor Sie die Arbeit eines Vorgangs auf einzelne Personen verteilen können, müssen für den Vorgang Kapazitätsbedarfe ermittelt worden sein. Das heißt, auch für eine Arbeitsverteilung auf Personalressourcen benötigen Sie mindestens einen Arbeitsplatz.

Die Personen, für die Sie Arbeit verteilen möchten, müssen jedoch nicht unbedingt dem Arbeitsplatz zugeordnet sein. Je nach System-Einstellungen können Sie folgende Personen für eine Arbeitsverteilung auf Personalressourcen einsetzen:

► Personen, die dem Arbeitsplatz des Vorgangs zugeordnet sind
► Personen einer Projektorganisation
► beliebige Personalressourcen

Personen-
zuordnung zu
Arbeitsplätzen

Sie können Personen auf zwei unterschiedliche Arten einem Arbeitsplatz zuordnen. Zum einen können Sie dem Arbeitsplatz eine Organisationseinheit oder einen HR-Arbeitsplatz zuordnen und somit indirekt Personen. Zum anderen können Sie der Arbeitsplatzkapazität direkt Planstellen oder Personen zuordnen. Diese Möglichkeit hat den Vorteil, dass Sie die Summe der Verfügbarkeiten der zugeordneten Personen in Kapazitätsberichten anstelle des Standardangebots als Kapazitätsangebot des Arbeitsplatzes verwenden können.

Als *Projektorganisation* werden Personen, Planstellen oder Organisationseinheiten bezeichnet, die Sie PSP-Elementen als Vorschlagsmenge für eine spätere Arbeitsverteilung zuordnen. Verwenden Sie die Transaktion CMP2 (**Arbeitsverteilung aus Projektsicht**), schlägt Ihnen das System zunächst immer die Personen, Planstellen oder Organisationseinheiten der Projektorganisation für eine Arbeitsverteilung vor. Haben Sie einem PSP-Element keine Projektorganisation zugeordnet, bietet Ihnen das System in der Transaktion CMP2 die Projektorganisation des hierarchisch übergeordneten PSP-Elements für die Arbeitsverteilung an usw. Möchten Sie nur eine Projektorganisation für das gesamte Projekt hinterlegen, reicht also eine Zuordnung auf der obersten Stufe des Projekts aus. Sie können PSP-Elementen Projektorganisationen in der Transaktion CMP2 oder in allen Bearbeitungstransaktionen für Projektstrukturpläne mit Ausnahme der Transaktion CJ12 (**PSP-Element ändern**) zuordnen. Abbildung 3.20 zeigt exemplarisch die Zuordnung einer Projektorganisation zu einem PSP-Element.

Projekt-
organisation

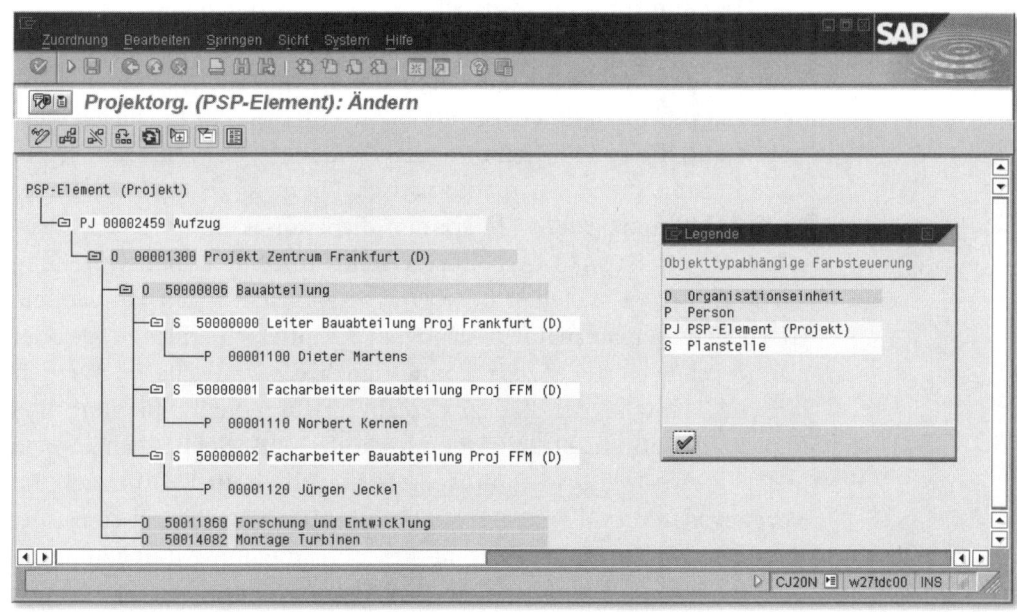

Abbildung 3.20 Beispiel einer Projektorganisation

Bei Bedarf können Sie jedoch auch Personalressourcen für eine Arbeitsverteilung vorsehen, die weder dem Arbeitsplatz noch Ihrer

Projektorganisation zugeordnet sind. Je nachdem, welche Transaktion Sie für eine Arbeitsverteilung verwenden, müssen Sie dies jedoch explizit im Vorgang oder dem Profil für die Arbeitsverteilung erlauben.

Hitlisten — Möchten Sie bei der Arbeitsverteilung auf Personalressourcen die Qualifikationen der Personen berücksichtigen (z.B. Sprachkenntnisse, Ausbildung usw.), können Sie in den Vorgängen ein Anforderungsprofil hinterlegen, das beschreibt, welche Qualifikationen für die Durchführung eines Vorgangs notwendig sind. Haben Sie auch für die einzelnen Personalressourcen deren Qualifikationen definiert (Transaktion PPPM), kann Ihnen das System bei der Arbeitsverteilung eine Hitliste derjenigen Personen erstellen, die aufgrund der Anforderungen des Vorgangs und der Qualifikationen der Personen am besten für die Durchführung geeignet sind.

Durchführung der Arbeitsverteilung auf Personalressourcen

Zur Durchführung einer Arbeitsverteilung auf Personalressourcen stehen Ihnen unterschiedliche Möglichkeiten zur Verfügung. Sie können Personen einem Vorgang auf der Registerkarte **Personenzuordnung** zuordnen und dabei für jeden Split das Datum, die geplante Arbeit und die zur Verfügung stehende Dauer festlegen. Das System verteilt dann die Bedarfe automatisch über die angegebene Dauer (siehe Abbildung 3.21). Sie können die Transaktionen CMP2 (**Projektsicht**) oder CMP3 (**Arbeitsplatzsicht**) für eine Arbeitsverteilung auf Personen, Planstellen oder Organisationseinheiten verwenden. Hierbei können Sie manuell die Arbeit auf unterschiedliche Tage oder z.B. Wochen verteilen. Sie können auch die grafische oder tabellarische Plantafel der Kapazitätsplanung für eine Einplanung von Kapazitätssplits einsetzen (siehe Abschnitt 3.2.3). Schließlich können Sie auch die Open-PS-Schnittstelle (siehe Abschnitt 8.1) nutzen, um Vorgangsdaten und Personaldaten nach Microsoft Project zu exportieren, in Microsoft Project eine Ressourcenplanung durchzuführen und diese wieder zurück in das SAP-System zu importieren. Anders als bei der normalen Arbeitsverteilung wird dabei jedoch für jede Personenzuordnung ein Vorgangselement im Projektsystem erzeugt.

Profil für Arbeitsverteilung auf Personalressourcen — Um die Transaktionen CMP2 und CMP3 nutzen zu können, müssen Sie zunächst im Customizing ein Profil für die Arbeitsverteilung definieren (Transaktion CMPC). Das Profil legt unter anderem fest, ob auch eine Planung auf Ressourcen zulässig ist, die weder dem Arbeitsplatz noch der Projektorganisation angehören, und welche Perioden (z.B. Tage, Wochen oder Monate) für die Planung verwendet werden sollen.[11] Verwenden Sie die Transaktion CMP9 für die Auswertung der Arbeitsverteilung, können Sie mithilfe des Profils Ampelfunktionen definieren (*Exceptions*), die Sie z.B. auf nicht verteilte Arbeit oder Überlastungen von Mitarbeitern hinweisen.

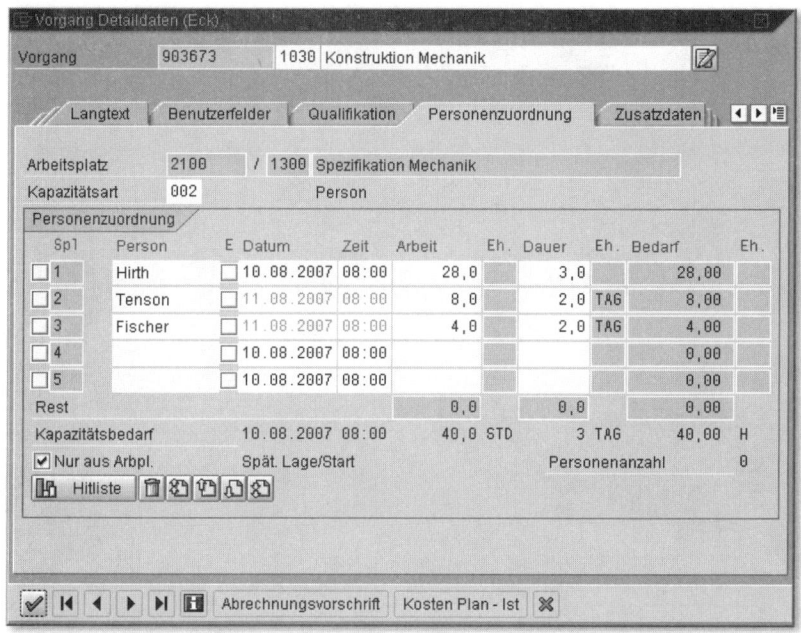

Abbildung 3.21 Detailbild Personenzuordnung eines Eigenbearbeitungsvorgangs

Bei einer Arbeitsverteilung mithilfe der Transaktion CMP2 (**Projektsicht**) selektieren Sie die Vorgänge für die Arbeitsverteilung über die Angabe eines oder mehrerer Projekte, PSP-Elemente oder Netzpläne. Sie erhalten eine Liste der Vorgänge, für die Kapazitätsbedarfe existieren, und können nun eine Zuordnung zu Organisationseinheiten, Planstellen oder natürlich Personalressourcen vornehmen. Existiert

CMP2
(Projektsicht)

---

11 Sie können auch gemischte Periodenraster definieren, um z.B. für den nächsten Zeitraum eine tagesgenaue Planung, jedoch für Vorgänge, die weiter in der Zukunft liegen, lediglich eine wochengenaue Planung vorzunehmen.

eine Projektorganisation, wird Ihnen diese zunächst für eine Zuordnung vorgeschlagen. Sie können jedoch auch auf die Ressourcen des Arbeitsplatzes und – sofern das Profil es erlaubt – auf beliebige andere Personalressourcen zurückgreifen.

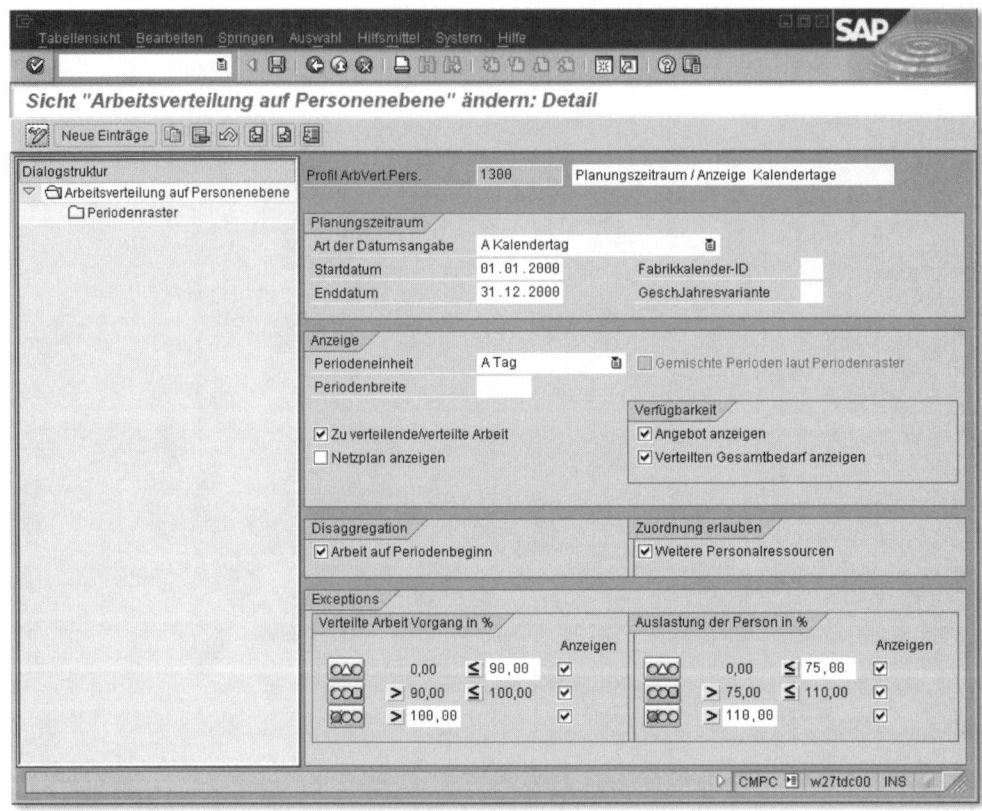

Abbildung 3.22 Beispiel eines Profils für eine Arbeitsverteilung auf Personalressourcen

Die Zuordnung einer Ressource allein ist jedoch für eine Arbeitsverteilung noch nicht ausreichend. Sie müssen zusätzlich eingeben, in welcher Periode die Ressource wie viel der geplanten Arbeit des Vorgangs übernehmen soll. Dabei bietet Ihnen das System zunächst nur denjenigen Zeitraum für eine Verteilung an, in dem auch die Kapazitätsbedarfe des Vorgangs liegen. Bei Bedarf können Sie jedoch auch abweichende Zeiträume für die Arbeitsverteilung verwenden.

Zusätzlich können Sie die Verfügbarkeit (Sollarbeitszeit) oder auch die Gesamtbelastung[12] der Ressourcen in den einzelnen Perioden einblenden. Bei Bedarf können Sie sich auch Details der Vorgänge anzeigen lassen oder die geplante Verteilung der Kapazitätsbedarfe der Vorgänge darstellen. Abbildung 3.23 zeigt ein Beispiel einer Arbeitsverteilung auf Personalressourcen mithilfe der Transaktion CMP2.

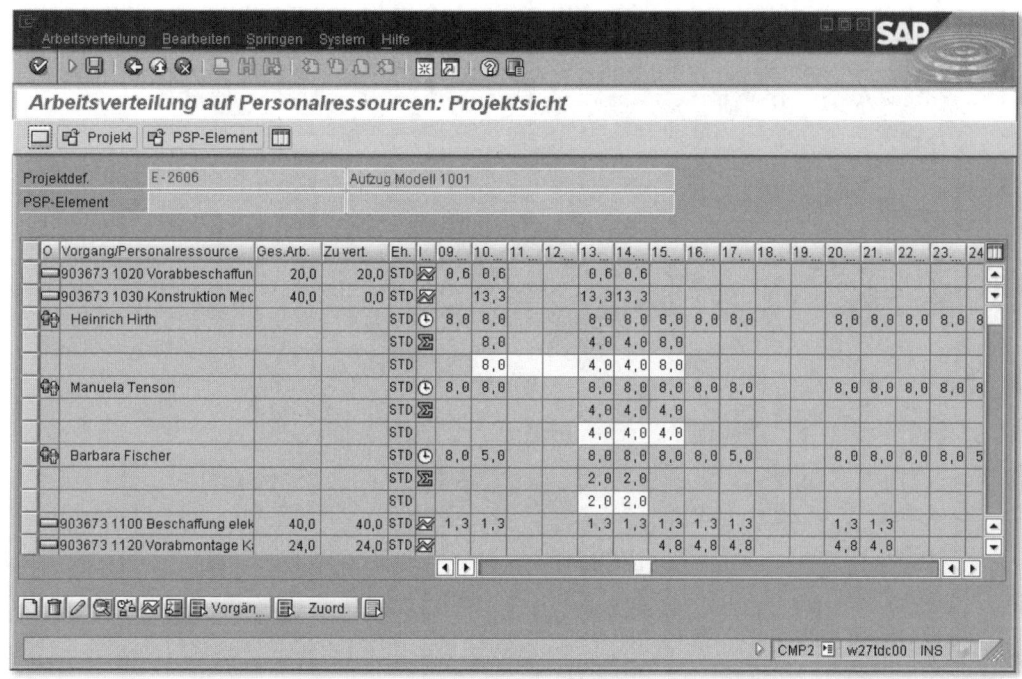

Abbildung 3.23 Beispiel einer Arbeitsverteilung auf Personalressourcen aus Projektsicht

In manchen Unternehmen ist es nicht ein Projektverantwortlicher, der mithilfe der Transaktion CMP2 die Arbeitsverteilung auf Personalressourcen vornimmt, sondern es sind die jeweiligen Arbeitsplatzverantwortlichen. Dazu steht diesen Verantwortlichen die Transaktion CMP3 (**Arbeitsplatzsicht**) für die Verteilung von Arbeit auf die Ressourcen ihres Arbeitsplatzes zur Verfügung (siehe Abbil-

CMP3
(Arbeitsplatzsicht)

---

12 Die Gesamtbelastung zeigt für eine Ressource periodenweise die Summe der Arbeitsverteilung auf Netzplanvorgänge an. Arbeitsverteilungen auf andere Auftragstypen werden dabei nicht berücksichtigt.

dung 3.24). Die Selektion der Ressourcen und der Vorgänge geschieht dabei durch die Angabe eines oder mehrerer Arbeitsplätze.

Beachten Sie, dass bei der Arbeitsverteilung aus Arbeitsplatzsicht alle Vorgänge gelesen werden, die Kapazitätsbedarfe an den selektierten Arbeitsplätzen in dem angegebenen Zeitraum besitzen, und somit die zugehörigen Netzpläne gesperrt werden. Daher empfiehlt es sich, in der Transaktion CMP3 explizit die Netzpläne als Filter zu spezifizieren, für die Sie eine Arbeitsverteilung vornehmen möchten.

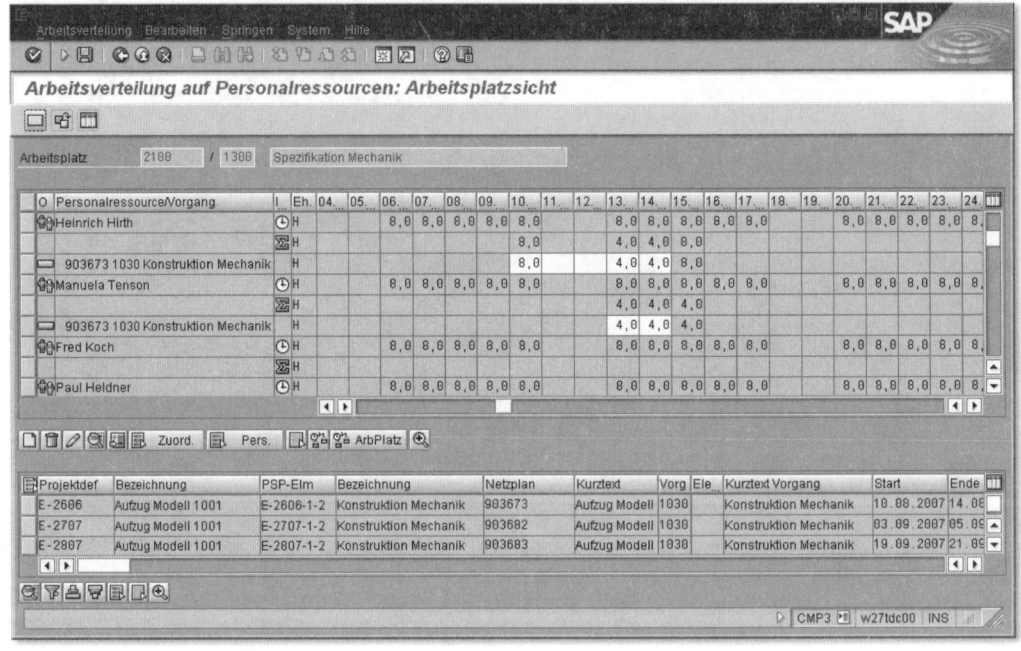

Abbildung 3.24 Beispiel einer Arbeitsverteilung auf Personalressourcen aus Arbeitsplatzsicht

CMP9
(Auswertung)

Nachdem Sie eine Arbeitsverteilung auf Personalressourcen durchgeführt haben, können Sie Einzelkapazitätsberichte oder auch die Transaktion CMP9 für die Auswertung Ihrer Planung verwenden. In der Transaktion CMP9 können Sie Angaben zu Projekten, Arbeitsplätzen oder Personalressourcen zur Selektion von Arbeitsverteilungen verwenden. Mithilfe der im Profil definierten Exceptions können Sie in der Auswertung überlastete Ressourcen oder Vorgänge mit noch nicht vollständig verteilter Arbeit hervorheben (siehe Abbildung 3.25).

Kommt es im Anschluss an eine Arbeitsverteilung zu einer Terminverschiebung der Vorgänge, entscheidet das Kennzeichen **Umterminierung** in den Terminierungsparametern zur Netzplanart (siehe Abschnitt 3.1.2) darüber, ob die Arbeitsverteilung zeitlich mit verschoben werden soll oder z.B. verteilte Arbeit außerhalb der neuen Vorgangstermine gelöscht werden soll.

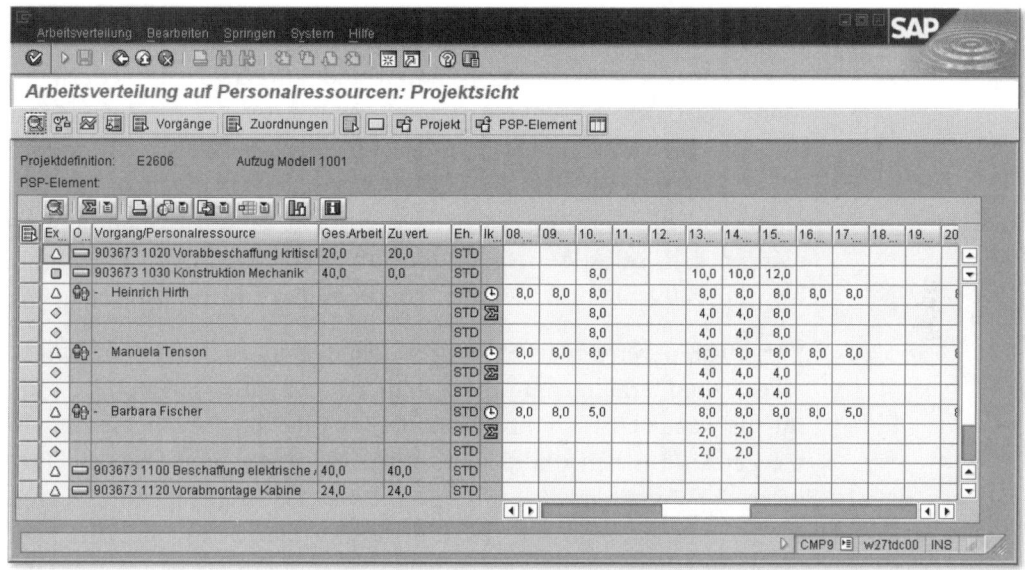

Abbildung 3.25 Beispiel einer Auswertung der Arbeitsverteilung auf Personalressourcen

3.2.3 Kapazitätsabgleich

Wenn Sie im Rahmen Ihrer Kapazitätsplanung feststellen, dass benötigte Ressourcen überlastet sind, werden Sie Ihre Planung anpassen müssen. Sie werden einen *Kapazitätsabgleich* durchführen. Dies kann z.B. eine Anpassung der Terminplanung sein, also die zeitliche Verschiebung von Vorgängen oder eine Erhöhung der Dauer. Ein Kapazitätsabgleich kann auch aus dem Erstellen neuer Vorgänge/Vorgangselemente mit zusätzlichen Arbeitsplätzen bzw. Ressourcen bestehen. Gegebenenfalls können Sie auch den Steuerschlüssel eines Eigenbearbeitungsvorgangs und somit den Vorgangstyp ändern, um die geplante Arbeit nun fremdzubeschaffen (siehe Abschnitte 3.2.4 und 3.2.5).

Umterminierung

Kapazitätsplantafel

Im engeren Sinne versteht man unter dem Begriff *Kapazitätsabgleich* jedoch die Verwendung von grafischen oder tabellarischen *Kapazitätsplantafeln*, speziellen Werkzeugen der Kapazitätsplanung zur festen zeitlichen Einplanung von Bedarfen an Kapazitäten. Diese Werkzeuge werden jedoch hauptsächlich in der Fertigung für eine Planung von z.B. Engpassarbeitsplätzen eingesetzt und finden in Unternehmen für eine Projektplanung eher selten Verwendung.

Bei einem Kapazitätsabgleich mithilfe einer Kapazitätsplantafel selektieren Sie zunächst Kapazitäten und Vorgänge, die Bedarfe an diesen Kapazitäten haben. Anschließend können Sie die Bedarfe fest für eine Durchführung durch die geplante oder auch eine andere Kapazität einplanen. Die Einplanung kann dabei manuell geschehen, wobei Sie die Termine, zu denen eine Einplanung vorgenommen werden soll, selbst festlegen, oder auch automatisch durchgeführt werden, z.B. zur frühesten oder spätesten Lage eines Vorgangs.

Status »Eingeplant«

Vorgänge, deren Bedarf Sie mithilfe einer Kapazitätsplantafel eingeplant haben, erhalten automatisch den Status **EIGP (Eingeplant)**. Alle für die Kapazitätsplanung relevanten Felder der Vorgänge, wie z.B. die geplante Arbeit und Dauer, der Arbeitsplatz oder auch die Termine der Vorgänge, sind aufgrund dieses Status gegen Änderungen gesperrt. Erst wenn Sie die Einplanung eines Vorgangs in einer Kapazitätsplantafel wieder zurücknehmen, können Sie den Vorgang wieder zeitlich verschieben oder andere kapazitätsrelevante Daten ändern.[13]

Sie können Kapazitätsplantafeln sowohl für einen Kapazitätsabgleich von Arbeitsplatzkapazitäten als auch für die Einplanung von Einzelkapazitäten der Arbeitsplätze, z.B. also auch Personalressourcen, nutzen.

Grafische Plantafeln

Grafische Plantafeln (siehe Abbildung 3.26) basieren auf Gantt-Chart-Darstellungen. Im grafischen Bereich werden zum einen Kapazitätsbedarfe und deren zeitliche Lage, zum anderen bereits eingeplante Bedarfe an Kapazitäten auf einer Zeitachse grafisch in Form von einzelnen Balken dargestellt. Im tabellarischen Bereich werden Informationen zu den Kapazitäten und den Bedarfsverursachern

---

13 Haben Sie bei der Einplanung Vorgangsdaten, wie z.B. den Arbeitsplatz oder die Termine, geändert, gehen die ursprünglichen Vorgangsdaten verloren.

angezeigt. Manuelle Einplanungen von Bedarfen auf Kapazitäten können Sie mittels Drag & Drop durchführen. Würde eine Kapazität aufgrund einer Einplanung überlastet,[14] informieren Sie Fehlermeldungen in einem Planungsprotokoll darüber, dass die Einplanung nicht durchgeführt werden kann.

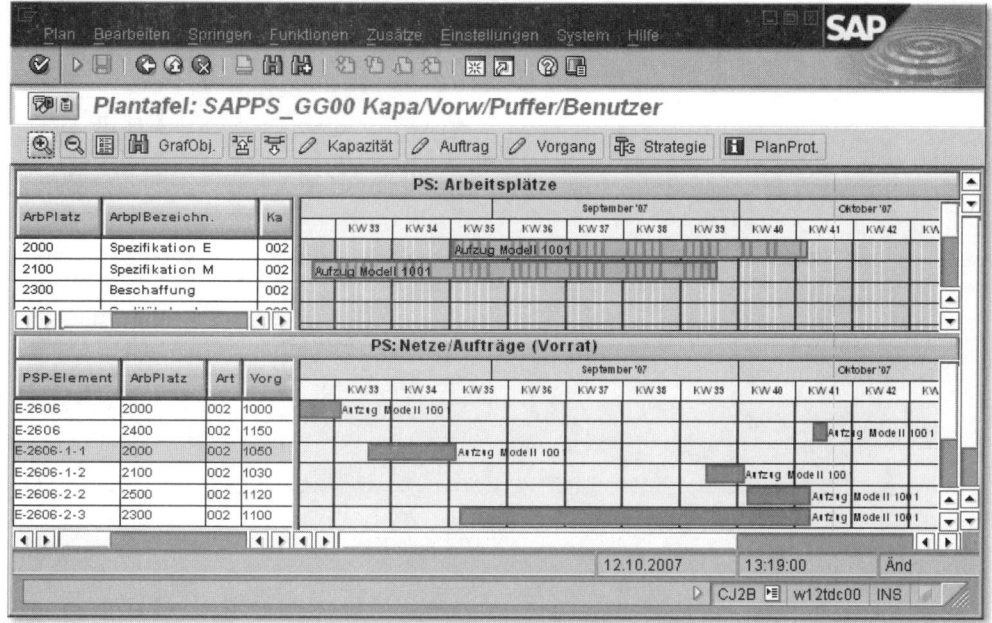

Abbildung 3.26 Grafische Kapazitätsplantafel

Bei tabellarischen Plantafeln werden Kapazitätsdaten und die Bedarfe von Vorgängen sowie weitere Daten der Bedarfsverursacher tabellarisch dargestellt (siehe Abbildung 3.27). Im Gegensatz zu grafischen Plantafeln kann das noch freie Angebot der Kapazitäten in den einzelnen Perioden angezeigt werden. So können Sie bereits vor der Einplanung erkennen, ob es zu einer Überlastung der Kapazität kommt oder nicht.

Tabellarische Plantafeln

---

14 Bei der Definition von Kapazitätsangeboten können Sie explizit einen Prozentsatz angeben, um den eine Kapazität durch Einplanungen überlastet werden darf.

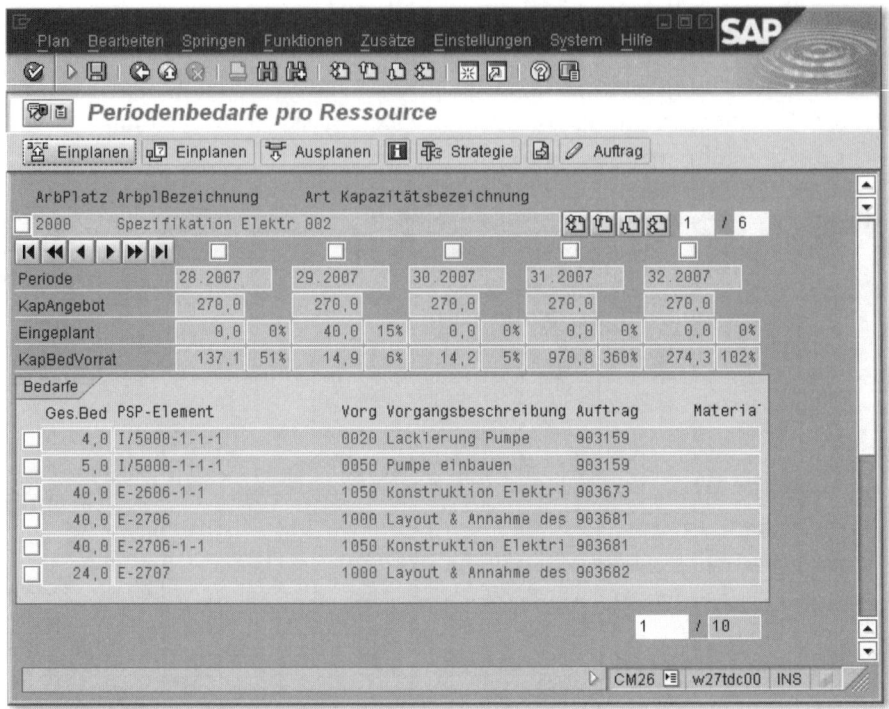

Abbildung 3.27 Tabellarische Kapazitätsplantafel

3.2.4 Fremdbearbeitung

Oft können nicht alle Leistungen, die für die Durchführung eines Projekts notwendig sind, allein von Ressourcen des eigenen Unternehmens erbracht werden. Mithilfe von Fremdbearbeitungsvorgängen (bzw. Fremdbearbeitungselementen, siehe Abschnitt 2.3.1) können Sie daher Leistungen planen, beschaffen und überwachen, die von Lieferanten erbracht werden sollen.

Für eine manuelle Spezifikation von Fremdleistungen können Sie beschreibende Langtexte, Dokumente oder PS-Texte im SAPscript-Format verwenden und eine Planmenge und Mengeneinheit in einem Vorgang eingeben. Für eine Kostenplanung der Fremdbeschaffung können Sie zusätzlich z.B. einen Preis pro Mengeneinheit, die entsprechende Währung und eine Kostenart angeben (siehe Abschnitt 3.4.5). Um den Zeitraum für die spätere Beschaffung der Leistung bei der Terminierung zu berücksichtigen, können Sie eine

Planlieferzeit oder Dauer (siehe Abschnitt 3.1.2) im Vorgang hinterlegen. Bei Bedarf können Sie auch einen Wunschlieferanten angeben.

Damit später automatisch Bestellanforderungen aus den Vorgangsdaten erzeugt werden können, müssen Sie auch eine Einkaufsorganisation, eine Einkäufergruppe und die Warengruppe der Fremdleistung im Vorgang hinterlegen. Diese organisatorischen Daten sowie die Kostenart, Währung und Mengeneinheit können Sie bereits im Netzplanprofil (Transaktion OPUU) als Vorschlagswerte eintragen (siehe Abschnitt 2.3.2).

Anstatt, wie gerade beschrieben, manuell Spezifikationen der Fremdleistung, einen Preis, eine Planlieferzeit, die Warengruppe etc. im Vorgang einzutragen, können Sie auch Bezug auf *Einkaufsinfosätze* oder *Rahmenverträge* aus dem Einkauf nehmen. Wenn Sie einen Infosatz für Fremdbearbeitung oder einen Rahmenvertrag in einem Fremdbearbeitungsvorgang hinterlegen, übernimmt der Vorgang automatisch alle notwendigen Einkaufsdaten aus diesen Informationsquellen des Einkaufs. Die übernommenen Daten – mit Ausnahme der Menge – können im Vorgang nicht mehr manuell geändert werden.

Einkaufsinfosätze, Rahmenverträge

Aus den Vorgangsdaten kann das System automatisch eine Bestellanforderung erzeugen. Dies kann in Abhängigkeit von der Einstellung des Feldes **Res./BAnf** noch vor der Freigabe des Vorgangs (**sofort**), automatisch durch das Setzen des Status **Freigegeben** (**ab Freigabe**) oder zu einem späteren Zeitpunkt geschehen. Für die letzte Möglichkeit setzen Sie das Kennzeichen zunächst auf den Wert **Nie** und ändern die Einstellung später auf **Sofort**. Der Wert des Feldes **Res./BAnf** kann über das Netzplanprofil vorbelegt werden.

Automatisches Erstellen von Bestellanforderungen

Die Bestellanforderung wird automatisch mit allen für den Einkauf relevanten Daten des Vorgangs gefüllt. Den spätesten Endtermin des Vorgangs übernimmt das System als Lieferdatum in die Bestellanforderung. Bei Bedarf können Sie mithilfe einer Kundenerweiterung das Erstellen einer Bestellanforderung aus den Vorgangsdaten beeinflussen. Kommt es im Vorgang zu Änderungen von relevanten Daten, wird automatisch die Bestellanforderung angepasst. In der Bestellanforderung ist eine manuelle Änderung der aus dem Vorgang übernommenen Menge, Waren- und Einkäufergruppe und des Lieferdatums nicht möglich.

Anzeige von
Bestellanfor-
derungen

Sie können aus einem Fremdbearbeitungsvorgang jederzeit in die Anzeige der erzeugten Bestellanforderung abspringen. Zusätzlich steht Ihnen im Projektsystem z.B. der Bericht **Bestellanforderungen zum Projekt** zur Verfügung, um tabellarisch Bestellanforderungen eines oder auch mehrerer Projekte gleichzeitig zu analysieren (siehe Abbildung 3.28).[15] Auch mithilfe des ProMan (siehe Abschnitt 5.5.3) können Sie z.B. Mengen- oder Termininformationen von Bestellanforderungen auswerten und mithilfe von Ampelfunktionen Abweichungen von Ihrer Planung hervorheben.

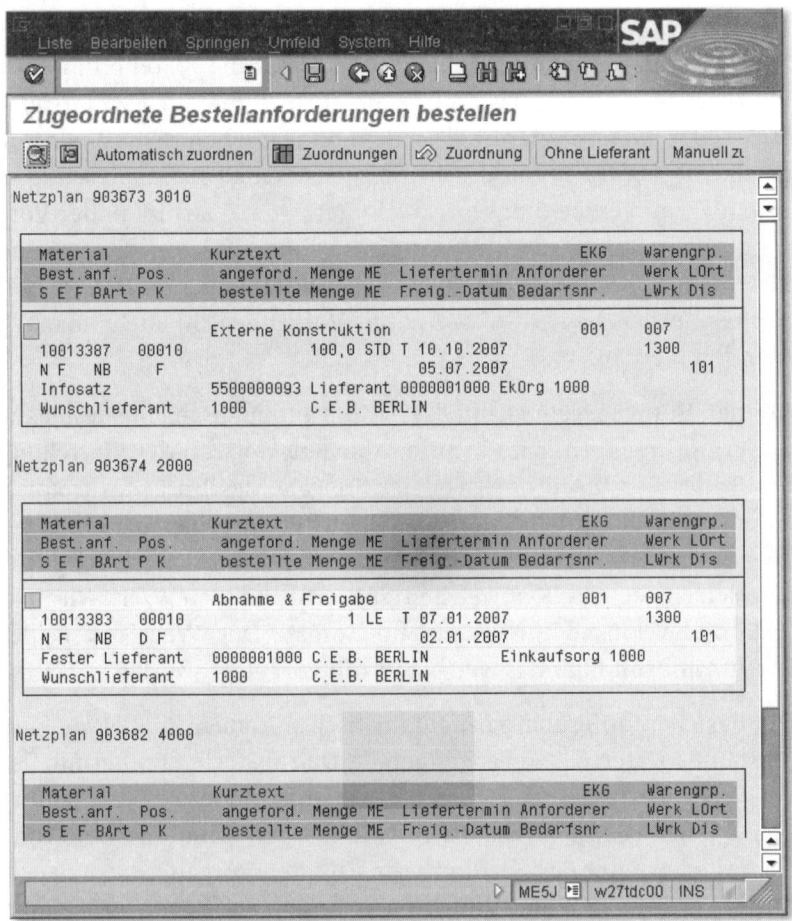

Abbildung 3.28 Tabellarische Darstellung von Bestellanforderungen zu einem Projekt

---

15 Aus dem Bericht Bestellanforderungen zum Projekt können Sie bei Bedarf auch eine Lieferantenzuordnung vornehmen oder Bestellungen erzeugen. Diese Tätigkeiten werden in der Regel jedoch im Einkauf durchgeführt.

Die automatisch erstellten Bestellanforderungen sind direkt auch im Einkauf sichtbar und können dort von einem verantwortlichen Einkäufer weiterbearbeitet werden. Sofern Sie im Vorgang nicht Bezug auf einen Einkaufsinfosatz oder einen Rahmenvertrag genommen haben, nimmt der Einkäufer auch eine Lieferantenauswahl vor. Dies kann im Einkauf z.B. mithilfe eines Ausschreibungsverfahrens oder auch einer automatischen Bezugsquellenfindung geschehen.

Lieferanten-auswahl

Wurde ein Lieferant ausgewählt und der Bestellanforderung zugeordnet, können die Daten der Bestellanforderung in eine Bestellung übernommen werden. Die Bestellung ermächtigt den Lieferanten, die bestellten Leistungen für Ihr Projekt zu erbringen. Erbrachte Fremdleistungen können später durch Waren- bzw. Rechnungseingänge dokumentiert werden. Alle Einkaufsbelege sind dabei auf dem Vorgang kontiert, so dass nicht nur die Plankosten, sondern auch die Verpflichtungen aufgrund der Bestellanforderung und Bestellung (*Obligos*) sowie die entstandenen Istkosten der Fremdleistungen auf dem Vorgang bzw. Netzplan analysiert werden können. Der Einkaufsprozess und die entsprechenden Werteflüsse werden in Kapitel 5, *Prozesse der Projektdurchführung*, näher erläutert.

Obligos

Im Customizing des Projektsystems (Transaktion OPTT, siehe Abbildung 3.29) definieren Sie für Netzpläne die *Belegart*, mit der Bestellanforderungen erstellt werden sollen, und in dem Feld **KontTyp allgemein** den *Kontierungstypen*, der die Wertführung der Bestellanforderung und aller nachfolgenden Einkaufsbelege steuert. Diese Einstellungen werden für alle Netzpläne einheitlich, unabhängig von Werk oder Netzplanart, vorgenommen.

Belegart und Kontierungstyp

In den **Parametern zur Netzplanart** (Transaktion OPUV) können Sie werks- und netzplanartabhängig festlegen, ob für jeden Fremdbearbeitungsvorgang (und jeden Dienstleistungsvorgang und jedes Kaufteil (siehe Abschnitt 3.3.1)) eine eigene Bestellanforderung erstellt werden soll oder ob nur eine Bestellanforderung pro Netzplan erzeugt wird mit jeweils einer Position für jede Fremdbeschaffung (Sammelbestellanforderung).

Haben Sie ein externes Einkaufssystem im Einsatz, können Sie für Kombinationen aus Einkäufer- und Warengruppe steuern, dass Bestellanforderungen direkt an das externe Einkaufssystem übertragen werden und dort die weiteren Einkaufsprozesse abgewickelt werden. Bei Bedarf können Sie mithilfe einer Kundenerweiterung

Externe Einkaufssysteme

zusätzlich Kriterien für die Auswahl der zu übertragenden Bestellanforderungen festlegen.

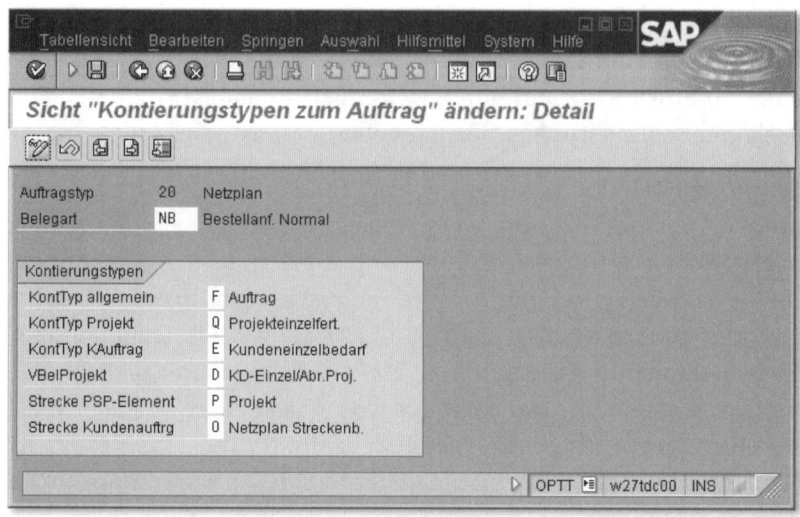

Abbildung 3.29 Festlegung der Kontierungstypen für Netzpläne

3.2.5 Dienstleistung

Wenn der Einkauf Ihres Unternehmens auch die Beschaffung von Dienstleistungen mithilfe von Leistungsverzeichnissen, Leistungserfassungen und Leistungsabnahmen unterstützt, stehen Ihnen im Projektsystem Dienstleistungsvorgänge und -vorgangselemente für die Planung und Beschaffung solcher Dienstleistungen zur Verfügung. Ähnlich wie bei Fremdbearbeitungsvorgängen planen Sie mithilfe von Dienstleistungsvorgängen – ggf. durch Angabe von Einkaufsinfosätzen oder Rahmenverträgen – Leistungen, die von externen Lieferanten erbracht werden sollen. Auch für Dienstleistungsvorgänge können dann Bestellanforderungen aus den Vorgangsdaten erstellt und somit automatisch Einkaufsprozesse angestoßen werden.

Leistungs-verzeichnis
Im Gegensatz zu einem Fremdbearbeitungsvorgang, über den Sie lediglich eine einzelne Fremdleistung planen und beschaffen, können Sie mithilfe eines Dienstleistungsvorgangs gleich mehrere Leistungen eines Lieferanten planen sowie zusätzliche Angaben zu noch nicht näher spezifizierbaren Dienstleistungen machen. Beim Anlegen eines Dienstleistungsvorgangs fordert das System Sie zu diesem

Zweck auf, ein so genanntes *Leistungsverzeichnis* zu erstellen (siehe Abbildung 3.30).

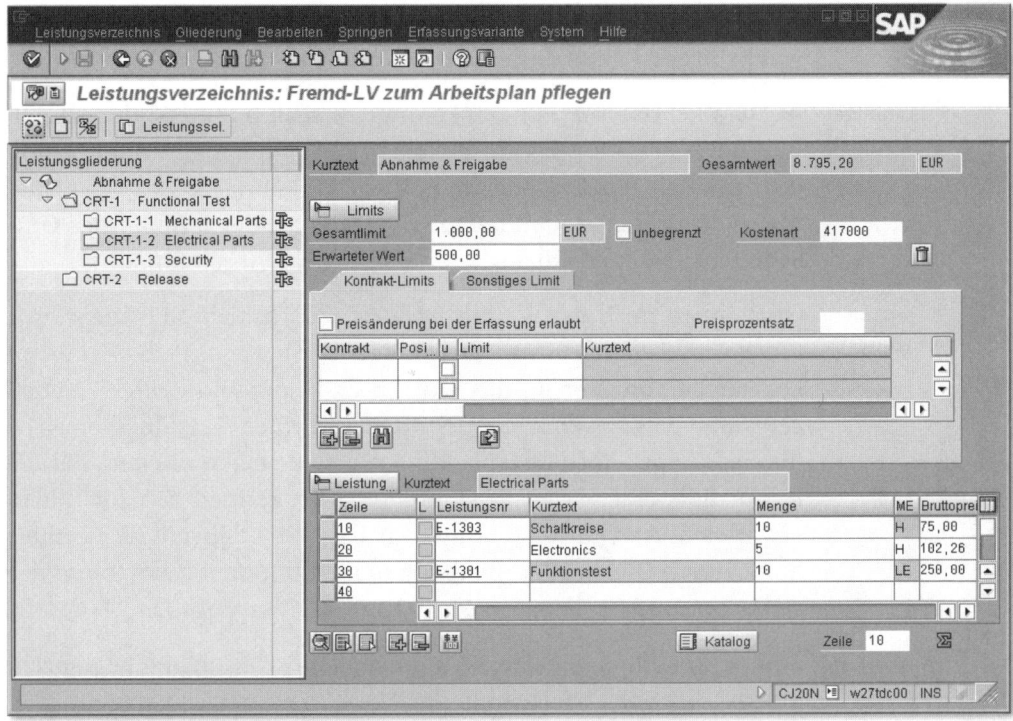

Abbildung 3.30 Beispiel eines Leistungsverzeichnisses

In einem Leistungsverzeichnis können Sie – bei Bedarf auch hierarchisch strukturiert – eine Liste geplanter Dienstleistungen erstellen. Dabei können Sie auf *Leistungsstammsätze* des Einkaufs zurückgreifen, in denen bereits verschiedene Daten zu einer Dienstleistung hinterlegt werden können. Über die Konditionstechnik des Einkaufs können dann automatisch Preise für Leistungsstammsätze ermittelt und für die Kalkulation des Vorgangs übernommen werden. Sie können auch Leistungen aus anderen Leistungsverzeichnissen, z.B. aus existierenden Einkaufsbelegen oder aus anderen Netzplänen oder Aufträgen, selektieren und in ein Leistungsverzeichnis kopieren.

Im Einkauf können auch so genannte *Musterleistungsverzeichnisse* definiert werden, die Ihnen dann als Kopiervorlage zum Erstellen eines Leistungsverzeichnisses im Netzplanvorgang dienen können. In machen Branchen ist es üblich, Dienstleistungen mithilfe von

Muster- und Standardleistungsverzeichnisse

standardisierten Textbausteinen zu spezifizieren. Dies kann im Einkauf mithilfe von *Standardleistungsverzeichnissen* abgebildet werden. Wenn Sie in einem Leistungsverzeichnis Bezug auf ein Standardleistungsverzeichnis nehmen, können Sie anschließend durch die Auswahl einzelner Textbausteine Dienstleistungen planen.

Kataloge

Ab dem Release SAP ECC 5.0 können Sie auch Intranet- oder externe Internetkataloge aus Leistungsverzeichnissen heraus aufrufen, um in diesen Katalogen Dienstleistungen zu selektieren und in das Leistungsverzeichnis zu übernehmen. Dies geschieht mithilfe der OCI-Schnittstelle (Open Catalogue Interface, siehe Abschnitt 3.3.1).

Ungeplante Leistungen

Oft können im Vorfeld eines Projekts jedoch nicht alle Dienstleistungen im Detail geplant werden, da z. B. die tatsächlich benötigten Leistungen vom Verlauf des Projekts abhängig sein können. Neben geplanten Leistungen können Sie daher in einem Leistungsverzeichnis auch Angaben zu ungeplanten Dienstleistungen machen. Für die Kalkulation eines Dienstleistungsvorgangs können Sie z. B. einen erwarteten Wert für ungeplante Leistungen im Leistungsverzeichnis hinterlegen. Dieser Wert fließt zusammen mit dem Gesamtwert der geplanten Leistungen in die Plankosten des Vorgangs ein.

Wertelimit

Zusätzlich können Sie den Wert ungeplanter Leistungen begrenzen, indem Sie ein Wertelimit im Leistungsverzeichnis eintragen. Erbringt der Lieferant später Leistungen, die Sie nicht explizit im Leistungsverzeichnis spezifiziert haben, wird der Wert dieser ungeplanten Leistung gegen das Wertlimit verprobt. Ist der Wert der ungeplanten Leistungen größer als das von Ihnen angegebene Limit, kann die Erfassung der Leistungen nicht gesichert werden.

Dienstleistungs-abwicklung

Ein weiterer Unterschied zwischen Fremdbearbeitungsvorgängen und Dienstleistungsvorgängen besteht auch in der weiteren Einkaufsabwicklung. Zunächst wird auch für eine Bestellanforderung eines Dienstleistungsvorgangs im Einkauf eine Lieferantenauswahl und die Umsetzung in eine Bestellung durchgeführt. Während für Fremdbearbeitungsvorgänge in Abhängigkeit vom Kontierungstyp jedoch ein Wareneingang für die Erfassung von Leistungen gebucht werden kann, finden für Dienstleistungsvorgänge immer eine Leistungserfassung und eine Leistungsabnahme statt. Weitere Details der Einkaufsabwicklung für Dienstleistungsvorgänge werden in Abschnitt 5.4.2 erörtert.

Bestellanforderungen aufgrund von Dienstleistungsvorgängen verwenden dieselbe Belegart und denselben Kontierungstyp wie Fremdbearbeitungsvorgänge (Transaktion OPTT). In Abhängigkeit von Waren- und Einkäufergruppe der Bestellanforderung kann ebenfalls eine Übertragung an ein externes Einkaufssystem durchgeführt werden. Im Netzplanprofil (Transaktion OPUU) können Sie für Dienstleistungsvorgänge Vorschlagswerte für die Kostenart der geplanten Leistungen, für die Waren- und Einkäufergruppe sowie für die Mengeneinheit im Vorgang hinterlegen.

Zusammenfassung

Mithilfe von Netzplänen können Sie interne und externe Ressourcen für die Durchführung Ihrer Projekte planen. Die Planung interner Ressourcen (Kapazitätsplanung) geschieht auf der Ebene von Arbeitsplätzen. Bei Bedarf kann die Planung jedoch weiter detailliert werden bis hin zu einer Arbeitsverteilung auf Personalressourcen. Mithilfe von Fremdbearbeitungs- und Dienstleistungsvorgängen bzw. -vorgangselementen können Sie den Einsatz externer Ressourcen planen und deren Beschaffung über den Einkauf anstoßen.

3.3 Materialplanung

Bei vielen Projekten wird für die Durchführung Material benötigt. Im Rahmen Ihrer Projektplanung mit dem Projektsystem können Sie bereits benötigtes Material, dessen Beschaffung, Verbrauch und Lieferung planen. In dem Beispiel des Aufzugprojekts müssen z.B. unterschiedliche Baugruppen, wie Motor-, Kabinen- oder Schachtteile, für eine Endmontage des Aufzugs zur Verfügung gestellt werden. Ist das Material nicht am Lager vorrätig, müssen Einkaufsprozesse oder die Eigenfertigung des Materials angestoßen werden. Gegebenenfalls muss eine Lieferung des benötigten Materials zur Baustelle bzw. zum Kunden durchgeführt werden.

Mithilfe von PSP-Elementen können Sie Kosten für die Beschaffung von Material planen sowie diverse Belege wie Materialreservierungen, Bestellanforderungen, Bestellungen, Warenein- und -ausgänge auf PSP-Elemente kontieren. Eine integrierte Materialplanung, bei der automatisch Daten zwischen einem Projekt und dem Einkauf oder der Produktion ausgetauscht werden, steht Ihnen jedoch nur zur Verfügung, wenn Sie Netzpläne einsetzen. In diesem Fall sind eine manuelle Kostenplanung und die manuelle Kontierung von Belegen auf PSP-Elementen nicht mehr notwendig.

3.3.1 Zuordnung von Materialkomponenten

Material-komponenten Um Material mithilfe von Netzplänen zu planen, müssen Sie den Vorgängen der Netzpläne so genannte *Materialkomponenten* zuordnen. Materialkomponenten sind Zusammenfassungen bestimmter Informationen, wie die Spezifikation des Materials (z. B. über die Angabe einer Materialnummer), die benötigte Menge und die Mengeneinheit, der Bedarfstermin, der Preis pro Mengeneinheit oder bei Kaufteilen auch die Waren- und Einkäufergruppe usw. (siehe Abbildung 3.31). Der Bedarfstermin einer Materialkomponente kann entweder manuell als Fixtermin eingegeben werden oder aus den Terminen des Vorgangs abgeleitet werden, dem die Komponente zugeordnet ist (siehe Abschnitt 3.1.2).

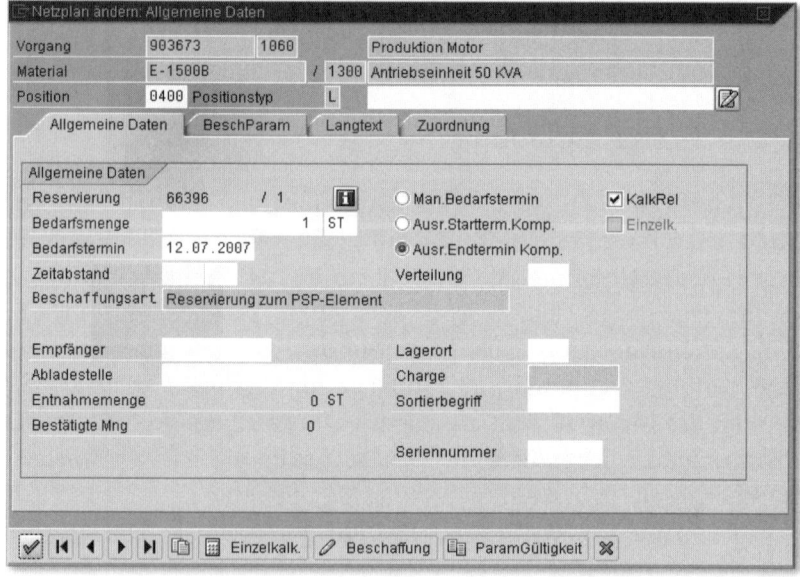

Abbildung 3.31 Beispiel für das Detailbild einer Materialkomponente

Positionstypen Insbesondere beinhaltet eine Materialkomponente einen *Positionstyp*, der die Art der Beschaffung sowie die Bestandsführung des Materials entscheidend mitbestimmt. Im Projektsystem werden hauptsächlich die beiden Positionstyp **N** (*Nichtlagerposition*) und **L** (*Lagerposition*) verwendet.

Mithilfe des Positionstyps **N** planen Sie die Direktbeschaffung eines Materials über den Einkauf. Analog zur Fremdbeschaffung von Leistungen über einen Fremdbearbeitungsvorgang (siehe Abschnitt 3.2.4) erzeugt das System auch für eine Nichtlagerposition in Abhängigkeit vom Kennzeichen **Res./BAnf** automatisch eine Bestellanforderung anhand der Komponentendaten und stößt somit eine Einkaufsabwicklung an. Wenn Sie in der Materialkomponente eine Materialnummer zur Spezifikation des Materials angeben, können ggf. weitere, für die Erstellung der Bestellanforderung benötigte Einkaufsdaten aus den Stammdaten des Materials übernommen werden.

Nichtlagerposition

> Sie können eine Nichtlagerposition auch planen und beschaffen, ohne dass ein Materialstammsatz für dieses Material existiert.

[«]

Wird eine Nichtlagerposition im Rahmen der Realisierungsphase eines Projekts vom Lieferanten geliefert, wird dies typischerweise durch einen *Wareneingang* dokumentiert.[16] Beim Wareneingang wird eine Nichtlagerposition jedoch nicht in einen Lagerort eingebucht, also kein Bestand aufgebaut, sondern es findet direkt eine Verbrauchsbuchung durch den Netzplanvorgang statt.

> Eine Bestandsführung für Nichtlagerpositionen ist nicht möglich. Materialkomponenten mit dem Positionstyp **N** können also weder im Werksbestand noch in einem Einzelbestand geführt werden.

[!]

Sämtliche Belege, also die Bestellanforderung, die Bestellung, der Waren- und Rechnungseingang einer Nichtlagerposition, sind auf dem Vorgang kontiert. Bei einem vorgangskontierten Netzplan können Sie so die Plan-, Obligo- und Istkosten für die Beschaffung und den Verbrauch des Materials auf Vorgangsebene analysieren (siehe Abschnitt 5.5.1).

---

16 Manche Unternehmen verwenden für Direktbeschaffungen von Material oder Fremdleistungen einen Kontierungstyp, der keinen Wareneingang, sondern nur einen Rechnungseingang vorsieht. Die Buchung der Istkosten kann in diesem Fall jedoch erst dann stattfinden, wenn die Rechnung des Lieferanten vorliegt. Dies kann unter Umständen jedoch sehr viel später geschehen als die Lieferung und der Verbrauch des Materials bzw. der Fremdleistung.

Lagerposition   Anders als bei Nichtlagerpositionen ist für Lagerpositionen (Positionstyp **L**) eine Bestandsführung vorgesehen. Ferner findet die Beschaffung von Lagerpositionen nicht direkt über den Einkauf, sondern über die Materialdisposition eines Unternehmens statt.

[»]   Wenn Sie eine Materialkomponente mit dem Positionstyp **L** einem Vorgang zuordnen, müssen Sie immer auch eine Materialnummer angeben, damit das System aus dem Materialstammsatz die für die Disposition benötigten Steuerungsdaten ableiten kann. Lagerpositionen können im Werksbestand oder in Einzelbeständen geführt werden.

Die einfachste Beschaffungsart für eine Lagerposition ist das Erstellen einer Reservierung. Dies kann in Abhängigkeit von der Einstellung des Feldes **Res./Banf** entweder **sofort**, **ab Freigabe** oder auch **nie**, d.h. nie automatisch, sondern nur manuell nach der Freigabe, geschehen. Die Reservierung ist unter einer eindeutigen Reservierungsnummer[17] in der Disposition als Anforderung sichtbar, das Material mit der geplanten Menge zu dem geplanten Bedarfstermin zur Verfügung zu stellen.

Aufgabe des verantwortlichen Disponenten ist es dann – sofern das Material zum Bedarfstermin nicht am Lager vorrätig ist – die Beschaffung des Materials anzustoßen. Für Kaufteile kann die Beschaffung über den Einkauf abgewickelt werden, für eigengefertigtes Material über die Produktion des eigenen Unternehmens. Nach der Beschaffung des Materials kann es in einen Bestand eingebucht werden. Im letzten Schritt kann schließlich ein *Warenausgang* mit Bezug zu der ursprünglichen Reservierung gebucht werden. Der Warenausgang dokumentiert, dass das Material aus dem Lager entnommen und durch den Netzplanvorgang verbraucht wurde.

Bereits in der Planungsphase Ihres Projekts können Sie mithilfe der Verfügbarkeitsprüfung für Lagerpositionen überprüfen, ob das Material zum Bedarfstermin zur Verfügung gestellt werden kann oder nicht (siehe Abschnitt 3.3.3).

---

17 Das System vergibt pro Netzplan eine Reservierungsnummer. Die Reservierungen der einzelnen Materialkomponenten eines Netzplans werden durch eine bis zu vierstellige Positionsnummer innerhalb der Reservierungsnummer des Netzplans unterschieden. Pro Netzplan können daher nur 9999 Materialkomponenten geplant werden.

Lagerpositionen, die Sie mit einer negativen Bedarfsmenge einem Vorgang zuordnen, werden als *Montagebaugruppen* bezeichnet. Während eine positive Menge einen Bedarf an Material repräsentiert, dokumentiert die negative Menge einer Montagebaugruppe umgekehrt, dass Material durch den Netzplan zur Verfügung gestellt wird. Aus Sicht der Disposition stellen Montagebaugruppen geplante Zugänge zu einem Bestand dar. Sie können Montagebaugruppen einsetzen, wenn Sie für die Produktion einzelner Materialien Netzpläne anstelle von Fertigungsaufträgen verwenden, dabei ggf. mehrstufige Fertigungsprozesse notwendig sind und Sie die entsprechenden Materialbewegungen in der Disposition möglichst transparent gestalten möchten.

Montage-baugruppen

Andere Positionstypen, die Sie im Projektsystem neben den beiden Positionstypen **N** und **L** einsetzen können, sind **T** (Textposition) oder **R** (Rohmaßposition). Materialkomponenten zum Positionstyp **T** dienen rein informativen Zwecken und finden z.B. Verwendung nach einer Stücklistenauflösung. Materialkomponenten mit dem Positionstyp **R** bieten ähnliche Beschaffungs- und Bestandsführungsmöglichkeiten wie Lagerpositionen. Die Bedarfsmenge von Rohmaßpositionen, die so genannte Rohmaßmenge, wird aus Rohmaßen, wie z.B. der Länge, Breite und Höhe eines Materials, abgeleitet. Anstatt also manuell direkt eine einzelne Bedarfsmenge anzugeben, müssen Sie Rohmaße für Materialkomponenten zum Positionstyp **R** spezifizieren.

Andere Positionstypen

Prinzipiell stehen im SAP-System unterschiedliche Möglichkeiten für die Bestandsführung von Material zur Verfügung. Eine Möglichkeit ist die Verwendung des *Sammelbestands*, einem anonymen Werksbestand. Alle Projekte und Aufträge mit einem Bedarf an einem sammelbestandsgeführten Material können dieses Material aus dem Werksbestand entnehmen. Eine vorherige Zuordnung der Bestände und Bestandskosten zu den Verbrauchern ist für einen Sammelbestand nicht möglich.

Sammel- und Einzelbestände

Eine andere Möglichkeit der Bestandsführung von Material ist der Einsatz von *Einzelbeständen*. In diesem Fall führen Sie Materialbestände explizit mit Bezug zu einer Kundenauftragsposition (*Kundenauftragsbestand*) oder einem PSP-Element (*Projektbestand*). Material, das in einem Einzelbestand geführt wird, kann ohne eine vorherige Umbuchung nur für die entsprechende Kundenauftragsposition bzw. das PSP-Element oder ihnen zugeordnete Objekte entnommen werden. Je nach Systemeinstellungen kann der Wert eines in einem Einzelbestand vorrätigen Materials als Bestandskosten auf dem bestandsführenden Objekt ausgewiesen werden (siehe Abschnitt 3.3.2).

Beschaffungsarten für Nichtlagerpositionen

Nachdem Sie eine Materialkomponente einem Vorgang zugeordnet haben, müssen Sie die *Beschaffungsart* spezifizieren. Für Lager- und Nichtlagerpositionen stehen unterschiedliche Beschaffungsarten zur Verfügung. Für Nichtlagerpositionen können Sie zwischen den folgenden beiden Möglichkeiten der Beschaffung wählen (siehe Abbildung 3.32):

▶ **BAnf zum Netzplan**
Es wird eine Direktbeschaffung des Materials angestoßen. Das Material wird vom Lieferanten für den Verbrauch durch den Vorgang in das eigene Unternehmen geliefert.

▶ **Streckenbestellanforderung**
Es wird ebenfalls eine Direktbeschaffung ausgelöst. Das Material wird vom Lieferanten jedoch nicht in das eigene Unternehmen, sondern direkt zu einem Kunden, einem anderen Lieferanten oder zu einer beliebigen anderen Anlieferadresse geliefert.

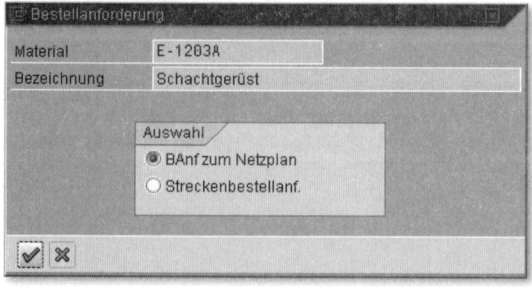

Abbildung 3.32 Auswahl der Beschaffungsart für eine Nichtlagerposition

Anlieferadresse

Wenn Sie die Beschaffungsart **Streckenbestellanforderung** für eine Nichtlagerposition auswählen, müssen Sie eine *Anlieferadresse* angeben, die zusammen mit den anderen relevanten Daten der Materialkomponente in die Bestellanforderung und später auch in die Bestellung übernommen wird. Sie können die benötigten Adressdaten entweder manuell in einer Anlieferadresse eingeben oder Bezug auf eine Adress-, Kunden- oder Lieferantennummer nehmen (siehe Abbildung 3.33). Dabei übernimmt das System dann die Adressdaten aus der zentralen Adressverwaltung, aus dem Kundenstammsatz des Vertriebs oder aus den Lieferantenstammdaten des Einkaufs. Soll immer wieder die gleiche Anlieferadresse für die Streckenbestellanforderungen eines Projekts verwendet werden, können Sie beim Erstellen der ersten Anlieferadresse das Kennzeichen **Wiederholen ein** setzen.

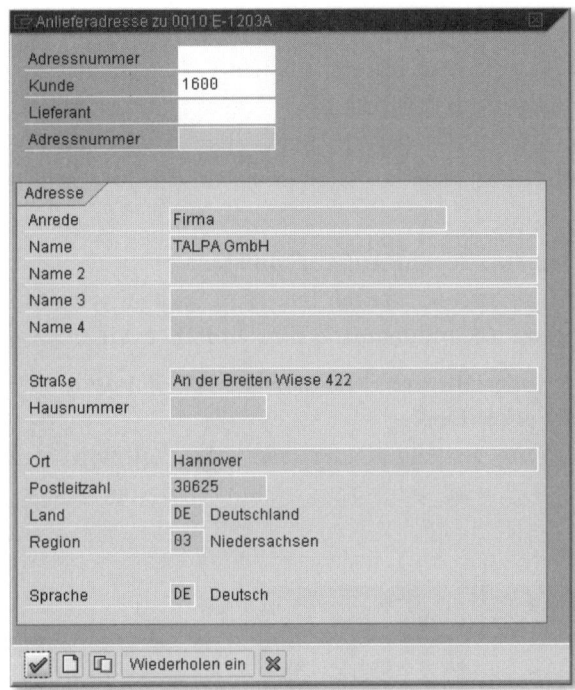

Abbildung 3.33 Beispiel einer Anlieferadresse

Folgende Beschaffungsarten können generell für Lagerpositionen verwendet werden (siehe Abbildung 3.34, Beschaffungsarten, die sich nur durch die Bestandsführung unterscheiden, werden nachfolgend gemeinsam aufgelistet):

Beschaffungsarten für Lagerpositionen

▶ **Reservierung zum Netzplan/Reservierung PSP-Element/Reservierung Verkaufsbeleg**
Bei diesen drei Möglichkeiten wird lediglich eine Reservierung erzeugt. Bei der ersten Möglichkeit wird die Materialkomponente im Sammelbestand geführt. Bei den anderen beiden Beschaffungsarten hat die Reservierung Bezug zum Projekt- bzw. zum Kundenauftragsbestand.

▸ **BAnf + Reservierung PSP-Element/BAnf + Reservierung Verkaufsbeleg**

Bei diesen beiden Möglichkeiten wird zusätzlich zu einer Reservierung gleichzeitig eine Bestellanforderung erzeugt, unabhängig davon, ob bereits ein Bestand vorhanden ist oder nicht. Die Materialkomponente kann entweder im Projekt- oder Kundenauftragsbestand geführt werden. Die Bestellanforderung ist auf das bestandsführende Objekt kontiert.

▸ **StreckenBAnf PSP/StreckenBAnf Verkaufsbeleg**

Es wird eine Streckenbestellanforderung erzeugt. Je nachdem, welche der beiden Möglichkeiten Sie auswählen, hat die Bestellanforderung Bezug zum Projekt- oder zum Kundenauftragsbestand.

▸ **VorabBAnf PSP-Element/VorabBAnf Verkaufsbeleg**

Eine Vorabbeschaffung von Kaufteilen über den Einkauf wird mit Bezug zum Projekt- oder Kundenauftragsbestand angestoßen.

▸ **PlanPrimärBedarf Netzplan/PlanPrimärBedarf PSP-Element/PlanPrimärBedarf Verkaufsbeleg**

Eine Vorabbeschaffung für eigengefertigtes Material wird mit Bezug zum Werks-, Projekt- oder Kundenauftragsbestand angestoßen.

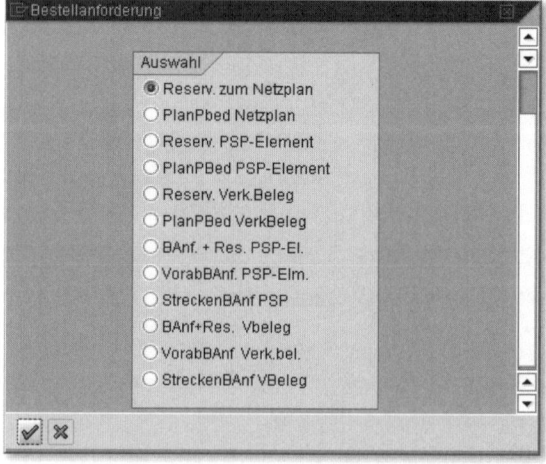

Abbildung 3.34 Auswahl der Beschaffungsart für eine Lagerposition

Vorabbeschaffung Die oben aufgelisteten Vorabbeschaffungsmöglichkeiten bedürfen zusätzlicher Erläuterungen. Für Material mit sehr langen Wiederbeschaffungszeiten kann es im Rahmen der Projektdurchführung notwendig sein, dessen Beschaffung anzustoßen, obwohl der eigentliche Verbraucher, also ein entsprechender Netzplanvorgang oder Fertigungsauftrag, noch gar nicht existiert. Zu diesem Zweck ordnen Sie das benötigte Material als Materialkomponente mit einer Vorabbeschaffungsart dem Projekt zu. Existieren später auch die tatsächlichen Verbraucher, ordnen Sie diesen nun das Material noch einmal zu, dieses Mal mit einer einfachen Reservierung als Beschaffungsart. Das vorab beschaffte Material kann so schließlich mit Bezug zu der Reservierung aus dem Bestand entnommen und verbraucht werden. Nähere Details zum Ablauf von Vorabbeschaffungen finden Sie in Abschnitt 5.5.1.

Abhängigkeiten der Beschaffungsarten

Nicht alle der oben für Lagerpositionen aufgelisteten Beschaffungsarten stehen Ihnen jedoch auch immer zur Verfügung. Damit Sie z. B. für eine Materialkomponente neben der Reservierung auch eine Bestellanforderung erstellen können, muss das Material eine Fremdbeschaffung erlauben (siehe Feld **Beschaffungsart** der Sicht **Disposition 2** im Materialstamm). Damit Sie Beschaffungsarten mit Bezug zum Werksbestand verwenden können, muss das Material eine Sammelbestandsführung erlauben. Damit eine Beschaffung mit Bezug zu einem Projekt- oder Kundenauftragsbestand durchgeführt werden kann, muss das Material eine Einzelbestandsführung erlauben. Die Bestandsführungsmöglichkeiten eines Materials werden durch das Feld **Einzel/Sammel** der Sicht **Disposition 4** im Materialstamm gesteuert.[18]

Beschaffungsarten mit Bezug zum Projektbestand stehen Ihnen nur zur Verfügung, wenn die Projektdefinition eine Projektbestandsführung erlaubt (siehe Abschnitte 2.2.1 und 3.3.2). Damit Sie eine Beschaffungsart mit Bezug zu einem Kundenauftragsbestand auswählen können, muss der Netzplankopf einer Kundenauftragsposition zugeordnet sein. Zusätzlich muss der Positionstyp der Kundenauftragsposition eine Bestandsführung erlauben.

Sie können die Beschaffungsart einer Materialkomponente entweder manuell vornehmen – dabei bietet Ihnen das System nur diejenigen Beschaffungsarten an, die aufgrund der Einstellungen im Material-

---

18 Für Materialkomponenten, die Sie aus einer Stückliste übernommen haben, können die Materialstammeinstellungen zur Beschaffung und Bestandsführung bei Bedarf in der Stückliste übersteuert werden.

stamm bzw. Stücklistenposition, Projektdefinition oder Kundenauftragsposition auch möglich sind –, oder Sie können mit einem so
genannten *Beschaffungskennzeichen* arbeiten.

Beschaffungs-
kennzeichen
Beschaffungskennzeichen werden im Customizing des Projektsystems mithilfe der Transaktion OPS8 definiert (siehe Abbildung 3.35).
In einem Beschaffungskennzeichen können Sie einerseits bereits den
Positionstyp festlegen. Andererseits können Sie mithilfe der Kennzeichen **BAnf Netzplan**[19], **Strecke** und **Vorabbedarf** sowie einer Priorisierung der Bestandsführung auch die Beschaffungsart über ein
Beschaffungskennzeichen vorschlagen. Indem Sie ein Beschaffungskennzeichen im Netzplanprofil eintragen, wird dieses Kennzeichen
bei jeder Zuordnung einer Materialkomponente als Vorschlagswert
übernommen.

Abbildung 3.35 Beispiel für die Definition eines Beschaffungskennzeichens

[»]

Eine manuelle Auswahl des Positionstyps und der Beschaffungsart für eine
Materialkomponente ist bei der Verwendung von Beschaffungskennzeichen nicht notwendig. Sofern noch erlaubt, können Sie eine vorgeschla-
gene Beschaffungsart jedoch im Nachhinein auch manuell ändern.

---

19 Das Kennzeichen BAnf Netzplan bewirkt, dass bei einzelbestandsgeführten
Materialkomponenten eine Reservierung und gleichzeitig eine Bestellanforderung erzeugt werden.

Für die Zuordnung von Materialkomponenten zu Netzplanvorgängen stehen Ihnen unterschiedliche Möglichkeiten zur Verfügung, die nun nacheinander erörtert werden.

Manuelle Zuordnung

In jeder Bearbeitungstransaktion für Netzpläne können Sie Vorgängen – unabhängig vom Vorgangstyp – Materialkomponenten manuell zuordnen. Je nach Transaktion können Sie die Zuordnung einzeln, z.B. mittels Drag & Drop aus einem Vorlagenbereich, oder auch tabellarisch vornehmen (siehe Abbildung 3.36). Wenn Sie nicht mit Beschaffungskennzeichen arbeiten, müssen Sie manuell den Positionstyp und die Beschaffungsart bei der Zuordnung auswählen. Bei Lagerpositionen müssen Sie zusätzlich noch vor der Auswahl der Beschaffungsart eine Materialnummer angeben. Soll später eine Streckenbestellanforderung für die Materialkomponente erzeugt werden, erhalten Sie ein Dialogfenster, in dem Sie die Anlieferadresse spezifizieren können.

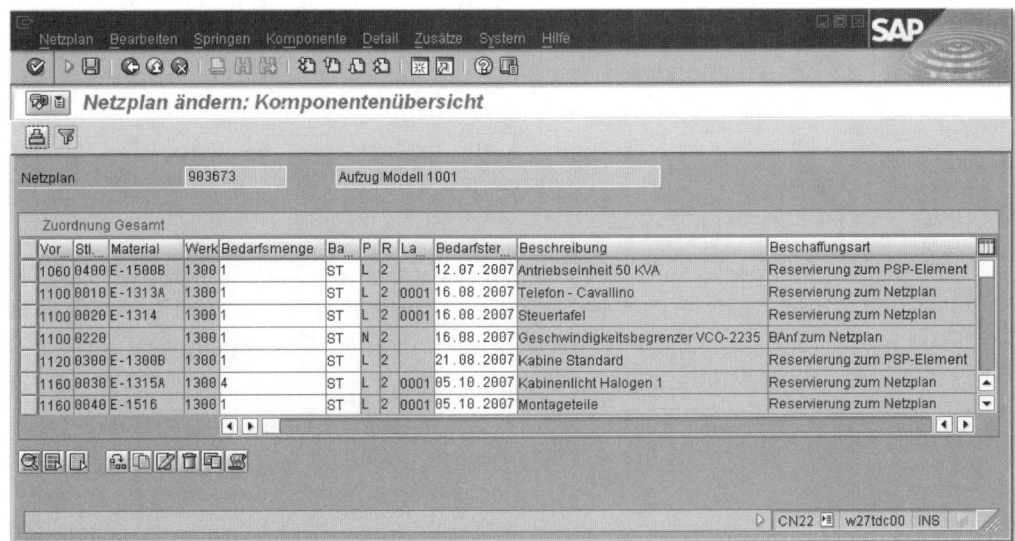

Abbildung 3.36 Beispiel für eine tabellarische Übersicht von Materialkomponenten

Für jede Materialkomponente geben Sie schließlich die für die Planung und spätere Beschaffung notwendigen Daten ein, sofern diese nicht automatisch aus dem Materialstammsatz oder Einkaufsinfosätzen übernommen werden. Im Detailbild einer Materialkomponente finden Sie auf der Registerkarte **Beschaffungsparameter** auch die relevanten Materialstammdaten, wie z.B. das Einzel-/Sammelbestands- oder Beschaffungskennzeichen. Ferner werden auf dieser Registerkarte unter anderem auch der Kontierungstyp, das Verbrauchsbuchungs- und das Sonderbestandskennzeichen und die vorgesehene Bewegungsart ausgewiesen. Bei Bedarf können Sie aus der tabellarischen Übersicht der Materialkomponenten direkt in die Anzeige der Materialstammdaten abspringen.

OCI-Schnittstelle Ab dem Enterprise-Release können Sie bei Bedarf auch die OCI-Schnittstelle für eine manuelle Zuordnung von Materialkomponenten nutzen. Mithilfe dieser Schnittstelle können Sie über die tabellarische Übersicht von Materialkomponenten eines Vorgangs einen externen Katalog zur Auswahl von Material aufrufen. Der externe Katalog kann dabei ein unternehmenseigener Intranetkatalog oder auch ein über das Internet zugänglicher Katalog eines festen Lieferanten sein.

Nachdem Sie einen Katalog aufgerufen und Material im Katalog ausgewählt haben, können Sie Daten zum ausgewählten Material mithilfe der Schnittstelle in das SAP-System übernehmen und so Materialkomponenten zu einem Vorgang hinzufügen. Kann für das Katalog-Material eine entsprechende Materialnummer im SAP-System ermittelt werden,[20] kann die Materialkomponente als Lagerposition zugeordnet werden, andernfalls findet eine Zuordnung als Nichtlagerposition statt.

Voraussetzung für die Verwendung der OCI-Schnittstelle ist, dass Sie im Customizing den externen Katalog und seine Aufrufstruktur, d.h. die URL und entsprechende Parameter z.B. zu Benutzer und Passwort, definieren und anschließend den Katalog der Netzplanart zuordnen. Ab dem Release SAP ECC 5.0 können Sie einer Netzplanart auch mehrere Kataloge zuordnen. In diesem Fall erhalten Sie beim Aufruf der Katalog-Schnittstelle in der Anwendung zunächst ein Dialogfenster, in dem Sie die Auswahl des Katalogs vornehmen können.

---

20 Für die Ermittlung einer Materialnummer im SAP-System wird typischerweise die Identifikation des Katalog-Materials in dem Feld **Alte Materialnummer** im Materialstammsatz hinterlegt.

Zusätzlich müssen Sie im Customizing die Abbildung der HTML-Felder des Katalogs auf die Felder der Materialkomponente im SAP-System definieren. Gegebenenfalls müssen Sie auch Umrechnungen zwischen Katalogdaten und den Feldwerten im SAP-System festlegen. Bei Bedarf können Sie zusätzlich Konvertierungsbausteine, z.B. zur Ermittlung von Materialnummern, definieren.

Komplexe Produktstrukturen können im SAP-System mithilfe von Stücklisten abgebildet werden. Eine Stückliste enthält in Abhängigkeit von ihrer Verwendung eine Auflistung aller z.B. für die Konstruktion, Fertigung oder den Vertrieb eines Produkts benötigten Materialien. Eine *Materialstückliste* wird dabei im Wesentlichen anhand der Materialnummer des Produkts identifiziert. Die einzelnen Listenelemente für Material in einer Stückliste werden als *Stücklistenpositionen* bezeichnet und beinhalten neben der jeweiligen Materialnummer auch Angaben zur benötigten Menge, einen Positionstyp sowie verschiedene Zusatzinformationen. Abbildung 3.37 zeigt exemplarisch die Materialstückliste für den Bau des Aufzugs.

Materialstücklisten

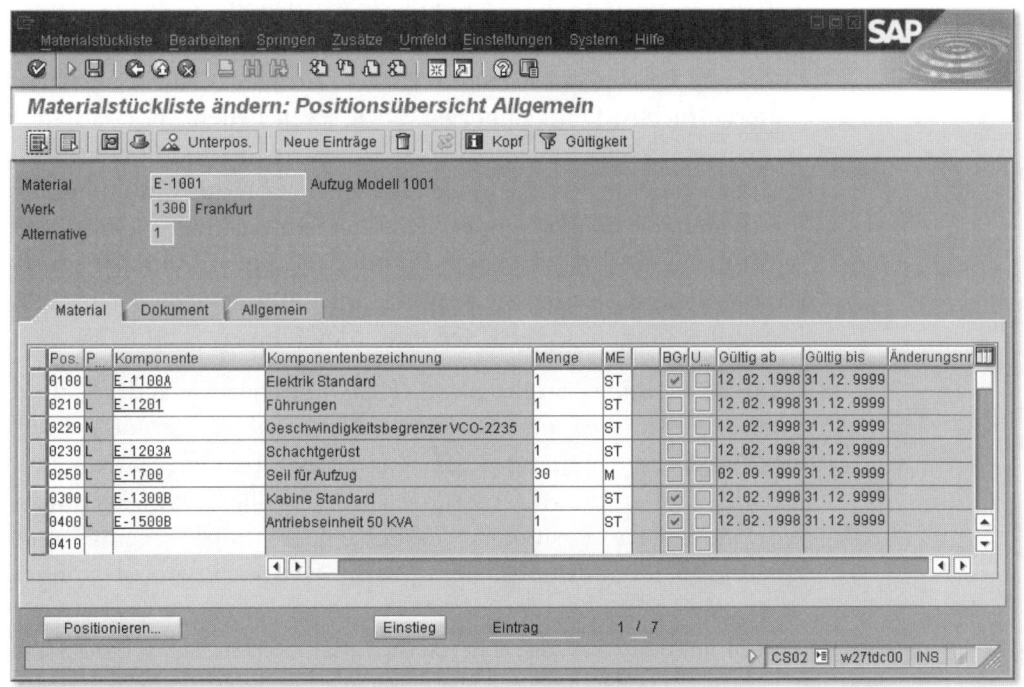

Abbildung 3.37 Beispiel einer Materialstückliste

Zu dem Material einer Stücklistenposition kann ebenfalls eine Stückliste existieren (*Baugruppe*). Stücklisten können also mehrstufig definiert werden. Im Projektsystem können Sie Stücklisten nutzen, um Stücklistenpositionen Netzplanvorgängen als Materialkomponenten zuzuordnen. Diese Zuordnung können Sie entweder manuell durchführen oder mithilfe der *Stücklistenübernahmen* automatisieren.

Stücklisten-
auflösung

Für eine manuelle Zuordnung von Stücklistenpositionen rufen Sie die Funktion **Stückliste auflösen** in der Komponentenübersicht eines Vorgangs auf. Sie erhalten ein Dialogfenster, in dem Sie die Stückliste und die benötigte Menge spezifizieren und zusätzlich angeben können, ob die Stückliste einstufig oder mehrstufig aufgelöst werden soll. Anschließend erhalten Sie eine Liste aller Stücklistenpositionen und können hier diejenigen Positionen auswählen, die dem Vorgang zugeordnet werden sollen.[21] Bei der Zuordnung übernimmt das System schließlich z. B. die Materialnummer, die Menge und den Positionstyp aus den Stücklistenpositionen.

Projektstücklisten

Eine typische Eigenschaft vieler Projekte ist ihre Einmaligkeit. Bei Vertriebsprojekten z. B. kann die Liste der benötigten Materialkomponenten aufgrund der kundenspezifischen Anforderungen von Projekt zu Projekt variieren. Anstatt nun für jedes Projekt eine neue Materialstückliste und somit ggf. auch einen neuen Materialstamm zu erstellen, können Sie *Projektstücklisten* definieren. Eine Projektstückliste ist eine Stückliste, die zusätzlich zur Materialnummer des Kopfmaterials anhand einer PSP-Element-Nummer identifiziert wird. So können Sie zu ein und derselben Materialnummer unterschiedliche Stücklisten erstellen, die anhand unterschiedlicher PSP-Element-Nummern unterschieden werden können.

Bei der Erstellung von Projektstücklisten können Sie andere Stücklisten, z. B. Material- oder Projektstücklisten, als Kopiervorlage verwenden (siehe Abbildung 3.38). Anschließend können Sie die Projektstückliste an die Anforderungen des jeweiligen Projekts anpassen, indem Sie Positionen löschen, neue Stücklistenpositionen hinzufügen oder Positionsdaten, z. B. die Menge, ändern. Sie können

---

21 Sie können auch zunächst das Kopfmaterial der Stückliste dem Vorgang zuordnen. Nach der Stücklistenauflösung dieser Komponente setzt das System automatisch den Positionstyp **T** (**Textposition**) für diese Komponente. Die Materialkomponente ist somit nicht mehr relevant für die Beschaffung, die Information, aus welcher Stückliste Positionen zugeordnet wurden, ist jedoch sichtbar.

Projektstücklisten nicht nur für die oberste Stufe einer Stücklisten-struktur verwenden, sondern bei Bedarf auch für untergeordnete Stufen Projektstücklisten definieren. Genau wie bei Materialstücklis-ten können Sie auch Positionen aus Projektstücklisten manuell Vor-gängen über die Stücklistenauflösung zuordnen oder automatisch mithilfe der Stücklistenübernahme.

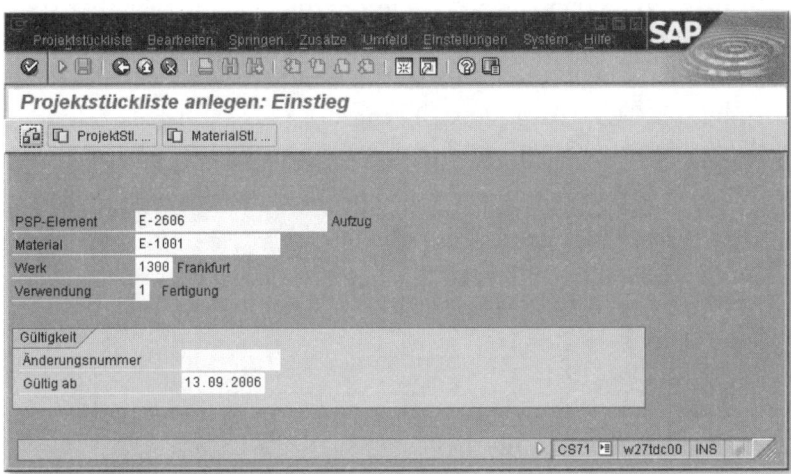

Abbildung 3.38 Anlegen einer Projektstückliste

Stücklistenübernahme

Mithilfe der Stücklistenübernahme (Transaktion CN33) können Sie die Zuordnung von Stücklistenpositionen zu Netzplanvorgängen automatisieren. Die Verwendung der Stücklistenübernahme ist ins-besondere dann sinnvoll, wenn Sie sehr viele Materialkomponenten unterschiedlichen Vorgängen zuordnen müssen oder sich die Stück-listenstruktur im Verlauf der Projektplanung ändern kann und Sie eine doppelte Pflege der Änderungen (zum einen in der Stückliste, zum anderen im Projekt) vermeiden möchten.

Die automatisierte Zuordnung von Stücklistenpositionen zu Netz-planvorgängen geschieht typischerweise durch das Feld **Bezugsort**, das Sie in Eigenbearbeitungsvorgängen auf der Registerkarte **Zuord-nungen** und in Stücklistenpositionen im Detailbild **Grunddaten** fin-den. Ist der Wert des Feldes in der Stücklistenposition mit dem des Vorgangs identisch, kann die Stücklistenübernahme automatisch die Position dem Vorgang zuordnen.

Voraussetzungen für die Stücklisten-übernahme

187

Bezugsorte Die möglichen Werte des Feldes **Bezugsort** müssen Sie zunächst im Customizing des Projektsystems definieren. Dazu legen Sie einen maximal 20-stelligen alphanumerischen Schlüssel an und vergeben zu jedem Schlüssel einen beschreibenden Text, der später bei der Pflege der Bezugsorte in der Stückliste bzw. dem Netzplan über die F4-Hilfe als Information abgerufen werden kann.

In Vorgängen können Sie auch einen Bezugsort eintragen, der stellvertretend für mehrere Bezugsorte von Stücklistenpositionen steht. Dazu definieren Sie einen Schlüssel, der mit einem Stern endet. Der in Abbildung 3.39 dargestellte Bezugsort **130*** steht beispielsweise stellvertretend für die Bezugsorte **1301** und **1302**.

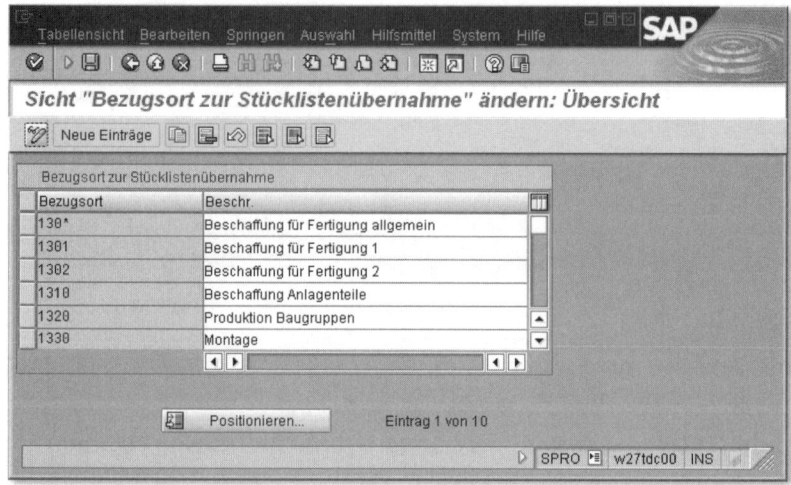

Abbildung 3.39 Beispiel für die Definition von Bezugsorten

Schließlich müssen Sie noch festlegen, dass die Werte des Feldes **Bezugsort** von Stücklistenpositionen und Vorgängen bei einer Stücklistenübernahme miteinander verglichen werden sollen. Dazu tragen Sie in der Customizing-Transaktion CN38 den technischen Namen des Feldes **Bezugsort** für die Objekte Stücklistenpositionen und Netzplanvorgänge ein.[22]

---

22 Bei Bedarf können Sie auch andere Felder aus Vorgängen und Stücklistenpositionen als Kriterium für eine Übernahme festlegen, sofern diese die gleiche Datenstruktur besitzen. Bevor das Feld **Bezugsort** explizit für die Stücklistenübernahme eingeführt wurde (Release 4.6), wurde z.B. oft das Feld **Sortierbegriff** der Stücklistenpositionen und ein Benutzerfeld der Vorgänge verwendet.

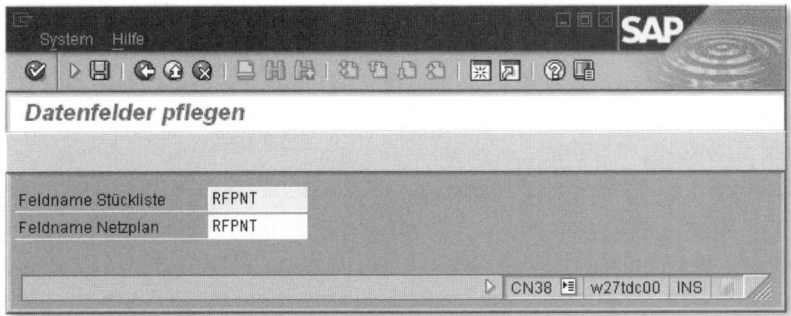

Abbildung 3.40 Festlegung des Feldes »Bezugsort« als relevant für die Stücklistenübernahme

Nachdem Sie Bezugsorte im Customizing definiert haben, müssen diese in die Detaildaten der relevanten Stücklistenpositionen und Vorgänge eingetragen werden. Wenn Sie mit Standardnetzen als Kopiervorlage arbeiten, können Sie bereits in den Vorgängen der Standardnetze Bezugsorte eintragen.

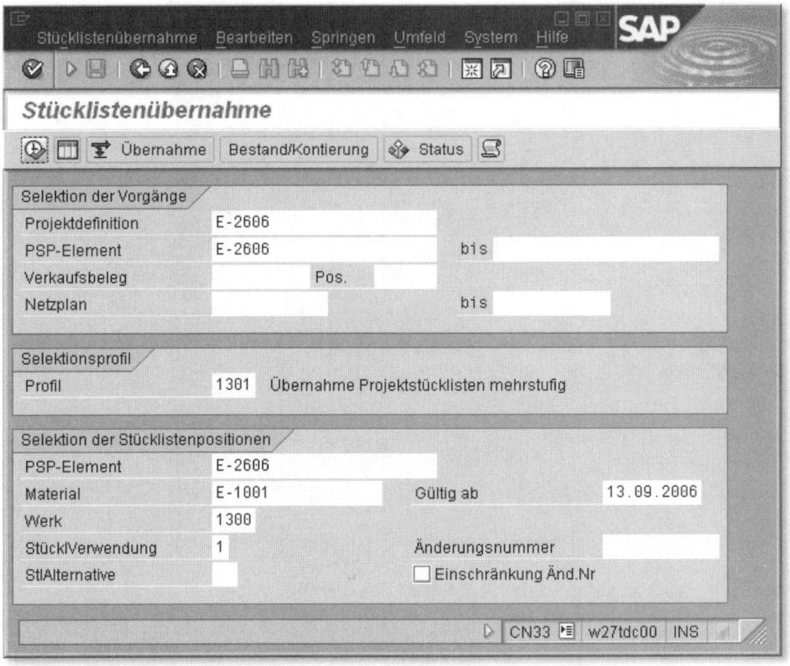

Abbildung 3.41 Einstiegsbild der Stücklistenübernahme

Ablauf der Stück-
listenübernahme

Wenn Sie die Transaktion CN33 (**Stücklistenübernahme**) aufrufen, selektieren Sie zunächst die Projekte bzw. Netzpläne, denen Materialkomponenten zugeordnet werden sollen, und die Stücklisten, deren Positionen für die Zuordnung verwendet werden sollen (siehe Abbildung 3.41). Für die Stücklistenübernahme können Sie Material-, Projekt- oder Kundenauftragsstücklisten[23] verwenden. Über die Angabe von Parametern zur Stücklistenübernahme können Sie unter anderem steuern, ob die Stückliste mehrstufig aufgelöst werden soll, in welchen Beständen die Materialkomponenten geführt werden sollen, oder auch zusätzliche Filterkriterien für die Auswahl der Stücklistenpositionen festlegen (siehe Abbildung 3.42). Wenn Sie die manuelle Eingabe der Parameter vermeiden möchten, können Sie im Customizing des Projektsystems *Profile für die Stücklistenübernahme* definieren, die – mit Ausnahme der Angaben zur Bestandsführung[24] – alle steuernden Parameter enthalten. Das Profil können Sie dann im Einstiegsbild der Stücklistenübernahme auswählen.

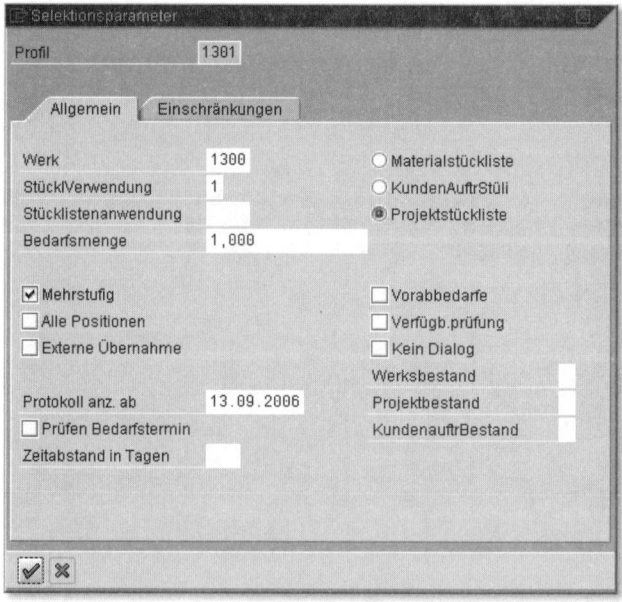

Abbildung 3.42 Parameter der Stücklistenübernahme

---

23 Kundenauftragsstücklisten werden zusätzlich zu einer Materialnummer anhand einer Kundenauftragsposition identifiziert.
24 Die Priorisierung der Bestandsführung kann über Beschaffungskennzeichen abgeleitet werden.

Wenn Sie anschließend die Stücklistenübernahme durchführen, ordnet das System nun automatisch all diejenigen Stücklistenpositionen Vorgängen zu, die den gleichen Bezugsort besitzen (siehe Abbildung 3.43). Haben Sie das Kennzeichen **Alle Positionen** in den Parametern der Stücklistenübernahme gesetzt, erhalten Sie zusätzlich eine Übersicht derjenigen Positionen, die aufgrund fehlender Bezugsorte nicht automatisch zugeordnet werden konnten. In diesem Fall können Sie vor dem Sichern bei Bedarf noch eine manuelle Zuordnung dieser Positionen zu Netzplanvorgängen vornehmen. Ist eine eindeutige automatische Zuordnung nicht möglich, da z.B. mehrere selektierte Vorgänge denselben Bezugsort besitzen, gibt das System eine Fehlermeldung aus.

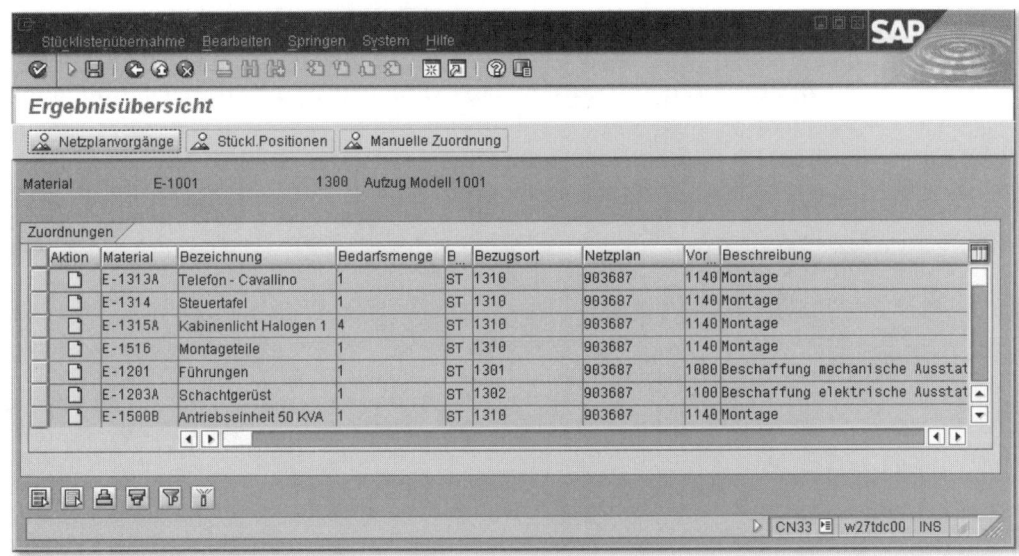

Abbildung 3.43 Beispiel für das Ergebnis einer Stücklistenübernahme

Ein wesentlicher Vorteil der Stücklistenübernahme besteht darin, dass Sie die Materialplanung Ihrer Projekte sehr effizient an nachträgliche Stücklistenänderungen anpassen können. Haben Sie Positionen einer Stückliste mithilfe der Stücklistenübernahme Netzplanvorgängen zugeordnet und kommt es im Nachhinein zu einer Änderung der Stückliste (Positionen werden gelöscht, neue Positionen kommen hinzu, oder Positionsdaten ändern sich), können Sie die Stücklistenübernahme für die geänderte Stückliste und die relevanten Netzpläne erneut durchführen. Das System nimmt dabei keine doppelte Zuordnung vor, sondern ermittelt lediglich die Stücklistenänderungen und schlägt Ihnen entsprechende Anpassungen der Materialkomponenten vor.

iPPE-Projektsystem-Integration

Ab dem Release ECC 6.00 können Sie Materialkomponenten auch über das *Integrierte Produkt- und Prozess-Engineering* (iPPE) Netzplanvorgängen zuordnen. Mithilfe des iPPE können Sie Stammdaten sehr variantenreicher Produkte für die Konstruktion und Produktion in einem Modell erfassen und weiterverarbeiten. So können Sie z.B. komplexe Produktstrukturen im iPPE zunächst mithilfe von abstrakten Elementen wie Knoten, Varianten, Alternativen oder Beziehungen erstellen und später für die Abbildung von Stücklistendaten verwenden. Die Bearbeitung der iPPE-Objekte geschieht dabei in der iPPE-Workbench Professional (Product Designer, siehe Abbildung 3.44).

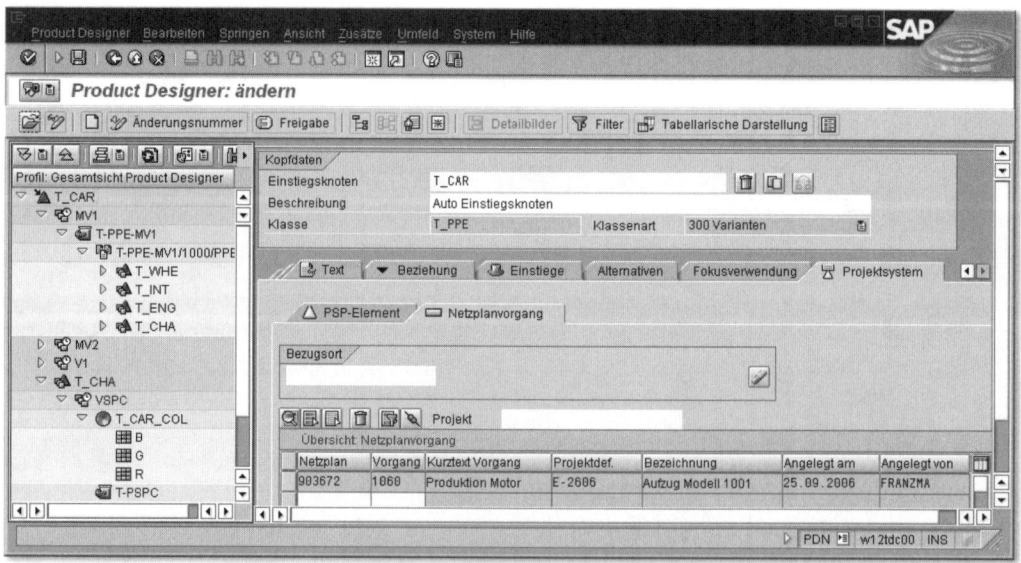

Abbildung 3.44 Beispiel für die Verknüpfung eines iPPE-Objekts mit einem Netzplanvorgang in der iPPE-Workbench Professional

Gerade bei der Entwicklung neuer Produkte können parallel zur Erstellung der Produktstruktur Projekte hilfreich sein, um z.B. den Bau von Prototypen oder von Versuchsteilen abzubilden. Zu diesem

Zweck können Sie iPPE-Knoten und -Varianten mit PSP-Elementen oder Netzplanvorgängen verknüpfen und anschließend bei Bedarf zwischen den Objekten des iPPE und des Projektsystems hin- und herwechseln. Sie können diese Zuordnungen sowohl im Product Designer, im Detailbereich von Knoten oder Varianten auf der Registerkarte **Projektsystem** als auch im Project Builder, im Detailbild von PSP-Elementen oder Vorgängen auf der Registerkarte **iPPE-PS** vornehmen. Diese Registerkarte steht Ihnen für Projekte jedoch nur dann zur Verfügung, wenn Sie im Customizing des Projektsystems im Projekt- bzw. Netzplanprofil das Kennzeichen **iPPE-Proj-Bez.** gesetzt haben (siehe Abschnitt 2.2.2 und 2.3.2).

Die Zuordnung kann mithilfe von *Bezugsorten* auch automatisiert werden. Dazu definieren Sie die Bezugsorte für die iPPE-PS-Integration im Customizing des Projektsystems und hinterlegen diese sowohl in den Projektsystem- als auch in den iPPE-Objekten. Beachten Sie, dass die Bezugsorte der iPPE-PS-Integration nicht identisch sind mit den Bezugsorten der Stücklistenübernahme.

Nach der Zuordnung von iPPE-Objekten zu Netzplanvorgängen kann schließlich auch eine Übernahme von Material aus der Produktstruktur des iPPE in das Projektsystem durchgeführt werden. Dies geschieht im Filterbild der iPPE-Workbench Professional durch die Auswahl eines geeigneten Einstiegsobjekts und den anschließenden Aufruf der Funktion **Übernahme in Projektsystem**.

3.3.2 Projektbestand

Der Projektbestand ist eine Form der Einzelbestandsführung, bei der Materialbestände mit Bezug zu PSP-Elementen als Einzelbestandssegmente geführt werden können. Mithilfe der Einstellungsmöglichkeiten **unbewerteter Projektbestand**, **bewerteter Projektbestand** oder **Kein Projektbestand** in den Grunddaten der Projektdefinition entscheiden Sie für ein Projekt, ob eine unbewertete oder eine bewertete Projektbestandsführung von Material möglich sein soll oder aber keine Projekteinzelbestände genutzt werden können (siehe auch Abschnitt 2.2.1).

Bei Verwendung des unbewerteten Projektbestands stellt jedes PSP-Element des Projekts aus Sicht der Logistik ein eigenes Bestandssegment dar. Materialbewegungen mit Bezug zum unbewerteten Pro-

Unbewerteter
Projektbestand

jektbestand finden unbewertet statt. So führt z.B. der Verbrauch eines projektbestandsgeführten Materials durch einen Netzplanvorgang (Warenausgang zur Reservierung) nicht zu Istkosten auf dem Vorgang, und es finden hierfür keine Buchungen in der Finanzbuchhaltung statt. Die Kalkulation dispositiver Netzpläne ermittelt entsprechend für Materialkomponenten, die im unbewerteten Projektbestand geführt werden sollen, keine Plankosten.[25] Lediglich bei der Waren- bzw. Rechnungseingangsbuchung von Kaufteilen zum Projektbestand wird das bestandsführende PSP-Element mit den Istkosten für den Fremdbezug belastet. Die Kostenflüsse bei Materialbeschaffungen (Eigenfertigung und Fremdbeschaffung) mit Bezug zum unbewerteten Projektbestand werden in Abschnitt 5.5.1 näher erörtert.

[!] Bei der Verwendung eines unbewerteten Projektbestands werden auf den Netzplanvorgängen oder den zugeordneten Fertigungsaufträgen nicht die vollständigen Plan- und Istkosten für den Verbrauch von Material ausgewiesen. Wenn Sie den unbewerteten Projektbestand einsetzen, ist nur auf Ebene der bestandsführenden PSP-Elemente bzw. des Gesamtprojekts nach Durchführung des Periodenabschlusses eine aussagefähige Kostenträgerrechnung möglich.

Bewerteter Projektbestand

Aufgrund dieser Nachteile des unbewerteten Projektbestands wurde ab Release SAP R/3 4.0 der bewertete Projektbestand zur Verfügung gestellt. Bei Verwendung des bewerteten Projektbestands wird bei jeder Materialbewegung mit Bezug zum Projektbestand ein Rechnungswesenbeleg erstellt, der den entsprechenden Wertefluss widerspiegelt.

Die Netzplankalkulation kann für Materialkomponenten, die im bewerteten Projektbestand geführt werden sollen, Plankosten ermitteln. Der spätere Verbrauch des Materials durch den Vorgang führt zu Istkosten auf dem Vorgang und den entsprechenden Buchungen in der Finanzbuchhaltung. Einkaufsbelege und Fertigungsaufträge, die im Rahmen der Materialbeschaffung für den Projektbestand erstellt werden, führen zu Obligo-, Bestands- und Istkosten auf dem

---

25 Indem Sie Vorplanungsnetze (siehe Abschnitt 2.3.2) einsetzen, können Sie auch Plankosten für Materialkomponenten ermitteln, die im unbewerteten Bestand geführt werden. Da diese Plankosten nicht dispositiv wirksam sind, werden so doppelte Verfügtwerte aufgrund der Plankosten des Materials auf dem Vorgang und der Istkosten auf dem PSP-Element bzw. Fertigungsauftrag verhindert.

bestandsführenden PSP-Element. Die Werteflüsse für Materialbeschaffungen mit Bezug zu bewerteten Projektbeständen werden in Abschnitt 5.5.1 näher erläutert.

Unbewertete Projektbestände werden hauptsächlich von Unternehmen verwendet, die bereits Projektbestände vor dem Release 4.0 eingesetzt haben und daran aus Gründen der Aufwärtskompatibilität festhalten möchten. Ferner müssen Sie mit unbewerteten Beständen arbeiten, wenn Sie einen Kundenauftragsbestand mit dem Positionstyp **D** für die Bestandsführung von Materialkomponenten im Projekt verwenden möchten. In der Regel empfiehlt es sich jedoch, bei Verwendung von Projektbeständen den bewerteten Projektbestand einzusetzen, sofern Ihre Geschäftsprozesse dies erlauben. Entscheidungshilfen zum Arbeiten mit bewerteten und unbewerteten Projektbeständen finden Sie auch in der SAP-Bibliothek.

Prinzipiell ist ein Projektbestand ein Einzelbestand pro PSP-Element. Sie können also bei Bedarf für jeden Teilast eines Projekts einen eigenen Materialbestand führen und separat die Beschaffungs- und Bestandskosten auf den bestandsführenden PSP-Elementen auswerten. Während dies aus Sicht des Controllings durchaus vorteilhaft ist, birgt eine Bestandsführung pro PSP-Element aus logistischer Sicht jedoch auch Nachteile. Da Einzelbestandssegmente aus dispositiver Sicht getrennt verwaltet werden, erstellt ein Materialbedarfsplanungslauf (siehe Abschnitt 5.5.1) für jedes Bestandssegment eigene Bestellanforderungen oder Planaufträge, unabhängig davon, ob in einem anderem Bestandssegment noch ausreichend Material zur Verfügung steht oder nicht. Wird das gleiche Material auch für andere Bestandssegmente benötigt, kann es jedoch sinnvoller sein, eine einzelne Bestellanforderung bzw. nur einen Planauftrag über die gesamte Bedarfsmenge zu erstellen, anstatt für jedes Bestandssegment eigene Beschaffungsprozesse auszulösen. So können Sie z.B. bessere Konditionen mit dem Lieferanten aushandeln oder die Fertigung des Materials optimieren. Um die logistischen Nachteile einer Einzelbestandsführung zu vermeiden, können Sie die *Bedarfszusammenfassung* im Projektsystem nutzen.

Bedarfszusammenfassung

Im einfachsten Fall verwenden Sie eine Bedarfszusammenfassung, indem Sie in der Projektdefinition das Kennzeichen **automatische Bedarfszusammenfassung** noch vor dem ersten Sichern setzen oder bereits im Projektprofil als Vorschlagswert hinterlegen. Das oberste

Automatische Bedarfszusammenfassung

PSP-Element wird dadurch automatisch in den **Grunddaten** als so genanntes *Dispo-PSP-Element* gekennzeichnet.[26] Anstatt für jedes PSP-Element einen eigenen Bestand zu führen, werden bei der automatischen Bedarfszusammenfassung alle Bedarfe und Bestände des Projekts mit Bezug zum Projektbestand nun ausschließlich auf Ebene dieses Dispo-PSP-Elements geführt. D.h., in der Disposition wird nur noch ein PSP-Element des Projekts als Einzelbestandssegment verwendet, und alle Bestellanforderungen, Bestellungen oder Fertigungsaufträge mit Bezug zum Projektbestand sind auf dieses PSP-Element kontiert.

| Manuelle Bedarfszusammenfassung | Wenn Sie mehrere PSP-Elemente eines Projekts für eine Bedarfszusammenfassung verwenden möchten oder eine projektübergreifende Bedarfszusammenfassung durchführen wollen, müssen Sie die manuelle Bedarfszusammenfassung einsetzen. Bei einer manuellen Bedarfszusammenfassung kennzeichnen Sie diejenigen PSP-Elemente, auf denen Bedarfe zusammengefasst werden sollen, auf der Registerkarte **Grunddaten** als Dispo-PSP-Elemente. Anschließend ordnen Sie die PSP-Elemente, deren Bestände zusammengefasst werden sollen, den verschiedenen Dispo-PSP-Elementen zu. Diese Zuordnung können Sie einzeln (Transaktion GRM4) oder mithilfe geeigneter Selektionsbedingungen auch für mehrere PSP-Elemente gleichzeitig vornehmen (Transaktion GRM3). |

Manuelle Bedarfszusammenfassung

Wenn Sie mehrere PSP-Elemente eines Projekts für eine Bedarfszusammenfassung verwenden möchten oder eine projektübergreifende Bedarfszusammenfassung durchführen wollen, müssen Sie die manuelle Bedarfszusammenfassung einsetzen. Bei einer manuellen Bedarfszusammenfassung kennzeichnen Sie diejenigen PSP-Elemente, auf denen Bedarfe zusammengefasst werden sollen, auf der Registerkarte **Grunddaten** als Dispo-PSP-Elemente. Anschließend ordnen Sie die PSP-Elemente, deren Bestände zusammengefasst werden sollen, den verschiedenen Dispo-PSP-Elementen zu. Diese Zuordnung können Sie einzeln (Transaktion GRM4) oder mithilfe geeigneter Selektionsbedingungen auch für mehrere PSP-Elemente gleichzeitig vornehmen (Transaktion GRM3).

Dispo-PSP-Elemente vom Typ 2

Bei Bedarf können Sie die manuelle Bedarfszusammenfassung auch von der Dispositionsgruppe des Materials (siehe Sicht **Disposition 1** im Materialstamm) abhängig machen. Dazu wählen Sie zunächst in dem Feld **Dispo-PSP-Element** der PSP-Elemente, auf denen Bedarf und Bestände zusammengefasst werden sollen, die Ausprägung **2** (**Dispo-PSP-Element für ausgewählte Dispogruppen**). Anschließend ordnen Sie diesen Dispo-PSP-Elementen vom Typ 2 die Dispositionsgruppen zu, deren Materialien zusammengefasst werden sollen. Schließlich ordnen Sie noch die relevanten PSP-Elemente den Dispo-PSP-Elementen mithilfe der Transaktionen GRM3 oder GRM4 zu.

---

26 Soll die Bedarfszusammenfassung nicht auf dem obersten PSP-Element geschehen, können Sie vor dem Sichern auch ein beliebiges anderes PSP-Element als Dispo-PSP-Element kennzeichnen.

Damit die Bedarfe und Bestände eines Materials manuell oder automatisch zusammengefasst werden können, müssen verschiedene Bedingungen erfüllt sein: Das Material muss in einem Einzelbestand geführt werden können, Sie müssen im Customizing des Projektsystems die Dispositionsgruppe des Materials als relevant für eine Bedarfszusammenfassung kennzeichnen, und das Projekt muss einen *bewerteten* Projektbestand erlauben. Damit schließlich auch tatsächlich Bedarfe bei einem Materialplanungslauf zusammengefasst werden können, die nicht exakt am gleichen Tag benötigt werden, sollte das Material ein periodisches Losgrößenverfahren erlauben (Feld **Dispolosgröße** der Sicht **Disposition 1** im Materialstamm).

Voraussetzungen für die Bedarfszusammenfassung

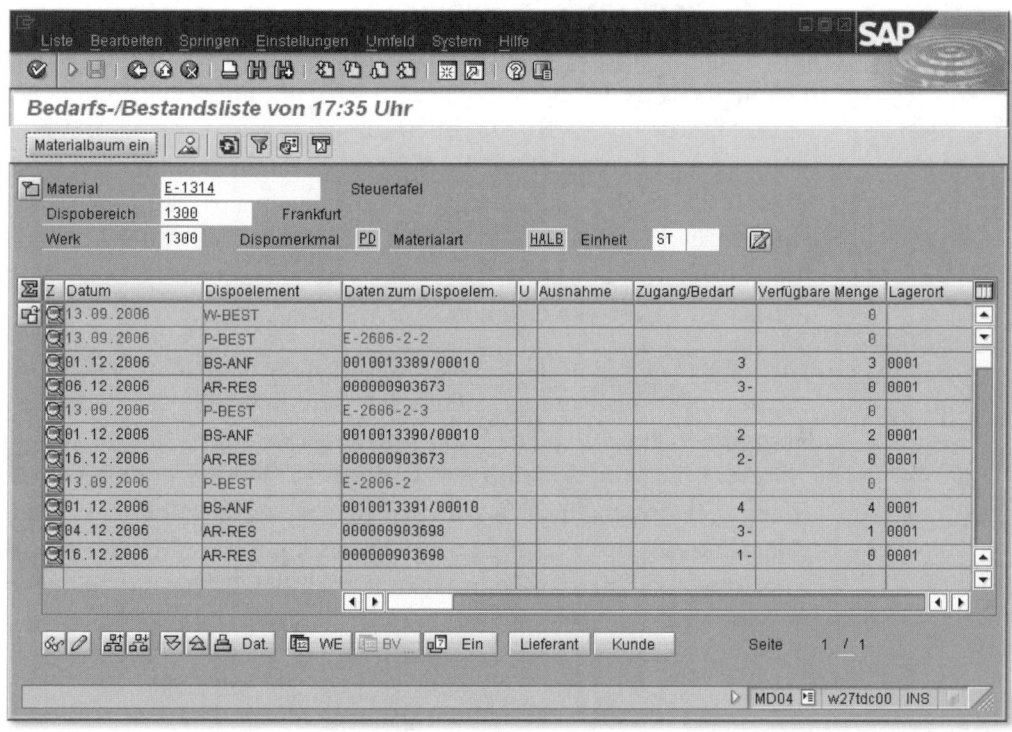

Abbildung 3.45 Beispiel für eine Materialplanung ohne und mit Bedarfszusammenfassung

Abbildung 3.45 zeigt noch einmal den Unterschied zwischen einer Materialplanung ohne und mit Bedarfszusammenfassung. Für das Projekt E-2606 wird keine Bedarfszusammenfassung verwendet. Bedarfe am Material E-1314 aus unterschiedlichen Projektteilen werden in separaten Beständen (E-2606-2-2 und E-2606-2-3) verwaltet. Obwohl das Material in beiden Projektteilen sogar zum selben Bedarfstermin benötigt wird, hat die Bedarfsplanung separate Bestellanforderungen als planerische Beschaffungselemente erzeugt. In Projekt E-2608 ist eine Bedarfszusammenfassung auf Ebene des PSP-Elements E-2608-2 eingestellt. Die Bedarfe an dem Material E-1314 aus unterschiedlichen Projektteilen werden nun in einem gemeinsamen Bestand verwaltet. Das Material sieht ein periodisches Losgrößenverfahren vor. Die Bedarfsplanung hat daher für beide Bedarfe – obwohl deren Bedarfstermine sogar zeitlich verschieden sind – nur ein Beschaffungselement über die Gesamtmenge erzeugt.

3.3.3 Verfügbarkeitsprüfung

Die Bedarfstermine von Materialkomponenten können entweder manuell angegeben oder aus den Vorgangsterminen abgeleitet werden. Mithilfe der Verfügbarkeitsprüfung können Sie bei Ihrer Materialplanung überprüfen, ob die Materialkomponenten mit dem Positionstyp **L** zu den geplanten Bedarfsterminen voraussichtlich auch zur Verfügung stehen oder ob es, z.B. aufgrund fehlender Bestände und langer Wiederbeschaffungszeiten, zu fehlenden Materialverfügbarkeiten im Projekt kommen wird.

Sie können eine Verfügbarkeitsprüfung für einzelne Materialkomponenten oder auch den gesamten Netzplan aus jeder Bearbeitungstransaktion für Netzpläne heraus manuell anstoßen. Im Infosystem Strukturen (siehe Abschnitt 7.1) können Sie eine Verfügbarkeitsprüfung auch für mehrere Netzpläne gleichzeitig ausführen. Je nach Einstellungen der *Prüfungssteuerung* kann eine Verfügbarkeitsprüfung auch automatisch beim Sichern nach der Eröffnung, nach der Freigabe oder nach jeder relevanten Änderung durchgeführt werden.

Fehlteile · Stellt die Verfügbarkeitsprüfung fest, dass Material zu dem geplanten Bedarfstermin voraussichtlich nicht zur Verfügung gestellt werden kann, werden die entsprechenden Materialkomponenten als *Fehlteile* gekennzeichnet. Zusätzlich setzt das System den Status **FMAT (Fehlende Materialverfügbarkeit)** auf Ebene des Netzplankopfes.

Prüfungsumfang · Die Verfügbarkeitsprüfung für Materialkomponenten wird durch einen so genannten *Prüfungsumfang* gesteuert, den Sie mithilfe der Transaktion OPJJ im Customizing des Projektsystems definieren können. Der Prüfungsumfang legt z.B. fest, ob die Prüfung auf Werks- oder Lagerortebene durchgeführt wird und welche Sonderbestände (Qualitätsprüfbestand, Sicherheitsbestände usw.) berücksichtigt werden sollen. Mithilfe des Kennzeichens **Ohne WBZ prüfen** im Prüfungsumfang steuern Sie, ob die Wiederbeschaffungszeit, die Sie im Materialstammsatz eines Materials hinterlegen können, bei der Verfügbarkeitsprüfung mit einbezogen werden soll oder nicht. Ist das Kennzeichen nicht gesetzt, kann die Verfügbarkeitsprüfung für Fehlteile darüber hinaus Termine vorschlagen, zu denen das Material zur Verfügung gestellt werden kann.[27]

Abbildung 3.46 Beispiel für den Prüfungsumfang einer Verfügbarkeitsprüfung

---

27 Unabhängig von der Verfügbarkeitsprüfung können Sie die Dauer eines Vorgangs an die Wiederbeschaffungszeiten der zugeordneten Materialkomponenten anpassen. Dazu rufen Sie die Funktion **Übernehmen Lieferzeit • Dauer** für einen Vorgang auf. Das System ermittelt dann die längste Wiederbeschaffungszeit der zugeordneten Komponenten und übernimmt diese als Vorgangsdauer.

Berücksichtigung von geplanten Zu- und Abgängen

Im Prüfungsumfang können Sie auch definieren, welche geplanten Zu- und Abgänge bei der Verfügbarkeitsprüfung Berücksichtigung finden sollen. Geplante Zugänge können z.B. Bestellanforderungen, Bestellungen, Plan- oder Fertigungsaufträge sein, die voraussichtlich zu einem Wareneingang vor dem Bedarfstermin der Materialkomponente führen. Geplante Abgänge stellen umgekehrt z.B. Reservierungen oder Planprimärbedarfe vor dem Bedarfstermin der Komponente dar.

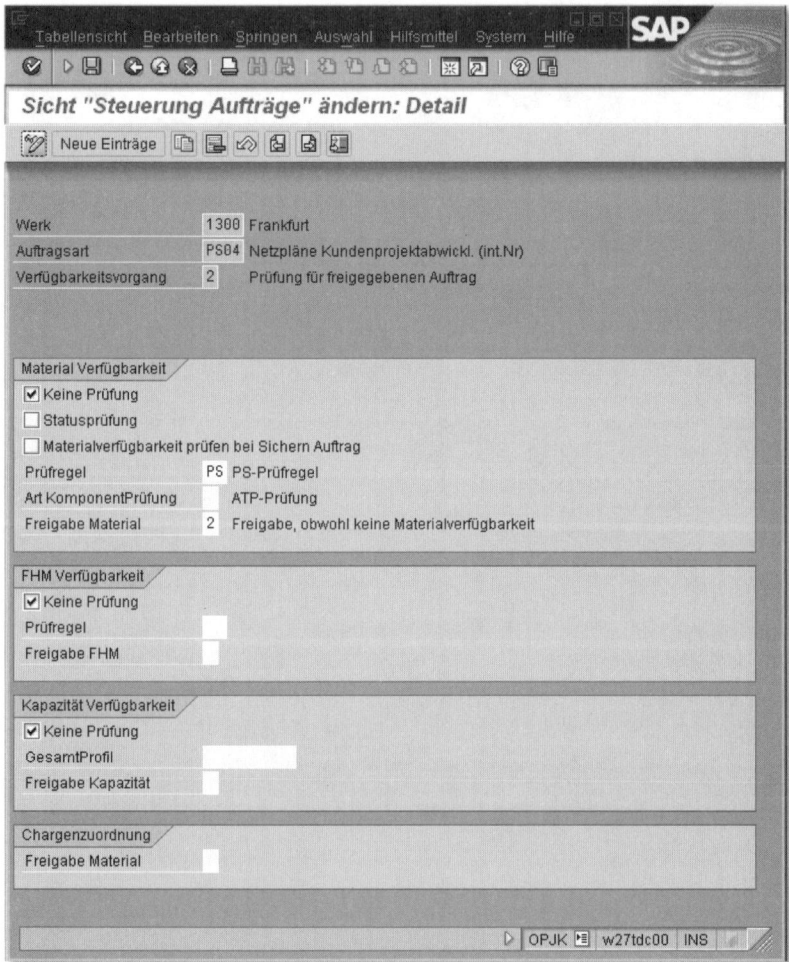

Abbildung 3.47 Beispiel für die Definition einer Prüfungssteuerung

Der Prüfungsumfang wird bei der Verfügbarkeitsprüfung für jede Materialkomponente aus einer Kombination aus dem Wert des Feldes **Verfügbarkeitsprüfung** im Materialstammsatz[28] (Sicht **Disposition 3**) und einer *Prüfregel* ermittelt. Die Prüfregel wiederum hinterlegen Sie in der *Prüfungssteuerung*. Prüfregeln und die Prüfungssteuerung erstellen Sie im Customizing des Projektsystems. Die Prüfungssteuerung (Transaktion OPJK) wird dabei in Abhängigkeit von Werk, Netzplanart und den Status **Eröffnet** und **Freigegeben** definiert. Neben der Prüfregel enthält die Prüfungssteuerung Einstellungen zur automatischen Ausführung der Verfügbarkeitsprüfung und steuert z.B., ob eine Freigabe von Vorgängen trotz einer fehlenden Materialverfügbarkeit möglich sein soll, einen Benutzerentscheid erfordert oder sogar verboten ist.

Prüfungssteuerung

Materialzuordnung zu Standardnetzen

Wenn Sie mit Standardnetzen als Kopiervorlage für operative Netzpläne arbeiten (siehe Abschnitt 2.3.3) und in den operativen Netzplänen immer wieder das gleiche Material benötigt wird, können Sie die benötigten Materialkomponenten bereits Vorgängen der Standardnetze zuordnen. Die Zuordnung von Materialkomponenten zu Standardnetzvorgängen erfolgt jedoch auf andere Weise als die oben diskutierte Zuordnung zu Vorgängen operativer Netzpläne.

In einem ersten Schritt ordnen Sie dem Kopf eines Standardnetzes eine oder mehrere Materialstücklisten zu. In einem zweiten Schritt wählen Sie dann aus den zugeordneten Materialstücklisten diejenigen Positionen aus, die später im operativen Netzplan benötigt werden, und ordnen diese den entsprechenden Vorgängen des Standardnetzes zu (siehe Abbildung 3.48).[29] Material, das Sie keinem Vorgang des Standardnetzes zugeordnet haben, wird nicht in einen operativen Netzplan kopiert.

---

28 Mithilfe des Feldes **Proj.übergreif.** (Sicht Disposition 3) im Materialstammsatz können Sie für einzelbestandsgeführte Komponenten zusätzlich steuern, ob die Verfügbarkeitsprüfung nur in dem jeweiligen Einzelbestandssegment durchgeführt werden soll oder alle Einzelbestandssegmente und zusätzlich der Werksbestand in die Prüfung mit eingehen.

29 Enthält eine Materialstückliste Dummy-Baugruppen, werden diese aufgelöst, damit deren Positionen Standardnetzvorgängen zugeordnet werden können. Ansonsten findet die Auflösung der Materialstückliste im Standardnetz jedoch nur einstufig statt.

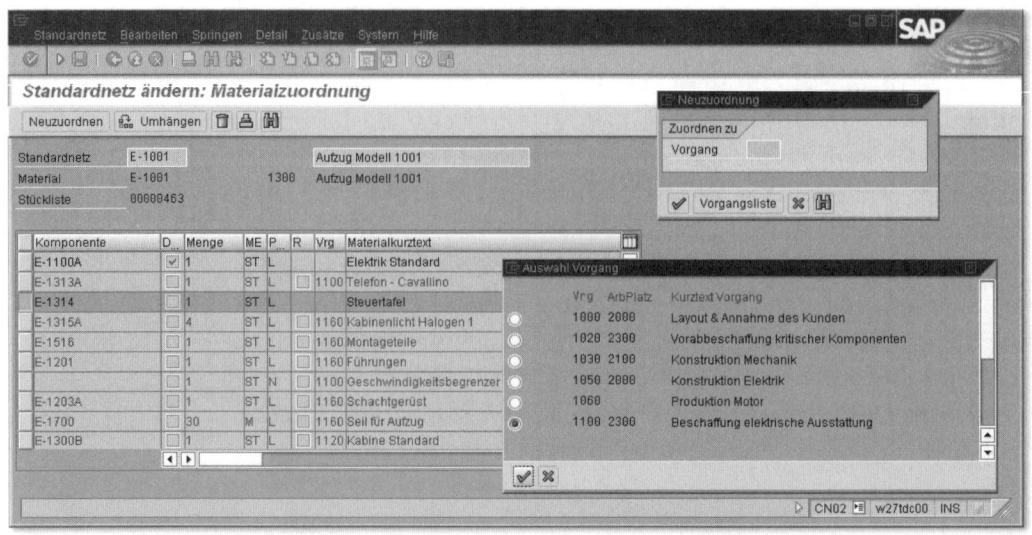

Abbildung 3.48 Beispiel für die Zuordnung von Materialkomponenten zu Vorgängen eines Standardnetzes

Standardstückliste Wenn Sie Materialien Standardnetzvorgängen zuordnen möchten, die in keiner Materialstückliste verwendet werden, können Sie für den Kopf des Standardnetzes zunächst eine eigene Stückliste anlegen. In diese so genannte *Standardstückliste* nehmen Sie dann die benötigten Materialien als Positionen auf und ordnen diese anschließend den Vorgängen des Standardnetzes zu. Eine Standardstückliste kann nur in dem Standardnetz verwendet werden, in dem sie erstellt wurde.

Zusammenfassung

Die Planung von Material für Projekte geschieht durch die Zuordnung des Materials in Form von Materialkomponenten zu Netzplanvorgängen. Bei der Zuordnung legen Sie fest, wie das Material später zu beschaffen ist und – im Falle von Lagerpositionen – in welchen Beständen es geführt werden soll. Mit dem Projektbestand besteht die Möglichkeit, Einzelbestände für Material mit Bezug zu PSP-Elementen als Einzelbestandssegmenten zu führen. Für die Zuordnung von Materialkomponenten stehen Ihnen unterschiedliche Möglichkeiten zur Verfügung. Eine Zuordnung von Materialkomponenten zu Vorgängen in Standardnetzen ist ebenfalls möglich.

3.4 Kostenplanung

Auf Basis der zuvor geschilderten Ressourcen- und Materialplanung mithilfe von Netzplänen kann das System automatisch Plankosten für die Beschaffung und den Verbrauch von Ressourcen und Material berechnen. Diese Form der Kostenplanung wird als Netzplankalkulation bezeichnet und in Abschnitt 3.4.5 näher erläutert.

Wenn Sie nur Projektstrukturpläne für die Abbildung von Projekten verwenden, planen Sie manuell Kosten auf Ebene der PSP-Elemente für die spätere Durchführung der einzelnen Projektteile.[30] Dabei stehen Ihnen unterschiedliche Möglichkeiten zur Verfügung, die in den Abschnitten 3.4.1 bis 3.4.4 erörtert werden. Ein wesentliches Unterscheidungsmerkmal zwischen diesen verschiedenen Möglichkeiten ist der Detaillierungsgrad der Planung. Zwei wesentliche Kriterien für den Detaillierungsgrad einer Kostenplanung sind die Eigenschaften **kostenartengerecht** und **periodengerecht**.

Wenn eine Kostenplanung einen Bezug zu einer bzw. mehreren Kostenarten besitzt, wird diese Form der Kostenplanung als kostenartengerecht bezeichnet. Kostenarten werden in der Kostenartenrechnung des Controllings definiert und entsprechen kostenrelevanten Kontenplanpositionen. Mithilfe von Kostenarten gliedern und klassifizieren Sie so den betriebszweckbezogen bewerteten Verbrauch von Produktionsfaktoren. Mithilfe von Kostenartenberichten (siehe Abschnitt 7.2.2) oder Hierarchieberichten (siehe Abschnitt 7.2.1) des Reporting können Sie daher kostenartengerecht geplante Kosten hinsichtlich ihrer betriebszweckbezogenen Verwendung analysieren.

Kostenartengerechte Kostenplanung

Für eine kostenartengerechte Kostenplanung auf PSP-Elementen können Sie im Projektsystem Einzelkalkulationen (siehe Abschnitt 3.4.2), die Detailplanung (siehe Abschnitt 3.4.3) und das Easy Cost Planning (siehe Abschnitt 3.4.4) verwenden. Kalkulationen mithilfe von Netzplänen (siehe Abschnitt 3.4.5) sind ebenfalls immer kostenartengerecht.

[«]

---

30 Eine manuelle Kostenplanung mithilfe von PSP-Elementen kann auch bei einer zusätzlichen Verwendung von Netzplänen sinnvoll sein, wenn Sie Netzpläne ausschließlich für eine Terminplanung einsetzen oder Sie z. B. die Kostenplanung auf Ebene der PSP-Elemente nur für eine erste Grobplanung nutzen und diese später durch eine Netzplankalkulation detaillieren möchten.

Periodengerechte Kostenplanung

Wenn eine Kostenplanung einen Bezug zu der Periode des voraussichtlichen Kostenanfalls besitzt, wird diese Form der Kostenplanung als periodengerecht bezeichnet. Periodengerechte Kostenplanungen erlauben Ihnen, im Reporting Plankosten periodengenau, also z.B. monatsweise, zu analysieren und später mit den in einer Periode tatsächlich angefallenen Istkosten zu vergleichen.

[»] Periodengerechte Möglichkeiten der Kostenplanung im Projektsystem sind die Detailplanung (siehe Abschnitt 3.4.3) und die Netzplankalkulation (siehe Abschnitt 3.4.5). Das Easy Cost Planning ist nur bedingt periodengerecht (siehe Abschnitt 3.4.4), die anderen Formen der Kostenplanung im Projektsystem sind periodenunabhängig bzw. haben lediglich Bezug zu Geschäftsjahren, nicht jedoch zu einzelnen Perioden eines Geschäftsjahres.

CO-Versionen

Wenn Sie Kosten auf PSP-Elementen planen, nehmen Sie dabei immer Bezug auf eine CO-Version. CO-Versionen können im Customizing definiert werden und enthalten eine Reihe von Steuerungsparametern für ihre Verwendungen im Controlling und im Projektsystem (siehe Abbildung 3.49). Je nachdem, welche Form der Kostenplanung Sie verwenden, ist die CO-Version entweder im Customizing voreingestellt, oder Sie wählen sie manuell beim Einstieg in die Kostenplanung aus.

CO-Versionen erlauben es Ihnen, für ein und dasselbe PSP-Element mehrere unterschiedliche Kosten zu planen. So können Sie z.B. in einer frühen Planungsphase Ihres Projekts eine grobe Form der Kostenplanung wählen und die entsprechenden Plankosten z.B. in der CO-Version 1 sichern. Später, im Rahmen der Detailplanung, können Sie eine detailliertere Kostenplanungsform nutzen, um die Planwerte in der CO-Version 0 abzulegen. Im Reporting können Sie dann Ihre Grobplanungswerte mit denen der Detailplanung vergleichen.

[»] Die detailliertesten Planwerte eines Projekts sollten Sie in der CO-Version 0 sichern, da auch die Istkosten in dieser Version abgelegt werden. Die Plankosten der Netzplankalkulation werden immer in der Version 0 gespeichert.

Mithilfe von Kopierfunktionen (Transaktionen CJ9BS, CJ9B, CJ9FS und CJ9F) können Sie Planwerte einer CO-Version in eine andere CO-Version kopieren und dort unabhängig von der ursprünglichen

CO-Version weiterbearbeiten. Mithilfe der Transaktionen CJ9CS und CJ9C können Sie bei Bedarf auch die Istkosten von PSP-Elementen aus der Version 0 als Plankosten in eine CO-Version übernehmen.

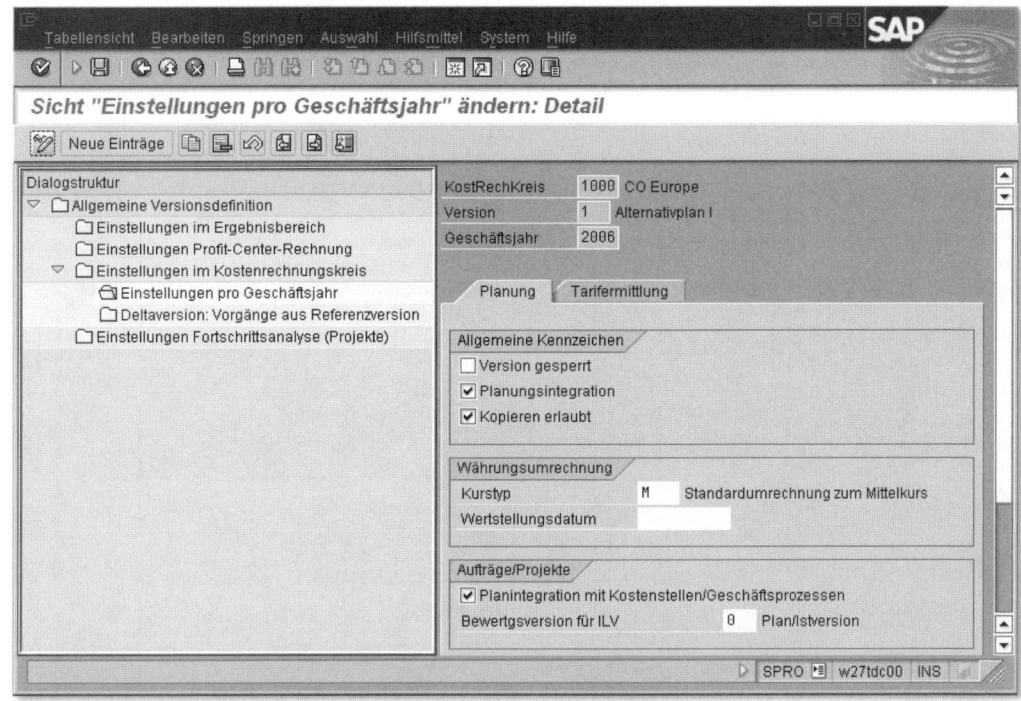

Abbildung 3.49 Geschäftsjahres- und kostenrechnungskreisabhängige Einstellungen einer CO-Version

Die manuelle Kostenplanung auf PSP-Elementen setzt die Definition eines *Planprofils* im Customizing des Projektsystems (siehe Abbildung 3.50) voraus. Ein Planprofil enthält Steuerungsparameter für die unterschiedlichen Möglichkeiten zur Kostenplanung auf PSP-Elementen. Mithilfe des Planprofils legen Sie z. B. fest, ob eine manuelle Kostenplanung nur auf PSP-Elementen mit dem operativen Kennzeichen **Planungselement** (siehe Abschnitt 2.2.1) möglich sein soll oder auf allen PSP-Elementen. Sie tragen das zu verwendende Planprofil in die Projektdefinition eines Projekts ein. Im Projektprofil können Sie bereits einen Vorschlagswert für das Planprofil von Projekten hinterlegen.

Planprofil

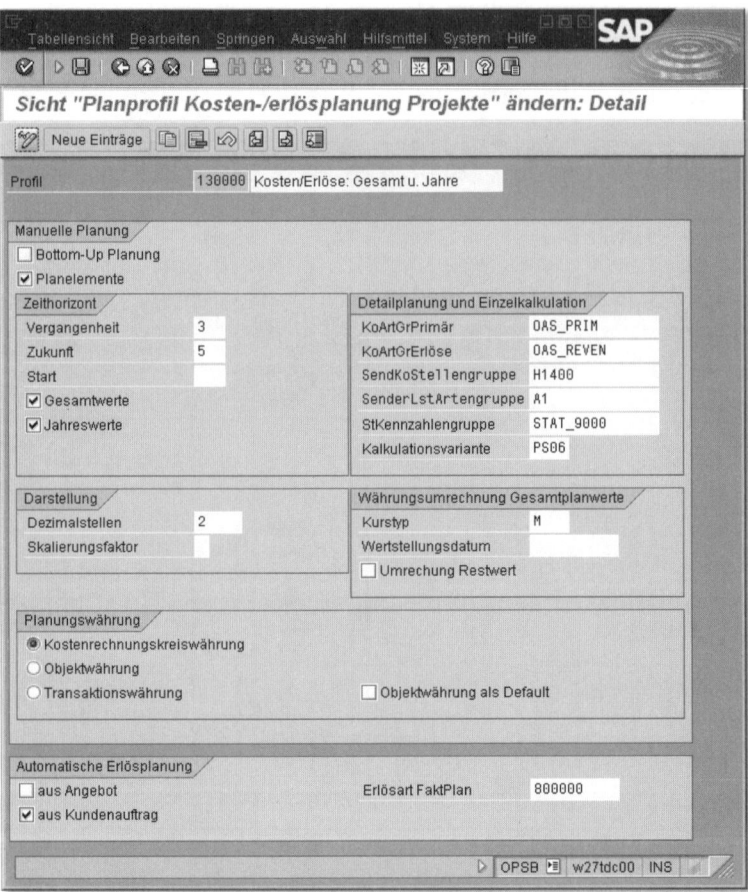

Abbildung 3.50 Beispiel für die Definition eines Planprofils

Je nach verwendeter Form der Kostenplanung sind weitere Einstellungen im Customizing notwendig. Diese Einstellungen sowie die jeweils relevanten Steuerungsparameter des Planprofils werden nachfolgend in den Abschnitten zu den verschiedenen Kostenplanungsformen behandelt.

3.4.1 Hierarchische Kostenplanung

Die hierarchische Kostenplanung[31] auf Ebene von PSP-Elementen ist die gröbste Form der Kostenplanung. Sie ist weder kostenarten-

---

31 Diese Form der Kostenplanung wird teilweise auch als *Gesamtplanung* oder *Strukturplanung* bezeichnet.

noch periodengerecht. Dafür erfordert eine hierarchische Kostenplanung von allen Planungsformen den geringsten Planungsaufwand. Je nach den Einstellungen des Planprofils können Sie mithilfe der hierarchischen Kostenplanung *Gesamtwerte* (Planwerte ohne Bezug zu Geschäftsjahren) oder Planwerte für einzelne Geschäftsjahre planen. Das Planprofil steuert dann zusätzlich den Zeithorizont, der für die Geschäftsjahresplanung zur Verfügung stehen soll. Bei Bedarf können Sie mithilfe der hierarchischen Kostenplanung auch sowohl Gesamtwerte als auch Werte mit Bezug zu Geschäftsjahren planen.

> Eine Verteilung von Plankosten auf die Perioden eines Geschäftsjahres ist mithilfe der hierarchischen Kostenplanung nicht möglich. Sie bestimmen bei der hierarchischen Kostenplanung die Geschäftsjahre, für die Sie Kosten planen möchten, manuell, diese werden also nicht aus den Planterminen der Projekte abgeleitet. Die Werte der hierarchischen Kostenplanung haben darüber hinaus keinen Bezug zu Kostenarten. Diese Form der Kostenplanung ist also nicht kostenartengerecht.

[!]

Die Kostenplanung selbst geschieht, indem Sie tabellarisch in der Transaktion CJ40 für PSP-Elemente, die eine Kostenplanung erlauben, Gesamt- bzw. Geschäftsjahreswerte in die Spalte **Kostenplan** eintragen (siehe Abbildung 3.51). Weitere Spalten (*Sichten*) informieren Sie über die hierarchische Verteilung der Planwerte, Plankosten, die mithilfe anderer Kostenplanungsformen geplant wurden, oder die Planwerte des vorherigen Geschäftsjahres bzw. die Summe aller Geschäftsjahreswerte.

In der Sicht **Plansumme** wird die Summe aller Plankosten eines PSP-Elements in der jeweiligen CO-Version und dem entsprechenden Geschäftsjahr ausgewiesen, unabhängig davon, in welcher Form der Kostenplanung diese erfasst wurden. Insbesondere beinhaltet die Plansumme auch Plankosten additiver Aufträge (siehe Abschnitt 3.4.6) und Netzpläne bzw. Netzplanvorgänge (siehe Abschnitt 3.4.5), die dem PSP-Element zugeordnet sind.

Plansumme

Bei Bedarf können Sie Werte von Sichten mithilfe der Funktion **Kopieren Sicht** als hierarchische Planwerte für selektierte PSP-Elemente übernehmen. Dabei können Sie entscheiden, zu wie viel Prozent diese Werte kopiert werden sollen, ob sie zu den ursprünglichen Werten hinzuaddiert oder als neue Werte übernommen werden sollen. Die Funktion **Umwerten** dient dazu, Planwerte von

Funktionen »Kopieren Sicht« und »Umwerten«

selektierten PSP-Elementen um einen bestimmten Prozentsatz oder Betrag zu erhöhen oder zu verringern.

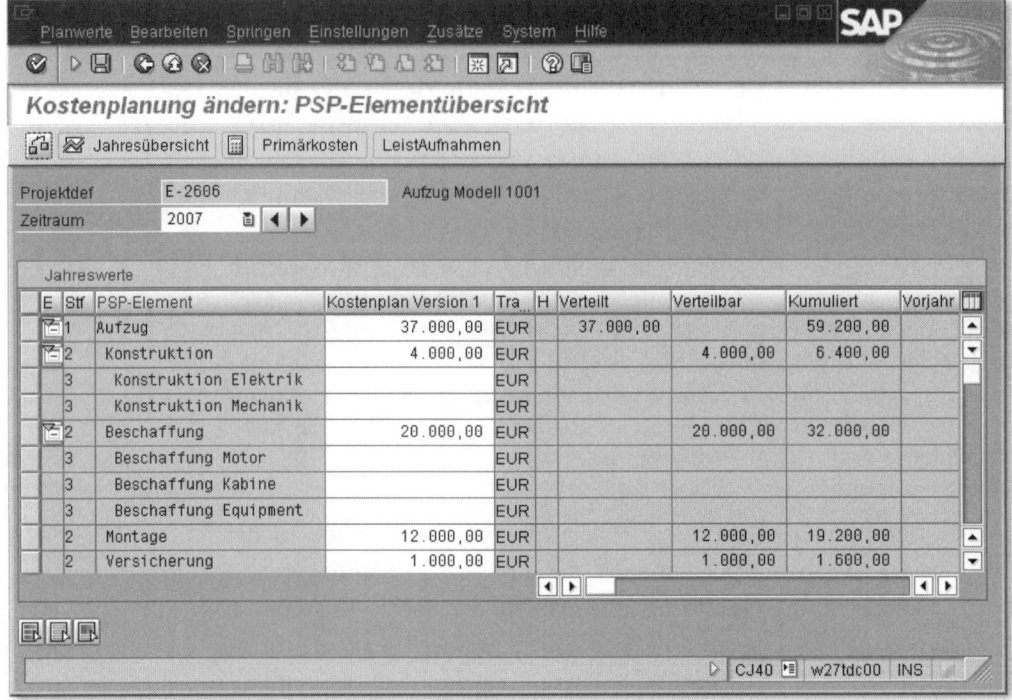

Abbildung 3.51 Beispiel für eine hierarchische Kostenplanung

Funktion »Hochsummieren« Mithilfe der Funktion **Hochsummieren** können Sie die hierarchischen Planwerte von PSP-Elementen aus der Summe der Planwerte der untergeordneten PSP-Elemente ableiten.[32] Durch das Setzen des Kennzeichens **Bottom-Up Planung** im Planprofil kann diese Funktion auch automatisch beim Sichern der hierarchischen Kostenplanung ausgeführt werden.

Währungen bei der hierarchischen Kostenplanung Je nach Einstellungen des Planprofils können Sie mithilfe der hierarchischen Kostenplanung Werte in der Kostenrechnungskreiswährung des Projekts, der Objektwährung der einzelnen PSP-Elemente oder in einer frei wählbaren Währung (Transaktionswährung) pla-

---

32 Beachten Sie, dass beim Hochsummieren die hierarchischen Planwerte der untergeordneten PSP-Elemente sowie ggf. vorhandene Werte aus Einzelkalkulationen oder Detailplanungen summiert werden. Werte zugeordneter Aufträge bzw. Netzpläne werden nicht mit hochsummiert.

nen. Im letzen Fall können Sie im Einstiegsbild bereits einen Vorschlagswert für diese Währung hinterlegen. Die Planwerte werden beim Sichern automatisch auch in die Kostenrechnungskreis- und jeweilige Objektwährung umgerechnet und in allen drei Währungen auf der Datenbank gespeichert.[33] Für Gesamtwerte werden Details der Umrechnung, wie z. B. der Kurstyp, über das Plantafelprofil gesteuert. Für Jahreswerte wird der Kurstyp aus den geschäftsjahresabhängigen Einstellungen der CO-Version ermittelt.

Sie können die Planwerte einer hierarchischen Kostenplanung ohne Prüfung speichern oder zuvor eine Prüfung durchführen. Die Prüfung stellt sicher, dass die Gesamtwerte der einzelnen PSP-Elemente mindestens so groß sind wie die Summe ihrer Jahreswerte und dass die Planwerte von PSP-Elementen größer oder gleich den Planwerten der hierarchisch untergeordneten PSP-Elemente sind.

Prüfung der Planwerte

Bei Bedarf können Sie einen Anwenderstatus definieren (siehe Abschnitt 2.6), der den betriebswirtschaftlichen Vorgang **Planeinzelposten schreiben** erlaubt. In diesem Fall wird nach dem Setzen dieses Status im Projekt jede Änderung der hierarchischen Kostenplanung mit Angaben zum Datum und dem ändernden Benutzer in einem eigenen Beleg (Planeinzelposten) festgehalten und kann so später jederzeit nachvollzogen werden.

Planeinzelposten

3.4.2 Einzelkalkulation

In der Transaktion CJ40 können Sie für PSP-Elemente auch Einzelkalkulationen für die Planung von Kosten anlegen. Mithilfe von Einzelkalkulationen können Sie für die Kostenplanung Ihrer Projekte unter anderem auf Preise für Material, Fremd- oder Dienstleistungen aus der Materialwirtschaft bzw. dem Einkauf zurückgreifen oder auch Tarife aus dem Controlling für die Planung von Kosten für Eigenleistungen heranziehen. Einzelkalkulationen für PSP-Elemente sind kostenarten-, jedoch nicht periodengerecht.

---

33 In der Definition des Kostenrechnungskreises muss das Kennzeichen Alle Währungen gesetzt sein.

Genau wie bei der hierarchischen Kostenplanung können die Planwerte der Einzelkalkulation in Abhängigkeit von den Einstellungen
des Planprofils mit Bezug zu einzelnen Geschäftsjahren und/oder
unabhängig von Geschäftsjahren als Gesamtwerte erfasst werden.

[!] Auch bei der Verwendung von Einzelkalkulationen zur Kostenplanung auf
PSP-Elementen ist eine Verteilung der Werte auf unterjährige Perioden
nicht möglich. Bei geschäftsjahresabhängigen Einzelkalkulationen werden
die Geschäftsjahre nicht aus den Planterminen der Projekte abgeleitet,
sondern müssen manuell ausgewählt werden.

Positionstypen   Wenn Sie eine Einzelkalkulation für ein PSP-Element in der Transaktion CJ40 anlegen, erhalten Sie zunächst eine leere Liste, in der Sie
zeilenweise **Kalkulationspositionen** erfassen können (siehe Abbildung 3.52). Beim Anlegen einer Kalkulationsposition spezifizieren
Sie zunächst einen *Positionstyp*. Dieser Positionstyp bestimmt nun,
welche Daten Sie zur Kostenplanung eingeben müssen und welche
Daten vom System automatisch ermittelt werden. Nachfolgend werden nun einige der wichtigsten Positionstypen erläutert.

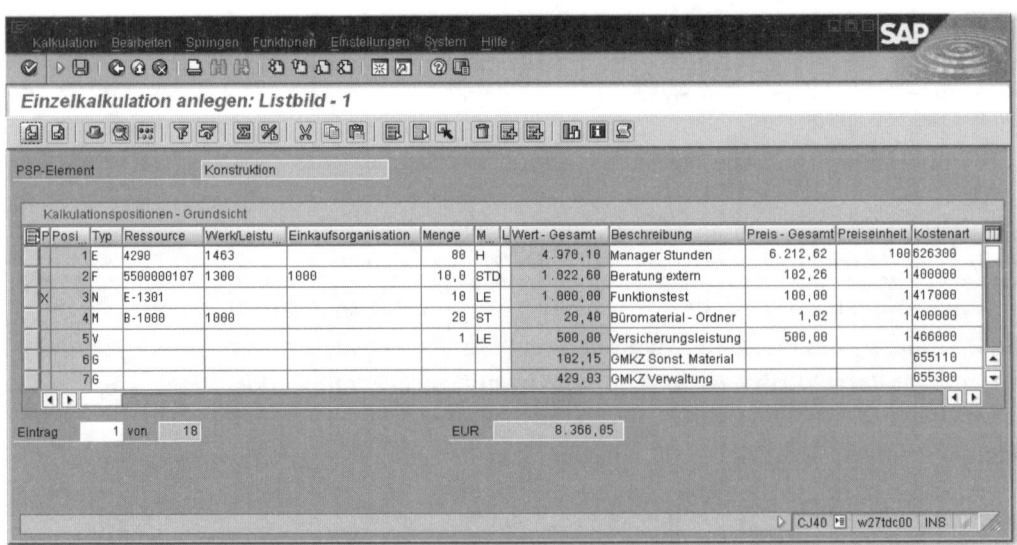

Abbildung 3.52 Beispiel für eine Einzelkalkulation eines PSP-Elements

Der Positionstyp **E** (**Eigenleistung**) dient zur Planung von Kosten für
Leistungen, die Kostenstellen für ein PSP-Element erbringen sollen.
In einer Kalkulationsposition zum Positionstyp **E** geben Sie eine Kos-

tenstelle, die entsprechende Leistungsart[34] und die Menge der geplanten Leistungsaufnahme an. Das System ermittelt dann automatisch aus der Kostenstellenrechnung des Controllings den *Tarif* zu der Kombination aus Leistungsart und Kostenstelle und bewertet damit die geplante Menge. Aus dem Stammsatz der Leistungsart übernimmt das System die Kostenart, zu der die Planwerte ausgewiesen werden, sowie den Text und die Mengeneinheit der Leistung.

Mithilfe von Kalkulationspositionen zu den Positionstypen **F (Fremdleistung)** oder **L (Lohnbearbeitung)** können Sie Kosten für externe Fremdleistungen bzw. Lohnbearbeitungen planen. Sie geben dazu einen Einkaufsinfosatz, ein Werk, eine Einkaufsorganisation, die geplante Menge und die Kostenart an. Das System ermittelt aus diesen Daten dann automatisch einen Preis, die Mengeneinheit, den Text und berechnet den entsprechenden Positionswert.

Für die Planung von Kosten für Dienstleistungen steht Ihnen der Positionstyp **N (Dienstleistung)** zur Verfügung. Über die von Ihnen angegebene Menge und Dienstleistung ermittelt das System den Preis, die Mengeneinheit sowie den Text und berechnet so den Positionswert. Die Kostenart wird dabei aus dem Stammsatz der Dienstleistung übernommen.

Kosten für Material können Sie in einer Einzelkalkulation mithilfe des Positionstyps **M (Material)** planen. Dazu spezifizieren Sie die Materialnummer, das Werk und die geplante Menge, und das System ermittelt anhand dieser Daten den Preis und die Mengeneinheit sowie den Text des Materials. Die Kostenart zum Positionswert wird dabei über die automatische Kontenfindung abgeleitet.

Sollten Ihnen die Daten wie z.B. Leistungsarten und Tarife, Einkaufsinfosätze oder Materialstammsätze usw. nicht zur Verfügung stehen, können Sie mithilfe des Positionstyps **V (Variable Position)** frei Kosten in einer Einzelkalkulation planen. Dazu tragen Sie manuell eine geplante Menge, einen Preis, die Kostenart und bei Bedarf einen

---

34 Leistungsarten werden in der Kostenstellenrechnung des Controllings definiert und dienen dazu, unterschiedliche Leistungen einer Kostenstelle zu unterscheiden. In der Kostenstellenrechnung werden für Kombinationen aus Kostenstelle, Leistungsart und Periode *Tarife* gepflegt. Die Tarife können entweder manuell festgelegt oder mithilfe der Tarifermittlung automatisch ermittelt werden.

beschreibenden Text ein. Das System ermittelt dann lediglich aus dem Produkt des Preises und der Menge den Positionswert.

Muster-
kalkulationen

Wenn Sie immer wieder ähnliche Kombinationen aus Kalkulationspositionen für die Kostenplanung von Projekten einsetzen, können Sie mithilfe der Transaktion KKE1 **Kopiervorlagen für Einzelkalkulationen**, so genannte *Musterkalkulationen*, definieren. Mithilfe des Positionstyps **B (Musterkalkulation)** können Sie in einer Einzelkalkulation dann auf solche Musterkalkulationen verweisen und deren Planwerte übernehmen oder sogar deren einzelne Kalkulationspositionen auflösen und in die Einzelkalkulation kopieren.

Da die einzelnen Kalkulationspositionen immer Bezug zu einer Kostenart haben, kann das System auch Gemeinkostenzuschläge für Einzelkalkulationen berechnen. Die Berechnung der Gemeinkostenzuschläge wird dabei durch das Kalkulationsschema der jeweiligen PSP-Elemente gesteuert (siehe Abschnitt 6.3) und findet automatisch beim Sichern der Einzelkalkulation statt. Bei Bedarf können Sie die Berechnung der Gemeinkosten jedoch schon beim Erstellen einer Einzelkalkulation anstoßen. In Einzelkalkulationen werden die Gemeinkostenzuschläge als Positionen zum Positionstyp **G (Gemeinkostenzuschlag)** ausgewiesen.[35]

Wenn Sie die Einzelkalkulation zu einem PSP-Element sichern, wird der Gesamtbetrag der Einzelkalkulation in der Transaktion CJ40 in der Sicht **Einzelkalkulation** angezeigt und fließt in den Wert der Sicht **Plansumme** zu dem entsprechenden PSP-Element mit ein. Planeinzelposten können für Einzelkalkulationen nicht gespeichert werden.

Kalkulations-
variante

Einzelkalkulationen für PSP-Elemente werden durch die *Kalkulationsvariante*, die Sie im Planprofil festlegen, gesteuert. Kalkulationsvarianten für Einzelkalkulationen zu PSP-Elementen können Sie mithilfe der Transaktion OKKT im Customizing des Projektsystems definieren. Eine Kalkulationsvariante verweist auf eine *Kalkulationsart* und eine *Bewertungsvariante*. Die Kalkulationsart bestimmt die technischen Eigenschaften der Kalkulation und bedarf in der Regel keiner weiteren Einstellungen im Projektsystem.

---

35 Setzen Sie auch die Prozesskostenrechnung bzw. die Template-Verrechnung (siehe Abschnitt 6.4) für die Verrechnung von Gemeinkosten ein, stehen Ihnen zusätzlich die Positionstypen X (Prozesskosten manuell) und P (**Prozesskosten ermittelt**) in Einzelkalkulationen zur Verfügung.

Die Bewertungsvariante einer Kalkulationsvariante steuert mithilfe von Strategien, welche Tarife und Preise für die Ermittlung der Plankosten von Eigenleistungen, Fremdleistungen, Material usw. in Einzelkalkulationen herangezogen werden sollen. Abbildung 3.53 zeigt exemplarisch eine mögliche Strategie zur Ermittlung von Tarifen für Eigenleistungen. Mithilfe des Feldes **CO-Version Plan/Ist** steuern Sie, aus welcher CO-Version die Tarife entnommen werden sollen.

Bewertungsvariante

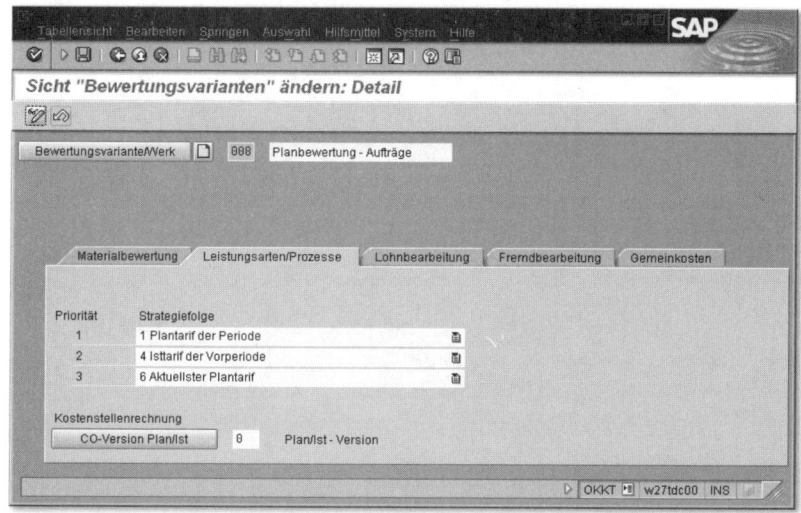

Abbildung 3.53 Beispiel für die Definition einer Strategie zur Ermittlung von Tarifen in einer Bewertungsvariante

Zur Berechnung der Gemeinkostenzuschläge verwendet das System bei PSP-Elementen immer das Kalkulationsschema in den Stammdaten der jeweiligen PSP-Elemente. Das Kalkulationsschema, das Sie in einer Bewertungsvariante angeben können, findet daher bei Einzelkalkulationen für PSP-Elemente keine Verwendung.

3.4.3   Detailplanung

Die Detailplanung für PSP-Elemente ist eine kostenarten- und periodengerechte Form der Kostenplanung. Bei einer Detailplanung für Kosten auf Ebene von PSP-Elementen wird zwischen der *Kostenarten*- und der *Leistungsaufnahmeplanung* unterschieden.[36] Sie können

---

36 Analog zur Kostenarten- und Leistungsaufnahmeplanung kann man die Detailplanung auch zur Planung statistischer Kennzahlen oder Ressourcen aus dem Controlling sowie zur Zahlungsplanung verwenden.

die Detailplanung (Kostenarten- und Leistungsaufnahmeplanung) über die Transaktion CJ40 oder direkt über die Transaktion CJR2 aufrufen.

Kostenarten-planung

Bei der Kostenartenplanung wählen Sie aus einer Liste von Kostenarten (typischerweise Primärkostenarten) diejenigen Kostenarten aus, zu denen Sie Kosten planen möchten, und geben einen geplanten Betrag für ein Geschäftsjahr oder ein bestimmtes Periodenintervall ein (siehe Abbildung 3.54).[37] Diesen Betrag können Sie im Periodenbild der Kostenartenplanung dann auf einzelne Perioden aufteilen.

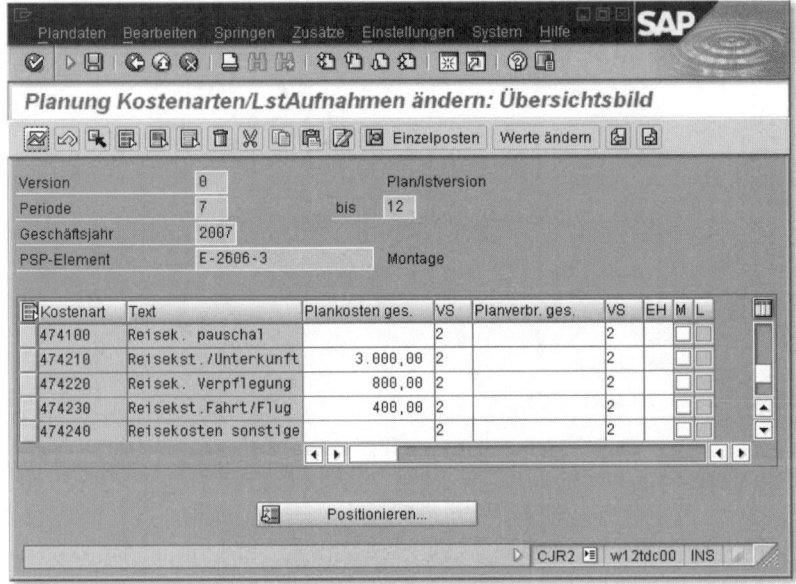

Abbildung 3.54 Beispiel für eine Kostenartenplanung im Übersichtsbild

Verteilungs-schlüssel

Mithilfe von Verteilungsschlüsseln kann das System auch automatisch eine Aufteilung auf die einzelnen Perioden vornehmen. Der Standardverteilungsschlüssel **1** nimmt z.B. eine gleichmäßige Verteilung auf alle Perioden vor, während der Schlüssel **7** zu einer Verteilung auf Basis der Kalendertage der jeweiligen Perioden führt. Im Standard sind bereits eine Reihe von Standardverteilungsschlüsseln vorhanden. Über die F1-Hilfe zu dem Feld **VS** (Verteilungsschlüssel)

---

37 Erlaubt eine Kostenart das Führen von Mengeninformationen, können Sie neben dem geplanten Betrag auch eine Planmenge in der Kostenartenplanung eintragen. Diese Planmenge kann später z.B. für eine mengenabhängige Gemeinkostenbezuschlagung verwendet werden.

können Sie sich Beispiele für die verschiedenen Verteilungsschlüssel anzeigen lassen. Bei Bedarf können Sie in der Customizing-Transaktion KP80 auch eigene Verteilungsschlüssel definieren, indem Sie für jede Periode einen Faktor hinterlegen, der die Aufteilung der Werte bestimmt.

Bei der Leistungsaufnahmeplanung planen Sie Leistungen, die Sie im Verlauf des Projekts von Kostenstellen in Anspruch nehmen wollen. Dazu geben Sie die Kostenstellen, die jeweiligen Leistungsarten und die geplanten Mengen ein. Aus der Kostenstellenrechnung des Controllings ermittelt das System dann automatisch die Tarife zu den Kombinationen aus Kostenstellen und Leistungsarten in den jeweiligen Perioden und berechnet so die Plankosten.[38] Aus dem Stammsatz der Leistungsarten werden automatisch die jeweiligen Kostenarten übernommen. Genau wie bei der Kostenartenplanung können Sie eine Aufteilung auf verschiedene Perioden manuell vornehmen oder mithilfe von Verteilungsschlüsseln automatisieren.

Leistungsaufnahmeplanung

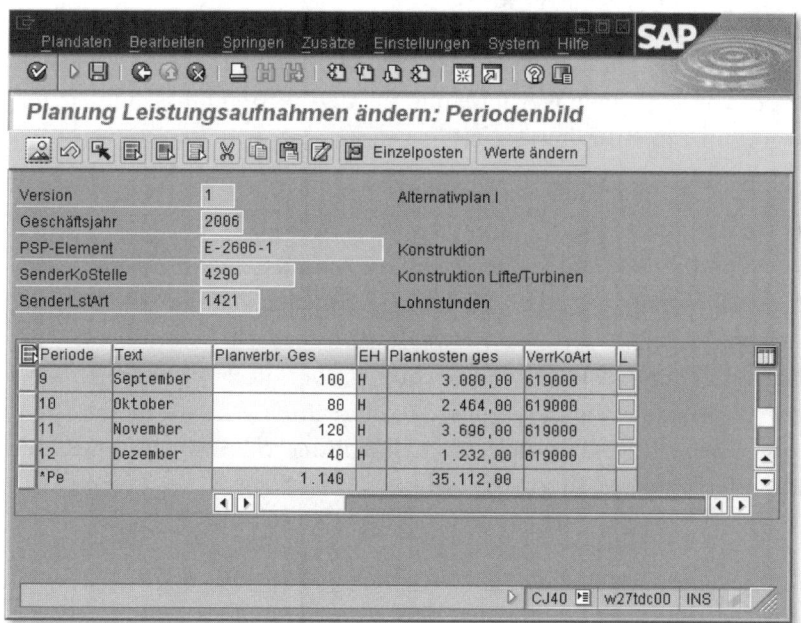

Abbildung 3.55 Beispiel für eine Leistungsaufnahmeplanung im Periodenbild

---

38 Das System übernimmt die Tarife aus derjenigen CO-Version, die Sie in den geschäftsjahresabhängigen Daten der CO-Version Ihrer Kostenplanung eingetragen haben.

[!] Bei der Detailplanung bestimmen Sie selbst die Perioden der Kostenplanung. Die Perioden der Kostenarten- und Leistungsaufnahmeplanung werden also nicht aus den Planterminen der PSP-Elemente abgeleitet. Terminverschiebungen von Projekten oder Projektteilen wirken sich daher auch nicht automatisch auf die Kostenverteilung einer Detailplanung aus.

Planintegration

Eine besondere Funktion, die Ihnen bei der Verwendung der Leistungsaufnahmeplanung zur Verfügung steht, ist die so genannte *Planintegration*. Bei einer planintegrierten Planung von Leistungsaufnahmen werden nicht nur die Plankosten für die PSP-Elemente ermittelt, sondern Ihre geplanten Leistungsaufnahmen werden unmittelbar in der Kostenstellenrechung als **disponierte Leistungen** für die betroffenen Kostenstellen ausgewiesen und können im Rahmen der Kostenstellenplanung Ihres Unternehmens berücksichtigt werden. Zusätzlich steht Ihnen die Möglichkeit einer Planabrechnung an Kostenstellen oder Geschäftsprozesse bei einer planintegrierten Planung zur Verfügung. Für die Verwendung einer planintegrierten Kostenplanung müssen Sie das Kennzeichen **Planintegration** in den relevanten PSP-Elementen setzen (dies kann über das Projektprofil vorgeschlagen werden), und die CO-Version muss eine Planintegration explizit erlauben.[39]

Gemeinkostenzuschläge

Da die Detailplanung – sowohl in Form der Kostenarten- als auch in Form der Leistungsaufnahmeplanung – stets einen Bezug zu Kostenarten besitzt, können Sie anhand der Plandaten auch Gemeinkostenzuschläge planen. Anders als bei der Einzelkalkulation für PSP-Elemente geschieht dies jedoch nicht automatisch beim Sichern der Kostenplanung, sondern muss manuell über die Transaktionen CJ46 oder CJ47 angestoßen werden. Die Berechnung der Gemeinkostenzuschläge wird dabei über die Kalkulationsschemata der einzelnen PSP-Elemente gesteuert.

Planeinzelposten

Genau wie bei der hierarchischen Kostenplanung werden auch bei der Detailplanung Planeinzelposten geschrieben, wenn der Status der jeweiligen PSP-Elemente dies explizit erlaubt. Mithilfe dieser Planeinzelposten können Sie jede Änderung der Detailplanung später separat analysieren. Bei einer planintegrierten Planung werden

---

[39] Das relevante Kennzeichen **Planintegration mit Kostenstellen/Geschäftsprozessen** für eine Planintegration der Leistungsaufnahmen für PSP-Elemente finden Sie im Detailbild der geschäftsjahresabhängigen Daten der CO-Version.

automatisch Planeinzelposten geschrieben, unabhängig davon, ob ein Status diesen betriebswirtschaftlichen Vorgang erlaubt oder nicht.

Die einzelnen Erfassungsmasken der Detailplanung werden durch so genannte *Planungslayouts* bestimmt. Es werden diverse Planungslayouts von SAP ausgeliefert. Bei Bedarf können Sie jedoch auch eigene Planungslayouts im Customizing definieren. Als Werkzeug zum Erstellen von Planungslayouts steht Ihnen der Report Painter zur Verfügung (siehe auch Abschnitt 7.2).

Planungslayouts

Die Planungslayouts für die verschiedenen Masken der Kostenarten- und Leistungsaufnahmeplanung werden in einem *Planerprofil* zusammengefasst (siehe Abbildung 3.56). Sie können auf vordefinierte Planerprofile zurückgreifen oder auch eigene Planerprofile im Customizing anlegen. Über das Planerprofil wird unter anderem zusätzlich gesteuert, ob eine Integration mit Microsoft Excel möglich ist.[40]

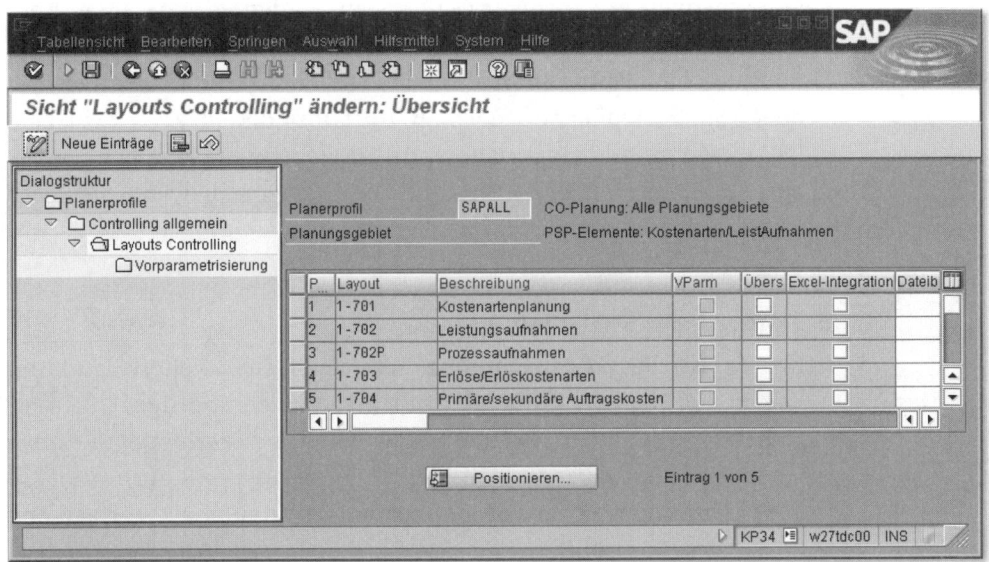

Abbildung 3.56 Definition des Planerprofils SAPALL

---

40 Die Integration mit Microsoft Excel kann entweder darin bestehen, dass lediglich die Microsoft-Excel-Oberfläche für die Erfassung der Plandaten verwendet wird oder dass Daten aus Excel-Dateien in das SAP-System importiert werden. Weitere Details zum Import von Microsoft-Excel-Daten finden Sie in den Hinweisen 489 867, 319 713 und 499 152.

Planerprofil Wenn Sie die Detailplanung aus der Transaktion CJ40 heraus starten, werden automatisch das Planerprofil **SAP101** und die darin enthaltenen Planungslayouts für die Kostenarten- und die Leistungsaufnahmenplanung verwendet. Welche Kostenarten, Kostenstellen und Leistungsarten Ihnen bei der Detailplanung über die Transaktion CJ40 zur Verfügung stehen, können Sie über das Planprofil der Projektdefinition steuern. Dazu hinterlegen Sie im Planprofil die entsprechenden Kostenarten-, Kostenstellen- und Leistungsartengruppen.[41]

Wenn Sie die Transaktion CJR2 für die Detailplanung verwenden, können Sie manuell über die Einstellungen das Planerprofil auswählen. Mithilfe des Parameters **PPP** können Sie das Planerprofil, das in der Transaktion CJR2 verwendet werden soll, jedoch auch bereits in den SAP-Benutzerdaten hinterlegen. Im Einstiegsbild der Transaktion CJR2 können Sie nun das Planungslayout auswählen, das Sie für die Planung verwenden möchten. Wenn Sie im Planerprofil keine Vorparametrisierung vorgenommen haben, müssen Sie anschließend manuell Angaben zur CO-Version, zu den Perioden, den Kostenarten oder den Kostenstellen und Leistungsarten der Kostenplanung machen. Ferner müssen Sie die PSP-Elemente spezifizieren, auf denen Sie Kosten planen möchten. Anstatt zu diesem Zweck einzelne PSP-Elemente oder Intervalle von PSP-Elementen anzugeben, können Sie auch eine PSP-Element-Gruppe eingeben, wenn Sie diese zuvor in der Transaktion CJSG definiert haben.

3.4.4 Easy Cost Planning

Der Begriff Easy Cost Planning bezeichnet eine weitere Funktion Kosten auf Ebene von PSP-Elementen zu planen und steht Ihnen im Projektsystem ab dem Release SAP R/3 4.6C zur Verfügung. Ähnlich wie bei der Einzelkalkulation für PSP-Elemente greift auch das Easy Cost Planning in Form von Kalkulationspositionen auf vorhandene Daten des Controllings, des Einkaufs oder der Materialwirtschaft zurück. Wenn Sie jedoch immer wieder ähnliche Kosten kalkulieren möchten, haben Sie beim Easy Cost Planning die Möglichkeit, im Vorfeld so genannte *Kalkulationsmodelle (Planungsvorlagen)* zu defi-

---

41 Kostenarten-, Kostenstellen- und Leistungsartengruppen werden in der Kostenarten- bzw. Kostenstellenrechnung des Controllings mithilfe der Transaktionen KAH1, KSH1 und KLH1 definiert und enthalten Intervalle oder auch einzelne Werte der jeweiligen Objekte.

nieren und somit die Erfassung der benötigten Kalkulationsdaten stark zu vereinfachen. Die Kostenplanung mithilfe des Easy Cost Planning ist kostenartengerecht.

[!]

Die Periode der Plankosten eines PSP-Elements wird beim Easy Cost Planning aus dem Eckstarttermin des PSP-Elements ermittelt. Erstreckt sich der geplante Zeitraum eines PSP-Elements über mehrere Perioden, findet keine Verteilung der Plankosten statt. Die Plankosten werden in der Periode ausgewiesen, in der auch der Eckstarttermin des PSP-Elements liegt. Verschiebt sich der Eckstarttermin des PSP-Elements, reicht ein erneuter Aufruf des Easy Cost Planning aus, um automatisch die Periode der Plankosten an die Periode des neuen Eckstarttermins anzupassen.

Sie können das Easy Cost Planning für ein Projekt aus dem Project Builder heraus starten.[42] Im linken Bereich des Easy Cost Planning finden Sie die Kalkulationsstruktur, d.h. die hierarchische Struktur des Projektstrukturplans. Je nach Einstellung des Strukturbaums im Project Builder werden dabei im Easy Cost Planning entweder die Identifikationen oder die Bezeichnungen der PSP-Elemente angezeigt. Wenn Sie in der Kalkulationsstruktur ein PSP-Element selektieren, das eine Kostenplanung erlaubt, können Sie nun im rechten Bereich Kosten für dieses PSP-Element kalkulieren.

Positionssicht

Die Kalkulation kann auf zwei unterschiedliche Arten erfolgen. Eine Möglichkeit besteht darin, dass Sie eine *Positionssicht* einblenden und analog zur Einzelkalkulation für PSP-Elemente eine Liste von Kalkulationspositionen erstellen (siehe Abschnitt 3.4.2). Dabei müssen Sie in Abhängigkeit vom jeweiligen Positionstyp manuell Angaben zu Kostenstellen, Leistungsarten, Materialnummern, Einkaufsinfosätzen, Kostenarten usw. machen. Bei der Übernahme der Daten berechnet das System automatisch anhand der Kalkulationsschemata in den jeweiligen PSP-Elementen zusätzlich auch Gemeinkostenzuschläge und zeigt die Plankosten in der Kalkulationsstruktur an.

Verwendung von Planungsvorlagen

Sind immer wieder die gleichen Daten für Kalkulationspositionen relevant, können Sie diese vorher in Planungsvorlagen hinterlegen. Anstatt nun manuell Kalkulationspositionen anzulegen und dabei Kostenstellen, Leistungsarten usw. zu spezifizieren, können Sie im

---

42 Sie können das Easy Cost Planning auch direkt starten. Sie finden dazu jedoch keine Transaktion im Menü des Projektsystems, sondern müssen direkt den Transaktionscode CJ9ECP eingeben.

Easy Cost Planning einfach Bezug auf diese Planungsvorlagen nehmen und darüber automatisch alle benötigten Kalkulationsdaten ableiten. Die Ableitung der Kalkulationsdaten geschieht dabei jedoch nicht statisch, sondern dynamisch anhand von Formeln und Aktivierungsbedingungen, die Sie in der Planungsvorlage selbst definieren können. Wenn Sie eine Planungsvorlage einem Projektstrukturplanelement im Easy Cost Planning zugeordnet haben, müssen Sie daher zunächst alle Parameter spezifizieren, die in den Formeln und Bedingungen der Planungsvorlage verwendet werden, um die relevanten Kalkulationspositionen und die darin enthaltenen Mengen abzuleiten. Diese Spezifikation der Parameter wird als Merkmalsbewertung bezeichnet. Bei Bedarf können Sie auch einen beschreibenden Text zur Bewertung der Merkmale eingeben.

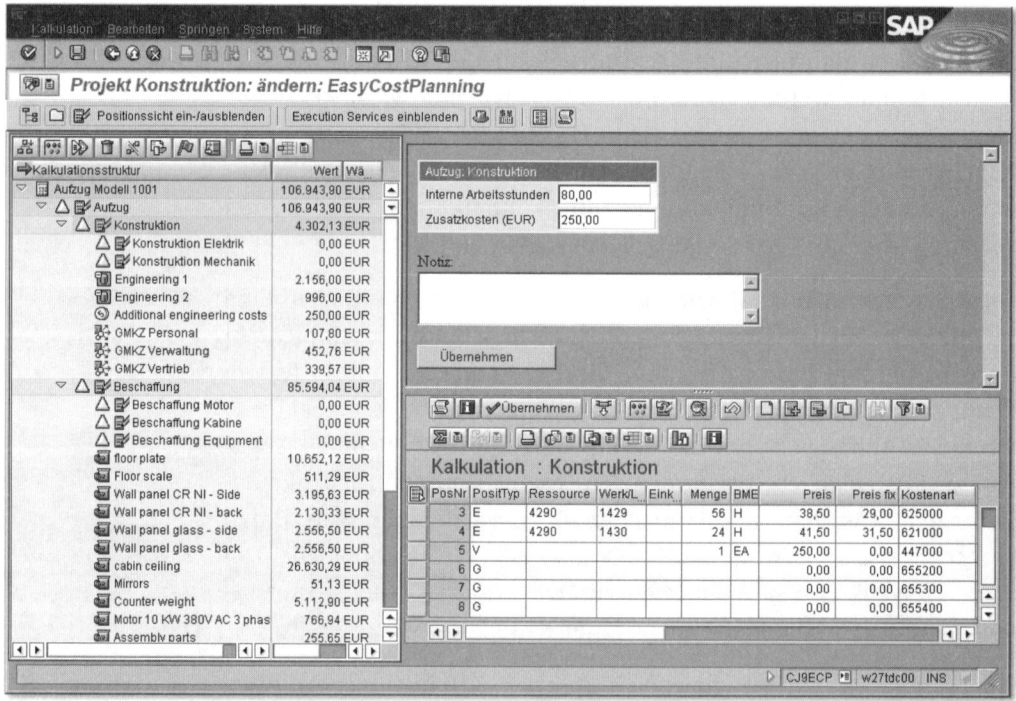

Abbildung 3.57 Beispiel für eine Kostenplanung mithilfe des Easy Cost Planning

Abbildung 3.57 zeigt ein Beispiel für die Verwendung einer Planungsvorlage im Easy Cost Planning. Die Bewertung des Merkmals **Arbeitsstunden** mit dem Wert **80 Stunden** führt in diesem Beispiel aufgrund der Einstellungen der Planungsvorlage dazu, dass automatisch Leistungen der Kostenstelle 4 290 zu zwei unterschiedlichen Leistungsarten mit den Mengen 56 bzw. 24 Stunden geplant wurden. Der angegebene Wert zum Merkmal **Zusatzkosten** wird als Preis für eine variable Position übernommen. In der Planungsvorlage waren dabei alle anderen notwendigen Daten der variablen Position, wie z.B. die Kostenart, hinterlegt.

Mithilfe der Funktion **Kalkulation untergliedern** können Sie einem PSP-Element auch mehrere Planungsvorlagen zuordnen. Bei Bedarf können Sie die aus den Planungsvorlagen abgeleiteten Kalkulationspositionen in der Positionssicht auch manuell um neue Positionen ergänzen. In einem Arbeitsvorrat des Easy Cost Planning können Sie häufig verwendete Planungsvorlagen als Vorschlagsmenge ablegen und somit die Kostenplanung weiter vereinfachen.

Die Definition von Planungsvorlagen bzw. Kalkulationsmodellen geschieht mithilfe der Transaktion CKCM und besteht aus drei Arbeitsschritten (siehe Abbildung 3.58). In einem ersten Schritt definieren Sie die Merkmale und deren mögliche Merkmalsausprägungen, die Sie bei der Merkmalsbewertung und der Definition von Formeln und Bedingungen verwenden möchten.[43] Anhand dieser Merkmale erstellt das System automatisch ein Eingabebild, das später im Easy Cost Planning zur Merkmalsbewertung verwendet werden kann. Bei Bedarf können Sie dieses HTML-basierte Eingabebild in einem zweiten Arbeitsschritt auch an Ihre eigenen Anforderungen anpassen.

Definition von Planungsvorlagen

In einem dritten Arbeitsschritt definieren Sie die *Ableitungsregeln*, die festlegen, wie aus den Merkmalswerten automatisch Kalkulationspositionen ermittelt werden (siehe Abbildung 3.59). In diesem Arbeitsschritt legen Sie zunächst alle Kalkulationspositionen an, die in der Kalkulation auftauchen können, und bestimmen für jede Position über das Feld **Aktivierung**, unter welchen Bedingungen die Position tatsächlich in eine Kalkulation einfließen soll. Für die Definition der Bedingungen steht Ihnen ein eigener Editor zur Verfügung. Insbesondere können Sie für die Definition der Bedingungen auch auf die Merkmale der Planungsvorlage zurückgreifen.

---

43 Wenn Sie geeignete Merkmale bereits in den zentralen Funktionen der Logistik z.B. für Klassifizierungszwecke definiert haben, können Sie auf diese bei der Definition von Planungsvorlagen zurückgreifen. Sollen Merkmale nur für Planungsvorlagen verwendet werden, können Sie die Klasse **051** als Einschränkung in diesen Merkmalen hinterlegen.

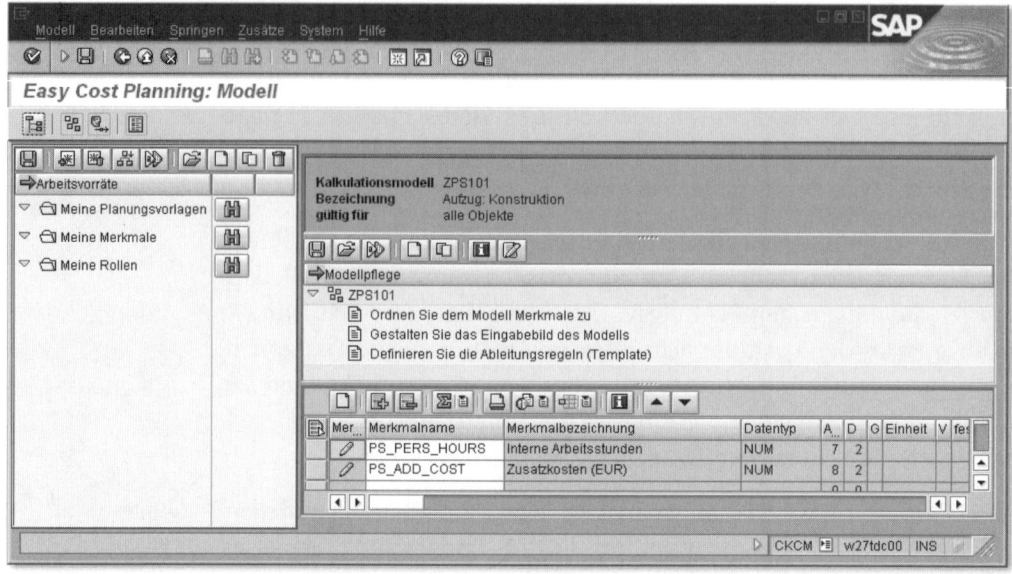

Abbildung 3.58 Definition von Planungsvorlagen für das Easy Cost Planning

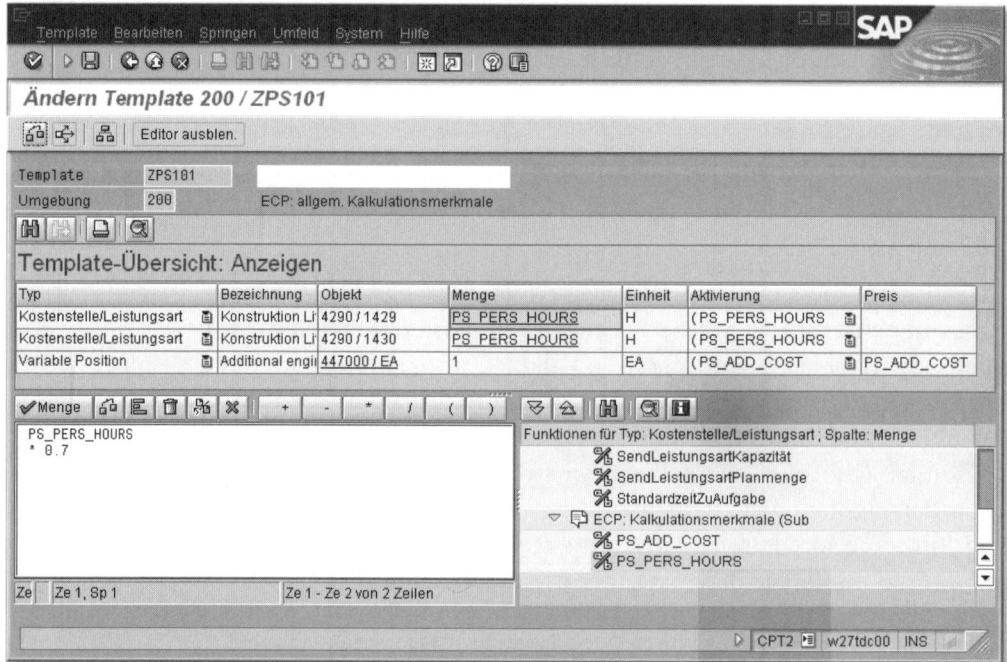

Abbildung 3.59 Beispiel für die Definition einer Ableitungsregel

Für die einzelnen Kalkulationspositionen spezifizieren Sie darüber hinaus den Positionstyp und – in Abhängigkeit vom Positionstyp – die benötigten Kalkulationsdaten wie Kostenstelle, Leistungsart, Materialnummer usw. Für die Felder **Menge** und **Preis** können Sie dabei entweder feste Werte eintragen oder auch Formeln definieren. Die Definition der Formeln geschieht mithilfe eines Formeleditors, in dem Sie insbesondere wieder auf die Merkmale der Planungsvorlage zurückgreifen können.

Genau wie die Einzelkalkulation für PSP-Elemente wird auch die Kalkulation mithilfe des Easy Cost Planning über die Kalkulationsvariante gesteuert, die Sie im Planprofil hinterlegt haben. Die Bewertungsvariante innerhalb der Kalkulationsvariante regelt mithilfe von Strategien wiederum, welche Tarife und Preise z. B. für Eigen- und Fremdleistungen oder Material im Rahmen der Berechnung der einzelnen Positionswerte herangezogen werden sollen (siehe Abschnitt 3.4.2). Zusätzlich legen Sie im Customizing in Abhängigkeit vom Kostenrechnungskreis die CO-Version fest, in der die Planwerte des Easy Cost Planning abgespeichert werden sollen.[44]

Customizing des Easy Cost Planning

Ab dem Release SAP R/3 Enterprise Extension 2.0 können Sie das Easy Cost Planning auch für eine Kostenplanung in mehreren CO-Versionen einsetzen. Dazu hinterlegen Sie im Customizing nicht nur die Standard-CO-Version für das Easy Cost Planning, sondern auch diejenigen CO-Versionen, in denen Sie eine zusätzliche Kostenplanung mit Easy Cost Planning erlauben möchten (siehe Abbildung 3.60). Nachdem Sie die alternativen CO-Versionen für das Easy Cost Planning festgelegt haben, aktivieren Sie das Easy Cost Planning in mehreren CO-Versionen mithilfe der Transaktion RCEPRECP. Wenn Sie nun das Easy Cost Planning für ein Projekt starten, erhalten Sie zunächst ein Dialogfenster, in dem Sie die CO-Version auswählen können, in der Sie Kosten planen möchten. Bei Bedarf können Sie in diesem Dialogfenster auch Plandaten des Easy Cost Planning von einer CO-Version in eine andere kopieren.

Easy Cost Planning in mehreren CO-Versionen

---

44 Setzen Sie in der Transaktion das Kennzeichen Planerlöse für das Easy Cost Planning, können Sie für Fakturierungselemente im Easy Cost Planning variable Positionen zu Erlösarten erfassen und somit auch Erlöse planen.

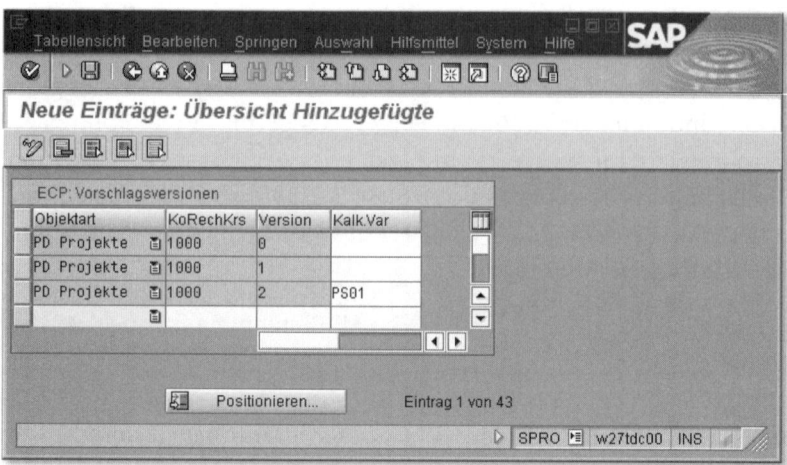

Abbildung 3.60 Beispiel für Definition alternativer CO-Versionen für das Easy Cost Planning

Zusätzliche
Funktionen des
Easy Cost Planning

Weitere Funktionen des Easy Cost Planning, die für die anderen Formen der Kostenplanung auf PSP-Elementen nicht zur Verfügung stehen, sind:

▸ **Verwendung in Simulationsversionen**
Easy Cost Planning kann auch zur Kostenplanung von PSP-Elementen in Simulationsversionen eingesetzt werden.

▸ **Kopierbarkeit**
Beim Anlegen eines Projekts mit Vorlage eines anderen operativen Projekts können die Plandaten des Easy Cost Planning bei Bedarf mitkopiert werden.

▸ **Execution Services**
In der Realisierungsphase von Projekten können Sie direkt aus dem Easy Cost Planning heraus mithilfe so genannter Execution Services z.B. Leistungsverrechnungen, Bestellanforderungen oder Warenausgänge buchen. Das System schlägt Ihnen dabei die Plandaten des Easy Cost Planning zum Erstellen der jeweiligen Belege vor (siehe Abschnitt 5.2.3).

3.4.5 Netzplankalkulation

Wenn Sie Netzpläne zur Strukturierung Ihrer Projekte einsetzen, steht Ihnen die Funktion der Netzplankalkulation zur Verfügung, um automatisch anhand der Daten der Vorgänge, Vorgangselemente und Materialkomponenten Plankosten zu ermitteln. Ähnlich wie die Einzelkalkulation für PSP-Elemente oder das Easy Cost Planning greift auch die Netzplankalkulation auf vorhandene Daten aus dem Controlling, dem Einkauf oder der Materialwirtschaft für die Berechnung der Plankosten zurück. Die Plankosten haben dabei immer einen Bezug zu Kostenarten und Perioden, d.h., die Netzplankalkulation ist eine kostenarten- und periodengerechte Möglichkeit zur Kostenplanung.

> Bei der Netzplankalkulation können die Perioden der Plankosten automatisch aus den Eckterminen der Vorgänge, Vorgangselemente und den Bedarfsterminen von Materialkomponenten abgeleitet werden. Erstrecken sich Vorgänge bzw. Vorgangselemente über mehrere Perioden, kann das System auch die Plankosten über diese Perioden verteilen. Verschieben sich die Termine von Netzplanobjekten, können automatisch auch die Verteilungen der jeweiligen Plankosten angepasst werden.

[«]

Sie können eine Netzplankalkulation manuell aus jeder Bearbeitungstransaktion für Netzpläne heraus anstoßen. Je nach den Einstellungen des Netzplankopfes kann eine Netzplankalkulation nach der Netzplaneröffnung oder der Netzplanfreigabe auch automatisch bei jedem Sichern durchgeführt werden, wenn es eine relevante Änderung im Netzplan gab. Dabei kann die Netzplankalkulation entweder vollständig für alle Objekte des Netzplans durchlaufen werden, oder es werden nur diejenigen Objekte neu kalkuliert, bei denen es zu Änderungen gekommen ist (*Aktualisierung*).

Zur gleichzeitigen Kalkulation mehrerer Netzpläne steht Ihnen im Projektsystem die Transaktion CJ9K zur Verfügung. Im Einstiegsbild dieser Transaktion können Sie eine Mehrfachselektion von Netzplänen durchführen und anschließend die Berechnung der Plankosten direkt oder auch in Form eines Hintergrundjobs anstoßen. Sollen immer die gleichen Netzpläne kalkuliert werden, können Sie Ihre Selektion auch in Form von Varianten abspeichern. Die Verwendung der asynchronen Netzplankalkulation ist insbesondere dann notwendig, wenn Sie nicht nur Kosten, sondern auch Zahlungen mithilfe von Netzplänen planen möchten.

Asynchrone Netzplankalkulation

Die Berechnung der Plankosten wird nun für die verschiedenen Netzplanobjekte erläutert. Für Vorgänge und Vorgangselemente gilt jedoch allgemein, dass das System nur dann Plankosten für diese

Kalkulationsrelevanz

Objekte berechnet, wenn der Steuerschlüssel dies explizit erlaubt, d.h. das Kennzeichen **kalkulieren** in dem jeweiligen Steuerschlüssel der Vorgänge und Vorgangselemente gesetzt ist. Ein analoges Kennzeichen finden Sie auch im Detailbild von Materialkomponenten. Nur wenn dieses Kennzeichen gesetzt ist, ermittelt das System im Rahmen der Netzplankalkulation Plankosten für die entsprechende Komponente.

Eigenbearbei-
tungsvorgänge

Für die Planung von Kosten für Eigenleistungen müssen Sie in einem Eigenbearbeitungsvorgang (bzw. einem Eigenbearbeitungselement) einen Arbeitsplatz, eine Leistungsart und geplante Arbeit hinterlegen. Für die Kombination aus der Leistungsart im Vorgang und der Kostenstelle, die in den Kalkulationsdaten des Arbeitsplatzes festgelegt wird (siehe Abschnitt 3.2.1), ermittelt das System für jede relevante Periode einen Tarif und aus dem Stammsatz der Leistungsart eine Kostenart. Die Formel in den Kalkulationsdaten des Arbeitsplatzes steuert, mit welcher Menge der Tarif für die Berechnung der Plankosten multipliziert werden soll. In der Regel verwendet man die Standardformel **SAP008** in Arbeitsplätzen, die die geplante Arbeit im Vorgang für diese Berechnung heranzieht. Die zeitliche Verteilung der Kosten wird über den Verteilungsschlüssel im Vorgang bzw. im Arbeitsplatz festgelegt (siehe Abschnitt 3.2.1). Haben Sie weder im Vorgang noch im Arbeitsplatz einen Verteilungsschlüssel hinterlegt, nimmt das System eine Gleichverteilung der Plankosten über die früheste Lage des Vorgangs vor.

Material-
vorplanungswerte

In Eigenbearbeitungsvorgängen finden Sie auf der Registerkarte **Zuordnungen** das Feld **Materialvorplanung**. In dieses Feld können Sie im Rahmen einer frühen Planungsphase von Projekten einen Schätz- bzw. Erfahrungswert für den späteren Verbrauch von Material eintragen. Die Kostenart zu diesem Materialplanungswert müssen Sie im Netzplanprofil des Netzplans eingetragen haben. In einer späteren Planungsphase reduziert das System den Materialvorplanungswert im Reporting automatisch um den Wert der Materialkomponenten, die Sie dem Vorgang zuordnen.

Fremdbearbei-
tungsvorgänge

Wenn Sie in einem Fremdbearbeitungsvorgang (bzw. Fremdbearbeitungselement) Einkaufsinfosätze zur Spezifikation der zu beschaffenden Leistung verwenden, ermittelt das System automatisch einen Preis pro Mengeneinheit für diese Leistung und schlägt Ihnen auch eine geplante Menge vor. Die Plankosten für die Beschaffung der

Fremdleistung ermittelt die Netzplankalkulation aus dem Produkt des Preises und der geplanten Menge. Wenn Sie keinen Einkaufsinfosatz angegeben haben, müssen Sie manuell einen Preis zur Berechnung der Plankosten in den Vorgang eintragen. Die entsprechende Kostenart können Sie als Vorschlagswert im Netzplanprofil hinterlegen, ggf. jedoch auch im Vorgang ändern. Die Periode der Plankosten ermittelt die Netzplankalkulation aus dem spätesten Endtermin des Vorgangs.

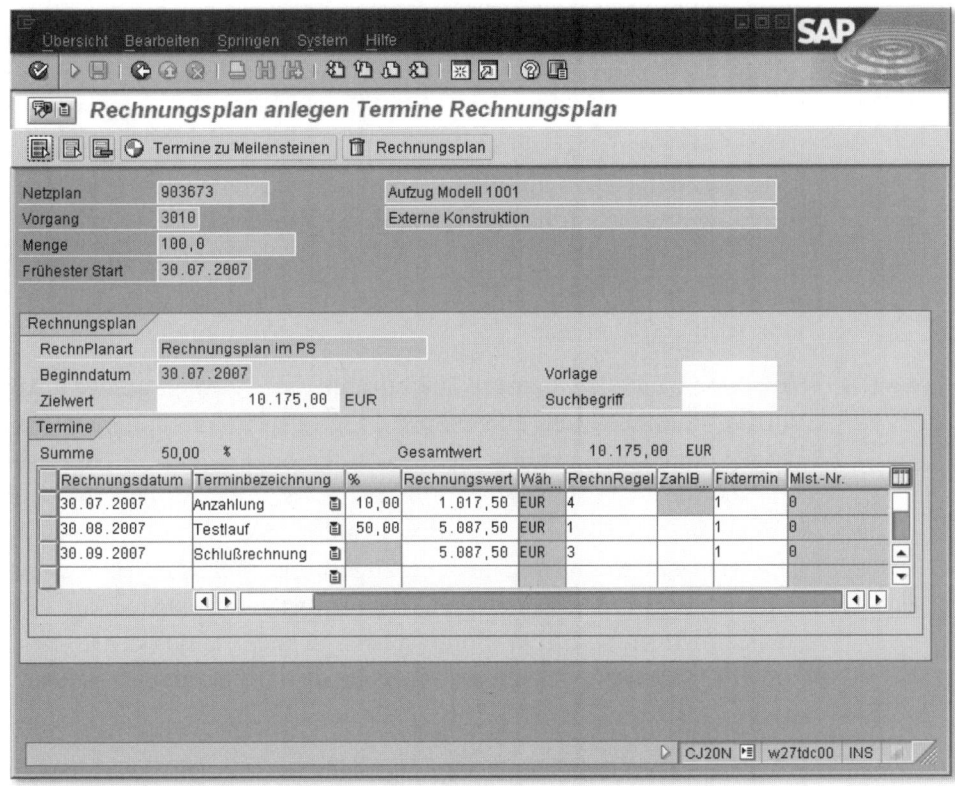

Abbildung 3.61 Beispiel eines Rechnungsplans

Eine detailliertere Form der Kostenplanung für Fremdbearbeitungsvorgänge ist die Verwendung von *Rechnungsplänen*. Wenn Sie einen Rechnungsplan zu einem Fremdbearbeitungsvorgang anlegen, können Sie die Plankosten für die Beschaffung der Fremdleistung auf unterschiedliche Termine und somit unterschiedliche Perioden aufteilen (siehe Abbildung 3.61). Insbesondere können Sie auch Zahlungsausgänge, z.B. Anzahlungen, in Rechnungsplänen mithilfe der

Rechnungspläne

dafür vorgesehenen *Rechnungsregeln* planen. Zahlungsdaten sind zwar nicht kostenrelevant, werden aber bei einer asynchronen Netzplankalkulation tagesgenau an das PS-Cash-Management weitergeleitet und dienen hier einer detaillierten Zahlungsplanung (siehe Abschnitt 7.2.4). Die einzelnen Termine innerhalb eines Rechnungsplans, die Aufteilung der Kosten bzw. Zahlungen auf die verschiedenen Termine und die zu verwendenden Rechnungsregeln können Sie entweder manuell angeben, über Meilensteine ableiten oder aus einer Rechnungsplanvorlage übernehmen.

Für eine Ableitung der Rechnungsplandaten aus Meilensteinen müssen die Meilensteine das Kennzeichen **Termin Verkaufsbeleg** tragen. Bei der Übernahme kopiert das System den geplanten Meilensteintermin und den Prozentsatz, den Sie im Meilenstein eingetragen haben, in den Rechnungsplan. Sofern Sie im Meilenstein eine Verwendung angegeben haben, kann das System zusätzlich eine Rechnungsregel ermitteln.[45] Bei jeder Änderung der Meilensteintermine werden automatisch auch die entsprechenden Termine in Rechnungsplänen angepasst.

Verwendung von Vorlagen
Sie können auch Rechnungspläne mithilfe einer Vorlage anlegen. Als Vorlage können Ihnen entweder Rechnungspläne an anderen Vorgängen oder Materialkomponenten dienen oder eigens im Customizing definierte Vorschlagrechnungspläne, die das System über die Rechnungsplanart zum Netzplanprofil ableiten kann. Ausgehend von dem frühesten Endtermin des Vorgangs, berechnet das System dabei aus dem Beginndatum und den Terminabständen der Vorlage die einzelnen Termine des Rechnungsplans. Verschiebt sich der Endtermin des Vorgangs, werden automatisch auch die Termine des Rechnungsplans zeitlich verschoben.

Sollen die Termine eines Rechnungsplans fix sein, also unabhängig von Terminverschiebungen des Projekts, dürfen Sie nicht mit Vorlagen arbeiten oder die Termine aus Meilensteinen ableiten, sondern müssen die Termine manuell im Rechnungsplan eintragen. Die Daten in Rechnungsplänen werden bei der Netzplankalkulation vorrangig vor den Daten des Vorgangs selbst berücksichtigt.

---

45 Voraussetzung für die automatische Ermittlung der Rechnungsregel aus der Meilensteinverwendung ist, dass in der Definition der Verwendung die Rechnungsplanart und ein entsprechender Termintyp hinterlegt sind. Im Customizing der Rechnungspläne können Sie dann festlegen, welche Rechnungsregel für die Kombination aus Rechnungsplanart und Termintyp verwendet werden soll.

Die Plankosten für Dienstleistungsvorgänge (bzw. Dienstleistungselemente) setzen sich typischerweise zusammen aus den Plankosten der geplanten Dienstleistungen und dem erwarteten Wert der ungeplanten Leistungen im Leistungsverzeichnis der Vorgänge. Der Wert der geplanten Leistungen wird dabei berechnet aus den Leistungskonditionen der spezifizierten Leistungen und der geplanten Menge im Leistungsverzeichnis. Die Kostenart für die geplanten Leistungen legen Sie in den Vorgängen fest bzw. hinterlegen Sie als Vorschlagswert im Netzplanprofil. Die Perioden der Plankosten ermittelt das System aus den spätesten Endterminen der Dienstleistungsvorgänge. Genau wie bei Fremdbearbeitungsvorgängen können Sie Rechnungspläne für eine detaillierte Kosten- bzw. Zahlungsplanung einsetzen.

Dienstleistungsvorgänge

Mithilfe von Kostenvorgängen (bzw. Kostenelementen) können Sie zusätzliche Kosten planen, die nicht aus den Daten anderer Vorgangstypen oder zugeordneter Materialkomponenten berechnet werden können, wie z.B. Reisekosten oder Primärkosten für Leistungen, die nicht über den Einkauf beschafft werden. Im einfachsten Fall tragen Sie einfach einen Betrag und eine Kostenart in einen Kostenvorgang als Planwert ein. Die Kostenart können Sie auch bereits als Vorschlagswert im Netzplanprofil hinterlegen.

Kostenvorgänge

Wenn Sie Kosten zu unterschiedlichen Kostenarten mithilfe eines Kostenvorgangs planen möchten, können Sie eine Einzelkalkulation zum Vorgang anlegen. Genau wie bei den Einzelkalkulationen für PSP-Elemente (siehe Abschnitt 3.4.2) können Sie tabellarisch verschiedene Kalkulationspositionen in einer Einzelkalkulation zu einem Kostenvorgang anlegen. Insbesondere können Sie den Positionstyp **V** (**Variable Position**) nutzen, um manuell Kostenarten und entsprechende Plankosten (Preise und Mengen) zu erfassen. Die Plankosten einer Einzelkalkulation haben Vorrang vor den manuell im Detailbild eines Kostenvorgangs geplanten Kosten.

Einzelkalkulation

Die Perioden der manuell oder mittels einer Einzelkalkulation geplanten Kosten ermittelt das System automatisch aus den Eckterminen des Kostenvorgangs. Haben Sie einen Verteilungsschlüssel im Vorgang hinterlegt, bestimmt dieser die zeitliche Lage und die Verteilung der Plankosten über die Dauer des Vorgangs. Haben Sie keinen Verteilungsschlüssel im Vorgang eingetragen, nimmt das System eine Gleichverteilung der Plankosten über die früheste Lage des Vorgangs vor. Für eine detaillierte Terminplanung der Kosten- oder auch Zahlungsflüsse können Sie auch für Kostenvorgänge Rechnungspläne einsetzen. Beachten Sie jedoch, dass eine gleichzeitige Verwendung eines Rechnungsplans und einer Einzelkalkulation bei einem Kostenvorgang ausgeschlossen ist.

Material-
komponenten

Haben Sie Vorgängen Materialkomponenten zugeordnet, kann das System im Rahmen der Netzplankalkulation auch automatisch anhand der Komponentendaten Plankosten für den späteren Verbrauch von Material berechnen. Die Kalkulation der Materialkosten ist dabei wiederum abhängig vom Positionstyp und der Art der Bestandsführung der Materialkomponenten (siehe Abschnitt 3.3).

Nichtlager-
positionen

Für Nichtlagerpositionen ohne Bezug zu einem Materialstammsatz oder einem Einkaufsinfosatz können Sie manuell einen Preis pro Mengeneinheit angeben. Das System berechnet dann die Plankosten aus dem Produkt des Preises und der geplanten Menge. Haben Sie eine Materialnummer für die Nichtlagerposition eingegeben, kann das System den Preis aus dem Materialstammsatz entnehmen. Haben Sie einen Einkaufsinfosatz in der Komponente angegeben, wird der Preis über diesen Einkaufsinfosatz ermittelt. Bei Bedarf können Sie zu einer Nichtlagerposition auch einen Rechnungsplan für eine detaillierte Planung anlegen. Die Daten aus Rechnungsplänen haben dabei Vorrang vor den anderen Daten der Materialkomponenten.

Lagerpositionen

Für Lagerpositionen berechnet die Netzplankalkulation die Plankosten aus der geplanten Menge und einem Preis pro Mengeneinheit, der aus dem Materialstamm des Materials ermittelt wird. Für Materialkomponenten, die im unbewerteten Projektbestand geführt werden, weist das System jedoch nur dann Plankosten aus, wenn Sie ein Vorplanungsnetz verwenden. Für Lagerpositionen eines bewerteten Projektbestands können Sie auch eine Einzelkalkulation zu einer Komponente anlegen und so z.B. für eigengefertigtes Material die Herstellkosten kalkulieren, wenn für dieses Material im System kein geeigneter Preis vorhanden ist.

Die Periode der Plankosten von Materialkomponenten ermittelt das System jeweils aus dem Bedarfstermin der Komponenten bzw. aus den Rechnungsplänen, die Sie Materialkomponenten zugeordnet haben. Die Kostenarten werden typischerweise über die Kontenfindung automatisch ermittelt bzw. aus den Einzelkalkulationen der Materialkomponenten übernommen.

Die Plankosten der Netzplankalkulation werden immer in der CO-Version 0 gespeichert. Bei Bedarf können Sie jedoch die Plandaten mithilfe der Transaktionen CJ9F oder CJ9FS auch in eine andere CO-Version kopieren.

[«]

Bei der Netzplankalkulation findet automatisch auch eine Berechnung der Gemeinkostenzuschläge im Plan statt. Die Berechnung wird dabei durch die Kalkulationsschemata in den Vorgängen gesteuert (siehe Abschnitt 6.3). Ähnlich wie Einzelkalkulationen oder das Easy Cost Planning wird auch die Netzplankalkulation durch eine Kalkulationsvariante gesteuert. Die in der Kalkulationsvariante enthaltene Bewertungsvariante legt mittels Strategien fest, wie die zur Kalkulation benötigten Tarife für Eigenleistungen und Preise für Fremdleistungen und Material ermittelt werden sollen. Welche Kalkulationsvarianten für die Kalkulation eines Netzplans im Plan und im Ist verwendet werden sollen, legen Sie im Kopf des Netzplans fest bzw. hinterlegen Sie als Vorschlagswerte in den **Parametern zur Netzplanart**.

Kalkulationsvarianten

Mithilfe des Kennzeichens **Vorgangskontierung** in den **Parametern zur Netzplanart** entscheiden Sie, ob die Plankosten – sowie die späteren Istkosten – separat auf jedem einzelnen Vorgang bzw. Vorgangselement geführt werden oder ob die Plankosten eines Netzplans lediglich auf der Ebene des Netzplankopfes summarisch ausgewiesen werden. In der Regel ist die Verwendung vorgangskontierter Netzpläne sinnvoll, da diese eine detailliertere Analyse der Plan- und Istkosten erlauben. Sie können ferner die Vorgänge vorgangskontierter Netzpläne unterschiedlichen PSP-Elementen zuordnen und somit auf der Ebene der PSP-Elemente die Kosten der zugeordneten Vorgänge aggregiert auswerten. Kopfkontierte Netzpläne finden typischerweise Verwendung bei Vertriebsprojekten, bei denen das Controlling auf der Ebene von Kundenauftragspositionen durchgeführt wird. Die Kostenintegration zu Netzplänen geschieht dabei durch eine Kontierung der Positionen auf Netzplanköpfe. Eine Zuordnung von Vorgängen eines kopfkontierten Netzplans zu verschiedenen PSP-Elementen ist nicht sinnvoll.

Kopf- und Vorgangskontierung

Für Plandaten aus Netzplankalkulationen können keine Planeinzelposten erstellt werden. Daher ist auch eine direkte Planintegration oder Planabrechnung für Netzpläne nicht möglich. Ab dem Enterprise-Release ist es jedoch möglich, eine indirekte Planintegration und Planabrechnung für Netzpläne zu erreichen, die planintegrier-

Planintegration von Netzplänen

ten PSP-Elementen (siehe Abschnitt 3.4.3) zugeordnet sind. Diese indirekte Planintegration erfolgt, indem Sie die Plankosten von Netzplänen bzw. Netzplanvorgängen mithilfe der Transaktionen CJ9Q oder CJ9QS auf die PSP-Elemente hochrollen, denen sie zugeordnet sind. Sind die PSP-Elemente planintegriert, schreibt das System beim Hochrollen Planeinzelposten für die PSP-Elemente und gibt automatisch die geplanten Daten für Eigenleistungen an die entsprechenden Kostenstellen als disponierte Leistungen weiter. Zusätzlich können die Planeinzelposten für eine Planabrechnung auf Ebene der PSP-Elemente verwendet werden.

Beachten Sie jedoch folgende Einschränkungen bei der Planintegration von Netzplänen: Das Hochrollen der Plandaten der Netzpläne kann nicht in der CO-Version 0 erfolgen, da ansonsten auf Ebene der PSP-Elemente doppelte Plankosten ausgewiesen würden (siehe Abschnitt 3.4.6). Gemeinkostenzuschläge werden nicht auf die PSP-Elemente hochgerollt. Bei Bedarf müssen Sie also manuell eine Gemeinkostenbezuschlagung für die PSP-Elemente in der verwendeten CO-Version mithilfe der Transaktionen CJ46 und CJ47 durchführen. Ändern sich die Planwerte der Netzpläne, müssen Sie erneut die Transaktionen CJ9Q oder CJ9QS verwenden, wenn Sie die Plandaten auf Ebene der PSP-Elemente anpassen möchten.

Vorteile der Netz-
plankalkulation

Die Verwendung der Netzplankalkulation bietet Ihnen viele Vorteile im Vergleich zu den manuellen Kostenplanungsformen für PSP-Elemente. Die Netzplankalkulation ist immer kostenartengerecht. Das System kann daher im Rahmen der Netzplankalkulation automatisch Gemeinkostenzuschläge im Plan berechnen. Die Netzplankalkulation ist auch periodengerecht, wobei die Perioden der Plankosten direkt aus den Terminen der Netzplanobjekte abgeleitet werden. Terminverschiebungen wirken sich somit direkt auf die Perioden der Kostenplanung aus.

Mit Rechnungsplänen und Einzelkalkulationen stehen Ihnen unterschiedliche Möglichkeiten zur Detaillierung der Kostenplanung zur Verfügung. Rechnungspläne erlauben Ihnen dabei sogar eine tagesgenaue Zahlungsplanung. Wenn Sie Vorgänge oder Netzpläne kopieren, werden dabei auch alle für die Berechnung der Plankosten benötigten Daten mitkopiert. Sie müssen für die neuen Objekte lediglich eine Netzplankalkulation durchführen, um die Plankosten zu ermitteln. In diesem Sinne ist die Netzplankalkulation eine kopierbare Form der Kostenplanung. Schließlich können Sie die Netzplankalkulation auch für Simulationsversionen einsetzen.

3.4.6 Plankosten zugeordneter Aufträge

PSP-Elementen, die Sie als Kontierungselemente gekennzeichnet haben, können Sie nicht nur Vorgänge bzw. ganze Netzpläne zuordnen, sondern auch andere Auftragstypen des SAP-Systems wie z.B. Innenaufträge, Service- und Instandhaltungsaufträge oder auch Fertigungsaufträge. Die Zuordnung kann dabei manuell im Kopf der jeweiligen Aufträge hinterlegt oder ggf. auch automatisch hergestellt werden. Innenaufträge können z.B. automatisch im Rahmen des Claim-Managements erstellt und einem PSP-Element zugeordnet werden (siehe Abschnitt 5.8). Instandhaltungsaufträge können die Zuordnung zu PSP-Elementen aus technischen Plätzen ableiten, sofern Sie dort bereits PSP-Elemente hinterlegt haben. Fertigungsaufträge mit Bezug zu Projektbeständen sind automatisch jeweils den bestandsführenden PSP-Elementen zugeordnet.

Zuordnung von Aufträgen

Je nach Auftragstyp stehen Ihnen zur Kostenplanung auf Aufträgen unterschiedliche Möglichkeiten zur Verfügung. Für Innenaufträge können Sie z.B. ähnliche Formen der Kostenplanung nutzen wie für PSP-Elemente. Die Plankosten von Service-, Instandhaltungs- und Fertigungsaufträgen werden hingegen ähnlich kalkuliert wie die Plankosten von Netzplänen. Im Gegensatz zu Netzplänen werden die Plankosten jedoch immer auf der Ebene der jeweiligen Auftragsköpfe geführt. Eine Auswertung auf der Ebene der einzelnen Vorgänge innerhalb dieser Aufträge ist also nicht möglich.

Kostenplanung auf Aufträgen

Im Customizing des Projektsystems steuern Sie mithilfe der Transaktion OPSV, wie die Plankosten zugeordneter Aufträge auf Ebene der PSP-Elemente gehandhabt werden sollen (siehe Abbildung 3.62). Mithilfe des Kennzeichens **Additiv** legen Sie in dieser Tabelle fest, ob die Plankosten von Aufträgen zu den Plankosten der Projektstrukturplanelemente hinzuaddiert werden sollen oder nicht.

Auftragswertfortschreibung zum Projekt

Ist das Kennzeichen **Additiv** für eine bestimmte Kombination von Auftragstyp, Auftragsart und Kostenrechnungskreis gesetzt, spricht man von *additiven Aufträgen*. Die Plankosten dieser Aufträge werden additiv auf die zugeordneten PSP-Elemente hochgerollt und erhöhen so die Plansumme dieser PSP-Elemente. Diese Einstellung ist insbesondere dann relevant, wenn Sie eine Budgetierung der PSP-Elemente vornehmen möchten und Ihnen dabei die Plansumme als Anhaltspunkt für die Vergabe von Budgets dienen soll (siehe Abschnitt 4.1).

Additive Aufträge

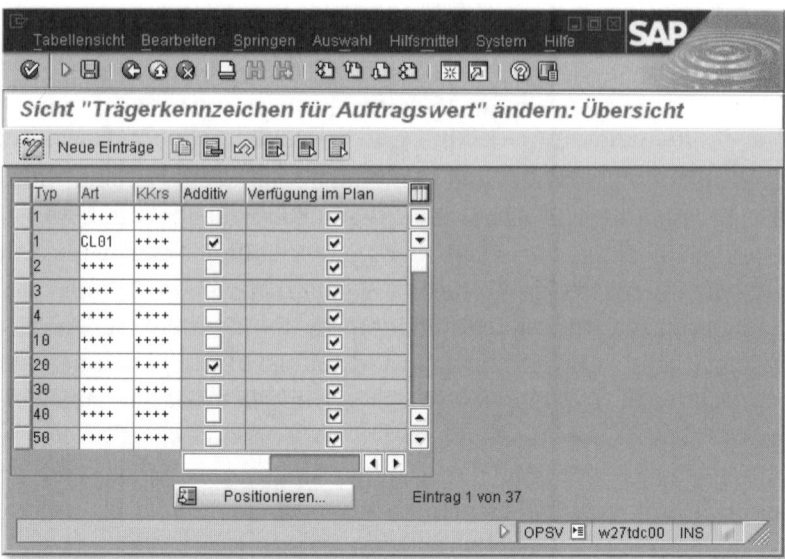

Abbildung 3.62 Definition der Auftragswertfortschreibung zum Projekt

Nicht additive
Aufträge

Aufträge, für die das Kennzeichen **Additiv** nicht gesetzt ist, werden als *nicht additive Aufträge* bezeichnet. Ihre Planwerte werden nicht auf die zugeordneten PSP-Elemente hochgerollt und erhöhen somit auch nicht deren Plansumme. Wenn Sie mit der Budgetierung im Projektsystem arbeiten, müssen Sie ggf. die Plankosten nicht additiver Aufträge manuell bei der Vergabe von Budgets berücksichtigen. Für Fertigungsaufträge z.B. ist eine Verwendung in Form von nicht additiven Aufträgen sinnvoll, wenn die Plankosten für die Fertigung bereits auf Ebene der PSP-Elemente aufgrund von Materialkomponenten an zugeordneten Vorgängen ausgewiesen werden.

Das Kennzeichen **Dispositiv** in der Tabelle zur Auftragswertfortschreibung zum Projekt steuert, ab wann Werte auf zugeordneten Aufträgen Verfügungen gegen das Budget von PSP-Elementen darstellen sollen. Das Kennzeichen wird ausführlich in Kapitel 4, *Budget*, behandelt.

> **Zusammenfassung**
>
> Je nach Bedarf können Sie unterschiedliche Möglichkeiten zur Kostenplanung von Projekten im Projektsystem nutzen. Wenn Sie mit Netzplänen arbeiten, kann das System automatisch Plankosten anhand der Daten der Vorgänge, Vorgangselemente und Materialkomponenten kalkulieren und ggf. separat pro Vorgang bzw. Vorgangselement ausweisen.

Wenn Sie nur mit PSP-Elementen arbeiten, stehen Ihnen mit der hierarchischen Kostenplanung, der Einzelkalkulation, der Detailplanung und dem Easy Cost Planning verschiedene manuelle Formen der Kostenplanung zur Verfügung.

3.5 Erlösplanung

Für einige Projekttypen, insbesondere für Vertriebsprojekte, ist neben der Planung von Kosten auch eine Erlösplanung wichtig, um im Rahmen der Planungsphase bereits Aussagen über den späteren Gewinn oder die Profitabilität eines Projekts treffen zu können. Für Projekte können Sie Erlöse auf Ebene von PSP-Elementen planen oder, wenn Sie die Integration in den Vertrieb nutzen, mithilfe von Vertriebsbelegen, die mit Projekten verknüpft sind. PSP-Elemente, auf denen Sie Erlöse planen möchten, müssen als Fakturierungselemente gekennzeichnet sein (siehe Abschnitt 2.2.1).

Eine Erlösplanung auf Ebene von Netzplänen ist nicht möglich.

[«]

Ähnlich wie bei der Kostenplanung mittels PSP-Elementen stehen Ihnen auch zur Erlösplanung mehrere Möglichkeiten mit unterschiedlichen Detaillierungsgraden zur Verfügung. Bei Bedarf können Sie auch mehrere Erlösplanungen für ein Fakturierungselement vornehmen und in unterschiedlichen CO-Versionen speichern.

3.5.1 Hierarchische Planung

Mithilfe der Transaktion CJ42 können Sie eine hierarchische Erlösplanung für Fakturierungselemente eines Projekts durchführen. Dabei stehen Ihnen ähnliche Funktionen zur Verfügung wie bei der hierarchischen Kostenplanung (siehe Abschnitt 3.4.1). Diese Form der Erlösplanung hat keinen Bezug zu einer Erlösart, ist also nicht erlösartengerecht. Je nach den Einstellungen des Planprofils des Projekts können Sie die Erlöse als Gesamtwerte oder mit Bezug zu einzelnen Geschäftsjahren oder sowohl als Gesamtwerte als auch als Geschäftsjahreswerte planen. Eine Verteilung der Erlöse auf einzelne Perioden eines Geschäftsjahres ist bei der hierarchischen Erlösplanung nicht möglich.

3.5.2 Detailplanung

Die Detailplanung von Erlösen erlaubt Ihnen, Werte zu verschiedenen Erlösarten zu planen und diese Werte entweder manuell oder mithilfe von Verteilungsschlüsseln automatisch auf einzelne Perioden eines Geschäftsjahres aufzuteilen. Diese Form der Erlösplanung ist also sowohl erlösarten- als auch periodengerecht. Die Perioden der Planerlöse können jedoch nicht aus den Planterminen der Fakturierungselemente abgeleitet werden, sondern müssen manuell spezifiziert werden.

Für die Detailplanung von Erlösen stehen Ihnen die gleichen Funktionen zur Verfügung wie für die Kostenartenplanung (siehe Abschnitt 3.4.3). Insbesondere wird diese Form der Erlösplanung wiederum gesteuert durch Planungslayouts und Planerprofile. Sie können die Detailplanung von Erlösen über die Transaktion CJ42 erreichen oder durch Aufruf der Transaktion CJR2 ausführen. Im Planprofil bestimmen Sie die Erlösartengruppe, die Ihnen bei der Detailplanung über die Transaktion CJ42 zur Verfügung stehen soll. Damit Sie mithilfe der Transaktion CJR2 Erlöse planen können, muss Ihrem Benutzer ein Planerprofil mit einem für die Erlösplanung geeigneten Planungslayout zugeordnet sein.

3.5.3 Fakturierungsplan

Mithilfe eines Fakturierungsplans können Sie – analog zu Rechnungsplänen – eine sehr detaillierte Planung vornehmen. Ein Fakturierungsplan hat dabei immer Bezug zu einer Erlösart, die Sie im Planprofil des Projekts hinterlegen müssen. Bei Bedarf können Sie mithilfe von Fakturierungsplänen auch Einzahlungen tagesgenau planen. Die Fortschreibung der Plandaten geschieht dabei immer mit Bezug zu der CO-Version 0. Für Simulationsversionen stellen Fakturierungspläne die einzige Möglichkeit der Erlösplanung dar.

Erstellen von Positionen eines Fakturierungsplans

In einem Fakturierungsplan nehmen Sie eine Aufteilung eines Zielwertes, d.h. des geplanten Gesamterlöses, auf verschiedene Termine vor. Dazu erstellen Sie verschiedene Positionen innerhalb eines Fakturierungsplans, jeweils mit Angaben zu dem geplanten Termin, Betrag bzw. Prozentsatz des Zielwertes und der zu verwendenden *Fakturierungsregel*. Mithilfe der Fakturierungsregel steuern Sie insbesondere, ob eine Position erlösrelevant ist, also in den Erlösplan fortgeschrieben wird, oder lediglich anzahlungsrelevant. Anzahlungsrelevante Positionen werden zusammen mit den anderen Positionen tagesgenau in den Finanzplan eines Projekts im PS-Cash-Management fortgeschrieben (siehe Abschnitt 7.2.4).

Sie können die Positionen eines Fakturierungsplans manuell erstellen. Die Termine der manuell erstellten Positionen werden als Fixtermine gehandhabt, d.h., Terminänderungen des Projekts haben in diesem Fall keinen Einfluss auf die Termine des Fakturierungsplans. Sie können die Positionen jedoch auch automatisch durch die Übernahme von Meilensteindaten oder den Bezug zu einer Vorlage erzeugen.

Bei der Übernahme von Meilensteindaten kopiert das System die Meilensteintermine und den im Meilenstein hinterlegten Fakturierungsprozentsatz in den Fakturierungsplan und schlägt Ihnen ggf. auch eine Fakturierungsregel vor. Die Fakturierungsregel wird dabei über die in der Verwendung des Meilensteins hinterlegte Kombination aus Fakturierungsplanart und Termintyp ermittelt. Ändern sich die Meilensteintermine, werden beim Sichern des Projekts auch automatisch die Termine des Fakturierungsplans angepasst. Voraussetzung für die Übernahme von Meilensteindaten ist, dass das Kennzeichen **Termin Verkaufsbeleg** in den relevanten Meilensteinen gesetzt ist (siehe Abschnitt 2.4).

Übernahme von Meilenstein-terminen

Wenn Sie einen Fakturierungsplan mit Bezug zu einer Vorlage anlegen, ermittelt das System die Termine und die prozentuale Aufteilung der Beträge für den Fakturierungsplan aus den Positionsdaten der Vorlage. Das System passt dabei die Termine dem Beginndatum und die prozentuale Aufteilung der Beträge dem Zielwert an. Bei einer Terminänderung des Fakturierungselements werden nach einer Terminierung automatisch auch die Termine im Fakturierungsplan angepasst, wenn Sie mit einer Vorlage gearbeitet haben. Sie können andere Fakturierungspläne als Vorlage verwenden oder auch im Customizing des Projektsystems Vorschlagsfakturierungspläne definieren.

Verwendung von Vorlagen

Sie können Fakturierungspläne in jeder Bearbeitungstransaktion von Projektstrukturplänen Fakturierungselementen eines Projekts zuordnen. Bei Bedarf können Sie Fakturierungspläne auch in Simulationsversionen für eine Erlösplanung einsetzen. Eine spezielle Möglichkeit, Fakturierungspläne für PSP-Elemente anzulegen, ist die Verwendung der Verkaufspreiskalkulation, die in Abschnitt 3.5.4

Fakturierungs-pläne an PSP-Elementen

behandelt wird. Fakturierungspläne, die Sie PSP-Elementen zuordnen, dienen allein der Planung von Erlösen und ggf. Auszahlungen. Sie können nicht für eine automatische Rechnungserstellung verwendet werden.

Fakturierungspläne in Vertriebsbelegen

Sie können Fakturierungspläne jedoch auch im Vertrieb zu Positionen in Kundenangeboten oder Kundenaufträgen anlegen, sofern der jeweilige Positionstyp dies erlaubt (siehe Abbildung 3.63). Ist die Vertriebsbelegposition auf ein Fakturierungselement kontiert, werden die Plandaten des Fakturierungsplans automatisch in die Erlösbzw. Finanzplanung des Fakturierungselements fortgeschrieben und können somit auf Ebene des PSP-Elements analysiert werden. Voraussetzung dafür ist, dass Sie im Planprofil des Projekts die Fortschreibung der Daten aus Angeboten oder Aufträgen aktiviert haben.

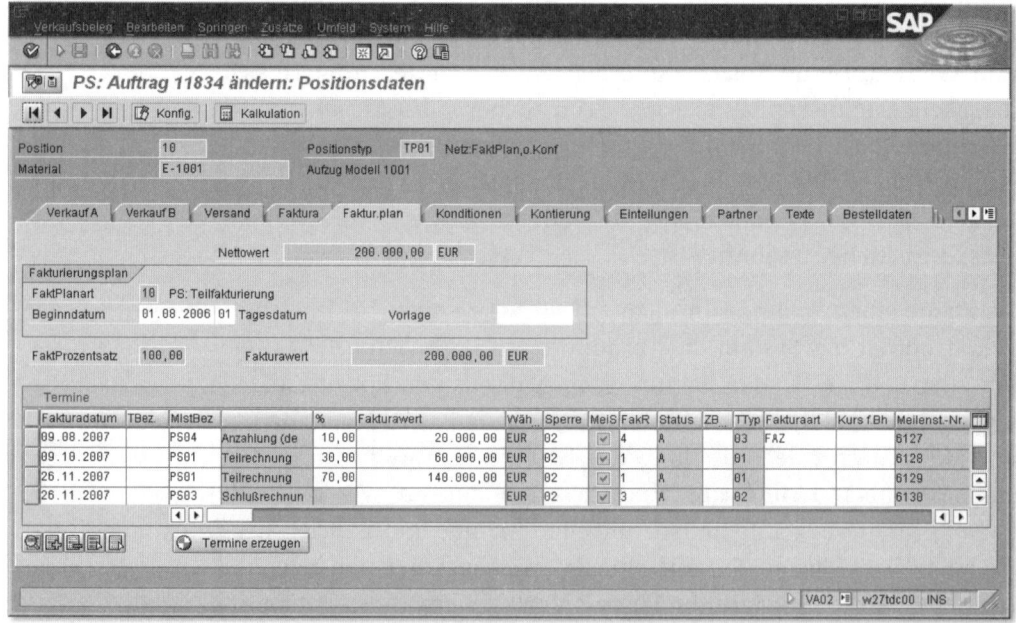

Abbildung 3.63 Beispiel für einen Fakturierungsplan einer Kundenauftragsposition

Im Gegensatz zu Fakturierungsplänen an PSP-Elementen können die Positionen eines Fakturierungsplans einer Kundenauftragsposition im Rahmen der Projektdurchführung auch für eine Fakturierung eingesetzt werden. Dabei werden Isterlöse automatisch an das Fakturierungselement weitergereicht. Wenn Sie Positionen eines Fakturierungsplans mithilfe von Meilensteindaten erstellt haben, steht Ihnen dabei insbesondere die Funktion der Meilensteinfakturierung zur Verfügung (siehe Abschnitt 5.6.1).

Auch wenn Sie keine Fakturierungspläne in einer Vertriebsbelegposition erstellt haben, können Planerlöse aus den Vertriebsbelegpositionen in die Erlösplanung der Fakturierungselemente, auf denen die Positionen kontiert sind, fortgeschrieben werden. Dabei ermittelt das System den Wert und die Erlösart über die Konditionen der Positionen und die Fakturatermine aus den jeweiligen Einteilungsdaten.

> Beachten Sie, dass die Werte aus Fakturierungsplänen an PSP-Elementen **[!]** Vorrang vor den Werten aus Vertriebsbelegen haben.[46] Wenn Sie Fakturierungspläne an PSP-Elementen nur für eine Vorplanung oder als Kopiervorlage für Fakturierungspläne in Vertriebsbelegen nutzen wollen, sollten Sie diese daher nach Erstellen der entsprechenden Vertriebsbelege löschen.

3.5.4 Verkaufspreiskalkulation

Mithilfe von Verkaufspreiskalkulationen können Sie für Vertriebsprojekte Preise für deren Leistungen oder projektgefertigtes Material aus den Plandaten dieser Projekte ableiten und abspeichern. Typischerweise werden die Daten einer Verkaufspreiskalkulation insbesondere für die Angebotserstellung und Erlösplanung von Vertriebsprojekten verwendet, für die eine Ermittlung von Verkaufspreisen auf Basis von Standardpreisen nicht möglich ist. Können Sie für Vertriebsprojekte auf vorhandene Standardpreise und feststehende Konditionen zurückgreifen, ist eine Verkaufspreiskalkulation in der Regel jedoch nicht notwendig. In diesem Fall findet die Angebotserstellung nicht über eine Verkaufspreiskalkulation, sondern direkt im Vertrieb statt.

Für die Erstellung von Verkaufpreiskalkulationen haben Sie im Projektsystem zwei Möglichkeiten: Zum einen können Sie mithilfe der Transaktion DP81 Verkaufspreiskalkulationen für Projekte anlegen, die aufgrund einer Kundenanfrage erstellt wurden und mit dieser verknüpft sind. Zum anderen können Sie für Projekte ohne Bezug zu

---

46 Vor dem Release SAP R/3 4.6 wurden die Planwerte aus Vertriebsbelegen und Fakturierungsplänen an PSP-Elementen additiv in der Erlösplanung der Fakturierungselemente ausgewiesen.

einer Kundenanfrage im Project Builder oder mithilfe der Transaktion DP82 Verkaufspreiskalkulationen erzeugen. Diese beiden Möglichkeiten werden nun erläutert.

Verkaufspreis-kalkulation für projektkontierte Kundenanfragen

Im Rahmen einer Vorverkaufsphase können im Vertrieb spezielle Belege erstellt werden, in denen Anfragen von Kunden zum Preis oder zur Verfügbarkeit von Leistungen oder Material gespeichert werden können. Diese Belege werden als *Kundenanfragen* bezeichnet und stellen Aufforderungen dar, den Kunden Verkaufsangebote zu unterbreiten. Wenn Sie im Projektsystem ein Projekt für die Angebotserstellung angelegt haben, können Sie Anfragepositionen auf PSP-Elemente dieses Projekts kontieren und somit eine Verknüpfung zwischen den Anfragepositionen und dem Projekt herstellen.[47] Wenn Sie nun eine Verkaufspreiskalkulation für das Projekt oder eine Anfrageposition über die Transaktion DP81 anlegen, kann das System sowohl auf die Vertriebsdaten in der Anfrage als auch auf die Plandaten des Projekts zurückgreifen.

Bei einer Verkaufspreiskalkulation findet eine zweistufige Verdichtung der Plandaten des Projekts (Plankosten, statistische Kennzeichen, geplantes Material und Leistungen usw.) statt. Welche Plandaten bei der Verkaufspreiskalkulation berücksichtigt werden und wie und nach welchen Kriterien die Verdichtung der Daten durchgeführt wird, wird über ein so genanntes DPP-Profil (Dynamische-Posten-Prozessorprofil) gesteuert, das in den Detaildaten der Anfragepositionen hinterlegt sein muss.

Verkaufspreisbasis

Das Ergebnis der ersten Verdichtungsstufe wird in der *Verkaufspreisbasissicht* dargestellt. Abbildung 3.64 zeigt ein Beispiel für eine Verkaufspreisbasissicht. In diesem Beispiel wurden die Plankosten eines Projekts gemäß ihrer Kostenarten verdichtet. Das DPP-Profil steuert neben der Verdichtung selbst zusätzlich auch, wie die verdichteten Werte (*dynamische Posten*) im oberen Bereich dieser Sicht

---

47 Eine Anfrageposition kann auf ein Kontierungs- oder ein Fakturierungselement eines Projekts kontiert werden. Findet die Kontierung nicht auf einem Fakturierungselement statt, ermittelt das System bei der Verkaufspreiskalkulation automatisch das nächste, hierarchisch übergeordnete, Fakturierungselement. Die Verkaufspreiskalkulation berücksichtigt dann die Daten dieses Fakturierungselements und dessen Fakturierungsstruktur. Als Fakturierungsstruktur werden alle untergeordneten PSP-Elemente und diesen zugeordnete Vorgänge bezeichnet, die nicht selbst Fakturierungselemente oder einem anderen Fakturierungselement zugeordnet sind.

dargestellt werden sollen. Im unteren Bereich der Verkaufspreisbasissicht werden weitere Details zu den verdichteten Posten dargestellt. Insbesondere erlaubt der untere Bereich noch eine manuelle betrags-, mengenmäßige oder prozentuale Änderung von Posten. Nehmen Sie eine Änderung von Posten vor, weicht der in der Verkaufspreiskalkulation übernommene Betrag vom Originalbetrag ab.

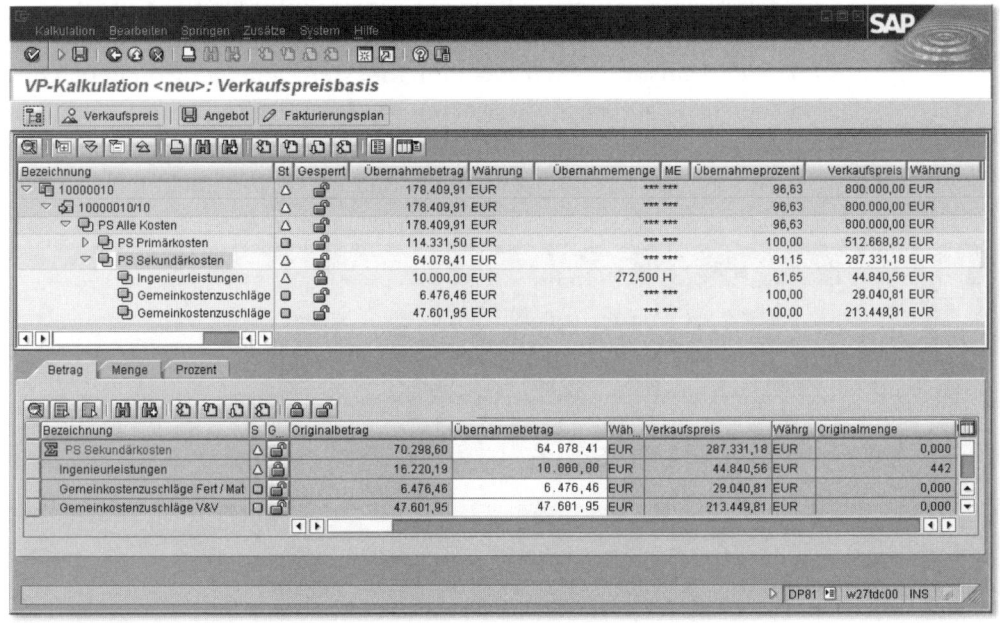

Abbildung 3.64 Beispiel für die Verkaufspreisbasissicht einer Verkaufspreiskalkulation

In Rahmen der zweiten Verdichtungsstufe werden die verdichteten und ggf. noch manuell geänderten Posten der Verkaufspreisbasis automatisch mit Materialnummern verknüpft. Je nach Einstellungen des DPP-Profils können dies z.B. Materialnummern von Materialkomponenten des Projekts oder auch fest im DPP-Profil hinterlegte Materialnummern für Projektleistungen oder für das mithilfe des Projekts zu fertigende Material sein. Die Materialnummern werden sortiert und zu Vertriebsbelegpositionen zusammengefasst. Mithilfe der Funktion der *Preisfindung* des Vertriebs kann das System nun anhand der Materialnummern und der Vertriebsdaten der Anfrage (Kundennummer, Verkaufsorganisation usw.) einen Verkaufspreis für die einzelnen Positionen ermitteln. Die Vertriebsbelegpositionen

Verkaufspreissicht

und die entsprechenden Verkaufspreise werden in der *Verkaufs-preissicht* dargestellt. Die Verkaufspreissicht entspricht einer Kundensicht auf die Verkaufspreiskalkulation.

Abbildung 3.65 zeigt ein Beispiel einer Verkaufspreissicht. Im oberen Bereich wird die Hierarchie aller Vertriebsbelegpositionen dargestellt. Im unteren Bereich werden Details zu den Verkaufspreisen der Positionen aufgelistet, nämlich die Konditionen, die das System im Rahmen der Preisfindung ermittelt hat. Bei Bedarf können Sie den Verkaufspreis einer Position anpassen, indem Sie weitere Konditionen hinzufügen. Sie können in einer Verkaufspreiskalkulation jederzeit zwischen der Verkaufspreis- und der Verkaufspreisbasissicht hin- und herwechseln, um Änderungen vorzunehmen.

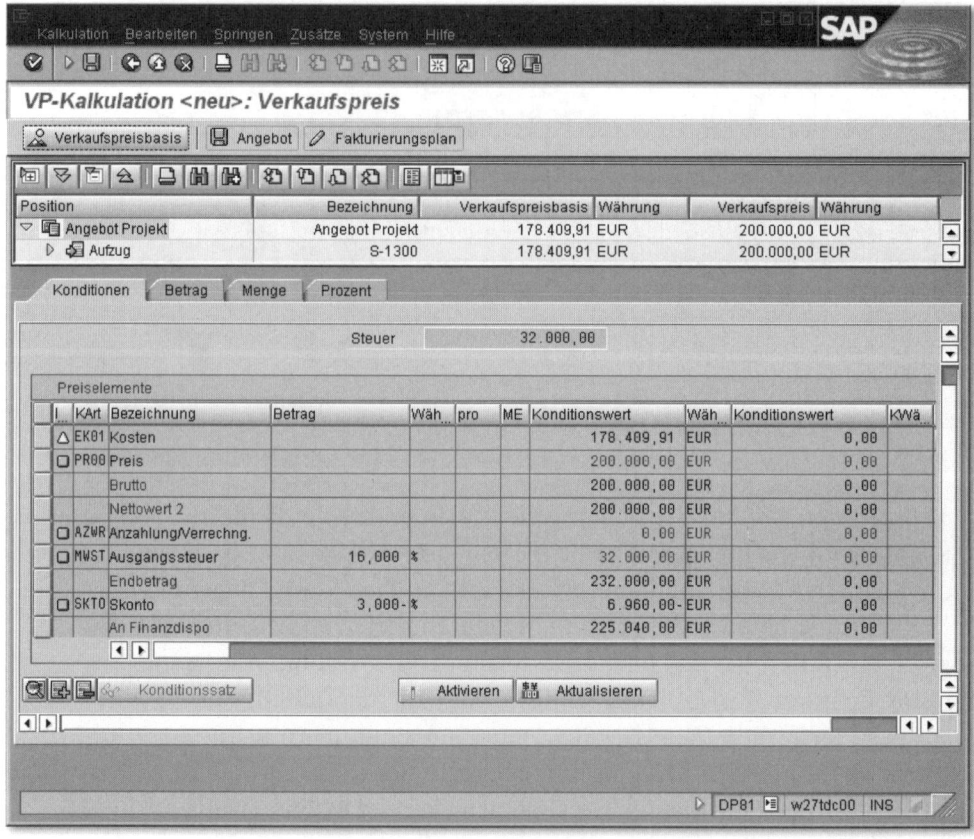

Abbildung 3.65 Beispiel für die Verkaufspreissicht einer Verkaufspreiskalkulation

Die Daten einer Verkaufspreiskalkulation können Sie für verschiedene Zwecke verwenden: Sie können die Daten in einem Beleg sichern und dabei mit einem beschreibenden Belegtext versehen. Sie können so mehrere unterschiedliche Verkaufspreiskalkulationen für ein Projekt anlegen und miteinander vergleichen. Sie können einen Fakturierungsplan anlegen. Dieser Fakturierungsplan ist automatisch dem Fakturierungselement der in der Verkaufspreiskalkulation verwendeten Fakturierungsstruktur zugeordnet. Als Zielwert dieses Fakturierungsplans schlägt Ihnen das System dabei den Gesamtwert der Verkaufspreise vor. Sie können ein Kundenangebot erstellen. Dabei übernimmt das System automatisch die Verknüpfung zur Anfrage, die Kontierung auf das Projekt und insbesondere die mithilfe der Verkaufspreiskalkulation ermittelten Positionen und Verkaufspreise. Das Angebot kann im Vertrieb weiterverarbeitet werden und später als Grundlage zur Erstellung eines Kundenauftrags dienen.

Fakturierungsplan und Angebotserstellung

Für Projekte, für die keine Anfrage vorliegt, können Sie ab dem Enterprise-Release bei Bedarf ebenfalls Verkaufspreiskalkulationen durchführen. Die für eine Verkaufspreiskalkulation benötigten Vertriebsdaten müssen Sie dazu in der Projektdefinition hinterlegen. Die Verkaufsorganisation, den Vertriebsweg, die Sparte und das DPP-Profil können Sie bereits im Projektprofil als Vorschlagswerte eintragen oder bei Bedarf in den Steuerungsdaten der Projektdefinition manuell erfassen. Für die Angabe des Kunden muss auf Ebene der Projektdefinition ein geeignetes Partnerschema eingetragen sein, das Ihnen den Eintrag einer Kundennummer auf der Registerkarte **Partner** der Projektdefinition erlaubt (siehe Abschnitt 2.2.1). Verkaufspreiskalkulationen für Projekte ohne Bezug zu Anfragen können Sie über den Project Builder oder direkt über die Transaktion DP82 erstellen.

Verkaufspreiskalkulation für Projekte ohne Kundenanfrage

Im Rahmen der Angebotsphase von Vertriebsprojekten können Sie Simulationsversionen (siehe Abschnitt 2.9.2) nutzen, um für ein Projekt zunächst mehrere unterschiedliche Strukturen zu erstellen, unterschiedliche Termine, Kapazitätsbedarfe und Kosten für die spätere Durchführung zu planen und diese untereinander zu vergleichen. Insbesondere können Sie dabei die Daten der Simulationsversionen auch für Verkaufspreiskalkulationen und die Erstellung von Angeboten verwenden. Voraussetzung dafür ist, dass die Projektde-

Verkaufspreiskalkulation für Simulationsversionen

finition und das Fakturierungselement bereits als operative Objekte existieren.

Definition von DPP-Profilen

Verkaufspreiskalkulationen werden im Wesentlichen durch das DPP-Profil der Anfragepositionen bzw. der Projektdefinition gesteuert. Sie erstellen DPP-Profile im Customizing des Projektsystems mithilfe der Transaktion ODP1. DPP-Profile können nicht nur für die Erstellung von Verkaufspreiskalkulationen verwendet werden, sondern auch für eine aufwandsbezogene Fakturierung (siehe Abschnitt 5.6.2) oder eine Ergebnisermittlung (siehe Abschnitt 6.6). Sie nehmen daher die Einstellungen des DPP-Profils jeweils mit Bezug zu einer dieser Verwendungen vor (siehe Abbildung 3.66).

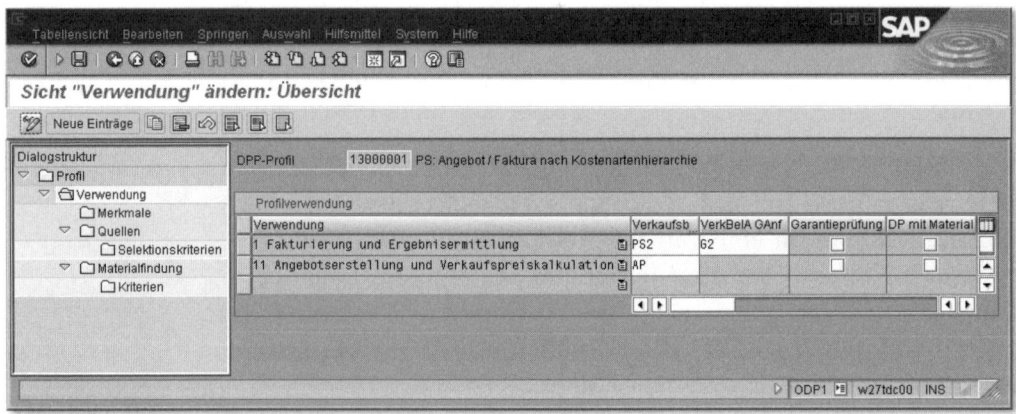

Abbildung 3.66 Definition von DPP-Profilen

Für die Verwendung zur Steuerung der Verkaufspreiskalkulation hinterlegen Sie zunächst die Belegart, mit der Angebote aus der Verkaufspreiskalkulation heraus erstellt werden können. Anschließend entscheiden Sie, welche Merkmale für die Ermittlung der dynamischen Posten und der Materialnummern relevant sind. Sie legen dabei zusätzlich fest, wie die erste Verdichtungsstufe anhand dieser Merkmale durchgeführt werden und in der Verkaufspreissicht dargestellt werden soll. Mögliche Merkmale sind Kostenart, Objektnummer, Kostenstelle, Leistungsart usw. Bei Bedarf können Sie mithilfe einer Kundenerweiterung jedoch auch zusätzliche Merkmale berücksichtigen.

Als Nächstes legen Sie die Quellen fest, aus denen sich die Verkaufspreiskalkulation bedienen kann. Für jede Quelle können Sie bei

Bedarf zusätzlich Selektionskriterien definieren oder pauschale Prozentsätze festlegen. Mögliche Quellen sind z.B. Easy Cost Planning, Plankosten – Summensätze, statistische Kennzahlen. Mithilfe einer Kundenerweiterung können Sie auch zusätzliche Quellen definieren.

Über die Materialfindung eines DPP-Profils steuern Sie die Verdichtung der dynamischen Posten zu Materialnummern. Sie können die Materialnummern manuell in die Tabelle zur Materialfindung eintragen, es können jedoch auch Materialnummern aus Materialkomponenten der Projekte übernommen werden. Welche Materialnummern tatsächlich bei der Verkaufspreiskalkulation ermittelt werden sollen, steuern Sie mithilfe von Selektionskriterien, die Sie für die einzelnen Materialnummern definieren.

[«]

Eine sehr ausführliche (englischsprachige) Dokumentation zur Definition von DPP-Profilen, den verschiedenen Verwendungsmöglichkeiten und den zur Verfügung stehenden Kundenerweiterungen finden Sie als Anlage im Hinweis 301 117.

Zusammenfassung

Ähnlich wie bei der Kostenplanung stehen Ihnen auch zur Planung von Erlösen auf PSP-Elementen unterschiedliche Möglichkeiten im Projektsystem zur Verfügung. Durch die Verknüpfung von Vertriebsbelegpositionen mit PSP-Elementen können auch im Vertrieb Erlöse geplant werden und als Planerlöse auf Projekte fortgeschrieben werden. Mithilfe von Verkaufspreiskalkulationen können Sie anhand der Plandaten von Projekten direkt im Projektsystem Kundenangebote erstellen.

3.6 Zusammenfassung

Dieses Kapitel hat die verschiedenen Funktionen des Projektsystems zur Projektplanung behandelt. Für PSP-Elemente stehen Ihnen Funktionen zur Termin-, Kosten- und Erlösplanung zur Verfügung. Netzpläne bieten Funktionen zur Terminierung, Ressourcen- und Materialplanung sowie zur Netzplankalkulation. Verwenden Sie sowohl PSP-Elemente als auch Netzpläne zur Strukturierung von Projekten, können Plandaten zwischen den PSP-Elementen und den zugeordneten Netzplänen bzw. Netzplanvorgängen ausgetauscht werden.

Überblick

Mithilfe der Budgetierung werden im Rahmen einer Genehmigungsphase Mittel für die Durchführung von Projekten zur Verfügung gestellt. Die Budgetverwaltung des Projektsystems erlaubt Ihnen, Verfügungen gegen das Budget von Projekten zu überwachen und zu hohe Verfügungen frühzeitig zu verhindern.

4 Budget

Der Begriff *Budget* wird von Unternehmen oft sehr unterschiedlich verwendet. Es ist daher sinnvoll, zunächst den Begriff des Budgets, so, wie er im Projektsystem verwendet wird, zu klären und ihn insbesondere von den Begriffen Plan- und Istkosten abzugrenzen.

Im Rahmen der Planungsphase eines Projekts können Sie die Kosten für die spätere Durchführung des Projekts schätzen bzw. kalkulieren und in Form von *Plankosten* für die verschiedenen Projektobjekte sichern. Je nachdem, welche Form der Kostenplanung Sie dazu verwenden, werden die Plankosten dabei als Gesamtwerte, mit Bezug zu Geschäftsjahren oder einzelnen Perioden, kostenartengerecht oder ohne Bezug zu einer Kostenart abgespeichert. Bei Bedarf können auch mehrere unterschiedliche Plankosten für ein und dasselbe Objekt erfasst und in unterschiedlichen CO-Versionen abgelegt werden.

Plankosten, Istkosten, Budget

Den Plankosten können in der Realisierungsphase des Projekts die *Istkosten* gegenübergestellt werden. Die Istkosten entsprechen den tatsächlich benötigten Mitteln für die Durchführung der einzelnen Projektteile aufgrund von Leistungen, die von Kostenstellen des eigenen Unternehmens oder von Lieferanten in Anspruch genommen wurden, verbrauchtem Material, Verrechnungen von Gemeinkosten usw. Istkosten werden durch die Kontierung der entsprechenden Belege auf Objekte des Projekts in das Projektsystem fortgeschrieben und besitzen immer Bezug zu Kostenarten.

Mithilfe der Verteilung von *Budget* auf PSP-Elemente eines Projekts dokumentieren Sie einen genehmigten Kostenrahmen für die Durchführung der verschiedenen Projektteile. Die Budgetierung eines Projekts geschieht typischerweise in dessen Genehmigungsphase, d.h. noch vor Beginn der Realisierung des Projekts. Budget besitzt im Projektsystem keinen Bezug zu einzelnen Kostenarten und stellt daher den genehmigten Rahmen für alle Kosten, also sowohl für Primär- als auch für Sekundärkosten, des Projekts dar (eine Ausnahme bilden dabei die so genannten *Ausnahmekostenarten* (siehe Abschnitt 4.1.5)). Sie können zwar die Budgetwerte eines Projekts im Nachhinein noch ändern, zu jedem Zeitpunkt gibt es jedoch – anders als bei der Verwendung von CO-Versionen bei der Kostenplanung – immer nur einen relevanten Budgetwert zu einem Objekt.

Im Reporting können Sie die Budgetwerte, Plan- und Istkosten zusammen auswerten. In der Regel verwendet man nach der Budgetierung eines Projekts die so genannte Verfügbarkeitskontrolle, um automatisch alle *Verfügungen* gegen das Budget eines PSP-Elements zu ermitteln und Budgetüberschreitungen zu verhindern (siehe Abschnitt 4.1.5). In diesem Sinn stellt Budget nicht nur einen genehmigten, sondern auch einen verbindlichen Kostenrahmen für die Durchführung eines Projekts dar.

Sie können eine Budgetierung und Budgetüberwachung nur mithilfe von Funktionen des Projektsystems durchführen. Sie können jedoch auch eine Integration des Projektsystems zum Investitionsmanagement Ihres Unternehmens nutzen, um eine projektübergreifende Verwaltung von Budgets zu realisieren. Diese beiden Möglichkeiten werden nun nacheinander in den Abschnitten 4.1 und 4.2 erörtert.

[»] Beachten Sie, dass im Projektsystem nur PSP-Elemente ein Budget tragen können. Netzpläne können nicht budgetiert werden. Die Kosten von Netzplänen bzw. Netzplanvorgängen, die PSP-Elementen zugeordnet sind, fließen jedoch in die Verfügungen gegen das Budget der PSP-Elemente ein und werden bei der Verfügbarkeitskontrolle berücksichtigt.

4.1 Funktionen der Budgetierung im Projektsystem

In Abhängigkeit von Ihren Anforderungen können Sie im Projekt- **Budgetprofil** system verschiedene Funktionen für die Budgetverwaltung von Projekten einsetzen. Die Budgetverwaltung der einzelnen Projekte wird dabei durch das Budgetprofil in der Projektdefinition der Projekte gesteuert. Abbildung 4.1 zeigt ein Beispiel für die Definition eines Budgetprofils. Budgetprofile werden im Customizing des Projektsystems mithilfe der Transaktion OPS9 definiert und können als Vorschlagswerte bereits in Projektprofilen hinterlegt werden. Die einzelnen Einstellungsmöglichkeiten eines Projektprofils werden in den nachfolgenden Abschnitten zusammen mit den verschiedenen Funktionen der Budgetverwaltung erläutert.

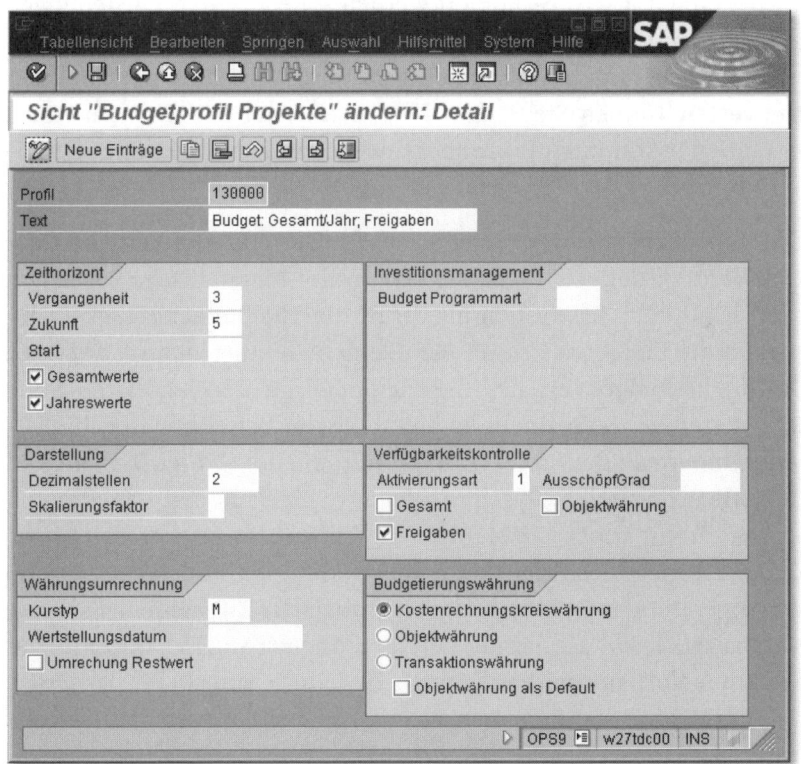

Abbildung 4.1 Beispiel für die Definition eines Budgetprofils

4.1.1 Originalbudget

Der erste Schritt der Budgetverwaltung eines Projekts ist die Vergabe eines so genannten *Originalbudgets* mithilfe der Transaktion CJ30 (siehe Abbildung 4.2). In dieser Transaktion werden alle PSP-Elemente eines Projekts tabellarisch aufgeführt. In der Spalte (*Sicht*) **Originalbudget** können Sie Werte für das Originalbudget der einzelnen PSP-Elemente eintragen. In der Regel geht der Budgetierung eines Projekts jedoch eine Kostenplanung voraus, die als Anhaltspunkt für die Vergabe von Budgets dienen soll. In der Sicht **Plansumme** der Transaktion CJ30 werden daher die Plankosten der PSP-Elemente ausgewiesen und können mithilfe der Funktion **Kopieren Sicht**, die Sie über das Menü der Transaktion aufrufen können, als Originalbudget übernommen werden.[1] Dabei können Sie über den Prozentsatz spezifizieren, ob die Plankosten ganz, teilweise oder auch zu mehr als 100% kopiert werden sollen. In den Einstellungen der Transaktion legen Sie fest, welche CO-Version für die Darstellung der Plansumme verwendet werden soll. Mithilfe der Funktion **Umwerten** können Sie Budgetwerte markierter PSP-Elemente auch um einen bestimmten Prozentsatz oder Betrag erhöhen oder herabsetzen.

Hierarchische Konsistenz

Die Budgetierung eines Projekts muss spätestens zum Zeitpunkt der Aktivierung der Verfügbarkeitskontrolle hierarchisch konsistent sein. Das heißt, das System überprüft innerhalb einer Projektstruktur, ob die Budgetwerte von PSP-Elementen einer untergeordneten Stufe den Budgetwert des PSP-Elements der nächsthöheren Stufe überschreiten. Sie können die hierarchische Verteilung der Budgetwerte innerhalb der Projektstruktur mithilfe der Sichten **Verteilt** und **Verteilbar** manuell analysieren oder auch eine automatische Prüfung in der Transaktion CJ30 anstoßen. Typischerweise geschieht die Budgetierung eines Projekts top-down, d.h., ein Budgetverantwortlicher verteilt das Originalbudget des obersten PSP-Elements sukzessive auf die PSP-Elemente untergeordneter Stufen. Mithilfe der Funktion **Hochsummieren** können Sie jedoch umgekehrt das Originalbudget von PSP-Elementen auch aus den bereits verteilten Budget-

---

[1] Die Plansumme eines PSP-Elements ergibt sich aus der Summe der Werte aus der hierarchischen Kostenplanung, der Detailplanung, der Einzelkalkulationen, dem Easy Cost Planning und den Werten aller zugeordneten, additiven Aufträge und Netzpläne bzw. Vorgänge.

werten auf PSP-Elementen untergeordneter Stufen ableiten und somit die hierarchische Konsistenz sicherstellen.

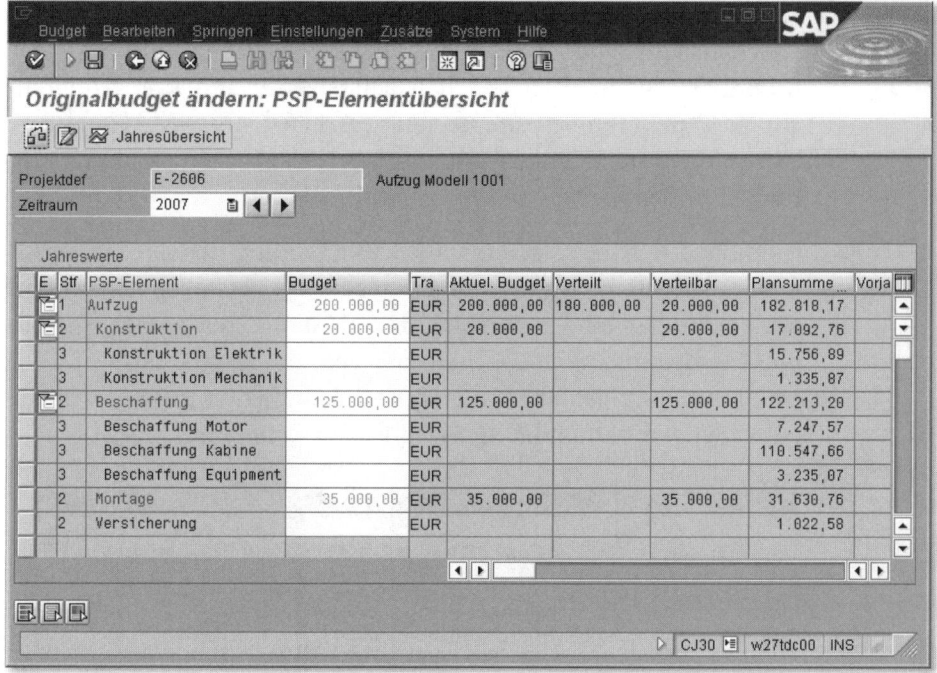

Abbildung 4.2 Beispiel für die Verteilung von Originalbudget

> Sie müssen das Budget eines PSP-Elements *nicht* vollständig auf unterge- **[«]**
> ordnete PSP-Elemente aufteilen. Sie können auch nur Teile des Budgets
> weiterverteilen oder auch gar keine Aufteilung vornehmen. Das heißt ins-
> besondere, Sie müssen die Budgetierung nicht unbedingt bis zur unters-
> ten Stufe eines Projekts durchführen.

Je nachdem, welche Einstellungen Sie im Budgetprofil eines Projekts gewählt haben, können Sie das Originalbudget des Projekts in Form von Gesamtwerten oder geschäftsjahresabhängigen Werten erfassen oder sowohl Gesamtbudgets als auch Originalbudgets mit Bezug zu Geschäftsjahren für PSP-Elemente eintragen. Bei einer geschäftsjahresabhängigen Budgetierung steuert das Budgetprofil zusätzlich den Zeitraum, der für eine Budgetierung möglich sein soll. Mithilfe der Funktion **Kopieren Sicht** können Sie bei Bedarf Budgetwerte eines Vorjahres (Sicht **Vorjahr**) als Kopiervorlage für die Budgetwerte eines Geschäftsjahres nutzen.

Konsistenz von
Gesamt- und
Geschäftsjahres-
budgets

Erlauben Sie für die Verteilung von Originalbudgets sowohl Gesamtwerte als auch geschäftsjahresabhängige Werte, muss spätestens ab
der Aktivierung der Verfügbarkeitskontrolle das Gesamtbudget eines
PSP-Elements größer oder gleich der Summe seiner einzelnen
Geschäftsjahresbudgets sein. Sie können dies mithilfe der Sichten
Kumuliert (Summe der Geschäftsjahreswerte) und **Rest** (Differenz
aus Gesamtwert und Summe der Geschäftsjahreswerte) für jedes
PSP-Element manuell überprüfen oder auch eine automatische Prüfung anstoßen.

Abbildung 4.3 zeigt das Ergebnis einer Prüfung bei einer inkonsistenten Verteilung von Originalbudget. Die erste Fehlermeldung
bezieht sich auf eine hierarchisch inkonsistente Verteilung, es wurde
mehr Budget in einem Geschäftsjahr verteilt, als verteilbar war. Die
anderen Fehlermeldungen verweisen darauf, dass zwar Geschäftsjahresbudgets verteilt wurden, jedoch keine Gesamtbudgets.

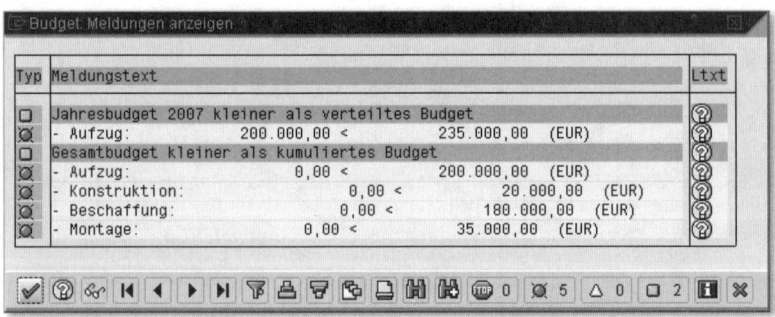

Abbildung 4.3 Beispiel für Fehlermeldungen bei einer inkonsistenten Budgetverteilung

Budgetierungs-
währungen

Über das Budgetprofil steuern Sie auch, in welchen Währungen eine
Budgetierung der PSP-Elemente durchgeführt werden kann. Sie können die im Projekt einheitliche Kostenrechnungskreiswährung, die
Objektwährung der einzelnen PSP-Elemente oder auch eine frei
wählbare Transaktionswährung für eine Budgetierung zulassen. Die
erfassten Budgetwerte werden jedoch immer auch in die Objekt-
und Kostenrechnungskreiswährung der PSP-Elemente umgerechnet.
Die Umrechnung der Jahreswerte geschieht dabei anhand des Kur-
styps, der in den geschäftsjahresabhängigen Werten der CO-Version
0 festgelegt wurde. Die Umrechnung der Gesamtwerte erfolgt auf
Basis der Einstellungen des Budgetprofils.

Die hierarchische Konsistenzprüfung sowie die Prüfung der kumulierten Jahreswerte gegen das Gesamtbudget eines PSP-Elements können in Abhängigkeit von den Einstellungen des Budgetprofils ab dem Enterprise-Release entweder in der Kostenrechnungskreis- oder in der Objektwährung der PSP-Elemente durchgeführt werden. Beachten Sie jedoch, dass Konsistenzprüfungen in der Objektwährung nur für Projekte durchgeführt werden können, in denen die Objektwährung innerhalb der Projektstruktur einheitlich ist.

Beim Sichern der Verteilung von Originalbudget erstellt das System einen eindeutigen Beleg (*Budgeteinzelposten*) mit zusätzlichen Angaben zu Belegdatum und Erfasser. Insbesondere können Sie vor dem Sichern noch erläuternde Belegtexte für die gesamte Budgetverteilung oder auch für einzelne PSP-Elemente erfassen, die Sie dann zusammen mit den anderen Daten des Budgeteinzelpostens jederzeit später im Reporting oder in der Transaktion CJ30 auswerten können.

Budget-einzelposten

Sofern Sie nicht die spezielle Funktion **Sichern ohne Prüfen** für das Speichern der Budgetwerte verwenden, nimmt das System automatisch auch die Prüfungen zur hierarchischen Konsistenz und zur Konsistenz der Gesamt- und Geschäftsjahreswerte beim Sichern vor und verhindert so das Speichern inkonsistenter Budgetwerte. Nach dem Sichern der Verteilung von Originalbudget erhalten automatisch alle budgetierten PSP-Elemente den Status **BUDG** (**Budgetiert**). Dieser Status verhindert ein direktes Löschen der budgetierten PSP-Elemente sowie hierarchische Änderungen dieser PSP-Elemente und aller untergeordneten Objekte.

Status BUDG

4.1.2 Budgetaktualisierungen

Im Verlauf eines Projekts kann es notwendig sein, das Budget des Projekts oder einzelner PSP-Elemente zu ändern. Sie können dazu wiederum die Transaktion CJ30 verwenden und das Originalbudget entsprechend anpassen. Beim Sichern wird dann ein neuer Budgeteinzelposten erzeugt, der eine Analyse der nachträglichen Änderungen erlaubt. In der Regel ist es jedoch sinnvoller, mit so genannten *Budgetaktualisierungen* zu arbeiten, anstatt eine Änderung des Originalbudgets vorzunehmen. Dabei unterscheidet man zwischen *Budgetnachträgen*, *Budgetrückgaben* und *Budgetumbuchungen*. Anhand der Budgetaktualisierungen und des Originalbudgets der PSP-

Elemente berechnet das System dann ein **aktuelles Budget** für jedes PSP-Element.

Wenn Sie mit Budgetaktualisierungen anstelle von Änderungen des Originalbudgets arbeiten, bleibt das ursprüngliche Originalbudget unverändert. Im Reporting können Sie so das Originalbudget jederzeit mit dem aktuellen Budget vergleichen. Insbesondere können Sie in geeigneten Budgetberichten analysieren, wie das aktuelle Budget aufgrund von Nachträgen, Rückgaben oder Umbuchungen zustande gekommen ist. Da in den Einzelpostenbelegen der Budgetaktualisierungen immer auch Angaben zu Sender und Empfänger von Budgetwerten enthalten sind, können Sie auch den Fluss von Budgetwerten im Nachhinein noch nachvollziehen. Um eine Änderung von Originalbudgetwerten zu verhindern und somit die Verwendung von Budgetaktualisierungen zu erzwingen, können Sie einen Anwenderstatus definieren, der den betriebswirtschaftlichen Vorgang **Budgetierung** verbietet, aber die betriebswirtschaftlichen Vorgänge zur Budgetaktualisierung erlaubt (siehe Abschnitt 2.6).

Für die Erfassung von Budgetnachträgen stehen Ihnen im Projektsystem die beiden Transaktionen CJ36 (**Auf Projekt**) und CJ37 (**Im Projekt**) zur Verfügung. In beiden Transaktionen können Sie die Beträge für PSP-Elemente eintragen, um die das aktuelle Budget dieser PSP-Elemente erhöht werden soll. Sie können Nachträge für einzelne Geschäftsjahre oder Gesamtwerte buchen. Beim Sichern führt das System – genau wie bei der Verteilung von Originalbudget – entsprechende Konsistenzprüfungen durch. Sie können außerdem Belegtexte erfassen, die dann zusammen mit den anderen Daten des Budgetnachtrags in einem Budgeteinzelposten gespeichert werden.

Der Unterschied zwischen den Transaktionen CJ36 und CJ37 ist, dass bei einem **Nachtrag im Projekt** (Transaktion CJ37, siehe Abbildung 4.4) die Erhöhung des aktuellen Budgets eines PSP-Elements dazu führt, dass das verteilbare Budget des übergeordneten PSP-Elements entsprechend reduziert wird. Steht auf dem übergeordneten PSP-Element kein verteilbares Budget mehr zur Verfügung, können Sie aufgrund der hierarchischen Konsistenzprüfung auch keinen Nachtrag im Projekt auf das direkt untergeordnete PSP-Element buchen. Bei Nachträgen im Projekt kann also nur so viel Budget nachgetragen werden, wie noch verteilbares Budget auf der übergeordneten Stufe vorhanden ist.

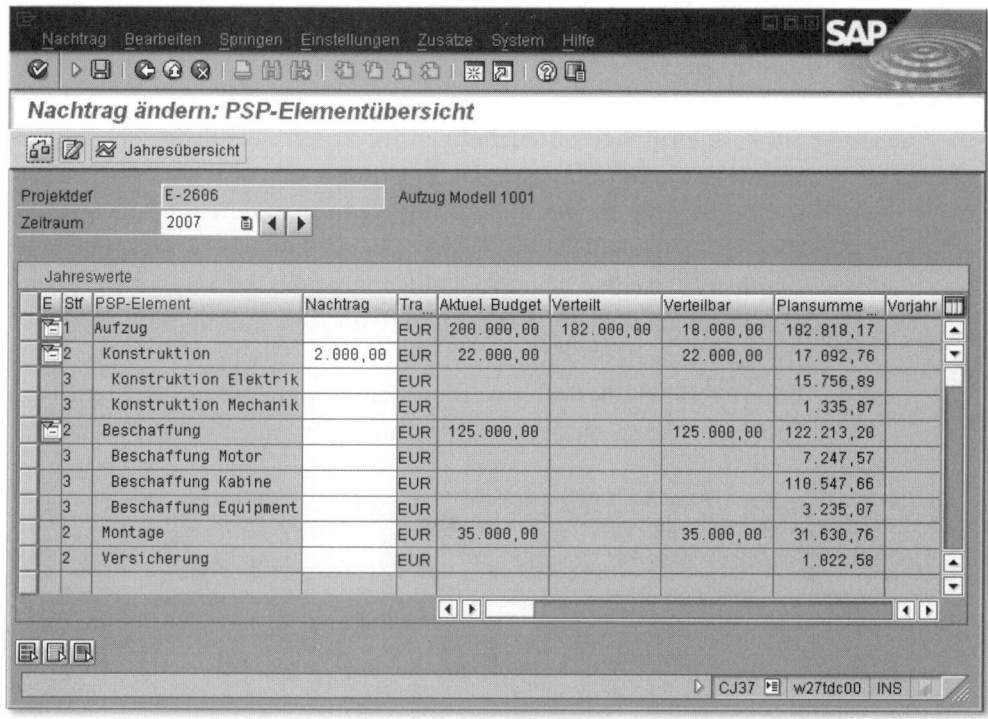

Abbildung 4.4 Beispiel für einen Nachtrag im Projekt

Bei einem **Nachtrag auf Projekt** (CJ36) führt dagegen die Erhöhung des aktuellen Budgets eines PSP-Elements automatisch dazu, dass auch das aktuelle Budget der hierarchisch übergeordneten PSP-Elemente um denselben Betrag erhöht wird. Die geschieht unabhängig davon, ob noch ein verteilbares Budget auf diesen PSP-Elementen vorhanden war oder nicht. Das verteilbare Budget der übergeordneten PSP-Elemente bleibt also konstant. Ein Nachtrag auf Projekt führt also dazu, dass einem Projekt von »außen« zusätzliches Budget zur Verfügung gestellt wird.

Nachtrag auf Projekt

Analog zu Budgetnachträgen können Sie auch Budgetrückgaben mithilfe der Transaktionen CJ35 (**Von Projekt**) und CJ38 (**Im Projekt**) erfassen. Mithilfe von Budgetrückgaben reduzieren Sie das aktuelle Budget von PSP-Elementen um einen bestimmten Betrag. Eine Budgetrückgabe darf die Konsistenz der Budgetwerte jedoch nicht verletzen. Wenn Sie eine **Rückgabe im Projekt** für ein PSP-Element buchen, erhöht sich damit automatisch das verteilbare Budget des übergeordneten PSP-Elements. Wenn Sie eine **Rückgabe von Projekt**

Budgetrückgaben

für ein PSP-Element erfassen, werden automatisch auch die aktuellen Budgets der übergeordneten PSP-Elemente reduziert, d.h., Sie entziehen dem gesamten Projekt Budget.

Budget-umbuchungen

Sie können Budgetumbuchungen für unterschiedliche Zwecke verwenden. Sie können eine Umbuchung beispielsweise verwenden, um Budget von einem PSP-Element auf ein anderes PSP-Element zu transferieren (siehe Abbildung 4.5). Die PSP-Elemente können dabei durchaus verschiedenen Projekten angehören. Gehören die PSP-Elemente zu einem Projekt, dürfen sie jedoch nicht innerhalb desselben Hierarchiezweigs liegen. Umbuchungen zwischen PSP-Elementen unterer Hierarchiestufen werden vom System automatisch auch auf den PSP-Elementen der höheren Hierarchiestufen vorgenommen.

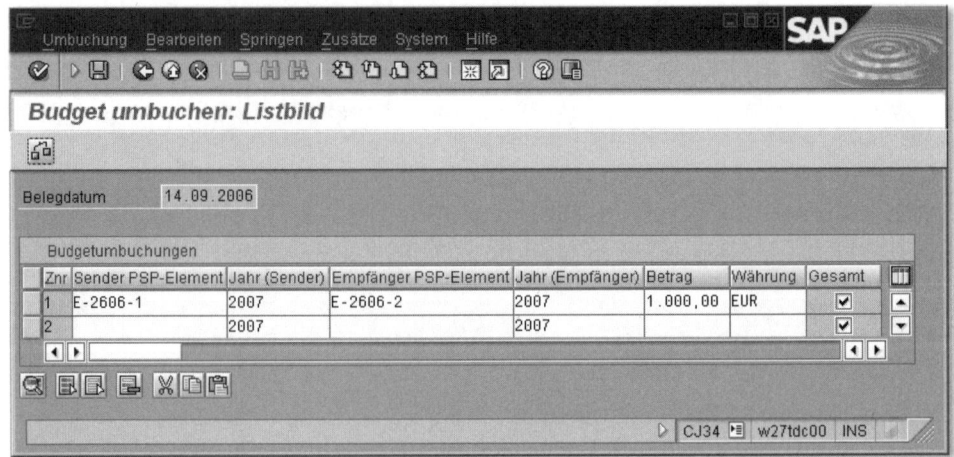

Abbildung 4.5 Beispiel für eine Budgetumbuchung

Sie können Umbuchungen für Gesamtwerte oder einzelne Geschäftsjahre durchführen. Sie können bei Bedarf jedoch auch Budget eines PSP-Elements eines Geschäftsjahres an ein anderes PSP-Element und ein anderes Geschäftsjahr transferieren. Schließlich können Sie auch für ein PSP-Element Umbuchungen von Budgetwerten eines Geschäftsjahres in ein anderes Geschäftsjahr vornehmen (*Rückgriff* bzw. *Vortrag*). Für jede Umbuchung können Sie wiederum einen Belegtext erfassen, der zusammen mit den relevanten Daten der Umbuchung beim Sichern in einem Budgeteinzelposten gespeichert wird.

4.1.3 Budgetfreigabe

In manchen Fällen ist es sinnvoll, die Verteilung von Budgetwerten von der tatsächlichen Freigabe von Budgets für die Durchführung von Projekten oder einzelnen Projektteilen zu trennen. Dies ist oft auch dann notwendig, wenn eine Budgetierung mit Bezug zu Geschäftsjahren nicht detailliert genug ist und Budgets sukzessive innerhalb eines Geschäftsjahres zur Verfügung gestellt werden sollen. Beachten Sie jedoch, dass die Freigabe von Budgets einen zusätzlichen Arbeitsschritt bei der Budgetverwaltung von Projekten erfordert.

Im Projektsystem können Sie mithilfe der Transaktion CJ32 freigegebene Budgetwerte für PSP-Elemente eines Projekts erfassen. Analog zur Verteilung von Originalbudget können Sie – je nach Einstellungen des Budgetprofils – Gesamt- und/oder Geschäftsjahreswerte freigeben. Sie können Beträge manuell in die Spalte **Freigabe** eintragen oder mithilfe der Funktion **Kopieren Sicht** Werte anderer Sichten, wie z.B. die Werte der Sichten **aktuelles Budget** oder **Plansumme**, übernehmen (siehe Abbildung 4.6). Dabei können Sie wählen, zu wie viel Prozent die Werte kopiert werden sollen und ob die Werte zu bereits vorhandenen Freigaben hinzuaddiert werden sollen oder ob sie vorhandene Werte überschreiben sollen.

Auch für Freigaben kann eine Prüfung manuell angestoßen oder automatisch beim Sichern durchgeführt werden. Die Prüfung stellt sicher, dass die Freigaben von PSP-Elementen nicht die Freigaben der übergeordneten PSP-Elemente überschreiten (hierarchische Konsistenz). Für jedes PSP-Element wird dabei zusätzlich geprüft, ob das freigegebene Budget nicht das aktuelle Budget überschreitet. Arbeiten Sie sowohl mit Gesamt- als auch mit Geschäftsjahreswerten, muss schließlich die Freigabe der Gesamtwerte größer oder gleich der Summe der Jahresfreigaben sein. Jede Freigabe von Budget wird durch einen Budgeteinzelposten dokumentiert, zu dem Sie vor dem Sichern einen beschreibenden Belegtext erfassen können.

Konsistenzprüfungen

Ab dem Release ECC 6.0 können Sie mithilfe der Transaktion IMCBR3 auch Freigaben für mehrere Projekte gleichzeitig erfassen. Dabei können Sie die Budget- oder Planwerte in voller Höhe bzw. mit einem Freigabeprozentsatz gewichtet als freigegebenes Budget übernehmen. Bei Bedarf können Sie diese Massenfreigabe für die

Massenfreigabe von Budget

Gesamt- und alle Geschäftsjahreswerte gleichzeitig ausführen oder auf ein einzelnes Geschäftsjahr beschränken.

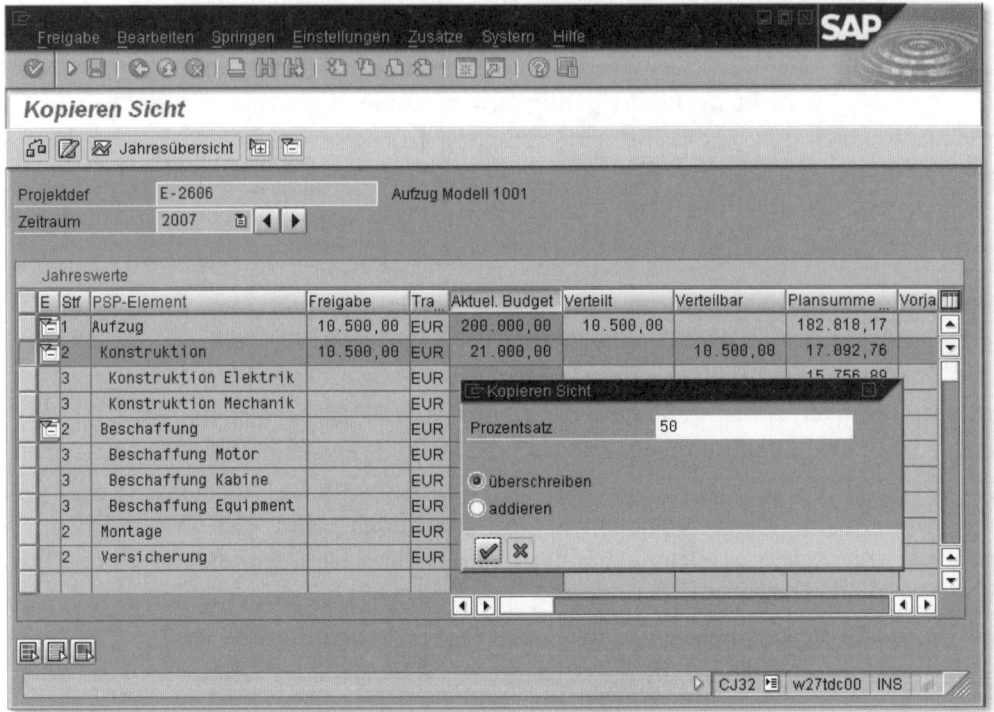

Abbildung 4.6 Beispiel für die Freigabe von Budget mithilfe der Funktion »Kopieren Sicht«

[»] Bei Budget im Projektsystem wird zwischen einem Originalbudget, dem aktuellen Budget und ggf. Budgetfreigaben unterschieden. Alle Budgetwerte werden neben der Währung, in der sie erfasst wurden, auch in der Objektwährung der einzelnen PSP-Elemente und in der Kostenrechnungskreiswährung des Projekts auf der Datenbank gespeichert.

4.1.4 Budgetübertrag

Budget, das für ein Projekt innerhalb eines Geschäftsjahres nicht aufgebraucht wurde, können Sie mithilfe der Transaktion CJCO in das Folgegeschäftsjahr übertragen. Den Betrag, der bei einem Budgetübertrag von einem Geschäftsjahr in das nächste Geschäftsjahr übertragen wird, berechnet das System für jedes PSP-Element aus der Differenz des Geschäftsjahresbudgets und der verteilten Werte und

Istkosten. Diese Istkosten enthalten dabei die Kosten des budgettragenden PSP-Elements selbst sowie die Istkosten aller zugeordneten Aufträge, Netzpläne und die Istkosten untergeordneter PSP-Elemente ohne eigenes Budget. Beachten Sie, dass die Plankosten dispositiver Aufträge und Netzpläne bei der Berechnung des Übertrags nicht von dem Geschäftsjahresbudget abgezogen werden. Typischerweise werden Budgetüberträge im Rahmen des Geschäftsjahresabschlusses eines Unternehmens durchgeführt. Da Obligos bei der Berechnung der zu übertragenden Budgetwerte nicht berücksichtigt werden, sollten Sie einen Obligovortrag mithilfe der Transaktionen CJCF durchgeführt haben, bevor Sie Budgetüberträge ausführen.

Sie können einen Budgetübertrag für ein Projekt auch mehrfach ausführen. Falls im alten Geschäftsjahr nachträglich Istkosten auf das Projekt gebucht wurden, führt ein erneuter Budgetübertrag dazu, dass bereits in das Folgejahr übertragenes Budget zurückgebucht wird. Dabei kann jedoch maximal nur so viel Budget zurückgebucht werden, wie zuvor insgesamt in das Folgejahr übertragenen wurde. Bei Bedarf können Sie einen Budgetübertrag auch in Form eines Testlaufs durchführen und dabei mithilfe von Detaillisten zunächst die geplanten Überträge analysieren, bevor Sie einen Echtlauf starten.

Weitere Werkzeuge, die Ihnen für eine Budgetverwaltung von Projekten im Projektsystem ab dem Enterprise-Release zur Verfügung stehen, sind unter anderem:

Zusätzliche Werkzeuge der Budgetierung

- Konsistenzprüfung Plan/Budget für Projekte (IMCOC3)
- Übernahme Plan nach Budget für Projekte (IMCCP3)
- Anpassen Plan/Budget an Verfügt (IMPBA3)[2]
- Währungsneurechnen Plan/Budget für Projekte (IMCRC3)

Nähere Informationen zur Funktionsweise dieser Transaktionen und den jeweils ausgeführten Konsistenzprüfungen finden Sie in der Programmdokumentation, die Sie aus den Transaktionen heraus aufrufen können.

---

2 Beachten Sie, dass diese Funktion Status ignoriert, die eine Änderung der Planung bzw. Budgetierung verbieten. Die Transaktion Anpassen Plan/Budget an Verfügt ist daher nicht im SAP-Menü vorhanden, sondern kann nur durch direkten Aufruf des Transaktionscodes IMPBA3 gestartet werden.

4.1.5 Verfügbarkeitskontrolle

Eine Hauptaufgabe der Budgetverwaltung von Projekten ist es, in der Realisierungsphase der Projekte das Budget der einzelnen Projektteile, also deren genehmigten Kostenrahmen, den Plan-, Obligo- und Istkosten aufgrund von Bestellungen, Leistungsaufnahmen oder z.B. Materialentnahmen gegenüberzustellen. Zu diesem Zweck stehen Ihnen verschiedene Standardberichte im Reporting des Projektsystems zur Verfügung.

Mithilfe der *Verfügbarkeitskontrolle* kann das System jedoch auch automatisch im Hintergrund relevante Verfügungen ermitteln und mit den entsprechenden Budgetwerten vergleichen. So kann die Verfügbarkeitskontrolle Sie frühzeitig vor drohenden Budgetüberschreitungen warnen oder sogar zu hohe Verfügungen auf PSP-Elementen zum Zeitpunkt Ihrer Entstehung verhindern.

Ablauf der Verfügbarkeitskontrolle

Sobald die Verfügbarkeitskontrolle für ein Projekt aktiv ist, führt das System bei Buchungen auf ein PSP-Element des Projekts bzw. bei Buchungen auf zugeordneten dispositiven Aufträgen oder Netzplänen oder Netzplanvorgängen verschiedene Schritte durch.

Zunächst ermittelt das System die relevanten budgettragenden PSP-Elemente des Projekts. Findet z.B. eine Buchung auf einem PSP-Element statt, das kein eigenes Budget besitzt, sucht das System sukzessive auf den übergeordneten Stufen nach einem budgettragenden PSP-Element.

Verfügtwerte

Für die budgettragenden PSP-Elemente ermittelt das System anschließend die zugehörigen Verfügungen. Der Verfügtwert eines budgettragenden PSP-Elements setzt sich wie folgt zusammen:

▸ Istkosten oder statistische Istkosten auf dem budgettragenden PSP-Element

▸ Istkosten und statistische Istkosten von untergeordneten PSP-Elementen, die kein eigenes Budget tragen

▸ Obligos auf dem budgettragenden PSP-Element und auf untergeordneten PSP-Elementen, die kein eigenes Budget tragen

▸ Maximum aus Plan- und Istkosten sowie Obligos von zugeordneten dispositiven Netzplänen und Aufträgen

Die einzelnen Beiträge zu dem Verfügtwert eines budgettragenden PSP-Elements bedürfen noch einiger zusätzlicher Erläuterungen. Zu den Istkosten, die in die Berechnung der Verfügungen einfließen, gehören z. B. Istkosten aufgrund von Warenentnahmen, Belegen der Finanzbuchhaltung oder des Controllings. Insbesondere gehen auch Belastungen aufgrund von Abrechnungen in die Berechnung des Verfügtwerts ein. Entlastungen durch Abrechnungen werden nur berücksichtigt, wenn die Abrechnung an ein budgetkontrolliertes Objekt stattgefunden hat. Obligos entstehen aufgrund von Bestellanforderungen, Bestellungen oder Mittelreservierungen.

Werte zugeordneter Aufträge bzw. Netzpläne fließen entweder bereits im Status **Eröffnet** oder erst ab der Freigabe der Aufträge in die Berechnung der Verfügtwerte ein. Ab welchem der beiden Status die Werte dispositiv wirksam sein sollen, entscheiden Sie mithilfe des Kennzeichens **Verfügung im Plan** in der Tabelle **Auftragswertfortschreibung für Projekt festlegen** (Transaktion OPSV) im Customizing des Projektsystems. Dabei können Sie diese Einstellung in Abhängigkeit vom Auftragstyp, der Auftragsart und dem Kostenrechnungskreis der Aufträge vornehmen.

Dispositive
Aufträge

> Mit Ausnahme von Vorplanungsnetzen gehen spätestens ab dem Status **Freigegeben** die Werte von zugeordneten Aufträgen bzw. Netzplänen in die Berechnung von Verfügtwerten ein. Insbesondere stellen bereits die Planwerte von zugeordneten, dispositiven Aufträgen Verfügungen gegen das Budget von PSP-Elementen dar.[3]

[«]

Wenn Sie bestimmte Kosten, wie z. B. Gemeinkosten, als Verfügtwerte ausschließen möchten, können Sie im Customizing des Projektsystems die entsprechenden Kostenarten in der Transaktion OPTK in Abhängigkeit vom Kostenrechnungskreis als *Ausnahmekostenarten* eintragen. Diese Ausnahmekostenarten werden also nicht als Verfügungen gegen das Budget von PSP-Elementen verprobt. Erlöse werden generell nicht bei der Ermittlung von Verfügtwerten berücksichtigt.

Ausnahme-
kostenarten

Nachdem das System die relevanten, budgettragenden PSP-Elemente ermittelt und die zugehörigen Verfügtwerte aufgrund einer Buchung auf ein Projekt berechnet hat, findet im letzten Schritt der *Verfügbarkeitskontrolle* eine Prüfung statt. Diese Prüfung vergleicht das zur Verfügung stehende Budget der budgettragenden PSP-Ele-

---

3 Die Planwerte von Materialkomponenten zu einem bewerteten Einzelbestand fließen nicht in die Summe der Verfügtwerte ein.

mente mit deren Verfügungen. Stellt die Verfügbarkeitskontrolle dabei fest, dass bestimmte, von Ihnen definierte Toleranzgrenzen durch Verfügtwerte überschritten werden, führt das System eine der drei nachfolgenden Aktionen aus:

Aktionen der Verfügbarkeits-kontrolle

▶ **Warnung**
Der Benutzer, der die Buchung auf das Projekt vorgenommen hat, erhält beim Sichern eine Warnmeldung, die ihn auf das Überschreiten der Toleranzgrenze hinweist. Der Benutzer kann nun entweder den entsprechenden Beleg trotzdem sichern oder ggf. den Beleg vorerst zurückstellen, um z.B. zunächst Rücksprache mit dem Projektverantwortlichen zu halten.

▶ **Warnung und Mail an Projektverantwortlichen**
Der Benutzer, der die Buchung vornimmt, erhält eine Warnmeldung und entscheidet, ob der Buchungsbeleg gesichert werden soll oder nicht. Beim Sichern des Belegs erzeugt das System eine E-Mail an den Verantwortlichen des budgettragenden PSP-Elements, bei dem es zu der Überschreitung kam, und an den Verantwortlichen, der in der Projektdefinition hinterlegt ist. Die E-Mail enthält Angaben zum betroffenen PSP-Element, der Höhe der Überschreitung, dem Geschäftsvorfall, der die Aktion ausgelöst hat, und dessen Belegnummer.

▶ **Fehlermeldung**
Bei dieser Aktion können Belege, die zu einer Überschreitung der vorgegebenen Toleranzgrenzen führen würden, nicht gesichert werden. Der Benutzer erhält eine entsprechende Fehlermeldung.[4]

Vorgangsgruppen

Die Festlegung der Toleranzgrenzen und der jeweiligen Aktion, die das System bei Überschreiten der Toleranzgrenzen ausführen soll, nehmen Sie in der Customizing-Transaktion **Toleranzgrenzen festlegen** in Abhängigkeit vom Budgetprofil und so genannten *Vorgangsgruppen* vor (siehe Abbildung 4.7). Vorgangsgruppen stellen dabei Gruppierungen betriebswirtschaftlicher Vorgänge dar. Die Vorgangsgruppe **Beleg Finanzbuchhaltung** umfasst also z.B. Buchungen in der Finanzbuchhaltung, die Vorgangsgruppe **Budgetierung** nachträgliche Budgetveränderungen usw. Die Vorgangsgruppe **Aufträge**

---

4 Überlegen Sie im Vorfeld, welche innerbetrieblichen Auswirkungen die Verwendung der Aktion **Fehlermeldung** haben könnte (z.B. beim Erfassen von Rechnungen in der Finanzbuchhaltung). In der Regel wird die Aktion **Fehlermeldung** nur für ausgewählte betriebswirtschaftliche Vorgänge eingesetzt.

zum Projekt umfasst die Änderung von Plankosten zugeordneter, dispositiver Aufträge und auch das Zuordnen von Aufträgen mit Verfügtwerten. Buchungen auf zugeordnete Aufträge (z.B. die Kontierung einer Bestellung) werden jedoch in der für die Buchung vorgesehen Vorgangsgruppe (**Bestellung**) geprüft.

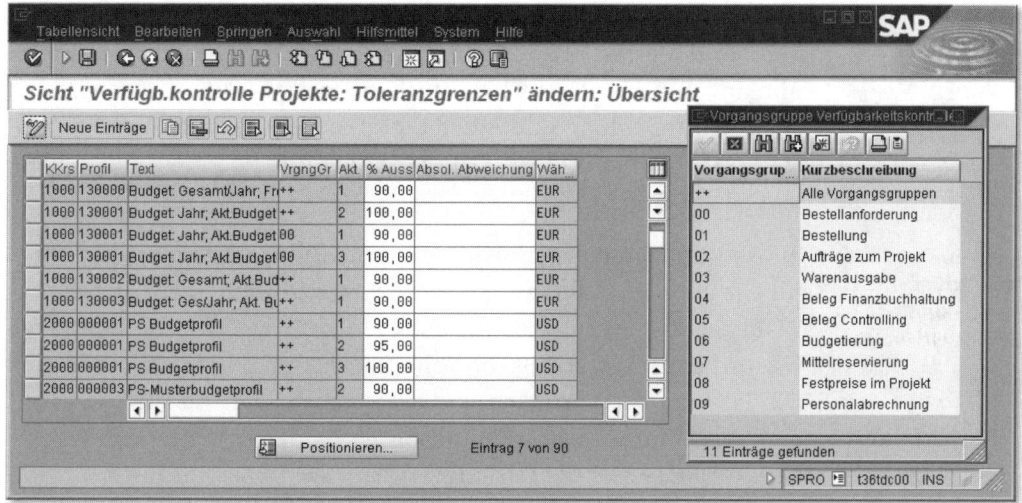

Abbildung 4.7 Festlegung der Toleranzgrenzen der Verfügbarkeitskontrolle in Abhängigkeit von Vorgangsgruppen

Die Vorgangsgruppe **Alle Vorgangsgruppen** dient dazu, zu einer Toleranzgrenze für all diejenigen Vorgangsgruppen Aktionen festzulegen, für die Sie nicht explizit andere Einstellungen vornehmen möchten. Nehmen Sie jedoch für eine Vorgangsgruppe zu einer Toleranzgrenze Einstellungen vor, haben diese Vorrang vor den Einstellungen der Vorgangsgruppe **Alle Vorgangsgruppen**.[5]

> **[!]**
> Es werden nur diejenigen betriebswirtschaftlichen Vorgänge bei der Prüfung der Verfügbarkeitskontrolle berücksichtigt, für deren Vorgangsgruppen Sie Toleranzgrenzen und Aktionen in der Tabelle **Toleranzgrenzen festlegen** definiert haben.

---

5 Beachten Sie, dass der betriebswirtschaftliche Vorgang des Wareneingangs zwar Verfügtwerte erzeugt, jedoch bei der Prüfung der Verfügbarkeitskontrolle nicht berücksichtigt wird. Verwenden Sie daher bereits die Vorgangsgruppe Bestellung für die Prüfung, und verbieten Sie ggf. Kontierungsänderungen bei der Wareneingangsbuchung.

Die in Abbildung 4.7 exemplarisch dargestellten Einstellungen der Toleranzgrenzen für Projekte mit dem Budgetprofil 130 001 führen bei jeder Buchung einer Bestellanforderung (Vorgangsgruppe 00), die zu einer Ausschöpfung des zur Verfügung stehenden Budgets von mehr als 90% führt, zu einer Warnmeldung (Aktion 1). Führen Bestellanforderungen dazu, dass das zur Verfügung stehende Budget überschritten wird, reagiert das System mit einer Fehlermeldung und verhindert so das Buchen der Bestellanforderungen (Aktion 3). Alle anderen betriebswirtschaftlichen Vorgänge führen lediglich zu einer Warnmeldung und einer E-Mail an die entsprechenden Verantwortlichen im Projekt (Aktion 2), wenn es zu einer Budgetüberschreitung kommt.

Im Budgetprofil eines Projekts legen Sie für die Verfügbarkeitskontrolle fest, welches Budget als Basis für die Prüfung dient, in welcher Währung die Verfügbarkeitskontrolle durchgeführt wird und ab wann die Verfügbarkeitskontrolle überhaupt aktiviert werden soll. Die Prüfung der Verfügbarkeitskontrolle kann in Abhängigkeit von den Einstellungen des Budgetprofils gegen das aktuelle, noch verteilbare Gesamt- oder Jahresbudget oder – wenn Sie mit Bugdetfreigaben arbeiten – natürlich auch gegen das freigegebene, noch verteilbare Gesamt- oder Jahresbudget durchgeführt werden.

Genau wie die Konsistenzprüfungen bei der Budgetierung kann auch die Verfügbarkeitskontrolle entweder in der Kostenrechnungskreiswährung des Projekts oder in der Objektwährung der PSP-Elemente durchgeführt werden. Letzteres gelingt jedoch nur, wenn die Objektwährung innerhalb des Projekts einheitlich, also für alle PSP-Elemente eines Projekts dieselbe, ist. Die Verwendung der Objektwährung für die Verfügbarkeitskontrolle ist insbesondere dann relevant, wenn Sie auch die Budgetierung in der Objektwährung durchgeführt haben, die Buchungen auf das Projekt später hauptsächlich in der Objekt- oder auch in Fremdwährungen erfasst werden und Sie mit stark wechselnden Umrechnungskursen zwischen den Objekt-, Fremd- und der Kostenrechnungskreiswährung rechnen müssen.[6]

---

6 Weitere Empfehlungen dazu, welche Währung Sie zur Budgetierung und für die Verfügbarkeitskontrolle für unterschiedliche Projektszenarien verwenden sollten, finden Sie in der SAP-Bibliothek.

Es gibt zwei Möglichkeiten, wie die Verfügbarkeitskontrolle für ein Projekt aktiviert werden kann. Wählen Sie die Einstellung **1** (**Aktivierung mit Budgetvergabe**) in dem Feld **Aktivierungsart** des Budgetprofils (siehe auch Abbildung 4.1), wird die Verfügbarkeitskontrolle für ein Projekt automatisch aktiviert, wenn ein relevantes Budget erfasst wird. Soll die Verfügbarkeitskontrolle Verfügungen gegen das aktuelle Budget prüfen, findet die Aktivierung bereits bei der Verteilung des Originalbudgets statt. Soll die Prüfung mit Bezug zum freigegebenen Budget stattfinden, wird die Verfügbarkeitskontrolle erst dann automatisch aktiviert, wenn Sie eine Budgetfreigabe durchgeführt haben.[7]

Aktivierung der Verfügbarkeitskontrolle

Wenn Sie die Aktivierungsart **2** (**Hintergrundaktivierung**) im Budgetprofil wählen, kann die Verfügbarkeitskontrolle entweder manuell von Ihnen oder automatisch vom System im Hintergrund aktiviert werden. Die manuelle Aktivierung der Verfügbarkeitskontrolle eines Projekts können Sie mithilfe der Transaktion CJBV vornehmen. Für eine automatische Aktivierung definieren Sie mithilfe der Transaktion CJBV für alle relevanten Projekte einen Job, der in regelmäßigen Abständen im Hintergrund überprüft, ob die Verfügungen der Projekte den im Budgetprofil festgelegten Ausschöpfungsgrad überschreiten. Ist dies der Fall, wird automatisch die Verfügbarkeitskontrolle für die entsprechenden Projekte aktiviert.

Wenn Sie die Funktion der Verfügbarkeitskontrolle für die Budgetverwaltung von Projekten nicht nutzen möchten, können Sie die Aktivierungsart **0** (**Nicht aktivierbar**) im Budgetprofil wählen. Bei dieser Einstellung kann die Verfügbarkeitskontrolle weder manuell noch automatisch aktiviert werden. Gegebenenfalls kann es jedoch auch notwendig sein, eine bereits aktive Verfügbarkeitskontrolle wieder zu deaktivieren. Hierzu steht Ihnen die Transaktion CJBW im Menü des Projektsystems zur Verfügung. Möchten Sie nur einzelne PSP-Elemente eines Projekts von der Verfügbarkeitskontrolle ausschließen, können Sie einen Anwenderstatus definieren, der den betriebswirtschaftlichen Vorgang **Verfügbarkeitskontrolle** verbietet

Deaktivierung der Verfügbarkeitskontrolle

---

7 Gegebenenfalls verwenden Sie die Aktivierungsart 1, wollen jedoch die Verfügbarkeitskontrolle bereits aktivieren, obwohl Sie noch kein Budget zuteilen bzw. freigeben möchten. In diesem Fall führen Sie eine Budgetierung bzw. Freigabe durch (die Verfügbarkeitskontrolle wird aktiviert) und geben das Budget anschließend sofort wieder zurück (die Verfügbarkeitskontrolle bleibt aktiv).

(siehe Abschnitt 2.6), und in den entsprechenden PSP-Elementen setzen.

Analyse der Verfügbarkeits- kontrolle

In den Transaktionen CJ30 oder CJ31 können Sie Informationen zur Verfügbarkeitskontrolle aufrufen sowie eine ausführliche Analyse der bereits verfügten bzw. der noch verteilbaren Budgetwerte und aller relevanten Customizing-Einstellungen vornehmen (siehe Abbildung 4.8). Nehmen Sie bei einer aktiven Verfügbarkeitskontrolle im Nachhinein Änderungen an relevanten Customizing-Einstellungen des Budgetprofils, der Toleranzgrenzen, der Ausnahmenkostenarten oder auch der Auftragswertfortschreibung zum Projekt vor, sollten Sie mithilfe der Transaktion CJBN einen Neuaufbau der Verfügbarkeitskontrolle für alle betroffenen Projekte durchführen.[8]

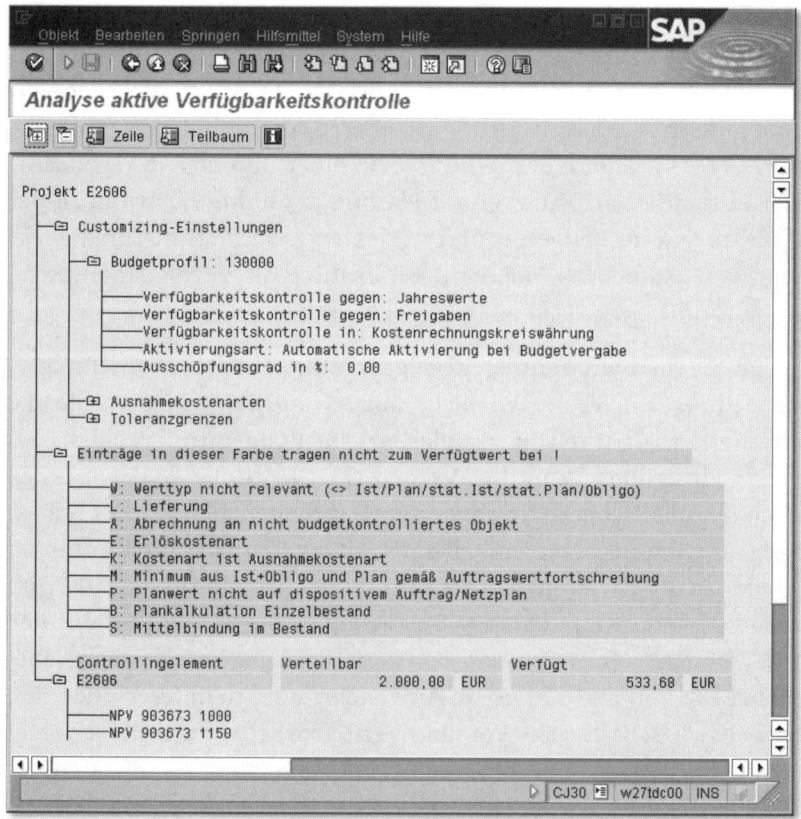

Abbildung 4.8 Analyse der Verfügbarkeitskontrolle in der Transaktion CJ30

---

8 Weitere nützliche Informationen zur Verfügbarkeitskontrolle finden Sie auch in den OSS-Hinweisen 178 837, 165 085 und 33 091.

Zusammenfassung

Im Projektsystem können Sie Budgetwerte hierarchisch auf PSP-Elemente Ihrer Projekte verteilen. Je nach Bedarf können Sie die Budgetverteilung in Form von Gesamtbudgets, Geschäftsjahresbudgets oder unterjährigen Freigaben durchführen. Mithilfe von Budgetaktualisierungen können Sie nachträgliche Änderungen Ihrer Budgetierung vornehmen. Die Verfügarkeitskontrolle stellt sicher, dass das System automatisch bei Überschreiten bestimmter Toleranzgrenzen der Budgetwerte Warnmeldungen oder Fehlermeldungen ausgibt bzw. E-Mails an Projektverantwortliche versendet.

4.2 Integration zum Investitionsmanagement

Wenn sich mehrere Projekte Budgets teilen oder auch andere, nicht mithilfe von Projekten abgebildete Vorhaben bei der Vergabe von Budgets berücksichtigt werden sollen, ist eine isolierte Betrachtung einzelner Projektbudgets nicht ausreichend. Mithilfe der soeben erläuterten Werkzeuge des Projektsystems allein ist eine projektübergreifende Budgetverwaltung allerdings nicht möglich. Indem Sie jedoch die Integration des Projektsystems zum Investitionsmanagement des SAP-Systems nutzen, können Sie nicht nur Budgets von Projekten, sondern gleichzeitig auch Budgetwerte für Innen- oder Instandhaltungsaufträge auf einer übergeordneten Stufe planen, verteilen und überwachen.

Die Grundlage für eine übergreifende Planung und Budgetierung von Kosten für Vorhaben bzw. Investitionen eines Unternehmens bilden im Investitionsmanagement so genannte Investitionsprogramme. Beim Anlegen von Investitionsprogrammen nehmen Sie jeweils eine Zuordnung zu einer *Programmart* vor, über die das System automatisch Vorschlagswerte sowie Steuerungsparameter ableitet. Investitionsprogramme bestehen aus einer Investitionsprogrammdefinition mit allgemeinen Angaben und Vorschlagswerten für das gesamte Programm und hierarchisch angeordneten Investitionsprogrammpositionen. Sie können Investitionsprogramme nach beliebigen Kriterien strukturieren, z.B. nach geographischen Gesichtspunkten, der Größenordnung der Vorhaben oder auch entsprechend dem organisatorischen Aufbau Ihres Unternehmens. Nach dem Erstellen der Struktur eines Investitionsprogramms können Sie diese dann für die hierarchische Planung von Kosten und die Vergabe von Budgets nutzen. Abbildung 4.9 zeigt ein Beispiel für die

Investitionsprogramme

Struktur eines Investitionsprogramms und Budgetwerte, die auf Ebene der verschiedenen Programmpositionen verteilt wurden.

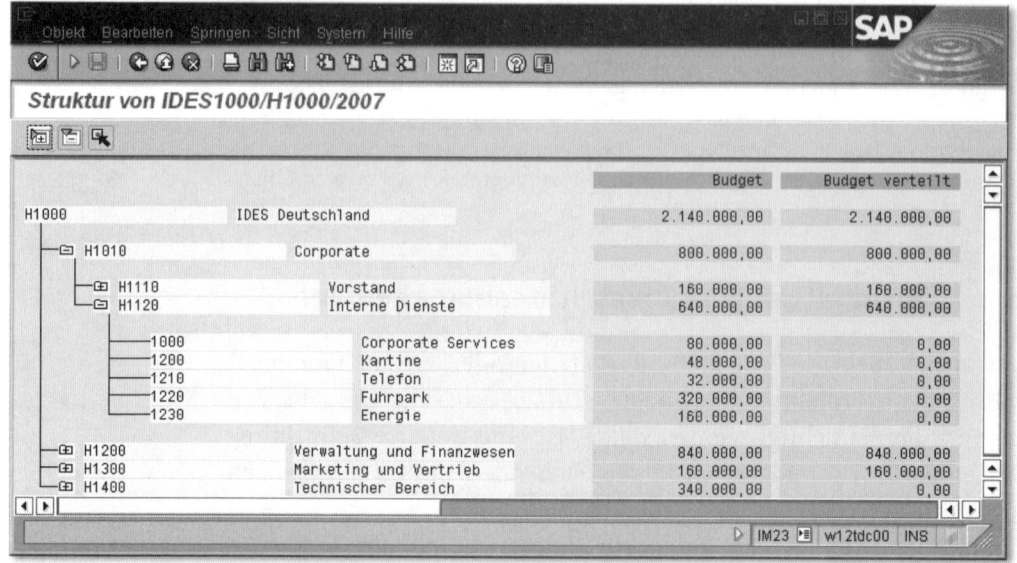

Abbildung 4.9 Beispiel für ein Investitionsprogramm

Investitions-
maßnahmen

Instandhaltungsaufträge, Innenaufträge und Projekte, die Sie Investitionsprogrammpositionen zuordnen, werden als *Investitionsmaßnahmen* bezeichnet. Investitionsmaßnahmen dienen der detaillierten Planung von Vorhaben bzw. Investitionen, aber insbesondere auch deren operativer Durchführung. Verschiedene Controlling-Daten von Investitionsmaßnahmen können im Reporting des Investitionsmanagements aggregiert auf Ebene der Investitionsprogrammpositionen ausgewertet werden. Investitionsmaßnahmen werden in den entsprechenden Applikationen erstellt und bearbeitet: Instandhaltungsaufträge in der Instandhaltung, Innenaufträge im Controlling und Projekte im Projektsystem.

Maßnahmen-
anforderungen

Noch bevor Sie Investitionsmaßnahmen in den jeweiligen Applikationen erstellen, können Sie im Investitionsmanagement so genannte *Maßnahmenanforderungen* anlegen, um z.B. Projektvorschläge, Investitionswünsche, Entwicklungsideen oder sonstige Vorhaben im Stadium vor ihrer etwaigen Realisierung im System abzubilden. In einer Maßnahmenanforderung können Sie diverse investitionsrelevante Informationen und Dokumente hinterlegen.

Insbesondere können Sie innerhalb einer Maßnahmenanforderung mehrere Varianten anlegen, um unterschiedliche Realisierungsmöglichkeiten abzubilden und z.B. deren Kosten zu planen. Genau wie Investitionsmaßnahmen können auch Maßnahmenanforderungen Positionen von Investitionsprogrammen zugeordnet werden.

Mithilfe von Status und Workflows können Sie mehrstufige Genehmigungsprozesse für Maßnahmenanforderungen im Investitionsmanagement abbilden. Nach der Genehmigung einer Maßnahmenanforderung können Sie diese in eine Investitionsmaßnahme überleiten. Für Projekte können Sie also Maßnahmenanforderungen dazu nutzen, Projektvorschläge zu erfassen, deren Kosten zu planen, Genehmigungsprozesse anzustoßen und schließlich operative Projekte aus den Maßnahmenanforderungen zu erzeugen.

[«]

Beim Anlegen von Projekten aus Maßnahmenanforderungen können Sie operative und Standardprojektstrukturpläne als Kopiervorlage verwenden. Netzpläne, die Kopiervorlagen zugeordnet sind, werden dabei jedoch nicht mitkopiert. Bei der Überleitung einer Maßnahmenanforderung in ein Projekt übernimmt das Projekt diverse Stammdaten, die Zuordnung zu Investitionsprogrammpositionen sowie die Plankosten der Maßnahmenanforderung.

Hochrollen von Planwerten auf Investitionsprogramme

Nachdem Sie Maßnahmenanforderungen und Investitionsmaßnahmen Positionen eines Investitionsprogramms zugeordnet haben, können Sie deren Plankosten mithilfe der Transaktion IM34 im Investitionsmanagement auf die jeweiligen Investitionsprogrammpositionen hochrollen. Eine doppelte Planung von Kosten – zum einen auf Ebene der Maßnahmenanforderungen und Investitionsmaßnahmen, zum anderen auf Ebene der Investitionsprogrammpositionen – ist somit nicht notwendig. Bei Bedarf können Sie jedoch auch direkt auf den Programmpositionen Kosten planen oder hochgerollte Plankosten ändern (Transaktion IM35).

Budgetierungsprozess im Investitionsmanagement

Die Kostenplanung von Investitionsprogrammen dient in der Regel als Basis für einen Budgetierungsprozess im Investitionsmanagement. Dabei findet in einem ersten Schritt eine Vergabe von Budgetwerten auf Ebene der verschiedenen Positionen eines Investitionsprogramms statt. In einem zweiten Schritt können dann die Budgetwerte einer Programmposition im Investitionsmanagement auf die zugeordneten Investitionsmaßnahmen verteilt werden.

Die Budgetierung von Programmpositionen geschieht mithilfe der Transaktion IM32 des Investitionsmanagements ähnlich wie die Budgetierung von Projekten im Projektsystem.[9] In Abhängigkeit von den Einstellungen des Investitionsprogramms können Sie Gesamtwerte und/oder Budgetwerte mit Bezug zu Geschäftsjahren manuell oder durch das Kopieren von Planwerten verteilen. Das System stellt dabei die hierarchische Konsistenz der Budgetverteilung sicher. Notwendige Budgetänderungen eines Investitionsprogramms können in Form von Budgetnachträgen (IM30) oder -rückgaben (IM38) erfolgen (*Budgetaktualisierungen*).

Im Anschluss an die Budgetierung der Programmpositionen können die Budgetwerte der Positionen nun an die jeweils zugeordneten Investitionsmaßnahmen weiterverteilt werden. Dies geschieht mithilfe der Transaktion IM52 im Investitionsmanagement. Sie können die Verteilung manuell vornehmen oder auch die Planwerte der einzelnen Investitionsmaßnahmen als Kopiervorlage verwenden. Bei Bedarf können Sie die Transaktion IM52 auch verwenden, um Nachträge oder Rückgaben zwischen Investitionsprogrammpositionen und den zugeordneten Investitionsmaßnahmen zu buchen. Im Projektsystem kann das so einem Projekt zugeteilte Budget nun verwendet werden, um es innerhalb der Projektstruktur auf untergeordnete PSP-Elemente weiterzuverteilen (siehe Abschnitt 4.1.1).

Steuerung der Budgetverteilung

Die Kopplung der Budgetwerte einer Investitionsprogrammposition und der Budgetwerte der zugeordneten Investitionsmaßnahmen wird durch die Kennzeichen **Budgetverteilung Gesamt** und **Budgetverteilung Jahre** in den Stammdaten der Investitionsprogrammposition gesteuert. Die beiden Kennzeichen haben folgende Bedeutungen:

Sind die Kennzeichen **Budgetverteilung Gesamt** und **Budgetverteilung Jahre** beide in einer Investitionsprogrammposition gesetzt, können die zugeordneten Investitionsmaßnahmen sowohl ihr Ge-

---

9 Im Investitionsmanagement besteht im Gegensatz zum Projektsystem die Möglichkeit, Budgets nach unterschiedlichen Budgetarten (z.B. aktivierungsfähige Kosten oder nicht aktivierbare Nebenkosten) zu differenzieren. Da eine getrennte Verwaltung von Budgets mithilfe von Budgetarten jedoch eine Verteilung von Budgetwerten von Programmpositionen auf zugeordnete Investitionsmaßnahmen verhindert, wird auf die Verwendung von Budgetarten im Folgenden nicht weiter eingegangen.

samtbudget als auch auch ihr Geschäftsjahresbudget nur über die Verteilung von Budgetwerten der Programmposition erhalten. Für Projekte kann anschließend eine Weiterverteilung der Budgetwerte innerhalb der hierarchischen Projektstruktur erfolgen.

Ist nur das Kennzeichen **Budgetverteilung Gesamt** gesetzt, können die zugeordneten Investitionsmaßnahmen ihr Gesamtbudget nur von der übergeordneten Programmposition erhalten. Die Jahresbudgets können jedoch auf Ebene der Investitionsmaßnahmen – unabhängig von den geschäftsjahresabhängigen Werten der Programmposition – verteilt werden. Nur das Setzen des Kennzeichens **Budgetverteilung Jahre**, also eine Verteilung von Jahresbudgets ohne eine gleichzeitige Verteilung von Gesamtbudgets, ist nicht möglich.

Ist keines der beiden Kennzeichen in einer Investitionsprogrammposition gesetzt, können die zugeordneten Investitionsmaßnahmen separat budgetiert werden. Im Reporting des Investitionsmanagements können die Budgetwerte der Programmposition und der zugeordneten Maßnahmen zwar miteinander verglichen werden, es findet z.B. jedoch keine automatische Prüfung statt, ob die Budgetwerte der Maßnahmen das Budget der Programmposition überschreiten.

Im Investitionsmanagement ist eine aktive Verfügbarkeitskontrolle, wie sie in Abschnitt 4.1.5 für PSP-Elemente erläutert wurde, für Investitionsprogrammpositionen nicht möglich.[10] Durch das Setzen des Kennzeichens **Budgetverteilung Gesamt** in den Stammdaten einer Programmposition können Sie jedoch sicherstellen, dass die Budgetwerte der zugeordneten Maßnahmen in der Summe nicht das Budget der Programmposition überschreiten können. Dies entspricht im Prinzip also einer Art Verfügbarkeitskontrolle für Investitionsprogramme hinsichtlich der zugeordneten Investitionsmaßnahmen.

---

10 Eine aktive Verfügbarkeitskontrolle für Investitionsprogrammpositionen ist auch nicht notwendig, da die operative Abwicklung von Investitionen bzw. Vorhaben und somit auch die entsprechenden Buchungen auf Ebene der Investitionsmaßnahmen durchgeführt werden und dort mithilfe einer aktiven Verfügbarkeitskontrolle überwacht werden können.

Damit Daten zwischen Instandhaltungsaufträgen, Innenaufträgen und Projekten einerseits und Investitionsprogrammen andererseits ausgetauscht werden können (Hochrollen von Plankosten, Budgetverteilung, aggregierte Auswertungen im Investitionsmanagement usw.), müssen Sie entsprechende Zuordnungen anlegen. Die Zuordnung zu Investitionsprogrammpositionen geschieht für Projekte auf Ebene von PSP-Elementen. Sie können Zuordnungen zwischen PSP-Elementen und Programmposition sowohl im Investitionsmanagement als auch im Projektsystem, in den Bearbeitungstransaktionen für Projektstrukturpläne, vornehmen (siehe Abbildung 4.10).

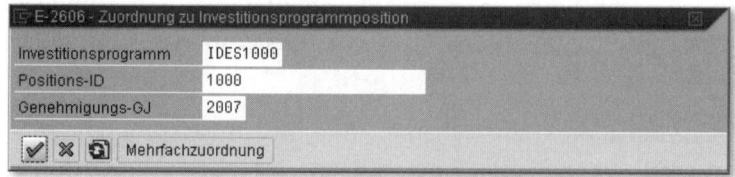

Abbildung 4.10 Beispiel für die Zuordnung eines PSP-Elements zu einer Investitionsprogrammposition

Zum Erstellen von Zuordnungen müssen verschiedene Voraussetzungen erfüllt sein. Programmpositionen müssen eine Zuordnung erlauben. Sie können in den Stammdaten einer Programmposition separat entscheiden, ob Zuordnungen zu Maßnahmenanforderungen, Aufträgen oder Projekten möglich sein sollen. Generell können Investitionsmaßnahmen jedoch nur so genannten Blattpositionen zugeordnet werden, also Programmpositionen, denen keine weiteren Programmpositionen untergeordnet sind.

Typischerweise wird ein Projekt eindeutig einer Investitionsprogrammposition zugeordnet. In diesem Fall nimmt man die Zuordnung auf Ebene des Top-PSP-Elements des Projekts vor. Im Rahmen der Budgetverteilung im Investitionsmanagement erhält dieses PSP-Element dann ein Budget aus der übergeordneten Programmposition. Der Projektverantwortliche kann anschließend dieses Budget auf die untergeordneten PSP-Elemente des Projekts weiterverteilen (siehe Abschnitt 4.1.1).

Gegebenenfalls soll ein Projekt jedoch Budget aus unterschiedlichen »Budgettöpfen« erhalten, also mehreren Investitionsprogrammpositionen zugeordnet sein. In diesem Fall stehen Ihnen zwei Möglichkeiten der Zuordnung zur Verfügung.

Sie können ein PSP-Element, z.B. auch das Top-PSP-Element, in den Bearbeitungstransaktionen des Projektsystems mehreren unterschiedlichen Programmpositionen zuordnen und dabei jede Zuordnung durch die Angabe einer Prozentzahl gewichten. Solche *Mehrfachzuordnungen* dienen jedoch ausschließlich dazu, dass im Reporting des Investitionsmanagements die Plan-, Ist- und Budgetwerte des Projekts unter Berücksichtigung der Gewichtungsprozentsätze zusammen mit den Werten anderer zugeordneter Investitionsmaßnahmen auf den verschiedenen Programmpositionen ausgewertet werden können. Die Verwendung einer Mehrfachzuordnung schließt jedoch eine spätere Budgetverteilung aus den zugeordneten Investitionsprogrammpositionen aus.

Mehrfach-zuordnungen

Wenn Sie auch eine Verteilung von Budgetwerten der verschiedenen Programmpositionen auf das Projekt durchführen möchten, können Sie als zweite Möglichkeit unterschiedliche PSP-Elemente eines Projekts jeweils einer Programmposition zuordnen. Diese PSP-Elemente müssen nicht unbedingt PSP-Elemente der obersten Stufe des Projekts sein, sie müssen sich auch nicht auf der gleichen Stufe innerhalb der Projektstruktur befinden. Es gilt jedoch, dass Sie ein PSP-Element nur dann einer Investitionsprogrammposition zuordnen können, wenn noch kein über- oder untergeordnetes PSP-Element eine Zuordnung zu einer Programmposition besitzt. Führen Sie eine Budgetverteilung der verschiedenen Investitionsprogrammpositionen auf die jeweils zugeordneten PSP-Elemente durch, rollt das System die Budgetwerte automatisch auf die übergeordneten PSP-Elemente hoch. So bleibt die hierarchische Konsistenz der Budgetwerte innerhalb der Projektstruktur gewahrt. Der Projektverantwortliche kann anschließend bei Bedarf eine Weiterverteilung der Budgets auf untergeordnete PSP-Elemente vornehmen.

Zuordnung mehrerer PSP-Elemente eines Projekts

Wenn in einer Investitionsprogrammposition das Kennzeichen **Budgetverteilung Gesamt** bzw. zusätzlich das Kennzeichen **Budgetverteilung Jahre** gesetzt ist, können die zugeordneten PSP-Elemente Budget nur über die Budgetverteilung der Programmposition erhalten. Nach der Zuordnung der PSP-Elemente ist eine separate Zuteilung von Budgets im Projektsystem also nicht mehr möglich. Solange die PSP-Elemente noch kein Budget von der Programmposition erhalten haben, können auch die untergeordneten PSP-Elemente noch kein Budget in einer hierarchisch konsistenten Form erhalten. Um zu verhindern, das ein PSP-Element bereits vor seiner Zuordnung zu

Erzwungene Zuordnungen

einer Investitionsprogrammposition Budget im Projektsystem erhält, können Sie die Zuordnung zu einer Investitionsprogrammposition für PSP-Elemente vor der ersten Budgetierung erzwingen.

Die Zuordnung zu einer Investitionsprogrammposition können Sie für ein PSP-Element auf zwei unterschiedliche Arten erzwingen. Zum einen können Sie mithilfe der Feldauswahl für PSP-Elemente (siehe Abschnitt 2.8.1) die für eine Zuordnung relevanten Felder als Mussfelder aussteuern.[11] Da nicht alle PSP-Elemente Programmpositionen zugeordnet werden sollen, müssen Sie bei der Definition der Feldauswahl geeignete beeinflussende Felder und Werte spezifizieren. In der Regel wird die Zuordnung auf Ebene des Top-PSP-Elements eines Projekts getroffen werden. Zu diesem Zweck kennzeichnen Sie also in der Feldauswahl in Abhängigkeit vom beeinflussenden Feld **Stufe** und dem Wert **1** das Feld **Investitionsprogramm** als Mussfeld. Zum anderen können Sie im Budgetprofil eines Projekts eine Programmart eintragen (siehe Abbildung 4.1). Dieser Eintrag bewirkt, dass das Projekt erst dann budgetiert werden kann, wenn ein PSP-Element des Projekts einem Investitionsprogramm zu dieser Programmart zugeordnet wurde.

Investitionsprojekte Neben dem reinen Austausch von Daten zwischen Projekten und Investitionsprogrammen kann die Integration des Projektsystems zum Investitionsmanagement auch im Rahmen der Projektabrechnung verwendet werden, um die auf einem Projekt gesammelten Kosten an Anlagen im Bau (AiB) und fertige Anlagen der Anlagenbuchhaltung weiterzuverrechnen. Zu diesem Zweck können Sie im Customizing des Investitionsmanagements so genannte *Investitionsprofile* definieren und in den Stammdaten von PSP-Elementen eintragen. PSP-Elemente bzw. Projekte, in denen Investitionsprofile hinterlegt sind, werden auch als *Investitionsprojekte* bezeichnet. Die Definition von Investitionsprofilen, deren Funktion und die Prozesse der Projektabrechnung, die speziell für Investitionsprojekte zur Verfügung stehen, werden ausführlich in Abschnitt 6.9 erläutert.

---

11 Standardmäßig werden die Felder zur Zuordnung von Investitionsprogrammpositionen nicht im Detailbild der PSP-Elemente angezeigt. Bei der Definition eigener Registerkarten (siehe Abschnitt 2.8.2) können Sie jedoch diese Felder zusätzlich mit in das Detailbild von PSP-Elementen aufnehmen.

Zusammenfassung

Mithilfe der Funktionen des Investitionsmanagements können Sie Budgets projektübergreifend auf der Ebene von Investitionsprogrammen verwalten. Durch die Zuordnung von Projekten zu Investitionsprogrammen können Plankosten der Projekte in das Investitionsmanagement hochgerollt und umgekehrt Budgets aus dem Investitionsmanagement auf Projekte verteilt werden.

4.3 Zusammenfassung

Durch die Verteilung von Budgets in Projekten haben Sie die Möglichkeit, neben den Plankosten der Projekte auch einen genehmigten Kostenrahmen für Ihre Projekte zu führen und Verfügungen gegen diesen Kostenrahmen mithilfe der Verfügbarkeitskontrolle zu überwachen. Zusätzlich zu den Funktionen des Projektsystems zur Verwaltung von Budgets können Sie auch die Integration zum Investitionsmanagement für eine projektübergreifende Budgetverwaltung nutzen.

Überblick

*Den zuvor geplanten Terminen, Ressourcen- und Materialbe-
darfen, Kosten und Erlösen können Sie in der Realisierungsphase die entsprechenden Istdaten gegenüberstellen und so
die Durchführung und den Fortschritt Ihrer Projekte überwachen.*

5 Prozesse der Projektdurchführung

Im Rahmen der Realisierungsphase von Projekten werden – je nach
Projekttyp – Leistungen von Kapazitäten des eigenen Unternehmens
in Anspruch genommen, externe Ressourcen an der Durchführung
beteiligt, Material eingekauft, eigengefertigt, verbraucht und geliefert, Rechnungen von Lieferanten erfasst und Rechnungen an Kunden versendet, diverse innerbetriebliche Kostenverrechnungen
durchgeführt usw. Viele dieser Prozesse werden dabei zwar in Projekten angestoßen, jedoch abteilungsübergreifend abgewickelt.

Aufgrund der Integration des Projektsystems in andere Applikationen des SAP-Systems können praktisch alle projektbezogenen Daten
automatisch auf die relevanten Projekte fortgeschrieben oder im
Reporting der Projekte ausgewertet werden, unabhängig davon, ob
die entsprechenden Belege z.B. im Einkauf, der Produktion, dem
Vertrieb oder dem externen und internen Rechnungswesen erstellt
werden. Eine Mehrfacherfassung dieser Daten ist somit nicht notwendig. Insbesondere können Sie auf der Ebene der Projekte die Istdaten der Projektdurchführung den jeweiligen Plandaten gegenüberstellen. Im Reporting, der Fortschrittsanalyse oder mithilfe
spezieller Werkzeuge, wie z.B. dem ProMan oder dem Progress Tracking, können Sie so Abweichungen von der Projektplanung frühzeitig erkennen.

In diesem Kapitel werden verschiedene Aspekte und Prozesse der
Projektdurchführung erläutert. Die einzelnen Abschnitte stehen
dabei in keiner chronologischen Reihenfolge, sondern sind rein the-
matisch sortiert, da in der Realisierungsphase von Projekten unterschiedliche Prozesse typischerweise parallel ausgeführt werden. Bei

dem Bau des Aufzugs können z. B. Monteure bereits mit der Endmontage des Aufzugs beginnen, dabei Material verbrauchen und ihre Zeitdaten zurückmelden, während im Einkauf noch fehlendes Material beschafft wird und im Rechnungswesen Rechnungen von Lieferanten für bereits geliefertes Material erfasst werden.

5.1 Isttermine

Mithilfe von Istterminen dokumentieren Sie in Projekten den tatsächlich für die Durchführung eines Arbeitspakets benötigten Zeitraum. Je nachdem, ob Sie zur Strukturierung von Projekten Projektstrukturpläne oder Netzpläne einsetzen, stehen Ihnen unterschiedliche Funktionen zur Erfassung von Istterminen zur Verfügung.

5.1.1 Isttermine von PSP-Elementen

In Projektstrukturplänen können Sie Isttermine für PSP-Elemente erfassen. Dabei wird zwischen dem Iststart und dem Istende eines PSP-Elements unterschieden. Der Iststart dokumentiert den zeitlichen Beginn der Ausführung des PSP-Elements, der Istendtermin den zeitlichen Abschluss. Das Setzen eines Iststarttermins für ein PSP-Element wird automatisch durch den Systemstatus **TRÜC (Teilrückgemeldet)** auf der Ebene des PSP-Elements dokumentiert. Setzen Sie zusätzlich auch einen Istendtermin, erhält das PSP-Element automatisch den Status **RÜCK (Rückgemeldet)**. Ist der Status **RÜCK** in einem PSP-Element aktiv, warnt er Sie bei jeder nachträglichen Änderung der Isttermine dieses PSP-Elements. Vorläufige Isttermine für PSP-Elemente entstehen nur durch Isttermine zugeordneter Vorgänge, können also nicht manuell für PSP-Elemente eingetragen werden.

Voraussetzungen für Isttermine von PSP-Elementen

Für das Erfassen von Istterminen für PSP-Elemente müssen verschiedene Voraussetzungen erfüllt sein. Damit Sie einen Iststarttermin in einem PSP-Element hinterlegen können, muss das PSP-Element den Systemstatus **TFRE (Teilfreigegeben)** oder **FREI (Freigegeben)** besitzen und darf kein anderer Status das Setzen des Isttermins verbieten. Das Setzen eines Istendtermins für ein PSP-Element setzt zum einen den Status **FREI** voraus, zum anderen müssen alle untergeordneten PSP-Elemente und ggf. zugeordnete Vorgänge den Status **RÜCK** besitzen.

Es gibt drei Möglichkeiten, wie Isttermine auf Ebene von PSP-Elementen entstehen können:

▸ **Manuelle Erfassung**
Sie erfassen manuell Isttermine für PSP-Elemente. Dies geschieht analog zur manuellen Planung von Terminen in Abhängigkeit von der jeweiligen Bearbeitungstransaktion im Detailbild der PSP-Elemente, tabellarisch oder bei Bedarf auch grafisch.

▸ **Hochrechnen**
Sie ermitteln Isttermine mithilfe der Funktion **Termine hochrechnen** aus den Istterminen untergeordneter PSP-Elemente.

▸ **Ermittlung aus Vorgangsterminen**
Sie verwenden die Funktion **Isttermine ermitteln**, um die Isttermine von PSP-Elementen aus den Istterminen der zugeordneten Vorgänge abzuleiten.

> Eine automatische Ableitung der Isttermine von PSP-Elementen, z. B. aus Finanzbuchhaltungs-, Controlling- oder Einkaufsbelegen, ist nicht möglich. Es ist Aufgabe der jeweiligen Projektverantwortlichen, die Erfassung von Istterminen für PSP-Elemente vorzunehmen.

[«]

5.1.2 Isttermine von Vorgängen

Isttermine von Vorgängen (bzw. Vorgangselementen) werden typischerweise mithilfe von Rückmeldungen erfasst (siehe Abschnitt 5.3). Dabei unterscheidet man zwischen den Istterminen aus Teilrückmeldungen, die praktisch als vorläufige Iststart und Istendtermine interpretiert werden, und den Istterminen aus Endrückmeldungen, die den tatsächlichen Durchführungszeitraum repräsentieren. Die Isttermine von Rückmeldungen eines Vorgangs werden automatisch auf den Vorgang fortgeschrieben,[1] sofern Sie dies nicht explizit in der Rückmeldung verboten haben. Bei Bedarf können Sie die Isttermine auf Vorgangsebene auch manuell noch ändern. Eine automatische Ableitung der Isttermine von Vorgängen aus z. B. Materialbelegen oder kreditorischen Rechnungen ist nicht möglich. Das Erstellen von Rückmeldungen zu einem Vorgang und somit auch die Erfassung von

---

1 Der Iststarttermin eines Vorgangs ergibt sich aus dem frühesten Iststarttermin aller Rückmeldungen des Vorgangs, der Istendtermin analog aus dem spätesten Istendtermin aller Rückmeldungen.

Istterminen setzen den Status **FREI (Freigegeben)** für den Vorgang voraus.

Beachten Sie, dass die Isttermine von Netzplanvorgängen Auswirkungen auf nachfolgende Terminierungen des Netzplans haben können. Besitzt ein Vorgang den Systemstatus **RÜCK** aufgrund einer Endrückmeldung, setzt das System automatisch die Plantermine der frühesten und spätesten Lage des Vorgangs auf die Isttermine des Vorgangs. Besitzt der Vorgang Anordnungsbeziehungen zu anderen Vorgängen, würden bei einer Neuterminierung auch die Plantermine dieser Vorgänge entsprechend der Terminierungslogik (siehe Abschnitt 3.1.2) angepasst.

Kennzeichen Verschieben Auftrag

Besitzt ein Vorgang den Status **TRÜC** aufgrund von Teilrückmeldungen, entscheidet das Kennzeichen **Verschieben Auftrag** in den Terminierungsparametern darüber, wie die Isttermine des Vorgangs bei einer nachfolgenden Terminierung gehandhabt werden sollen. Ist das Kennzeichen **Verschieben Auftrag** gesetzt, berechnet das System die früheste und späteste Lage gemäß der normalen Terminierungslogik, verwendet dabei jedoch als terminierungsrelevante Dauer die geplante Dauer abzüglich der bereits zurückgemeldeten Dauer. Diese Einstellung kann z.B. dann sinnvoll sein, wenn Sie bereits vor dem ursprünglich geplanten Zeitraum Arbeit geleistet haben, Sie jedoch verhindern möchten, dass alle nachfolgenden Vorgänge nun ebenfalls sehr viel früher terminiert werden.

Terminierungsbeispiel 1

Abbildung 5.1 zeigt ein entsprechendes Beispiel. Dem PSP-Element **Konstruktion Elektrik** ist ein gleichnamiger teilrückgemeldeter Vorgang zugeordnet. In der Teilrückmeldung wurde dokumentiert, dass bereits drei Tage gearbeitet wurde (siehe Istterminbalken (unterster Terminbalken) des Vorgangs), diese Arbeit jedoch eine Woche früher als ursprünglich geplant begonnen wurde (siehe zum Vergleich den Prognoseterminbalken (oberster Terminbalken) des Vorgangs). Eine nachträgliche Terminierung, bei der das Kennzeichen **Verschieben Auftrag** gesetzt war, hat den neuen Starttermin des Vorgangs (siehe Eckterminbalken (mittlere Terminbalken) des Vorgangs) gemäß der normalen Terminierungslogik berechnet. Als Dauer wurde bei der Terminierung jedoch die ursprüngliche Dauer abzüglich der bereits gearbeiteten Dauer verwendet. Auf Ebene des PSP-Elements wird der Isttermin des Vorgangs als vorläufiger Isttermin (dünner, unterster Terminbalken) ausgewiesen.

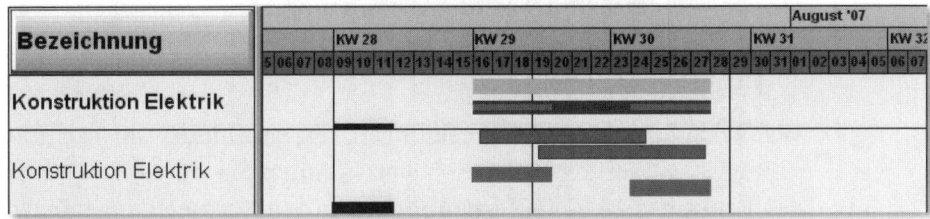

Abbildung 5.1 Beispiel für die Terminierung eines teilrückgemeldeten Vorgangs, das Kennzeichen »Verschieben Auftrag« ist gesetzt

Ist das Kennzeichen **Verschieben Auftrag** bei einer Neuterminierung nicht gesetzt, setzt das System den frühesten Start eines teilrückgemeldeten Vorgangs automatisch auf den Iststarttermin des Vorgangs. Als Dauer verwendet das System für die Terminierung des frühesten Endtermins die geplante Dauer, für die Terminierung der spätesten Lage die um die bereits zurückgemeldete Dauer reduzierte Plandauer. Abbildung 5.2 zeigt wiederum das Beispiel des teilrückgemeldeten Vorgangs **Konstruktion Elektrik**. Die in Abbildung 5.2 dargestellten Ecktermine (mittlere Terminbalken) ergeben sich nun aus einer Terminierung, bei der das Kennzeichen **Verschieben Auftrag** nicht gesetzt war. Vergleichen Sie die Ecktermine mit dem in Abbildung 5.1 dargestellten Terminierungsergebnis.

Terminierungs-beispiel 2

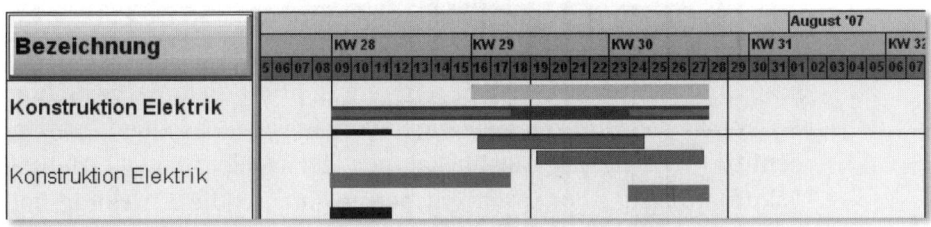

Abbildung 5.2 Beispiel für die Terminierung eines teilrückgemeldeten Vorgangs, das Kennzeichen »Verschieben Auftrag« ist nicht gesetzt

In einer Teilrückmeldung haben Sie die Möglichkeit, neben der Erfassung von Istdaten auch Prognosedaten anzugeben. So können Sie z.B. neben dem Iststart- und Istendtermin auch eine prognostizierte Restdauer oder ein prognostiziertes Ende für die Durchführung des Vorgangs spezifizieren. Diese Prognosedaten werden bei nachfolgenden Terminierungen automatisch berücksichtigt. Haben Sie eine Prognoserestdauer angegeben, wird diese Dauer bei der Neuterminierung verwendet. Haben Sie einen prognostizierten End-

Prognosetermine in Rückmeldungen

termin bei der Teilrückmeldung eines Vorgangs eingegeben, setzt das System die Endtermine des Vorgangs bei einer Neuterminierung automatisch auf dieses Datum.

Wenn Isttermine aus Rückmeldungen keinen Einfluss auf nachfolgende Terminierungen haben sollen, können Sie durch das Setzen des Kennzeichens **Kein Terminupdate** in den Rückmeldungen bzw. den Rückmeldeparametern verhindern, dass die Isttermine der Rückmeldungen auf die Vorgänge fortgeschrieben werden. Mithilfe einer entsprechenden Feldauswahl können Sie bei Bedarf auch verhindern, dass eine Prognoserestdauer oder ein Prognoseendtermin in Rückmeldungen eingegeben werden können.

5.1.3   Isttermine von Meilensteinen

Um zu dokumentieren, dass Meilensteine eines Projekts erreicht wurden, können Sie einen Isttermin für diese Meilensteine erfassen. Bei Meilensteinen, die PSP-Elementen zugeordnet sind, müssen Sie dies manuell vornehmen. Isttermine für Meilensteine an Vorgängen können Sie manuell eintragen oder auch aus Rückmeldungen der Vorgänge ableiten. Voraussetzung für die Übernahme des Istendtermins einer Rückmeldung als Isttermine eines Meilensteins ist, dass die Rückmeldeparameter diese Übernahme gestatten (Kennzeichen **Meilensteintermin autom.**, siehe Abschnitt 5.3) und dass der Abarbeitungsgrad der Rückmeldung größer oder gleich dem Fertigstellungsgrad ist, den der Meilenstein repräsentiert (Feld **Fertigstellung** im Meilenstein). Isttermine von Vorgangsmeilensteinen können genutzt werden, um z.B. im Rahmen der Meilensteinfakturierung Fakturierungspositionen zu entsperren und so die Erstellung von Rechnungen zu steuern, siehe Abschnitt 5.6.1).

[!]   Beachten Sie, dass die Plantermine von Meilensteinen automatisch auf die Isttermine der Meilensteine gesetzt werden. Wenn Sie einen Plan-Ist-Vergleich der Meilensteintermine vornehmen möchten, müssen Sie mit Projektversionen oder dem Prognoseterminkreis arbeiten (siehe Abschnitt 3.1).

5.2   Kontierung von Belegen

Die Fortschreibung von Kosten, Erlösen oder ggf. auch Zahlungen auf Projekte geschieht durch die Kontierung entsprechender Belege (Leistungsverrechnungen, Rechnungen, Warenein- und -ausgänge, Fakturen, Anzahlungen usw.) auf PSP-Elemente und Netzplanvorgänge bzw. Vorgangselemente. Wenn Sie Projekten Aufträge zugeordnet haben, wie z.B. Instandhaltungs-, Fertigungs- oder Innenaufträge, können auch auf diese Aufträge Belege kontiert werden. Die entsprechenden Kosten der zugeordneten Aufträge können im Reporting des Projektsystems auf Ebene des Projekts aggregiert ausgewertet werden, es findet jedoch keine automatische Fortschreibung auf das Projekt statt. Bei Bedarf können die Kosten der zugeordneten Aufträge jedoch im Rahmen des Periodenabschlusses auf das Projekt abgerechnet werden (siehe Abschnitt 6.9).

Voraussetzung für die Kontierung von Belegen auf PSP-Elemente oder Netzplanvorgänge ist, dass der Status der Objekte eine entsprechende Kontierung erlaubt. Standardmäßig können Sie im Systemstatus **EROF (Eröffnet)** zwar Bestellanforderungen oder Bestellungen auf Projekte kontieren, jedoch keinen Waren- bzw. Rechnungseingang buchen. Die Kontierung von Belegen, die zu Istkosten führen, setzen den Status **FREI (Freigegeben)** in den jeweiligen Kontierungsobjekten des Projektsystems voraus. Ferner müssen auch die Stammdaten von PSP-Elementen eine Kontierung von Belegen erlauben. Ob eine Kontierung möglich sein soll oder nicht, können Sie mithilfe des operativen Kennzeichens **Kontierungselement** bei Bedarf für jedes PSP-Element separat entscheiden (siehe Abschnitt 2.2.1).

Voraussetzungen

5.2.1   Obligoverwaltung

Bei der Fortschreibung von Daten auf Projekte aufgrund der Kontierung von Belegen unterscheidet man zwischen Istkosten und Obligos. Während Istkosten den tatsächlichen Verbrauch von Gütern und Leistungen beziffern, entsprechen Obligos lediglich Verpflichtungen aufgrund von Bestellanforderungen, Bestellungen oder Mittelbindungen. Mithilfe von Obligos können Sie frühzeitig Verbindlichkeiten analysieren, die voraussichtlich später zu Istkosten führen werden. Obligos werden jedoch noch nicht buchhalterisch erfasst. Wenn Sie die Verfügbarkeitskontrolle aktiviert haben (siehe

Abschnitt 4.1.5), werden Obligos als Verfügungen gegen das Budget von PSP-Elementen berücksichtigt, d.h., Obligos binden im Vorfeld bereits Mittel für die späteren Istkosten.

Aktivierung der Obligoverwaltung

Damit das System Obligos auf Projekte des Projektsystems fortschreibt, müssen Sie die Obligoverwaltung für Projekte aktivieren. Dies können Sie im Customizing mithilfe der Transaktion OKKP für die jeweiligen Kostenrechnungskreise vornehmen (siehe Abbildung 5.3). Im Reporting des Projektsystems können Sie – je nach Einstellung der Berichte – Obligos getrennt nach Bestellanforderungsobligos, Bestellobligos oder auch Mittelbindungsobligos analysieren (siehe Abschnitt 7.2).

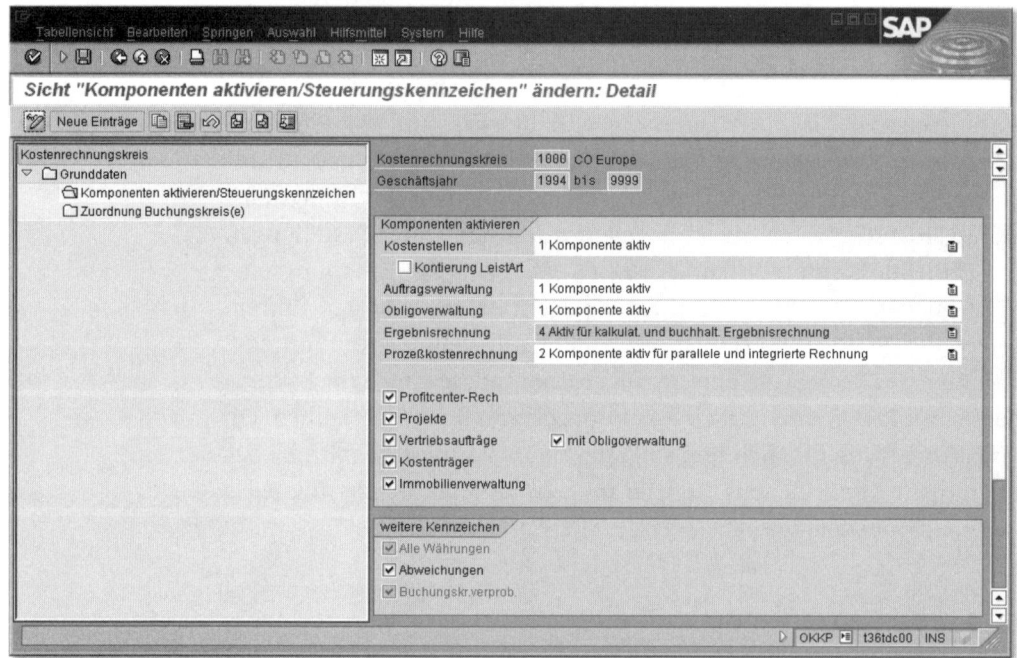

Abbildung 5.3 Aktivierung der Obligoverwaltung

Bestellanforderungsobligos

Sobald die Obligoverwaltung aktiv ist, berechnet das System für jede Bestellanforderung, die Sie auf ein Projekt kontieren, aus der (Rest-) Menge und dem Preis pro Mengeneinheit ein Bestellanforderungsobligo zum geplanten Liefertermin und schreibt dieses auf das Projekt fort. Die Bestellanforderungen können dabei manuell im Einkauf erstellt und z.B. auf ein PSP-Element kontiert werden oder auch automatisch erzeugt werden – ausgehend von Fremd- und Dienstleistungsvorgängen oder fremdzubeschaffenden Materialkomponenten eines Netzplans. Das Bestellanforderungsgobligo wird – entsprechend der jeweiligen Kontierung – separat auf den PSP-Elementen, Netzplanköpfen bzw. Vorgängen ausgewiesen.[2] Eine Ausnahme bilden Bestellanforderungen, die automatisch im Rahmen von Materialbedarfsplanungsläufen erstellt werden. Diese führen nicht zu entsprechenden Bestellanforderungsobligos. Erst die Bestellungen zu diesen Bestellanforderungen führen zum Ausweis von Obligos.

Wird im Einkauf eine Bestellung angelegt mit Bezug zu einer Bestellanforderung, die auf ein Projekt kontiert ist, wird das Bestellanforderungsobligo entsprechend der in der Bestellung übernommenen Menge reduziert. Wird die komplette Menge der Bestellanforderung in die Bestellung übernommen, wird das Bestellanforderungsobligo also auch komplett abgebaut. Gleichzeitig ermittelt das System anhand des Wertes der Bestellung ein Bestellobligo und schreibt es wiederum auf die entsprechenden Kontierungsobjekte fort, wo es in der Periode des Lieferdatums der Bestellung ausgewertet werden kann.

Bestellobligos

In Abhängigkeit vom **Wareneingangskennzeichen** der Bestellung erfolgt der Abbau des Bestellobligos und damit die Fortschreibung der entsprechenden Istkosten entweder mit dem Buchen eines Wareneingangs oder beim Buchen des Rechnungseingangs mit Bezug zur Bestellung. Wird dabei nur ein Teil der Menge bzw. der Werte der Bestellung gebucht, wird auch nur ein Teil des Bestellobligos in Istkosten umgewandelt. Ein vollständiger Abbau des Bestellobligos findet statt, wenn ein vollständiger Waren- bzw. Rechnungseingang gebucht wird oder Sie manuell ein Endlieferkennzeichen setzen, um zu dokumentieren, dass keine weitere Lieferung mehr erwartet wird, obwohl die Menge oder der Wert der Bestellung noch nicht erreicht ist. Solange für die Position einer

---

2 Der Ausweis von Obligos erfolgt für kopfkontierte Netzpläne jeweils auf dem Netzplankopf, für vorgangskontierte Netzpläne auf Ebene der einzelnen Vorgänge. Obligos für Materialkomponenten werden für Nichtlagerpositionen auf die entsprechenden Netzplanköpfe bzw. Vorgänge fortgeschrieben. Obligos für Lagerpositionen können im Projekt nur ausgewiesen werden, wenn sie im Einzelbestand geführt werden. Die Fortschreibung der Obligos geschieht dann auf die jeweiligen Einzelbestandssegmente.

Bestellung noch kein Waren- oder Rechnungseingang gebucht wurde, können Sie die Position sperren oder unter bestimmten Bedingungen auch löschen. In diesen beiden Fällen wird ebenfalls das Bestellobligo der Position vollständig abgebaut.

Mittelbindungs-
obligos Sie können im Projektsystem mithilfe der Transaktion FMZ1 *Mittel-bindungen* erstellen, wenn Sie Mittel für spätere Kosten reservieren möchten, jedoch noch nicht klar ist, durch welche betriebswirt-schaftlichen Vorgänge diese Kosten entstehen werden. Der Betrag einer Mittelbindung wird als Mittelbindungsobligo auf dem PSP-Ele-ment oder dem Netzplan bzw. Vorgang ausgewiesen, auf dem Sie die Mittelbindung kontiert haben. Ferner wird der Mittelbindungsbe-trag bei der Berechnung der Verfügtwerte berücksichtigt und nimmt somit an der Verfügbarkeitskontrolle von Projekten teil. Der Abbau von Mittelbindungsobligos kann entweder manuell vorgenommen werden, indem Sie entsprechende Abbaubeträge mithilfe der Trans-aktion FMZ6 erfassen, oder automatisch bei der Erfassung von Kre-ditorenrechnungen im Finanzwesen, wenn die entsprechende Mit-telbindung im Kontierungsblock der Rechnung angegeben wird.

5.2.2 Manuelle Kontierung

Für Projektstrukturpläne können – anders als z. B. bei Fremdbearbei-tungs- und Dienstleistungsvorgängen oder Materialkomponenten in Netzplänen – Einkaufsbelege oder Belege zur Verrechnung von Kos-ten nicht automatisch erstellt werden, sondern werden manuell im Projektsystem, im Einkauf, im Controlling oder z. B. der Finanzbuch-haltung angelegt und auf PSP-Elemente kontiert. Für statistische PSP-Elemente (siehe Abschnitt 2.2.1) muss in diesen Belegen neben dem PSP-Element immer auch noch ein weiteres Kontierungsobjekt spezifiziert werden, da die Fortschreibung auf statistische PSP-Ele-mente nicht kostenwirksam, sondern nur zu Informationszwecken geschieht.

Beispiele für
Belege Die nachfolgende Liste enthält exemplarisch einige Transaktionen aus unterschiedlichen Applikationen des SAP-Systems, die im Rahmen der Realisierungsphase von Projekten relevant sein können und mit denen Sie Belege erfassen und auf PSP-Elemente kontieren können:

- ▸ Bestellanforderung anlegen (ME51N)
- ▸ Bestellung anlegen (ME21N)

▸ Leistungsverrechnung (KB21N)

▸ Warenbewegungen (MIGO)

▸ Kreditorische Rechnungen (FB60)

Ab dem Enterprise-Release stehen in der Finanzbuchhaltung zusätzliche Funktionen zur Verfügung, um Belege mit Bezug zu einem Projekt übersichtlich in Form von so genannten *debitorischen und kreditorischen Anzahlungsketten* zu verwalten.

Mitarbeiter können auch im Arbeitszeitblatt (siehe Abschnitt 5.3.3) Zeiten mit Bezug zu PSP-Elementen erfassen. Die Überleitung dieser Zeitdaten in das Controlling erzeugt dann eine Leistungsverrechnung zwischen der Kostenstelle der Mitarbeiter und den entsprechenden PSP-Elementen.

5.2.3 Execution Services

Wenn Sie das Easy Cost Planning für die Kostenplanung auf Ebene von PSP-Elementen verwendet haben (siehe Abschnitt 3.4.4), können Sie nach Freigabe der PSP-Elemente direkt aus dem Easy Cost Planning heraus verschiedene Belege, wie z.B. interne Leistungsverrechnungen, Bestellanforderungen oder Warenausgänge, buchen. Die wesentlichen Vorteile dieser Möglichkeit sind, dass Sie zum einen nicht die Handhabung mehrerer unterschiedlicher Transaktionen zum Erstellen dieser Belege kennen müssen und zum anderen auf die Plandaten der verschiedenen Kalkulationspositionen als Vorlage zurückgreifen können und so insgesamt der Aufwand zum Erstellen dieser Belege reduziert und Fehler bei der Erfassung der notwendigen Daten vermieden werden können. Das Buchen eines Belegs aus dem Easy Cost Planning heraus wird als *Execution Service* bezeichnet.

Je nachdem, welchen Execution Service Sie im Easy Cost Planning aus der Liste der verfügbaren Execution Services auswählen, schlägt Ihnen das System nur Daten von jeweils relevanten Positionen der Kalkulation vor. Wenn Sie z.B. den Execution Service **Warenausgang** wählen, werden Ihnen nur Daten von Positionen zum Positionstyp **M (Material)** angeboten usw. Von den vorgeschlagenen Positionen können Sie nun diejenigen selektieren, für die Sie den Execution Service durchführen möchten. Gegebenenfalls können Sie die vorgeschlagenen Daten noch ändern bzw. fehlende Daten nachtragen, bevor Sie eine Buchung vornehmen.

Wenn Sie eine Buchung vornehmen, wird ein entsprechender Beleg erstellt, der automatisch auf das ausgewählte PSP-Element kontiert ist. Kommt es beim Buchen eines Belegs zu Warnungen oder Fehlern, können Sie die entsprechenden Meldungen in einem Protokoll analysieren. Mithilfe einer Belegübersicht können Sie sich eine Liste der bereits mithilfe des Execution Service gebuchten Belege anzeigen lassen und bei Bedarf in die Anzeige der Belege selbst abspringen oder auch Stornierungen durchführen. Abbildung 5.4 zeigt die Verwendung des Execution Service **Interne Leistungsverrechnung** am Beispiel des PSP-Elements **Konstruktion** des Aufzugprojekts. In der Belegübersicht werden bereits zwei gebuchte Leistungsverrechnungen angezeigt.

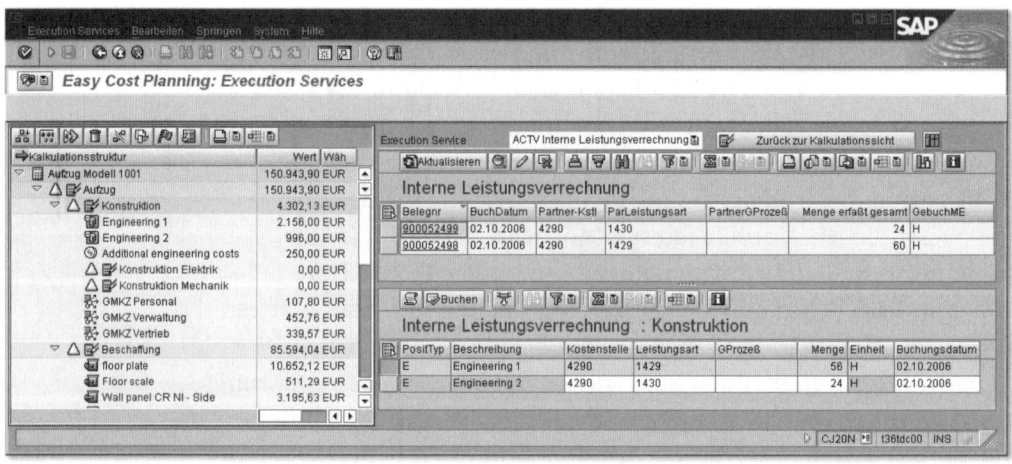

Abbildung 5.4 Beispiel für den Execution Service Interne Leistungsverrechnung

Execution-Service-Profil
Um Execution Services nutzen zu können, müssen Sie im Customizing des Projektsystems zunächst ein Execution-Service-Profil definieren und den relevanten Projektprofilen zuordnen (siehe Abbildung 5.5). In dem Execution-Service-Profil legen Sie zunächst fest, welche Execution Services bei Verwendung des Profils möglich sein sollen. Folgende Execution Services stehen dabei insgesamt zur Auswahl:

▶ Interne Leistungsverrechnung

▶ Bestellanforderung

▶ Bestellung

288

- Reservierung
- Warenausgang

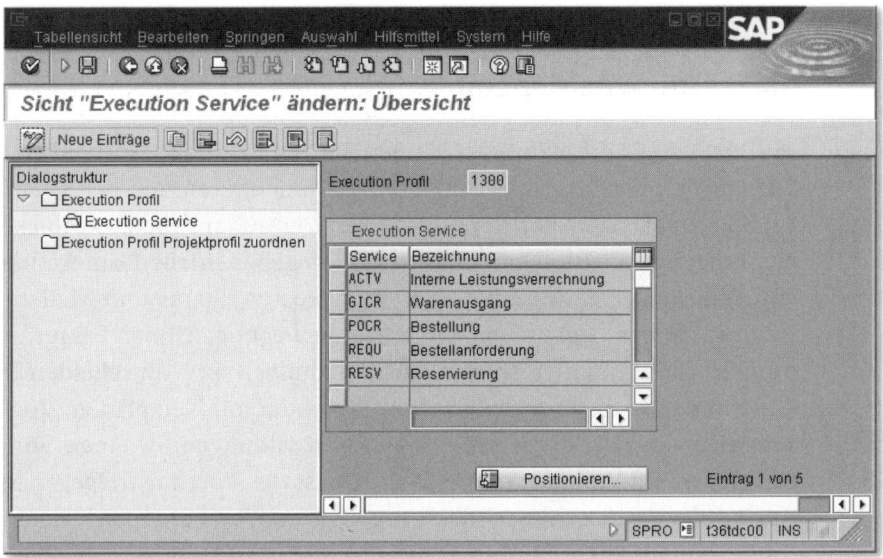

Abbildung 5.5 Definition eines Execution-Service-Profils

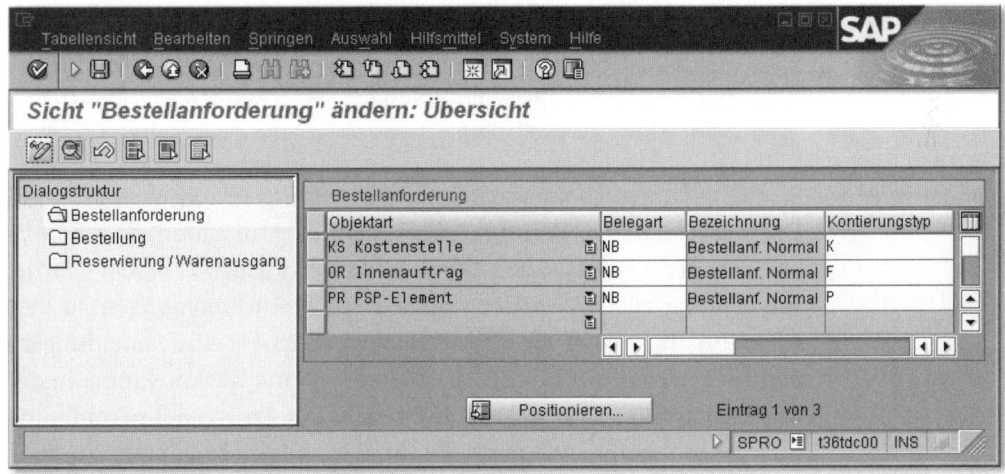

Abbildung 5.6 Definition der Einstellungen für Execution Services

Zu den ausgewählten Execution Services nehmen Sie anschließend jeweils weitere Detaileinstellungen vor (siehe Abbildung 5.6). Für den Execution Service **Bestellanforderung** legen Sie z. B. die Belegart fest, mit der Bestellanforderungen mit Bezug zu PSP-Elementen erstellt werden sollen, für den Execution Service **Warenausgang** geben Sie die Bewegungsart an, die verwendet werden soll, usw.

5.3 Rückmeldungen

Mithilfe von Rückmeldungen können Sie den Bearbeitungsstand von Vorgängen oder Vorgangselementen dokumentieren und bei Bedarf auch Prognosedaten für deren weiteren Verlauf angeben. Da Rückmeldungen Auswirkungen auf Ist- und gegebenenfalls Plantermine von Projekten, auf Kapazitätsbedarfe, Istkosten, Status und Meilensteinfunktionen, ggf. sogar auf Warenbewegungen oder Fakturierungen haben können, spielen Rückmeldungen eine entscheidende Rolle in der Realisierungsphase von Projekten mit Netzplänen. Voraussetzungen für die Erfassung von Rückmeldungen für einen Vorgang (bzw. ein Vorgangselement) sind, dass der Vorgang freigegeben ist und der Steuerschlüssel des Vorgangs eine Rückmeldung erlaubt (siehe Abschnitt 2.3.2). Ferner müssen Sie im Customizing des Projektsystems *Rückmeldeparameter* definiert haben, die die Eigenschaften der Rückmeldungen steuern.

[!] Rückmeldungen haben unmittelbar Auswirkung auf die Daten eines Netzplans. Beachten Sie, dass daher bei der Erfassung einer Rückmeldung zu einem Vorgang oder einem Vorgangselement immer der gesamte Netzplan automatisch gesperrt wird.

Teilrückmeldungen   Prinzipiell unterscheidet man bei Rückmeldungen zwischen *Teil-* und *Endrückmeldungen*. Wenn Sie dokumentieren möchten, dass bereits ein Teil der geplanten Leistungen eines Vorgangs erbracht wurde, später voraussichtlich jedoch noch weitere Rückmeldungen zu diesem Vorgang folgen werden, erfassen Sie eine Teilrückmeldung zu diesem Vorgang. Eine Teilrückmeldung ist eine Rückmeldung, in der das Kennzeichen **Endrückmeldung** nicht gesetzt ist (siehe Abbildung 5.7). Teilrückmeldungen setzen in dem rückgemeldeten Vorgang den Status **TRÜC (Teilrückgemeldet)**.

Abarbeitungsgrad   Der **Abarbeitungsgrad** einer Teilrückmeldung belegt, zu wie viel Prozent die Bearbeitung des Vorgangs bereits ausgeführt wurde, und kann im Rahmen einer Fortschrittsanalyse für die Ermittlung von Istfertigstellungsgraden verwendet werden (siehe Abschnitt 5.7.2).

Der Abarbeitungsgrad wird automatisch vom System aus dem Verhältnis der bereits insgesamt zurückgemeldeten Istarbeit eines Vorgangs zu dessen geplanter bzw. prognostizierter Gesamtarbeit berechnet. Bei Bedarf können Sie jedoch auch manuell einen abweichenden Abarbeitungsgrad in der Rückmeldung hinterlegen. In dem in Abbildung 5.7 dargestellten Beispiel ergibt sich der Abarbeitungsgrad des Vorgangs **Konstruktion Elektrik** aus dem Quotienten der Istarbeit (10 STD + 15 STD) und der prognostizierten Gesamtarbeit (10 STD + 15 STD + 30 STD).

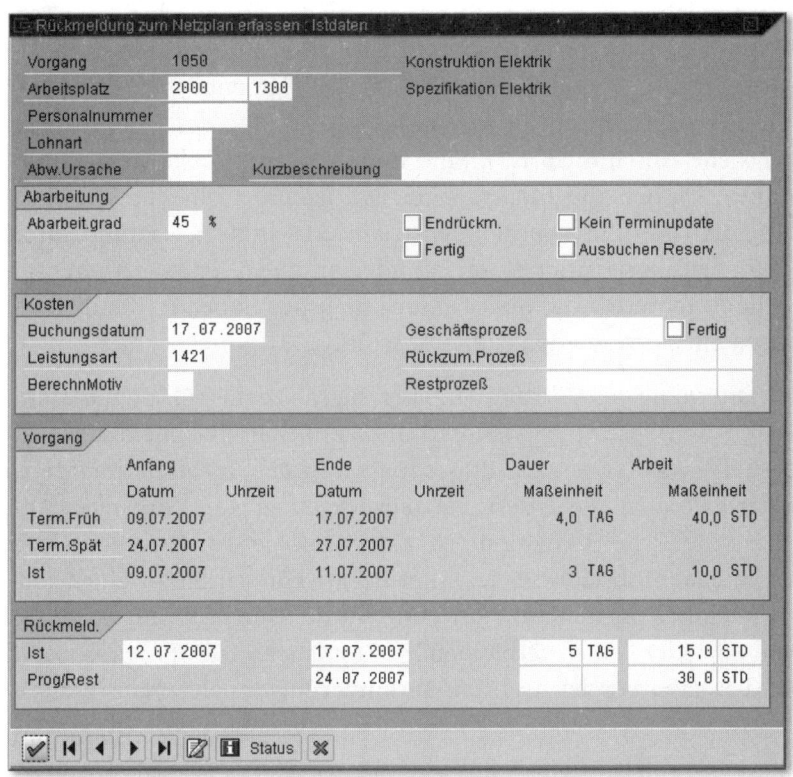

Abbildung 5.7 Beispiel für das Detailbild einer (Teil-)Rückmeldung

Mithilfe der Felder **Arbeitsplatz**, **Ist-** und **Restarbeit** können Sie in einer Teilrückmeldung dokumentieren, welcher Arbeitsplatz wie viel Arbeit geleistet hat, und prognostizieren, wie viel Arbeit voraussichtlich noch geleistet werden muss. Das System kann Ihnen anhand der insgesamt bereits zurückgemeldeten Arbeit und der geplanten bzw. prognostizierten Gesamtarbeit einen Vorschlag für

Restarbeit

die noch verbleibende Restarbeit machen.[3] Haben Sie die Berechnung von Kapazitätsbedarfen aktiviert, wird die Restarbeit als (Rest-) Kapazitätsbedarf in der Kapazitätsplanung berücksichtigt. Durch das Setzen des Kennzeichens **Fertig** in einer Teilrückmeldung können Sie anzeigen, dass keine weitere Restarbeit mehr benötigt wird.

Ist- und Prognosetermine

In den Feldern **Iststart** und **-ende** einer Teilrückmeldung spezifizieren Sie den Durchführungszeitraum der jeweiligen Teilleistungen. Möchten Sie dabei dokumentieren, dass Leistungen nicht nur an Arbeitstagen erbracht wurden, können Sie zusätzlich auch eine **Istdauer** angeben. Ist in einer Rückmeldung das Kennzeichen **kein Terminupdate** nicht gesetzt, werden die Isttermine an den Vorgang weitergereicht. Ist der Vorgang einem PSP-Element zugeordnet, fließen die Isttermine in die vorläufigen Isttermine des PSP-Elements ein (siehe Abschnitt 5.1.1). Sind dem Vorgang Meilensteine zugeordnet, können die Meilensteine den Istendtermin der Rückmeldung als Isttermin übernehmen (siehe Abschnitt 5.1.3) und somit Faktorisierungspositionen in Kundenaufträgen entsperrt werden (siehe Abschnitt 2.4.2) oder Fakturierungspositionen in Kundenaufträgen entsperrt werden (siehe Abschnitt 5.6.1).

Die Isttermine des Vorgangs ergeben sich aus dem frühesten Iststarttermin und spätesten Istendtermin sämtlicher Rückmeldungen zu diesem Vorgang. Je nach Einstellungen in den Terminierungsparametern können die Isttermine teilrückgemeldeter Vorgänge dann unterschiedliche Auswirkungen auf nachfolgende Terminierungen haben (siehe Abschnitt 5.1.2). Bei Bedarf können Sie in einer Teilrückmeldung auch einen Endtermin für die Durchführung prognostizieren oder eine verbleibende Restdauer. Die Prognosedaten werden dann bei der nächsten Terminierung des Netzplans berücksichtigt.

Endrückmeldung

Durch das Setzen des Kennzeichens **Endrückmeldung** in einer Rückmeldung dokumentieren Sie, dass ein Vorgang vollständig bearbeitet

---

3 Die Felder **Abarbeitungsgrad**, **Istarbeit** und **Restarbeit** sowie die insgesamt geplante bzw. prognostizierte Arbeit hängen zusammen. Je nachdem, welches Feld bzw. welche Felder Sie bei einer Rückmeldung angeben, berechnet Ihnen das System automatisch den Wert der anderen Felder. Bei Bedarf können Sie auch Werte für alle drei Felder manuell eingeben. Weicht der Abarbeitungsgrad dann von dem vom System berechneten Wert ab, gibt das System eine Warnmeldung aus.

wurde (Abarbeitungsgrad = 100%) und keine weiteren Rückmeldungen mehr zu erwarten sind. Wird dennoch eine weitere Rückmeldung zu einem endrückgemeldeten Vorgang erfasst, gibt das System eine Warnmeldung aus. Dies wird durch den Status **RÜCK** (**Rückgemeldet**) gesteuert, den das System automatisch bei einer Endrückmeldung im Vorgang setzt.

Genau wie bei der Teilrückmeldung können Sie auch in einer Endrückmeldung Istarbeit und Isttermine erfassen. Da eine Endrückmeldung jedoch die vollständige Abarbeitung eines Vorgangs repräsentiert, können Sie in einer Endrückmeldung – anders als in Teilrückmeldungen – keine Prognosedaten zum weiteren zeitlichen Verlauf des Vorgangs oder zu einer verbleibenden Restarbeit eingeben. Die Endrückmeldung eines Vorgangs führt dazu, dass automatisch die terminierten Termine des Vorgangs an die Isttermine angepasst werden (siehe Abschnitt 5.1.2). Sind dem Vorgang ein PSP-Element oder Meilensteine zugeordnet, können die Isttermine der Endrückmeldung auch an diese Objekte weitergegeben werden. Ferner setzt das System automatisch den Restkapazitätsbedarf eines endrückgemeldeten Vorgangs auf null, auch wenn möglicherweise die ursprünglich geplante oder prognostizierte Arbeit nicht vollständig zurückgemeldet wurde.

In Teil- und Endrückmeldungen können Sie mithilfe von Kurz- und Langtexten nähere Beschreibungen der rückgemeldeten Leistungen erfassen. Kam es bei der Durchführung eines Vorgang zu einer Abweichung von der geplanten Durchführung, können Sie zusätzlich zu einer entsprechenden Beschreibung auch eine Abweichungsursache, z.B. Maschinenschaden, Bedienungsfehler etc., angeben. Die Abweichungsursache einer Rückmeldung kann einerseits zu Auswertungszwecken verwendet werden, andererseits kann durch die Angabe einer Abweichungsursache automatisch der Anwenderstatus des Vorgangs geändert werden und können somit ggf. Meilensteinfunktionen von zugeordneten Meilensteinen ausgelöst werden. Voraussetzung für die Verwendung von Abweichungsursachen ist, dass Sie diese zuvor im Customizing des Projektsystems mithilfe der Transaktion OPK5 definiert haben. Soll eine Abweichungsursache eine Statusänderung im Vorgang hervorrufen, müssen Sie bei der Definition der Abweichungsursache spezifizieren, welcher System- oder Anwenderstatus gesetzt werden soll. Sie können den Status eines Vorgangs in einer Rückmeldung jedoch auch manuell, ohne

Abweichungs-
ursachen

Bezug zu einer Abweichungsursache, ändern, indem Sie aus der Rückmeldung in die Statusverwaltung des Vorgangs verzweigen und den gewünschten Status setzen.

Istkostenermittlung aufgrund von Rückmeldungen

Aufgrund von Rückmeldungen eines Vorgangs werden jedoch nicht nur Ist- bzw. Prognosetermine an den Vorgang weitergereicht, wird ggf. dessen Status geändert und der Restkapazitätsbedarf angepasst, sondern es werden auch automatisch Istkosten der geleisteten Arbeit auf den Vorgang fortgeschrieben. Damit das System Istkosten für rückgemeldete Arbeit berechnen kann, müssen Sie in der Rückmeldung einen Arbeitsplatz, eine Leistungsart und die entsprechende Istarbeit angeben, sofern diese Daten nicht bereits anhand der Plandaten vorgeschlagen werden. Beim Sichern der Rückmeldung ermittelt das System dann automatisch aus der Kombination der angegebenen Leistungsart und der Kostenstelle des Arbeitsplatzes einen Tarif, mit dem die rückgemeldete Arbeit bewertet wird. Die Istkalkulationsvariante des Netzplans steuert dabei, nach welcher Strategie der Tarif ermittelt werden soll (siehe Abschnitt 3.4.5). Nach dem Sichern der Rückmeldung schreibt das System einen auf den Vorgang kontierten Rechnungswesenbeleg, der dazu führt, dass der Vorgang mit den Istkosten der rückgemeldeten Arbeit (Tarif multipliziert mit der Istarbeit) belastet und gleichzeitig die Kostenstelle des Arbeitsplatzes um denselben Betrag entlastet wird.

Warenbewegungen bei Rückmeldungen

Sind einem Vorgang Materialkomponenten zugeordnet, können Sie aus einer Rückmeldung dieses Vorgangs in eine Liste der zugeordneten Materialkomponenten (Lagerpositionen) verzweigen und Warenausgangsbuchungen vornehmen, um den Verbrauch von Komponenten zu dokumentieren. Das System schreibt beim Sichern der Rückmeldung einen entsprechenden, auf den Vorgang kontierten Materialbeleg, der zu Istkosten auf dem Vorgang führt.[4] Die Höhe der Istkosten ergibt sich dabei aus der entnommenen Menge und dem Preis des jeweiligen Materials. Die Istkalkulationsvariante des Netzplans steuert, nach welcher Strategie der Preis ermittelt werden soll (siehe Abschnitt 3.4.5). Für Materialkomponenten, die für eine *retrograde Entnahme* gekennzeichnet wurden, bucht das System automatisch Warenausgänge in Höhe der geplanten Mengen bei einer Endrückmeldung. Erfassen Sie eine Endrückmeldung, und es

---

4 Eine Ausnahme bildet der Warenausgang zum unbewerteten Projektbestand (siehe Abschnitt 5.5.1).

wurden noch nicht alle zugeordneten Materialkomponenten entnommen, kann das System automatisch die noch offenen Reservierungen ausbuchen, wenn Sie das Kennzeichen **Ausbuchen Reserv.** in der Rückmeldung setzen.

Die Rechnungswesenbelege zum Buchen der Istkosten aufgrund der rückgemeldeten Arbeit und die Materialbelege aufgrund von Materialentnahmen werden zusammen mit dem jeweiligen Rückmeldebeleg gebucht. Kommt es dabei zu Fehlern, können Sie die Fehlerursache beheben oder die Erfassung der Rückmeldung abbrechen. Aus Performancegründen können Sie jedoch auch die Istkostenermittlung und das Verbuchen retrograder Entnahmen vom Buchen des Rückmeldebelegs entkoppeln und später im Hintergrund ausführen lassen. Kommt es dabei zu Problemen, müssen Sie die fehlerhaften Datensätze nachbearbeiten. Die Entkopplung von Rückmeldeprozessen steuern Sie mithilfe von Prozesssteuerungen, die Sie im Customizing des Projektsystems definieren und anschließend in den Rückmeldeparametern eintragen können.

Prozesssteuerung

Sie können bei einer Rückmeldung auch eine Personalnummer und ggf. zusätzlich eine Lohnart angeben. Ihre Rückmeldedaten können dann in die Personalzeitwirtschaft übergeleitet und anschließend dort zu Auswertungszwecken oder zur Berechnung von Leistungslohn verwendet werden. Durch das Setzen des Kennzeichens **Kein HR-Update** können Sie bei Bedarf jedoch auch verhindern, dass Rückmeldedaten an die Personalzeitwirtschaft weitergereicht werden.

Wenn Sie im Rahmen der Kapazitätsplanung Arbeit eines Vorgangs nicht nur auf der Ebene des Arbeitsplatzes des Vorgangs geplant, sondern zusätzlich eine Verteilung auf Kapazitätssplits, z.B. auf einzelne Personalressourcen, durchgeführt haben (siehe Abschnitt 3.2.2), können Sie auch die einzelnen Kapazitätssplits separat zurückmelden. Die Auswirkungen von Splitrückmeldungen und ggf. zusätzlichen Vorgangsrückmeldungen auf die Daten des Vorgangs werden ausführlich in Hinweis 543 362 erörtert.

Splitrückmeldungen

Falls notwendig, können Sie eine erfasste Rückmeldung mithilfe der Transaktion CN29 auch wieder stornieren. Wurden bereits mehrere Rückmeldungen erfasst, erhalten Sie eine Liste der Rückmeldungen, aus der Sie dann die zu stornierende Rückmeldung auswählen können. Beim Stornieren einer Rückmeldung können Sie einen Langtext

Storno von Rückmeldungen

mit Angaben zum Grund der Stornierung erfassen. Durch das Stornieren einer Rückmeldung werden – mit Ausnahme gesetzter Anwenderstatus – alle rückgemeldeten Daten auf Ebene des Vorgangs wieder rückgängig gemacht. Aus Performancegründen können Sie jedoch auch einen so genannten unscharfen Storno von Rückmeldungen durchführen. Dabei wird zwar die Verbuchung von Istkosten, Istarbeit, Kapazitätsbedarfen und Materialbewegungen wieder konsistent rückgängig gemacht, es findet jedoch keine Anpassung von z.B. Prognosedaten oder Status statt. Nähere Informationen zu unscharfen Stornos finden Sie in Hinweis 304 989.

Rückmelde-
parameter

Bevor Sie Rückmeldungen für Vorgänge, Vorgangselemente oder Kapazitätssplits erfassen können, müssen Sie im Customizing des Projektsystems (Transaktion OPST) *Rückmeldeparameter* für die Kombination aus der Netzplanart und dem Werk der relevanten Netzpläne definieren (siehe Abbildung 5.8). Mithilfe der Rückmeldeparameter steuern Sie z.B., welche Daten und steuernden Kennzeichen das System beim Erstellen einer Rückmeldung vorschlagen soll, ob Rückmeldeprozesse im Dialog oder im Hintergrund ausgeführt werden und wie Fehler beim Buchen von Istkosten und Warenbewegungen gehandhabt werden sollen. Zusätzlich steuern Sie mithilfe der Rückmeldeparameter verschiedene Prüfungen der Rückmeldedaten.

Abweichungen
rückgemeldeter
Arbeit oder Dauer

Mithilfe des Kennzeichens **Termine in Zukunft** in den Rückmeldeparametern legen Sie fest, ob auch zukünftige Termine bereits zurückgemeldet werden können oder nur Termine bis zum jeweils aktuellen Tagesdatum. Wenn Sie das Kennzeichen **AbwArbeitAktiv** in den Rückmeldeparametern setzen, gibt das System jedes Mal eine Warnmeldung aus, wenn Sie eine Rückmeldung sichern möchten, deren Summe aus Ist- und Restarbeit die geplante Arbeit überschreitet. Soll eine begrenzte Überschreitung der geplanten Arbeit ohne Warnung möglich sein, können Sie in dem Feld **Abweichung Arbeit** der Rückmeldeparameter einen Prozentsatz eingeben, um den die geplante Arbeit auch ohne Warnmeldung überschritten werden darf. Wenn eine Rückmeldung trotz Überschreitung der vorgesehenen Toleranzgrenze und trotz Warnmeldung gesichert wird, kann das System – in Abhängigkeit vom Kennzeichen **Workflow Arbeit** in den Rückmeldeparametern – automatisch einen Workflow auslösen, der z.B. den Netzplanverantwortlichen über diese Abweichung informiert. Analog können auch Warnmeldungen und Workflows bei Abweichungen der erfassten Ist- und Restdauer von der ursprünglichen Plandauer eines Vorgangs erzeugt werden.

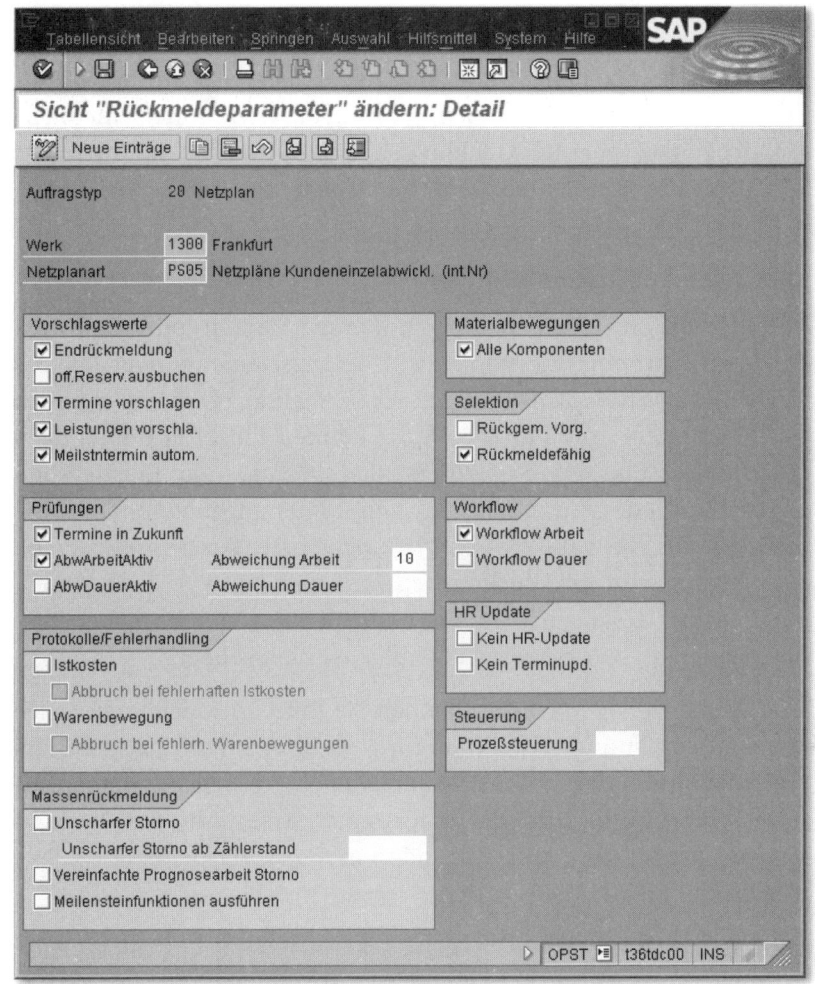

Abbildung 5.8 Beispiel für die Definition von Rückmeldeparametern

Im Customizing von Rückmeldungen im Projektsystem können Sie auch eine *Feldauswahl* für Rückmeldungen definieren. Mithilfe der Feldauswahl können Sie steuern, welche Felder bei einer Rückmeldung komplett ausgeblendet werden sollen, welche Felder nur angezeigt werden sollen, jedoch nicht von den Anwendern geändert werden können, welche Felder eingabebereit sind und ggf. welche Felder auf jeden Fall vor dem Sichern der Rückmeldung gefüllt wer-

Feldauswahl

den müssen. Bei Bedarf können Sie die Einstellungen der Feldauswahl z.B. von der jeweiligen Netzplanart, dem Netzplanprofil, dem Arbeitsplatz oder dem Steuerschlüssel des Vorgangs abhängig machen.

Da Rückmeldungen einen zentralen Aspekt bei der Projektduchführung mit Netzplänen darstellen, gibt es sehr viele unterschiedliche Möglichkeiten, wie Rückmeldungen erfasst werden können. Die wichtigsten Möglichkeiten werden im Folgenden erläutert.

5.3.1 Einzelrückmeldungen

Mithilfe von Einzelrückmeldungen können Sie Teil- oder Endrückmeldungen für einzelne Vorgänge, Vorgangselemente oder Kapazitätssplits eines Netzplans erstellen. Die Erfassung geschieht in einem Detailbild (siehe Abbildung 5.7). Sie können Einzelrückmeldungen mithilfe der Transaktion CN25 erstellen. Wenn Sie im Einstiegsbild dieser Transaktion nur eine Netzplannummer angeben, erhalten Sie zunächst eine Auswahlliste von Vorgängen bzw. Vorgangselementen des Netzplans. In den Rückmeldeparametern können Sie festlegen, ob in dieser Liste auch bereits endrückgemeldete Vorgänge und rückmeldefähige Vorgänge[5] aufgeführt werden sollen.

Als Netzplanverantwortlicher können Sie Einzelrückmeldungen auch in jeder Bearbeitungstransaktion für Netzpläne anlegen, also z.B. im Project Builder oder in der Projektplantafel. Zusätzlich können Einzelrückmeldungen über das Infosystem Strukturen des Projektsystems (siehe Abschnitt 7.1) oder in Kapazitätsberichten (siehe Abschnitt 7.3.3) erstellt werden.

Internet-
rückmeldung

Mithilfe des Internetservice CNW1 können Einzelrückmeldungen auch per Internet bzw. Intranet erfasst werden. So können Projektmitarbeiter und berechtigte Partner direkt vom Standort der Projektdurchführung online, allein mithilfe eines Internetbrowsers, Daten zurückmelden. Die Verarbeitung der Rückmeldedaten erfolgt dabei genau wie bei einer Einzelrückmeldung direkt im SAP-System. Im Gegensatz zu Rückmeldungen, die Sie direkt im SAP-System anlegen, können Sie mithilfe des Internetservice jedoch keine Langtexte zu

---

5 Als rückmeldefähige Vorgänge werden Vorgänge bezeichnet, deren Steuerschlüssel Rückmeldungen erlauben, jedoch nicht notwendig vorsehen (siehe Abschnitt 2.3.2).

Rückmeldungen erfassen und keine manuellen Statusänderungen vornehmen oder manuelle Warenbewegungen buchen.

5.3.2 Sammel- und Summenrückmeldungen

Sollen Rückmeldungen für mehrere Vorgänge ggf. unterschiedlicher Netzpläne gleichzeitig erfasst werden – z. B. von einem zentralen Sachbearbeiter –, stehen Ihnen im Projektsystem Sammelrückmeldungen zur Verfügung. Die Erfassung von Rückmeldedaten erfolgt bei der Verwendung von Sammelrückmeldungen tabellarisch (siehe Abbildung 5.9), bei Bedarf können Sie jedoch auch immer in das Detailbild einer Rückmeldung verzweigen. Im Vorschlagsbereich einer Sammelrückmeldung können Sie Werte zu den einzelnen Spalten der Sammelrückmeldung eintragen, die das System dann als Vorschlagswerte für alle Vorgänge im Erfassungsteil übernimmt.

Sammel-rückmeldung

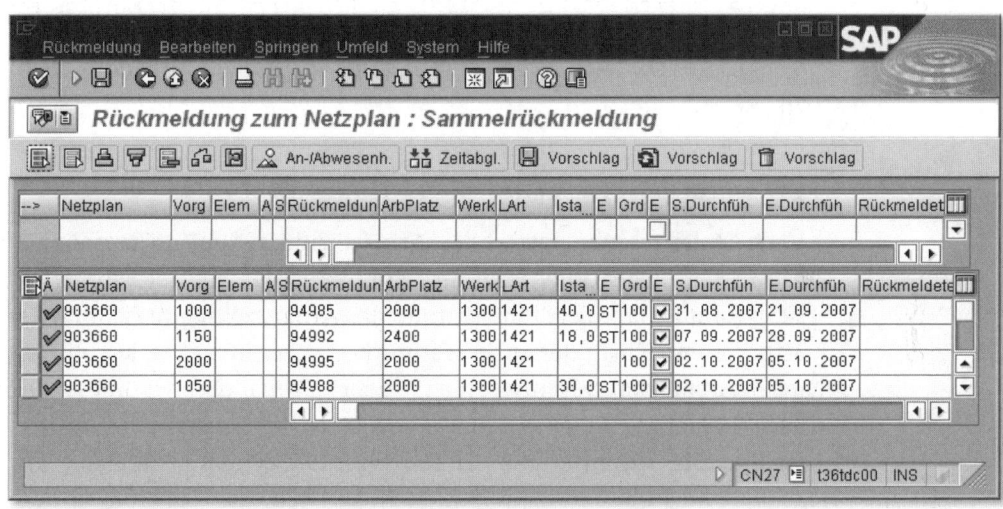

Abbildung 5.9 Beispiel für eine Sammelrückmeldung von Vorgängen

Wenn Sie Vorgänge bzw. Vorgangselemente tabellarisch in einer Sammelrückmeldung eingetragen haben, können Sie die Liste dieser Objekte als *Rückmeldevorrat* sichern. Bei späteren Sammelrückmeldungen können Sie dann immer wieder Bezug auf diesen Rückmeldevorrat nehmen und so eine erneute, manuelle Eingabe der Vorgänge und Vorgangselemente vermeiden. Sie können Sammelrückmeldungen mithilfe der Transaktion CN27, per Internet mithilfe

Rückmeldevorrat

des Internetservice CNW1 oder auch im Infosystem Strukturen (siehe Abschnitt 7.1) erfassen.

Im Infosystem Strukturen können Sie auch so genannte *Rückmelde-workflows* versenden. Dazu selektieren Sie in einem Bericht die Vorgänge oder Vorgangselemente, die zurückgemeldet werden sollen, und senden diese Liste in Form eines Rückmeldevorrats an einen verantwortlichen Mitarbeiter. Der Mitarbeiter erhält daraufhin ein Workitem zur Istdatenerfassung, über das er direkt in die Sammelrückmeldung des Rückmeldevorrats verzweigen kann.

Mithilfe einer *Summenrückmeldung* können Sie gleichzeitig alle Vorgangselemente eines Vorgangs zurückmelden, die noch nicht manuell zurückgemeldet wurden. Dazu selektieren Sie in der Transaktion CN25 den entsprechenden Vorgang, springen in die Summenrückmeldung (F7) und geben einen Abarbeitungsgrad ein. Der Abarbeitungsgrad wird an die zugeordneten Vorgangselemente weitergereicht und dort zur Berechnung der Rückmeldedaten verwendet. Der Vorgang selbst wird durch eine Summenrückmeldung jedoch nicht zurückgemeldet.

5.3.3 Arbeitszeitblatt

Viele Unternehmen setzen das Arbeitszeitblatt CATS (Cross Application Time Sheet) als zentrale Transaktion für die Zeitdatenerfassung ihrer Mitarbeiter ein. Mithilfe des Arbeitszeitblattes kann jeder Mitarbeiter selbst oder auch bestimmte Mitarbeiter, z.B. Kostenstellen-, Arbeitsplatzverantwortliche oder eigens dafür vorgesehene Sachbearbeiter, für eine Gruppe von Mitarbeitern Arbeitszeiten erfassen. Die mithilfe von CATS erfassten Zeitdaten können anschließend in andere Applikationen, wie z.B. das Controlling oder das Projektsystem, übergeleitet werden und dabei automatisch Leistungsverrechnungen oder Rückmeldungen erzeugen. Um zu dokumentieren, welche Arbeit wann wofür geleistet wurde, müssen die Arbeitszeiten im Arbeitszeitblatt mit so genannten *Arbeitszeitattributen*, insbesondere Kontierungsobjekten, versehen werden, die über die Weiterverarbeitung der Daten im SAP-System entscheiden.

Wenn Sie z.B. Arbeit für einen Netzplanvorgang erbracht haben, tragen Sie im Arbeitszeitblatt ein, wie viele Arbeitsstunden Sie an welchen Tagen geleistet haben und wie die Identifikation des entsprechenden Vorgangs lautet (siehe Abbildung 5.10). Bei Bedarf ergänzen Sie Ihre Angaben um beschreibende Texte oder auch Prognosen zur noch verbleibenden Restarbeit bzw. dokumentieren, dass der Vorgang endrückgemeldet werden soll. Je nach Einstellungen des Arbeitszeitblattes kann das System Ihre Angaben automatisch um weitere Angaben wie z.B. die Leistungsart oder die Anwesenheitsart ergänzen.

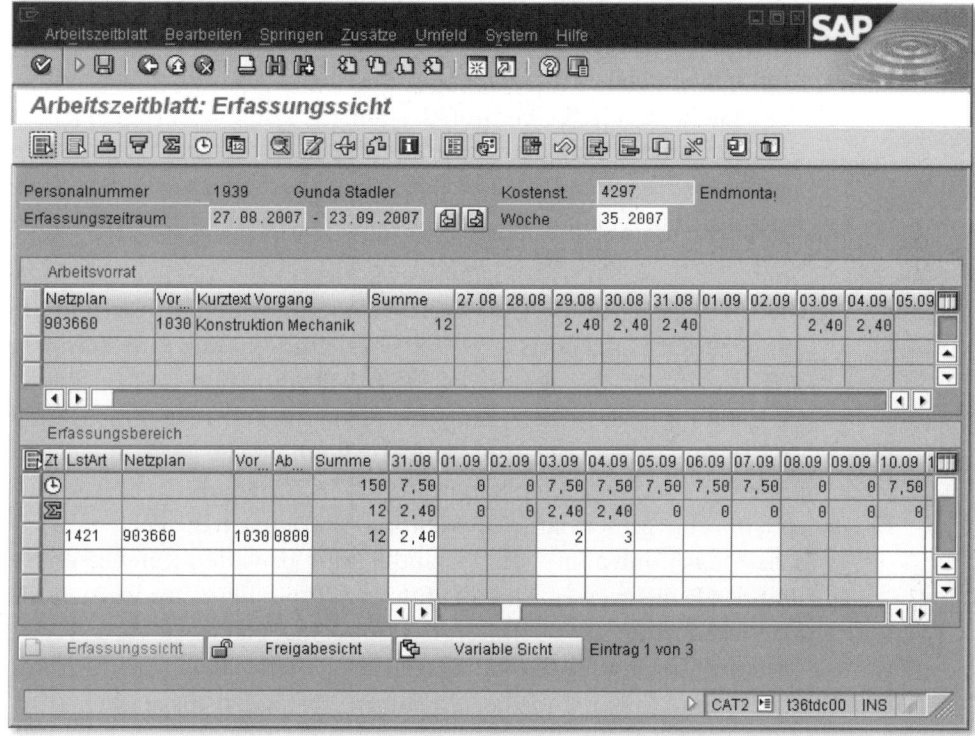

Abbildung 5.10 Beispiel für die Zeitdatenerfassung mit CATS classic

Die erfassten Zeitdaten zum Netzplanvorgang werden zunächst in eine eigene Datenbanktabelle von CATS gespeichert und sind noch nicht im Projekt sichtbar. Erst die Überleitung in das Projektsystem erzeugt aus den Arbeitszeitblattdaten Einzelrückmeldungen mit Bezug zu dem Netzplanvorgang. Die Einzelrückmeldungen führen wiederum dazu, dass ein entsprechender Rechnungswesenbeleg erstellt und der Vorgang mit den Istkosten der Arbeit belastet wird.

Analog können in CATS auch Arbeitszeiten für Instandhaltungs- oder Serviceaufträge erfasst werden. Die Überleitung in die entsprechenden Zielapplikationen führt zu Rückmeldungen dieser Aufträge. Es können auch Überleitungen von Zeitdaten in die Personalwirtschaft durchgeführt werden, zur Erfassung von An- und Abwesenheiten, Reisetätigkeiten oder der Erstellung von Entgeltbelegen. Sie können auch Zeitdaten oder statistische Kennzahlen mit Bezug zu Kostenstellen, Kostenträgern, Geschäftsprozessen, Innen- oder Kundenaufträgen und insbesondere PSP-Elementen im Arbeitszeitblatt eintragen. In diesen Fällen werden die Arbeitszeitdaten in das Controlling übergeleitet und dabei entsprechende Leistungsverrechnungen erstellt. Das Arbeitszeitblatt kann auch für die Erfassung von Dienstleistungen von Lieferanten eingesetzt werden. Diese Daten werden anschließend in den Dienstleistungsbereich der Materialwirtschaft übergeleitet und dabei Leistungserfassungsblätter erzeugt (siehe Abschnitt 5.4.2).

Die Überleitung in die jeweiligen Zielkomponenten erfolgt mithilfe von Überleitungsreports. Für die Überleitung in das Projektsystem steht Ihnen z. B. der Report RCATSTPS (Transaktion CAT5), für die Überleitung in das Controlling der Report RCATSTCO (Transaktion CAT7) zur Verfügung. Insbesondere können Sie auch den komponentenübergreifenden Report RCATSTAL (Transaktion CATA) nutzen, um eine gemeinsame Überleitung von Daten in die Personalwirtschaft, das Controlling, die Instandhaltung bzw. den Kundenservice und das Projektsystem durchzuführen.[6] Typischerweise werden die Überleitungsreports als Hintergrundjobs eingeplant – auf diese Weise wird die Überleitung der Arbeitszeitdaten in die jeweiligen Zielkomponenten automatisch in regelmäßigen Abständen ausgeführt.

Je nach Einstellungen des Arbeitszeitblattes können zwischen der Zeitdatenerfassung und der Überleitung zwei weitere Arbeitsschritte liegen: eine explizite Freigabe der Zeitdaten durch den Erfasser und die Genehmigung der Zeitdaten z. B. durch den Projektverantwortlichen. Das Genehmigungsverfahren kann dabei durch einen Genehmigungsworkflow des Arbeitszeitblattes unterstützt werden.

Es stehen Ihnen für die Zeitdatenerfassung mit dem Arbeitszeitblatt CATS verschiedene Anwendungsoberflächen zur Verfügung. Direkt

---

6 Die Überleitung von Daten in die Materialwirtschaft kann jedoch immer nur separat mit Hilfe der Transaktion CATM ausgeführt werden.

im SAP-System können Sie z.B. das CATS classic (Transaktion CAT2) oder CATS für Service Provider (Transaktionen CATSXT und CATSXT_ADMIN) nutzen. CATS regular (Service CATW) kann für eine Zeitdatenerfassung per Internet verwendet werden. Zusätzlich stehen verschiedene iViews zur Verfügung, um CATS in das Enterprise Portal von Unternehmen zu integrieren. CATS notebook kann auch lokal z.B. auf einem Laptop installiert und für eine Offline-Erfassung von Zeitdaten eingesetzt werden. Wird CATS notebook später mit einem SAP-System verbunden, findet eine Synchronisation der Daten von CATS notebook und dem Arbeitszeitblatt im SAP-System statt. Mithilfe von Kundenerweiterungen können Sie diverse Anpassungen der verschiedenen Anwendungsoberflächen vornehmen.

Durch den Einsatz von *Arbeitsvorräten* können Sie Mitarbeitern die Zeitdatenerfassung im Arbeitszeitblatt erleichtern. Ein Arbeitsvorrat ist ein Vorschlagsbereich im Arbeitszeitblatt, in dem automatisch Zeitdaten und Arbeitszeitattribute eingespielt werden und durch eine Kopierfunktion in den Erfassungsteil des Arbeitszeitblattes übernommen werden können. Der Arbeitsvorrat kann gefüllt werden durch bereits früher vom Mitarbeiter erfasste Kontierungsobjekte bzw. Arbeitszeitattribute, durch Rückmeldevorräte, die Sie im Projektsystem erstellt haben, oder durch Kapazitätsbedarfe an dem Arbeitsplatz, dem der Mitarbeiter zugeordnet ist. Insbesondere können auch die Daten einer Arbeitsverteilung auf Personalressourcen (siehe Abschnitt 3.2.2) automatisch in den Arbeitsvorrat des Arbeitszeitblattes der entsprechenden Personen übernommen werden. Bei Bedarf können Sie auch eine Kundenerweiterung oder ein Business Add-In (BAdI) für die Zusammenstellung von Arbeitsvorräten einsetzen.

Arbeitsvorrat

Die Erfassung von Zeitdaten mit CATS erfolgt immer mit Bezug zu einer Personalnummer. Eine Voraussetzung für die Verwendung des Arbeitszeitblattes ist daher, dass entsprechende Personalnummern für interne oder externe Mitarbeiter, die Arbeitszeiten über CATS erfassen sollen, im SAP-System vorhanden sind.[7] Sie können die Personalnummern manuell im SAP-System in Form eines so genann-

Voraussetzungen für CATS

---

7 Externe Mitarbeiter, die Dienstleistungen über das Arbeitszeitblatt erfassen sollen, werden typischerweise unter einer bzw. wenigen Personalnummern zusammengefasst.

ten HR-Mini-Stammsatzes erstellen. Dazu werden mindestens die Infotypen 0001 (**Organisatorische Zuordnung**) und 0002 (**Daten zur Person**) benötigt, zusätzlich empfiehlt sich der Einsatz des Infotyps 0315 (**Vorschlagswerte**). Wenn Sie das Personalwesen der SAP im Einsatz haben, können die benötigten Daten auch direkt aus dem Personalwesen übernommen werden. Dabei können dann auch zusätzliche Daten wie z. B. die **Sollarbeitszeit** (Infotyp 0007) der Mitarbeiter, im Arbeitszeitblatt zu Informationszwecken oder für Prüfungen verwendet werden.

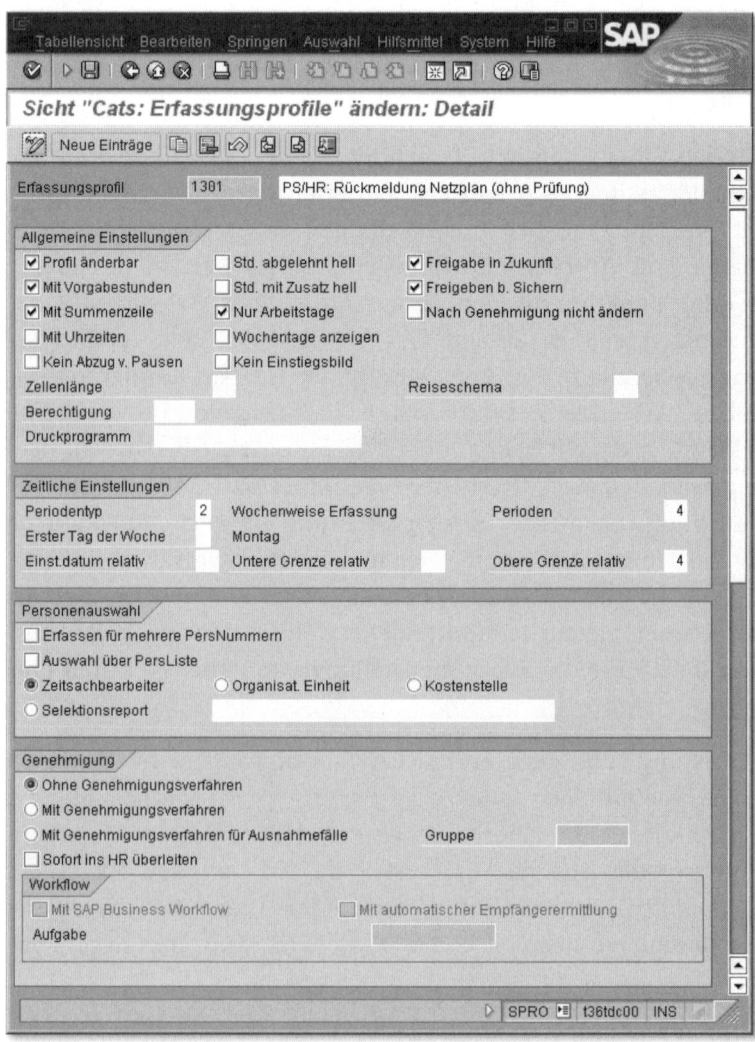

Abbildung 5.11 Beispiel für die Definition eines Erfassungsprofils

Bevor Sie CATS nutzen können, müssen Sie im Customizing der anwendungsübergreifenden Komponenten Erfassungsprofile definiert haben, die die Oberfläche und die Funktionen des Arbeitszeitblattes steuern (siehe Abbildung 5.11). Das Erfassungsprofil kann beim Einstieg in das Arbeitszeitblatt zusammen mit der Personalnummer manuell angegeben werden. Typischerweise wird jedoch das Einstiegsbild übersprungen und mithilfe der Benutzerparameter PER und CVR den SAP-Benutzern direkt eine Personalnummer und ein Erfassungsprofil fest zugeordnet.

Erfassungsprofil

In Abhängigkeit vom Erfassungsprofil definieren Sie im Customizing auch eine Feldauswahl z.B. für den Erfassungsteil oder den Arbeitsvorrat des Arbeitszeitblattes. Mithilfe der Feldauswahl steuern Sie, welche Arbeitszeitattribute die Mitarbeiter erfassen können bzw. müssen. Um die Oberfläche und die Funktionen des Arbeitszeitblattes an Ihre eigenen Anforderungen anzupassen, stehen Ihnen diverse Kundenerweiterungen und BAdIs zur Verfügung. Eine ausführliche Beschreibung dieser Erweiterungsmöglichkeiten finden Sie im Customizing des Arbeitszeitblattes.

5.3.4 Zusätzliche Rückmeldemöglichkeiten

Neben Einzel-, Sammel- und Summenrückmeldungen oder der Verwendung des Arbeitszeitblattes CATS stehen Ihnen für die Rückmeldung von Vorgängen bzw. Vorgangselementen noch weitere Möglichkeiten zur Verfügung. Diese Möglichkeiten werden im Folgenden kurz vorgestellt.

Mithilfe der Standardschnittstelle KK4 können externe Betriebsdatenerfassungssysteme (BDE-Systeme) an das Projektsystem angeschlossen werden und so Daten aus Fremdsystemen zu Rückmeldezwecken in das SAP-System übernommen werden. Für Plausibilitätsprüfungen können mithilfe dieser Schnittstelle dem BDE-System auch Vorgangsdaten zur Verfügung gestellt werden.

Betriebsdatenerfassung (BDE)

Über einen Remote Function Call (RFC) können Rückmeldedaten auch aus Microsoft Access in das Projektsystem übernommen werden oder umgekehrt Rückmelde- und Vorgangsdaten an Microsoft Access übergeben werden.

Microsoft-Access-Schnittstelle

Mithilfe der Schnittstelle Open PS für Palm können Sie Vorgangsdaten auf einen Palm Pilot herunterladen, offline Rückmeldedaten im

Open PS für Palm

Palm Pilot erfassen und später wieder zurück in das Projektsystem übertragen.

BAPI Zum Import von Rückmeldedaten in das Projektsystem steht Ihnen das Business Application Programming Interface (BAPI) **AddConfirmation** zur Verfügung. Mithilfe dieses BAPI können Sie eigene Schnittstellen für den Datenaustausch mit beliebigen anderen Systemen entwickeln.

5.4 Fremdbeschaffung von Leistungen

Dieser Abschnitt behandelt Einkaufsprozesse, die automatisch aufgrund von Bestellanforderungen von Fremd- und Dienstleistungsvorgängen bzw. -elementen ausgelöst wurden. Analoge Prozesse können im Einkauf für PSP-Elemente durchlaufen werden, wenn Sie manuell Einkaufsbelege auf PSP-Elemente kontieren (siehe Abschnitt 5.2).

5.4.1 Fremdbearbeitung

Für einen Fremdbearbeitungsvorgang (analog auch für ein Fremdbearbeitungselement) kann automatisch in Abhängigkeit von der Einstellung des Kennzeichens **Res./Banf.** eine Bestellanforderung erzeugt werden.[8] Dabei überprüft das System, ob alle für die Erstellung der Bestellanforderung benötigten Daten, wie z. B. die Warengruppe, die Einkäufergruppe, Mengeneinheit usw., aus den Vorgangsdaten übernommen werden können. Ist dies nicht der Fall, gibt das System eine Fehlermeldung aus, und Sie müssen die fehlenden Daten im Vorgang nachtragen. Mithilfe einer Kundenerweiterung können beim Sichern noch automatisch Anpassungen an verschiedenen Daten der Bestellanforderung vorgenommen werden. Nachträgliche Änderungen des Vorgangs wirken sich direkt auch auf die Bestellanforderung aus. Aufgrund der Bestellanforderung werden Obligos auf

---

8 Ist in den **Parametern zur Netzplanart** das Kennzeichen **Sammelbanf** gesetzt, erzeugt das System nur eine Bestellanforderung für den gesamten Netzplan. Jede geplante Fremdleistung und jede fremdzubeschaffende Materialkomponente führt in diesem Fall lediglich zu einer eigenen Position innerhalb dieser Bestellanforderung.

dem Vorgang (bzw. im Fall eines kopfkontierten Netzplans auf dem Netzplankopf) ausgewiesen.

Die Bestellanforderung kann direkt im Einkauf weiterverarbeitet werden. Sofern Sie nicht bereits im Vorgang Bezug zu einem Einkaufsinfosatz oder einem Rahmenvertrag genommen haben und somit der Lieferant bekannt ist, findet zunächst eine Lieferantenauswahl statt. Dies kann z. B. mithilfe einer automatischen Bezugsquellenfindung erfolgen, wobei das System z. B. nach geeigneten Orderbucheinträgen, Quotierungen, Infosätzen oder Rahmenverträgen für die Fremdleistung sucht und darüber einen oder auch mehrere Lieferanten vorschlägt. Bei Bedarf können auch Ausschreibungen durchgeführt werden. Dazu werden im Einkauf Anfragen an unterschiedliche Lieferanten versendet, deren Angebote erfasst und miteinander verglichen und wird schließlich eine Lieferantenauswahl getroffen. Gegebenenfalls kann man der Bestellanforderung auch manuell einen festen Lieferanten zuordnen.

Ermittlung der Bezugsquelle

Die Daten der Bestellanforderung können anschließend vom Einkauf verwendet werden, um eine Bestellung zu erzeugen. Die Bestellung ist ebenfalls auf dem Vorgang kontiert und führt dazu, dass das Bestellanforderungsobligo auf dem Vorgang abgebaut und gleichzeitig ein entsprechendes Bestellobligo aufgebaut wird (siehe Abschnitt 5.2.1). Zusätzlich wird automatisch im Vorgang das Kennzeichen **Bestellung vorhanden** gesetzt. Im Gegensatz zur Bestellanforderung, die nur einen internen Beleg ohne Verwendung außerhalb des Unternehmens darstellt, entspricht die Bestellung der Aufforderung an den externen Lieferanten, die Fremdleistung zum vorgesehenen Liefertermin zu erbringen, und besitzt somit auch Außenwirkung. Die Weiterverarbeitung der Bestellanforderung und das Anlegen der Bestellung können im Einkauf an *Freigabeverfahren*, d. h. automatisierte Genehmigungsprozesse, geknüpft werden.

Bestellabwicklung

Existiert eine Bestellung zu einem Fremdbearbeitungsvorgang und kommt es im Nachhinein zu einer bestellrelevanten Änderung des Vorgangs, d. h., Sie ändern z. B. das Lieferdatum, die Vorgangsmenge oder den Vorgangstyp, findet keine automatische Anpassung der Bestellung statt. Sie können in den **Parametern zur Netzplanart** (siehe Abschnitt 2.3.2) jedoch einen Workflow aktivieren, der dazu genutzt werden kann, bei jeder bestellrelevanten Änderung den verantwortlichen Einkäufer über diese Änderung zu informieren und

Workflow bei bestellrelevanten Änderungen

ihm direkt eine Änderung der Bestellung zu ermöglichen (siehe
Abbildung 5.12).

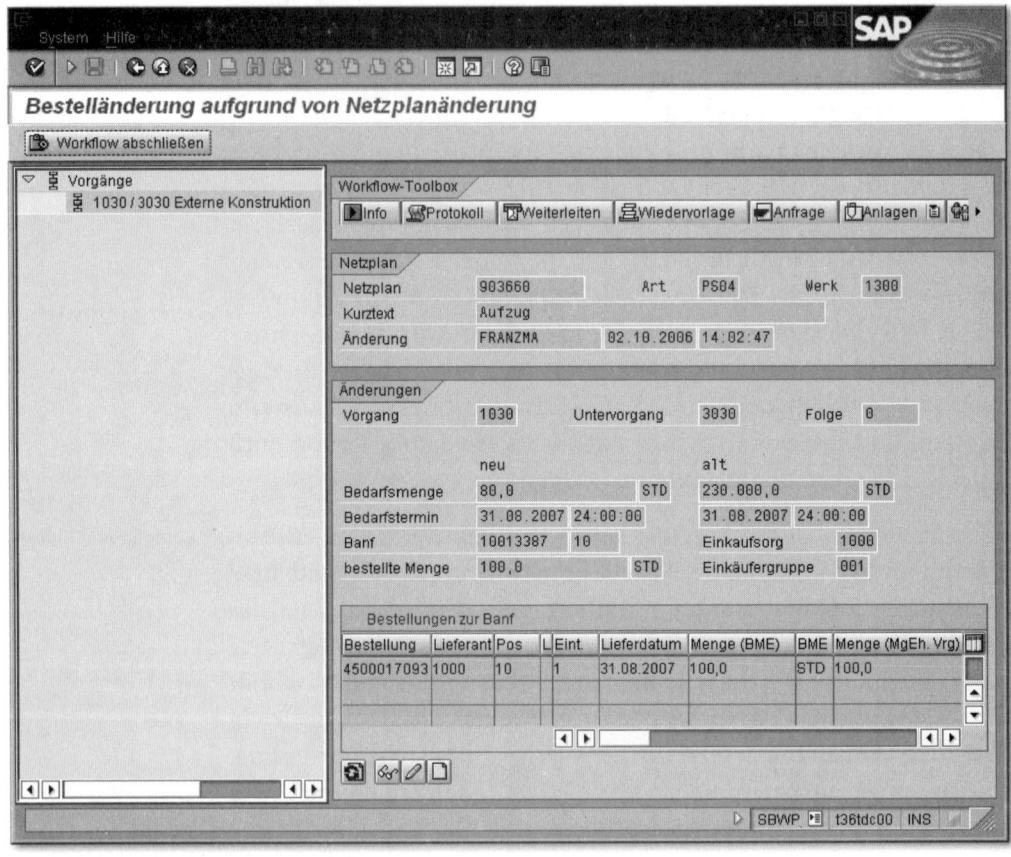

Abbildung 5.12 Beispiel für einen Workflow nach einer bestellrelevanten Änderung
eines Fremdbearbeitungselements

Im Einkauf stehen spezielle Funktionen für die weitere Überwachung der Bestellabwicklung zur Verfügung. Insbesondere können
Sie auch das Progress Tracking für die Überwachung von bestellrelevanten Ereignissen verwenden (siehe Abschnitt 5.7).

Je nachdem, welchen Kontierungstyp Sie für die Fremdbeschaffung
von Leistungen für Netzpläne im Customizing des Projektsystems
festgelegt haben, kann die Erbringung der Leistung durch den Lieferanten durch einen Wareneingang und/oder einen Rechnungseingang dokumentiert werden. Sieht der Kontierungstyp einen
bewerteten Wareneingang vor, führt bereits das Buchen eines

Wareneingangs mit Bezug zu der Bestellung zu Istkosten auf Basis des Bestellnettopreises auf dem Vorgang, andernfalls werden erst beim Rechnungseingang Istkosten auf den Vorgang fortgeschrieben.[9] Das Bestellobligo des Vorgangs wird dabei jeweils entsprechend abgebaut (siehe Abschnitt 5.2.1). Kommt es bei dem Rechnungseingang bzw. bei der Rechnungsprüfung zu Preisdifferenzen zum Bestellnettopreis, können die daraus resultierenden Kosten auf dem Vorgang ausgewiesen werden.

5.4.2 Dienstleistung

Eine Bestellanforderung, die automatisch aufgrund eines Dienstleistungsvorgangs (bzw. Dienstleistungselements) erstellt wurde (siehe Abschnitt 3.2.5), löst eine ähnliche Einkaufsabwicklung aus wie die Bestellanforderungen eines Fremdbearbeitungsvorgangs: Lieferanten können manuell der Bestellanforderung zugeordnet werden, mithilfe der Bezugsquellenfindung kann das System ggf. automatisch einen Lieferanten ermitteln, oder es können Ausschreibungsverfahren durchgeführt werden. Anhand der Daten der Bestellanforderung kann eine Bestellung erzeugt werden und können die Dienstleistungen somit bei Lieferanten in Auftrag gegeben werden. Bestellanforderung und Bestellung sind jeweils auf dem Vorgang kontiert und führen zum entsprechenden Auf- und Abbau von Obligos. Nachträgliche Änderungen des Vorgangs wirken sich direkt auf die Bestellanforderung, jedoch nicht auf die Bestellung aus. Ändert sich der Vorgangstermin, die Vorgangsmenge oder der Typ des Vorgangs, kann jedoch wieder ein verantwortlicher Einkäufer automatisch über diese bestellrelevanten Änderungen informiert werden.[10]

Anders als bei der Einkaufsabwicklung für einen Fremdbearbeitungsvorgang findet für Dienstleistungsvorgänge jedoch immer eine so genannte *Leistungserfassung* und *Leistungsabnahme* statt. Bei der Leistungserfassung wird mit Bezug zu der Bestellung von einem

Leistungserfassung

---

9 Die Verwendung eines bewerteten Wareneingangs hat den Vorteil, dass Istkosten bereits zum Zeitpunkt der Leistungserbringung ausgewiesen werden können, unabhängig davon, wann der Lieferant Ihnen eine Rechnung schickt. Beachten Sie jedoch, dass die Kosten auf Grund einer Wareneingangsbuchung nicht gegen das Budget von PSP-Elementen geprüft werden (siehe Abschnitt 4.1.5).

10 Beachten Sie, dass nachträgliche Änderungen am Leistungsverzeichnis eines Dienstleistungsvorgangs jedoch nicht den Standard-Workflow bei bestellrelevanten Änderungen anstoßen.

eigenen Mitarbeiter oder dem Lieferanten selbst dokumentiert, welche geplanten und ungeplanten Dienstleistungen erbracht wurden. Überschreitet dabei der Wert der ungeplanten Leistungen das von Ihnen im Vorgang vorgesehene Limit (siehe Abschnitt 3.2.5), gibt das System eine Fehlermeldung bei der Leistungserfassung aus. Leistungserfassungen werden mithilfe von Leistungserfassungsblättern ausgeführt (siehe Abbildung 5.13). Diese können direkt in der Transaktion ML81N oder auch mithilfe des Arbeitszeitblattes CATS und einer anschließenden Überleitung der Daten in die Materialwirtschaft erstellt werden (siehe Abschnitt 5.3.3).

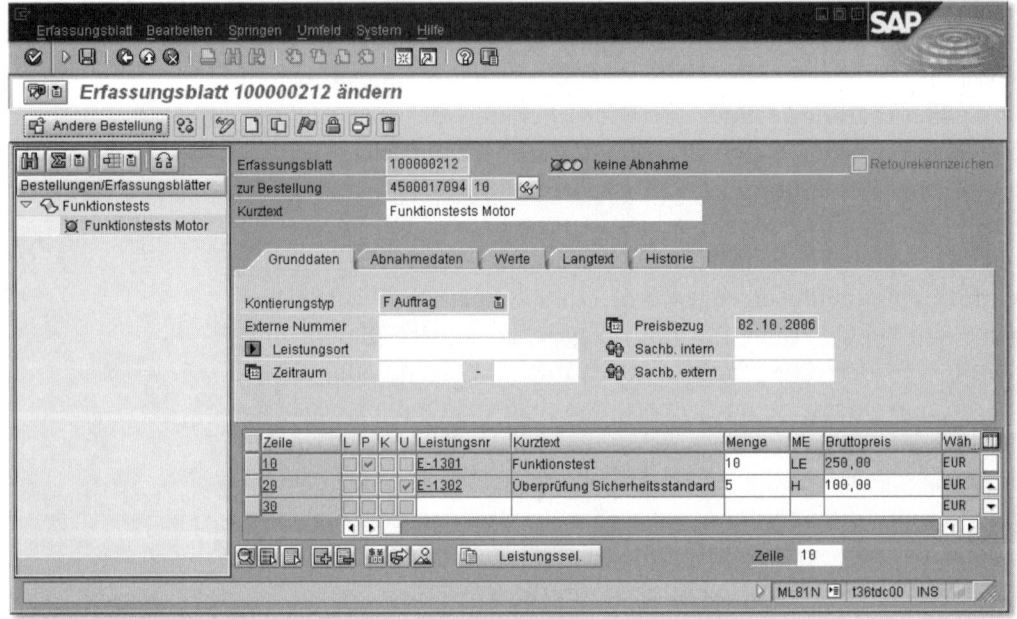

Abbildung 5.13 Beispiel für eine Leistungserfassung

Leistungsabnahme   Nachdem erbrachte Leistungen im Leistungserfassungsblatt festgehalten worden sind, müssen diese je nach Systemeinstellung von einem oder mehreren Verantwortlichen geprüft und abgenommen werden. Erst bei dieser Leistungsabnahme erstellt das System einen Materialbeleg (analog zur Wareneingangsbuchung bei Fremdbearbeitungsvorgängen), der zu Istkosten und einem Abbau des Bestellobligos auf dem Vorgang führt. Eine anschließende Rechnungsprüfung kann ggf. zu weiteren Korrekturbuchungen auf dem Vorgang führen.

5.5   Materialbeschaffung und -lieferung

In Abschnitt 3.3.1 wurde erläutert, wie Materialkomponenten Netzplanvorgängen zugeordnet werden können, um die Beschaffung und den späteren Verbrauch von Material im Projekt zu planen. Bei der Zuordnung wurde mithilfe des Positionstyps und der Beschaffungsart spezifiziert, wie ein Material zu beschaffen ist und in welchem Bestand Lagerpositionen geführt werden sollen. Im folgenden Abschnitt werden nun die Ausführung der verschiedenen Beschaffungsarten und insbesondere die damit verbundenen Werteflüsse für das Projekt erläutert.

Muss im Rahmen der Projektdurchführung Material zum Kunden oder z.B. zur Baustelle geliefert werden, können im Projektsystem Lieferscheine für die notwendigen Versandtätigkeiten erstellt werden. Diese als *Lieferung aus Projekt* bezeichnete Möglichkeit wird in Abschnitt 5.5.2 behandelt. Schließlich wird in Abschnitt 5.5.3 der ProMan vorgestellt, ein Werkzeug, mit dem logistische Daten aller projektbezogenen Beschaffungsmaßnahmen überwacht werden können.

5.5.1   Prozesse der Materialbeschaffung

Ausgangspunkt für die Materialbeschaffung für Netzplanvorgänge ist die Zuordnung des benötigten Materials zu Vorgängen in Form von Materialkomponenten. In Abhängigkeit von der Einstellung des Kennzeichens **Res./Banf.** einer Materialkomponente kann die Beschaffung des Materials automatisch bereits im Status **Eröffnet**, bei Freigabe oder manuell zu einem späteren Zeitpunkt angestoßen werden.

Nichtlagerpositionen

Für Nichtlagerpositionen wird eine Einkaufsabwicklung analog zur Fremdbearbeitung (siehe Abschnitt 5.4.1) angestoßen. D.h., ausgehend von der Bestellanforderung für die Materialkomponente, findet im Einkauf, falls notwendig, eine Lieferantenauswahl statt, es wird eine Bestellung erzeugt und später ein Waren- und/oder Rechnungseingang erfasst. Nichtlagerpositionen und Fremdbearbeitungsvorgänge verwenden insbesondere denselben Kontierungstyp, so dass auch der Wertefluss analog verläuft. Bestellanforderungen und Bestellungen sind also auf dem Vorgang kontiert, dem die Nichtlagerposition zugeordnet ist, und führen zu entsprechenden Obligos auf dem Vorgang (bzw. im Fall von kopfkontierten Netzplänen auf dem Netzplankopf). Der Waren- bzw. der Rechnungseingang sind ebenfalls auf dem Vorgang kontiert und führen dort zu Istkosten und einem gleichzeitigen Abbau des Obligos. Die Beschaffung von Nichtlagerpositionen erfolgt nicht über die Disposition, sondern direkt über den Einkauf (*Direktbeschaffung*).

[»] Nichtlagerpositionen werden nicht in einem Bestand geführt, weder im Werksbestand noch in einem Einzelbestand. Es entstehen daher keine Bestandskosten. Der Waren- bzw. Rechnungseingang einer Nichtlagerposition entspricht direkt einer Verbrauchsbuchung des Materials durch den Vorgang.

Lagerpositionen

Für Lagerpositionen stehen in Abhängigkeit von den Materialstammdaten, den Einstellungen des Projekts usw. (siehe Abschnitt 3.3.1) sehr viele unterschiedliche Beschaffungsarten zur Verfügung. Im einfachsten Fall wird im Projektsystem lediglich eine Reservierung für eine Lagerposition erzeugt, die eine Aufforderung an die Disposition darstellt, das Material in der gewünschten Menge zum geplanten Bedarfstermin zu beschaffen. Je nachdem, ob die Beschaffungsart **Reservierung zum Netzplan**, **Reservierung zum Projekt** oder **Reservierung zum Verkaufsbeleg** gewählt wurde, hat die Reservierung Bezug zum Werksbestand (Sammelbestand), einem bestandsführenden PSP-Element oder zu einer Kundenauftragsposition als Einzelbestandssegment. Aufgabe der Disposition ist es, nun die Verfügbarkeit des Materials sicherzustellen.

Bedarfsplanung Mithilfe eines *Materialbedarfsplanungslaufs* kann ein Disponent Unterdeckungen von Bedarfen ermitteln und sich automatisch Beschaffungsvorschläge vom System generieren lassen, falls Bedarfe nicht durch den verfügbaren Bestand und die fest eingeplanten Zugänge des Einkaufs oder der Fertigung abgedeckt sind.[11] Je nach

---

11 Wenn Sie die Beschaffungsart Banf + Reservierung für eine Materialkomponente gewählt haben, erzeugt das System neben der Reservierung gleichzeitig auch eine Bestellanforderung für das Material (unabhängig davon, ob ein ausreichender Bestand vorhanden ist oder nicht). Ein Materialbedarfsplanungslauf ist bei dieser Beschaffungsart in der Regel also nicht notwendig.

Einstellungen des Materials und des Planungslaufs können Beschaffungsvorschläge Bestellanforderungen oder Planaufträge sein (planerische Beschaffungselemente). In Abhängigkeit von dem gewählten Losgrößenverfahren können die Mengen und Termine der Beschaffungselemente so berechnet werden, dass Bedarfe zu unterschiedlichen Terminen zusammengefasst werden, um z.B. die Eigenfertigungskosten zu optimieren oder aufgrund größerer Bestellmengen bessere Einkaufskonditionen zu erzielen. Diese Beschaffungsmengenberechnung wird dabei separat pro Bestandssegment durchgeführt (siehe auch Abschnitt 3.3.2).

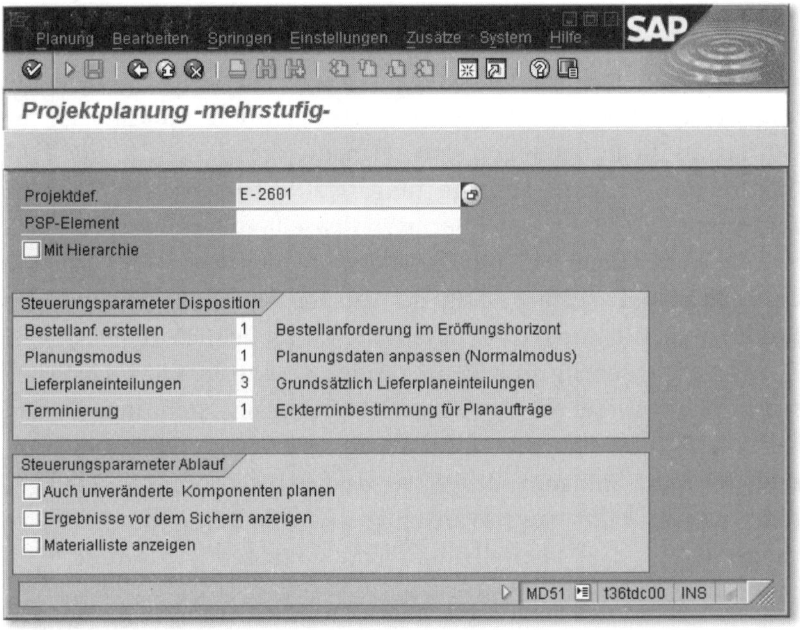

Abbildung 5.14 Einstiegsbild der Bedarfsplanung für Projektbestände

Existiert zu einem Material eine gültige Stückliste (Baugruppe), wird diese im Rahmen eines mehrstufigen Planungslaufs aufgelöst und werden auch für die Stücklistenpositionen (Sekundärbedarfe) bei Bedarf Beschaffungsvorschläge erzeugt und somit deren Beschaffung angestoßen. Wird die Baugruppe im Projektbestand geführt, werden – falls durch die Einstellungen im Materialstamm und den Stücklistenpositionen erlaubt – auch die Sekundärbedarfe im Projektbestand geführt. Existiert eine gültige Projektstückliste für die Baugruppe, wird diese anstelle der Materialstückliste bei der Stücklistenauflösung verwendet.

Sekundärbedarfe

313

Planungsläufe können für alle Bestandssegmente gleichzeitig, aber auch separat für Einzelbestandssegmente, also z.B. für einzelne bestandsführende PSP-Elemente, ausgeführt werden (Transaktion MD51, siehe Abbildung 5.14). Erkennt ein Planungslauf kritische Situationen, z.B. dass der Starttermin eines Planauftrags in die Vergangenheit terminiert wurde, erstellt das System Ausnahmemeldungen, die den Disponenten auf diesen Sachverhalt hinweisen. Der Disponent kann daraufhin eine manuelle Nachbearbeitung durchführen. Eine automatische Anpassung von Projektdaten, z.B. des Bedarfstermins einer Materialkomponente, findet jedoch weder beim Planungslauf noch im Rahmen der weiteren Abwicklung statt.

Exakte Beschaffungselemente

Die durch einen Planungslauf erzeugten planerischen Beschaffungselemente können anschließend in exakte Beschaffungselemente umgesetzt werden. Für Bestellanforderungen findet im Einkauf die Umsetzung in Bestellungen statt, Planaufträge werden in der Produktion in Fertigungsaufträge umgesetzt.[12] Die exakten Beschaffungselemente haben dabei Bezug zu denselben Bestandssegmenten wie die planerischen Beschaffungselemente. Die weitere Abwicklung der Materialbeschaffung erfolgt nun zunächst im Einkauf bzw. in der Produktion. Wenn das benötigte Material schließlich geliefert wird oder im Falle der Eigenfertigung produziert wurde, wird das Material in den vorgesehenen Bestand eingebucht und steht nun für den Verbrauch zur Verfügung. Im letzten Schritt dieses Prozesses kann schließlich die Entnahme des Materials durch den Vorgang durchgeführt und mithilfe eines Warenausgangs mit Bezug zur Reservierungsnummer der Materialkomponente dokumentiert werden.

Bewerteter Projektbestand: Wertefluss bei der Eigenfertigung

Der Wertefluss des gerade geschilderten Beschaffungsprozesses soll nun zunächst am Beispiel der Beschaffung eines eigengefertigten Materials unter Verwendung des bewerteten Projektbestands erläutert werden. Aufgrund der Zuordnung einer Lagerposition zu einem Vorgang mit Bezug zum bewerteten Projektbestand weist das System Plankosten für den späteren Verbrauch des Materials auf dem Vorgang aus. Die Plankosten werden im Rahmen der Netzplankalkulation anhand der Kalkulationsvariante im Netzplankopf auf Basis der geplanten Menge und des Bedarfstermins der Komponente

---

12 Hat der Planauftrag Bezug zu einem PSP-Element als Einzelbestandssegment und existiert für das Material und das PSP-Element ein eigener Projektarbeitsplan, wird dieser zum Erstellen des Fertigungsauftrags herangezogen.

bestimmt (siehe Abschnitt 3.4.5). Die Erzeugung der Reservierung für die Materialkomponente und auch der anschließende Planungslauf ändern nichts an den Kosten des Projekts.

Für ein eigenzufertigendes Material erzeugt der Planungslauf einen Planauftrag, der in einen Fertigungsauftrag umgesetzt werden kann. Der Fertigungsauftrag ist dem bestandsführenden PSP-Element zugeordnet und kann somit im Reporting des Projektsystems zusammen mit dem Projekt ausgewertet werden. Der Fertigungsauftrag enthält Plankosten für die Fertigung des Materials und eine geplante Entlastung in derselben Höhe, so dass sich in der Summe keine Veränderung der Plankosten auf dem bestandsführenden PSP-Element ergibt. Rückmeldungen geleisteter Arbeit auf dem Fertigungsauftrag führen zu Istkosten auf dem Auftrag, die aggregiert auch auf dem bestandsführenden PSP-Element analysiert werden können.

Wurde die Fertigung des Materials beendet und eine Wareneingangsbuchung des Materials in den Projektbestand durchgeführt, wird das bestandsführende PSP-Element mit den Kosten für den Materialbestand in Form von statistischen Istkosten (Werttyp 11) belastet und der Fertigungsauftrag um denselben Betrag entlastet.[13] Die Bewertung des Materials im Bestand und somit die Berechnung der Bestandskosten geschieht anhand folgender Strategie:

Bestandskosten

1. Wenn bereits eine Wareneingangsbuchung für das Material in den Projektbestand durchgeführt wurde, wird dieser Standardpreis des Einzelbestandssegments verwendet.[14]

2. Es wird die Bewertung verwendet, die Sie über die Kundenerweiterung COPCP002 zur Verfügung stellen.

3. Das System übernimmt die Bewertung aus einer vorgemerkten Kalkulation einer auf das PSP-Element kontierten Kundenauftragsposition, einer aktivierten Seiban-Kalkulation oder einer Einzelkalkulation, die Sie zur Materialkomponente im Netzplan erstellt haben.

---

13 Damit die Bestandskosten als statistische Istkosten auf dem bestandsführenden PSP-Element ausgewiesen werden können, muss das relevante Bestandskonto der Finanzbuchhaltung auch als Kostenart zum Typ 90 angelegt werden. Die Sachkontenfindung kann dabei durch eigene Bewertungsklassen für den Projektbestand in den Materialstammdaten getrennt vom Sammelbestand gesteuert werden.
14 Bei Bedarf können Sie den Standardpreis des Materials zum Einzelbestandssegment mit Hilfe der Transaktion MR21 manuell ändern.

4. Die Kalkulation des Fertigungsauftrags wird zur Ermittlung der Bewertung herangezogen.

5. Der Preis im Materialstamm bestimmt die Bewertung.

Verbleiben nach der Lieferung des Materials in den Projektbestand und der entsprechenden Entlastung des Fertigungsauftrags noch Abweichungen auf dem Auftrag, können diese im Rahmen des Periodenabschlusses z.B. auf das bestandsführende PSP-Element oder auch direkt an die Ergebnisrechnung abgerechnet werden.

Der Verbrauch des Materials durch den Netzplanvorgang, der Warenausgang zur Reservierung, führt schließlich dazu, dass der Vorgang mit Istkosten entsprechend der Bewertung des Materials belastet wird und gleichzeitig die Bestandskosten auf Ebene des PSP-Elements abgebaut werden.

Bewerteter Projektbestand: Wertefluss bei der Fremdbeschaffung Bei der Fremdbeschaffung einer Lagerposition mit Bezug zum bewerteten Projektbestand sind Bestellanforderung, Bestellung und Wareneingang des Materials auf dem bestandsführenden PSP-Element kontiert und führen zu Obligos und Bestandskosten auf dem PSP-Element.[15] Je nach Preissteuerung werden die Bestandskosten dabei anhand des Standardpreises oder des gleitenden Durchschnittspreises ermittelt. Entstehen dabei Differenzen zum Bestellwert, können diese bei einer entsprechenden Kontensteuerung als Preisdifferenzen auf dem bestandsführenden PSP-Element ausgewiesen werden. Der abschließende Verbrauch des gelieferten Materials durch den Vorgang führt zu Istkosten auf dem Vorgang und reduziert entsprechend die Bestandskosten auf Ebene des PSP-Elements.

Bewerteter Projektbestand: Sekundärbedarfe Werden für die Eigenfertigung eines Materials, das im bewerteten Projektbestand geführt wird, Sekundärbedarfe benötigt, werden diese, sofern sie eine Einzelbestandsführung erlauben, ebenfalls im Projektbestand geführt. Die geplanten Kosten für den Verbrauch der Sekundärbedarfe werden als Plankosten auf Ebene des Fertigungsauftrags ausgewiesen. Im Rahmen der Beschaffung der einzelbestandsgeführten Sekundärbedarfe entstehende Bestellanforderungen, Bestellungen, Fertigungsaufträge und Wareneingänge besitzen automatisch einen Bezug zu dem bestandsführenden PSP-Element

---

15 Wurde die Bestellanforderung durch einen Planungslauf erzeugt, wird aus Performancegründen kein Bestellanforderungsobligo erzeugt. Erst die Bestellung führt in diesem Fall zu einem Obligo auf dem bestandsführenden PSP-Element.

und führen zu Obligos und insbesondere Bestandskosten auf dem PSP-Element, wie oben erläutert. Der Verbrauch der Sekundärbedarfe durch den Fertigungsauftrag führt zu Istkosten auf dem Auftrag. Gleichzeitig werden die Bestandskosten für die Sekundärbedarfe auf Ebene des bestandsführenden PSP-Elements abgebaut.

[«]

> Bei Verwendung des bewerteten Projektbestands werden Materialbewegungen mit Bezug zum Einzelbestand sowohl mengen- als auch wertmäßig geführt. Auf dem Verbraucher (Netzplanvorgang bzw. Fertigungsauftrag) werden Plan- und Istkosten für den Verbrauch des Materials ausgewiesen, auf dem Bestandselement (PSP-Element) werden die Bestandskosten des Materials und ggf. Obligos für dessen Fremdbeschaffung gebucht.

Der logistische Ablauf der Beschaffung von Material mit Bezug zum unbewerteten Projektbestand (Fremdbeschaffung und Eigenfertigung) ist völlig analog zur Verwendung des bewerteten Projektbestands.[16] Im Gegensatz zum bewerteten Projektbestand werden Materialbewegungen jedoch nur mengen-, aber nicht wertmäßig erfasst. D.h., auf Ebene des Verbrauchers (Vorgang oder Fertigungsauftrag) werden keine Plan- und Istkosten für den Verbrauch einzelbestandsgeführten Materials ausgewiesen.[17] Auf Ebene des Bestandselements, dem PSP-Element, werden ggf. Obligos aufgrund von Bestellungen gebucht. Der Wareneingang eines fremdbeschafften Materials bzw. eines Sekundärbedarfs in den unbewerteten Projektbestand führt jedoch nicht zu Bestandskosten, sondern, analog zu einer Direktbeschaffung von Material für das PSP-Element, sofort zu Istkosten auf dem bestandsführenden PSP-Element. Der Wareneingang eines eigengefertigten Materials in den unbewerteten Projektbestand führt zu keinem Wertefluss und somit zu keinerlei Kostenveränderungen, weder auf dem bestandsführenden PSP-Element noch auf dem liefernden Fertigungsauftrag. Im Rahmen des Periodenabschlusses werden die Istkosten des Fertigungsauftrags aufgrund von Eigenleistungen und Materialentnahmen aus dem anonymen Werksbestand schließlich an das PSP-Element abgerechnet.

Unbewerteter Projektbestand: Werteflüsse

---

16 Beachten Sie jedoch, dass bei der Verwendung des unbewerteten Projektbestands keine Bedarfszusammenfassung mehrerer PSP-Elemente möglich ist (siehe Abschnitt 3.3.2).

17 Lediglich auf Vorplanungsnetzen können Plankosten für Material, das im unbewerteten Projektbestand geführt wird, ausgewiesen werden, da Vorplanungsnetze nicht dispositiv wirksam sind und somit der doppelte Ausweis von Verfügtwerten verhindert wird.

Sammelbestand: Werteflüsse

Genau wie bei der Verwendung des bewerteten Projektbestands findet, für Lagerpositionen, die im Sammelbestand geführt werden (Beschaffungsart **Reservierung zum Netzplan**), bei jeder Materialbewegung sowohl ein Mengen- als auch ein Wertefluss statt. Auf Ebene des Verbrauchers (Netzplanvorgang oder Fertigungsauftrag) können daher Plan- und Istkosten für den Verbrauch von sammelbestandsgeführtem Material ermittelt werden. Da die Beschaffung sammelbestandsgeführten Materials jedoch für einen anonymen Bestand, also z.B. ohne Bezug zu einem PSP-Element als Einzelbestandssegment, erfolgt, können die Kosten, die im Rahmen der Beschaffung entstehen, und insbesondere die Bestandskosten keinem Projekt direkt zugeordnet und somit auch nicht auf Ebene des Projekts ausgewiesen werden.

Vorabbeschaffung

Verwendung der Vorabbeschaffung

Für eigengefertigtes Material mit einer sehr langen Eigenfertigungszeit oder für Kaufteile, für die im Rahmen der Einkaufsabwicklung Ausschreibungsverfahren durchlaufen werden müssen, kann es notwendig sein, die Beschaffung des Materials für Projekte anzustoßen, obwohl die eigentlichen Verbraucher, also entsprechende Netzplanvorgänge oder Fertigungsaufträge, noch nicht im SAP-System angelegt wurden. Diese werden ggf. erst später z.B. im Rahmen der Detaillierung des Projekts mithilfe von Teilnetzen oder aufgrund von Planungsläufen in der Disposition erstellt. Wenn jedoch die Vorgänge oder Aufträge, für deren Durchführung Material benötigt wird, noch nicht existieren, können Sie ihnen auch keine Materialkomponenten zuordnen und somit auch noch nicht den Verbrauch des benötigten Materials planen. Mithilfe der Vorabbeschaffung können Sie jedoch bereits die Beschaffung von Material anstoßen, ohne dass Sie zuvor den Verbrauch des Materials planen müssen.

Vorabbeschaffungsarten

Um die Vorabbeschaffung eines Materials durchzuführen, ordnen Sie einem bereits existierenden Vorgang der Projektstruktur das Material als Lagerposition zu und wählen für Kaufteile die Beschaffungsart **VorabBAnf**, für eigengefertigtes Material die Beschaffungsart **PlanPrimäfBedarf** aus. Da zu diesem Zeitpunkt noch nicht feststeht, wo der eigentliche Verbrauch des Materials erfolgt, werden auch keine Plankosten für diese Materialkomponenten ausgewiesen.

Aufgrund einer Vorabbestellanforderung wird ein Einkaufsprozess ausgelöst. Die Vorabbestellanforderung ist dabei aus dispositiver Sicht fixiert und wird nicht durch Materialplanungsläufe gelöscht. Der Planprimärbedarf für die Vorabbeschaffung von eigengefertigtem Material führt dazu, dass beim nächsten Materialplanungslauf des Materials die Fertigung des Materials angestoßen wird. Das gelieferte bzw. eigengefertigte Material kann dann später in einen Bestand eingebucht werden.

Sobald Sie die Vorgänge bzw. Aufträge für Ihr Projekt erstellt haben, die das vorab beschaffte Material tatsächlich verbrauchen sollen, ordnen Sie diesen Objekten das Material noch einmal zu. Dieses Mal verwenden Sie als Beschaffungsart jedoch eine einfache Reservierung mit Bezug zu demselben Bestandssegment, in dem auch das vorabbeschaffte Material geführt wird. Mit Bezug zu dieser Reservierung können Sie schließlich das vorabbeschaffte Material aus dem Bestand entnehmen. Bei Verwendung des Sammelbestands oder eines bewerteten Einzelbestands können die Plan- und Istkosten für den Verbrauch auf dem Verbraucher, also dem Netzplanvorgang bzw. Fertigungsauftrag, ausgewiesen werden.

5.5.2 Lieferung aus Projekt

Werden Teile des Projekts nicht im eigenen Unternehmen, sondern an anderen Standorten, z.B. beim Kunden vor Ort, ausgeführt und dazu Material benötigt, müssen ggf. entsprechende Lieferungen des Materials geplant und durchgeführt werden. Das SAP-System unterstützt Sie dabei mit diversen Versandfunktionen, z.B. zur Kommissionierung, Verpackung und für den Transport des Materials. Damit im Versand jedoch entsprechende Tätigkeiten ausgeführt werden können, müssen Lieferscheine erzeugt werden, in denen das zu liefernde Material aufgelistet wird. Die Erstellung solcher Lieferscheine im Projektsystem für Material in Projekten bzw. zugeordneten Fertigungsaufträgen wird als *Lieferung aus Projekt* bezeichnet.

Liefer-informationen

Zum Anlegen einer Lieferung benötigt das System Angaben zur Versandstelle, dem Warenempfänger, dem geplanten Warenausgangstermin sowie zum Vertriebsbereich. Sie müssen diese *allgemeinen Daten* manuell angeben, wenn das System sie nicht aus zugeordneten Kundenauftragspositionen oder *Lieferinformationen* ableiten kann. Lieferinformationen (siehe Abbildung 5.15) können PSP-Ele-

menten, Vorgängen bzw. Netzplanköpfen (bei kopfkontierten Netzplänen) und Materialkomponenten zugeordnet werden und direkt in
Bearbeitungstransaktionen für Projekte oder auch zentral mithilfe
der Transaktion CNL1 erstellt werden.

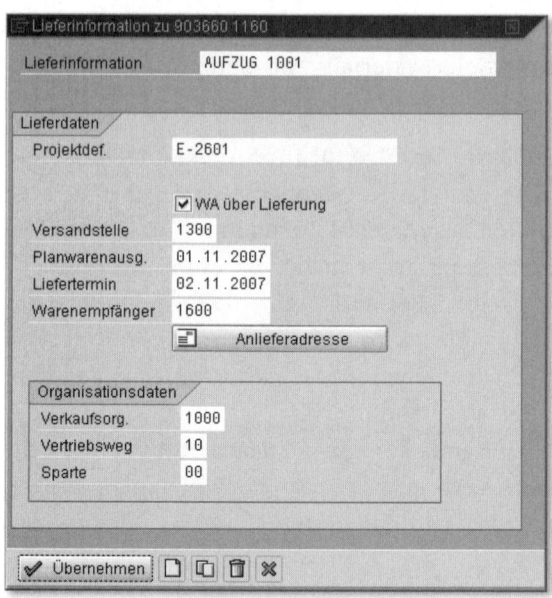

Abbildung 5.15 Beispiel für die Lieferinformationen eines Netzplanvorgangs

Wenn Sie eine Lieferung aus Projekt anlegen (Transaktion CNS0),
selektieren Sie zunächst durch die Angabe eines Projekts, PSP-Elements, Netzplans oder auch eines zugeordneten Kundenauftrags und
geeignete Filterkriterien die Materialkomponenten, die geliefert
werden sollen. Dabei können alle Lagerpositionen mit Ausnahme
von Montagebaugruppen (siehe Abschnitt 3.3.1) selektiert werden,
die einem Netzplanvorgang des Projekts oder auch einem Fertigungsauftrag zum Projekt zugeordnet sind. Die Komponenten können eigengefertigt oder fremdbeschafft werden, sie können im Sam-
mel-, Kundeneinzel- oder auch im Projektbestand geführt werden.

Berechnung der Liefermenge Anhand des geplanten Warenausgangstermins in den allgemeinen
Daten der Lieferung berechnet das System die Verfügbarkeit der
selektierten Materialkomponenten und schlägt Ihnen eine Liefermenge für jede Komponente vor (siehe Abbildung 5.16). Die vorge-
schlagene Liefermenge ist die jeweils verfügbare, noch offene Menge

einer Komponente, wobei sich die offene Menge aus der Differenz der Bedarfsmenge und der bereits entnommenen oder in einer Lieferung befindlichen Menge ergibt. Die verschiedenen Mengeninformationen können im Detailbild einer Materialkomponente der Lieferung überprüft werden. Sobald Sie eine Lieferung aus Projekt gesichert haben, kann der Beleg direkt im Versand für alle weiteren Folgeaktivitäten verwendet werden. Im Projektsystem können Sie Lieferungen zu einem Projekt z.B. mithilfe der Transaktion CNS0 oder auch im ProMan analysieren.

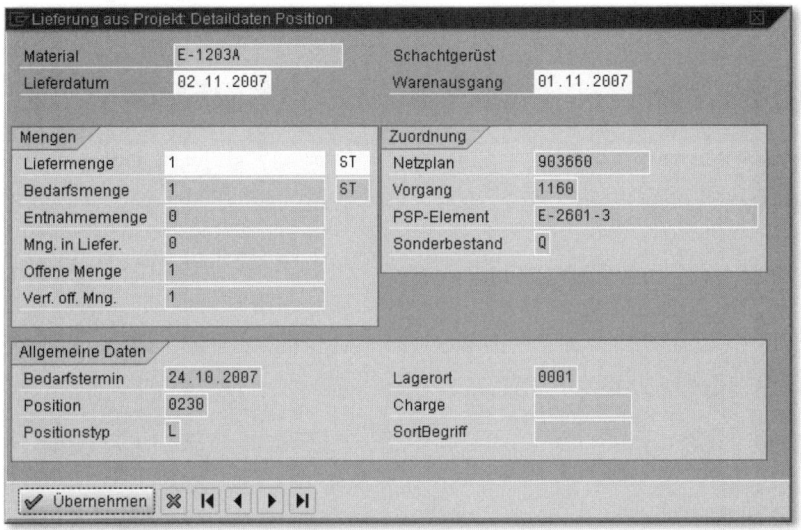

Abbildung 5.16 Beispiel für die Berechnung der Liefermenge einer Materialkomponente

5.5.3 ProMan

Bei den soeben erörterten Beschaffungsprozessen für Material oder Fremd- bzw. Dienstleistungen für ein Projekt entsteht eine Vielzahl logistischer Daten im Projektsystem, dem Einkauf, der Produktion, dem Versand usw. Mithilfe des ProMan (Transaktion CNMM) können Sie diese Daten zentral in einer Transaktion auswerten. Ampeln weisen Sie im ProMan dabei auf Ausnahmesituationen, z.B. überfällige Bestellungen oder fehlende Materialbestände, hin. Bei Bedarf können Sie verschiedene Beschaffungstätigkeiten auch direkt im ProMan ausführen.

Wenn Sie den ProMan aufrufen, können Sie zunächst das Projekt spezifizieren, dessen Beschaffungsmaßnahmen Sie analysieren wollen. Durch die Angabe zusätzlicher Filterkriterien im Einstiegsbild des ProMan können Sie die Selektion der Daten weiter einschränken. Im Hauptbild des ProMan sehen Sie anschließend im linken Bereich die Projektstruktur und im rechten Bereich verschiedene Registerkarten (*Sichten*), auf denen tabellarisch Daten zu den in der Projektstruktur selektierten Objekten dargestellt werden (siehe Abbildung 5.17). In der Projektstruktur können Sie entweder nur ein Objekt selektieren oder auch mehrere gleichartige Objekte gleichzeitig, z.B. alle Materialkomponenten eines Netzplans.

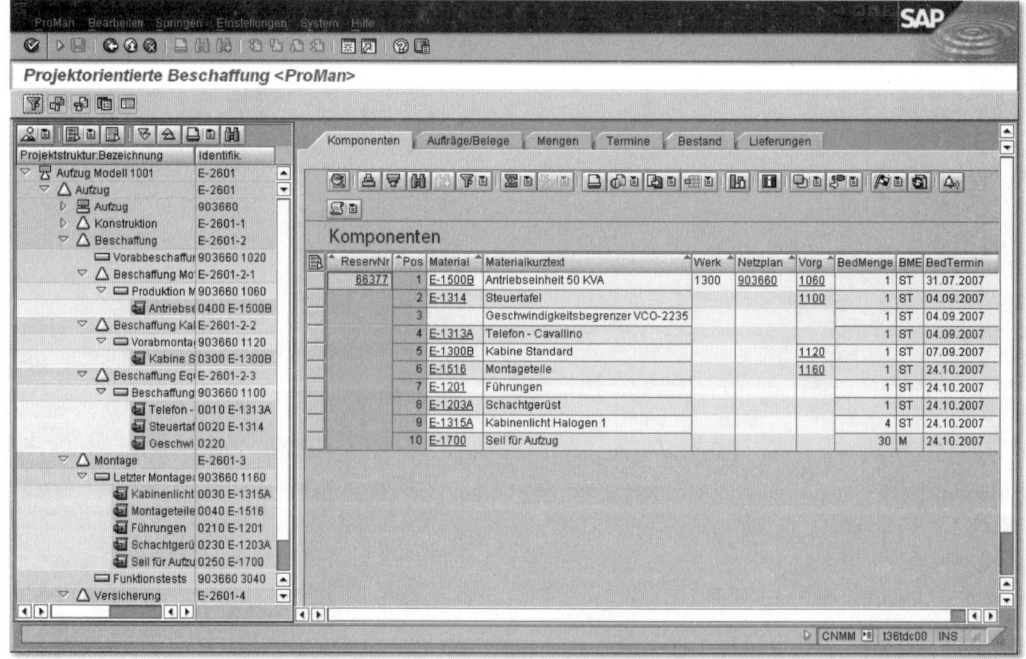

Abbildung 5.17 Projektstruktur und Komponentensicht des ProMan

Sichten des ProMan Damit Daten von Belegen und Aufträgen im ProMan ausgewertet werden können, müssen diese Objekte eine Verknüpfung mit dem selektierten Projekt besitzen. Dies kann durch eine automatische oder insbesondere auch manuelle Kontierung auf das Projekt erfolgen oder z.B. durch eine Zuordnung zu einem bestandsführenden PSP-Element. So können also z.B. Daten zu Sekundärbedarfen in Fertigungsaufträgen im ProMan analysiert werden, wenn diese im

322

Projektbestand geführt werden. Sind die Sekundärbedarfe jedoch sammelbestandsgeführt, besteht keine direkte Verknüpfung mehr zum Projekt, und somit werden deren Daten nicht auf Sichten des ProMan angezeigt. Die nachfolgende Liste enthält die verschiedenen Sichten des ProMan mit jeweils einigen ausgewählten Daten dieser Sichten:

▶ **Komponenten**
Reservierungsnummer, Materialnummer, Netzplanvorgang, Bedarfsmenge und -termin

▶ **Vorgänge/Elemente**
Netzplanvorgang bzw. Vorgangselement, Vorgangsmenge, Infosatz, Lieferant, Kennzeichen **Bestellanforderung vorhanden**

▶ **Aufträge/Belege**
Bestellanforderung, Bestellung, Plan- und Fertigungsauftrag, Materialbelege, Kennzeichen **Erledigt**, **Abgesagt**, **Endgeliefert** usw.

▶ **Mengen**
Mengen in Bestellanforderung, Bestellung, Plan- und Fertigungsauftrag und in Materialbelegen

▶ **Termine**
Bedarfstermin, Lieferdatum in Bestellanforderung und Bestellung, Buchungsdatum von Materialbelegen, terminierte Termine von Plan- und Fertigungsauftrag

▶ **Bestand**
Frei verwendbarer Bestand, Qualitätsprüf- und Sperrbestand von Material

▶ **Lieferungen**
Reservierungsnummer, Lieferung, Liefermenge, Materialbereitstellungsdatum

Die tabellarische Darstellung der Sichten erlaubt diverse Funktionen und Anpassungen, wie z.B. das Bilden von Summen oder Zwischensummen, das Ausdrucken von Daten, Filter- und Sortierkriterien usw. Anpassungen der Oberfläche können Sie anschließend in Form eigener Layouts abspeichern.

Unterstrichene Daten in den verschiedenen Sichten werden als *Hotspots* bezeichnet und erlauben Ihnen, per Mausklick in die Details der Daten abzuspringen. Beispiele für Hotspots im ProMan sind Reservierungen, Bestellanforderungen, Bestellungen, Materialbe-

Hotspots

lege, Lieferungen, Plan- und Fertigungsaufträge, Materialstämme sowie Projektstrukturdaten. Für weitere Detailanalysen können Sie aus dem ProMan zusätzlich in die Bedarfs-/Bestandsliste von Material oder in Auftragsberichte verzweigen.

Ausführbare Funktionen des ProMan

Außer zur Auswertung können Sie den ProMan auch für die Ausführung verschiedener Beschaffungstätigkeiten verwenden. Folgende Funktionen können Sie im ProMan ausführen (die möglichen Funktionen hängen dabei davon ab, welches Objekt Sie in der Projektstruktur selektiert haben und auf welcher Sicht Sie sich befinden):

▸ Bestellanforderungen oder Reservierungen generieren

▸ Planungsläufe durchführen

▸ Bestellanforderungen gruppieren

▸ Bestellungen erzeugen

▸ Warenein- und -ausgänge buchen

▸ Umbuchungen zwischen Bestandsarten vornehmen

▸ Lieferungen generieren

Nachdem Sie eine Funktion im ProMan ausgeführt haben, können Sie Sichten auffrischen und so direkt das Ergebnis der Funktion im ProMan analysieren.

ProMan-Customizing

Sie können den ProMan völlig ohne vorherige Customizing-Aktivitäten nutzen. Bei Bedarf können Sie jedoch im Customizing ProMan-Profile und Ausnahmeprofile definieren. Mithilfe eines ProMan-Profils, das Sie im Einstiegsbild des ProMan auswählen können, steuern Sie, welche Belege und Aufträge von der Datenbank gelesen und welche Sichten im ProMan angezeigt werden sollen (siehe Abbildung 5.18). Das ProMan-Profil verweist darüber hinaus auf ein Ausnahmeprofil. Ausnahmeprofile legen fest, wann Sie welche Ampeln im ProMan auf Ausnahmesituationen aufmerksam machen sollen. Sie können die Bedingungen für die Anzeige der Ampeln selbst definieren, dazu stehen Ihnen ähnliche Funktionen zur Verfügung wie für die Definition von Substitutionen oder Validierungen (siehe Abschnitte 2.8.4 und 2.8.5).

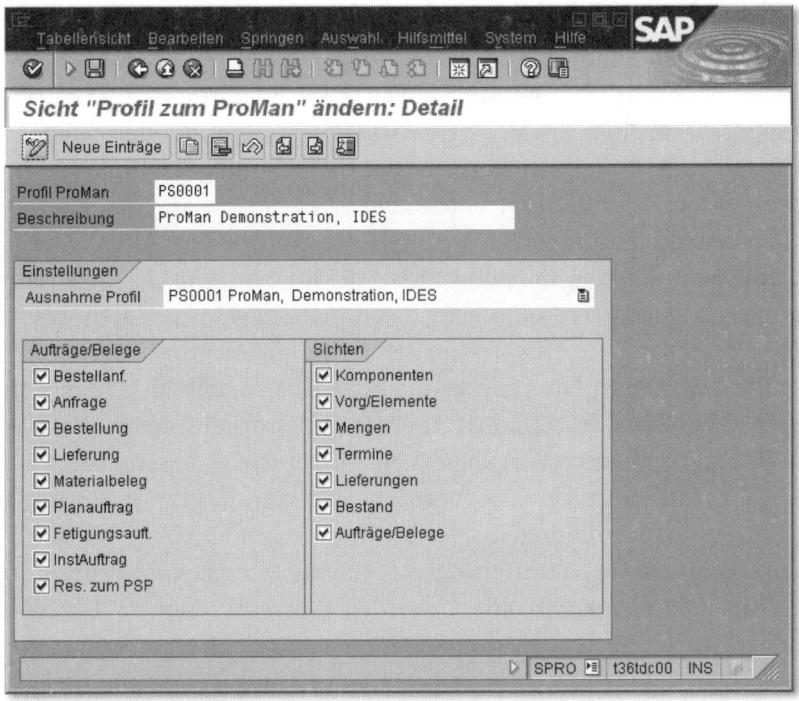

Abbildung 5.18 Beispiel für die Definition eines ProMan-Profils

5.6 Fakturierung

Die Fakturierung eines Projekts erfolgt mithilfe entsprechender Funktionen des Vertriebs anhand von Kundenauftragspositionen, die auf PSP-Elemente des Projekts kontiert sind. Aufgrund dieser Kontierung werden die resultierenden Zahlungsflüsse und Isterlöse von Fakturen auf den Fakturierungselementen des Projekts fortgeschrieben und können somit den geplanten Erlösen gegenübergestellt werden (siehe Abschnitt 3.5). Im Folgenden werden nun zwei Funktionen erläutert, mit denen Fakturierungsprozesse im Vertrieb durch Projektdaten gesteuert werden können: die so genannte *Meilensteinfakturierung* und die *aufwandsbezogene Fakturierung* von Projekten.

5.6.1 Meilensteinfakturierung

Bei der Erstellung eines Fakturierungsplans zu einer Kundenauf-tragsposition besteht die Möglichkeit, die Fakturatermine, Fakturie-rungsprozentsätze sowie die Fakturierungsregeln aus den Meilen-steinen eines Projekts abzuleiten (siehe Abschnitt 3.5.3). Solange die Meilensteine des Projekts noch nicht erreicht sind, dienen die ent-sprechenden Positionen des Fakturierungsplans ausschließlich der Erlös- bzw. Zahlungsplanung, d.h., sie sind für eine Fakturierung gesperrt. Eine Sperre kann jedoch automatisch gelöst werden, wenn der Meilenstein des entsprechenden Rechnungstermins einen Isttermin erhält. Dieser Isttermin kann entweder manuell im Meilenstein gesetzt werden oder – im Fall eines Vorgangsmeilensteins – automa-tisch aufgrund einer Vorgangsrückmeldung (siehe Abschnitt 5.1.3). Ein Fakturierungslauf im Vertrieb generiert dann automatisch Anzahlungsanforderungen oder Rechnungen anhand der entsperr-ten Positionen im Fakturierungsplan. Ist die Kundenauftragsposition auf ein PSP-Element kontiert, werden die resultierenden Isterlöse oder Anzahlungsanforderungen auf das Projekt fortgeschrieben. Dieser Prozess wird als Meilensteinfakturierung bezeichnet und im Folgenden noch einmal am Beispiel des Aufzugprojekts verdeutlicht.

Mit dem Kunden wurde eine Anzahlung in Höhe von 10% des Ziel-wertes 200 000 € bei Projektbeginn, eine Teilrechnung in Höhe von 30% bei Erreichen eines vereinbarten Projektziels und eine Schluss-rechnung beim Abschluss des Projekts vereinbart. Entsprechende Meilensteine mit den Bezeichnungen **Anzahlung**, **Teilrechnung** und **Schlussrechnung** wurden im Projekt definiert und in den Fakturie-rungsplan des Kundenauftrags übernommen. Im Projektsystem wer-den in Erlösberichten Planerlöse in Höhe von 60 000 € zum Planter-min des Meilensteins **Teilrechnung** und weitere Planerlöse in Höhe von 140 000 € zum Plantermin des Meilensteins **Schlussrechnung** ausgewiesen. In Zahlungsberichten des PS-Cash-Managements (siehe Abschnitt 7.2.4) kann zusätzlich die geplante Anzahlung (Fakturie-rungsregel 4) von 20 000 € unter Berücksichtigung der Zahlungsbe-dingungen zum Plantermin des Meilensteins **Anzahlung** ausgewertet werden.

Anzahlungen

Eine Vorgangsrückmeldung erzeugt einen Isttermin im Meilenstein **Anzahlung** und dokumentiert somit das Erreichen des Meilensteins. Der Isttermin wird automatisch an den Fakturierungsplan des Kundenauftrags weitergereicht und entsperrt die Anzahlungsposition. Die Fakturierung des Kundenauftrags im Vertrieb führt dazu, dass automatisch eine Anzahlungsanforderung (Belegart FAZ) in Höhe des vereinbarten Betrags für die entsperrte Position erstellt wird (siehe Abbildung 5.19). In den Zahlungsberichten des Projektsystems wird der Betrag als Anzahlungsanforderung ausgewiesen. Wird die Anzahlung des Kunden mit Bezug zu der Anzahlungsanforderung in der Finanzbuchhaltung erfasst, kann diese ebenfalls mithilfe der Zahlungsberichte des Projektsystems ausgewertet werden. Der Betrag der Anzahlungsanforderung wird entsprechend abgebaut.

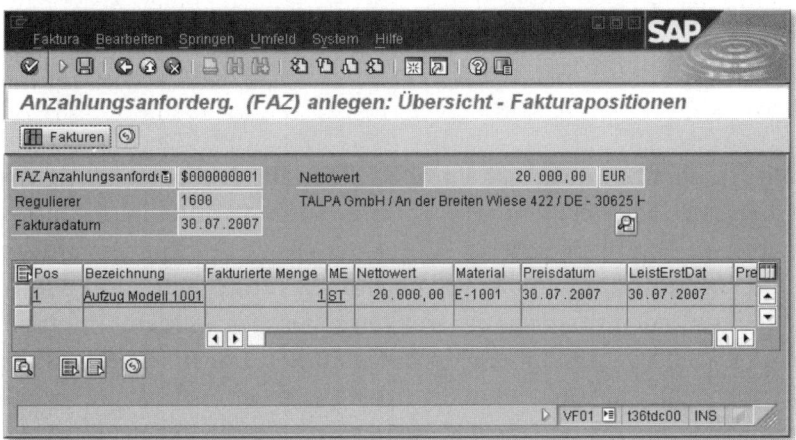

Abbildung 5.19 Beispiel für die Erstellung einer Anzahlungsanforderung

Wird im Verlauf des Projekts auch der Meilenstein **Teilrechnung** erreicht, wird automatisch die zweite Position des Fakturierungsplans aufgrund des Isttermins des Meilensteins entsperrt. Die Fakturierung des Kundenauftrags erzeugt nun – gesteuert durch die Fakturierungsregel 1 der Position – eine Teilrechnung. Dabei kann die geleistete Anzahlung des Kunden anteilig oder auch vollständig verrechnet werden (siehe Abbildung 5.20). In den Erlösberichten des Projektsystems werden nun Isterlöse in Höhe der Teilrechnung auf dem Fakturierungselement des Projekts ausgewiesen. Die in der Finanzbuchhaltung mit Bezug zur Rechnung erfasste Zahlung des Kunden kann im Projektsystem mithilfe von Zahlungsberichten verfolgt werden.

Teilrechnungen

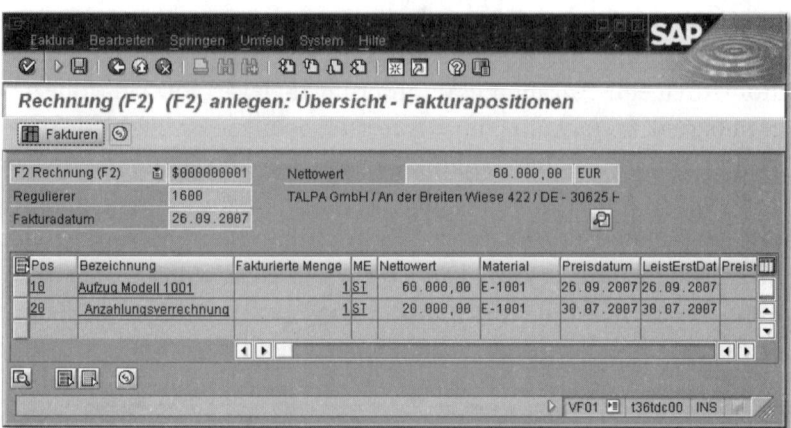

Abbildung 5.20 Beispiel für die Erstellung einer (Teil-)Rechnung mit Anzahlungsverrechnung

Schlussrechnung Wird schließlich auch der letzte Meilenstein **Schlussrechnung** im Projekt erreicht und somit die entsprechende Position im Fakturierungsplan entsperrt, erzeugt die Fakturierung des Kundenauftrags eine Rechnung, in der alle ggf. noch nicht verrechneten Anzahlungen des Kunden von den Forderungen abgezogen werden. Aufgrund dieser Schlussrechnung werden die restlichen Isterlöse auf das Projekt gebucht und können im Reporting ausgewertet werden. Der tatsächliche Zahlungseingang wird später zusätzlich in den Zahlungsberichten des Projektsystems ausgewiesen.

5.6.2 Aufwandsbezogene Fakturierung

Wenn im Vorfeld eines Projekts die benötigten Leistungen und Materialien für die Durchführung des Projekts noch nicht feststehen, können Sie noch keine festen Preise für die Projektabwicklung mit dem Kunden vereinbaren. Eine Fakturierung fester Beträge, wie sie in dem soeben geschilderten Beispiel durchgeführt wurde, ist in diesen Fällen nicht möglich. Stattdessen können Sie eine Fakturierung auf Basis der tatsächlichen Aufwände des Projekts durchführen. Die Fakturierung erfolgt dabei mithilfe von Fakturaanforderungen, in denen Sie dem Kunden die erbrachten Leistungen, das verbrauchte Material und die entstandenen Zusatzkosten nachweisen können. Diese Form der Fakturierung wird als aufwandsbezogene Fakturierung bezeichnet.

Ähnlich wie die Verkaufspreiskalkulation (siehe Abschnitt 3.5.4) wird auch die aufwandsbezogene Fakturierung durch ein Dynamische-Posten-Prozessorprofil (DPP-Profil) gesteuert, das in der auf das Projekt kontierten Kundenauftragsposition hinterlegt wird. Das DPP-Profil steuert, wie die Istdaten des Projekts bzw. der relevanten Fakturierungsstruktur zu einzelnen Positionen einer Fakturaanforderung verdichtet werden sollen.[18] Wenn Sie die aufwandsbezogene Fakturierung für die Kundenauftragsposition starten (Transaktion DP91), können Sie die zweistufige Verdichtung der Istdaten in der *Aufwandssicht* und der *Verkaufspreissicht* analysieren und ggf. noch ändern.

In der Aufwandssicht finden Sie Istdaten, z.B. die Istkosten oder in der Projektdurchführung erfasste statistische Kennzahlen, entsprechend den Einstellungen des DPP-Profils zu dynamischen Posten verdichtet, hierarchisch strukturiert dargestellt. In der Aufwandssicht können Sie nun entscheiden, welche der dynamischen Posten fakturiert, vorübergehend zurückgestellt oder auch gar nicht in die Fakturaanforderung einfließen sollen (siehe Abbildung 5.21).

Aufwandssicht

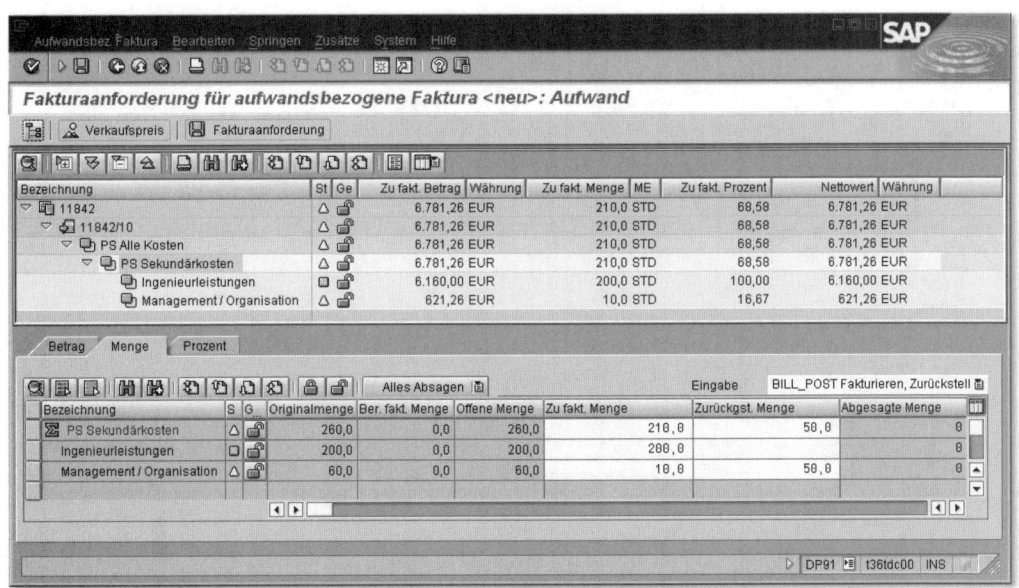

Abbildung 5.21 Aufwandssicht einer aufwandsbezogenen Fakturierung

---

18 Weitere Details zur Definition von DPP-Profilen finden Sie in Abschnitt 3.5.4 und insbesondere in Hinweis 301 117.

Verkaufspreissicht
In einer zweiten Verdichtungsstufe nimmt das DPP-Profil eine Umschlüsselung der dynamischen Posten zu Materialnummern vor. Dies können z.B. Materialnummern verbrauchter Materialkomponenten des Projekts oder auch Materialnummern zu eigens zum Zwecke des Leistungsnachweises definierten Materialstammsätzen sein. Anhand dieser Materialnummern und ggf. Daten des Kundenauftrags wie z.B. der Kundennummer, der Verkaufsorganisation usw. findet automatisch eine Preisfindung statt. Die Verkaufspreissicht zeigt Ihnen die zu einzelnen Vertriebsbelegpositionen zusammengefassten Materialnummern hierarchisch strukturiert an. Ferner können Sie in der Verkaufspreissicht die über die Preisfindung ermittelten Konditionen der verschiedenen Vertriebsbelegpositionen analysieren und bei Bedarf ändern oder um weitere Konditionen ergänzen (siehe Abbildung 5.22). Sie können nun eine Fakturaanforderung erstellen, die die verdichteten und ggf. noch von Ihnen angepassten Positionen umfasst. Die Fakturierung der Anforderung im Vertrieb bucht schließlich die entsprechenden Isterlöse auf das Projekt.

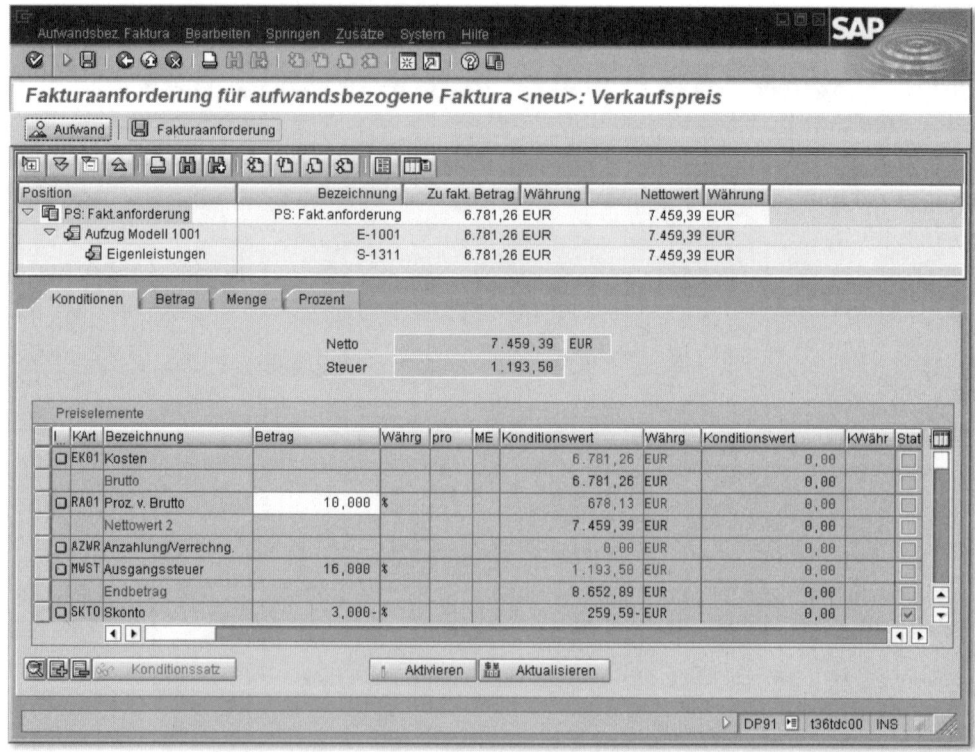

Abbildung 5.22 Verkaufspreissicht einer aufwandsbezogenen Fakturierung

Ab dem Enterprise-Release können Sie die Meilensteinfakturierung, basierend auf einem Fakturierungsplan im Kundenauftrag, und die aufwandsbezogene Fakturierung des Kundenauftrags miteinander kombinieren. So können Sie mithilfe von Meilensteinen im Projekt steuern, wann aufwandsbezogene Fakturierungen möglich sind und ob dabei aufwandsbezogene Anzahlungsanforderungen (Fakturierungsregel 4) oder Fakturaanforderungen (Fakturierungsregel 1) erstellt werden. Dabei sind alle Kombinationen aus fixen Anzahlungen, fixen Fakturen, aufwandsbezogenen Anzahlungen und aufwandsbezogenen Fakturen möglich.

Meilensteinfakturierung und aufwandsbezogene Fakturierung

In internationalen Unternehmen sind in der Projektdurchführung häufig Mitarbeiter unterschiedlicher Buchungskreise involviert. Die Verrechnung der Kosten zwischen den Buchungskreisen erfolgt dabei in der Regel aufwandsbezogen. Das Beispiel einer buchungskreisübergreifenden Abwicklung des Aufzugprojekts soll dies veranschaulichen.

Aufwandsbezogene Fakturierung zwischen Buchungskreisen

Bau und Verkauf des Aufzugs sollen in Deutschland stattfinden, Teile der Konstruktion jedoch auch von Mitarbeitern in Amerika ausgeführt werden. In der Projektstruktur sind daher sowohl Teiläste für den Buchungskreis Deutschland als auch für den Buchungskreis Amerika enthalten. Im Buchungskreis Deutschland, dem anfordernden Buchungskreis, wird eine Bestellung für die Konstruktion erstellt und auf den entsprechenden Teil des Projekts kontiert. Im amerikanischen Buchungskreis, dem liefernden Buchungskreis, wird aufgrund der Bestellung ein Kundenauftrag erzeugt und auf den Teilast des Projekts zum Buchungskreis Amerika kontiert.

Im Rahmen der Projektdurchführung buchen die amerikanischen Mitarbeiter ihre Leistungen auf den dafür vorgesehenen Teilast des Projekts. Die dadurch entstandenen Istkosten können nun mit Bezug zum Kundenauftrag aufwandsbezogen fakturiert werden. Die Fakturierung führt zu Isterlösen auf dem Teilast zum Buchungskreis Amerika. Der entsprechende Rechnungseingang im Buchungskreis Deutschland führt dagegen zu Istkosten auf dem Objekt, auf dem auch die Bestellung kontiert wurde.

Ab dem Enterprise-Release steht die neue Quelle **Fakturierung zwischen Buchungskreisen – Einzelposten** für die Definition von DPP-Profilen zur Verfügung (siehe Abschnitt 3.5.4). Mithilfe dieser Quelle können Sie alternativ zu dem gerade erläuterten Prozess eine andere Möglichkeit nutzen, um die aufwandsbezogene Fakturierung von Projektleistungen zwischen Buchungskreisen abzubilden. Dabei wird nicht für jedes einzelne Projekt, sondern nur einmalig oder z.B. einmal pro Geschäftsjahr ein Kundenauftrag in dem liefernden Buchungskreis mit dem anfordernden Buchungskreis als Kunden angelegt. Innerhalb der Projekte selbst werden in diesem Szenario nur Strukturen für den anfordernden Buchungskreis benötigt, auf denen auch Mitarbeiter des liefernden Buchungskreises direkt ihre erbrachten Leistungen buchen. Diese buchungskreisübergreifenden Leistungen werden automatisch in der neuen Quelle gesammelt. Eine aufwandsbezogene Fakturierung mithilfe der Transaktion DP93, basierend auf den buchungskreisübergreifenden Leistungen, führt schließlich alle notwendigen Korrekturbuchungen im Rechnungswesen durch und bucht Erlöse für den liefernden Buchungskreis.

5.7 Projektfortschritt

Gerade bei sehr komplexen Projekten ist es wichtig, den Projekt- und Teilprojektleitern Werkzeuge zur Verfügung zu stellen, mit denen sie effizient den Fortschritt des Projekts überwachen und ggf. rechtzeitig Abweichungen von der Projektplanung erkennen können. Neben den diversen Berichten des Reporting (siehe Kapitel 7, *Reporting*) stehen im Projektsystem zu diesem Zweck eigene Funktionen zur Verfügung: die Meilensteintrendanalyse, die Fortschrittsanalyse und das Progress Tracking. Diese Funktionen werden in den folgenden Abschnitten erläutert.

5.7.1 Meilensteintrendanalyse

Die Meilensteintrendanalyse dient zur einfachen und übersichtlichen Darstellung der Terminsituation wichtiger Projektereignisse und erlaubt Ihnen so, Abweichungen von Ihrer Planung und Trends dieser Abweichungen sofort zu erkennen. Dazu werden in der Meilensteintrendanalyse die Plan- und ggf. auch Isttermine der für den Verlauf eines Projekts relevanten Meilensteine zu unterschiedlichen Zeitpunkten grafisch oder tabellarisch gegenübergestellt.

Abbildung 5.23 zeigt ein Beispiel der grafischen Darstellung einer Meilensteintrendanalyse. Auf der vertikalen Zeitachse können die

Termine der verschiedenen Meilensteine abgelesen werden, auf der horizontalen Zeitachse der Zeitpunkt, zu dem die Meilensteine diese Termine besaßen. Eine waagerecht verlaufende Linie für einen Meilenstein bedeutet also, dass sich dessen Termine im Laufe der Zeit nicht geändert haben, der Verlauf erfolgt planmäßig. Eine ansteigende Linie weist dagegen auf einen Terminverzug, eine abfallende Linie auf ein im Vergleich zur ursprünglichen Planung vorzeitiges Erreichen eines Meilensteins hin. Sie können Meilensteintrendanalysen mithilfe der Transaktion CNMT oder auch in der Projektplantafel (CJ2B) durchführen.

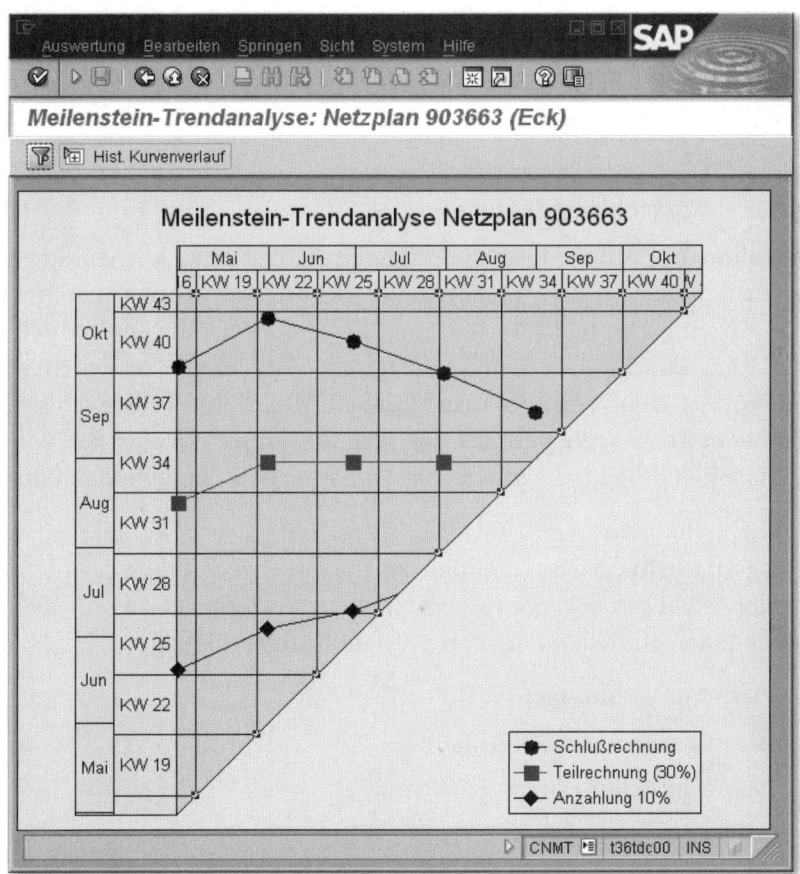

Abbildung 5.23 Beispiel für eine Meilensteintrendanalyse

Eine Voraussetzung für die Verwendung der Meilensteintrendanalyse ist, dass die Projekte, die Sie analysieren möchten, Meilensteine

Voraussetzungen der Meilensteintrendanalyse

beinhalten, in denen das Kennzeichen **Trendanalyse** gesetzt ist bzw. zu einem früheren Zeitpunkt gesetzt war (siehe Abschnitt 2.4). Die Sicht **historischer Kurvenverlauf** der Meilensteintrendanalyse zeigt Ihnen den zeitlichen Verlauf der Termine von Meilensteinen, in denen aktuell das Kennzeichen **Trendanalyse** gesetzt ist; die Sicht **historische Meilensteine** zeigt Ihnen auch Termine von Meilensteinen, in denen das Kennzeichen aktuell nicht gesetzt ist, jedoch zu einem früheren Zeitpunkt einmal gesetzt war.

Die zweite Voraussetzung für die Meilensteintrendanalyse ist die Erstellung von Projektversionen (siehe Abschnitt 2.9.1), um die Termine der Meilensteine zu den unterschiedlichen Zeitpunkten im System festzuhalten. Beachten Sie dabei, dass die Projektversionen das Kennzeichen **MTA-relevant** tragen müssen, damit sie für eine Meilensteintrendanalyse verwendet werden können.

5.7.2 Fortschrittsanalyse

Mithilfe der Fortschrittsanalyse können Sie den tatsächlichen Stand eines Projekts mit dem geplanten Projektfortschritt vergleichen, um so frühzeitig eventuelle Termin- und Kostenabweichungen ermitteln zu können und gegebenenfalls steuernde Maßnahmen zu ergreifen. Sie können den Projektfortschritt dabei für einzelne Teile analysieren oder auch aggregiert für das gesamte Projekt, wobei die verschiedenen Projektteile unterschiedlich stark gewichtet werden können.

Fertigstellungsgrad, Fertigstellungswert

Die Fortschrittsanalyse ermittelt zu diesem Zweck folgende Kennzahlen jeweils in aggregierter und nicht aggregierter Form und stellt sie in einer speziellen Fortschrittsversion zur Verfügung:

- Planfertigstellungsgrad (FG(Plan))
- Istfertigstellungsgrad (FG(Ist))
- Planfertigstellungswert (FW(Plan))
- Istfertigstellungswert (FW(Ist))

Die Fertigstellungswerte sind dabei jeweils Ausdruck des Wertes des jeweiligen Fertigstellungsgrades und ergeben sich rechnerisch aus dem Produkt eines Fertigstellungsgrades und einer Bezugsgröße K(Ges), die den Gesamtwert der zu erbringenden Leistung widerspiegelt. Diese Bezugsgröße können entweder die Plankosten oder das Budget darstellen. Es gilt also:

$$FW(Plan) = FG(Plan) \times K(Ges)$$

$$FW(Ist) = FG(Ist) \times K(Ges)$$

In der betriebswirtschaftlichen Literatur werden Plan- und Istfertig- **BCWS, BCWP,**
stellungswerte in der Regel als BCWS- und BCWP-Werte bezeichnet. **ACWP**
BCWS ist dabei die Abkürzung für *Budgeted Costs of Work Scheduled*,
und BCWP steht stellvertretend für *Budgeted Costs of Work Performed*.

Um Aussagen über die Kostenabweichungen treffen zu können, wird
eine weitere Kennzahl herangezogen, nämlich die tatsächlich angefallenen Istkosten, die im Rahmen der Fortschrittsanalyse in der
Literatur oft als ACWP-Wert (*Actual Costs of Work Performed*)
bezeichnet werden.

Aus diesen Kennzahlen lassen sich nun Terminabweichungen SV **SV, CV**
(*Schedule Variance*) und Kostenabweichungen CV (*Cost Variance*) wie
folgt berechnen:

$$SV = BCWP - BCWS$$

$$CV = BCWP - ACWP$$

SV ist ein Maß für Terminabweichungen in Ihrem Projekt. Ist SV
positiv, bedeutet dies, dass der Wert des aktuellen Fortschritts den
geplanten Wert überschreitet, Ihr Projekt verläuft also »schneller« als
geplant. Ist SV jedoch negativ, gibt es einen Terminverzug in Ihrem
Projekt, Sie haben noch nicht den Fortschritt erreicht, der für diesen
Zeitpunkt eigentlich geplant war.

Der CV-Wert spiegelt Kostenabweichungen wider. Ist CV positiv,
bedeutet dies, dass der Wert des aktuellen Projektfortschritts größer
ist als die entstandenen Istkosten, die dafür aufgewendet wurden. Ist
CV umgekehrt negativ, sind in Ihrem Projekt mehr Istkosten ent-
standen, als es aufgrund des tatsächlichen Projektfortschritts der Fall
sein sollte.

Die Kostenabweichung kann auch durch den Wertindex CPI (*Cost* **CPI, ECV**
Performance Index) ausgedrückt werden, wobei CPI = BCWP/ACWP.
Dieser Index gibt also wieder, wie sich der Wert Ihres tatsächlichen
Projektfortschritts zu den Istkosten verhält. Nimmt man eine konti-
nuierliche Entwicklung eines Projekts entsprechend dem CPI-Wert
an, lassen sich auch Prognosen zu den zu erwartenden Gesamtkosten

ECV (*Expected Costs Value*) machen, gemäß ECV = Gesamte Plankosten/CPI.

Bei Bedarf können Kosten- und Terminabweichungen auch separat für unterschiedliche Kostenarten analysiert werden. Dies ist z.B. dann sinnvoll, wenn Sie die Entwicklung für Eigen- und Fremdleistungen oder den Einsatz von Material getrennt betrachten möchten.

Messmethoden

Ausgangspunkt für die Berechnung von Kosten- und Terminabweichungen sind die Plan- und Istfertigstellungsgrade. Die Ermittlung dieser Fertigstellungsgrade erfolgt in Abhängigkeit von so genannten Messmethoden. Folgende Messmethoden stehen Ihnen standardmäßig zur Verfügung:

▶ **0-100-Methode**
Der Fertigstellungsgrad beträgt so lange 0%, bis der Endtermin des Objekts erreicht ist. Der Wert wechselt dann von 0 auf 100%. Für den Planfertigstellungsgrad wird der Planendtermin herangezogen, für den Istfertigstellungsgrad der Istendtermin. Diese Methode ist nur für Objekte sinnvoll, deren Dauer nicht länger als der Zeitraum zwischen zwei Fortschrittsanalysen ist und für die keine genauere Methode in Frage kommt.

▶ **20-80-Methode**
Bei Erreichen des Plan- bzw. Iststarttermins wird der Plan- bzw. Istfertigstellungsgrad auf 20% gesetzt. Bei Erreichen des Endtermins wird der Fertigstellungsgrad erhöht auf 100%. Durch die Verwendung von 20% als Startwert wird – über mehrere Auswertungszeiträume betrachtet – eine Mittelung erreicht. Diese Methode sollte dennoch nur dann verwendet werden, wenn die Dauer des Objekts nicht allzu groß ist und keine genauere Methode in Frage kommt.

▶ **Zeitproportional**
Bei dieser Methode steigt der Fertigstellungsgrad proportional zur Dauer des Objekts unter Berücksichtigung des jeweiligen Fabrikkalenders. Für den Planfertigstellungsgrad verwendet das System den geplanten Start- und Endtermin, für den Istfertigstellungsgrad den Iststart- und Istendtermin oder im Status **Teilrückgemeldet** den Iststarttermin und die geplante Dauer des Objekts. Diese Methode ist sinnvoll, wenn Sie von einem linearen Anstieg des Projektfortschritts ausgehen können.

▶ **Meilensteintechnik**

Der Fertigstellungsgrad für PSP-Elemente und Vorgänge wird aus dem entsprechenden Feld von zugeordneten Meilensteinen übernommen, die als relevant für die Fortschrittsanalyse gekennzeichnet sind (siehe Abschnitt 2.4). Für den Planfertigstellungsgrad berücksichtigt das System dabei den Plantermin des Meilensteins, für den Istfertigstellungsgrad den Isttermin. Die Meilensteintechnik kann dann sinnvoll eingesetzt werden, wenn Sie objektive Kriterien für das Erreichen von Meilensteinen definieren können.

Bei den oben aufgeführten Methoden entscheidet die Fortschrittsversion jeweils darüber, ob die Prognose- oder Ecktermine für die Ermittlung der Planfertigstellungsgrade herangezogen werden. Weitere Standardmethoden sind:

▶ **Kostenproportional**

Der Planfertigstellungsgrad eines Objekts wird bei dieser Methode berechnet aus dem Verhältnis der kumulierten Plankosten bis zur Periode der Fortschrittsanalyse und den gesamten Plankosten des Objekts. Der Istfertigstellungsgrad ergibt sich aus dem Verhältnis der Istkosten zu den gesamten Plankosten. Welche CO-Version der Plankosten verwendet werden soll, wird in der Fortschrittsversion festgelegt. Diese Methode können Sie im Plan nur einsetzen, wenn Sie eine periodengerechte Kostenplanung durchgeführt haben. Sinnvoll ist diese Methode für Objekte, deren Fortschritt aus der Kostenentwicklung abgeleitet werden kann, dies können typischerweise z.B. Kostenvorgänge, Fremdbearbeitungsvorgänge oder auch zugeordnete Fertigungsaufträge sein.

▶ **Mengenproportional**

Die Ermittlung der Fertigstellungsgrade erfolgt bei dieser Methode analog zur kostenproportionalen Methode. Anstelle der Kosteninformationen wird hier jedoch eine statistische Kennzahl zur Berechnung der Fertigstellungsgrade herangezogen. Voraussetzung für die Verwendung dieser Methode ist, dass Sie eine geeignete statistische Kennzahl vom Typ Summenwerte definiert und der Methode zugeordnet haben. Ferner müssen Sie eine periodengerechte Planung der Kennzahl vornehmen und im Rahmen der Realisierungsphase Istwerte für diese Kennzahl buchen. Diese Methode ist sinnvoll, wenn sich der Fortschritt eines Objekts am besten anhand von Mengen, wie z.B. der Anzahl erbrachter Leistungen oder gefertigter Produkte, ableiten lässt.

▶ **Sekundärleistungsproportional**

Bei dieser Methode wird der Fertigstellungsgrad eines Objekts aus dem Fertigstellungsgrad eines anderen Bezugsobjekts übernommen. Voraussetzung für die Verwendung dieser Methode ist also, dass eine feste Beziehung zwischen dem Fortschritt des Objekts und dem im Objekt hinterlegten Bezugsobjekt angenommen werden kann (z.B. Qualitätsprüfung und Fertigung).

▶ **Abarbeitungsgrad**

Der Istfertigstellungsgrad wird bei dieser Methode aus dem Abarbeitungsgrad von rückgemeldeten Vorgängen bzw. Vorgangselementen übernommen (siehe Abschnitt 5.3). Diese Methode ist nur bei der Verwendung von Netzplänen und zur Ermittlung von Istfertigstellungsgraden verwendbar. Da die Abarbeitungsgrade typischerweise aus der rückgemeldeten Leistung abgeleitet werden, ist diese Methode dann sinnvoll, wenn Sie den Fortschritt des Objekts an der erbrachten Eigenleistung messen können, wie dies oft bei Eigenbearbeitungsvorgängen der Fall ist.

▶ **Schätzen**

Bei dieser Methode geben Sie den Fertigstellungsgrad manuell für die einzelnen Perioden des Objekts an. Um eine vorzeitige Überbewertung des Istfortschritts beim Schätzen zu verhindern, können Sie in dieser Messmethode einen maximalen Fertigstellungsgrad hinterlegen (in der Regel 80%), der erst bei der Erfassung eines Istendtermins überschritten werden darf. Diese Methode findet oft Verwendung bei PSP-Elementen, deren Fertigstellungsgrad nicht linear ansteigt und auch nicht aus zugeordneten Vorgängen oder Meilensteinen abgeleitet werden kann.

▶ **Ist = Plan**

Bei dieser Methode, die nur für den Istfertigstellungsgrad verwendet werden kann, wird der Planfertigstellungsgrad als Istfertigstellungsgrad übernommen.

Für die Ermittlung von Plan- und Istfertigstellungsgraden können unterschiedliche Methoden verwendet werden. In der Regel (eine Ausnahme bildet hier die Methode **Abarbeitungsgrad**) ist es jedoch sinnvoll, im Plan und im Ist dieselbe Methode zu verwenden, um die Fortschrittsdaten besser miteinander vergleichen zu können.

Für PSP-Elemente mit zugeordneten Vorgängen bietet es sich an, die Fertigstellungsgrade auf Ebene der Vorgänge zu ermitteln und durch geeignete Gewichtungsfaktoren, z.B. den Plankosten der Vorgänge, auf die PSP-Elemente zu aggregieren.

Wenn Sie eine Fortschrittsanalyse durchführen, ermittelt das System die zu verwendenden Messmethoden für die einzelnen Objekte nach folgender Strategie:

1. Ermittlung der Methode über ein BAdI.[19]

2. In dem Objekt wurden explizit eine Messmethode und eine Fortschrittsversion hinterlegt.

3. Die Fortschrittsversion sieht eine Übernahme der Planmethode als Istmethode bzw. umgekehrt vor (nicht möglich für die Methoden **Schätzen** und **Sekundärleistungsproportional**).

4. Sie haben im Customizing für den Objekttyp eine Messmethode als Vorschlagswert eingetragen.

5. Das System verwendet die 0-100-Methode.

Zugeordneten Aufträgen können Sie nicht manuell Messmethoden zuweisen, sondern lediglich einen Vorschlagswert im Customizing hinterlegen.

Einstellungen im Customizing der Fortschrittsanalyse

Für die soeben erläuterten Methoden zur Ermittlung von Fertigstellungsgraden sind im Standard bereits entsprechende Messmethoden im Customizing des Projektsystems definiert. Bei Bedarf können Sie zusätzliche Messmethoden definieren. Abbildung 5.24 zeigt ein Beispiel für die Definition einer eigenen Messmethode. Als Messtechnik wird dabei die Start-Ende-Regel verwendet. Anders als bei der 20-80-Methode wird hier jedoch ein Startfertigstellungsgrad von 50% verwendet.

Definition von Messmethoden

Mithilfe des Feldes **Max.FG** können Sie einen Fertigstellungsgrad festlegen, der nicht überschritten werden darf, solange noch kein Istendtermin gesetzt ist. Ein maximaler Fertigstellungsgrad ist relevant für die Methoden **Abarbeitungsgrad**, **Zeit-**, **Kosten-**, **Mengen-**,

---

19 Nähere Informationen zu diesem BAdI sowie eine Beispielimplementierung finden Sie im Hinweis 549 097.

Sekundärleistungsproportional und insbesondere bei der Methode **Schätzen**. Die Messtechniken sind fest im SAP-System vorgegeben. Mithilfe der Messtechnik **Individuell (User-Exit)** und der Kundenerweiterung CNEX0031 haben Sie jedoch auch die Möglichkeit, kundeneigene Ermittlungen von Fertigstellungsgraden zu realisieren.

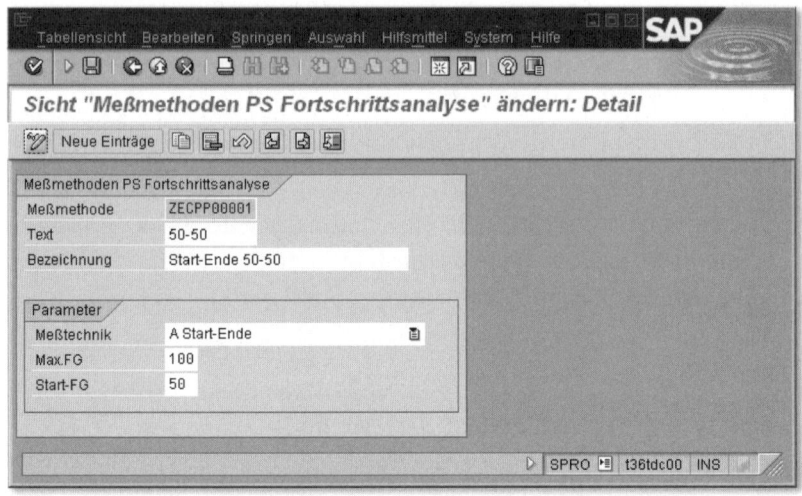

Abbildung 5.24 Beispiel für die Definition einer Messmethode

Vorschlagswerte für Messmethoden

In Abhängigkeit vom Kostenrechnungskreis, der Fortschrittsversion und dem Objekttyp bzw. der Auftragsart können Sie im Customizing des Projektsystems Vorschlagswerte für die Messmethoden hinterlegen, die für die Ermittlung von Plan- und Istfertigstellungsgraden verwendet werden sollen (siehe Abbildung 5.25).

Statistische Fortschrittskennzahlen

Wenn Sie eine Fortschrittsanalyse durchführen, werden die ermittelten Fertigstellungsgrade in Form von statistischen Kennzahlen in eine Fortschrittsversion fortgeschrieben. Standardmäßig werden bereits Fortschrittskennzahlen für aggregierte, nicht aggregierte und für die Ergebnisermittlung relevante Fertigstellungsgrade ausgeliefert. Bei Bedarf können Sie auch eigene Fortschrittskennzahlen definieren. Im Customizing des Projektsystems müssen Sie die Fortschrittskennzahlen Kostenrechnungskreisen und den jeweiligen Verwendungen zuordnen.

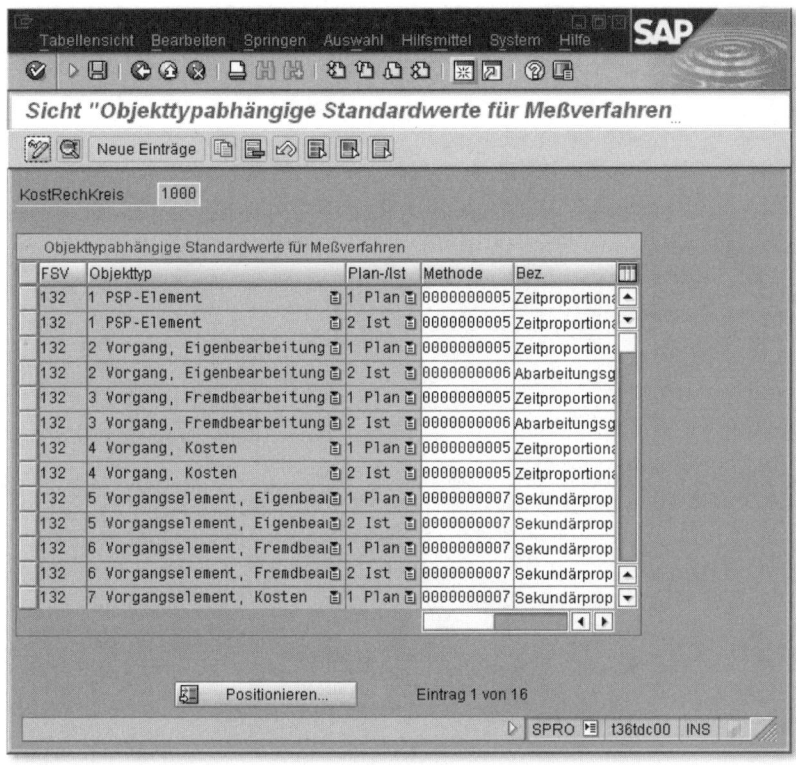

Abbildung 5.25 Festlegung der Vorschlagswerte für die Messmethoden unterschiedlicher Objekttypen

Eine Fortschrittsversion ist eine CO-Version mit der exklusiven Verwendung **Fortschrittsanalyse**. Abbildung 5.26 zeigt die Definition einer Fortschrittsversion im Customizing des Projektsystems. Wenn Sie eine Fortschrittsanalyse durchführen, geben Sie die Fortschrittsversion an, in der die Fortschrittsdaten abgespeichert werden sollen. Wenn Sie die Messmethoden von Objekten nicht über ein BAdI ableiten, müssen Sie darüber hinaus in den Objekten selbst eine Fortschrittsversion hinterlegen, um entweder manuell eine Messmethode eingeben zu können oder die Messmethode über Vorschlagswerte des Customizing ableiten zu lassen.

Fortschrittsversion

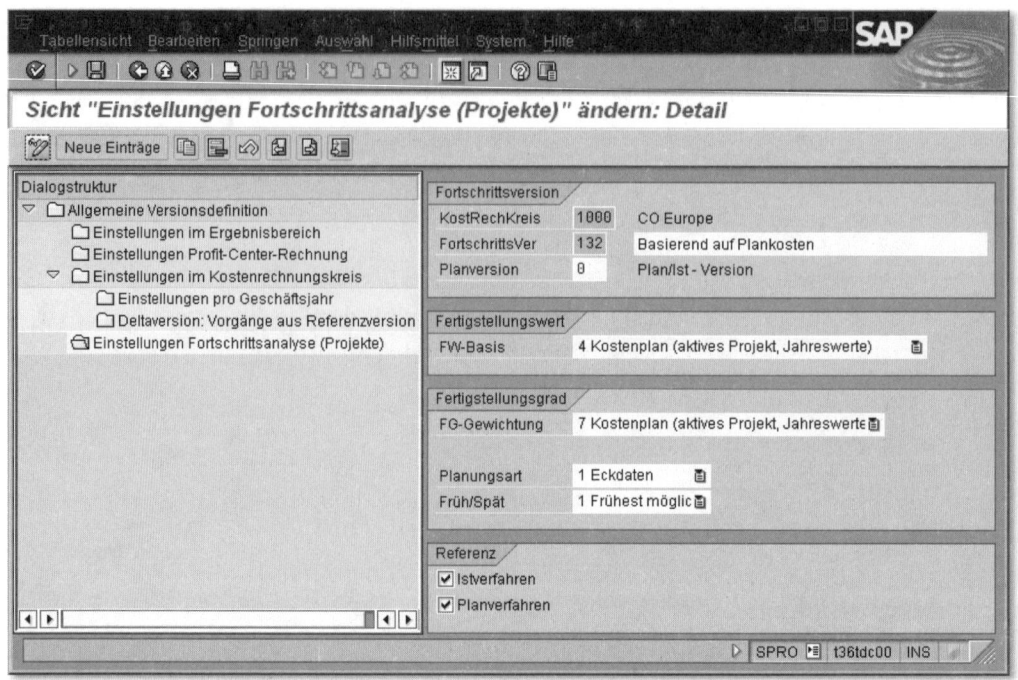

Abbildung 5.26 Beispiel für die Definition einer Fortschrittsversion

In der Fortschrittsversion werden ferner folgende Steuerungsdaten festgelegt:

▸ **FW-Basis**
Bezugsgröße für die Berechnung der Fertigstellungswerte aus den Fertigstellungsgraden (Plankosten oder Budgetwerte)

▸ **FG-Gewichtung**
Wert zur Gewichtung der Fertigstellungsgrade bei der Aggregation auf die nächsthöhere Ebene (z. B. Plankosten)

▸ **Planungsart und Früh/Spät**
zu verwendender Terminkreis für Methoden, die auf Planterminen beruhen

▸ **Referenz**
Steuerung, ob eine Übernahme der Planmethode in die Istmethode und umgekehrt vorgenommen werden soll, wenn die jeweils andere Methode nicht explizit eingetragen wurde

Durchführung und Auswertung der Fortschrittsanalyse

Für die Durchführung der Fortschrittsanalyse stehen Ihnen die beiden Transaktionen CNE1 (Einzelverarbeitung) und CNE2 (Sammelverarbeitung) zur Verfügung. Ab dem Release SAP ECC 6.0 können Sie auch die Progress-Analysis-Workbench für die Fortschrittsanalyse einsetzen (Transaktion CNPAWB). Wenn Sie die Fortschrittsanalyse in der Einzel- oder Sammelverarbeitung starten, geben Sie im Einstiegsbild neben der Selektion der Objekte, der Ablaufsteuerung und der Fortschrittsversion auch die Periode an, bis zu der die Istwerte berücksichtigt werden sollen.[20] Bei der Ausführung der Fortschrittsanalyse ermittelt das System die Messmethoden für die selektierten Objekte, berechnet die Fertigstellungsgrade in nicht aggregierter und aggregierter Form für die vorgesehenen Kostenartengruppen und schreibt diese als statistische Kennzahlen in die Fortschrittsversion fort. Anschließend berechnet das System auf Basis der Fertigstellungsgrade die Fortschrittswerte und schreibt sie in die Fortschrittsversion.

Für vergangene Perioden können dabei auch Korrekturbuchungen, z.B. aufgrund veränderter Plankosten, vorgenommen werden, die neben den ursprünglichen Fortschrittswerten zu so genannten *korrigierten Fortschrittswerten* in der Fortschrittsversion führen. Die ursprünglichen Fortschrittswerte und die korrigierten Werte können dabei separat ausgewertet werden. Da die Fertigstellungsgrade auch im Rahmen der Ergebnisermittlung (siehe Abschnitt 6.6) verwendet werden können, wird neben den aggregierten und nicht aggregierten Fertigstellungsgraden auch ein Fertigstellungsgrad für die Ergebnisermittlung als eigene statistische Kennzahl fortgeschrieben.[21]

Nach Durchführung der Fortschrittsanalyse können Sie die Daten z.B. in der Projektplantafel, mithilfe spezieller Fortschrittsberichte oder auch in der Progress-Analysis-Workbench auswerten (siehe Abbildung 5.27). Die Progress-Analysis-Workbench dient jedoch nicht nur der gemeinsamen Analyse von Fortschrittsdaten, Status, Terminen, Kosten und verschiedener Stammdaten von Projekten,

---

20 Bei Verwendung der Methode **Zeitproportional** können Sie für eine tagesgenaue Berechnung der Fertigstellungsgrade anstatt der Periode auch ein Datum eingeben.

21 Der Hinweis 189 230 enthält einige Informationen, die Ihnen ggf. bei einer Fehlersuche im Rahmen Ihrer Fortschrittsanalyse hilfreich sein können.

sondern kann auch für die Änderungen von Daten verwendet werden. So können Sie in der Progress-Analysis-Workbench unter anderem Vorgänge und Vorgangselemente zurückmelden, verschiedene System- und Anwenderstatus setzen, Plan- und Isttermine von PSP-Elementen erfassen, Benutzerfelder und kundeneigene Felder ändern und insbesondere Fertigstellungsgrade tabellarisch pflegen. Bei Bedarf können Sie die Daten der Progress-Analysis-Workbench auch nach Microsoft Excel exportieren, dort z.B. Fertigstellungsgrade oder Termine für PSP-Elemente, Vorgänge und Meilensteine erfassen und anschließend wieder in das SAP-System importieren.

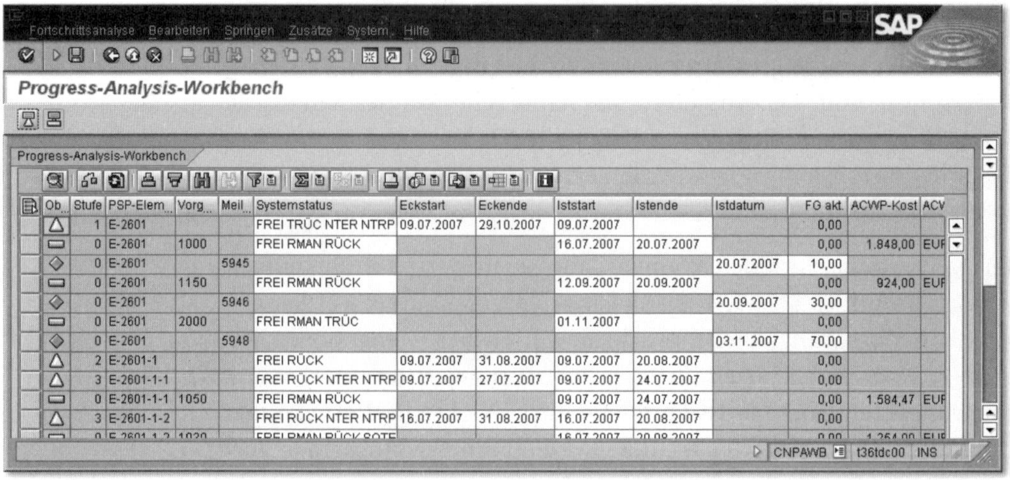

Abbildung 5.27 Progress-Analysis-Workbench

5.7.3 Progress Tracking

Der Einsatz des Progress Tracking im Projektsystem ist für Projekte interessant, bei denen die pünktliche Beschaffung und Lieferung von Materialkomponenten eine zentrale Rolle für die Projektdurchführung spielt. Mithilfe des Progress Tracking können Sie beliebige Ereignisse zu Materialkomponenten in Projekten zeitlich verfolgen und bei Bedarf durch Status- und zusätzliche Termininformationen ergänzen.[22] Die Ereignisse können dabei eine Entsprechung in Bele-

---

22 Das Progress Tracking kann im Einkauf auch für eine Terminverfolgung von Bestellungen eingesetzt werden. Man unterscheidet daher zwischen den beiden Progress-Tracking-Objekten **Materialkomponente** und **Bestellung**. Für jedes Progress-Tracking-Objekt existieren separate Transaktionen und Customizing-Aktivitäten.

gen des SAP-Systems besitzen, z. B. Bestellung, Warenein- und -ausgang, sie können jedoch auch völlig unabhängig von Daten des SAP-System definiert werden.

Wenn Sie das Progress Tracking für Materialkomponenten ausführen (Transaktion COMPXPD), wählen Sie zunächst in einem zweischrittigen Selektionsverfahren diejenigen Materialkomponenten aus, deren Ereignisse Sie im Progress Tracking bearbeiten bzw. analysieren möchten. Sofern Sie das Progress Tracking für eine Komponente das erste Mal durchführen, müssen Sie der Materialkomponente zunächst die Ereignisse zuordnen, deren Termine Sie auswerten möchten. Dazu können Sie neue Ereignisse für die Komponenten direkt im Progress Tracking anlegen oder auf *Standardereignisse* und *Ereignisszenarien* zurückgreifen, die Sie zuvor im Customizing des Projektsystems definiert haben. Mithilfe eines BAdI können Sie die Zuordnung von Ereignissen bei Bedarf auch automatisieren.

Zu jedem Ereignis einer Materialkomponente können Sie nun bis zu vier Termine erfassen: einen Ursprungstermin, einen Plantermin, einen Prognosetermin und einen Isttermin. Diese Termine können Sie manuell, ggf. auch mithilfe einer Massenänderung, im Progress Tracking eintragen, über Kopierfunktionen von anderen Komponenten übernehmen oder durch eine Terminierung im Progress Tracking berechnen lassen. Insbesondere können die Termine mithilfe eines BAdI auch automatisch, z. B. aus Belegen des SAP-Systems, ermittelt werden.

Die Ereignistermine der verschiedenen Materialkomponenten können anschließend im Progress Tracking analysiert werden. Ampeln können Sie dabei darauf aufmerksam machen, wenn es Abweichungen, z. B. zwischen den Plan- und den Prognoseterminen eines Ereignisses, gibt oder Plantermine überschritten wurden, ohne dass ein entsprechender Isttermin für das Ereignis einer Komponente erfasst wurde (siehe Abbildung 5.28).

Um Termine von Materialkomponenten noch detaillierter analysieren zu können, besteht die Möglichkeit, den Komponenten Unterpositionen zuzuordnen und für jede Unterposition wiederum Ereignistermine zu erfassen. Bei Bedarf können Sie zusätzlich zu jeder Materialkomponente Statusinformationen mit erläuternden Texten hinterlegen.

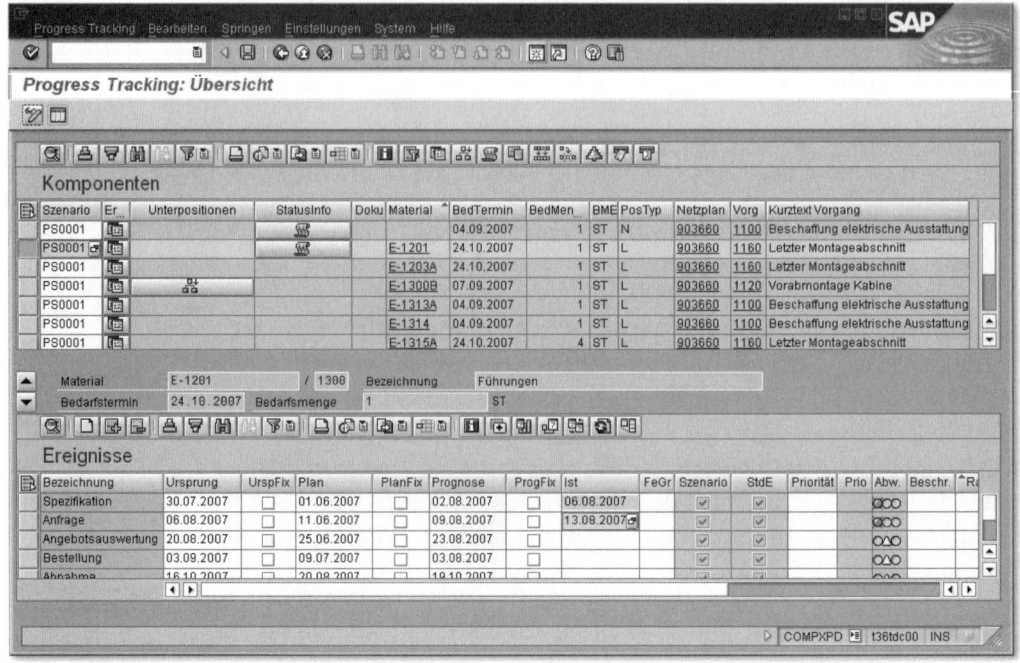

Abbildung 5.28 Beispiel für die Erfassung von Daten im Progress Tracking

Customizing des
Progress Tracking

Voraussetzung für die Verwendung des Progress Tracking ist die Definition eines Progress-Tracking-Profils im Customizing des Projektsystems (siehe Abbildung 5.29). Mithilfe des Profils, das Sie im Einstiegsbild des Progress Tracking eingeben müssen, steuern Sie, welche Terminarten (Ursprung, Plan, Prognose, Ist) für Ereignisse dargestellt und welche Abweichungen durch Ampeln hervorgehoben werden sollen, sowie die Details der Terminierung von Ereignisterminen.

In der Regel werden Sie im Progress-Tracking-Customizing zusätzlich Standardereignisse und Ereignisszenarien definieren, um diese später Materialkomponenten im Progress Tracking zuordnen zu können. Im einfachsten Fall besteht ein Standardereignis nur aus einem Schlüssel und einem Text. Wenn Sie die Ereignistermine über eine BAdI-Implementierung ableiten, können Sie für ein Standardereignis zusätzlich festlegen, ob ein abgeleiteter Termin in der Anwendung noch änderbar sein soll oder nicht. Nach der Definition eines Standardszenarios können Sie mit Bezug zu dem Szenario eine Abfolge von Standardereignissen definieren (siehe Abbildung 5.30).

Dabei können Sie jeweils Zeitabstände zwischen zwei Ereignissen eingeben, die dann im Progress Tracking für eine Terminierung von Ereignisterminen herangezogen werden können. Möchten Sie zu Materialkomponenten im Progress Tracking auch Statusinformationen hinterlegen, müssen Sie zusätzlich Statusinfotypen im Customizing definieren, die zum einen zur Strukturierung der Status dienen und zum anderen für eine Berechtigungsprüfung der Statusinformationen herangezogen werden können.

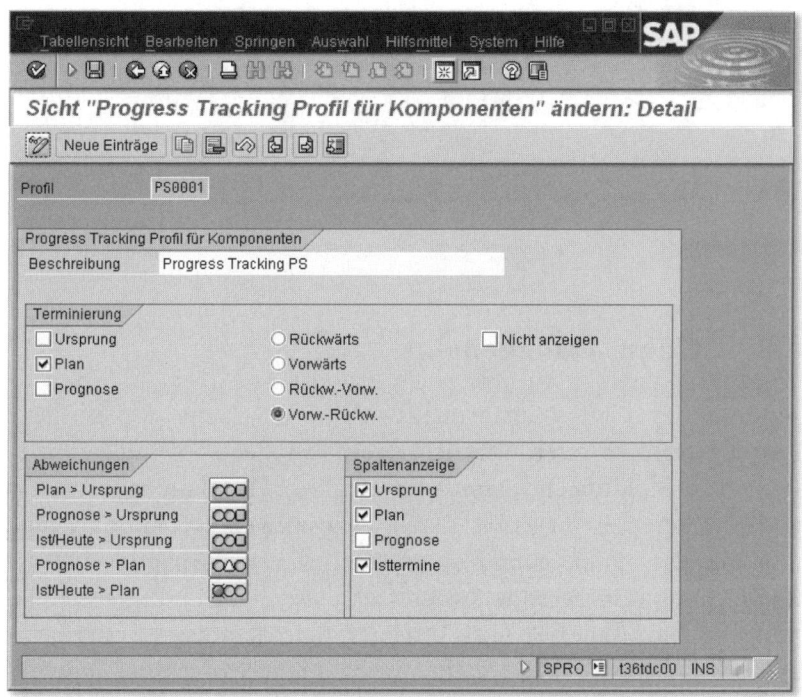

Abbildung 5.29 Beispiel für die Definition eines Progress-Tracking-Profils

Um die Funktionen des Progress Tracking an Ihre eigenen Anforderungen anzupassen, steht Ihnen das BAdI EXP_UPDATE zur Verfügung. Das BAdI umfasst Methoden, mit denen Ereignisszenarien oder Ereignisse automatisch Komponenten zugeordnet werden können oder z.B. Einfluss auf die bei der Terminierung verwendeten Zeitabstände genommen werden kann. Insbesondere können Sie mithilfe einer Methode dieses BAdI Ereignistermine für Materialkomponenten automatisch, z.B. aus Bestellanforderungen, Bestellungen, Warenbewegungen usw., ableiten.

347

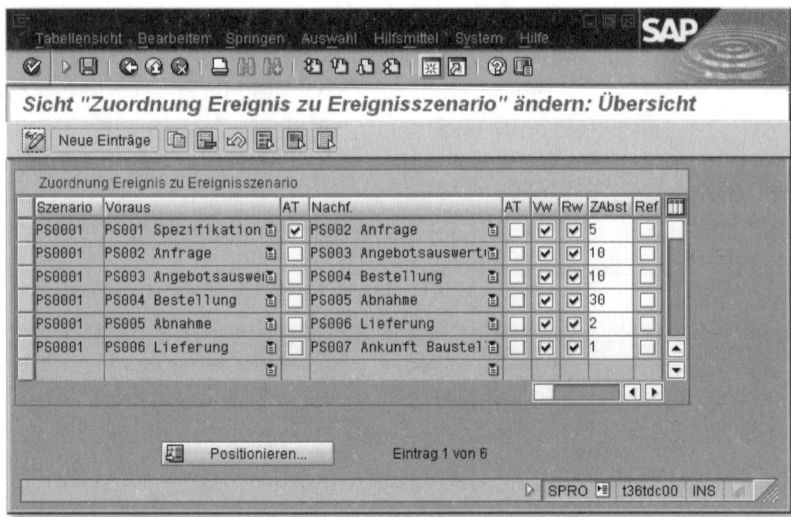

Abbildung 5.30 Zuordnung von Standardereignissen zu einem Szenario

5.8 Claim-Management

Mithilfe des Claim-Managements können Sie unvorhergesehene Projektereignisse oder Abweichungen von der Projektplanung in Form von Meldungen (*Claims*) für ein Projekt dokumentieren. Bei Bedarf können Sie in einem Claim auch notwendige Aktionen und Maßnahmen einleiten und deren Verlauf verfolgen oder aus der Abweichung resultierende Kosten kalkulieren und in die Kostenplanung des betroffenen Projekts integrieren. Im Reporting des Projektsystems stehen spezielle Berichte für die Auswertung von Claims zur Verfügung. Standardmäßig werden für das Claim-Management die beiden Meldungsarten **Eigenclaim** und **Fremdclaim** ausgeliefert. Sie können im Customizing des Projektsystems jedoch auch eigene Meldungsarten für das Claim-Management erstellen.

Beispiele für Eigen- und Fremdclaims

Beispiele für Gründe zum Erstellen von Eigenclaims sind interne, unvorhersehbare Kapazitäts- und Materialengpässe, notwendige Anpassungen von Spezifikationen und Projektplandaten, unerwartete Terminverzögerungen oder auch Probleme mit Partnern oder Lieferanten bei der Projektabwicklung. Fremdclaims können z.B. eingesetzt werden, um nachträgliche Kundenwünsche oder Reklamationen von Kunden oder anderen an der Projektdurchführung beteiligten Unternehmen zu dokumentieren. Dies sind nur einige

Beispiele für die Verwendung von Claims, im Prinzip sind die Funktionen des Claim-Managements nicht auf spezielle Szenarien festgelegt.

Sie können Claims im SAP-System mithilfe der Transaktionen CLM1, CLM2 und CLM3 anlegen, bearbeiten und anzeigen. Bei Bedarf können Claims mithilfe des Service SR10 auch per Internet bzw. Intranet angelegt werden. SAP liefert dazu bereits ein vordefiniertes Formular aus, in dem Daten zum Claim erfasst werden können. Sie können jedoch auch eigene Formulare definieren. Sie können Standard-Workflows des Claim-Managements nutzen, um nach der Erfassung eines Claims entsprechende Verantwortliche zu informieren und Prozesse zur Weiterverarbeitung oder auch zur Genehmigung von Claims zu optimieren.

Erstellen von Claims

Wenn Sie ein Claim im SAP-System anlegen, spezifizieren Sie zunächst die Meldungsart des Claims und ggf. den Partnertyp der Meldung, der darüber entscheidet, welche weiteren Partnerdaten, z.B. Kunden- oder Lieferantennummern, im Claim angegeben werden können. Im Detailbild des Claims tragen Sie anschließend eine Bezeichnung für das Claim ein. Ausführlichere Erläuterungen zum Claim können Sie in unterschiedlichen Langtexten erfassen, die durch Langtexttypen unterschieden werden können. Mithilfe einer Filterfunktion für Langtexttypen können so später gezielt Informationen selektiert werden. Beispiele für Langtexttypen sind **Ursachenlangtext** oder **Konsequenzenlangtext**. Sie können die Bezeichnung der maximal vier Langtexttypen jedoch selbst im Customizing definieren. Durch die Anbindung des Claim-Managements an die Dokumentenverwaltung und die Business Document Services des SAP-Systems können Sie auch beliebige andere Dokumente mit dem Claim verknüpfen.

Weitere Informationen, die Sie in einem Claim hinterlegen können, sind z.B. Angaben zu beteiligten Partnern (Kunden, Lieferanten, verantwortliche Benutzer usw.), relevante Einkaufs- oder Vertriebsbelege, System- und Anwenderstatus, Aktionen und Maßnahmen. Für jede Maßnahme können Sie, im Gegensatz zu Aktionen, wiederum einen Partner und Status erfassen. Insbesondere können Sie in einem Claim ein PSP-Element eintragen und so den Bezug zu einem Projekt herstellen (siehe Abbildung 5.31).

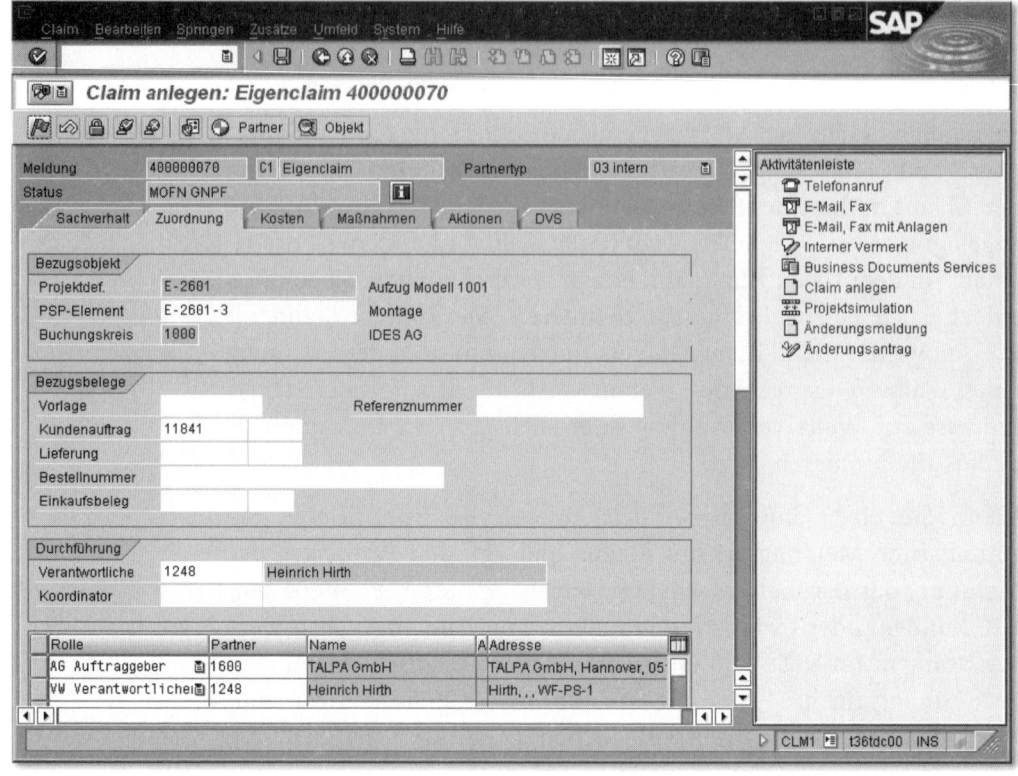

Abbildung 5.31 Beispiel für ein Eigenclaim

Aktivitätenleiste

Mithilfe einer *Aktivitätenleiste* können Sie bei der Claim-Bearbeitung in Abhängigkeit vom Status des Claims und den Einstellungen im Claim-Customizing diverse Funktionsbausteine ausführen, wie z. B. Telefongespräche starten und dokumentieren, Faxe und E-Mails versenden, weitere Claims oder Simulationsversionen (siehe Abschnitt 2.9.2) anlegen. Aktivitäten, die Sie über die Aktivitätenleiste ausgeführt haben, kann das System automatisch als Aktion oder Maßnahme im Claim protokollieren. Im Customizing können Sie die Aktivitätenleiste an Ihre eigenen Anforderungen anpassen und bei Bedarf weitere Aktivitäten hinzufügen.

Kostenintegration von Claims

In einem Claim können Sie auch Informationen zu den voraussichtlich aufgrund der Abweichung entstehenden Kosten hinterlegen. Im einfachsten Fall tragen Sie dazu lediglich einen geschätzten Betrag in das Claim ein. Alternativ können Sie jedoch auch eine detaillierte Kalkulation im Claim erstellen und den berechneten Gesamtbetrag als geschätzte Kosten übernehmen. Wenn Sie eine Kalkulation im Claim erstellt haben, ist es ab dem Enterprise-Release auch möglich, diese in die Kostenplanung des betroffenen Projekts zu integrieren. Diese Kostenintegration wird technisch mithilfe eines Kostensammlers, eines Innenauftrags, realisiert. D.h., beim Sichern des Claims erstellt das System automatisch einen Innenauftrag mit der Bezeichnung **Meldung**, gefolgt von der Bezeichnung des Claims, und kopiert die geschätzten Kosten des Claims als Plankosten in den Innenauftrag. Gleichzeitig wird auch die Zuordnung des Claims zu dem PSP-Element im Kostensammler übernommen und werden darüber organisatorische Daten des Innenauftrags abgeleitet. Durch die Zuordnung des Innenauftrags zum PSP-Element sind nun auch die Plankosten im Reporting des Projekts auswertbar.[23]

Das Erzeugen des Kostensammlers wird im Claim automatisch durch den Systemstatus **MKOS (Kostensammler angelegt)** dokumentiert. Ändern sich im Nachhinein die geschätzten Kosten im Claim, werden automatisch auch die Plankosten des Innenauftrags angepasst. Wenn Sie verhindern möchten, dass die Plankosten des Innenauftrags manuell, also unabhängig vom Claim, geändert werden, müssen Sie für den Innenauftrag einen Anwenderstatus definieren, der die betriebswirtschaftlichen Vorgänge **Planung Einzelkalkulation** und **Planung Primärkosten** verbietet.[24] Das Setzen oder die Rücknahme des Status **LÖVM (Löschvormerkung)** im Claim führt automatisch dazu, dass der Status auch im Innenauftrag gesetzt bzw. zurückgenommen wird.

Damit das System beim Sichern eines Claims einen Kostensammler anlegen kann, müssen verschiedene Voraussetzungen im Claim und dem relevanten PSP-Element erfüllt sein. Im Claim muss ein PSP-Element eingetragen sein, die geschätzten Kosten des Claims müssen durch eine Kalkulation ermittelt werden und – sofern das Claim

Voraussetzungen der Kostenintegration

---

23 Bei durch Abweichung entstehenden Istkosten können ebenfalls auf den Kostensammler gebucht werden. In diesem Fall muss jedoch typischerweise auch eine Abrechnung des Innenauftrags durchgeführt werden. Alternativ können Sie daher die Istkosten auch direkt auf das Projekt buchen. Ein Plan-Ist-Vergleich ist dann jedoch nicht mehr auf Ebene des Kostensammlers, sondern nur auf Ebene des Projekts möglich.

24 Eine Änderung der Plankosten durch Änderungen der geschätzten Kosten des Claims bleibt durch diesen Status unbeeinflusst, da für die Kalkulation des Claims der betriebswirtschaftliche Vorgang **Einzelkalkulation primär** verwendet wird.

genehmigungspflichtig ist – muss eine Genehmigung des Claims durchgeführt werden. Ferner muss das PSP-Element ein Kontierungselement sein und den Status **TFRE (Teilfreigegeben)** oder **FREI (Freigegeben)** besitzen. Wenn die Profit-Center-Rechnung aktiv ist und Geschäftsbereichsbilanzen in dem Buchungskreis des PSP-Elements erstellt werden sollen, muss in dem PSP-Element auch ein Profit-Center bzw. ein Geschäftsbereich eingetragen sein.

Eine weitere Voraussetzung für das automatische Erstellen eines Kostensammlers ist, dass Sie eine Implementierung des BAdI **NOTIF_COST_CUS_CHECK** erstellen und dabei in der Methode **CHECK** das Kennzeichen **E_CREATE_COST_COLLECTOR** auf **X** setzen. Bei Bedarf können Sie in der Methode weitere Bedingungen zum Anlegen eines Kostensammlers programmieren. Die Controlling-Eigenschaften des Innenauftrags werden durch ein *Controlling-Szenario* festgelegt, das Sie im Claim-spezifischen Customizing den relevanten Meldungsarten zuordnen müssen. Im Standard wird zu diesem Zweck bereits ein Controlling-Szenario ausgeliefert. Der Kostensammler wird immer als Innenauftrag zur Auftragsart CL01 angelegt. Mit Ausnahme des Statusschemas sollten Sie keinerlei Änderungen an dieser Auftragsart vornehmen. In der Customizing-Tabelle **Auftragswertfortschreibung von Aufträgen zum Projekt festlegen** können Sie mit Bezug zu dieser Auftragsart entscheiden, ob die Plankosten des Kostensammlers additiv in die Plansumme des PSP-Elements einfließen sollen oder nicht (siehe Abbildung 3.62 in Abschnitt 3.4.6).

Customizing von Claims

Das Customizing von Claims besteht aus dem allgemeinen Meldungscustomizing und dem Claim-spezifischen Customizing. Im allgemeinen Meldungscustomizing können Sie bei Bedarf neue Meldungsarten anlegen oder Anpassungen der beiden Standardmeldungsarten **Eigen-** und **Fremdclaim** vornehmen. Mit Bezug zu einer Meldungsart können Sie im allgemeinen Meldungscustomizing z. B. festlegen, welche Partner, Ursachen, Aktionen oder Maßnahmen in einem Claim erfasst oder auch welche Funktionsbausteine über die Aktivitätenleiste angestoßen werden können. Das Claim-spezifische Customizing umfasst, neben den oben erläuterten Einstellungen zum Kostensammler, z. B. die Festlegung der Langtexttypen, die im Claim zur Strukturierung von Informationen verwendet werden können.

5.9   Zusammenfassung

Im Rahmen der Realisierungsphase von Projekten entstehen aufgrund projektbezogener Geschäftsvorfälle diverse Belege im SAP-System, die auf die entsprechenden Projekte kontiert werden und somit zur Fortschreibung von Obligos, Kosten und Erlösen auf den Projekten führen. Um den zeitlichen Verlauf von Projekten bzw. Projektteilen zu überwachen, erfassen Sie Isttermine für PSP-Elemente und Vorgänge und stellen diese den geplanten Terminen gegenüber. Werkzeuge zur Fortschrittsanalyse von Projekten unterstützen Sie dabei, rechtzeitig Kosten- und Terminabweichungen von Ihrer Planung zu erkennen.

Überblick

Um alle zu einer Periode gehörenden Daten zu ermitteln und für das Unternehmenscontrolling zur Verfügung zu stellen, führen Sie während der Projektplanung und -durchführung verschiedene periodische Tätigkeiten durch.

6 Periodenabschluss

In den Kapiteln 3, *Planungsfunktionen*, und 5, *Prozesse der Projektdurchführung*, wurde erörtert, wie Kosten und Erlöse auf Projekten geplant und gebucht werden können. Die Plandaten auf Basis einer Detailplanung oder auch die Istkosten auf Projekten aufgrund der direkten Kontierung von Leistungsverrechnungen, Materialbelegen oder Rechnungen sind in der Regel jedoch nicht vollständig. Typischerweise müssen zusätzlich auch Gemeinkostenanteile berücksichtigt werden von Kostenstellen, die keinen direkten Bezug zur erbrachten Leistung haben (z.B. Verwaltungskostenstellen). Gegebenenfalls müssen aufgrund veränderter Tarife Korrekturbuchungen für verrechnete Leistungen vorgenommen werden. Insbesondere bei mehrjährigen, kostenintensiven Projekten sollten Zinsgewinne und -verluste betrachtet werden. Um Ihre Projektdaten im Unternehmenscontrolling für entsprechende Analysen zur Verfügung zu stellen, möchten Sie ggf. die Daten um zusätzliche Kennzahlen, z.B. Prognosedaten, ergänzen. Schließlich dienen Projekte oft nur zur temporären Sammlung von Kosten und Erlösen und verrechnen die in einer Periode gesammelten Kosten/Erlöse später an andere Empfänger weiter.

Für all diese Tätigkeiten stehen im Projektsystem verschiedene Funktionen zur Verfügung, die typischerweise periodisch durchgeführt werden.[1] Bevor die verschiedenen Periodenabschlusstätigkei-

---

1 Periodische Tätigkeiten im Plan werden oft auch als *Verrechnungen* bezeichnet, während periodische Tätigkeiten im Ist üblicherweise unter dem Begriff *Periodenabschluss* zusammengefasst werden. Der Hinweis 701 077 (FAQ 2: PS-Periodenabschluss) enthält eine Reihe nützlicher Informationen zu periodischen Tätigkeiten im Projektsystem.

ten für Projekte in den nachfolgenden Abschnitten erläutert werden, werden nun zunächst einige allgemeine Aspekte zur Ausführung der entsprechenden Funktionen behandelt.

6.1 Verarbeitungsarten

Einzelverarbeitung Die Durchführung der verschiedenen Periodenabschlusstätigkeiten kann jeweils für einzelne Projekte bzw. Projektteile in der *Einzelverarbeitung*, aber auch für mehrere Projekte gleichzeitig in der *Sammelverarbeitung* erfolgen. Abbildung 6.1 zeigt ein typisches Einstiegsbild einer Einzelverarbeitung. Durch die Angabe der Projektdefinition können Sie alle PSP-Elemente zu diesem Projekt gleichzeitig selektieren. Geben Sie statt der Projektdefinition ein PSP-Element an, bestimmt das Kennzeichen **Inkl. Hierarchie,** ob nur das PSP-Element selektiert werden soll oder auch alle in der Hierarchie untergeordneten PSP-Elemente. Das Kennzeichen **Inkl. Aufträge** entscheidet darüber, ob auch jeweils die zugeordneten Netzpläne und Aufträge mitselektiert werden sollen oder nicht.

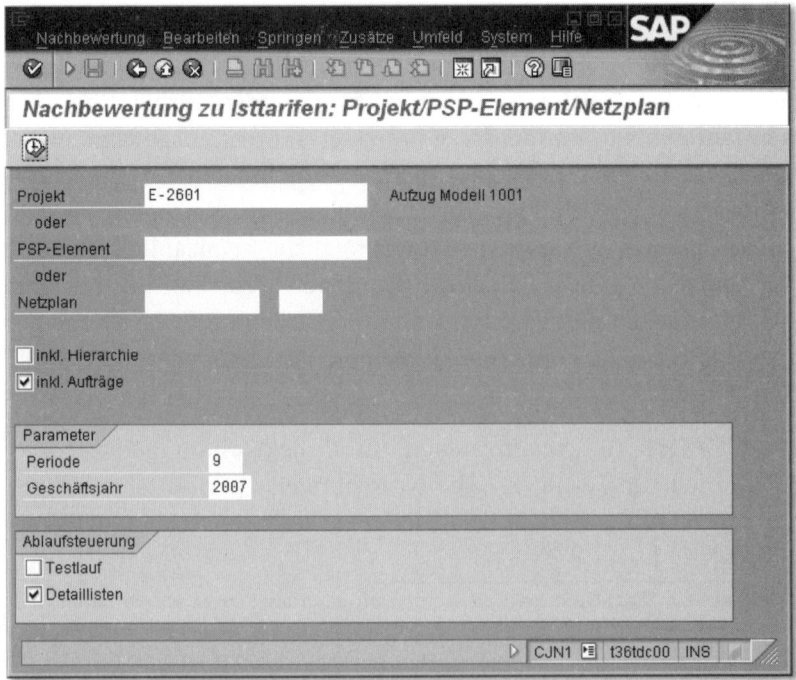

Abbildung 6.1 Einstiegsbild der Nachbewertung zu Isttarifen in der Einzelverarbeitung

Je nach Transaktion finden Sie im Einstiegsbild weitere Felder vor, über die Sie z.B. steuern können, welche Perioden und welche Parameter für die Ablaufsteuerung verwendet werden sollen. Mithilfe der Einstellungen der Ablaufsteuerung legen Sie z.B. fest, ob ein Testlauf durchgeführt oder eine Detailliste am Ende der Durchführung erstellt werden soll. Bei einem Testlauf können Sie das Ergebnis der Durchführung analysieren, ohne dass jedoch eine Verbuchung der Daten stattfindet.

Für die Verwendung von Sammelverarbeitungen müssen Sie zunächst *Selektionsvarianten*, d.h. Listen aller zu berücksichtigende Projekte bzw. Projektteile, mithilfe der Transaktion CJ8V definieren. Bei der Objektselektion können Sie zusätzlich die freie Abgrenzung und Statusselektionsschemata als Filterkriterien (siehe auch Abschnitt 7.1) einsetzen. In den Variantenattributen müssen Sie vor dem Sichern mindestens eine Bedeutung für die Selektionsvariante angeben.[2]

Sammelverarbeitung und Selektionsvarianten

Der Periodenabschluss von Projekten kann in der Regel nicht isoliert von anderen periodischen Tätigkeiten in Ihrem Unternehmen betrachtet werden, sondern ist abhängig von weiteren betriebswirtschaftlichen Vorgängen wie z.B. von der Tarifermittlung in der Kostenstellenrechnung. Dabei müssen bestimmte Reihenfolgen beachtet werden: So muss z.B. erst die Ermittlung der Isttarife in der Kostenstellenrechnung durchgeführt werden, bevor die Nachbewertung der Isttarife Ihrer Projekte durchgeführt werden kann, bevor Sie die Gemeinkosten auf Basis Ihrer Istkosten ermitteln können, usw.

Um den ggf. abteilungsübergreifenden Ablauf des Periodenabschlusses zu planen, durchzuführen und zu überwachen, können Sie auch den so genannten *Schedule Manager* einsetzen, anstatt einzelne Transaktionen für die jeweiligen Periodentätigkeiten zu verwenden. Im Schedule Manager (Transaktion SCMA) haben Sie die Möglich-

Schedule Manager

---

2 Die Verwendung von Selektionsvarianten ist eine generische Funktion im SAP-System, die für alle möglichen Zwecke (Sammelverarbeitungen, Berichtsaufrufe usw.) eingesetzt werden kann. In den Variantenattributen können Sie z.B. Einstellungen zur Darstellung und Eingabebereitschaft von Feldern vornehmen. Insbesondere können Sie bestimmte Felder als Selektionsvariablen kennzeichnen. Der Wert des Feldes wird dann erst zur Laufzeit automatisch gefüllt mithilfe der variablen Datumsberechnung (z.B. Tagesdatum), benutzerspezifischen Festwerten oder Festwerten, die Sie zentral in der Tabelle TVARVC pflegen.

keit, mithilfe eines Aufgabenplans (siehe Abbildung 6.2) und einer Monats- und Tagesübersicht die diversen periodischen Tätigkeiten strukturiert zusammenzustellen, bei Bedarf durch Dokumente mit Erläuterungen zu ergänzen und die Ausführung verschiedener Aufgaben zeitlich einzuplanen und zu überwachen. Mithilfe eines Monitors können Sie die Ausführung von Aufgaben detailliert analysieren, ggf. Aufgaben neu starten oder – falls Fehler bei der Durchführung auftauchen – auch in die Bearbeitung von Projekten abspringen, um z.B. fehlende Stammdaten nachzutragen.

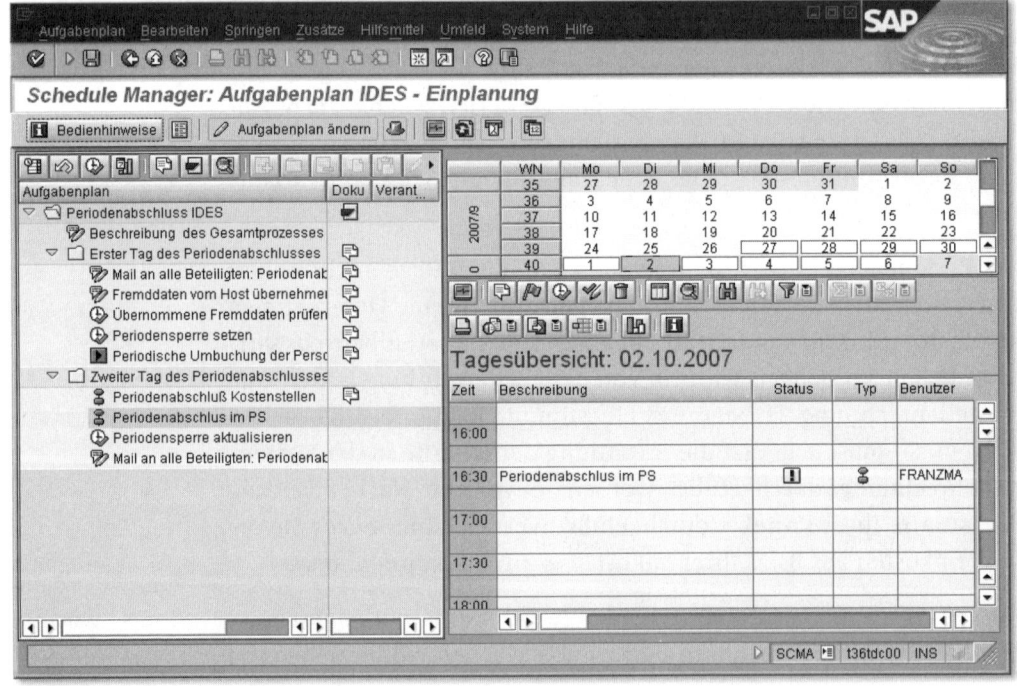

Abbildung 6.2 Beispiel eines Aufgabenplans im Schedule Manager

Ablaufdefinitionen Die eigentliche Planung und Ausführung der verschiedenen Periodenabschlusstätigkeiten erfolgen im Schedule Manager mithilfe von *Ablaufdefinitionen*, die Sie als Aufgaben in einem Aufgabenplan einbeziehen und zeitlich einplanen können. Mithilfe des Workflow Builder können Sie in einer Ablaufdefinition die Abfolge der periodischen Tätigkeiten in Form einzelner Schritte festlegen und bei Bedarf das Versenden von Informationen an Benutzer oder auch Benutzerentscheide integrieren. Wenn Sie eine Ablaufdefinition mit Bezug zum mehrstufigen Arbeitsvorrat des Schedule Managers erstellen, erreichen Sie, dass bei einer fehlerhaften Durchführung eines Schrittes der Ablaufdefinition und einer anschließenden erneuten Ausführung der Ablaufdefinition nur noch die zuvor fehlerhaften Objekte neu bearbeitet werden.

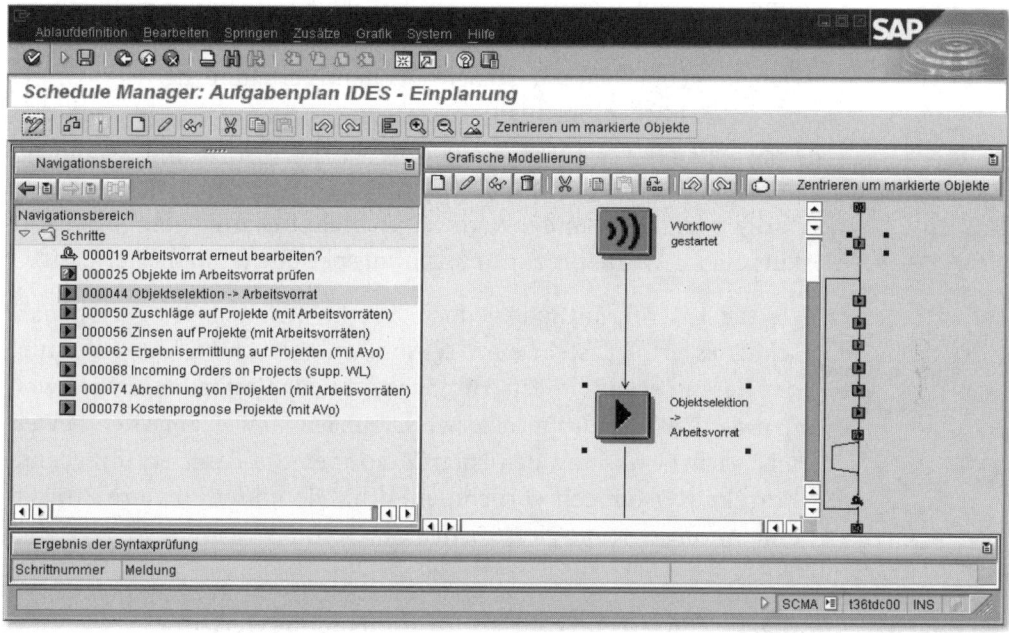

Abbildung 6.3 Beispiel einer Ablaufdefinition

Im Folgenden werden die verschiedenen Funktionen, die für einen Periodenabschluss im Projektsystem zur Verfügung stehen, im Detail behandelt. Die Bildschirmabgriffe zu den einzelnen Funktionen beziehen sich dabei jeweils auf die Transaktionen zur Einzelverarbeitung.

6.2 Nachbewertung zu Isttarifen

Nehmen Ihre Projekte im Rahmen der Realisierungsphase Leistungen von Kostenstellen[3] in Anspruch (z.B. durch Rückmeldungen oder die Kontierung von Leistungsverrechnungen auf PSP-Ele-

---

3 Die gleichen Betrachtungen gelten auch für Geschäftsprozesse. Aus Gründen der Übersichtlichkeit wird in diesem Abschnitt jedoch immer nur von Kostenstellen statt von Kostenstellen und Geschäftsprozessen gesprochen.

mente), werden in Abhängigkeit von der Leistungsart entsprechende Tarife für die Bewertung der Leistungen und die Berechnung der entsprechenden Kostenflüsse herangezogen.

Isttarifermittlung Manche Unternehmen bestimmen die Tarife der einzelnen Leistungsarten zur Bewertung der Istleistungen iterativ im Rahmen des Periodenabschlusses mithilfe der so genannten *Isttarifermittlung*. Dabei ergeben sich die Isttarife aus dem Verhältnis der Istkosten zu der tatsächlich erbrachten Leistung der Kostenstelle. Je nach dem verwendeten Verfahren werden dabei die Kosten und Leistungen der einzelnen Perioden separat betrachtet (periodisch differenzierter Tarif) oder als Summenwerte (Durchschnittstarif) oder jeweils als kumulierte Werte bis zur Betrachtungsperiode (kumulierter Tarif).

Da die Isttarifermittlung jedoch erst im Rahmen des Periodenabschlusses erfolgt, steht zum Zeitpunkt der Buchung der Istleistung der iterativ ermittelte Isttarif noch nicht zur Verfügung. Daher werden die Leistungen typischerweise zunächst mit Plantarifen bewertet. Nach Ermittlung der Isttarife können Sie dann entsprechende Korrekturbuchungen vornehmen, d.h., Sie führen für Ihre Projekte eine *Nachbewertung zu Isttarifen* durch.

6.2.1 Voraussetzungen für die Nachbewertung zu Isttarifen

Um die Funktion **Nachbewertung zu Isttarifen** nutzen zu können, müssen verschiedene Voraussetzungen erfüllt sein. Auf ein Projekt müssen innerbetriebliche Leistungsverrechnungen durchgeführt oder Prozesskosten gebucht worden sein. Sie haben im Customizing in den geschäftsjahresabhängigen Parametern der CO-Version 0 (bzw. der entsprechenden Istversion) mithilfe des Kennzeichens **Nachbewertung** festgelegt, ob und wie die Nachbewertung erfolgen soll. Das Kennzeichen hat drei mögliche Ausprägungen:

▶ **0 keine Nachbewertung**
  Es findet keine Nachbewertung statt, d.h. in der Regel, dass alle Istleistungen mit dem Plantarif bewertet werden.

▶ **1 Nachbewertung mit eigenem Vorgang**
  Nachbewertungen sind möglich und werden als Differenzen zur ursprünglichen Verrechnung mit einem eigenen Vorgang (**Isttarifermittlung**) durchgeführt. Die ursprünglichen Verrechnungen

bleiben unverändert. Somit ist die Abweichung zwischen den Bewertungen zu Ist- und Plantarif nachvollziehbar.

▶ **2 Nachbewertung im Originalvorgang**
Nachbewertungen sind möglich und führen zu einer Änderung der ursprünglichen Verrechnungen. Die Abweichungen zwischen den Bewertungen zu Ist- und Plantarif sind nicht mehr nachvollziehbar. Die Änderung der bisherigen Verrechnungssätze ist vor allem dann sinnvoll, wenn kein Plantarif vorhanden ist und daher bei der originären Buchung keine Bewertung erfolgte.

Als letzte Voraussetzung für eine Nachbewertung zu Isttarifen muss in der Kostenstellen- bzw. Prozesskostenrechnung eine Isttarifermittlung durchgeführt werden (Transaktionen KSII bzw. CPII). Die Isttarifermittlung wird dabei im Wesentlichen gesteuert durch das Kennzeichen **Verfahren** in den geschäftsjahresabhängigen Parametern der CO-Version und das **Tarifkennzeichen** des Ist-Verrechnungspreises, das als Vorschlagswert aus den Stammdaten der jeweiligen Leistungsart übernommen wird.

6.2.2 Durchführung der Nachbewertung zu Isttarifen

Im Projektsystem stehen Ihnen zur Nachbewertung von Projektstrukturplänen und Netzplänen die Transaktionen CJN1 (Einzelverarbeitung) und CJN2 (Sammelverarbeitung) zur Verfügung.

Abbildung 6.1 zeigt das Einstiegsbild der Einzelverarbeitung. Neben der Selektion der Objekte spezifizieren Sie hier die Periode und das Geschäftsjahr für die Nachbewertung sowie Kennzeichen zur Ablaufsteuerung. Wiederholen Sie die Nachbewertung für eine Periode, werden nur die Differenzen verbucht, die sich aufgrund nachträglicher Tarifänderungen ergeben haben. Bei Bedarf können Sie die im Echtlauf durchgeführten Nachbewertungen auch stornieren. Die ursprünglichen Leistungsverrechnungen bleiben davon unberührt.

Wurden in der Periode keine Leistungen aufgenommen, existiert kein Isttarif oder wurde das Projekt schon mit dem aktuellen Isttarif bewertet, findet keine Buchung statt. Wenn der Status des Projekts oder der zu entlastenden Kostenstelle eine Buchung verbietet, gibt das System entsprechende Fehlermeldungen aus.

6.2.3 Abhängigkeiten der Nachbewertung zu Isttarifen

In der Regel ist es sinnvoll, vor der Durchführung der Nachbewertung zu Isttarifen Periodensperren im Ist für die **Vorgänge Leistungsverrechnungen Ist** (RKL) und **indirekte Leistungsverrechnungen Ist** (RKIL) zu setzen (Transaktion OKP1). Nach Durchführung der Nachbewertung können Sie bei Bedarf auch eine Periodensperre für den Vorgang **Nachbewertung** (RKLN) setzen.

[!] Beachten Sie, dass Sie bei der Verwendung der Nachbewertung zu Isttarifen im Rahmen der Gemeinkostenbezuschlagung (siehe Abschnitt 6.3) keine prozentualen Zuschläge auf Basis von Kosten zum Kostenartentyp 43 (Interne Leistungsverrechnungen) berechnen dürfen. Da die Nachbewertung zu veränderten Kosten dieser Kostenarten führen würde, müssten Sie eine neue Gemeinkostenbezuschlagung durchführen, die wiederum zu veränderten Kosten auf den entlasteten Kostenstellen führen würde. Eine Rekursion wäre die Folge.

Beachten Sie auch die Reihenfolge, in der Sie die Gemeinkostenbezuschlagung, Abrechnung (siehe Abschnitt 6.9), Isttarifermittlung und Nachbewertung durchführen. Gegebenenfalls müssen Sie vor und nach der Nachbewertung zu Isttarifen (oder nach einem Storno der Nachbewertung) erneut Abrechnungen durchführen, um die Nachbewertungsdaten konsistent auch an die Abrechnungsempfänger weiterzureichen.[4]

6.3 Gemeinkostenzuschläge

Nicht alle Kostenstellen eines Unternehmens können ihre Kosten mithilfe von Leistungsverrechnungen, Verteilungen oder Umlagen gezielt an Projekte oder andere Controlling-Objekte weiterverrechnen. Verwaltungskostenstellen z.B. besitzen in der Regel keinen direkten Bezug zu einem Projekt, eine leistungsbezogene Verrechnung von Kosten dieser Kostenstellen scheidet somit aus. Stattdessen finden eine Entlastung solcher Kostenstellen und die gleichzeitige Belastung des Projekts typischerweise mithilfe von Gemeinkostenbezuschlagungen statt. Grundlage der Berechnung der Gemeinkos-

---

4 In der SAP-Bibliothek finden Sie das Beispiel **Nachbewertung zu Isttarifen mit erneuter Abrechnung**, in dem ausführlich der Zusammenhang zwischen Abrechnungen auf Kostenstellen, Tarifermittlung und Nachbewertung erörtert wird.

tenzuschläge sind dabei die Kosten oder Mengen, die mit Bezug zu relevanten Kostenarten, z.B. Lohn- oder Materialkosten, auf dem Projekt gebucht wurden.

6.3.1 Voraussetzungen für die Verrechnung von Gemeinkostenzuschlägen

Die Berechnung von Gemeinkostenzuschlägen wird gesteuert durch ein *Kalkulationsschema*, das in den relevanten PSP-Elementen, Netzplanvorgängen bzw. – im Falle kopfkontierter Netzpläne – in den Netzplanköpfen eingetragen sein muss. Für PSP-Elemente können Sie bereits im Projektprofil einen Vorschlagswert für das Kalkulationsschema hinterlegen. Im Netzplankopf wird das Kalkulationsschema aus der Bewertungsvariante der Kalkulationsvariante des Netzplans abgeleitet, kann jedoch im Netzplankopf auch manuell geändert werden. Wenn Sie einem PSP-Element Vorgänge zuordnen, übernehmen diese Vorgänge das Kalkulationsschema des PSP-Elements, andernfalls übernehmen die Vorgänge das Kalkulationsschema des Netzplankopfes als Vorschlagswert.

Kalkulationsschema

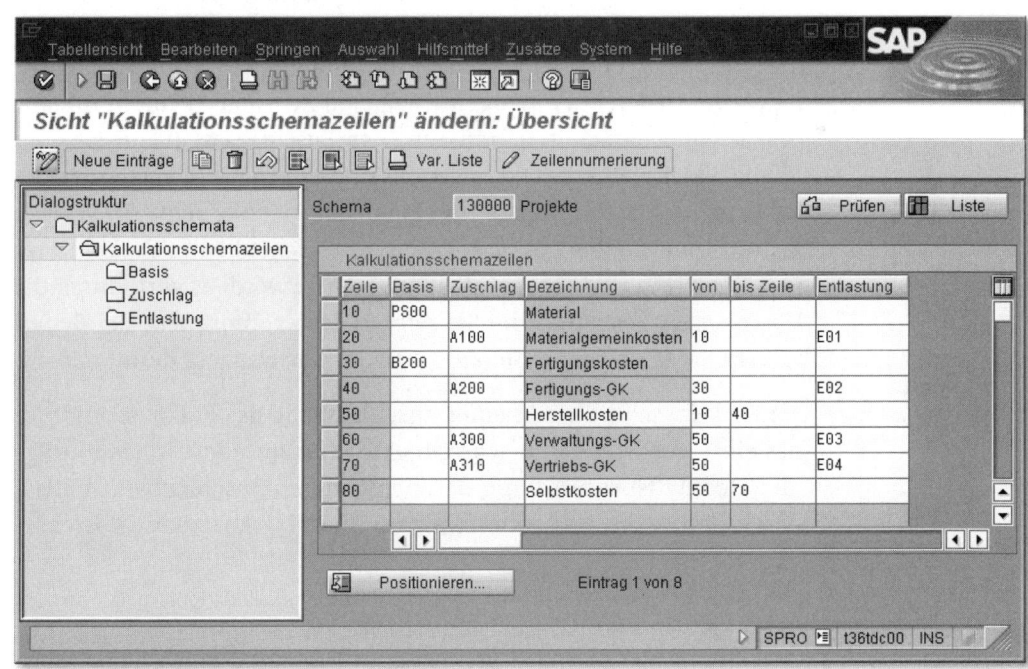

Abbildung 6.4 Beispiel für die Definition eines Kalkulationsschemas

Die Definition der Kalkulationsschemata nehmen Sie im Customizing des Projektsystems vor. Ein Kalkulationsschema besteht aus einem Schlüssel und einer Bezeichnung, denen Zeilen zugeordnet sind (siehe Abbildung 6.4). Eine Zeile eines Kalkulationsschemas kann entweder eine *Basis* enthalten (*Basiszeile*) oder einen *Zuschlag* zusammen mit einer *Entlastung* und der Angabe, welche Zeilen für die Berechnung des Zuschlags und der Entlastung verwendet werden sollen.[5] Bei der Zuschlagsberechnung werden die Zeilen von oben nach unten abgearbeitet.

Berechnungsbasis Mithilfe der Basiszeilen innerhalb eines Kalkulationsschemas bestimmen Sie, welche Kostenarten die Grundlage für die Berechnung der Gemeinkosten bilden, also bezuschlagt werden sollen. Die Definition von Basen geschieht ebenfalls im Customizing. In Abhängigkeit vom Kostenrechnungskreis können Sie einer Basis einzelne Kostenarten oder auch Kostenartenintervalle sowie bei Bedarf einzelne Herkünfte bzw. Herkunftsintervalle zuordnen.[6]

Zuschlag Der Zuschlag in einer Zeile des Kalkulationsschemas steuert, wie hoch die Bezuschlagung sein soll. Ein Zuschlag kann dabei prozentual, gerechnet an den Kosten der zu bezuschlagenden Kostenarten, definiert werden oder aber auch mengenbezogen, wenn die Kostenarten der Basiszeilen eine Mengenführung erlauben. Die Festlegung der prozentualen oder mengenbezogenen Zuschläge kann in Abhängigkeit von Gültigkeitszeiträumen, der Zuschlagsart (Plan, Ist oder Obligo) oder z.B. von Organisationseinheiten und Stammdaten der zu bezuschlagenden Objekte erfolgen (siehe Abbildung 6.5). Welche Spalten Ihnen dabei zur Festlegung unterschiedlicher Prozentsätze oder Beträge pro Mengeneinheit angeboten werden, wird durch die *Abhängigkeit* gesteuert, die Sie dem Zuschlag zuordnen. Bei Bedarf können Sie eine eigene Abhängigkeit im Customizing definieren.

Entlastung Die Entlastung, die Sie in einer Zuschlagszeile des Kalkulationsschemas eintragen, steuert, welche Objekte (Kostenstellen, Innenaufträge oder Geschäftsprozesse) um den berechneten Zuschlagswert entlastet werden sollen und unter welcher Zuschlagskostenart (Kostenar-

---

5 Zusätzlich können Sie auch Summenzeilen in einem Kalkulationsschema verwenden, um Zwischen- und Endsummen zu bilden.

6 Sie können Herkünfte und Herkunftsgruppen verwenden, um Kosten unterschiedlicher Materialien weiter zu unterscheiden. Dazu muss eine Herkunft in der Kalkulationssicht der Materialstämme hinterlegt werden.

tentyp 41) die Verrechnung des Zuschlags ausgeführt werden soll (siehe Abbildung 6.6). Zusätzlich können Sie in der Definition einer Entlastung zeitliche Gültigkeiten festlegen und ggf. entscheiden, welche Prozentsätze der Entlastung als fixe oder variable Anteile verbucht werden sollen.

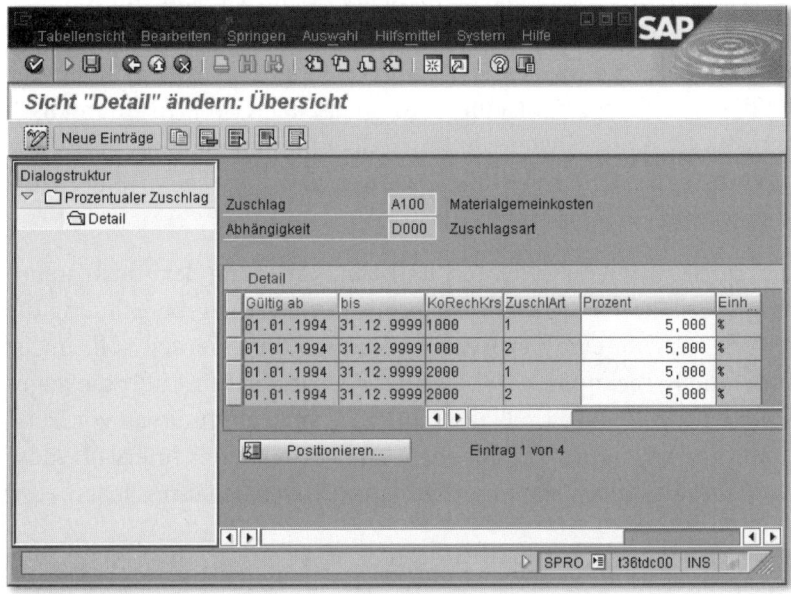

Abbildung 6.5 Beispiel für die Definition eines Zuschlags

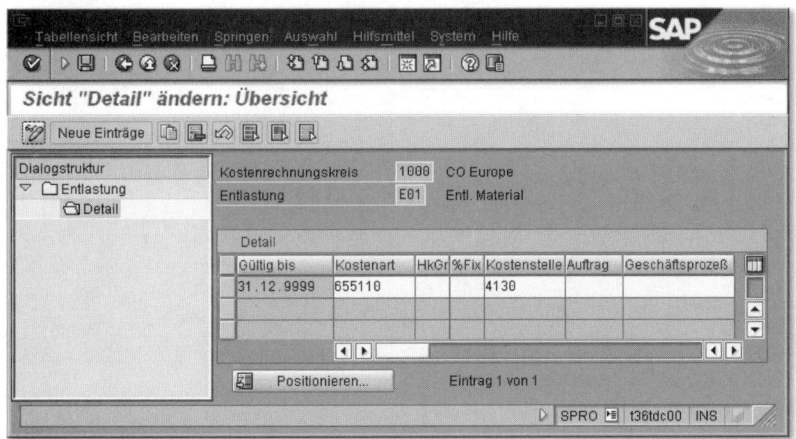

Abbildung 6.6 Beispiel für die Definition einer Entlastung

365

6.3.2 Durchführung der Gemeinkostenbezuschlagung

Sie können eine Gemeinkostenbezuschlagung für Projekte im Plan (Transaktionen CJ46 und CJ47), im Ist (Transaktionen CJ44 und CJ45) und bei Bedarf auch auf Basis von Obligos durchführen (Transaktionen CJO8 und CJO9). Eine Entlastung findet jedoch nur für die Berechnung von Gemeinkostenzuschlägen im Ist statt. Im Rahmen der Netzplankalkulation, der Einzelkalkulation zu PSP-Elementen oder bei Verwendung des Easy Cost Planning zur Kostenplanung findet die Berechnung der Gemeinkostenzuschläge im Plan automatisch statt. Im Ist muss die Berechnung jedoch im Rahmen des Periodenabschlusses explizit angestoßen werden bzw. als regelmäßiger Hintergrundjob eingeplant sein.

Zusätzlich zur Objektselektion und zur Festlegung der Ablaufsteuerung spezifizieren Sie im Einstiegsbild der Zuschlagsberechnung die Periode, für die eine Bezuschlagung ausgeführt werden soll. Im Ist findet die Berechnung der Gemeinkostenzuschläge nur für die angegebene Periode statt. Im Plan können Sie auch ein Intervall von Perioden für die Bearbeitung angeben. Die Perioden des Intervalls müssen dabei allerdings alle innerhalb eines Geschäftsjahres liegen.

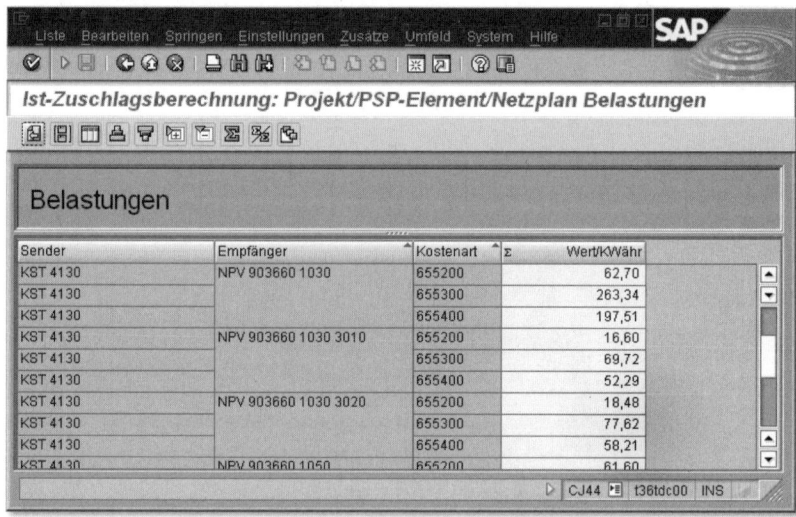

Abbildung 6.7 Ist-Zuschlagsberechnung von Netzplanvorgängen und Vorgangselementen

Sie können die Zuschlagsberechnung für ein Projekt beliebig oft wiederholen. Das System ermittelt dabei lediglich die Differenz zum vorangegangenen Lauf und bucht diese auf das Objekt. Der Differenzbetrag kann dabei sowohl positive als auch negative Werte annehmen. Falls notwendig, können Sie auch ein Storno der Gemeinkostenbezuschlagung ausführen.

Tauchen im Rahmen der Durchführung Fehler, z. B. aufgrund des Status der Objekte, ungültiger Kalkulationsschemata oder fehlender Prozentsätze auf, können Sie diese in einem Fehlerprotokoll analysieren. Sofern Sie die Ausgabe von Detaillisten in der Ablaufsteuerung erlaubt haben, können Sie sich zusätzlich auch eine Liste mit Angaben zu den Beträgen pro Sender und Empfänger und der verwendeten Zuschlagskostenart anzeigen lassen (siehe Abbildung 6.7).

6.4 Template-Verrechnungen

Bei der gerade erläuterten Gemeinkostenbezuschlagung erfolgt die Verrechnung der Gemeinkosten pauschal anhand mengenbezogener oder prozentualer Zuschläge, basierend auf den Mengen bzw. Kosten ausgewählter Kostenarten. Mithilfe der Template-Verrechnung können Sie eine sehr viel differenziertere Berechnung und Verteilung von Gemeinkosten erzielen. Dies geschieht, indem Sie bei der Template-Verrechnung zunächst mithilfe geeigneter *Funktionen* Mengen ermitteln, die im Projekt von den Sendern, d. h. den Kostenstellen oder Geschäftsprozessen, in Anspruch genommen wurden. Die Berechnung der zu verrechnenden Kosten geschieht dann durch die Bewertung dieser Mengen mit zuvor definierten Tarifen.

[«]

Da Sie bei der Definition von Funktionen für die Template-Verrechnung praktisch auf beliebige Funktionsbausteine und Tabellenfelder des SAP-Systems zurückgreifen können, ist mithilfe der Template-Verrechnung eine verursachungsgerechte Verrechnung von Gemeinkosten möglich.

6.4.1 Voraussetzungen der Template-Verrechnung

Template

Um eine Template-Verrechnung für Projekte durchführen zu können, müssen Sie zunächst geeignete *Templates* im Customizing mithilfe der Transaktion CPT2 definieren. Ein Template enthält zum einen die Liste der Sender, deren Kosten verrechnet werden sollen, und zum anderen die jeweiligen Funktionen und Formeln, die festlegen, wie die Mengen ermittelt werden sollen, die später zur Verrechnung von Kosten mit Tarifen bewertet werden. Mithilfe von *Methoden*, d.h. logischen Bedingungen, können Sie bei Bedarf die Ermittlung der Sender und auch die Aktivierung der einzelnen Zeilen eines Templates dynamisch steuern. Für die Definition von Formeln und Methoden stehen Ihnen spezielle Editoren in der Template-Bearbeitung zur Verfügung. Durch die Angabe eines Verrechnungszeitpunkts in einem Template können Sie steuern, ob Kosten periodisch verrechnet werden sollen oder ob z.B. eine Verrechnung nur einmalig für die Start- oder Endperiode des Objekts möglich ist. Abbildung 6.8 zeigt ein Beispiel eines Templates für die Verrechnung von Gemeinkosten auf Netzpläne. Die Menge wird in diesem Beispiel aus der Anzahl der Netzplanvorgänge bestimmt, der Sender ist ein Geschäftsprozess.

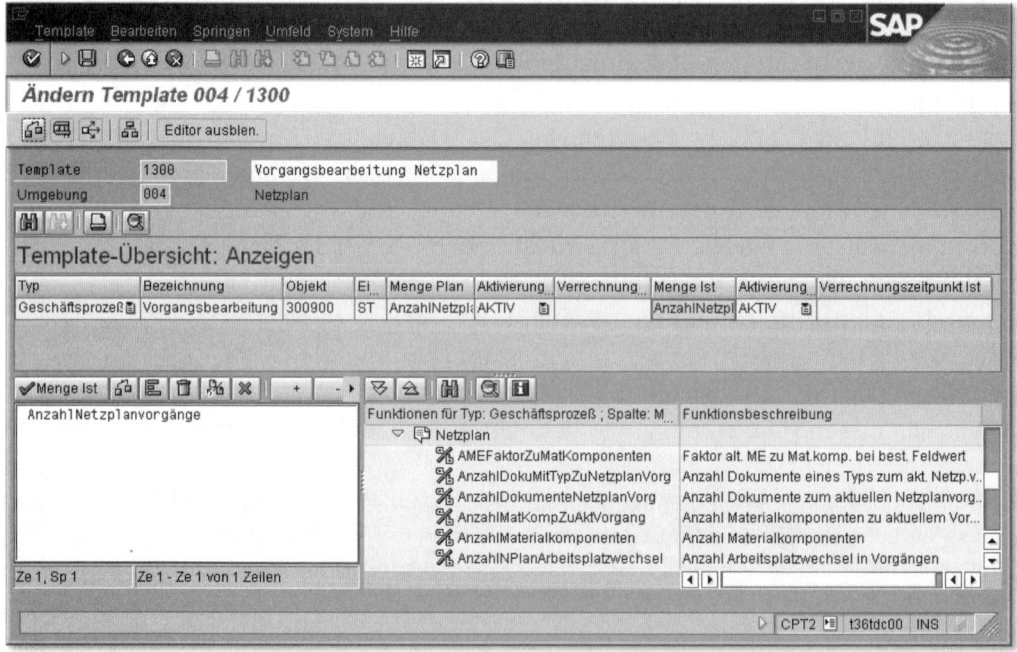

Abbildung 6.8 Beispiel für die Definition eines Templates

Umgebung Sie legen ein Template immer mit Bezug zu einer so genannten *Umgebung* an. Die Umgebung enthält die Funktionen, die Sie zur Definition des Templates verwenden können. Für die Definition von Templates für Projekte stehen Ihnen die beiden Umgebungen **004 (Netzplan)** und **005 (PSP-Element)** zur Verfügung, die standardmäßig bereits diverse Funktionen umfassen. Bei Bedarf können Sie den Umgebungen auch neue Funktionen hinzufügen (Transaktion CTU6). Dies können von SAP definierte Standardfunktionen sein, Sie können jedoch auch eigene Funktionen definieren und dabei auf Tabellenfelder des SAP-Systems, im Standard ausgelieferte Funktionsbausteine oder selbst definierte ABAP-Funktionsbausteine zurückgreifen.

Nachdem Sie ein Template definiert haben, ordnen Sie es in der Customizing-Transaktion KTPF einer bzw. mehreren Kombinationen aus Kalkulationsschema und *Zuschlagsschlüssel* zu (*Findungsregel*). Auch in den Stammdaten der relevanten PSP-Elemente, Vorgänge bzw. Netzplanköpfe hinterlegen Sie die Kombination aus Kalkulationsschema und Zuschlagsschlüssel. Wenn Sie eine Template-Verrechnung für ein Projekt durchführen, kann das System anhand dieser Kombination dann automatisch das vorgesehene Template ermitteln. Der Zuschlagsschlüssel in den Stammdaten der Objekte und in der Findungsregel dient ausschließlich dazu, Objekte mit dem gleichen Kalkulationsschema unterschiedlichen Templates zuordnen zu können. Sie können beliebige Zuschlagsschlüssel im Customizing des Projektsystems definieren.

Findungsregel und Zuschlagsschlüssel

Damit die Template-Verrechnung anhand der Mengen, die über die Funktionen und Formeln des Templates berechnet wurden, auch die zu verrechnenden Kosten ermitteln kann, müssen Sie noch im Rechnungswesen die Tarife festlegen, mit denen die Mengen bewertet werden sollen. Für die Verrechnung der Kosten von Kostenstellen können Sie die Tarife in Abhängigkeit von Leistungsarten z.B. mithilfe der Transaktionen KP26 im Plan oder KBK6 im Ist definieren. Für die Verrechnung der Kosten von Geschäftsprozessen können Sie die Tarife z.B. mithilfe der Transaktionen CP26 und KBC6 im Plan bzw. Ist festlegen.

6.4.2 Durchführung der Template-Verrechnung

Sie können eine Template-Verrechnung für Projekte im Plan (Transaktionen CPUK und CPUL) und im Ist (Transaktionen CPTK und CPTL) durchführen. Im Rahmen der Netzplankalkulation, der Einzelkalkulation zu PSP-Elementen oder bei Verwendung des Easy Cost Planning zur Kostenplanung findet die Berechnung der Template-Verrechnung im Plan automatisch statt. Im Ist muss die Berechnung jedoch im Rahmen des Periodenabschlusses explizit angestoßen werden.

Im Einstiegsbild der Template-Verrechnung spezifizieren Sie neben der Objektselektion auch die Perioden eines Geschäftjahres, für die eine Verrechnung durchgeführt werden soll. Dabei können Sie sowohl im Plan als auch im Ist die Template-Verrechnung für mehrere Perioden gleichzeitig ausführen.

Ergebnisanzeige In der Ergebnisanzeige der Template-Verrechnung können Sie die Beträge der verrechneten Kosten und die jeweiligen Sender und Empfänger analysieren (siehe Abbildung 6.9). Haben Sie die Template-Verrechnung für mehrere Perioden durchgeführt, können Sie in ein Periodenbild verzweigen und sich die Aufteilung der Verrechnungen auf die verschiedenen Perioden anzeigen lassen. Kam es zu Problemen bei der Template-Verrechnung, können Sie in ein Protokoll mit den entsprechenden Nachrichten, d.h. Warn- oder Fehlermeldungen, abspringen. Bei Bedarf können Sie auch in die Anzeige der Stammdaten von Sendern und Empfängern verzweigen oder die *Template-Auswertung* aufrufen.

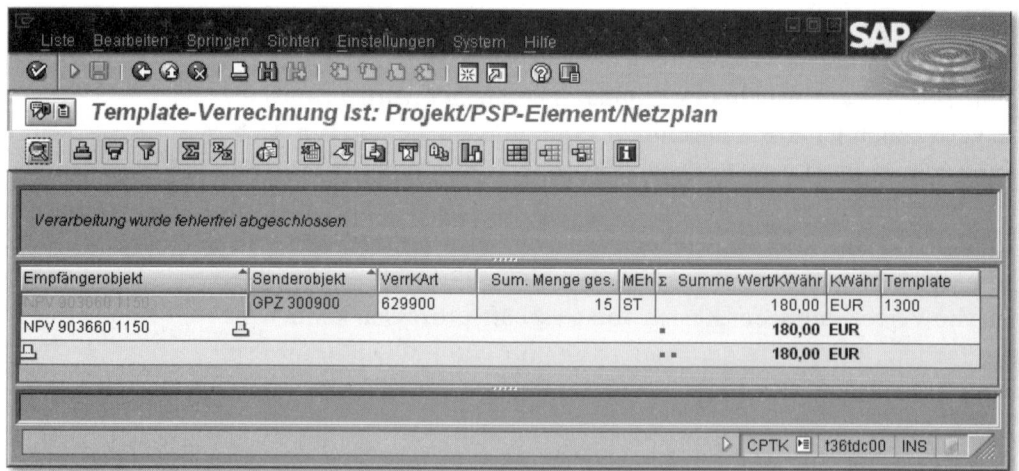

Abbildung 6.9 Ergebnis einer Template-Verrechnung im Ist

Template-Auswertung Über die Template-Auswertung können Sie in alle relevanten Details der verwendeten Templates abspringen. So können Sie z.B. nachvollziehen, mit welchen Funktionen und Formeln die Mengenberechnung durchgeführt wurde oder welche Methode die Aktivierung einer Verrechnungszeile bewirkt hat. Haben Sie eine Template-Verrechnung für mehrere Perioden durchgeführt, können Sie über die Template-Auswertung die Berechnungen jeder Periode separat analysieren.

6.5 Verzinsung

Im Projektsystem können Sie auf Basis Ihrer Kosten- und Erlösdaten bzw. Zahlungsflüsse Zinsermittlungen durchführen und als Kosten im Fall von Zinsverlusten bzw. als Erlöse bei Zinsgewinnen auf Ihre Projekte buchen. Die Funktion der Verzinsung steht Ihnen dabei sowohl im Plan als auch im Ist zur Verfügung.

Sowohl die Plan- als auch die Istverzinsung findet dabei in Form einer *Saldenverzinsung* statt. Dabei wird auf den Saldierungsobjekten, z.B. bestimmten PSP-Elementen Ihres Projekts, zunächst der Saldo aus Kosten, Erlösen bzw. Zahlungsdaten ermittelt und mit einem Zinssatz verzinst. Die Zinsen werden über den Zinszeitraum kumuliert und schließlich auf das Saldierungsobjekt gebucht. Falls möglich, ermittelt das System die Salden tagesgenau, wobei das Buchungsdatum des Belegs oder im Falle von Zahlungen das Zahlungsdatum relevant ist. Durch die Berücksichtigung von Zinsen bei der Saldierung ist auch eine Berechnung von Zinseszinsen möglich.

Welche Objekte als Saldierungsobjekte berücksichtigt werden sollen, ist abhängig von dem verwendeten *Zinsschema* und dem jeweiligen Projekttyp. Über *Zinskennzeichen* ermittelt das System, welcher Zinssatz relevant ist und welche Konten bei der Verbuchung der Zinsen verwendet werden. Welche Wertkategorien, also welche Kostenarten und Finanzpositionen in die Saldierung und Verzinsung einfließen sollen, wird über die Kombination aus Zinsschema und Zinskennzeichen gesteuert. So können Sie die Verzinsung unterschiedlicher Wertkategorien, z.B. von Kosten, Erlösen und Zahlungen, getrennt steuern und separat auswerten.[7]

Zinsschema und Zinskennzeichen

---

[7] Eine Ausnahme bilden hier Investitionsprojekte. Bei PSP-Elementen mit einem Investitionsprofil werden unabhängig von der Zinsrelevanz der einzelnen Wertkategorien alle Kosten, Erlöse bzw. Zahlungen berücksichtigt, die bereits auf der Anlage im Bau aktiviert sind.

Die Transaktionswährung der Verzinsung ist identisch mit der Kostenrechnungskreiswährung, d.h., die Zinsen werden in der Kostenrechnungskreiswährung auf Ihre Projekte gebucht.

6.5.1 Voraussetzungen für die Verzinsung von Projekten

Um die Verzinsung für Projekte nutzen zu können, müssen Sie zunächst einige Einstellungen im Customizing vornehmen. Sollten Sie weitergehende Anforderungen an die Plan- oder Istverzinsung haben, können Sie auch Kundenerweiterungen definieren, um z.B. Einfluss auf die zu verzinsenden Werte und Einzelposten und die berechneten Zinsen zu nehmen.

Zinskennzeichen und Zinssätze

Abbildung 6.10 zeigt die Definition von Zinskennzeichen (Transaktion OPIE) im Customizing des Projektsystems. Zinskennzeichen für Projekte dürfen lediglich die Verzinsungsart **S** (Saldenverzinsung) tragen. Die Verzinsungsart **P** (Postenverzinsung), bei der jeder Zahlungsposten verzinst wird, steht für Projekte nicht zur Verfügung.

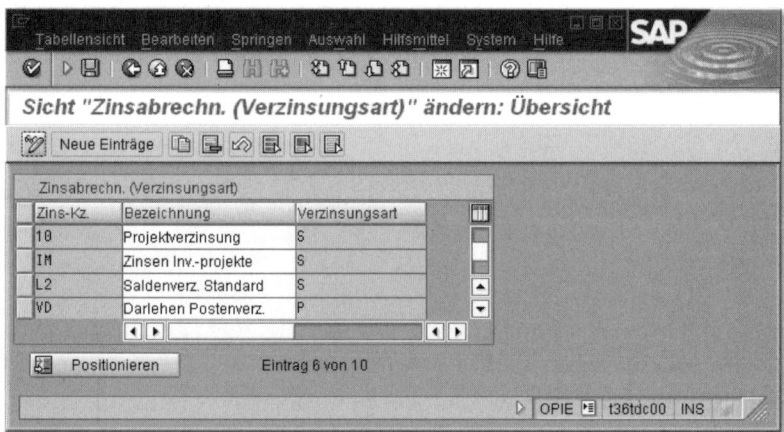

Abbildung 6.10 Definition von Zinskennzeichen

Allgemeine und zeitabhängige Konditionen — Mit Bezug zu den Zinskennzeichen legen Sie allgemeine und zeitabhängige Konditionen fest sowie den Zinssatz, der für die Verzinsung verwendet werden soll. In den allgemeinen Konditionen (Transaktion OPIH) legen Sie fest, welche Kalenderart (z.B. Bankkalender oder Gregorianischer Kalender) bei der Verzinsung zugrunde gelegt werden soll.[8] Ferner können Sie in den allgemeinen Konditionen – neben anderen Steuerungsdaten – einen Grenzbetrag für die Zinsen hinterlegen, ab dem erst eine Zinsverrechnung durchgeführt werden soll. In den zeitabhängigen Konditionen definieren Sie in Abhängigkeit vom Zinskennzeichen, der Währung, der Bewegungsart (Soll- oder Habenzinsen) und den Feldern **Gültig ab** und **Betrag ab**, welcher Zinssatz verwendet werden soll. Der Zinssatz kann dabei über Referenzzinssätze (z.B. Diskontsatz) abgeleitet oder manuell hinterlegt werden.

Zinsschema

Zinsschemata werden im Customizing definiert und können im Projektprofil als Vorschlagswert hinterlegt werden. Bei der Durchführung der Verzinsung findet eine logische Vererbung der Zinsschemata statt, d.h., ein Objekt, das kein eigenes Zinsschema besitzt, verwendet das Zinsschema des übergeordneten Objekts usw. Besitzt ein Objekt jedoch ein eigenes Zinsschema, wird für das Objekt auch dieses Zinsschema verwendet.

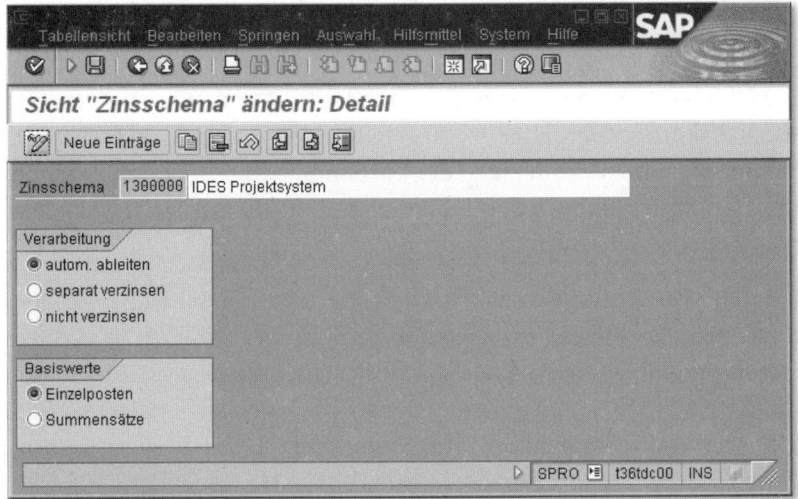

Abbildung 6.11 Beispiel für die Definition eines Zinsschemas

---

8 Die Kalenderart bestimmt die Anzahl der Zinstage pro Monat und Jahr, die verwendet werden sollen, um z.B. aus einem Jahreszinssatz einen Tageszinssatz zu berechnen. Ein Bankkalender umfasst z.B. immer 30 Tage pro Monat, während der Gregorianische Kalender die genaue Anzahl der Tage pro Monat berücksichtigt.

Über das Zinsschema wird gesteuert, welche Objekte als Saldierungsobjekte an der Verzinsung teilnehmen. Abbildung 6.11 zeigt die Definition eines Zinsschemas. Die Einstellungen zur (Hierarchie-) Verarbeitung im Zinsschema haben dabei folgende Auswirkungen:

Wenn Sie als Verarbeitungsart **autom. ableiten** im Zinsschema wählen, ist die Logik der Verarbeitung abhängig vom Projekttyp:

Bei PSP-Elementen mit einem Investitionsprofil (Investitionsprojekte) werden nur die Kosten bei der Verzinsung berücksichtigt, die bereits auf einer Anlage im Bau aktiviert sind. Um auch die Kosten zugeordneter Netzpläne und Aufträge zu berücksichtigen, müssen Sie deren Kosten vorher an das PSP-Element abrechnen. Eine Planverzinsung ist für Investitionsprojekte nicht möglich.

Bei Projekten mit Fakturierungselementen (Kundenprojekte) berücksichtigt das System bei der Verzinsung das Fakturierungselement und alle Objekte der darunterliegenden Fakturierungshierarchie. Auf dem Fakturierungselement finden die Saldierung und dann die Verbuchung der ermittelten Zinsen statt. Besitzt das Fakturierungselement oder auch ein untergeordnetes PSP-Element jedoch ein Investitionsprofil, gilt für diese Objekte die Logik der Investitionsprojekte.

Bei Objekten, die weder ein Investitionsprofil tragen noch unterhalb eines Fakturierungselements liegen (Kostenprojekte), erfolgen die Saldierung und Verbuchung der Zinsen separat auf den einzelnen Kontierungsobjekten (PSP-Elemente, Netzplanköpfe bzw. Vorgänge oder zugeordnete Aufträge).

Bei der Verzinsung von Objekten, die ein Zinsschema mit dem Kennzeichen **separat verzinsen** besitzen, werden untergeordnete Objekte nicht berücksichtigt. Es findet auch keine logische Vererbung dieses Zinsschemas statt. Mithilfe dieses Kennzeichens können Sie also die automatische Ableitung der Hierarchieverarbeitung übersteuern.

Mithilfe des Kennzeichens **Nicht verzinsen** können Sie ebenfalls die automatische Ableitung der Hierarchieverarbeitung übersteuern. Objekte mit einem Zinsschema, das dieses Kennzeichen trägt, werden nicht verzinst.

Im Zinsschema nehmen Sie auch Einstellungen zu den **Basiswerten** der Verzinsung vor. Die beiden möglichen Ausprägungen haben folgende Auswirkungen:

▶ **Einzelposten**

Die Verzinsung findet tagesgenau mit Bezug zum Buchungs- bzw. Zahlungsdatum der Einzelposten statt.[9] Dabei können auch Buchungen in bereits verzinste Zeiträume (*Rückvaluten*) sowie Änderungen des Zinssatzes innerhalb einer Periode (*Zinsbrüche*) berücksichtigt werden.

▶ **Summensätze**

Als Basis für die Verzinsung werden Summenwerte pro Periode gebildet und auf die Mitte der Periode für die Berechnung der Zinsen datiert. Die Verzinsung ist bei dieser Einstellung nicht mehr tagesgenau, weist jedoch eine bessere Performance auf als die Verzinsung mit Einzelposten als Basiswerten.

Mit Bezug zum Zinsschema müssen Sie im Customizing noch Detaileinstellungen vornehmen. Abbildung 6.12 zeigt einen Bildschirmabgriff der entsprechenden Transaktion OPIB. Über die Detaileinstellungen stellen Sie einen Bezug zwischen dem Zinsschema und dem zu verwendenden Zinskennzeichen her. Ferner können Sie Bedingungen (Mindestlaufzeiten oder Schwellenwerte) hinterlegen, ab wann eine Zinsberechnung durchgeführt werden soll. Für Investitionsprojekte definieren Sie zusätzlich, welcher Bewertungsbereich als Bemessungsgrundlage für die Verzinsung verwendet werden soll, und mithilfe der **Periodensteuerung** ggf., wann Zinseszinsen berechnet werden sollen (z. B. nur vierteljährlich statt bei jedem Zinslauf).

Detaileinstellungen zum Zinsschema

---

9 Bei der ersten Istverzinsung werden immer Einzelposten verwendet. Bei den nachfolgenden Zinsläufen werden jedoch nur die Einzelposten der letzten vier Perioden vor dem letzten Zinslauf ausgewählt. Unabhängig von den Einstellungen im Zinsschema werden für weiter zurückliegende Perioden Summensätze verwendet. Bei der Planverzinsung können lediglich für Planzahlungen Einzelposten herangezogen werden. Damit für Planzahlungen jedoch überhaupt Einzelposten geschrieben werden können, müssen Sie vorher im Customizing (Transaktion KANK) einen Nummernkreis für die tagesgenaue Zahlungsplanung (Vorgang FIPA) eingerichtet haben. Für Plankosten und -erlöse verwendet das System immer Summensätze im Rahmen der Verzinsung.

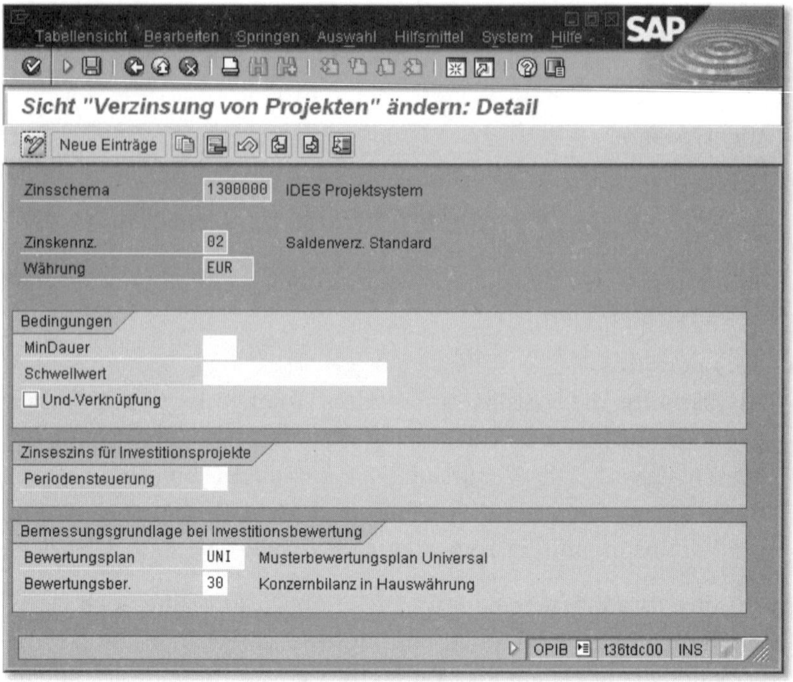

Abbildung 6.12 Beispiel für die Detaileinstellungen eines Zinsschemas

Zinsrelevanz Schließlich müssen Sie im Customizing noch festlegen, welche Werte überhaupt als Berechnungsgrundlage der Zinsen herangezogen werden sollen. Dazu benötigen Sie Wertkategorien, in denen Sie alle relevanten Kosten- bzw. Erlösarten und Finanzpositionen zusammenfassen. Für jede Wertkategorie können Sie anschließend im Customizing in der Transaktion OPIC in Abhängigkeit von Zinsschema und Zinskennzeichen die Zinsrelevanz festlegen.

Verbuchungssteuerung

Mithilfe der Verbuchungssteuerung entscheiden Sie, auf welchen Kostenarten im Controlling die Fortschreibung der Zinsen durchgeführt werden soll. Aus technischen Gründen findet dabei – gesteuert durch so genannte Buchungsschemata – zunächst eine Fortschreibung auf GuV-Konten in der Finanzbuchhaltung statt. Durch die Definition von Kostenarten zu den relevanten Sachkonten findet schließlich die Fortschreibung in das Controlling statt.

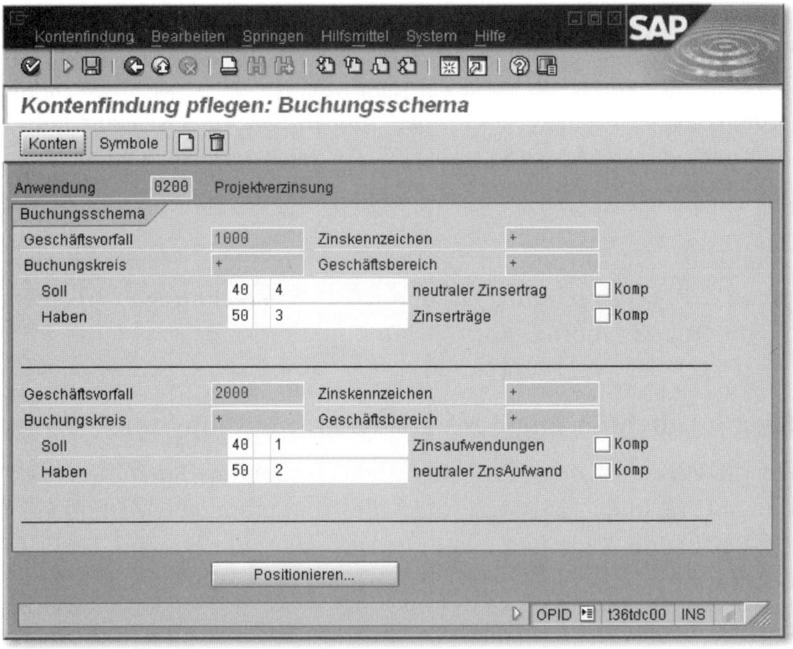

Abbildung 6.13 Definition eines Buchungsschemas

Abbildung 6.13 zeigt die Definition eines Buchungsschemas. In Abhängigkeit von den beiden Geschäftsvorfällen Zinsertrags- und Zinsaufwandsbuchung sowie bei Bedarf abhängig von Zinskennzeichen, Buchungskreis und Geschäftsbereich definieren Sie hier verschlüsselt über Kontosymbole, welche GuV-Konten in dem betreffenden Kontenplan des Finanzwesens jeweils für Soll und Haben verwendet werden sollen.[10] Möchten Sie keine Differenzierung z. B. nach Geschäftsbereichen vornehmen, können Sie das Maskierungszeichen **+** in dem entsprechenden Feld hinterlegen.

Buchungsschema

Durch die Definition von Kostenarten zu den Sachkonten, die für die Sollbuchung für Zinsaufwände und die Habenbuchung bei Zinserträgen verwendet werden, erreichen Sie schließlich eine Fortschreibung der Zinsen auf diese Kostenarten im Controlling.

---

10 Wenn Sie das PS-Cash-Management einsetzen, sollten Sie darauf achten, dass den Sachkonten Ihrer Buchungsschemata keine Finanzposition zum Finanzvorgang 30 zugeordnet ist, um eine Fortschreibung in das PS-Cash-Management zu verhindern.

[!] Beachten Sie, dass Sie im Buchungsschema sowohl für Zinserträge als auch für Zinsaufwände jeweils ein Haben- und ein Sollkonto angeben. Im Finanzwesen ergibt sich somit ein Saldo von null. Damit sich jedoch im Controlling kein Saldo von null ergibt, dürfen Sie zu den Sachkonten für die Sollbuchungen bei Zinserträgen und die Habenbuchungen bei Zinsaufwänden keine Kostenarten definieren.

Schließlich müssen Sie im Customizing noch die relevanten Vorgänge KZRI (**Zinsrechnung Ist**) und KZRP (**Zinsrechnung Plan**) einem Nummernkreis zuordnen.

6.5.2 Durchführung der Verzinsung von Projekten

Für die Verzinsung von Projekten stehen Ihnen im Plan die Transaktionen CJZ3 und CJZ5 sowie im Ist die Transaktionen CJZ2 und CJZ1 zur Verfügung. Zwischen den Einstiegsbildern der Ist- und der Planverzinsung gibt es einige Unterschiede.

Bei der Istverzinsung geben Sie im Einstiegsbild zusätzlich zu der Selektion der Objekte und den Parametern zur Ablaufsteuerung die Periode an, bis zu der die Verzinsung durchgeführt werden soll. Über das Menü können Sie auch eine tagesgenaue Grenze setzen.

Bei der Planverzinsung können Sie entweder den Periodenzeitraum für die Verzinsung vorgeben (Performancevorteile) oder – falls Sie keine Einschränkung vornehmen – einen Zinslauf für den gesamten Zeitraum durchführen.[11] Für die Planverzinsung müssen Sie zusätzlich auf dem Einstiegsbild die CO-Version spezifizieren, die als Grundlage der Verzinsung dienen soll.

Bei der Ausführung der Verzinsung geschieht nun Folgendes:

1. Das System ermittelt über die Hierarchieverarbeitung in Abhängigkeit vom Projekttyp und dem verwendeten Zinsschema die relevanten Saldierungsobjekte. Gegebenenfalls findet dabei eine logische Vererbung des Zinsschemas statt.

2. Für die im Customizing als relevant gekennzeichneten Wertkategorien findet auf Ebene der Saldierungsobjekte eine Saldierung für

---

11 Dabei wird der Start des Zeitraums aus dem Termin des ersten Kostenanfalls und das Ende aus den Termindaten der Objekte ermittelt.

die entsprechenden Perioden statt. Dabei werden gegebenenfalls tagesgenaue bzw. periodengenaue Zwischensalden gebildet.

3. Über das Zinskennzeichen ermittelt das System den Zinssatz und über die Verbuchungssteuerung auch die Kostenarten für die Verbuchung der Zinsen.

4. Das System berechnet die Zinsen und bucht sie auf das Saldierungsobjekt. Dabei wird ein Ursprungsbeleg geschrieben, der im Informationssystem ausgewertet werden kann.

Nach Ausführung der Verzinsung können Sie sich Protokolle zu Fehlermeldungen und zur Verbuchung anzeigen lassen. Nach einem Echtlauf können Sie im Verbuchungsprotokoll z.B. die Liste der Objekte und zinsrelevanten Einzelposten analysieren, die zur Saldierung beigetragen haben oder auch die Zwischensalden mit Informationen zu Zinssatz, Anzahl der Zinstage und berechneten Zinsen (siehe Abbildung 6.14). Sie können Zinsläufe auch über die angegebenen Transaktionen stornieren. Während bei der Planverzinsung alle vorangegangenen Zinsbuchungen für den spezifizierten Zeitraum storniert werden, findet bei der Istverzinsung immer nur ein Storno des letzten Zinslaufs statt.

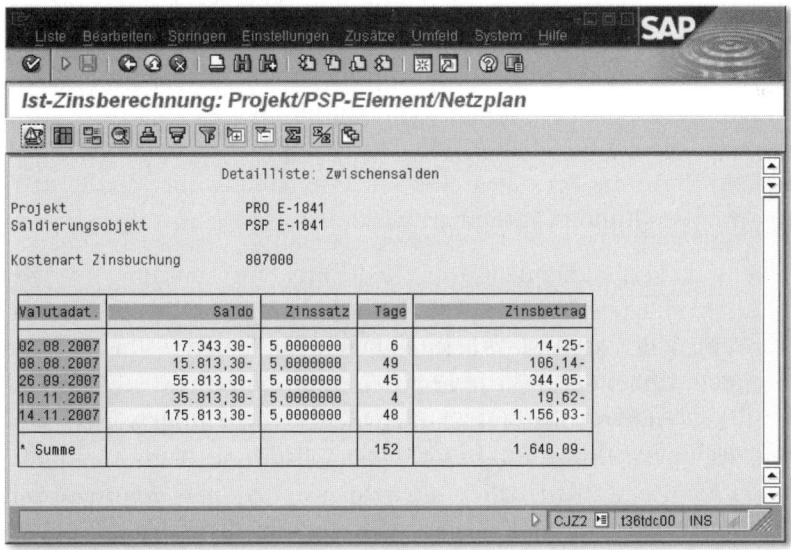

Abbildung 6.14 Darstellung der Zwischensalden einer Ist-Zinsberechnung

6.6   Ergebnisermittlung

Die Ergebnisermittlung nimmt eine Neubewertung der Kosten und Erlöse Ihrer Projekte vor. So können im Rahmen der Ergebnisermittlung – in Abhängigkeit von der verwendeten Methode – Bestandswerte und Rückstellungen sowie die Kosten des Umsatzes und der errechnete ergebniswirksame Erlös ermittelt werden. Durch die Abrechnung dieser Abgrenzungsdaten (siehe Abschnitt 6.9) können Korrekturbuchungen in der Finanzbuchhaltung (FI) und der Ergebnis- und Marktsegmentrechnung (Profitability Analysis, CO-PA) vorgenommen werden bzw. die Werte in FI und CO-PA aufeinander abgestimmt werden.

Die Berechnung der Abgrenzungsdaten ist einerseits abhängig von der Ergebnisermittlungsmethode (sozusagen der Formel zur Berechnung der Abgrenzungsdaten) und dem Status des Objekts, auf dem die Ergebnisermittlung durchgeführt wird (Steuerung der Bildung und Auflösung von Beständen und Rückstellungen).

Die Aufgabe der Ergebnisermittlung und die genannten Abhängigkeiten sollen einleitend an einem einfachen Beispiel erörtert werden:

Ein Vertriebsprojekt (z.B. der Bau und Verkauf eines Aufzugs) erstreckt sich über vier Perioden. Den geplanten Kosten K(p) = 80 000 € stehen Planerlöse E(p) in Höhe von 120 000 € gegenüber. Für die zweite Periode ist eine Teilfakturierung von 50% des Zielerlöses, für die Periode 3 eine Teilfakturierung von weiteren 25% und schließlich für die Periode 4 eine Schlussrechnung über den Restbetrag mit dem Kunden vereinbart worden.

Jeweils am Periodenende führen Sie die Ergebnisermittlung mit zwei unterschiedlichen Methoden für unterschiedliche Zwecke durch. Zum einen möchten Sie Rückstellungen für fehlende Kosten oder eventuell drohende Verluste ermitteln. Für die geplanten Teilfakturen Ihres Projekts sollen ferner Zwischengewinne ausgewiesen werden, wenn die Erlöse die berechneten Kosten des Umsatzes überschreiten. Sie wählen daher die **erlösproportionale Methode mit Gewinnrealisierung** und rechnen die Abgrenzungswerte an CO-PA ab. Als zweite Ergebnisermittlungsmethode wählen Sie die **kostenproportionale POC-Methode**, die es Ihnen erlaubt, ergebniswirksame Erlöse auf Basis der Istkosten und ggf. erlösfähigen Bestand zu berechnen sowie nicht realisierte Gewinne auszuweisen. Da in

Deutschland nicht realisierte Gewinne in Bilanzen nicht ausgewiesen werden dürfen, verwenden Sie diese Abgrenzungsdaten nur für interne Controlling-Zwecke im Projektsystem.

Bei der erlösproportionalen Methode mit Gewinnrealisierung berechnen sich die errechneten Kosten des Umsatzes $K(e)$ und die errechneten ergebniswirksamen Erlöse $E(e)$ wie folgt:

Erlösproportionale Methode mit Gewinnrealisierung

$K(e) = K(p) \times E(i) / E(p)$ *wobei* $E(i) = Isterlös$

$E(e) = E(i)$

Kostenanteile im Bestand $K(b)$ werden gebildet, wenn die Istkosten $K(i)$ größer als die errechneten Kosten sind gemäß

$K(b) = K(i) - K(e)$ *wenn* $K(i) > K(e)$

Sind umgekehrt die Kosten des Umsatzes größer als die tatsächlichen Istkosten, werden Rückstellungen für fehlende Kosten $K(r)$ gebildet gemäß

$K(r) = K(e) - K(i)$ *wenn* $K(e) > K(i)$

Bei der kostenproportionalen POC-Methode werden zur Berechnung der ergebniswirksamen Kosten und Erlöse die Plankosten und -erlöse gewichtet mit dem Verhältnis aus Ist- und Plankosten. Es gelten also die folgenden Formeln:

Kostenproportionale POC-Methode

$K(e) = K(i)$

$E(e) = E(p) \times K(i) / K(p)$

Ist der Isterlös kleiner als der errechnete Erlös, wird ein erlösfähiger Bestand $E(b)$ gebildet gemäß

$E(b) = E(e) - E(i)$ *wenn* $E(e) > E(i)$

Ist jedoch der Isterlös größer als der errechnete Erlös, bildet das System einen Erlösüberschuss $E(r)$ gemäß

$E(r) = E(i) - E(e)$ *wenn* $E(i) > E(e)$

Die Anwendung der Formeln und Regeln dieser beiden Ergebnisermittlungsmethoden wird nun am Beispiel des Vertriebsprojekts veranschaulicht.

In der Periode 1 wird das Projekt freigegeben, und es fallen Istkosten in Höhe von 20 000 €, aber noch keine Isterlöse an. Bei der erlösproportionalen Methode mit Gewinnrealisierung ergeben sich folglich ein errechneter Erlös in Höhe des Isterlöses und errechnete Kosten des Umsatzes gleich null. Die Abrechnung an CO-PA in der Abgrenzungsversion 0 führt zu folgenden Werten in der Ergebnis- und Marktsegmentrechnung:

Isterlöse: *0*

*Errechnete Kosten
des Umsatzes:*   *0*

Ergebnis: *0*

Aufgrund des Status **Freigegeben** werden auch Kostenanteile im Bestand in Höhe von $K(b) = 20\,000\,€$ gebildet und im Rahmen der Abrechnung an CO-PA an das FI gebucht. So ergibt sich anschließend in der Gewinn- und Verlustrechnung folgende Darstellung:

Aufwand: *20 000 € (Istkosten)*

Ertrag: *20 000 € (Bestandsmehrung)*

Bei der kostenproportionalen POC-Methode entsprechen die errechneten Kosten des Umsatzes den Istkosten. Für den ergebniswirksamen Erlös ergibt sich

$$E(e) = 120\,000\,€ \times 20\,000\,€ / 80\,000\,€ = 30\,000\,€$$

und somit auch ein erlösfähiger Bestand von $E(b) = 30\,000\,€$. Würde man die Abgrenzungsdaten an CO-PA abrechnen – es können jedoch nur die Daten der Abgrenzungsversion 0 an CO-PA abgerechnet werden, somit ist dies eine hypothetische Betrachtung – ergäbe sich folgendes Bild in der Ergebnis- und Marktsegmentrechnung und in der Gewinn- und Verlustrechnung:

Errechneter Erlös: *30 000 €*

*Kosten
des Umsatzes:*   *20 000 €*

Ergebnis: *10 000 €*

Aufwand: *20 000 € (Istkosten) + 10 000 € (Gewinn)*

Ertrag: *0 € (Isterlös) + 30 000 € (erlösfähiger Bestand)*

In der Periode 2 werden weitere 30 000 € als Istkosten auf das Projekt gebucht, so dass sich die Istkosten insgesamt auf $K(i) = 50\,000\,€$

erhöht haben. Ferner wird die vereinbarte Teilfakturierung in Höhe von 60 000 € durchgeführt.

Die erlösproportionale Methode mit Gewinnrealisierung ergibt:

$K(e)$ = 80 000 € × 60 000 € / 120 000 € = 40 000 €

$E(e)$ = 60 000 €

$K(b)$ = 50 000 € – 40 000 € = 10 000 €

Die Abrechnung an CO-PA überträgt die Differenzwerte zur Vorperiode und führt zu folgenden neuen Werten in der Ergebnis- und Marktsegmentrechnung und in der Gewinn- und Verlustrechnung:

Isterlöse:	60 000 €
Errechnete Kosten des Umsatzes:	40 000 €
Ergebnis:	20 000 €
Aufwand:	50 000 € (Istkosten) + 20 000 € (Gewinn)
Ertrag:	60 000 € (Isterlös) + 10 000 € (Bestandsmehrung)

Bei Verwendung der kostenproportionalen POC-Methode ergeben sich rechnerisch die folgenden Abgrenzungswerte:

$K(e)$ = 50 000 €

$E(e)$ = 120 000 € × 50 000 € / 80 000 € = 75 000 €

$E(b)$ = 75 000 € – 60 000 € = 15 000 €

Eine hypothetische Abrechnung würde zu folgenden Werten in CO-PA und FI führen:

Errechneter Erlös:	75 000 €
Errechnete Kosten des Umsatzes:	50 000 €
Ergebnis:	25 000 €
Aufwand:	50 000 € (Istkosten) + 25 000 € (Gewinn)
Ertrag:	60 000 € (Isterlös) + 15 000 € (erlösfähiger Bestand)

In der Periode 3 entstehen nun weitere Istkosten in Höhe von lediglich 5 000 €. Die zweite Teilfakturierung über 30 000 € führt in dieser Periode zu Isterlösen in Höhe von insgesamt 90 000 €.

Die erlösproportionale Methode ermittelt nun die folgenden ergebniswirksamen Werte:

$$K(e) = 80\,000\,€ \times 90\,000\,€ / 120\,000\,€ = 60\,000\,€$$

$$E(e) = 90\,000\,€$$

Aufgrund des verhältnismäßig geringen Kostenzuwachses und der zweiten Teilfakturierung sind nun die errechneten Kosten des Umsatzes höher als die tatsächlichen Istkosten. Daher werden nun die Kostenanteile im Bestand aufgelöst und stattdessen Rückstellungen für fehlende Kosten ermittelt:

$$K(r) = 60\,000\,€ - 55\,000\,€ = 5\,000\,€$$

In CO-PA und FI werden nach der Abrechnung die folgenden Werte ausgewiesen:

Isterlöse:	*90 000 €*
Errechnete Kosten des Umsatzes:	*60 000 €*
Ergebnis:	*30 000 €*
Aufwand:	*55 000 € (Istkosten) + 5 000 € (Rückstellungen) + 30 000 € (Gewinn)*
Ertrag:	*90 000 € (Isterlös)*

Die Ergebnisermittlung nach der kostenproportionalen POC-Methode ergibt die folgenden Abgrenzungswerte:

$$K(e) = 55\,000\,€$$

$$E(e) = 120\,000\,€ \times 55\,000\,€ / 80\,000\,€ = 82\,500\,€$$

Anders als in Periode 2 ist nun der Isterlös größer als der errechnete Erlös, so dass ein Erlösüberschuss mit Rückstellungscharakter gebildet wird gemäß

$$E(r) = 90\,000\,€ - 82\,500\,€ = 7\,500\,€$$

Eine Abrechnung nach CO-PA würde zu folgenden Ergebnissen führen:

Errechneter Erlös:	*82 500 €*
Errechnete Kosten des Umsatzes:	*55 000 €*
Ergebnis:	*27 500 €*
Aufwand:	*55 000 € (Istkosten) + 7 500 € (Erlösüberschuss) + 27 500 € (Gewinn)*
Ertrag:	*90 000 € (Isterlös)*

In der Periode 4 werden nun weitere Istkosten in Höhe von 30 000 € auf das Projekt gebucht, so dass die Plankosten um 5 000 € überschritten werden. Die Schlussrechnung führt schließlich zum vereinbarten Zielerlös in Höhe von 120 000 €. Sie schließen das Projekt ab. Aufgrund des Statuswechsels werden bei der Ergebnisermittlung nun alle eventuellen Bestände und Rückstellungen aufgelöst.

Da die Istkosten die Plankosten überschreiten, werden bei der erlösproportionalen Methode nun die Istkosten als Kosten des Umsatzes übernommen. Aufgrund des Status werden die bestehenden Rückstellungen aufgelöst. Nach der Abrechnung an CO-PA werden die folgenden Werte in der Ergebnis- und Marktsegmentrechnung und im FI ausgewiesen:

Isterlöse:	*120 000 €*
Errechnete Kosten des Umsatzes:	*85 000 €*
Ergebnis:	*35 000 €*
Aufwand:	*85 000 € (Istkosten) + 35 000 € (Gewinn)*
Ertrag:	*120 000 € (Isterlös)*

Bei der kostenproportionalen POC-Methode wird nun der errechnete Erlös gleich dem Isterlös gesetzt. Eine Abrechnung an CO-PA würde zu denselben Ergebnissen in CO-PA und FI wie die erlösproportionale Methode führen.

Neben den gerade erläuterten Ergebnisermittlungsmethoden gibt es eine Reihe weiterer Methoden im Standard, die Sie für die Ergebnisermittlung nutzen können. Die Auswahl der Ergebnisermittlungsmethode ist von verschiedenen betriebswirtschaftlichen Faktoren abhängig, z.B. von den benötigten Abgrenzungsdaten (sollen Bestandskosten und Rückstellungen gebildet werden) und deren weiterer Verwendung (interne Informationszwecke oder Verwendung in der Bilanz) sowie von den jeweiligen gesetzlichen Bestimmungen.

Nachfolgend werden die im Standard zur Verfügung stehenden Ergebnisermittlungsmethoden aufgelistet (eine detaillierte Erläuterung mit expliziten Beispielen finden Sie in der SAP-Bibliothek):

- (01) Erlösproportionale Methode mit Gewinnrealisierung
- (02) Erlösproportionale Methode ohne Gewinnrealisierung
- (03) Kostenproportionale POC-Methode
- (04) Mengenproportionale Methode
- (05) Mengenproportionale POC-Methode
- (06) POC-Methode auf Basis Planerlös je Periode
- (07) POC-Methode auf Basis der Projektfortschrittswertermittlung
- (08) Kosten des Umsatzes aus »alter« aufwandsbezogener Fakturierung der CO-Einzelposten ableiten
- (09) Completed-Contract-Methode
- (10) Bestandsermittlung, ohne Plankosten, ohne Teilfakturen
- (11) Bestandsermittlung, ohne Plankosten, mit Teilfakturen
- (12) Bestandsermittlung, Rückstellungen für Nachlaufkosten, ohne Teilfakturen
- (13) Bestandsermittlung »WIP zu Istkosten« für nicht erlösführende Objekte
- (14) Kosten des Umsatzes aus aufwandsbezogener Fakturierung dynamischer Posten ableiten
- (15) Erlös aus aufwandsbezogener Fakturierung und Simulation dynamischer Posten ableiten

6.6.1 Voraussetzungen für die Ergebnisermittlung

Die Ergebnisermittlungsmethode, die Statusabhängigkeit der Bestände und Rückstellungen und andere steuernde Einstellungen der Ergebnisermittlung sind im Customizing in *Bewertungsmethoden* zusammengefasst. Die Bewertungsmethode wird ermittelt aus den *Abgrenzungsschlüsseln* der relevanten Objekte und der *Abgrenzungsversion*, die Sie bei der Durchführung der Ergebnisermittlung angeben. Die Fortschreibung der Abgrenzungsdaten in das Projektsystem, CO-PA und FI, wird über Abgrenzungskostenarten, so genannte Zeilenidentifikationen, Regeln zur Fortschreibung der Abgrenzungskostenarten und Buchungsregeln gesteuert. Die entsprechenden Customizing-Aktivitäten sollen nun kurz erläutert werden.

Nur für PSP-Elemente, die einen Abgrenzungsschlüssel tragen, kann eine Bewertungsmethode ermittelt und eine Ergebnisermittlung durchgeführt werden. Allerdings können in Projekten auch die Kosten untergeordneter Objekte automatisch bei der Abgrenzung berücksichtigt werden. Im Standard sind bereits verschiedene Abgrenzungsschlüssel definiert, die Sie verwenden können. Abgrenzungsschlüssel können Sie entweder manuell in PSP-Elementen erfassen, im Projektprofil als Vorschlagswert hinterlegen oder zusammen mit der Abrechnungsvorschrift über Strategien ableiten (siehe Abschnitt 6.9.1).

Abgrenzungsschlüssel

Die Fortschreibung der Werte der Ergebnisermittlung auf die abgegrenzten PSP-Elemente erfolgt unter Verwendung von Abgrenzungskostenarten, Kostenarten vom Kostenartentyp 31. Die Auswertung der Daten der Ergebnisermittlung in den Kostenberichten des Projektsystems geschieht anhand der verwendeten Abgrenzungskostenarten.

Abgrenzungskostenarten

Bei der Durchführung der Ergebnisermittlung geben Sie eine Abgrenzungsversion an, in die die Daten der Ergebnisermittlung fortgeschrieben werden. Da die Ermittlung der Bewertungsmethode auch in Abhängigkeit von der Abgrenzungsversion geschieht, können Sie mehrere Ergebnisermittlungen mit unterschiedlichen Methoden für ein und dasselbe Objekt durchführen und die abgegrenzten Daten jeweils in einer anderen CO-Version speichern. Nur die Werte der Abgrenzungsversion 0 können jedoch an die Ergebnis- und Marktsegmentrechnung abgerechnet werden.

Abgrenzungsversion

Abbildung 6.15 auf der nächsten Seite zeigt ein Beispiel für die Definition einer Abgrenzungsversion in der Customizing-Transaktion OKG2.

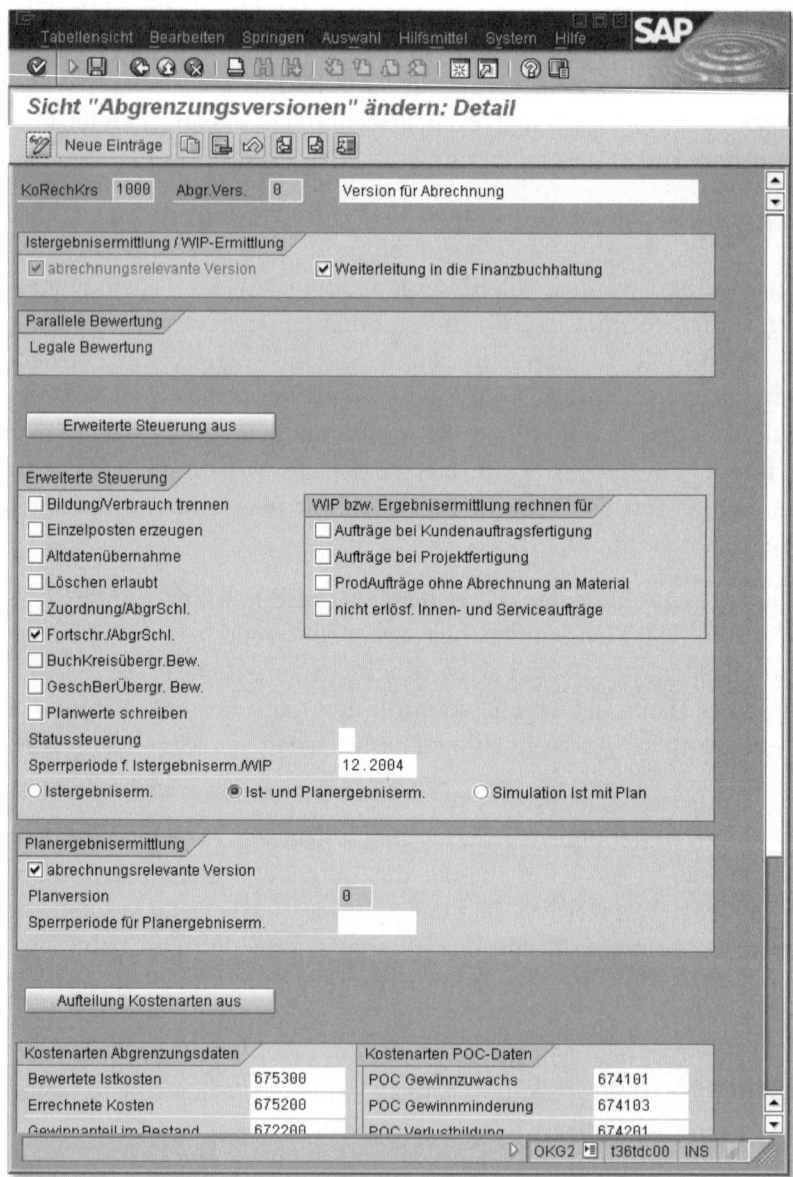

Abbildung 6.15 Beispiel für die Definition einer Abgrenzungsversion

Mithilfe der Kennzeichen **abrechnungsrelevante Version** und **Weiterleitung in die Finanzbuchhaltung** in der Abgrenzungsversion steuern Sie die Relevanz der Abgrenzungsdaten hinsichtlich der Abrechnung und der gleichzeitigen, automatischen Überleitung in die Finanzbuchhaltung.[12] In der **erweiterten Steuerung** der Abgrenzungsversion können Sie entscheiden, ob die Version auch für eine Planergebnisermittlung verwendet werden soll. Mithilfe weiterer Kennzeichen in der erweiterten Steuerung können Sie z. B. festlegen, ob die Bildung und der Verbrauch von Beständen oder Rückstellungen unter verschiedenen Kostenarten fortgeschrieben werden sollen, ob Einzelposten bei der Ergebnisermittlung gebildet werden[13] oder – bei Verwendung des unbewerteten Projektbestands – ob für zugeordnete Aufträge in Abhängigkeit von deren Abgrenzungsschlüsseln separat Ware in Arbeit gebildet werden kann.

Die Abgrenzungsversion verweist in Kombination mit dem Abgrenzungsschlüssel auf eine Bewertungsmethode. In der Bewertungsmethode ist die Ergebnisermittlungsmethode hinterlegt, die bei der Ergebnisermittlung verwendet werden soll. Im Standard werden bereits diverse Bewertungsmethoden ausgeliefert, in denen jeweils eine Ergebnisermittlungsmethode hinterlegt ist. Bei der Definition von Bewertungsmethoden wird zwischen einer Pflege mit und ohne Expertenmodus unterschieden.

Bewertungsmethoden

Abbildung 6.16 zeigt die Pflege einer Bewertungsmethode ohne Verwendung des Expertenmodus in der Customizing-Transaktion OKG3. Neben der Ergebnisermittlungsmethode können Sie hier z. B. die Status festlegen, zu denen Bestände und Rückstellungen aufgelöst werden sollen. Die Bildung der Bestände und Rückstellungen erfolgt immer ab dem Status **Freigegeben**. Durch die Angabe der Gewinnbasis steuern Sie, welche Plankosten die Grundlage der Ergebnisermittlung bilden sollen. Zusätzlich können Sie die Bewertungsebene (summarische Aufteilung der Abgrenzungsdaten entsprechend den Voreinstellungen im Expertenmodus oder Aufteilung gemäß Zeilenidentifikation) sowie Mindestwerte für die Fortschreibung von Beständen und Rückstellungen definieren.

---

12 Ist die Profit-Center-Rechnung aktiv, wird gleichzeitig auch eine Buchung für das Profit Center, das in den Stammdaten des Abrechnungsobjekts hinterlegt ist, durchgeführt, sofern das Kennzeichen **Weiterleitung in die Finanzbuchhaltung** in der Abgrenzungsversion gesetzt ist.

13 Aus Performancegründen wird in der Regel jedoch auf das Schreiben von Einzelposten bei der Ergebnisermittlung verzichtet.

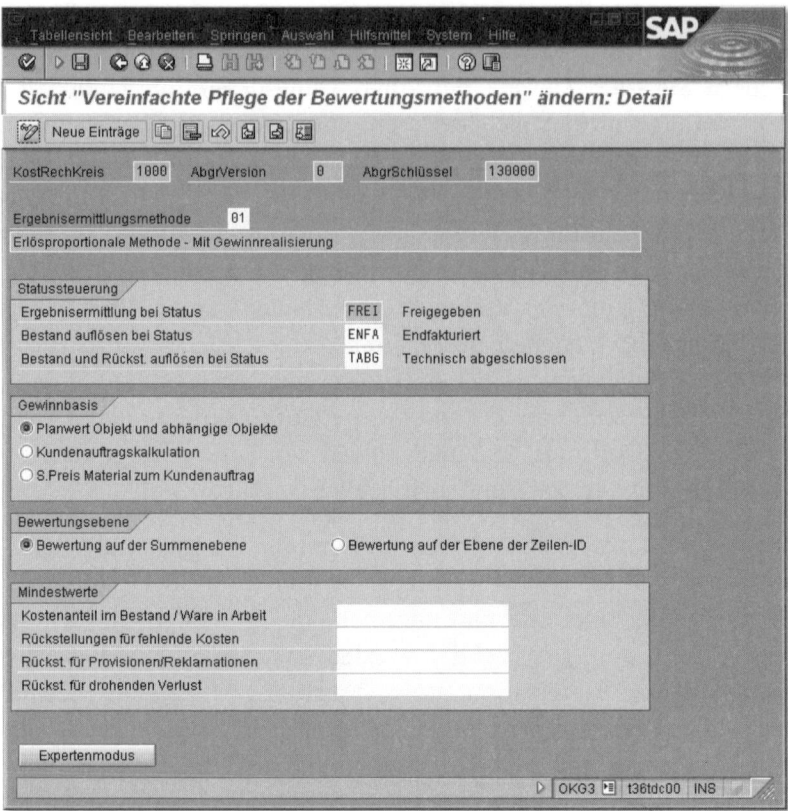

Abbildung 6.16 Beispiel für die Definition einer Bewertungsmethode

Expertenmodus

Abbildung 6.17 zeigt den Expertenmodus zur Definition von Bewertungsmethoden. In Abhängigkeit vom Status können Sie hier zusätzliche Detaileinstellungen zur Bewertung, Auflösung von Rückstellungen und Beständen oder auch zur Ermittlung der Planwerte als Basis der Abgrenzung vornehmen. Mithilfe der Kennzeichen zur erweiterten Steuerung der Ergebnisermittlung können Sie unter anderem festlegen, welche Perioden bei der Ergebnisermittlung berücksichtigt oder nach welchem Verfahren manuell ergänzte Abgrenzungsdaten gehandhabt werden sollen.

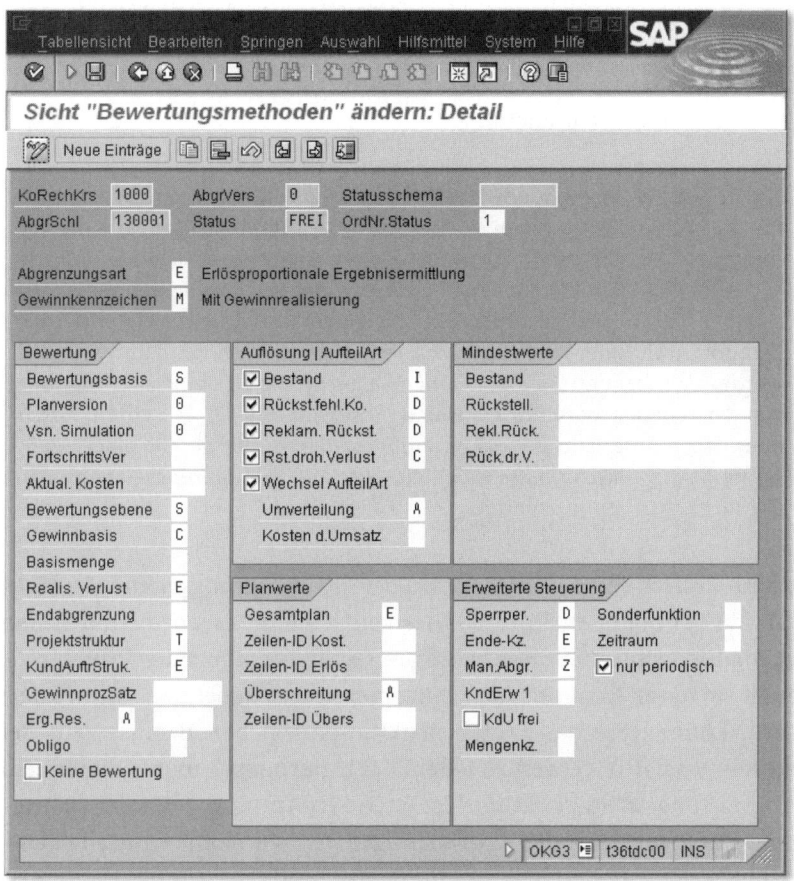

Abbildung 6.17 Expertenmodus einer Bewertungsmethode

Beachten Sie insbesondere das Kennzeichen **Projektstruktur** im Expertenmodus der Bewertungsmethode. Die wichtigsten Ausprägungen dieses Kennzeichens werden nachfolgend erläutert:

Projektstruktur-kennzeichen

Standardmäßig, d.h., wenn Sie nur die einfache Pflege einer Bewertungsmethode einsetzen, wird das Projektstrukturkennzeichen **A** verwendet.[14] Bei Verwendung dieses Kennzeichens ist eine Ergebnisermittlung nur für Fakturierungselemente eines Projekts möglich. Automatisch werden bei der Ergebnisermittlung die Werte aller untergeordneten PSP-Elemente und aller zugeordneten Netzpläne und Aufträge auf der Ebene der Fakturierungselemente zum Zweck

---

14 Auch wenn Sie keinen Eintrag für das Projektstrukturkennzeichen vornehmen, wird automatisch die Ausprägung **A** für das Kennzeichen verwendet.

der Abgrenzung verdichtet. Ein Vorteil dieses Szenarios ist, dass Sie nur die Fakturierungselemente abrechnen müssen, da die Abgrenzungsdaten dieser PSP-Elemente bereits die Werte aller untergeordneten Objekte berücksichtigen.

[!] Stellen Sie bei Verwendung des Projektstrukturkennzeichens **A** folgende Punkte sicher: Es darf nur in den Fakturierungselementen, für die Sie Abgrenzungsdaten ermitteln möchten, ein Abgrenzungsschlüssel hinterlegt sein, nicht jedoch in reinen Planungs- oder Kontierungselementen. Es darf nur für das oberste Fakturierungselement, auf dem die Daten für die Ergebnisermittlung verdichtet wurden, eine Abrechnung durchgeführt werden. Verwenden Sie hierzu z.B. eine geeignete Strategie zur Ableitung der Abrechnungsvorschriften (siehe Abschnitt 6.9.1). Es sollten weder ober- noch unterhalb der Fakturierungselemente, für die Sie eine Ergebnisermittlung durchführen möchten, weitere Fakturierungselemente in der Projektstruktur existieren.

Wenn innerhalb der Projektstruktur Fakturierungselemente nicht nur auf der obersten Stufe, sondern auch auf untergeordneten Stufen vorhanden sind und Sie sowohl am Gesamtergebnis des Projekts als auch an dem Ergebnis der einzelnen Zwischenstufen interessiert sind, können Sie das Projektstrukturkennzeichen **B** einsetzen. Bei diesem Szenario werden zu jedem Fakturierungselement, zu dem ein Abgrenzungsschlüssel hinterlegt ist, Abgrenzungsdaten fortgeschrieben. Zur Ermittlung der Abgrenzungsdaten werden jeweils alle Plandaten und Istdaten dieses Elements und der untergeordneten Objekte berücksichtigt – so haben Sie wie bei der Verwendung des Kennzeichens **A** in der Gesamtbetrachtung auf dem obersten Fakturierungselement ein vollständiges Ergebnis. Auf dem übergeordneten Fakturierungselement wird dabei jedoch nur die Differenz aus den Abgrenzungsdaten dieses Elements und den Abgrenzungsdaten der untergeordneten Elemente fortgeschrieben.

Für Projekte mit einer buchungskreisübergreifenden Struktur ist es in der Regel sinnvoll, für die Fakturierungsstrukturen der jeweiligen Buchungskreise separate Abgrenzungsdaten zu ermitteln. Zu diesem Zweck können Sie im Expertenmodus das Projektstrukturkennzeichen **T** setzen. Bei Verwendung dieses Kennzeichens findet ebenfalls eine Verdichtung von Daten auf den relevanten Fakturierungselementen statt. Anders als bei dem Kennzeichen **B** werden die Werte untergeordneter Fakturierungselemente und deren zugeordnete

PSP-Elemente und Aufträge bei der Verdichtung jedoch nicht berücksichtigt.

Wenn Sie für die PSP-Elemente eines Projekts unabhängig voneinander separate Abgrenzungsdaten ermitteln möchten, verwenden Sie das Projektstrukturkennzeichen **E**. In diesem Fall werden nur die Werte auf dem abzugrenzenden PSP-Element selbst sowie die Werte der zugeordneten Aufträge für die Ergebnisermittlung verdichtet. Hierarchisch untergeordnete PSP-Elemente und deren zugeordnete Aufträge werden dabei jedoch nicht berücksichtigt.

Weitere mögliche Projektstrukturkennzeichen sind **C**, **Q** und **U**. Die Verwendung dieser Kennzeichen entnehmen Sie bitte z.B. der F1-Hilfe des Feldes **Projektstruktur** einer Bewertungsmethode im Expertenmodus.

Mithilfe von Zeilenidentifikationen gliedern Sie Abgrenzungsdaten nach den Anforderungen der Finanzbuchhaltung. Im Standard werden bereits diverse Zeilenidentifikationen von SAP ausgeliefert. Bei Bedarf können Sie jedoch auch eigene Zeilenidentifikationen in Abhängigkeit vom Kostenrechnungskreis im Customizing anlegen (siehe Abbildung 6.18). Den Zeilenidentifikationen müssen Sie mithilfe der Customizing-Transaktion OKG5 alle Kostenarten zuordnen, unter denen Be- und Entlastungen gebucht werden und die bei der Abgrenzung berücksichtigt werden sollen.

Zeilen-identifikationen

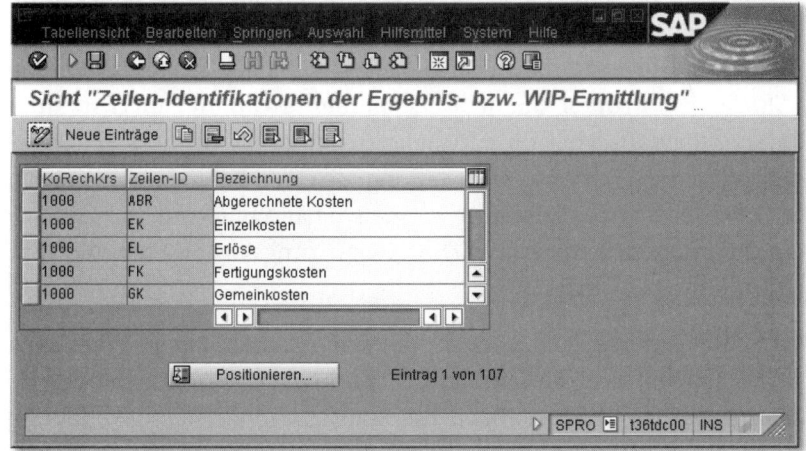

Abbildung 6.18 Definition von Zeilenidentifikationen

Abbildung 6.19 zeigt die Zusammenfassung von Kostenarten zu Zeilenidentifikationen. Jede Zuordnung können Sie z.B. von der Abgrenzungsversion, dem Abgrenzungsschlüssel, fixen und variablen Anteilen, dem Be- und Entlastungskennzeichen oder auch einer zeitlichen Gültigkeit abhängig machen. Für die spätere Buchung in die Finanzbuchhaltung legen Sie für jede Zuordnung fest, ob die Kostenarten aktivierungspflichtig oder nicht aktivierungspflichtig sind oder ein Aktivierungswahlrecht besteht. Zusätzlich können Sie für jede Zuordnung bestimmen, welcher Prozentsatz nicht aktiviert werden darf und ggf. für welchen Prozentsatz ein Aktivierungswahlrecht gelten soll.

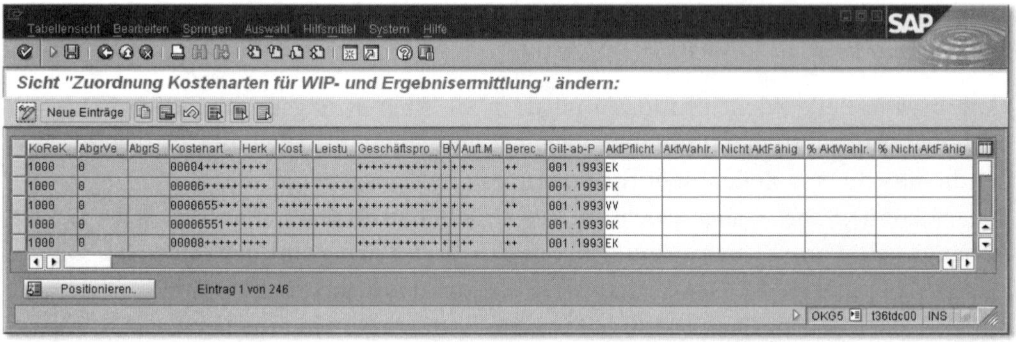

Abbildung 6.19 Zuordnung von Kostenarten zu Zeilenidentifikationen

Fortschreibungs-regeln

Als nächste Customizing-Aktivität definieren Sie in der Transaktion OKG4, unter welchen Abgrenzungskostenarten die jeweiligen Abgrenzungsdaten fortgeschrieben werden sollen (siehe Abbildung 6.20). Dazu ordnen Sie jede Zeilenidentifikation zunächst einer Kategorie zu, die über die mögliche Gruppierung der Abgrenzungsdaten z.B. nach Bestand, Rückstellung, direkten Kosten, Erlösen usw. entscheidet. Je nach Kategorie können Sie anschließend den Zeilenidentifikationen unterschiedliche Abgrenzungskostenarten für jede Gruppierung zuweisen.

Buchungsregeln

Schließlich müssen Sie noch mithilfe der Customizing-Transaktion OKG8 Buchungsregeln definieren, die die Überleitung der Abgrenzungsdaten an die Finanzbuchhaltung steuern (siehe Abbildung 6.21). Eine Buchungsregel besteht aus der Zuordnung einzelner Abgrenzungskostenarten oder ganzer Abgrenzungskategorien zu jeweils einem GuV-Konto und einem Bilanzkonto. Abgrenzungskategorien entsprechen dabei den Zuordnungen von Kostenarten zu Zeilenidentifikationen, die Sie zuvor mithilfe der Transaktion OKG5 vorgenommen haben, also z. B. **WIPA (Ware in Arbeit, aktivierungspflichtig)**.

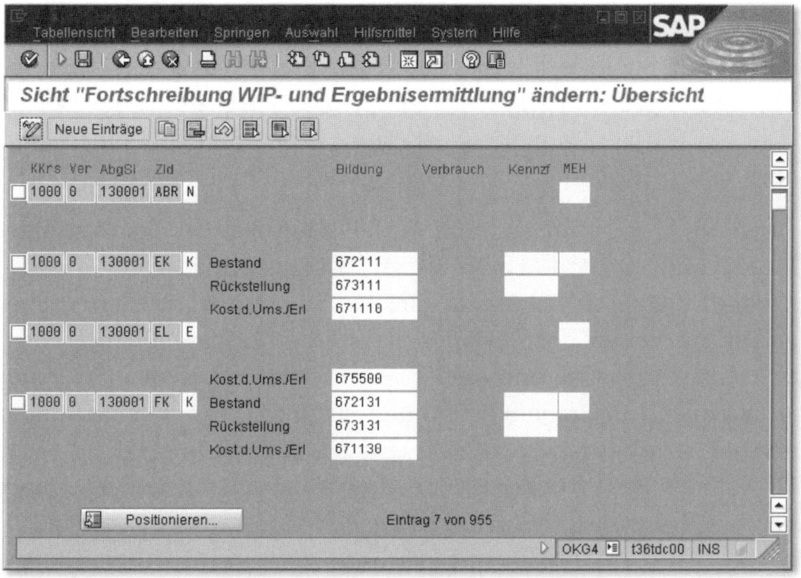

Abbildung 6.20 Definition von Fortschreibungsregeln

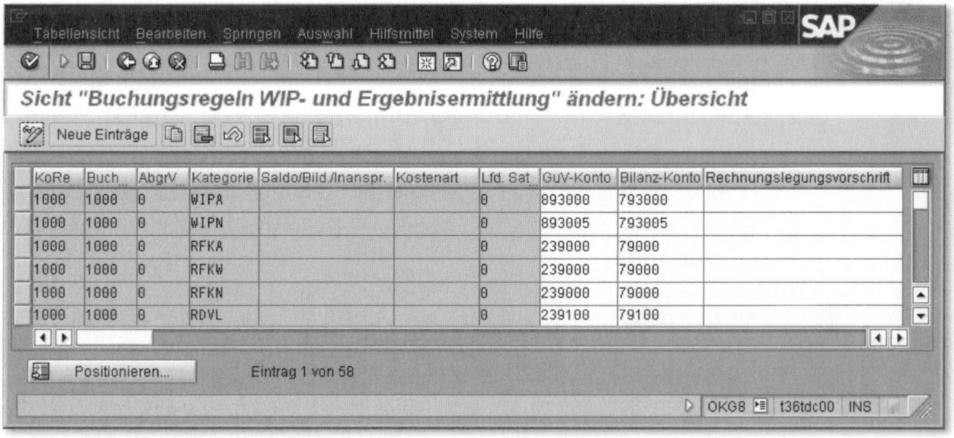

KoRe	Buch...	AbgrV...	Kategorie	Saldo/Bild./Inanspr.	Kostenart	Lfd. Sat...	GuV-Konto	Bilanz-Konto	Rechnungslegungsvorschrift
1000	1000	0	WIPA			0	893000	793000	
1000	1000	0	WIPN			0	893005	793005	
1000	1000	0	RFKA			0	239000	79000	
1000	1000	0	RFKW			0	239000	79000	
1000	1000	0	RFKN			0	239000	79000	
1000	1000	0	RDVL			0	239100	79100	

Abbildung 6.21 Definition von Buchungsregeln

6.6.2 Durchführung der Ergebnisermittlung

Bevor Sie eine Ergebnisermittlung im Ist für ein Projekt durchführen, sollten Sie eine Sperrperiode setzen, die dafür sorgt, dass alle bis einschließlich zur Sperrperiode ermittelten Abgrenzungsdaten nicht mehr durch die Ergebnisermittlung geändert werden. Dies ist insbesondere dann relevant, wenn Sie auch keine Buchungen mehr in die Finanzbuchhaltung für diese Perioden vornehmen können. Im Standard ist für alle Bewertungsmethoden eingestellt, dass die Sperrperiode immer die Vorperiode der Abgrenzungsperiode ist. Bei Bedarf können Sie diese Einstellung jedoch im Expertenmodus ändern und eine Sperrperiode in der Abgrenzungsversion hinterlegen.

Sie können eine Planergebnisermittlung mithilfe der Transaktionen KKA2P und KKAJP durchführen. Im Ist verwenden Sie die Transaktionen KKA2 und KKAJ.[15] Im Einstiegsbild der Ergebnisermittlung geben Sie neben der Selektion der relevanten PSP-Elemente die Abgrenzungsperiode und die zu verwendende Abgrenzungsversion an. Wenn Sie die Ergebnisermittlung ausführen, ermittelt das System anhand der Abgrenzungsversion und des Abgrenzungsschlüssels der Objekte die Bewertungsmethode, die für die Abgrenzung der Daten verwendet werden soll. In Abhängigkeit vom Status der abzugrenzenden PSP-Elemente findet dann die Berechnung der Abgrenzungsdaten statt.[16] Je nach den Einstellungen der Bewertungsmethode können Sie noch manuelle Ergänzungen der Abgrenzungsdaten vornehmen.

Mithilfe einer flexiblen Fehlersteuerung, die Sie im Customizing des Projektsystems bei Bedarf definieren können, haben Sie die Möglichkeit, Einfluss auf Meldungen zu nehmen, die ggf. im Rahmen der

---

15 Mithilfe der Transaktion KKG2 können Sie in Abhängigkeit von den Einstellungen der Bewertungsmethode auch manuell Kosten des Umsatzes für ein Projekt erfassen.

16 Da der Zeitpunkt der Ergebnisermittlung und der Zeitpunkt, zu dem ein für die Abgrenzung relevanter Status gesetzt worden ist, voneinander abweichen können, kann es bei der Ergebnisermittlung zu einer fehlerhaften Zuordnung der Abgrenzungsdaten zu den relevanten Perioden kommen. Um dies zu vermeiden, können Sie im Customizing die Zeitabhängigkeit für Systemstatus aktivieren. Das System hält anschließend z. B. für die Status **Freigegeben**, **Technisch abgeschlossen** oder **Endfakturiert** das Datum fest, zu dem der Status gesetzt wurde, und berücksichtigt dies bei der Ergebnisermittlung. Für die Planergebnisermittlung ist es zusätzlich möglich, den Zeitpunkt einer Statusänderung zu planen.

Durchführung der Ergebnisermittlung entstehen. So können Sie z.B. für bestimmte Ereignisse aus dem Meldungstyp **Warnmeldung** eine Fehlermeldung machen und umgekehrt oder auch Meldungen komplett unterdrücken.

Abbildung 6.22 zeigt das Resultat einer Ergebnisermittlung.

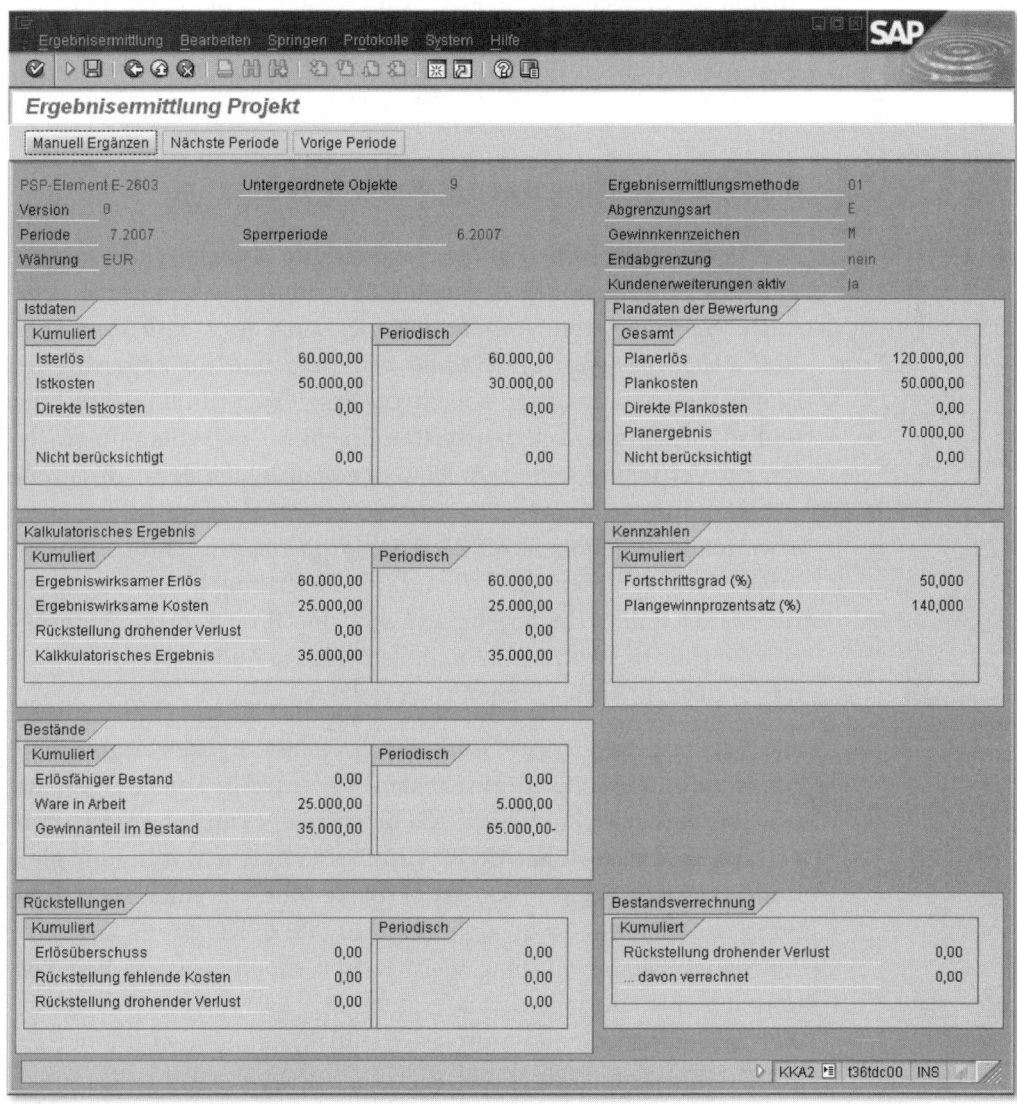

Abbildung 6.22 Beispiel für das Resultat einer Ergebnisermittlung

Achten Sie darauf, dass Sie das Resultat sichern, damit eine Fortschreibung der Abgrenzungsdaten durchgeführt wird. Weicht die Kostenrechnungskreiswährung von der Buchungskreiswährung ab, wird die Ergebnisermittlung in beiden Währungen durchgeführt. Sie müssen in diesem Fall mehrfach sichern, damit die Daten fortgeschrieben werden. Die Buchung von Abgrenzungsdaten in die Ergebnis- und Marktsegmentrechnung sowie in die Finanzbuchhaltung erfolgt erst im Rahmen der Projektabrechnung (siehe Abschnitt 6.9).

6.7 Projektbezogener Auftragseingang

Für Vertriebsprojekte können Sie mithilfe der projektbezogenen Auftragseingangsermittlung zusätzliche Controlling-Kennzahlen zum *Auftragseingang*, zur *Auftragshistorie*, zum *Auftragsbestand* und zum *Abbau des Auftragsbestands* ermitteln und im Reporting des Projektsystems auswerten oder an die Ergebnisermittlung abrechnen und so Ihrem unternehmensweiten Ergebnis-Controlling für Analysen zur Verfügung stellen. Anhand der Kennzahlen der Auftragseingangsermittlung können Sie Aussagen über das voraussichtlich zu erwartende Ergebnis Ihrer Vertriebsprojekte hinsichtlich Kosten, Erlösen und ggf. Mengen treffen. Die Auswertung der Auftragshistorie erlaubt Ihnen, die Ergebnisentwicklung Ihrer Projekte aufgrund von neu hinzugekommen Kundenaufträgen, Änderungen der Aufträge oder z. B. auch Absagen zu verfolgen.

Die Funktion und Verwendung der projektbezogenen Auftragseingangsermittlung soll zunächst an dem einfachen Beispiel des Aufzugprojekts verdeutlicht werden. Auf dem Projekt wurden kostenartengerecht Kosten in Höhe von 80 000 € geplant. Die Kontierung einer Kundenauftragsposition auf das Projekt führt zu einer Fortschreibung von Planerlösen in Höhe von 120 000 €. Die projektbezogene Auftragseingangsermittlung weist entsprechend zu speziellen Kostenarten des Auftragseingangs unter der Kategorie **AENA (Neuer Auftrag)** entsprechende Auftragsbestandskosten und -erlöse in Höhe von 80 000 € und 120 000 € aus.

Im Laufe des Projekts werden Istkosten in Höhe von 40 000 € auf das Projekt gebucht, und es findet eine Fakturierung in Höhe von 60 000 €

statt. Bei der Ergebnisermittlung werden z.B. bei Verwendung einer erlösproportionalen Methode (vgl. Beispiel in Abschnitt 6.6), 40 000 € als Kosten des Umsatzes und 60 000 € als ergebniswirksame Erlöse gebucht. Eine neue projektbezogene Kundenauftragsermittlung zeigt nun die abgegrenzten Werte unter der Kategorie **ABAF (Auftragsbestand: Abbau durch Faktura)** an. Die neuen Auftragsbestandswerte für die Kosten und Erlöse des Projekts ergeben sich dabei aus den ursprünglichen Auftragsbestandswerten abzüglich der Abbaubeträge, in diesem Fall abzüglich der Abgrenzungsdaten:

Auftragsbestand (Erlöse) = 120 000 € – 60 000 € = 60 000 €

Auftragsbestand (Kosten) = 80 000 € – 40 000 € = 40 000 €

Im weiteren Verlauf des Projekts ergeben sich weitere Änderungen. Zum einen werden zusätzliche Istkosten in Höhe von 5 000 € und Isterlöse in Höhe von 30 000 € auf das Projekt gebucht. Zusätzlich wurde eine neue Kundenauftragsposition auf das Projekt kontiert, die zu zusätzlichen Planerlösen in Höhe von 30 000 € auf dem Projekt führt. Die Plankosten des Projekts wurden daraufhin ebenfalls um 15 000 € erhöht. Die Ergebnisermittlung des Projekts führt nun zu Kosten des Umsatzes in Höhe von 57 000 € und ergebniswirksamen Erlösen von 90 000 €. Die anschließende projektbezogene Auftragseingangsermittlung weist nun als Differenz zur vorherigen Durchführung zu der Kategorie **AEGA (Auftragsänderung)** 30 000 € bei den Erlösen und 15 000 € bei den Kosten aus. Die Änderungen der Abgrenzungswerte, d.h. im Falle der ergebniswirksamen Erlöse 30 000 € und bei den Kosten des Umsatzes 17 000 €, werden wiederum als Abbaubeträge unter der Kategorie **ABAF** verwendet. Als neue Auftragsbestandswerte ergeben sich für das Projekt nun also:

Auftragsbestand (Erlöse)   = *120 000 € – 90 000 € + 30 000 €*
                             = *60 000 €*

Auftragsbestand (Kosten)   = *80 000 € – 57 000 € + 15 000 €*
                             = *38 000 €*

Abbildung 6.23 zeigt den Hierarchiebericht (siehe auch Abschnitt 7.2.1) **Auftragseingang/-bestand**, in dem die Werte dieses Beispiels dargestellt werden.

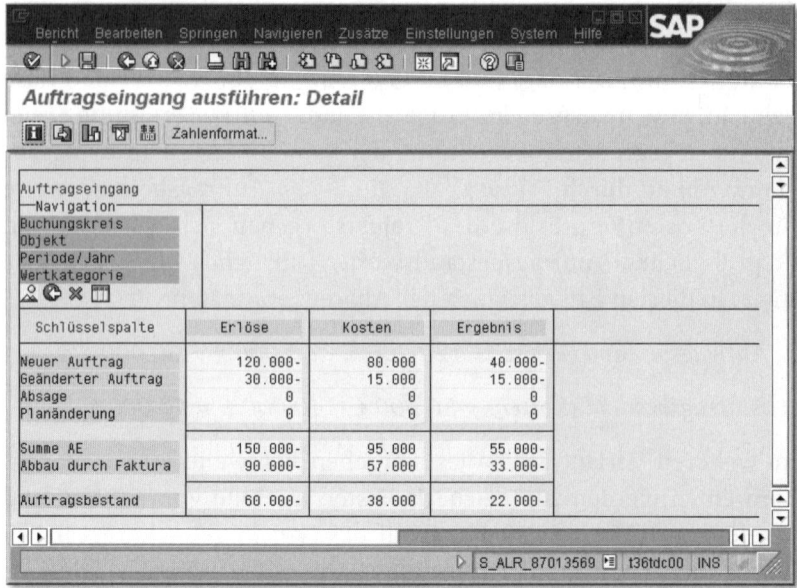

Abbildung 6.23 Auswertung des projektbezogenen Auftragseingangs

Statusabhängigkeit   Bei der Ermittlung der Auftragseingangsdaten wird eine Unterscheidung zwischen endfakturierten und nicht endfakturierten PSP-Elementen getroffen. Solange ein Fakturierungselement noch nicht den Systemstatus **ENFA (Endfakturiert)** besitzt, ergeben sich die Auftragsbestandswerte wie folgt:

> *Auftragsbestand (Erlöse)   = Auftragseingang (Erlöse)*
> *– ergebniswirksame Erlöse*

> *Auftragsbestand (Kosten) = Auftragseingang (Kosten)*
> *– Kosten des Umsatzes*

Der Auftragseingang wird dabei auf Basis der erlösartengerecht geplanten Erlöse auf dem Fakturierungselement und der kostenartengerecht geplanten Kosten auf Objekten der Fakturierungsstruktur des PSP-Elements ermittelt.[17] Wie oben dargestellt, ergeben sich die Abbaubeträge zum Auftragsbestand auf Basis der abgegrenzten Ist-

---

17 Auftragsbestandsmengen ergeben sich rein aus der manuellen Erlösplanung auf dem Fakturierungselement, eine Übernahme von Mengen aus den Kundenauftragspositionen ist nicht möglich. Die Abbaumenge des Auftragsbestands wird aus den Verbrauchsmengen aller Objekte der Fakturierungsstruktur abgeleitet.

daten der Abgrenzungsversion 0. Wenn Sie noch keine Ergebnisermittlung durchgeführt haben, ist der Abbaubetrag gleich null und damit der Auftragsbestand gleich dem Auftragseingang.

Bei einem Fakturierungselement mit dem Status **Endfakturiert** ergeben sich sowohl der Auftragseingang als auch die Abbaubeträge aus den abgegrenzten Istdaten der Abgrenzungsversion 0. D.h., die Abbaubeträge sind in diesem Fall gleich den Auftragseingangsdaten, und somit sind die Auftragsbestände gleich null.

Übersteigen die Isterlöse die geplanten Erlöse, ergibt sich unabhängig vom Status des Fakturierungselements, dass die Auftragseingangserlöse gleich den Isterlösen sind. Analog gilt, dass bei Überschreiten der Plankosten durch die Istkosten die Auftragseingangskosten gleich den Istkosten gesetzt werden.

6.7.1 Voraussetzungen der projektbezogenen Auftragseingangsermittlung

Als erste Voraussetzung für die Verwendung der projektbezogenen Auftragseingangsermittlung müssen Sie sekundäre Kostenarten anlegen, unter denen Kosten, Erlöse und ggf. Mengen zum Auftragseingang fortgeschrieben werden sollen. Verwenden Sie dabei die folgenden Kostenartentypen:

Auftragseingangskostenarten

▸ 50 Auftragseingang Umsatzerlöse

▸ 51 Auftragseingang sonstige Erträge

▸ 52 Auftragseingang Kosten

Soll der projektbezogene Auftragseingang später an die Ergebnisrechnung abgerechnet werden, ist es in der Regel sinnvoll, die Auftragseingangskostenarten entsprechend den Wertfeldern der Ergebnisrechnung zu gliedern.

Als Nächstes müssen Sie im Customizing des Projektsystems den Auftragseingangskostenarten die relevanten Kostenarten der Kosten und Erlöse sowie die Abgrenzungskostenarten zuordnen. Diese Zuordnung können Sie für Kostenartenintervalle oder Kostenartengruppen in Abhängigkeit vom Kostenrechnungskreis und Abgrenzungsschlüssel (siehe Abschnitt 6.6.1) vornehmen. Für die spätere Auswertung müssen Sie schließlich die Auftragseingangskostenarten entsprechenden Wertkategorien mithilfe der Transaktion OPI2 zuordnen (siehe Abschnitt 7.2.1)

Einstellungen in CO-PA

Wenn Sie die Daten der projektbezogenen Auftragseingangsermittlung an die Ergebnisrechnung abrechnen möchten, benötigen Sie zum einen ein geeignetes Ergebnisschema, das bei der Abrechnung die Abbildung der Auftragseingangskostenarten auf Wertkategorien der Ergebnisrechnung bestimmt (siehe Abschnitt 6.9.1). Zum anderen muss der Ergebnisbereich, in den die Daten abgerechnet werden sollen, das Merkmal **SORHIST** umfassen und ein Nummernkreis für die Vorgangsart **I Kundenauftr.-Projekt** gepflegt sein. Die Definition eines Nummernkreises können Sie mithilfe der Transaktion KEN1 im Customizing der Ergebnis- und Marktsegmentrechnung vornehmen. Die Zuordnung des Merkmals **SORHIST** zu einem Ergebnisbereich nehmen Sie über die Transaktion KEQ3 vor. Das Kennzeichen besitzt die folgenden vier möglichen Kategorien:

▸ **AENA – Neuer Auftrag**
Diese Kategorie umfasst die Kostenartentypen 50, 51 und 52 und wird beim Anlegen von Kundenauftragspositionen zu Fakturierungselementen gebildet.

▸ **AEGA – Auftragsänderung**
Diese Kategorie umfasst nur den Kostenartentyp 50 und wird gebildet, falls es z.B. zu Konditions- oder Mengenänderungen in relevanten Kundenaufträgen kommt.

▸ **AEAB – Absagen**
Diese Kategorie umfasst die Kostenartentypen 50, 51, und 52 und wird bei der Stornierung von Kundenauftragspositionen zu Fakturierungselementen gebildet.

▸ **AEPA – Planänderung**
Diese Kategorie umfasst die beiden Kostenartentypen 51 und 52 und wird gebildet, wenn es zu relevanten Änderungen der Kostenstruktur der Projekte kommt.

Abgrenzungs-schlüssel

Für die projektbezogene Auftragseingangsermittlung müssen Sie auch für die relevanten Abgrenzungsschlüssel im Customizing des Projektsystems Einstellungen vornehmen (siehe Abbildung 6.24). So entscheiden Sie z.B. über die Kennzeichen **Hierarchie-Ebene der Fakturastruktur** in den Einstellungen eines Abgrenzungsschlüssels, ob die vollständige Auftragshistorie nur für das gesamte Projekt oder für die einzelnen Fakturierungselemente ermittelt werden soll.[18] Zusätzlich spezifizieren Sie im Abgrenzungsschlüssel die CO-Version, deren Daten als Basis für die Auftragseingangsermittlung verwendet werden sollen.

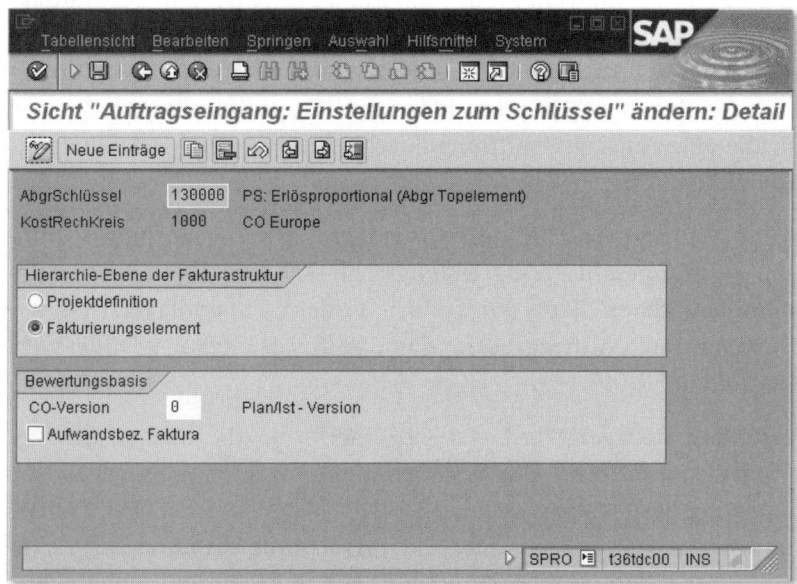

Abbildung 6.24 Beispiel für Einstellungen zu einem Abgrenzungsschlüssel

Auch die Fakturierungselemente, auf denen Sie Kennzahlen zum Auftragseingang ermitteln möchten, müssen bestimmte Voraussetzungen erfüllen. Zum einen müssen die Fakturierungselemente einen Abgrenzungsschlüssel besitzen und freigegeben sein, damit der betriebswirtschaftliche Vorgang **Maschinelle Abgrenzung** erlaubt ist. Zum anderen müssen auf den Fakturierungselementen Kundenauftragswerte unter dem Werttyp 29 fortgeschrieben worden sein. Diese Fortschreibung kann dabei durch eine auf das Projekt kontierte Kundenauftragsposition erfolgen[19] oder bei Bedarf auch mithilfe eines BAPI aus einem Fremdsystem.

---

18 Die Kategorien **Auftragsänderung** und **Planänderung** der Auftragshistorie werden jedoch immer auf der Ebene der einzelnen Fakturierungselemente ermittelt.

19 Beachten Sie, dass das Planprofil des Projekts auch eine Fortschreibung der Planerlöse des Kundenauftrags auf das Projekt erlauben sollte (siehe Abschnitt 3.5.5).

6.7.2 Durchführung der projektbezogenen Kundenauftragsermittlungen

Sie führen die Ermittlung der projektbezogenen Kundenaufträge typischerweise im Anschluss an die Ergebnisermittlung der Projekte aus. Für die Ausführung stehen Ihnen im Projektsystem die Transaktionen CJA2 und CJA1 zur Verfügung. Im Einstiegsbild nehmen Sie eine Objektselektion über die Angabe von Kundenaufträgen, Projekten oder einzelnen PSP-Elementen vor und spezifizieren die Periode, für die eine Auftragsermittlung durchgeführt werden soll, sowie die Ablaufsteuerung.

Wenn Sie die projektbezogene Auftragseingangsermittlung ausführen, bestimmen der Abgrenzungsschlüssel der Fakturierungselemente und deren Status (endfakturiert oder nicht endfakturiert), wie die Kennzahlen **Auftragsbestand** und **Auftragseingang** gebildet werden sollen.

Abbildung 6.25 zeigt die Detailliste einer projektbezogenen Auftragseingangsermittlung. Die ermittelten Kennzahlen können Sie im Reporting des Projektsystems auswerten – standardmäßig steht hierfür z.B. der Hierarchiebericht **Auftragseingang/-bestand** zur Verfügung (siehe Abbildung 6.23) – und bei Bedarf an die Ergebnis- und Marktsegmentrechnung abrechnen und dann mithilfe geeigneter Berichte auf der Ebene des Ergebnisbereichs auswerten.

Sie können eine projektbezogene Auftragseingangsermittlung auch mehrfach für eine Periode ausführen. Bei der Ermittlung der Kennzahlen auf Basis der Plandaten werden jedoch generell nur die Änderungen zu der vorangegangenen Ausführung berücksichtigt.[20] Bei Bedarf können Sie eine projektbezogene Auftragseingangsermittlung auch wieder stornieren. Dies kann insbesondere dann notwendig sein, wenn Sie nachträglich das Fakturierungskennzeichen oder den Abgrenzungsschlüssel aus einem PSP-Element, für das Sie bereits einen Auftragseingang ermittelt haben, löschen möchten. Ferner können das Stornieren und eine erneute Ausführung der Auftrageingangsermittlung sinnvoll sein, wenn Sie mehrere Auftrageingangsermittlungen innerhalb einer Periode durchgeführt haben, Sie jedoch

---

[20] Beachten Sie, dass bei der Ermittlung des Auftragseingangs alle Auftragseingänge und -änderungen zwischen der letzten Ausführung und der aktuellen Ausführung berücksichtigt werden, unabhängig davon, für welche Periode die Änderungen ausgeführt wurden.

an der Gesamtänderung der Kennzahlen im Vergleich zur Vorperiode interessiert sind.

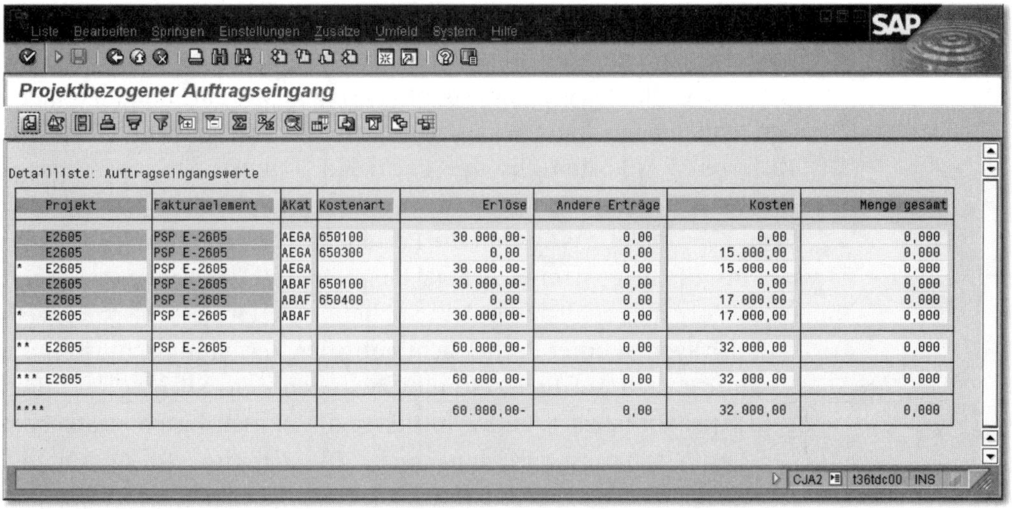

Projekt	Fakturaelement	AKat	Kostenart	Erlöse	Andere Erträge	Kosten	Menge gesamt
E2605	PSP E-2605	AEGA	650100	30.000,00-	0,00	0,00	0,000
E2605	PSP E-2605	AEGA	650300	0,00	0,00	15.000,00	0,000
* E2605	PSP E-2605	AEGA		30.000,00-	0,00	15.000,00	0,000
E2605	PSP E-2605	ABAF	650100	30.000,00-	0,00	0,00	0,000
E2605	PSP E-2605	ABAF	650400	0,00	0,00	17.000,00	0,000
* E2605	PSP E-2605	ABAF		30.000,00-	0,00	17.000,00	0,000
** E2605	PSP E-2605			60.000,00-	0,00	32.000,00	0,000
*** E2605				60.000,00-	0,00	32.000,00	0,000
****				60.000,00-	0,00	32.000,00	0,000

Abbildung 6.25 Detailliste der Ermittlung eines projektbezogenen Auftragseingangs

6.8 Kostenprognose

In den vorangegangenen Kapiteln wurde erörtert, wie Sie Kosten auf Projekten planen können und wie im Rahmen der Realisierungsphase Obligos und Istkosten auf Projekte gebucht werden können. Kommt es bei der Durchführung Ihrer Projekte jedoch zu Abweichungen, Verzögerungen, voraussichtlicher Mehrarbeit usw., reicht eine reine Betrachtung der aktuellen Plan-, Istkosten und Obligos nicht aus, um aussagekräftige Prognosen über die Kostenentwicklung Ihrer Projekte zu machen. Aufgabe der *Kostenprognose* ist es auf Basis der Plan-, Obligo-, Ist- und insbesondere der Prognosedaten der Netzpläne, *aktualisierte Restkosten* für zukünftige Perioden kostenartengerecht zu ermitteln. Die aktualisierten Restkosten werden zusammen mit den Obligos und Istkosten der CO-Version 0 in eine oder mehrere spezielle Prognoseversionen kopiert und dienen Ihnen hier als Vorschlagswerte für eine realistische Kostenvorhersage.

Estimate to Completion

Die aktualisierten Restkosten (*Estimate to Completion*) werden bei der Durchführung der Kostenprognose wie folgt ermittelt:

Für Eigenbearbeitungsvorgänge ist die Berechnung der aktualisierten Restkosten abhängig vom Status der Vorgänge und deren zeitlichen Lage relativ zum Stichtag der Kostenprognose. Wurde ein Eigenbearbeitungsvorgang noch nicht zurückgemeldet, hat er also noch keinen Isttermin, geht die Kostenprognose davon aus, dass die gesamte geplante Arbeit noch zu erbringen ist. Für einen Vorgang, der zeitlich nach dem Stichtag liegt, bedeutet dies, dass sich die aktualisierten Restkosten aus der normalen Kalkulation des Vorgangs ergeben. Für einen Vorgang, der zeitlich komplett vor dem Stichtag liegt, verwendet das System die Periode des Stichtags zur Bewertung der insgesamt geplanten Arbeit. Liegt ein Teil der geplanten Arbeit eines Vorgangs zeitlich vor dem Stichtag, ein Teil zeitlich später, verteilt das System unter Berücksichtigung des Verteilungsschlüssels die gesamte Arbeit auf den Zeitraum zwischen dem Stichtag und dem geplanten Endtermin und ermittelt die aktualisierten Restkosten für diesen Zeitraum periodengerecht. Die *aktualisierten Gesamtkosten (Estimate at Completion)* entsprechen in allen drei Fällen den aktualisierten Restkosten.

Für einen teilrückgemeldeten Eigenbearbeitungsvorgang werden die aktualisierten Restkosten aus der prognostizierten Restarbeit (siehe Abschnitt 5.3), verteilt über den Zeitraum zwischen vorläufigem Istendtermin und Endtermin der Vorgänge, berechnet. Der Endtermin ergibt sich dabei entweder aus dem Prognoseendtermin bzw. der prognostizierten Restdauer oder aus dem berechneten Endtermin (siehe Abschnitt 5.1.2). Die aktualisierten Gesamtkosten ergeben sich aus der Summe der Istkosten der bereits zurückgemeldeten Arbeit und den aktualisierten Restkosten.

Wurde ein Eigenbearbeitungsvorgang endrückgemeldet, sind die aktualisierten Restkosten des Vorgangs gleich null. Die aktualisierten Gesamtkosten entsprechen den Istkosten des Vorgangs.

Bei Fremd- und Dienstleistungsvorgängen ist die Ermittlung der aktualisierten Restkosten davon abhängig, ob bereits Bestellanforderungen und Bestellungen erfasst wurden.

Existiert noch keine Bestellanforderung bzw. Bestellung für einen Vorgang, ist wieder die zeitliche Lage des Vorgangs relativ zum Stichtag der Kostenprognose relevant. Liegt der geplante Starttermin nach dem Stichtag der Kostenprognose, ergeben sich die aktualisierten Restkosten aus der normalen Kalkulation des Vorgangs. Liegt der

Starttermin des Vorgangs vor dem Stichtag, werden die Plankosten in der Periode des Stichtags neu bewertet. Bei Verwendung eines Rechnungsplans werden die geplanten Kosten zu Terminen vor dem Stichtag auf den Stichtag gelegt, Kosten zu Terminen nach dem Stichtag werden unverändert übernommen. Da noch keine Istkosten und Obligos vorhanden sind, entsprechen die aktualisierten Gesamtkosten jeweils den aktualisierten Restkosten.

Existiert bereits eine Bestellanforderung bzw. Bestellung für einen Vorgang, werden die aktualisierten Restkosten auf null gesetzt (auch bei Verwendung eines Rechnungsplans). Die aktualisierten Gesamtkosten ergeben sich aus der Summe der Istkosten bzw. Obligos auf dem Vorgang.

Für Kostenvorgänge ist die Ermittlung der aktualisierten Restkosten davon abhängig, ob bereits Istkosten gebucht wurden.

Für einen Kostenvorgang ohne Istkosten erfolgt die Berechnung der aktualisierten Restkosten abhängig von der zeitlichen Lage des Vorgangs relativ zum Stichtag der Kostenprognose. Dabei wird die gleiche Logik angewandt wie bei Eigenbeabeitungsvorgängen, die noch nicht rückgemeldet wurden. Haben Sie einen Rechnungsplan für die Kostenplanung verwendet, werden die Plankosten zu Terminen vor dem Stichtag auf den Stichtag gesetzt, Kosten zu Terminen nach dem Stichtag hingegen unverändert als aktualisierte Restkosten übernommen. Die aktualisierten Gesamtkosten entsprechen den aktualiserten Restkosten.

Wurden bereits Istkosten auf einen Kostenvorgang gebucht, ergeben sich die aktualisierten Restkosten aus der Differenz der Plan- und Istkosten des Vorgangs. Die Verteilung erfolgt anhand des Verteilungsschlüssels über den Zeitraum zwischen Stichtag der Kostenprognose und Endtermin des Vorgangs. Überschreiten die Istkosten die Plankosten, ist der Wert der aktualisierten Restkosten null. Die aktualisierten Gesamtkosten ergeben sich aus der Summe der Istkosten und der aktualisierten Restkosten.

Die Berechnung der aktualisierten Restkosten für Materialkomponenten ist abhängig vom Positionstyp der Komponente (siehe Abschnitt 3.3.1).

Für Nichtlagerpositionen werden die Plankosten der Komponente bei der Ermittlung der aktualisierten Restkosten auf dem Vorgang berücksichtigt. Existiert bereits eine Bestellanforderung, Bestellung oder ein Wareneingang bzw. Rechnungseingang für die Komponente, werden nur die Obligos bzw. Istkosten für die Berechnung verwendet.

Für Lagerpositionen unterscheidet man zwischen Komponenten, für die bereits ein Warenausgang gebucht wurde, und solchen ohne Entnahme. Wurde noch kein Warenausgang gebucht, werden die aktualisierten Restkosten der Komponente auf dem Vorgang aus den Plankosten der Komponente ermittelt. Die Periode der Plankostenermittlung ergibt sich entweder aus dem Bedarfstermin, wenn dieser nach dem Stichtag der Kostenprognose liegt, oder andernfalls aus dem Stichtag der Kostenprognose. Die aktualisierten Gesamtkosten der Komponente entsprechen den aktualisierten Restkosten. Wurde bereits ein Warenausgang für eine Komponente gebucht, ermittelt die Kostenprognose zunächst die Differenz aus der geplanten und entnommenen Menge und berechnet für die noch offene Menge die aktualisierten Restkosten. Die aktualisierten Gesamtkosten entsprechen der Summe aus Istkosten und aktualisierten Restkosten.

6.8.1 Voraussetzungen und Einschränkungen der Kostenprognose

Die Verwendung der Kostenprognose ist nur sinnvoll, wenn Sie mit Netzplänen und Projektstrukturplänen arbeiten. Die Netzpläne müssen vorgangskontiert und sowohl additiv als auch dispositiv wirksam sein (d.h., reine Vorplanungsnetze werden nicht berücksichtigt). Ferner werden nur die Werte der CO-Version 0 kalkulationsrelevanter Vorgänge berücksichtigt, die eine Zuordnung zu einem PSP-Element haben.

[!] Die Berechnung von aktualisierten Restkosten für projektbestandsgeführte Materialkomponenten im Rahmen der Kostenprognose ist nicht möglich. Es werden nur werksbestandsgeführte Lagerpositionen in die Berechnung der Kostenprognose einbezogen.

Die Plandaten von PSP-Elementen werden bei der Kostenprognose nicht berücksichtigt. Die Obligo- und Istkosten der PSP-Elemente werden jedoch zusammen mit den Werten der zugeordneten Netzpläne in die Prognoseversion kopiert und können somit beim Ausweis der aktualisierten Gesamtkosten einbezogen werden.

Für die Fortschreibung der aktualisierten Restkosten und Kopien der Obligos und Istkosten benötigen Sie eine Prognoseversion, die Sie bei der Durchführung der Kostenprognose angeben müssen. Standardmäßig steht Ihnen die Version **110** zur Verfügung. Sie können jedoch auch eigene CO-Versionen im Customizing für die Kostenprognose anlegen (siehe Abschnitt 3.4). Diese müssen dann die exklusive Verwendung **Prognosekosten** besitzen.

Prognoseversion

Um Terminveränderungen aufgrund von Rückmeldungen zu berücksichtigen, ist es in der Regel sinnvoll, vor der Durchführung der Kostenprognose eine Neuterminierung vorzunehmen. So werden die aktualisierten Restkosten auf Basis Ihrer aktuellen Terminplanung ermittelt.

Vor der Durchführung der Kostenprognose sollten Sie ferner die Zuschlagsberechnung der Obligo- und Istwerte ausgeführt haben, damit die vollständigen Obligos und Istkosten in die Prognoseversion kopiert werden. Eine Planbezuschlagung muss jedoch nicht manuell durchgeführt werden, da Planzuschläge automatisch bei der Kostenprognose ermittelt werden.

6.8.2 Durchführung und Auswertung der Kostenprognose

Für die Durchführung einer Kostenprognose stehen Ihnen die Transaktionen CJ9L und CJ9M zur Verfügung. Neben der Objektselektion und der Auswahl der Ablaufsteuerung geben Sie auch den Stichtag für die Ermittlung der aktualisierten Restkosten sowie die Prognoseversion an. Bei Ausführung der Kostenprognose ermittelt das System nun für die selektierten Objekte in Abhängigkeit vom Stichtag die aktualisierten Restkosten und überträgt diese in die Prognoseversion. Darüber hinaus kopiert das System die Obligos und Istkosten in die Prognoseversion, so dass sie hier für den Ausweis der aktualisierten Gesamtkosten herangezogen werden können.

Abbildung 6.26 zeigt ein Beispiel für das Ergebnis einer Kostenprognose (dargestellt ist hier nur das Ergebnis eines einzelnen Vorgangs eines Projekts in der Detailliste der Kostenprognose). In diesem Beispiel werden für einen Eigenbearbeitungsvorgang Plankosten für die Perioden 9 bis 11 angezeigt. Aufgrund einer Teilrückmeldung in der Periode 10 und der dabei prognostizierten Restdauer ergibt die Kostenprognose aktualisierte Restkosten zusätzlich auch für die Periode

12. Ferner werden aufgrund der prognostizierten Restarbeit stark abweichende aktualisierte Gesamtkosten im Vergleich zu den Plankosten ausgewiesen.

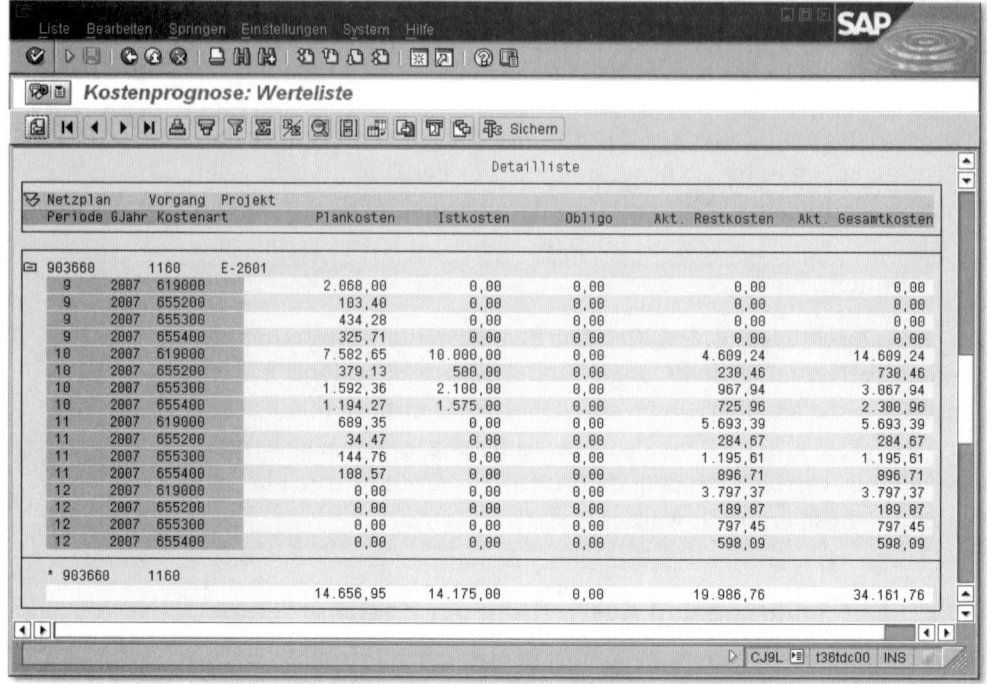

Abbildung 6.26 Beispiel für das Ergebnis einer Kostenprognose

Standardmäßig steht Ihnen für die Analyse der aktualisierten Restkosten sowie der Obligos und Istkosten zum Zeitpunkt der Kostenprognose der Hierarchiebericht **Prognose** (12CTC1) zur Verfügung. Da die Werte jedoch kostenartengerecht ermittelt werden, können Sie auch eigene Kostenartenberichte für die Auswertung der Kostenprognose definieren (siehe Abschnitt 7.2.2).

6.9 Abrechnung

In der Regel dienen die Projektstrukturen nur als temporäre Träger von Kosten, d.h., typischerweise werden die Kosten, die im Rahmen der Realisierungsphase auf ein Projekt gebucht werden, im Rahmen des Periodenabschlusses ganz oder teilweise an einen oder auch mehrere andere Empfänger weiterverrechnet, sie werden *abgerech-*

net. Je nach dem Zweck der Abrechnung werden die Kosten an unterschiedliche Empfänger weiterverrechnet. Nachfolgend sind einige Beispiele der Projektabrechnung aufgelistet:

▶ **Abrechnung an Ergebnis- und Marktsegementrechnung (CO-PA)**
Mithilfe der Ergebnisermittlung konnten Sie z.B. Bestandskosten oder Rückstellungen für Projekte ermitteln (siehe Abschnitt 6.6). Die Abrechnung dieser abgegrenzten Kosten an CO-PA stellt die Informationen zum einen der Ergebnisrechnung für ein detailliertes Unternehmenscontrolling zur Verfügung, zum anderen können gleichzeitig in der Finanzbuchhaltung automatisch Korrekturbuchungen vorgenommen werden.

▶ **Abrechnung an die Anlagenbuchhaltung**
Für Investitionsprojekte können aktivierungsfähige bzw. -pflichtige Kostenanteile an Anlagen im Bau (AiB) oder fertige Anlagen abgerechnet werden. In der Anlagenbuchhaltung können diese Werte schließlich z.B. für entsprechende Abschreibungen verwendet werden.

▶ **Abrechnung an Kostenstellen**
Wenn Sie Kosten von Projekten an Kostenstellen abrechnen, können diese Werte in der Kostenstellenrechnung z.B. für Tarifermittlungen verwendet werden.

Neben den oben aufgeführten Abrechnungsempfängern können Sie die Kosten von Projekten je nach Anforderungen Ihres Unternehmenscontrollings z.B. auch an andere Aufträge, Projekte, Kostenträger, Kundenauftragspositionen oder Sachkonten abrechnen. Welche Kosten zu welchen Anteilen bzw. mit welchen Beträgen an welche Empfänger abgerechnet werden sollen, steuern Sie mithilfe von *Abrechnungsvorschriften*, die in den jeweiligen Sendern, also z.B. PSP-Elementen oder Netzplanvorgängen, hinterlegt werden müssen.

In der Regel werden Abrechnungen nur im Ist durchgeführt. Für planintegrierte PSP-Elemente können Sie jedoch auch Plandaten an Kostenstellen, Geschäftsprozesse oder – sofern Sie zuvor eine Planergebnisermittlung durchgeführt haben – an die Ergebnisrechnung abrechnen.[21] In der Kostenstellen- bzw. Prozesskostenrechnung

---

21 Plandaten nicht planintegrierter Projekte können auch ohne eine Abrechnung an die Ergebnisrechnung weitergeleitet werden. Dies geschieht durch eine so genannte *Plandatenübernahme* der Daten von PSP-Elementen mit einem Abgrenzungsschlüssel.

können die Plandaten so z.B. für eine Plantarifermittlung genutzt werden.

6.9.1 Voraussetzungen für Projektabrechnungen

Für Projektabrechnungen sind verschiedene Voraussetzungen im Customizing des Projektsystems und in den Stammdaten der entsprechenden Projekte zu erfüllen.

Abrechnungs-
vorschrift
Damit Kosten von einem PSP-Element oder Netzplankopf bzw. -vorgang abgerechnet werden können, muss in dem jeweiligen Objekt eine Abrechnungsvorschrift hinterlegt sein. Eine Abrechnungsvorschrift besteht zum einen aus steuernden Parametern, insbesondere einem *Abrechnungsprofil*, und zum anderen aus einer bzw. bis zu maximal *999 Aufteilungsregeln*. Abbildung 6.27 zeigt Ihnen ein Beispiel für die Aufteilungsregeln eines PSP-Elements.

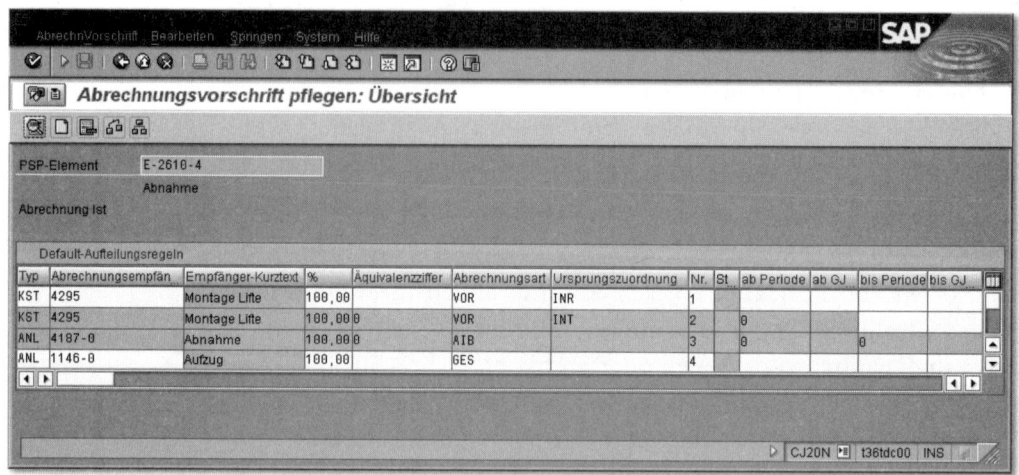

Abbildung 6.27 Beispiel für Aufteilungsregeln einer Abrechnungsvorschrift

Aufteilungsregel
In einer Aufteilungsregel legen Sie zunächst den Empfänger der Abrechnung fest. Indem Sie mehrere Aufteilungsregeln innerhalb einer Abrechnungsvorschrift anlegen, können Sie auch Abrechnungen an unterschiedliche Empfänger realisieren. Welche Abrechnungsempfänger in der Abrechnungsvorschrift verwendet werden können, wird über das Abrechnungsprofil gesteuert.

Als Nächstes können Sie für jede Aufteilungsregel festlegen, welcher Teil der Kosten an den Abrechnungsempfänger weiterverrechnet werden soll. Eine Aufteilung von Kosten kann dabei prozentual, mithilfe von Äquivalenzziffern oder auch betragsmäßig vorgenommen werden.[22] Oft soll die Aufteilung der Kosten auf unterschiedliche Empfänger zusätzlich in Abhängigkeit von den jeweiligen Kostenarten erfolgen. Dazu können Sie in einer Aufteilungsregel – je nach Parametern der Abrechnungsvorschrift – eine *Ursprungszuordnung* hinterlegen, die auf ein Kostenartenintervall oder eine Kostenartengruppe verweist. Die Aufteilungsregel gilt somit nur für Belastungen zu diesen Kostenarten. So können z.B. bei Investitionsprojekten die aktivierungsfähigen bzw. -pflichtigen Belastungen an die Anlagenbuchhaltung abgerechnet werden, die anderen Kostenanteile an Kostenstellen.[23]

Die Abrechnungsart einer Aufteilungsregel steuert weitere Details der Abrechnung an den Empfänger. Folgende Abrechnungsarten stehen Ihnen zur Verfügung:

Abrechnungsart

▶ **PER (Periodische Abrechnung)**
Bei der späteren Abrechnung werden nur die Kosten der jeweiligen Abrechnungsperiode entsprechend der Aufteilungsregel abgerechnet.

▶ **GES (Gesamtabrechnung)**
Bei der Gesamtabrechnung werden die Kosten der Abrechnungsperiode, aber auch die noch nicht abgerechneten Kosten vorheriger Perioden abgerechnet.

---

22 Bei einer Betragsabrechnung entscheidet der Betragsregeltyp der Aufteilungsregel darüber, ob der angegebene Betrag periodisch abgerechnet werden soll oder ob der Betrag lediglich eine Obergrenze für alle Abrechnungen darstellt. Im ersten Fall kann ggf. ein negativer Saldo auf dem Objekt aufgrund der Betragsabrechnung entstehen, im zweiten Fall wird periodisch maximal nur die tatsächliche Belastung abgerechnet.

23 In der Anlagenbuchhaltung kann mithilfe von Bewertungsbereichen eine weitere Differenzierung von aktivierbaren und nicht aktivierbaren Kostenanteilen je nach Bewertungszweck vorgenommen werden. Nicht aktivierbare Anteile eines Bewertungsbereichs werden dabei vom System als neutrale Aufwände verbucht.

Für Investitionsprojekte, d.h. für PSP-Elemente mit einem Investitionsprofil, stehen zusätzlich die folgenden Abrechnungsarten zur Verfügung:

▸ **AIB (Aktivierung auf Anlage im Bau)**
Diese Abrechnungsart wird für die Abrechnung der Kosten von PSP-Elementen an AiB verwendet. Aufteilungsregeln zur Abrechnungsart AIB können nicht manuell angelegt werden, sondern werden vom System automatisch bei der ersten Abrechnung erstellt, sofern eine AiB zum PSP-Element existiert.

▸ **VOR (Vorabrechnung)**
Aufteilungsregeln zur Abrechnungsart VOR werden im Rahmen der Abrechnung vor den Aufteilungsregeln zur Abrechnungsart AIB durchlaufen. Mithilfe der Abrechnungsart VOR können Sie also Kostenanteile abrechnen, die nicht aktiviert werden sollen.

Bei Bedarf können Sie für Aufteilungsregeln auch einen Gültigkeitszeitraum erfassen, der bei der Durchführung der Abrechnung berücksichtigt werden soll. Nach Verwendung einer Aufteilungsregel in einer Abrechnung ist nur noch das Ende des Gültigkeitszeitraums änderbar.

Parameter zur Abrechnungsvorschrift
Die Parameter zur Abrechnungsvorschrift umfassen im Wesentlichen das Abrechnungsprofil, ein Verrechnungsschema sowie bei Bedarf ein Ursprungs- und ein Ergebnisschema. Sämtliche dieser Profile müssen Sie zuvor im Customizing des Projektsystems definieren.

Abrechnungsprofil
Das Abrechnungsprofil (siehe Abbildung 6.28) ist das zentrale Profil für die Abrechnung. In einem Abrechnungsprofil legen Sie z.B. fest, welche Empfängertypen in der Abrechnungsvorschrift verwendet werden können bzw. müssen und wie die Aufteilung von Kosten vorgenommen werden kann. Durch das Setzen des Kennzeichens **vollständig abzurechnen** erreichen Sie, dass ein Objekt erst dann abgeschlossen oder löschvorgemerkt werden kann, wenn sein Saldo null ist. Neben weiteren steuernden Kennzeichen können Sie in einem Abrechnungsprofil auch bereits Vorschlagswerte für die weiteren Profile der Parameter einer Abrechnungsvorschrift hinterlegen.

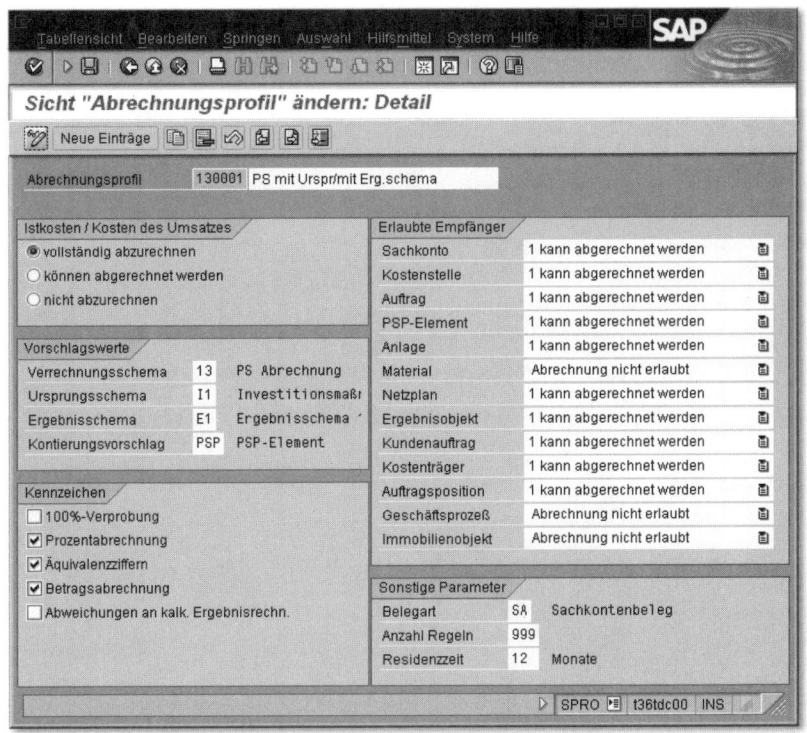

Abbildung 6.28 Beispiel für die Definition eines Abrechnungsprofils

Das Verrechnungsschema (im Customizing auch teilweise Abrechnungsschema genannt) steuert, welche (Ursprungs-)Kostenarten unter welchen (Abrechnungs-)Kostenarten an die jeweiligen Empfängertypen abgerechnet werden sollen. Ein Verrechnungsschema besteht zu diesem Zweck aus einer oder auch mehreren Zuordnungen. Jede Zuordnung verweist einerseits auf Ursprungskostenarten, d.h. ein Intervall von Kostenarten oder auch eine Kostenartengruppe, unter denen Belastungen anfallen können, und zum anderen auf Abrechnungskostenarten (siehe Abbildung 6.29), unter denen die Belastungen im Rahmen der Abrechnung weiterverrechnet werden. Die Festlegung der Abrechnungskostenarten erfolgt dabei in Abhängigkeit von dem jeweiligen Empfänger der Abrechnung. Bei Bedarf kann die Abrechnung an Empfänger auch unter Beibehaltung der ursprünglichen Kostenarten durchgeführt werden. Zu diesem

Verrechnungsschema

Zweck setzen Sie im Verrechnungsschema das Kennzeichen **Kosten-artengerecht** für die relevanten Empfängertypen.[24]

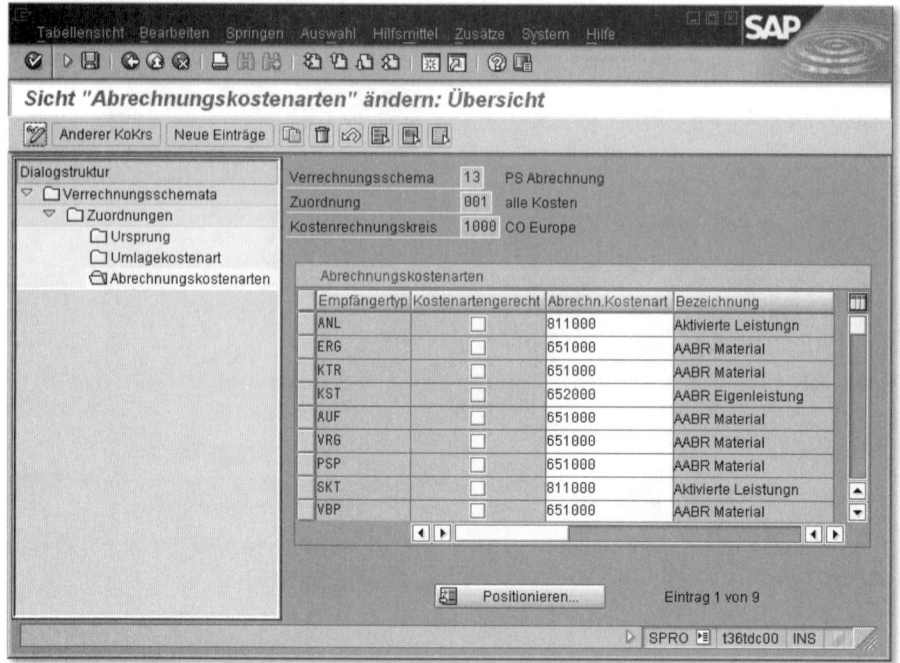

Abbildung 6.29 Festlegung der Abrechnungskostenarten in einem Verrechnungs-schema

[!] Beachten Sie bei der Definition eines Verrechnungsschemas, dass das Schema alle Ursprungskostenarten umfasst, unter denen Belastungen anfallen können, und dass jede diese Ursprungskostenarten nur einmal innerhalb des Verrechnungsschemas auftauchen darf.

Ursprungsschema Ein Ursprungsschema umfasst eine oder mehrere Ursprungszuordnungen. In einer Zuordnung werden diejenigen Belastungskostenarten zusammengefasst, die bei der Abrechnung nach den gleichen Aufteilungsregeln abgerechnet werden sollen. Wenn Sie eine Aufteilungsregel erstellen, können Sie durch die Angabe einer Ursprungszuordnung die Gültigkeit der Aufteilungsregel auf die Kostenarten

---

24 Aus Performancegründen ist in den meisten Fällen eine Abrechnung mithilfe einiger weniger Abrechnungskostenarten einer kostenartengerechten Abrechnung vorzuziehen.

dieser Zuordnung beschränken. Im Beispiel der Abbildung 6.27 werden also alle Kosten der Ursprungszuordnungen **INT** und **INR** an eine Kostenstelle abgerechnet, während alle anderen Kosten an die AiB bzw. die fertige Anlage abgerechnet werden.

Sie benötigen ein Ergebnisschema im Rahmen der Projektabrechnung nur dann, wenn Sie Kosten an die Ergebnisrechnung abrechnen möchten. Da in der Ergebnisrechnung ein Ausweis von Daten mit Bezug zu Wertfeldern stattfindet, steuern Sie mithilfe des Ergebnisschemas, welche Kostenarten welchen Wertfeldern zugeordnet werden sollen. Dazu erstellen Sie in einem Ergebnisschema eine oder mehrere Zuordnungen. Jede Zuordnung verweist einerseits auf Ursprungskostenarten (ein Kostenartenintervall oder eine Kostenartengruppe) und andererseits auf ein Wertfeld. Bei Bedarf können Sie auch für fixe und variable Anteile unterschiedliche Wertfelder innerhalb einer Zuordnung hinterlegen.

Ergebnisschema

Wenn Sie vor der Projektabrechnung an die Ergebnisrechnung eine Ergebnisermittlung durchführen, müssen Sie darauf achten, dass das Ergebnisschema alle relevanten Abgrenzungskostenarten umfasst.

[!]

Es gibt verschiedene Möglichkeiten, wie Sie Abrechnungsvorschriften für PSP-Elemente und Netzplanköpfe bzw. -vorgänge erstellen können. Das Abrechnungsprofil und somit automatisch auch alle relevanten Abrechnungsparameter können Sie als Vorschlagswert für PSP-Elemente bereits im Projektprofil für Netzpläne in der Netzplanart hinterlegen. Sollen für alle PSP-Elemente und ggf. auch Netzpläne eines Projekts die gleichen Aufteilungsregeln verwendet werden, können Sie beim Anlegen des Projekts (mit oder ohne Vorlage) auf Ebene der Projektdefinition diese Aufteilungsregeln hinterlegen. Beim Sichern übernehmen alle PSP-Elemente und – in Abhängigkeit von den Einstellungen in den Netzplanparametern – auch die zugeordneten Netzpläne diese Abrechnungsvorschrift. Legen Sie neue PSP-Elemente bzw. Netzpläne zu dem Projekt an, übernehmen diese ebenfalls die Abrechnungsvorschrift der Projektdefinition.

Erstellen von Abrechnungsvorschriften

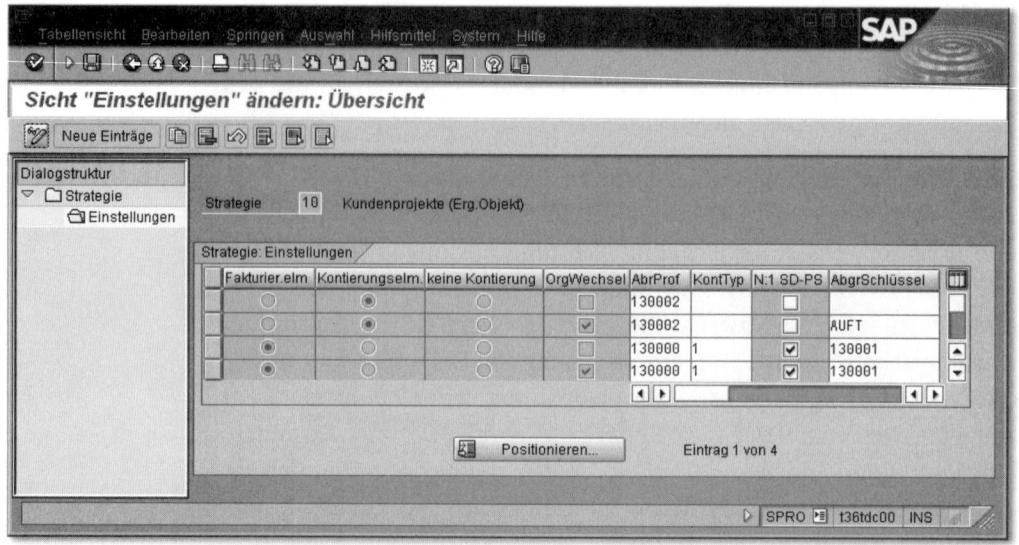

Abbildung 6.30 Beispiel für die Definition einer Strategie zur Generierung von Abrechnungsvorschriften für PSP-Elemente

Strategien zur Ermittlung von Abrechnungsvorschriften Eine andere effiziente Methode, Abrechnungsvorschriften für PSP-Elemente und Netzpläne zu erfassen, ist die Verwendung von Strategien zur Ermittlung von Abrechnungsvorschriften. Abbildung 6.30 zeigt die Definition einer Strategie zur Generierung einer Abrechnungsvorschrift für PSP-Elemente. Mithilfe der Strategie können sowohl das Abrechnungsprofil, der Abgrenzungsschlüssel (siehe Abschnitt 6.6.1) als auch die Empfänger der Abrechnungsvorschrift bestimmt werden. Die Empfänger werden dabei durch die Angabe des **Kontierungstyps** in der Strategie festgelegt. Folgende Kontierungstypen stehen Ihnen dabei für die Definition einer Strategie zur Verfügung:

▸ **Kein Empfänger**
Es wird keine Aufteilungsregel erzeugt.

▸ **Ergebnisobjekt**
Es wird eine Aufteilungsregel an ein Ergebnisobjekt der Ergebnisrechnung erzeugt. Die Merkmalswerte werden dabei aus dem PSP-Element und den Vertriebsbelegpositionen abgeleitet, die auf das PSP-Element kontiert sind.[25]

---

25 Sind mehrere Vertriebsbelegpositionen auf ein PSP-Element kontiert, entscheidet das Kennzeichen **N:1 SD-PS** der Strategie darüber, ob eine Abrechnungsvorschrift erzeugt werden soll oder nicht.

▶ **Anfordernde Kostenstelle**
Es wird eine Aufteilungsregel mit dem Empfängertyp **Kostenstelle** erzeugt. Als Empfängerkostenstelle übernimmt das System die anfordernde Kostenstelle des PSP-Elements.

▶ **Verantwortliche Kostenstelle**
Es wird eine Aufteilungsregel mit dem Empfängertyp **Kostenstelle** erzeugt. Als Empfängerkostenstelle übernimmt das System die verantwortliche Kostenstelle des PSP-Elements.

▶ **Übernahme der Vorschrift vom übergeordneten Objekt**
Das PSP-Element übernimmt die Abrechnungsvorschrift des übergeordneten PSP-Elements bzw. der Projektdefinition. Es kann jedoch nur dann eine Abrechnungsvorschrift erzeugt werden, wenn das PSP-Element zuvor noch keine Abrechnungsvorschrift besaß.

Die Ermittlung des Kontierungstyps, des Abrechnungsprofils und ggf. des Abgrenzungsschlüssels können Sie für Fakturierungs-, Kontierungselemente und PSP-Elemente, die weder eine Fakturierung noch eine Kontierung erlauben, separat innerhalb einer Strategie definieren. Mithilfe des Kennzeichens **OrgWechsel** können Sie zusätzlich festlegen, dass die getroffenen Einstellungen nur gültig sind, wenn das aktuelle PSP-Element und das hierarchisch direkt übergeordnete Objekt sich in der Zuordnung zum Buchungskreis, Geschäftsbereich oder zu einem Profit Center unterscheiden.

Wenn Sie eine Strategie im Customizing des Projektsystems definiert haben, müssen Sie diese noch den relevanten Projektprofilen zuordnen. Schließlich müssen Sie noch die Generierung der Abrechnungsvorschriften für PSP-Elemente anstoßen. Dazu rufen Sie die Transaktion CJB2 (Einzelverarbeitung) bzw. CJB1 (Sammelverarbeitung) auf, selektieren die entsprechenden Objekte und führen die Generierung aus. Das System ermittelt anhand des Projektprofils die relevante Strategie und erzeugt – falls möglich – für die selektierten PSP-Elemente Abrechnungsvorschriften und ggf. Abgrenzungsschlüssel.[26] In

---

26 Mithilfe eines BAdI können Sie bei der Generierung von Abrechnungsvorschriften mithilfe der Transaktionen CJB1 oder CJB2 weiteren Einfluss nehmen. So können Sie die Ermittlung der Strategien an Ihre eigenen Anforderungen anpassen oder bei Vertriebsprojekten z.B. auch die Selektion der Vertriebsbelegpositionen einschränken.

einem Protokoll und bei Bedarf in einer Detailliste können Sie sich anschließend weitere Informationen zu der Generierung der Abrechnungsvorschriften anzeigen lassen.

[»] Beachten Sie, dass eine automatische Generierung von Abrechnungsvorschriften mithilfe der Transaktion CJB1 oder CJB2 für Investitionsprojekte nicht möglich ist. Möchten Sie auch für andere PSP-Elemente eine Generierung von Abrechnungsvorschriften verhindern, können Sie einen Anwenderstatus definieren, der den betriebswirtschaftlichen Vorgang **SRGN** verbietet. Die manuelle Erfassung von Abrechnungsvorschriften bleibt davon unbeeinflusst.

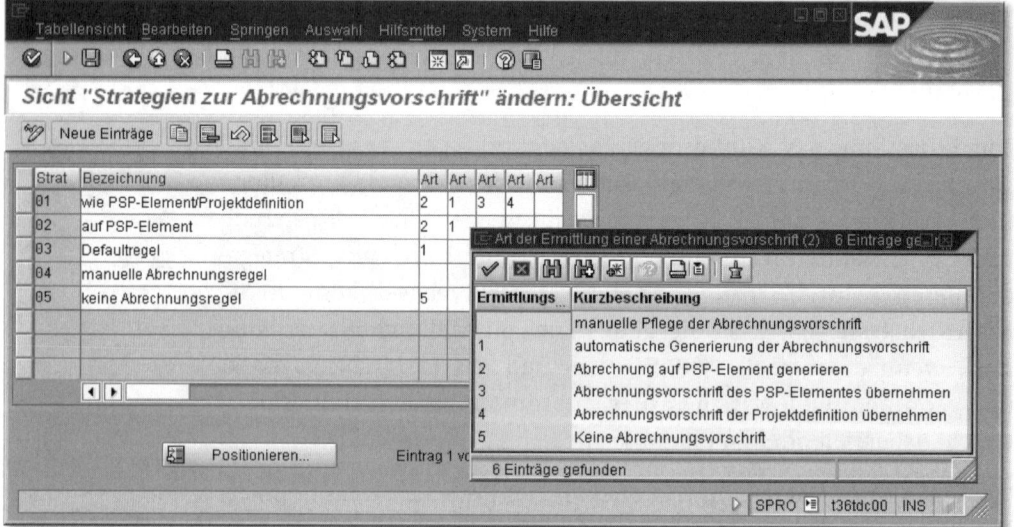

Abbildung 6.31 Definition von Strategien zur Generierung von Abrechnungsvorschriften für Netzpläne

Auch für Netzpläne können Sie im Customizing des Projektsystems Strategien zur Ermittlung von Abrechnungsvorschriften definieren. In einer Strategie für Netzpläne legen Sie fest, in welcher Reihenfolge das System verschiedene Arten zur Ermittlung von Abrechnungsvorschriften durchführen soll (siehe Abbildung 6.31). Folgende Arten können Sie dabei für die Definition von Strategien verwenden:

▸ Abrechnung auf PSP-Element

▸ Abrechnungsvorschrift des PSP-Elements übernehmen

▸ Abrechnungsvorschrift der Projektdefinition übernehmen

▸ keine Abrechnungsvorschrift

▸ manuelle Pflege der Abrechnungsvorschrift

▸ automatische Generierung der Abrechnungsvorschrift

Bei der Art **automatische Generierung der Abrechnungsvorschrift** verwendet das System eine so genannte *Defaultregel* als Abrechnungsvorschrift. Welche Defaultregel verwendet werden soll, hinterlegen Sie in den **Parametern zur Netzplanart**. Die zur Verfügung stehenden Defaultregeln sind fest von SAP vordefiniert und können nicht geändert werden. Eine mögliche Defaultregel für Netzpläne ist z. B. **Netzplan: an KdAuf/PSP-Element**, die zu einer Abrechnung an eine zugeordnete Kundenauftragsposition oder ein PSP-Element führt.

Auch die Strategie selbst, nach der das System Abrechnungsvorschriften für Netzpläne ermitteln soll, hinterlegen Sie in den **Parametern zur Netzplanart**. Anders als bei PSP-Elementen muss für die Generierung der Abrechnungsvorschriften für Netzpläne anhand von Strategien jedoch keine zusätzliche Transaktion ausgeführt werden.

In manchen Fällen ist weder die Erfassung von Vorschlagsaufteilungsregeln in der Projektdefinition noch eine automatische Generierung von Abrechnungsvorschriften sinnvoll. In diesen Fällen müssen Sie manuell Aufteilungsregeln für die relevanten operativen Objekte anlegen. Dazu können Sie aus den Stammdaten der Objekte in die Pflege von Aufteilungsregeln abspringen (siehe Abbildung 6.27) und ggf. von dort aus auch in die Bearbeitung der Abrechnungsparameter. Sobald eine Abrechnungsvorschrift für ein Objekt existiert, wird dies in Form des Systemstatus **ABRV (Abrechnungsvorschrift erfasst)** auf dem Objekt dokumentiert.

Um sich einen Überblick über die Abrechnungsvorschriften von Projekten zu verschaffen, können Sie den Report RKASELRULES_PR verwenden. Mithilfe einer Selektionsvariante entscheiden Sie im Einstiegsbild dieses Reports zunächst, welche Projekte Sie analysieren möchten. Bei Bedarf können Sie Angaben zu Abrechnungsparametern und Abrechnungsempfängern als zusätzliche Selektionskriterien verwenden. Nach Ausführung des Reports erhalten Sie eine tabellarische Auflistung der Aufteilungsregeln der selektierten Objekte und können in die Stammdaten der Sender und Empfänger oder in die Anzeige der Abrechnungsvorschriften verzweigen.

Defaultregel

Manuelle Erfassung von Aufteilungsregeln

6.9.2 Durchführung von Projektabrechnungen

Für die Einzel- und Sammelverarbeitung der Projektabrechnungen stehen Ihnen im Projektsystem im Plan die Transaktion CJ9E bzw. CJ9G und im Ist die Transaktionen CJ88 bzw. CJ8G zur Verfügung. Abbildung 6.32 zeigt das Einstiegsbild in die Einzelverarbeitung der Projektabrechnung im Ist. Zusätzlich zur Objektselektion und der Spezifikation der Ablaufsteuerung legen Sie im Einstiegsbild die

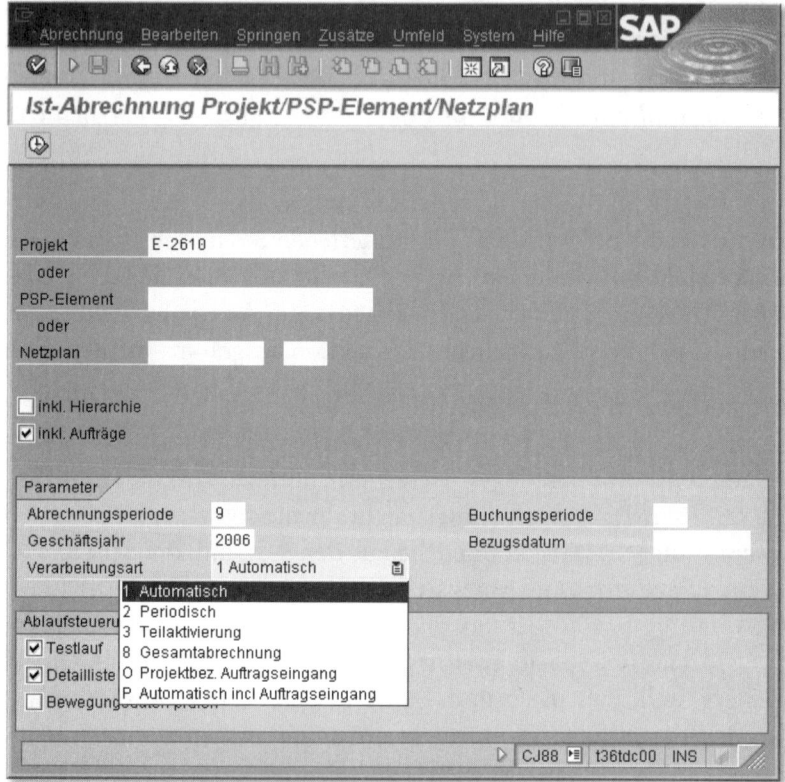

Abbildung 6.32 Einstiegsbild der Istabrechnung eines Projekts

Periode fest, für die Sie die Abrechnung durchführen möchten. In Abhängigkeit von der Abrechnungsart der jeweiligen Aufteilungsregeln werden bei der Abrechnung nur Belastungen der angegebene Abrechnungsperiode berücksichtigt oder auch Kosten vorheriger Perioden. Sollen die Abrechnungen nicht in die Abrechnungsperiode verbucht werden, da diese z.B. bereits für Buchungen gesperrt ist, können Sie auch eine nachfolgende Periode als Buchungsperiode angeben, sofern diese im gleichen Geschäftsjahr wie die Abrechnungsperiode liegt.

Im Einstiegsbild der Projektabrechnung geben Sie ebenfalls eine **Verarbeitungsart** an, die weitere Details zum Ablauf der Abrechnung steuert. Folgende Verarbeitungsarten stehen Ihnen zur Verfügung:

Verarbeitungsart

- **Automatisch**
  Bei dieser Verarbeitungsart werden Aufteilungregeln zur Abrechnungsart PER vorrangig vor solchen mit der Abrechnungsart GES ausgeführt. Für Investitionsprojekte werden Abrechnungen an Anlagen mit der Abrechnungsart GES erst nach dem technischen Abschluss der entsprechenden PSP-Elemente berücksichtigt.

- **Periodisch**
  Bei einer periodischen Abrechnung werden nur Aufteilungsregeln zu den Abrechnungsarten PER, VOR und AIB berücksichtigt. Die Abrechnung an Anlage(n) im Bau geschieht dabei zuletzt.

- **Teilaktivierung**
  Bei dieser Verarbeitungsart werden für Investitionsprojekte Aufteilungsregeln an Anlagen mit der Abrechnungsart GES auch dann verwendet, wenn das PSP-Element noch nicht technisch abgeschlossen wurde.

- **Gesamtabrechnung**
  Diese Verarbeitungsart wird für Abrechnungsvorschriften mit Aufteilungsregeln allein zur Abrechnungsart PER verwendet, um zu überprüfen, ob nach der Abrechnung noch ein Saldo auf dem Objekt aufgrund von Belastungen in vorherigen Perioden vorhanden ist. In diesem Fall gibt das System eine Fehlermeldung aus, und Sie müssen zunächst die Abrechnung für die vorherigen Perioden ausführen.

Wenn Sie im Rahmen der Abrechnung auch Daten des projektbezogenen Auftragseingangs in die Ergebnisrechnung abrechnen möchten, können Sie schließlich noch die beiden Verarbeitungsarten **Projektbezogener Auftragseingang** und **Automatisch incl. projektbezogener Auftragseingang** verwenden.

Wenn Sie eine Projektabrechnung ausführen, können Sie anschließend das Ergebnis in einer Grundliste und – je nach Einstellung der

Ablaufsteuerung – in einer Detailliste analysieren (siehe Abbildung 6.33). Bei Bedarf können Sie aus der Detailliste in die Anzeige der Stammdaten von Sendern und Empfängern oder in die Anzeige der Abrechnungsvorschriften abspringen. Kam es zu Fehlern bei der Ausführung, weil z. B. der Status eines Objekts die Abrechnung verbietet oder Abrechnungsvorschriften fehlen, können Sie sich entsprechende Nachrichten anzeigen lassen.

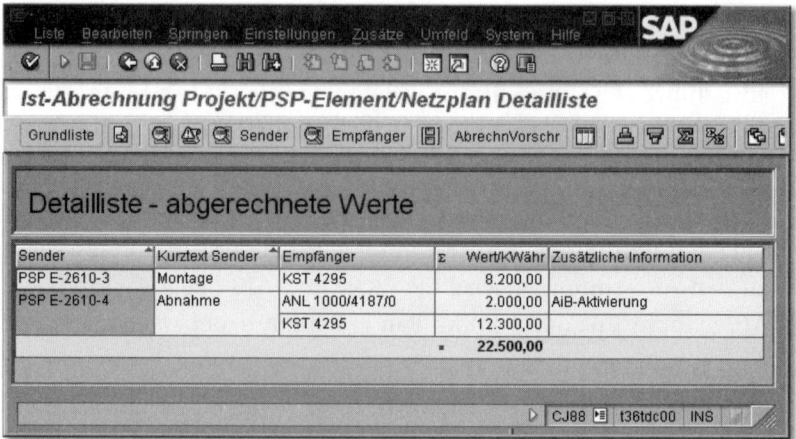

Abbildung 6.33 Detailliste einer Istabrechnung

Sie können eine Projektabrechnung für eine Periode beliebig oft wiederholen. Das System berücksichtigt dabei nur diejenigen Buchungen, die nach der letzten Abrechnung vorgenommen wurden. Sie können Abrechnungen in der Einzel- und Sammelverarbeitung auch stornieren. Es wird bei einem Storno-Lauf jedoch immer nur die letzte Abrechnung storniert. Haben Sie also z. B. für eine Periode mehrere Abrechnungen durchgeführt und möchten nun die Projektabrechnung für die gesamte Abrechnungsperiode stornieren, müssen Sie auch mehrere Storno-Läufe durchführen.

6.9.3   Abrechnung von Investitionsprojekten

Für Investitionsprojekte sind einige Besonderheiten im Rahmen der Projektabrechnung zu berücksichtigen. Wenn Sie einem PSP-Element ein Investitionsprofil zuordnen, kann das System – in Abhängigkeit von den Einstellungen des Investitionsprofils – automatisch eine oder auch mehrere AiB bei Freigabe des PSP-Elements erzeugen. Dabei werden verschiedene Daten des PSP-Elements, wie z.B. die Bezeichnung oder die anfordernde Kostenstelle des PSP-Elements, von der AiB übernommen. Die Definition von Investitionsprofilen nehmen Sie im Customizing des Investitionsmanagements mithilfe der Transaktion OITA vor (siehe Abbildung 6.34).

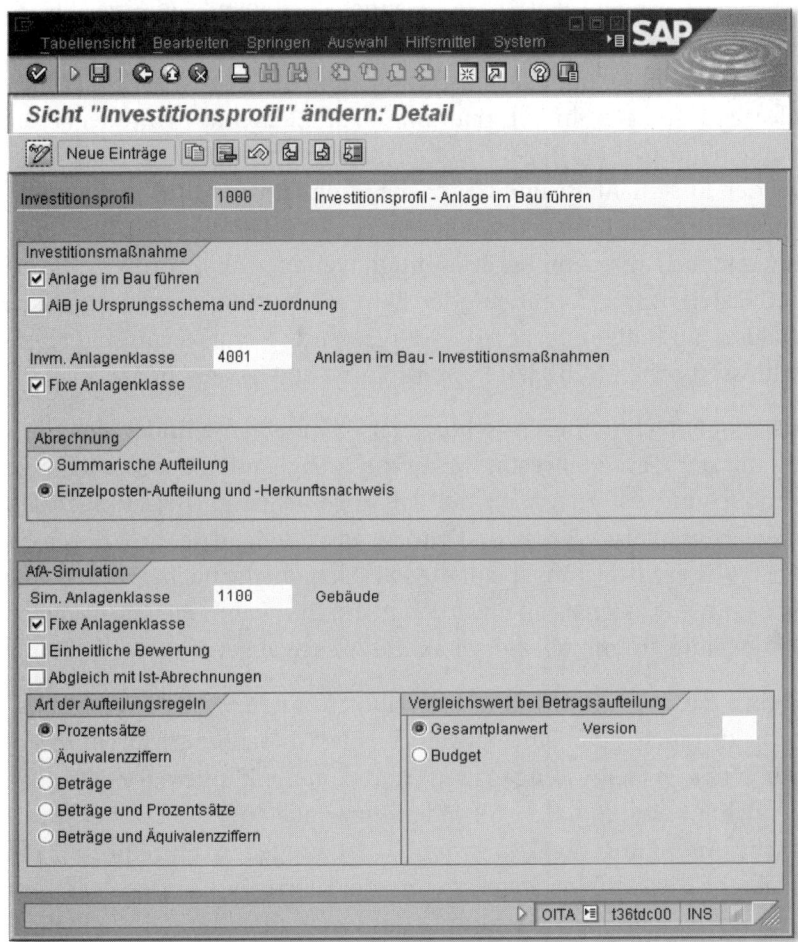

Abbildung 6.34 Beispiel für die Definition eines Investitionsprofils

Bei der ersten Abrechnung des PSP-Elements erzeugt das System automatisch eine Aufteilungsregel zur Abrechnungsart AIB an die zugeordnete AiB. Sollen nicht alle Kosten des PSP-Elements an diese AiB abgerechnet werden, müssen Sie manuell zusätzliche Aufteilungsregeln für die nicht zu aktivierenden Belastungen an andere Empfänger erstellen. Damit diese Aufteilungsregeln im Rahmen der

Projektabrechnung vor der Abrechnung an AiB berücksichtigt werden, verwenden Sie die Abrechnungsart VOR. Um die zu aktivierenden und nicht zu aktivierenden Kostenanteile zu unterscheiden, können Sie z.B. ein geeignetes Ursprungsschema definieren (siehe Abbildung 6.27).

Ist die Anlage-im-Bau-Phase beendet, erstellen Sie eine fertige Anlage. Diese können Sie entweder mithilfe von Transaktionen der Anlagenbuchhaltung oder auch direkt aus der Bearbeitung des PSP-Elements anlegen. In den relevanten PSP-Elementen hinterlegen Sie nun eine Aufteilungsregel zur Abrechnungsart GES für die zu aktivierenden Kostenanteile und tragen die fertige Anlage als Abrechnungsempfänger ein. Diese Aufteilungsregel wird bei der Projektabrechnung jedoch erst dann berücksichtigt, wenn Sie als **Verarbeitungsart Teilaktivierung** verwenden oder die **Verarbeitungsart Automatisch** wählen und die relevanten PSP-Elemente zuvor technisch abgeschlossen haben, d.h. den Systemstatus **TABG** gesetzt haben.

Nach dem technischen Abschluss der PSP-Elemente findet gleichzeitig mit der Gesamtabrechnung an die Anlage automatisch auch eine Umbuchung der zuvor auf die AiB abgerechneten Belastungen auf die fertige Anlage statt. Es können anschließend jedoch durchaus noch weitere Belastungen auf die PSP-Elemente gebucht werden. Die relevanten Kostenanteile werden dann im Rahmen der nächsten Projektabrechnung wiederum an die Anlage abgerechnet.

Einzelposten-genaue Abrechnung

Sofern das Investitionsprofil es erlaubt, können Sie für Investitionsprojekte auch eine einzelpostengenaue Abrechnung durchführen. Bei einer einzelpostengenauen Abrechnung können Sie für jede gebuchte Belastung, d.h. für jeden Einzelposten, eine eigene, spezifische Aufteilungsregel erfassen. So ist für jeden Einzelposten ein exakter Herkunftsnachweis von der fertigen Anlage bis zur ursprünglichen Belastung auf das Investitionsprojekt möglich. Zusätzlich zu den einzelpostengenauen Abrechnungsvorschriften können Sie auch eine pauschale Abrechnungsvorschrift hinterlegen. Diese Vorschrift verwendet das System dann bei allen Einzelposten, denen keine eigene Abrechnungsvorschrift zugeordnet ist. Für die Erfassung einzelpostengenauer Aufteilungsregeln steht Ihnen die Transaktion CJIC zur Verfügung.

Mehrstufige Abrechnung

Während z.B. bei Vertriebs- oder Gemeinkostenprojekten in der Regel *Direktabrechnungen* verwendet werden, kann für Investitionsprojekte auch eine *mehrstufige Abrechnung* sinnvoll sein. Bei Direktabrechnungen rechnen die Senderobjekte ihre jeweiligen Belastungen direkt an die vorgesehenen Empfänger ab. Bei einer mehrstufigen Abrechnung für Investitionsprojekte rechnen Sie zunächst alle Kosten an die PSP-Elemente mit Investitionsprofil ab und schließlich von diesen PSP-Elementen aus die gesammelten Belastungen an AiB, Anlagen und andere Empfänger.[27] Diese mehrstufige Abrechnung von Investitionsprojekten ist insbesondere dann notwendig, wenn Sie mit zugeordneten Netzplänen oder Aufträgen ohne Investitionsprofil arbeiten, da diese ihre Kosten nicht automatisch an AiB abrechnen können. Ferner ist die Verwendung der mehrstufigen Abrechnung ggf. sinnvoll, wenn Sie bei langjährigen Projekten zugeordnete Aufträge bereits im Verlauf der Anlage-im-Bau-Phase archivieren und löschen möchten. Dies ist aus Nachweisgründen nicht möglich, wenn Sie die Aufträge direkt an AiB abrechnen.

Beachten Sie bei der Verwendung einer mehrstufigen Abrechnung jedoch die im nachfolgenden Abschnitt erläuterten Abhängigkeiten. Berücksichtigen Sie ebenfalls die Besonderheiten bei der Zinsermittlung von Investitionsprojekten (siehe Abschnitt 6.5).

6.9.4 Abhängigkeiten der Projektabrechnungen

Damit bei einer Projektabrechnung auch tatsächlich alle zu einer Periode gehörenden Belastungen berücksichtigt werden können, müssen Sie zunächst alle anderen relevanten Periodenabschlusstätigkeiten ausgeführt haben. Insbesondere sollten Sie zuvor die Gemeinkosten- und Template-Verrechnung durchführen. Setzen Sie auch eine Nachbewertung zu Isttarifen, eine Verzinsung und Ergebnisermittlung ein, sollten Sie auch diese Periodenabschlusstätigkeiten vor der Projektabrechnung durchführen.[28] Wenn Sie einen projektbezogenen Auftragseingang ermitteln (siehe Abschnitt 6.7), müssen Sie – in Abhängigkeit von der von Ihnen bei der Abrechnung verwende-

---

27 Das System erkennt automatisch anhand der Abrechnungsvorschriften, ob eine Direktabrechnung oder eine mehrstufige Abrechnung ausgeführt werden muss. Auch für eine mehrstufige Abrechnung müssen Sie also nur einen Abrechnungslauf durchführen.

28 Beachten Sie, dass Sie unter bestimmten Umständen vor und nach der Nachbewertung zu Isttarifen eine Abrechnung durchführen müssen (siehe Abschnitt 6.2.3).

ten Verarbeitungsart – eine separate Abrechnung dieser Daten ausführen.

Binnenumsatzeliminierung Beachten Sie die besondere Problematik der hierarchisch aggregierten Darstellung von Werten in Berichten des Projektsystems nach einer mehrstufigen Projektabrechnung. Damit auf einem PSP-Element nach einer mehrstufigen Abrechnung keine falschen Daten in der Strukturübersicht oder in Hierarchieberichten ausgewiesen werden (siehe Abschnitte 7.1 und 7.2.1), führt das System eine *Binnenumsatzeliminierung* durch. Bei einer Binnenumsatzeliminierung erzeugt das System interne Verrechnungssätze, die die auf einem PSP-Element verbuchten Abrechnungen aufheben, so dass auf diesem PSP-Element keine doppelten Istkosten, zum einen aufgrund der Abrechnung, zum anderen aufgrund der Aggregation der Werte, ausgewiesen werden.

Damit die Darstellung von Werten in der Strukturübersicht und Hierarchieberichten mithilfe der Binnenumsatzeliminierung korrekt ausgeführt werden kann, müssen Sie bei der mehrstufigen Abrechnung folgende Punkte beachten:

▸ Rechnen Sie PSP-Elemente immer an das direkt übergeordnete PSP-Element ab und nicht auf untergeordnete oder in der Hierarchie mehrere Stufen übergeordnete PSP-Elemente.

▸ Rechnen Sie zugeordnete Netzplanköpfe bzw. Vorgänge und Aufträge immer an das zugeordnete PSP-Element ab.

▸ Ändern Sie nachträglich nicht die hierarchische Einbettung der abgerechneten Objekte.

Weitere Details zur Binnenumsatzeliminierung nach einer mehrstufigen Abrechnung finden Sie im Hinweis 51 971.

6.10   Zusammenfassung

Das Projektsystem umfasst verschiedene Funktionen, die Sie im Rahmen des Periodenabschlusses Ihrer Projekte dabei unterstützen, Korrekturbuchungen aufgrund veränderter Isttarife, Gemeinkostenbezuschlagungen und Verzinsungen vorzunehmen. Mithilfe der Ergebnisermittlung und der Berechnung projektbezogener Auftragseingänge können Sie weitere Kennzahlen ermitteln und Ihrem

Unternehmenscontrolling zur Verfügung stellen. Die Kostenprognose liefert Ihnen Informationen zu den erwarteten Rest- und Gesamtkosten Ihrer Projekte und berücksichtigt dabei auch die Prognosedaten von Rückmeldungen. Schließlich können Sie mithilfe der Projektabrechnung die auf den Projekten gesammelten Kosten- und Erlösdaten an andere Empfänger im SAP-System weiterverrechnen.

Überblick

*Ein wesentlicher Aspekt des Projektmanagements ist ein fle-
xibles und übersichtliches Reporting aller projektbezogenen
Daten. Zu diesem Zweck stellt das Projektsystem Rechnungs-
wesen- und Logistikberichte unterschiedlicher Detaillierungsgrade zur Verfügung.*

7 Reporting

Für die Überwachung und Steuerung von Projekten benötigen Sie
Berichte, die Sie in die Lage versetzen, aktuelle Aussagen z.B. über
die Kosten-, Erlös-, Termin- oder Kapazitätssituation Ihrer Projekte
zu treffen. Das Reporting des Projektsystems stellt hierfür unterschiedliche Standardberichte zur Verfügung. Bei Bedarf können Sie
diese Berichte anpassen oder ggf. auch eigene Berichte definieren.
Das Reporting des Projektsystems zerfällt grob in das *Infosystem
Strukturen* und das *Infosystem Controlling*. Zusätzlich stehen weitere
Berichte für spezielle, logistische Auswertungen sowie für eine Analyse des Projektfortschritts zur Verfügung. Verschiedene Auswer-
tungsmöglichkeiten des Projektsystems werden in den nachfolgenden Abschnitten dieses Kapitels erläutert.[1]

7.1 Infosystem Strukturen

Der Schwerpunkt des Strukturinfosystems liegt auf der Auswertung
von Stammdaten, Terminen und Status von Projektobjekten, es können jedoch auch Kosten- und Erlösdaten ausgewiesen werden. Im
Infosystem Strukturen wird zwischen der Struktur- bzw. Projektstrukturübersicht und Einzelübersichten unterschieden. Während
Einzelübersichten jeweils nur die Auswertung eines Beleg- bzw.

---

[1] Unternehmen, die das Business Information Warehouse (BW) für Reporting-
Zwecke einsetzen, können zusätzlich auf vordefinierten Business Content zum
Projektsystem zurückgreifen. Dieser Business Content umfasst z.B. diverse
Extraktoren, Fortschreibungsregeln, Merkmale und Kennzeichen, InfoCubes,
Queries und Rollen.

Objekttyps, also z.B. nur von PSP-Elementen oder nur von Vorgängen, erlauben, können Sie mithilfe der Struktur-/Projektstruktur-
übersicht Daten mehrerer Objekttypen gleichzeitig analysieren.
Bevor die Struktur-/Projektstrukturübersicht und die Einzelübersichten näher erläutert werden, wird nun zunächst die Datenselektion, die allen Berichten des Infosystems Strukturen (und auch des
Infosystems Controlling) gemein ist, behandelt.

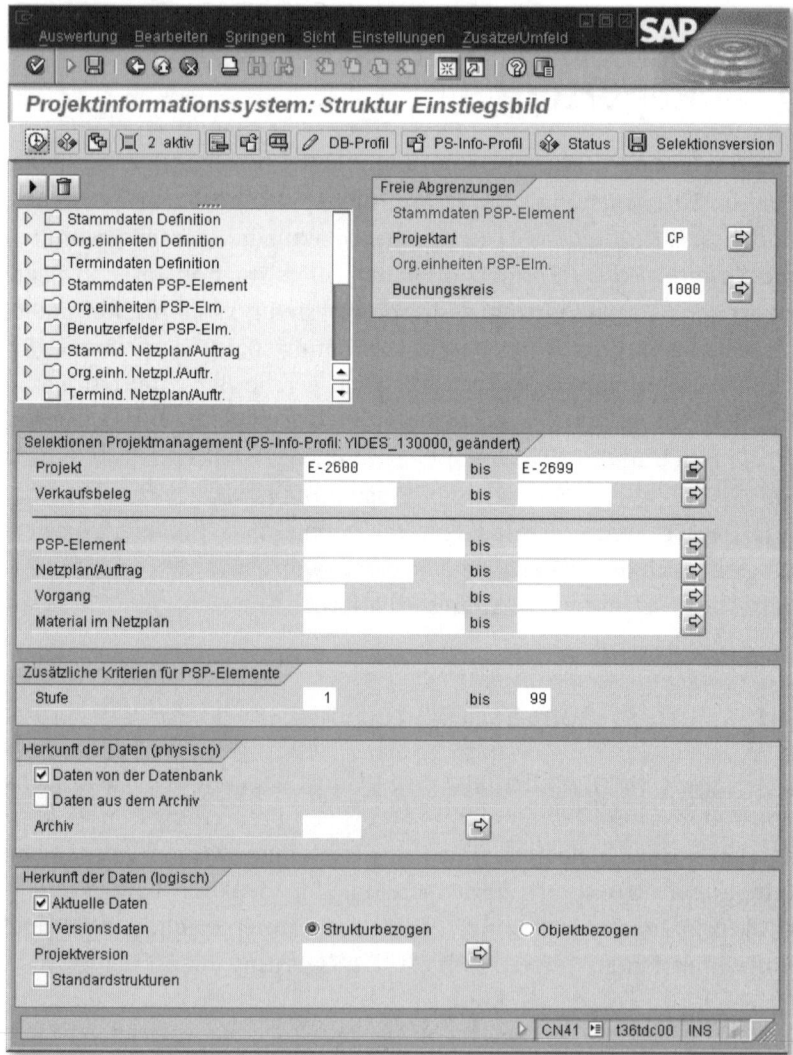

Abbildung 7.1 Beispiel für ein Einstiegsbild der Strukturübersicht mit aktiver freier
Abgrenzung

Abbildung 7.1 zeigt das Einstiegsbild eines Berichts im Infosystem Strukturen des Projektsystems. Im Selektionsbereich des Einstiegsbildes könnenSie Bereiche, d.h. einzelne Werte oder ganze Intervalle von Projektdefinitionen, PSP-Elementen, Netzplänen und Aufträgen usw., bestimmen, zu denen Sie Daten auswerten möchten. Mithilfe von Kennzeichen können Sie festlegen, ob Sie Daten operativer Objekte, von Versionen, Standardstrukturen oder bereits archivierter Objekte für Ihre Auswertung von der Datenbank selektieren möchten.

Datenselektion

Das Aussehen eines Einstiegsbildes und damit die zur Verfügung stehenden Selektionsmöglichkeiten, insbesondere aber auch die Selektion der Daten selbst, sind abhängig von dem *Datenbankprofil*, das Sie verwenden. Sie können ein Datenbankprofil Benutzern z.B. in den Benutzerstammdaten (Transaktion SU01) als Parameterwert zur Parameteridentifikation **PDB** zuordnen oder in einem *PS-Infoprofil* als Vorschlagswert hinterlegen. Sofern das Datenbankprofil dies erlaubt, können Sie temporär Änderungen am Datenbankprofil beim Aufruf eines Berichts vornehmen oder bei Bedarf auch ein anderes Datenbankprofil auswählen.

Datenbankprofil

Abbildung 7.2 auf der nächsten Seite zeigt die Definition eines Datenbankprofils in der Customizing-Transaktion OPTX. Mithilfe des Datenbankprofils legen Sie zum einen fest, welche Objekte und Daten von der Datenbank gelesen werden, und zum anderen, mithilfe der Projektsicht, wie die Daten im Bericht angezeigt werden sollen – gemäß der Projektstruktur oder z.B. geordnet anhand der verantwortlichen Kostenstellen des Projekts. Eine ausführliche Beschreibung der verschiedenen Kennzeichen eines Datenbankprofils und deren gegenseitiger Abhängigkeiten finden Sie im Hinweis 423 830.

Die Objektselektion, die Sie im Einstiegsbild eines Berichts getroffen haben, können Sie mithilfe der *freien Abgrenzung* und *Statusselektionsschemata* weiter einschränken. Abbildung 7.1 zeigt z.B. eine freie Abgrenzung der Objektselektion nach der Projektart und dem Buchungskreis von PSP-Elementen. Die Angaben in den freien Abgrenzungen wirken als Filter bei der Selektion der Objekte von der Datenbank. Durch eine geeignete freie Abgrenzung können Sie den Umfang der Datenselektion verringern und somit entscheidend Einfluss auf die Performance der Auswertung nehmen. Bei Bedarf können Sie selbst festlegen, welche Felder bei der freien Abgrenzung

Freie Abgrenzung

zur Verfügung stehen sollen. Dazu legen Sie mithilfe der Transaktion SE36 einen Selektionsview zur logischen Datenbank PSJ mit der Herkunft CUS an.

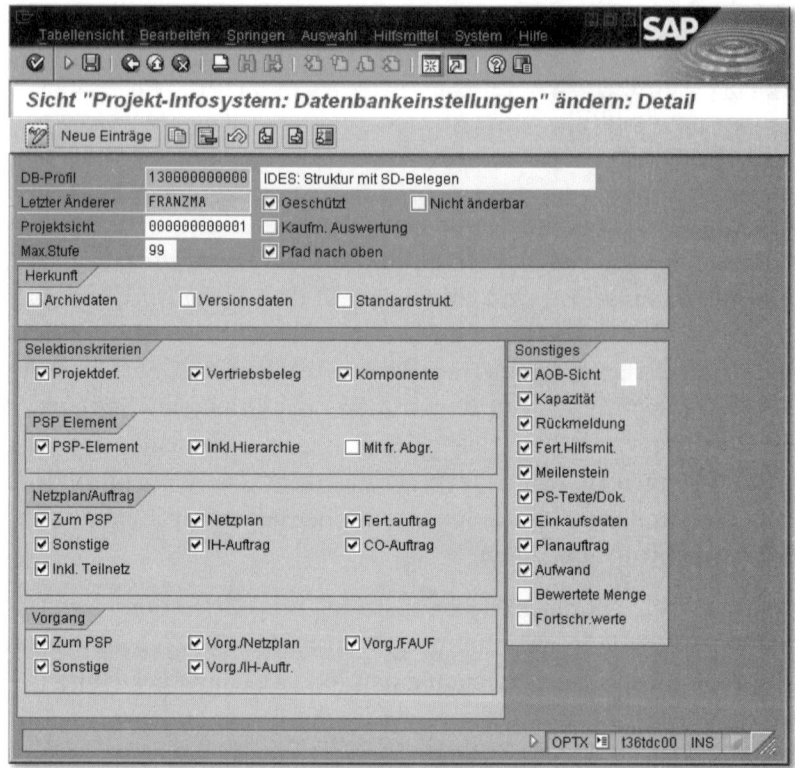

Abbildung 7.2 Beispiel für die Definition eines Datenbankprofils

[!]   Die Definition eines eigenen Selektionsview für die freie Abgrenzung ist mandantenübergreifend.

Statusselektions-schemata   Zusätzlich zu den Feldwerten der freien Abgrenzung können Sie auch Status als Filterkriterien bei der Objektselektion verwenden. Dazu müssen Sie zunächst im Customizing des Projektsystems mithilfe der Transaktion BS42 ein *Statusselektionsschema* definieren. In einem Statusselektionsschema hinterlegen Sie verschiedene Zeilen, bestehend aus System- oder auch Anwenderstatus (siehe Abschnitt 2.6). Zur Festlegung, wie die Kombination dieser Status als Filter verwendet werden soll, können Sie NICHT-, UND- oder auch ODER-Bedingungen für jede Zeile verwenden. Im Einstiegsbild eines

Berichts können Sie anschließend das Statusselektionsschema für die unterschiedlichen Objekttypen als zusätzliche Einschränkung bei der Selektion der Daten von der Datenbank auswählen.

Wenn Sie komplexere Selektionen im Einstiegsbild eines Berichts vorgenommen haben, können Sie diese Selektion in Form einer *Selektionsvariante* speichern. Wenn Sie den Bericht dann zu einem späteren Zeitpunkt erneut aufrufen und die gleiche Selektion vornehmen möchten, müssen Sie nicht wieder alle Selektionsbedingungen manuell eingeben, sondern Sie brauchen lediglich die von Ihnen gespeicherte Selektionsvariante auszuwählen.

*Selektions-
varianten*

Beachten Sie, dass Sie in der Regel innerhalb der Auswertungen keine weiteren Daten von der Datenbank selektieren können, d.h., Ihre Datenselektion bestimmt, welche Daten Ihnen zur Auswertung zur Verfügung stehen. Umgekehrt können Sie den Umfang der Datenselektion innerhalb des Berichts auch nicht mehr einschränken, sondern mithilfe z.B. von Feldauswahlen oder Filterfunktionen lediglich deren Anzeige beeinflussen. D.h., die Datenselektion, die Sie im Einstiegsbild eines Berichts vornehmen, entscheidet maßgeblich auch über die Performance der Auswertung.

[«]

Die Daten der Berichte des Infosystems Strukturen können Sie auch in Form von *Selektionsversionen* speichern. Beim Aufruf eines Berichts können Sie dann entscheiden, ob Sie die aktuellen Daten von der Datenbank selektieren oder die Daten einer Selektionsversion für die Auswertung auswählen möchten. Sie können beliebig viele Selektionsversionen erstellen und bei Bedarf mit einem Gültigkeitszeitraum versehen. Für die Analyse sehr großer Datenmengen können Sie die Erstellung einer Selektionsversion im Einstiegsbild eines Berichts auch als Hintergrundjob einplanen und so z.B. die Datenselektion automatisch nachts ausführen lassen. Sie können beim Anlegen einer Selektionsversion eine Anzahl von Tagen angeben, nach denen die Version automatisch vom System gelöscht werden soll, Sie können Selektionsversionen aber auch manuell löschen.

*Selektions-
versionen*

Neben der Steuerung der Datenselektion bestimmen Sie über das Datenbankprofil mithilfe des Feldes **Projektsicht** auch, welche Hierarchie beim Aufruf von hierarchisch aufgebauten Berichten der Infosysteme Strukturen und Controlling für die Anzeige der Daten

Projektsichten

verwendet werden soll. Im Standard werden bereits einige Projekt-sichten ausgeliefert, wie z. B.:

- Projektstruktur
- Profit Center
- Kostenstellen
- Investitionsprogramm
- Vertriebssicht
- Merkmalshierarchie aus Verdichtung (siehe Abschnitt 7.4)

Bei Bedarf können Sie in der Customizing-Transaktionen OPUR auch eigene Projektsichten zu vordefinierten Hierarchietypen erstellen. Mithilfe einer Kundenerweiterung können Sie zusätzlich selbst einen Hierarchieaufbau für Projektsichten zum Hierarchietyp 99 definieren.

[»]

> Über die Projektsicht werden keine weiteren Daten von der Datenbank selektiert, sondern wird nur die Darstellung der Daten im Informations-system festgelegt. Die hierarchische Darstellung der Daten in Strukturbe-richten erfolgt am performantesten, wenn Sie die Projektstruktur als Pro-jektsicht verwenden.

Weiterführende Informationen zur Datenselektion in Berichten des Projektsystems finden Sie auch in den Hinweisen 107 605 und 700 697.

7.1.1 Struktur-/Projektstrukturübersicht

Mithilfe der *Struktur-* und der *Projektstrukturübersicht* können Sie Daten aller Projektobjekte und ihnen zugeordneter Aufträge und Vertriebsbelege (Kundenanfragen, -angebote und -aufträge) gleich-zeitig auswerten.

Strukturübersicht

PS-Infoprofil   Abbildung 7.3 zeigt die Auswertung eines Projekts in der Struktur-übersicht (Transaktion CN41). Die Darstellung der Daten sowie ver-schiedene Funktionen dieses Berichts werden durch ein *PS-Infoprofil* bestimmt, das Sie Benutzern über die Parameteridentifikation **PFL** zuweisen können bzw. beim Aufruf des Berichts manuell auswählen.

Das PS-Infoprofil ist im Wesentlichen ein Gesamtprofil, in dem mehrere Unterprofile zusammengefasst werden. Im Standard werden bereits einige PS-Infoprofile und alle benötigten Unterprofile ausgeliefert. Sie können jedoch auch eigene PS-Infoprofile mithilfe der Transaktion OPSM im Customizing des Projektsystems definieren. Bei Bedarf können Sie aus einem PS-Infoprofil auch direkt in die Bearbeitung untergeordneter Profile abspringen.

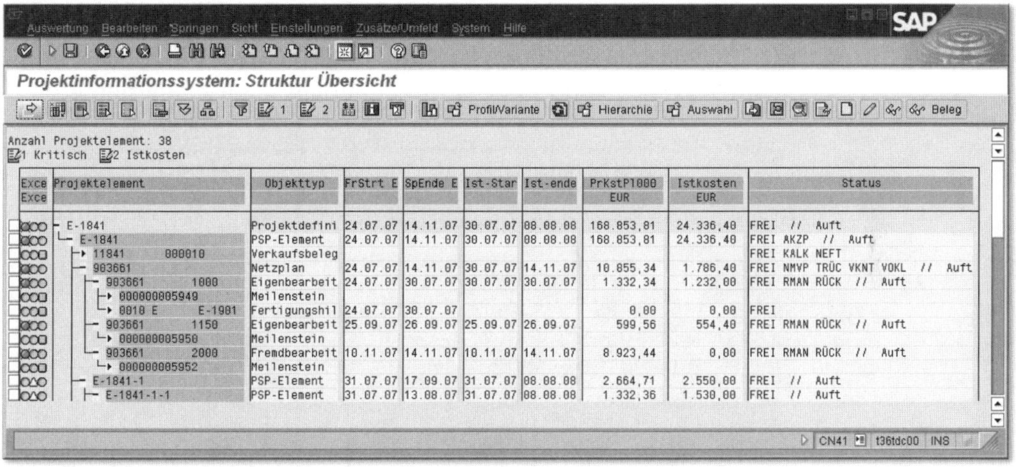

Abbildung 7.3 Auswertung eines Projekts in der Strukturübersicht

Abbildung 7.4 auf der nächsten Seite zeigt die Definition eines PS-Infoprofils. Mithilfe der Felder im Abschnitt **Auswahl-Aktionen** im PS-Infoprofil können Sie festlegen, welche Aktion das System ausführen soll, wenn Sie im Bericht einen Doppelklick mit der Maus auf ein Objekt oder Datenfeld ausführen. Mögliche Aktionen sind z.B. das Abspringen in das Anzeigen oder Ändern des Objekts, die Anzeige des Langtextes oder von Änderungsbelegen zum Objekt. Die Darstellung der Strukturübersicht wird durch das Profil **Strukturübersicht** im PS-Infoprofil gesteuert. Dieses Profil enthält wiederum untergeordnete Profile, die die Anzeige, Sortierung, Gruppierung, Filterung, farbliche Hervorhebung von Objekten (*Exceptions*) usw. sowie Kennzeichen, die z.B. über die Aggregation und Darstellung der Daten entscheiden, festlegen.

Viele Einstellungen sind im Bericht selbst änderbar. So können Sie z.B. über eine Feldauswahl bestimmen, welche Felder angezeigt werden sollen, per Mausklick können Sie die Reihenfolge der Feldspalten und deren Breite ändern, Sie können Filter- und ggf. auch Sortier-, Gruppier- und Verdichtungskriterien[2] festlegen oder entscheiden, ob die Werte aggregiert oder nicht aggregiert dargestellt werden sollen usw. Insbesondere können Sie in dem Bericht auch Exceptions definieren, um z.B. die zeitliche Überschreitung geplanter Termine oder Objekte mit besonderen Eigenschaften in Form von Ampeln oder farblichen Hervorhebungen zu kennzeichnen. Sofern das PS-Infoprofil bzw. die entsprechenden Unterprofile dies erlauben, können Sie die Änderungen, die Sie im Bericht vorgenommen haben, als Änderungen der Customizing-Profile abspeichern oder ggf. auch neue Profile aus dem Bericht heraus generieren.

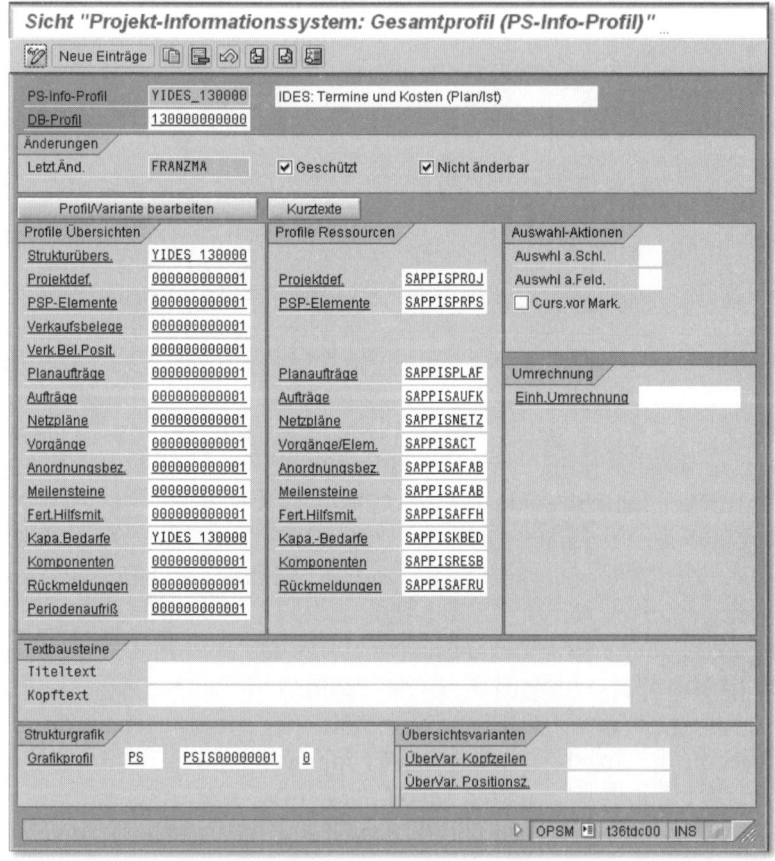

Abbildung 7.4 Beispiel für die Definition eines PS-Infoprofils

---

2 Eine Gruppierung, Sortierung und Verdichtung ist in der Strukturübersicht jedoch nur möglich, wenn Sie die hierarchische Darstellung der Objekte aufheben.

Neben den verschiedenen Möglichkeiten, die Darstellung der Daten in dem Bericht anzupassen und die Berichtsdaten auszudrucken, stehen Ihnen zusätzlich z. B. die folgenden Funktionen in der Strukturübersicht zur Verfügung:

Funktionen der Strukturübersicht

▸ Anzeigen, Ändern, Massenänderung und Anlegen von Objekten

▸ Rückmelden von Vorgängen, Erstellen und Versenden von Rückmeldevorräten

▸ Verfügbarkeitsprüfung für Materialkomponenten

▸ Aktualisieren der Daten (»Auffrischen«)

▸ Grafische Darstellung von Daten in Form von Struktur-, Hierarchie-, Netzplan-, Balkenplan-, Portfoliografiken oder Summenkurven und Histogrammdarstellungen

▸ Versenden von Berichtsdaten und Export der Daten in z. B. Microsoft-Excel-, -Access-, -Project-Formate oder als HTML- oder ASCII-Dateien

▸ Periodische Darstellungen z. B. von Kosten, Obligos oder Erlösen

▸ Absprung in Einzelübersichten, Berichte des Infosystems Controlling oder logistische Berichte, wie z. B. Kapazitätsberichte oder Berichte zur Anzeige von Reservierungen, Bestellanforderungen oder Bestellungen zu einem ausgewählten Objekt

Um Daten besser miteinander vergleichen zu können, z. B. geplante Mengen oder Beträge mit den tatsächlichen Istwerten, können Sie in der Strukturübersicht auch Differenzspalten auswählen und sich so die Differenz in Form absoluter Beträge oder auch prozentual anzeigen lassen. Wenn Sie Projekt- oder Simulationsversionen in der Strukturübersicht analysieren, können Sie zusätzlich auch einen zeilenweisen Vergleich der Versionsdaten und der operativen Daten vornehmen.

> Aufgrund der vielfältigen Funktionen der Strukturübersicht, der Möglichkeit, Struktur-, Termin- und Controlling-Daten aller projektbezogenen Objekte gleichzeitig zu analysieren und insbesondere auch in die Bearbeitung aller Objekte zu verzweigen, wird die Strukturübersicht von einigen Unternehmen als zentrale Transaktion für das Management von Projekten verwendet.

[«]

Projektstrukturübersicht

Genau wie in der Strukturübersicht können Sie auch in der Projekt-strukturübersicht (Transaktion CN41N), die ab dem Release ECC 6.0 zur Verfügung steht, Daten zu Projektdefinitionen, PSP-Elementen, zugeordneten Netzplänen und Aufträgen sowie verschiedenen Vertriebsbelegen gleichzeitig auswerten. Während die Oberfläche der Strukturübersicht auf einer »klassischen« Darstellung beruht, wird für die Darstellung der Objekte und Daten in der Projektstruktur-übersicht die SAP-List-Viewer-Oberfläche (ALV) verwendet (siehe Abbildung 7.5).

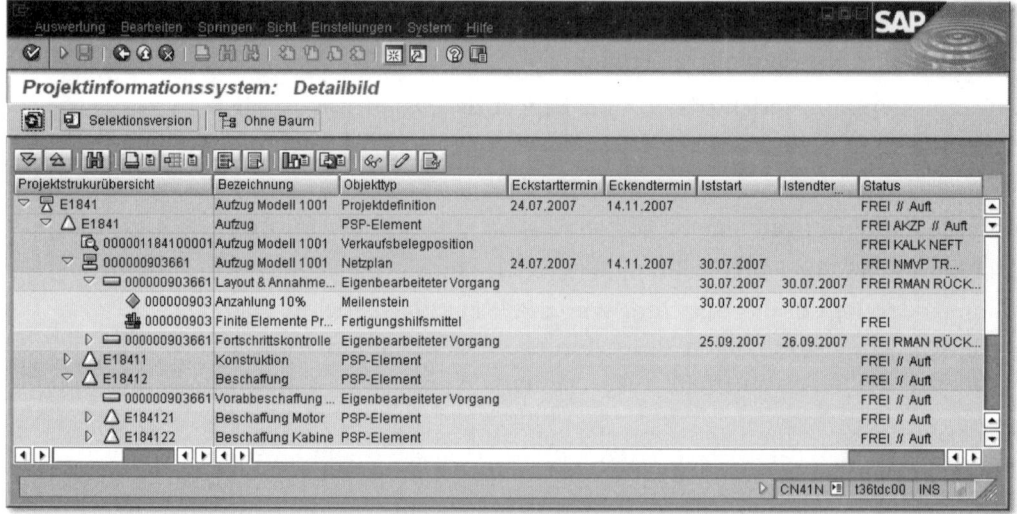

Abbildung 7.5 Auswertung eines Projekts in der Projektstrukturübersicht

Layouts Die Oberfläche der Projektstrukturübersicht bietet den Vorteil, dass Sie sehr leicht Änderungen an der Auswahl der Spalten, deren Reihenfolge und Breite vornehmen und diese Änderungen in Form von *Layouts* sichern können. Dabei können Sie beliebig viele Layouts speichern und später auswählen, welches Layout für die Darstellung der Daten herangezogen werden soll. Wenn Sie ein Layout speichern und dabei das Kennzeichen **Benutzerspezifisch** setzen, können nur Sie dieses Layout auswählen oder ändern, andernfalls haben alle Anwender die Möglichkeit, Ihr Layout zu verwenden. Wenn Sie ein Layout als Einstiegslayout kennzeichnen, wird beim nächsten Berichtsaufruf dieses Layout anstelle des Standardlayouts verwendet.

Die Projektstrukturübersicht bietet Ihnen jedoch bei weitem nicht den Funktionsumfang, den die Strukturübersicht besitzt. Nachfolgend werden die Funktionen der Projektstrukturübersicht aufgeführt:

Funktionen der Projektstrukturübersicht

▸ Darstellung mit oder ohne Hierarchiebaum

▸ Druckvorschau und Drucken der aktuellen Ansicht oder der kompletten Hierarchie

▸ Filterfunktionen

▸ Anzeige und Ändern von Objekten, Anzeige von Langtexten

▸ Aktualisieren der Daten

▸ grafische Darstellung von Daten in Form von Struktur-, Hierarchie- oder Netzplangrafiken

▸ Export der Daten nach Microsoft Access oder z.B. als Datei in XML, im DOC-, RTF-, TXT-, HTML- oder HTM-Format

Beachten Sie, dass Sie Projektversionen oder kundenindividuelle Felder nicht in der Projektstrukturübersicht auswerten können.

7.1.2 Einzelübersichten

Mithilfe von Einzelübersichten können Sie Daten zu einzelnen Beleg- bzw. Objekttypen auswerten. Ähnlich wie bei der Struktur- und der Projektstrukturübersicht stehen Ihnen auch bei den Einzelübersichten zwei unterschiedliche Oberflächen zur Verfügung. Zum einen können Sie die erweiterten Einzelübersichten verwenden, die auf einer klassischen Darstellung der Daten beruhen. Zum anderen können Sie ab dem Enterprise-Release auch ALV-basierte Einzelübersichten für Ihre Auswertungszwecke nutzen. Folgende Einzelübersichten stehen Ihnen insgesamt im Infosystem Strukturen zur Verfügung (die Angabe der Transaktionscodes bezieht sich jeweils auf die erweiterten und die ALV-basierten Übersichten):

▸ Projektdefinitionen (CN42/CN42N)

▸ PSP-Elemente (CN43/CN43N)

▸ Planaufträge (CN44/CN44N)

▸ Aufträge (CN45/CN45N)

▸ Netzpläne (CN46/CN46N)

▸ Vorgänge/Vorgangselemente (CN47/CN47N)

- Rückmeldungen (CN48/CN48N)

- Anordnungsbeziehungen (CN49/CN49N)

- Kapazitätsbedarfe (CN50/CN50N)

- Fertigungshilfsmittel (CN51/CN51N)

- Materialkomponenten (CN52/CN52N)

- Meilensteine (CN53/CN53N)

Zusätzlich gibt es einige Berichte im Infosystem Strukturen, die nur mit der klassischen Oberfläche zur Verfügung stehen, wie z.B.:

- Vertriebsbelege (CNS54)

- Vertriebsbelegpositionen (CNS55)

- Änderungsbelege zum Projekt/Netzplan (CN60)

Die Partnerübersicht (Transaktion CNPAR), mit der Sie die zugeordneten Partner (siehe Abschnitt 2.2) zu Projektdefinitionen und PSP-Elementen analysieren können, liegt dagegen nur als ALV-basierter Bericht vor.[3]

Erweiterte Einzelübersichten

Die Darstellung der Daten in den erweiterten Einzelübersichten basiert auf dem PS-Infoprofil und den untergeordneten Profilen. Abbildung 7.6 zeigt die Auswertung von Vorgängen mithilfe der erweiterten Einzelübersicht **Vorgänge/Vorgangselemente**. In den erweiterten Einzelübersichten stehen Ihnen im Wesentlichen die gleichen Funktionen zur Verfügung wie in der Strukturübersicht (siehe Abschnitt 7.1.1). Im Gegensatz zur Strukturübersicht werden in den Einzelübersichten jedoch keine Kosten-, Erlös-, Budget- oder Obligo-Daten ausgewiesen, Sie können bei Bedarf aus einer Einzelübersicht aber in Berichte des Infosystems Controlling abspringen.

ALV-basierte Einzelübersichten

Abbildung 7.7 zeigt Ihnen die Auswertung der ALV-basierten Einzelübersicht **Meilensteine**. Genau wie bei der Projektstrukturübersicht können Sie sehr leicht Anpassungen der Oberfläche vornehmen und diese als Layouts speichern und verwalten (siehe Abschnitt 7.1.1). Im Vergleich zur Projektstrukturübersicht stehen Ihnen jedoch sehr viel mehr Anpassungsmöglichkeiten bei den Einzelübersichten zur Verfügung, wie z.B. eine Sortierung, eine direkte Darstellung in der

---

3 Die ALV-basierte Partnerübersicht bietet im Vergleich zu den Einzelübersichten einen sehr stark eingeschränkten Funktionsumfang und nur wenige Anpassungsmöglichkeiten.

Microsoft-Excel- oder Lotus-Oberfläche, diverse Darstellungsoptionen (Spaltenoptimierung, Streifenmuster usw.) oder das Bilden von Summen, Zwischensummen, Mittel- oder Extremalwerten. Ferner können Sie, ähnlich wie in den erweiterten Einzelübersichten, Filter und Exceptions verwenden, einen Export der Daten in diverse Dateiformate vornehmen, Objekte anzeigen oder ändern und schließlich auch die angezeigten Daten aktualisieren.

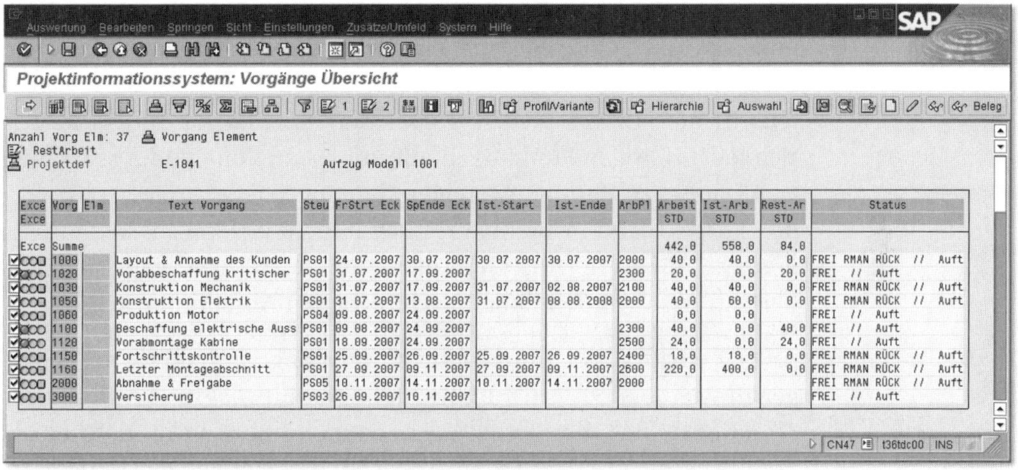

Abbildung 7.6 Beispiel für eine erweiterte Einzelübersicht

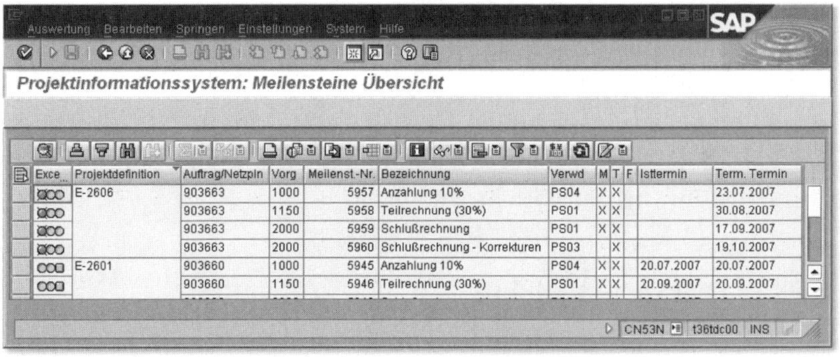

Abbildung 7.7 Beispiel für eine ALV-basierte Einzelübersicht

Allerdings bieten die ALV-basierten Einzelübersichten nicht alle Funktionen, die in den erweiterten Einzelübersichten zur Verfügung stehen. So können Sie z.B. die Daten dieser Einzelübersichten nicht per SAP-Mail an andere Benutzer versenden, Sie können keine neuen Objekte anlegen, Sie können aus dem Infosystem Controlling nur Hierarchieberichte (Rechercheberichte), jedoch keine Kostenartenberichte den Einzelübersichten zuordnen, außerdem gehen beim Aktualisieren der Daten einige der Einstellungen verloren.[4]

7.2 Infosystem Controlling

Mithilfe der Berichte des Infosystems Controlling können Sie Plan- und Istkosten, Obligos, Budgetwerte sowie Zahlungen analysieren. Die Berichte werden nach Hierarchie-, Kostenarten- und Einzelpostenberichten unterschieden. Diese drei Berichtsarten unterscheiden sich jeweils in den Funktionen, die zur Darstellung und Auswertung von Daten zur Verfügung stehen, den Daten, die ausgewertet werden können, und insbesondere auch in dem Grad der Detaillierung, den Sie für Ihre Analysen nutzen können. Die verschiedenen Berichtsarten werden in den nachfolgenden Abschnitten erläutert.

Datenselektion Allen Berichten des Infosystems Controlling ist gemein, dass Sie – genau wie bei den Strukturberichten – im Einstiegsbild mithilfe des Selektionsbildes, der freien Abgrenzung, Statusselektionsschemata und insbesondere dem Datenbankprofil den Umfang der Daten festlegen, der von der Datenbank gelesen wird (siehe Abschnitt 7.1). Je nach Bericht können Sie im Einstiegsbild der Berichte des Infosystems Controlling jedoch noch weitere Auswahlbedingungen, wie z.B. Geschäftsjahre, Perioden, CO-Versionen oder Kostenartenintervalle bzw. -gruppen, spezifizieren. Komplexere Selektionen können Sie in Form von Selektionsvarianten für spätere Berichtsaufrufe speichern. Bei der Selektion großer Datenmengen ist auch eine Hintergrundausführung der Berichte möglich.

7.2.1 Hierarchieberichte

Hierarchieberichte basieren auf Funktionen der Recherche im SAP-System und können daher auch als *Rechercheberichte* bezeichnet werden. Die Basis für Auswertungen mithilfe von Hierarchieberichten bildet die Projektinfodatenbank RPSCO, in der sämtliche projektbezogenen Controlling- und Zahlungsdaten in Form von *Wertka-*

---

4 Detailinformationen zu den Funktionen und Einschränkungen der ALV-basierten Einzelübersichten finden Sie in der SAP-Bibliothek und im Hinweis 353 255.

tegorien verdichtet gespeichert werden. Vor der ersten Verwendung von Hierarchieberichten im Projektsystem müssen Sie einige Einstellungen im SAP-System vornehmen.

Voraussetzungen für die Verwendung von Hierarchieberichten

Wertkategorien sind Gruppierungen von Kostenarten oder Finanzpositionen (siehe Abschnitt 7.2.4). Wertkategorien werden nicht nur für Auswertungen mithilfe von Hierarchieberichten benötigt, sondern z.B. auch im Rahmen der Verzinsung von Projekten (siehe Abschnitt 6.5). Noch bevor Sie Buchungen auf Projekte durchführen, müssen Sie geeignete Wertkategorien definieren und diesen alle relevanten Kostenarten und Finanzpositionen zuordnen.

Wertkategorien

Die Definition von Wertkategorien nehmen Sie mithilfe der Transaktion OPI1 vor. Neben einem Schlüssel und einem Kurztext spezifizieren Sie für jede Wertkategorie den Belastungstyp, z.B. Kosten und Zahlungsausgänge oder Erlöse und Zahlungseingänge.[5] Mithilfe der Transaktionen OPI2 und OPI4 ordnen Sie anschließend den Wertkategorien Kostenartenintervalle oder -gruppen bzw. Intervalle von Finanzpositionen zu. Mithilfe der Transaktion CJVC können Sie schließlich eine Konsistenzprüfung Ihrer Zuordnungen vornehmen.

Anstatt im Vorfeld manuell Wertkategorien zu erstellen und alle relevanten Kostenarten und Finanzpositionen zuzuordnen, können Sie auch das Kennzeichen **maschinelle Wertkategorien** in der Verbuchungssteuerung der Projektinfodatenbank RPSCO setzen. Dieses Kennzeichen bewirkt, dass zu jeder neu bebuchten Kostenart bzw. Finanzposition automatisch eine eigene Wertkategorie mit der gleichen Bezeichnung angelegt wird. Beachten Sie jedoch, dass die automatische Generierung von Wertkategorien negative Performance-Auswirkungen sowohl auf die Verbuchungen als auch – aufgrund der ggf. sehr großen Anzahl an erzeugten Wertkategorien – auf die Auswertung der Daten haben kann.

---

5 Mithilfe von Wertkategorien kann auch eine Fortschreibung von Mengeninformationen in die Projektinfodatenbank RPSQT durchgeführt werden. Diese Mengeninformationen können dann z.B. für Auswertungen in Fortschrittsberichten des Projektsystems verwendet werden (siehe Abschnitt 5.7.2). Damit Mengen in diese Datenbank fortgeschrieben werden können, müssen Sie den relevanten Wertkategorien zusätzlich zum Belastungstyp auch eine Mengeneinheit zugeordnet haben.

[»]   Aus Performancegründen ist es sinnvoll, mehrere Kostenarten bzw. Finanzpositionen in Wertkategorien zusammenzufassen. In diesem Fall ist eine Auswertung auf Ebene einzelner Kostenarten oder Finanzpositionen mithilfe von Hierarchieberichten jedoch nicht möglich. Wenn Sie nachträglich Änderungen an den Zuordnungen zu Wertkategorien vornehmen, müssen Sie anschließend die Projektinfodatenbank mithilfe der Transaktion CJEN neu aufbauen.

SAP liefert bereits diverse Standardhierarchieberichte zur Auswertung von Kosten, Budgets, Erlösen, Ergebnis- und Prognosedaten oder Zahlungen aus, die Sie je nach Bedarf aus dem Mandanten 000 mithilfe der Customizing-Transaktion CJEQ importieren können. Zusätzlich können Sie in Abhängigkeit von Ihren Anforderungen auch eigene Hierarchieberichte definieren. Außerdem steht Ihnen eine Kundenerweiterung für eigene Anpassungen zur Verfügung. Vor der Erläuterung der verschiedenen Funktionen, die zur Analyse von Projektdaten innerhalb von Hierarchieberichten zur Verfügung stehen, werden zunächst zu deren Verständnis die technischen Grundlagen von Hierarchieberichten behandelt.

Grundlagen von Hierarchieberichten

Ausgabearten   Zur Auswertung von Daten mithilfe von Hierarchieberichten können Sie zwei unterschiedliche Oberflächen (*Ausgabearten*) verwenden, eine *grafische Berichtsausgabe* und die Darstellung als *klassischer Rechercheberichte*. Je nach Berichtsdefinition ist die Ausgabeart fest vorgegeben oder kann im Einstiegsbild des Berichts manuell ausgewählt werden. Klassische Rechercheberichte setzen Sie typischerweise ein, wenn Sie eine hohe Performance bei der Auswertung großer Datenmengen benötigen. Die grafische Berichtsausgabe verwenden Sie insbesondere dann, wenn unterschiedliche *Listenarten* gleichzeitig dargestellt werden sollen oder Sie für den Berichtskopf eigene HTML-Vorlagen verwenden möchten.

Merkmale und   Abbildung 7.8 zeigt die grafische Berichtsausgabe des Standardbe-
Kennzahlen   richts Plan/Ist/Obligo/Restplan/Verfügt.[6] Die Darstellung der Daten

---

6 Der Auftragsrestplan wird auf der Ebene von PSP-Elementen beim Berichtsaufruf berechnet und ergibt sich aus der Summe der dispositiven Planwerte zugeordneter Aufträge bzw. Netzpläne abzüglich deren Ist- und Obligowerten (dieser für jeden Auftrag berechnete Wert wird jedoch nur in der Summe berücksichtigt, sofern der Wert positiv ist).

in einem Hierarchiebericht basiert auf *Merkmalen* und *Kennzahlen*. Merkmale sind unter anderem z. B. **Objekt**, **Periode** und **Geschäftsjahr**, **Wertkategorie**, **Währung**, **Abgrenzungskategorie** (siehe Abschnitt 6.6) oder **Geschäftsvorfall**. Die Daten der Projektinfodatenbank RPSCO können nach den unterschiedlichen Ausprägungen dieser Merkmale unterschieden werden. Zusätzlich besitzen die jeweiligen Kombinationen der Merkmalsausprägungen im Datenbestand bestimmte Werte. Diese Datenwerte, d. h. die Plan-, Budget-, Obligo-, Kosten-, Erlös- und Finanzwerte und daraus ggf. in einem Bericht mithilfe von Formeln berechnete Werte, werden als *Kennzahlen* bezeichnet.

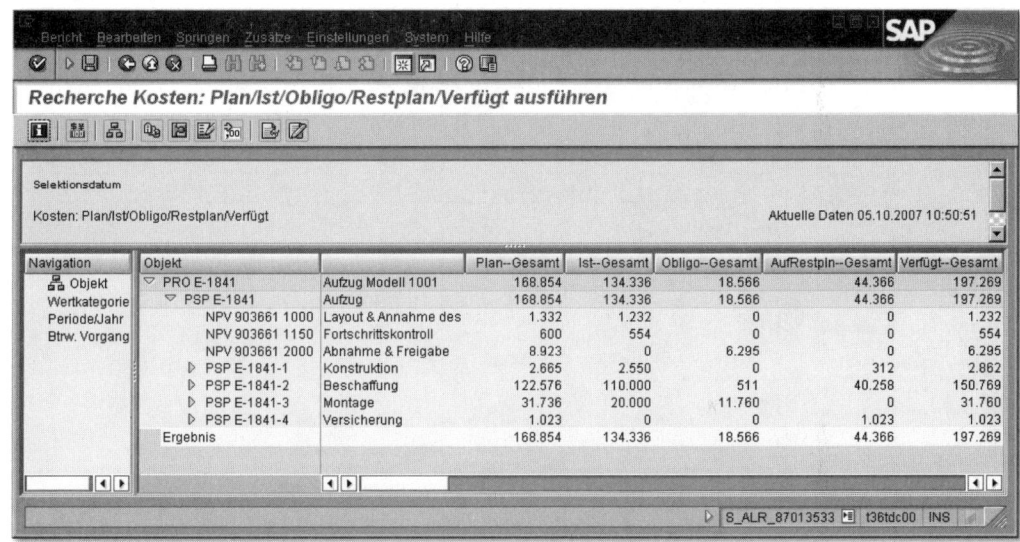

Abbildung 7.8 Beispiel für die grafische Berichtsausgabe eines Hierarchieberichts

Die Darstellung der Daten, d. h. der Merkmale und Kennzahlen, in einem Hierarchiebericht wird über ein *Formular* und eine zugeordnete *Berichtsdefinition* gesteuert.[7] Mithilfe eines Formulars zur Formularart **Zwei Koordinaten (Matrix)** wird der prinzipielle Aufbau der Zeilen und Spalten des Berichts gesteuert. Dabei unterscheidet man zwischen Darstellungen in Form einer *Detailliste* und einer *Aufrissliste* (Listenarten).

Formular

---

7 Beachten Sie, dass die Verwendung von Ad-hoc-Berichten, d. h. Berichten ohne ein Formular, im Projektsystem nicht möglich ist.

Detail- und Aufrissliste

Abbildung 7.9 zeigt als Beispiel die Definition einer Detailliste des Standardformulars 12KST1C. In der Detailliste dieses Beispiels werden verschiedene Ausprägungen des Merkmals **Geschäftsjahr** als Zeilen verwendet und Kennzahlen als Spalten dargestellt. Für die Festlegung der Zeilen wird dabei auf eine (globale) Variable zurückgegriffen. Als Kennzahlen werden zum einen feste Werte, zum anderen auch anhand von Formeln berechnete Werte verwendet. Weitere Details zur Steuerung der dargestellten Werte in Spalten werden in Abschnitt 7.2.2 erörtert.

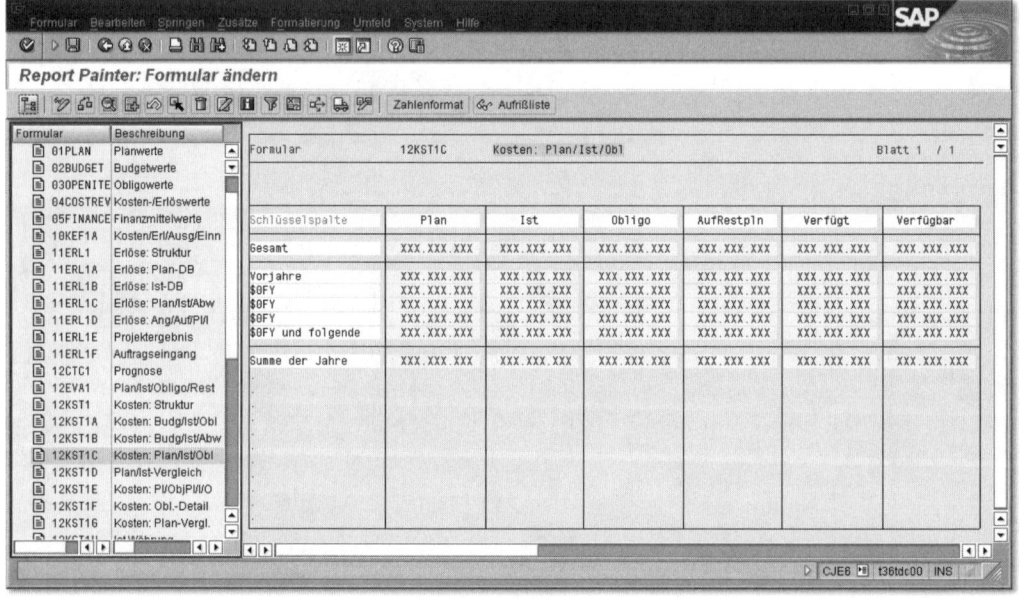

Abbildung 7.9 Beispiel für die Definition einer Detailliste eines Formulars

Abbildung 7.10 zeigt exemplarisch die Aufrissliste des Formulars 12KSTC1. In dieser Aufrissliste werden flexibel Merkmale bzw. deren Ausprägungen als Zeilen dargestellt, während Kennzahlen zu verschiedenen Merkmalsausprägungen des Merkmals **Geschäftsjahr** die Spalten bilden. Das Geschäftsjahr wird dabei wieder durch eine Variable festgelegt.

[»]

Beachten Sie, dass Sie Daten aus Projekt- oder Simulationsversionen in einem Hierarchiebericht nur dann auswerten können, wenn das Merkmal **Versionsschlüssel** in den allgemeinen Selektionen des entsprechenden Formulars ausgewählt wurde.

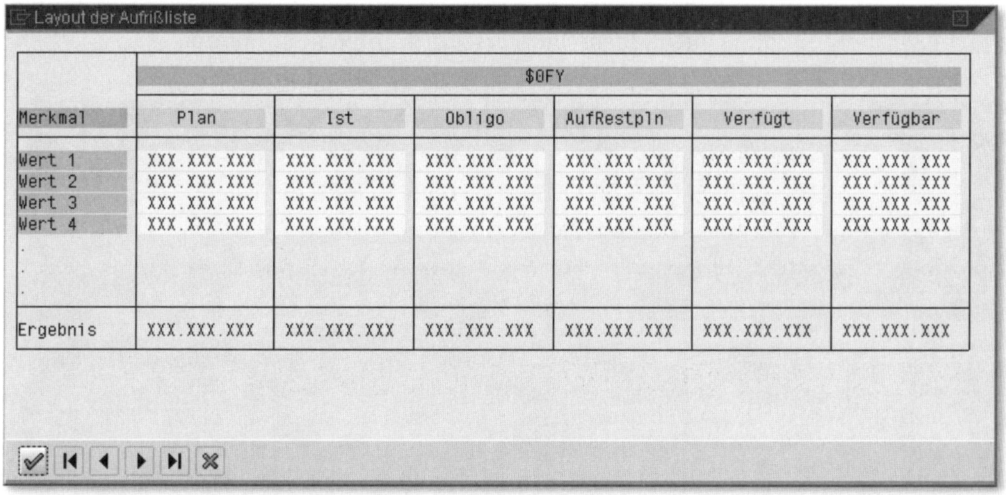

Merkmal	\$0FY					
	Plan	Ist	Obligo	AufRestpln	Verfügt	Verfügbar
Wert 1	XXX.XXX.XXX	XXX.XXX.XXX	XXX.XXX.XXX	XXX.XXX.XXX	XXX.XXX.XXX	XXX.XXX.XXX
Wert 2	XXX.XXX.XXX	XXX.XXX.XXX	XXX.XXX.XXX	XXX.XXX.XXX	XXX.XXX.XXX	XXX.XXX.XXX
Wert 3	XXX.XXX.XXX	XXX.XXX.XXX	XXX.XXX.XXX	XXX.XXX.XXX	XXX.XXX.XXX	XXX.XXX.XXX
Wert 4	XXX.XXX.XXX	XXX.XXX.XXX	XXX.XXX.XXX	XXX.XXX.XXX	XXX.XXX.XXX	XXX.XXX.XXX
.						
.						
Ergebnis	XXX.XXX.XXX	XXX.XXX.XXX	XXX.XXX.XXX	XXX.XXX.XXX	XXX.XXX.XXX	XXX.XXX.XXX

Abbildung 7.10 Beispiel für die Definition einer Aufrissliste

Berichtsdefinition

Ein Formular legt nur den generellen Aufbau der Detail- und Aufrisslisten eines Hierarchieberichts fest. Die Berichtsdefinition, die mit Bezug zu dem Formular angelegt wird, bestimmt dagegen dessen Inhalt. Dazu wird in einer Berichtsdefinition definiert, welche Merkmale für die Auswertung verwendet werden können (das Merkmal **Objekt** ist dabei immer enthalten). Für lokale Variablen, die im Formular verwendet werden, können in der Berichtsdefinition feste Werte hinterlegt oder kann eine Eingabe im Einstiegsbild des Berichts ermöglicht werden. Zusätzlich werden in der Berichtsdefinition Einstellungen zur Ausgabeart und diverse weitere Darstellungsoptionen festgelegt. Abbildung 7.11 zeigt die Berichtsdefinition zum Formular 12KST1C.

Bericht-Bericht-Schnittstellen

Hierarchieberichte erlauben auch einen Absprung in andere Hierarchie-, Kostenarten- oder Einzelpostenberichte des Projektsystems für weitergehende, ggf. detailliertere Analysen.[8] Voraussetzung dafür ist, dass im Customizing des Projektsystems entsprechende Bericht-Bericht-Schnittstellen unter dem Menüpfad **Berichtszuordnung** eingerichtet sind. Sie können für die Standardberichte Bericht-Bericht-

---

8 Beachten Sie, dass man immer nur in Berichte gleichen Detaillierungsgrads oder in detailliertere Berichte abspringen kann, d.h., aus einem Einzelpostenbericht können Sie z.B. nicht in einen Hierarchiebericht verzweigen.

449

Schnittstellen aus dem Mandanten 000 importieren, Sie können jedoch auch eigene Berichtszuordnungen definieren.

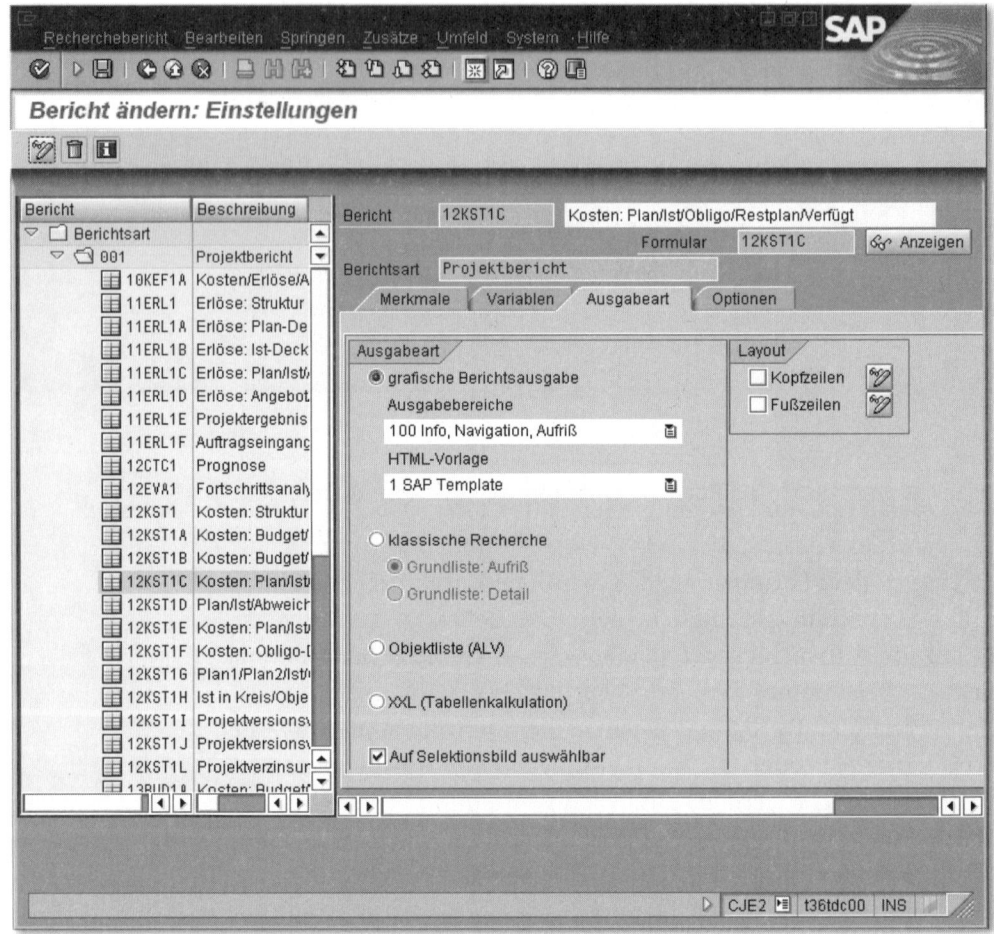

Abbildung 7.11 Berichtsdefinition eines Hierarchieberichts

[»] Wenn Sie einen eigenen Hierarchiebericht erstellen möchten, müssen Sie zunächst ein geeignetes Formular und anschließend eine Berichtsdefinition zu diesem Formular anlegen. Dabei empfiehlt es sich, die im Standard ausgelieferten Formulare und Berichtsdefinitionen als Kopiervorlage zu verwenden. Bei Bedarf können Sie zusätzlich geeignete Bericht-Bericht-Schnittstellen einrichten.

Für das Erstellen, Ändern und Anzeigen von Formularen können Sie die Transaktionen CJE4, CJE5 und CJE6 verwenden. Die Bearbeitung geschieht dabei mithilfe von Funktionen des *Report Painter* (siehe auch Abschnitt 7.2.2). Für die Erstellung oder Bearbeitung bzw. Anzeige von Berichtsdefinitionen stehen Ihnen die Transaktionen CJE1, CJE2 und CJE3 zur Verfügung. Mithilfe der Transaktion CJE0 können Sie schließlich direkt selbst definierte Hierarchieberichte ausführen. Bei Bedarf können Sie Ihre Berichte jedoch auch in das SAP-Menü oder Benutzermenüs integrieren.

Auswertungen mithilfe von Hierarchieberichten

In Abbildung 7.8 wird die Aufrissliste eines Hierarchieberichts gezeigt, in der verschiedene Kostendaten für die verschiedenen Projektobjekte in aggregierter Form ausgewiesen werden. Im Navigationsbereich werden die Merkmale, die der Berichtsdefinition zugeordnet sind, angezeigt. Anstatt die Auswertung der Kennzahlen nach dem Merkmal **Objekt** durchzuführen, können Sie über den Navigationsbereich auch ein anderes Merkmal für einen Aufriss auswählen. So können Sie sich die Verteilung der Werte auf die verschiedenen Wertkategorien oder z.B. nach Periode und Geschäftsjahr anzeigen lassen.

Bei einem Wechsel des Aufrisses können Sie entweder die gesamten im Bericht dargestellten Werte nach einem anderen Merkmal aufreißen, Sie können bei Bedarf jedoch auch eine bestimmte Merkmalsausprägung auswählen und nur für die Werte dieser Merkmalsausprägung einen Aufrisswechsel durchführen (*Drilldown*). Dies soll an dem in Abbildung 7.8 dargestellten Beispiel verdeutlicht werden. Auf Ebene des PSP-Elements **Beschaffung** werden sehr hohe (aggregierte) Plankosten ausgewiesen. Sie möchten nun nur die Werte dieses PSP-Elements weiter analysieren und führen dazu einen Aufriss für das PSP-Element **Beschaffung** nach dem Merkmal **Periode/Jahr** aus. Sie stellen fest, dass die höchsten Plankosten des PSP-Elements für die Periode 9 ausgewiesen werden. Um zu ermitteln, auf welche Wertkategorien sich die Plankosten des PSP-Elements **Beschaffung** in der Periode 9 verteilen, führen Sie einen Aufriss für diese Periode nach dem Merkmal **Wertkategorie** aus. Abbildung 7.12 auf der nächsten Seite zeigt das Ergebnis dieses zweifachen Drilldowns.

Drilldown

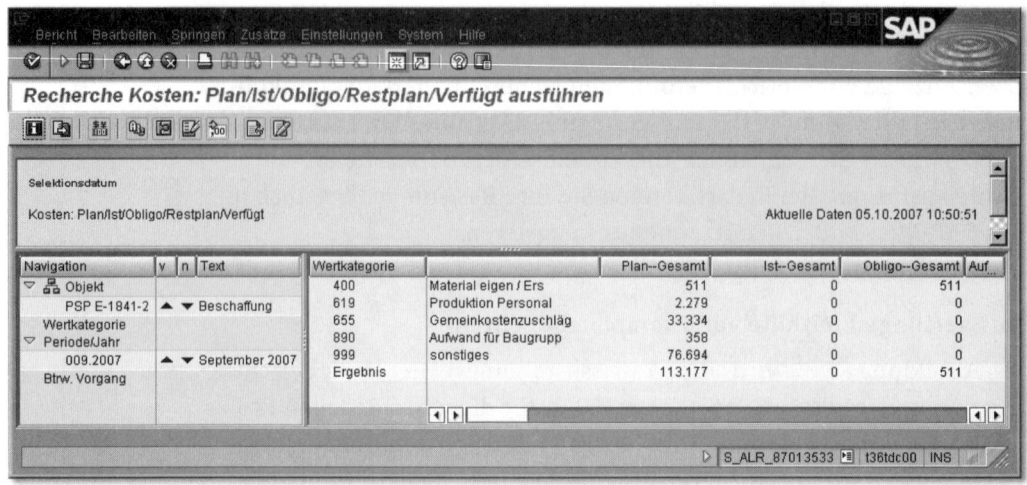

Abbildung 7.12 Beispiel für ein Drilldown in einem Hierarchiebericht

In einem klassischen Recherchebericht können Sie zwischen den Aufrisslisten und der Detailliste wechseln und Grafiken von ausgewählten Kennzahlen aufrufen (siehe Abbildung 7.13). In der grafischen Berichtsausgabe können je nach Einstellungen der Berichtsdefinition Aufriss- und Detaillisten sowie bei Bedarf auch eine grafische Darstellung von Kennzahlen gleichzeitig dargestellt werden. Weitere Funktionen, die Ihnen in Hierarchieberichten zur Verfügung stehen, sind z. B.:

Weitere Funktionen von Hierarchieberichten

▸ Export und Ausdruck von Daten[9]

▸ Umrechnung von Werten in andere Währungen

▸ Farbliche Hervorhebung von Daten bei Über- oder Unterschreiten von Schwellenwerten (Exceptions)

▸ Sortierung von Werten in Form von Ranglisten und Definition von Bedingungen für die Anzeige von Werten

▸ Pflege und Anzeige von Kommentaren zum Bericht

▸ Absprung in die Anzeige der Stammdaten von Objekten und Aufruf anderer Berichte

In Abhängigkeit von der Ausgabeart stehen in Hierarchieberichten noch weitere Funktionen zur Verfügung. Die Daten eines klassischen

---

9 Das Drucken von Berichtsdaten aus der grafischen Berichtsausgabe ist dabei nur eingeschränkt möglich und erfolgt z. B. in der klassischen Darstellung der Daten.

Rechercheberichts können Sie z.B. direkt per SAP-Mail an andere Benutzer versenden. Die grafische Berichtsausgabe erlaubt dafür z.B. eine sehr viel flexiblere Anpassung der Spaltendarstellung und Bildschirmaufteilung.

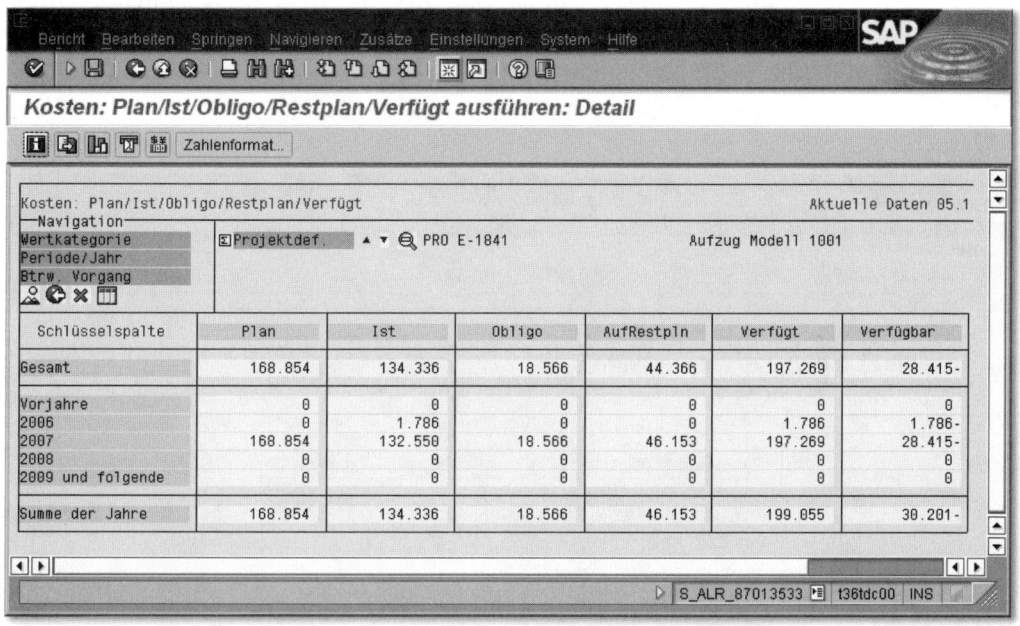

Abbildung 7.13 Detailsicht eines Hierarchieberichts in der klassischen Darstellung

Beachten Sie, dass Hierarchieberichte keine Möglichkeit zum Aktualisieren von Daten bieten. D.h., wenn sich nach dem Berichtsaufruf Änderungen an den Daten ergeben, müssen Sie den Bericht verlassen und erneut aufrufen, um die aktuellen Daten analysieren zu können. Bevor Sie einen Bericht verlassen, können Sie die Daten des Berichts auch sichern. Beim nächsten Berichtsaufruf können Sie dann zwischen einer Neuselektion der aktuellen Daten und einer Auswertung der gesicherten Berichtsdaten wählen. Anders als z.B. bei den Berichten des Infosystems Strukturen kann jedoch für die Berichtsdaten von Hierarchieberichten jeweils nur ein Datenstand gespeichert werden. Führen Sie ein erneutes Sichern der Daten durch, werden die zuvor gesicherten Berichtsdaten überschrieben. Zusätzliche Informationen zu Hierarchieberichten finden Sie auch in Hinweis 668 240.

Einschränkungen

7.2.2 Kostenartenberichte

Mithilfe von Kostenartenberichten des Projektsystems können Sie Kosten, Obligos und Erlöse von Projekten und zugeordneten Netzplänen bzw. Aufträgen analysieren. Kostenartenberichte werden über den Report Painter definiert und daher manchmal auch als *Report-Painter-Berichte* bezeichnet. Abbildung 7.14 zeigt ein Beispiel für die Auswertung von Projektdaten mithilfe des Standardberichts **Ist/Obligo/Summe/Plan** in Kreiswährung.

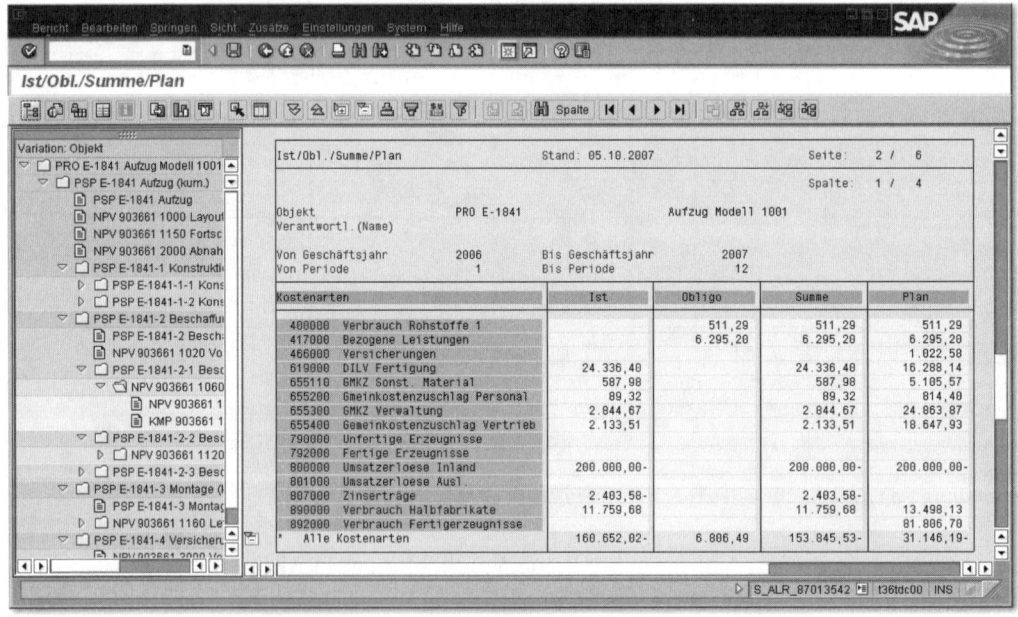

Abbildung 7.14 Beispiel für die Auswertung von Projektdaten mithilfe eines Kostenartenberichts

[!] Auswertungen mithilfe von Kostenartenberichten basieren auf Summensätzen zu Kostenarten. Werte, die keinen Bezug zu Kostenarten besitzen, wie z.B. hierarchische Kosten- oder Erlöspläne, Budgets oder Zahlungen, können daher in Kostenartenberichten nicht analysiert werden.

Voraussetzungen und Grundlagen der Kostenartenberichte

Im Standard werden bereits diverse Kostenartenberichte ausgeliefert, die Sie je nach Bedarf aus dem Mandanten 000 mittels der Customizing-Transaktion OKSR importieren und anschließend über die

Transaktion OKS7 generieren können. Wenn Sie Auswertungen nicht nur auf Ebene einzelner Kostenarten ausführen möchten, sondern aus Gründen der Übersichtlichkeit auch Zwischensummen für einzelne Intervalle von Kostenarten analysieren möchten, müssen Sie geeignete Kostenartengruppen mithilfe der Transaktion KAH1 anlegen. Kostenartengruppen können dabei hierarchisch in Form von Knoten angeordnet werden, wobei in der Regel eine zweistufige Gliederung von Kostenartengruppen ausreichend ist. Im Einstiegsbild eines Kostenartenberichts können Sie dann die zu analysierende Kostenartengruppe auswählen. Der Bericht zeigt Ihnen dann für jede Kostenart und für jeden Knoten der Kostenartengruppe eine eigene Zeile, wobei für die Knoten die Summe der darin enthaltenen Kostenarten ausgewiesen wird.

> **[!]** Beachten Sie, dass der Bericht nur Werte zu denjenigen Kostenarten anzeigt, die Sie ggf. in Form einer Kostenartengruppe oder eines Kostenartenintervalls im Einstiegsbild spezifiziert haben, unabhängig davon, ob auch zu anderen Kostenarten Buchungen vorgenommen wurden. Wenn Sie die Auswahl der Kostenartengruppe bzw. des Kostenartenintervalls leer lassen, werden alle bebuchten Kostenarten dargestellt.

Bibliotheken

Auswertungen mittels Kostenartenberichten im Projektsystem basieren technisch auf einer logischen Zusammenfassung mehrerer Datenbanktabellen (COSP, COSS, COEP usw.). Diese Zusammenfassung wird im Projektsystem durch die logische Reporting-Tabelle CCSS realisiert, die in der Tabelle T804E hinterlegt ist.[10] Die Kostenartenberichte greifen jedoch nicht auf alle Merkmale, Kennzahlen und Kombinationen von Merkmalen und Kennzahlen (so genannte *Basiskennzahlen* bzw. vordefinierte Spalten) dieser Reporting-Tabelle CCSS zurück, sondern nur auf eine Teilmenge. Diese Teilmenge wird als *Bibliothek* bezeichnet. Alle Report-Painter-Berichte müssen einer Bibliothek zugeordnet sein und können nur die ausgewählte Teilmenge an Merkmalen, Kennzahlen und Basiskennzahlen der zugeordneten Bibliothek verwenden. Die Kostenartenberichte des Projektsystems sind standardmäßig der Bibliothek 6P3 zugeordnet.

Berichtsgruppen

Gegebenenfalls möchten Sie während der Auswertung von Projektdaten zwischen unterschiedlichen Kostenartenberichten hin- und

---

10 Sie können sich die Liste der zusammengefassten Datenbanktabellen mithilfe des Data Browser (Transaktion SE16) anschauen, wenn Sie zunächst die Tabelle T804E und anschließend die Reporting-Tabelle CCSS auswählen.

herwechseln. Um zu verhindern, dass dabei immer wieder neu eine Selektion der Daten von der Datenbank durchgeführt werden muss, werden Berichtsgruppen verwendet. Berichtsgruppen sind Zusammenfassungen von Berichten einer Bibliothek, die auf dieselben Daten zugreifen, diese aber unterschiedlich aufbereiten.

[»] Jeder Kostenartenbericht muss einer Bibliothek und einer Berichtsgruppe zugeordnet sein. Eine Berichtsgruppe kann dabei auch mehrere Berichte umfassen. Diese müssen jedoch alle die gleiche Bibliothek verwenden.

Wenn Sie Daten mithilfe eines Kostenartenberichts auswerten möchten, führen Sie die entsprechende Berichtsgruppe aus. Diese nimmt die Selektion der Daten von der Datenbank für alle Berichte gleichzeitig vor. Sind der Berichtsgruppe mehrere Berichte zugeordnet, können Sie zwischen den verschiedenen Berichten hin- und herwechseln, ohne dass eine erneute Datenselektion ausgeführt werden muss. Die Standard-Report-Painter-Berichte des Projektsystems sind Berichtsgruppen zugeordnet, deren Identifikation mit 6PP beginnt.[11]

Report Painter | Die Definition von Berichten selbst kann mithilfe des Report Painter geschehen. Abbildung 7.15 zeigt die Definition eines Berichts am Beispiel des Standardkostenartenberichts **Ist/Obligo/Summe/Plan** in Kreiswährung. Als Zeilen des Berichts wird das Merkmal **Kostenart** verwendet. Die Spalten werden in diesem Beispiel durch Basiskennzahlen und mithilfe von Formeln berechneten Kennzahlen gebildet. Die Darstellung der Zeilen und Spalten und andere Darstellungsoptionen werden durch das Layout eines Berichts bzw. Berichtsabschnitts gesteuert.

Kennzahlen mit Merkmalen | Bei der Definition von Spalten, bestehend aus Kennzahlen mit Merkmalen, bestimmen die angegebenen Ausprägungen dieser Merkmale, welche Werte der Kennzahlen tatsächlich für die Anzeige selektiert werden sollen (siehe Abbildung 7.16). So können Sie z.B. über die Ausprägungen des Merkmals **Werttyp** entscheiden, ob Plan- oder Istkosten, Obligos oder auch statistische Istkosten in einer Spalte angezeigt werden sollen. Mithilfe des Merkmals **Version** können Sie

---

11 Zusätzlich existieren auch Kostenartenberichte im Projektsystem z.B. zu Berichtsgruppen, beginnend mit 6P0. Dies sind Berichte, die nur über den Report Writer bearbeitet werden können.

die CO-Version bestimmen, aus der die Daten selektiert werden sollen usw. Im Standard werden auch bereits vordefinierte Kennzahlen ausgeliefert, die sinnvolle Kombinationen aus einer Basiskennzahl und einem oder mehreren Merkmalen beinhalten.

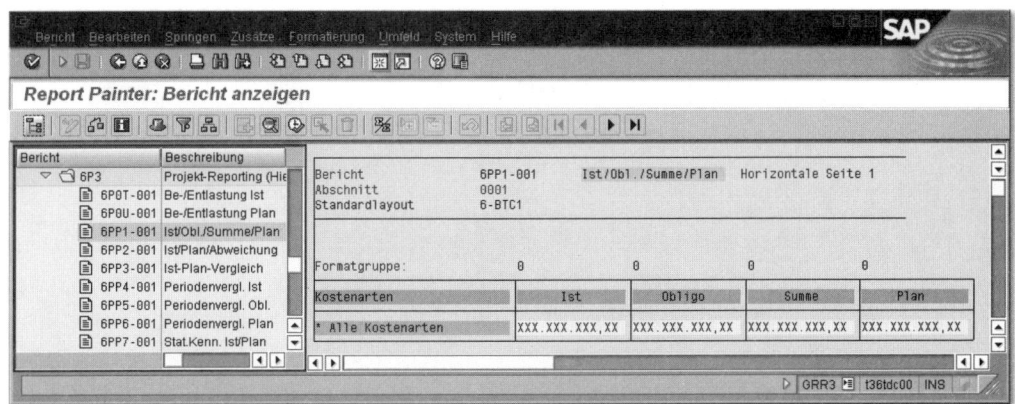

Abbildung 7.15 Definition eines Kostenartenberichts im Report Painter

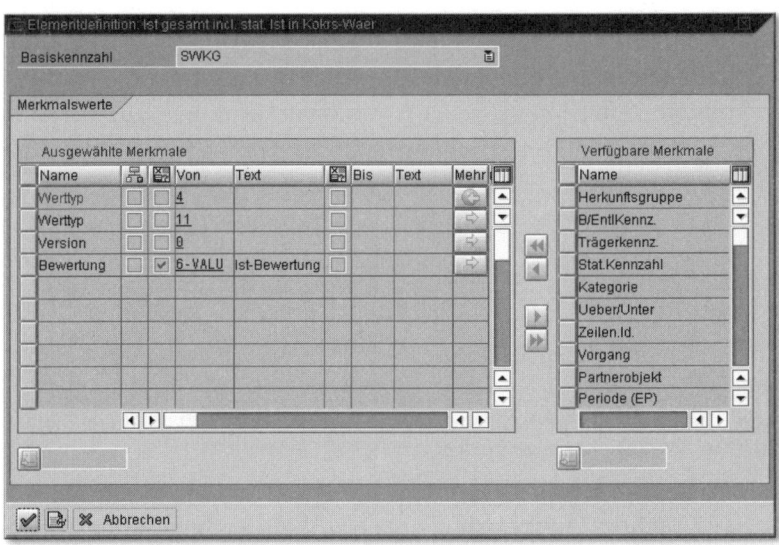

Abbildung 7.16 Definition der Spalte »Ist« mithilfe einer Basiskennzahl

Zusätzlich zur Definition der Zeilen und Spalten legen die allgemeinen Selektionen eines Berichts die Merkmale fest, die für die berichtsweite Selektion der Daten herangezogen werden sollen. Abbildung 7.17 zeigt ein Beispiel der allgemeinen Selektionen.

Allgemeine Selektionen

457

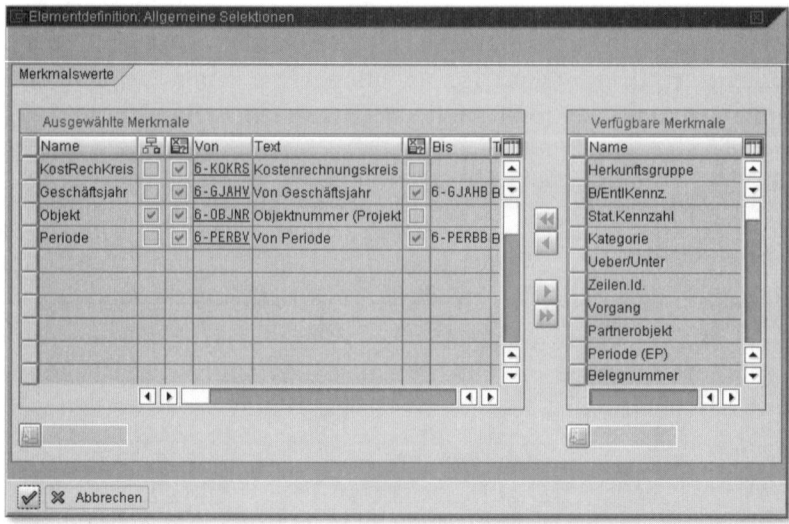

Abbildung 7.17 Beispiel für die Definition der allgemeinen Selektionen

Variationen
Die Merkmale der allgemeinen Selektionen können auch für Variationen verwendet werden (siehe Abbildung 7.14). Variation bedeutet, dass Sie im Rahmen einer Auswertung innerhalb des Berichts die verschiedenen Ausprägungen des Merkmals zur Navigation verwenden können. Je nachdem, welche Merkmalsausprägung bzw. Kombination aus Merkmalsausprägungen Sie im Bericht auswählen, werden Ihnen nur Daten zu diesen Ausprägungen angezeigt.

[»]
Wenn Sie einen eigenen Kostenartenbericht erstellen, spezifizieren Sie zunächst die Bibliothek. Danach definieren Sie den Aufbau der Zeilen und Spalten und legen die allgemeinen Selektionen sowie ggf. Variationen fest. Schließlich müssen Sie den Bericht noch einer Berichtsgruppe zuordnen. Bei Bedarf können Sie auch für Kostenartenberichte Bericht-Bericht-Schnittstellen definieren. Sie können die im Standard ausgelieferten Berichte als Kopiervorlage verwenden.

Für das Erstellen, Ändern und Anzeigen von Kostenartenberichten können Sie die Report-Painter-Transaktionen GRR1, GRR2 und GRR3 verwenden.[12] Bei Bedarf können Sie mithilfe der Transaktion GR51 auch neue Berichtsgruppen mit Bezug zu einer Bibliothek anlegen. Mithilfe der Transaktion GR55 können Sie schließlich

---

12 Sie können Kostenartenberichte auch mithilfe des Report Writer erstellen. Dazu können Sie die Transaktion GR31 verwenden.

direkt selbst definierte Berichtsgruppen ausführen. Das Einbinden Ihrer Berichte in das SAP-Menü oder Benutzermenüs ist ebenfalls möglich.

Auswertungen mithilfe von Kostenartenberichten

Abbildung 7.14 zeigt die Auswertung von Projektdaten mithilfe des Berichts **Ist/Obligo/Summe/Plan** in Kreiswährung. Die Variation im linken Bereich erlaubt hier z. B. eine Navigation zwischen den verschiedenen Objekten des Projekts. Für einige PSP-Elemente sind zwei Einträge in der Variation enthalten. Je nachdem, welchen Eintrag Sie selektieren, zeigt Ihnen das System entweder die Werte an, die direkt auf dem jeweiligen PSP-Element gebucht wurden, oder aber die aggregierten Werte aller untergeordneten Objekte und des PSP-Elements selbst. Die verschiedenen Werte werden als Summensätze zu den jeweiligen Kostenarten angezeigt. Bei Verwendung von Kostenartengruppen bei der Selektion würden zusätzlich Zwischensummen ausgewiesen werden. Folgende weitere Funktionen stehen Ihnen z. B. in Kostenartenberichten zur Verfügung:

▸ Ausdruck, Export und Versenden von Daten

▸ Umrechnung von Werten in andere Währungen

▸ Verwendung von Schwellenwerten als Filter

▸ Sortierung von Werten

▸ grafische Darstellung von Daten

▸ Darstellung der Daten mithilfe der Microsoft-Excel- oder Lotus-Oberfläche

▸ Aufruf anderer Berichte

▸ Aktualisieren der Daten über das Menü

[«] Beachten Sie, dass Sie einige der aufgeführten Funktionen, insbesondere das Aktualisieren der Berichtsdaten, erst verwenden können, wenn Sie das Kennzeichen **Expertenmodus** in den Optionen des Berichts gesetzt haben.

Beim Verlassen eines Kostenartenberichts können Sie die Berichtsdaten auch in Form eines Extrakts abspeichern. Sie können beliebig viele Extrakte zu einer Selektion sichern. Beim nächsten Berichtsaufruf können Sie im Einstiegsbild mithilfe der Funktion **Datenquelle**

Extrakte

459

dann entscheiden, ob die Daten neu von der Datenbank selektiert werden sollen oder ob Sie ein bereits bestehendes Extrakt für Ihre Auswertung verwenden möchten. Sie können Extrakte manuell löschen oder durch die Angabe eines Verfallsdatums automatisch vom System löschen lassen. Zusätzliche Informationen zu Kostenartenberichten finden Sie auch in Hinweis 668 513.

7.2.3 Einzelpostenberichte

Während Hierarchieberichte lediglich eine Auswertung von Projektdaten auf Ebene von Wertkategorien erlauben und Kostenartenberichte nur Summensätze zu Kostenarten ausweisen, können Sie mithilfe von Einzelpostenberichten jeden Geschäftsvorgang der zu einer relevanten Buchung geführt hat, separat analysieren.

Voraussetzung für die Auswertung von Daten mithilfe von Einzelpostenberichten

Damit Daten in Einzelpostenberichten selektiert und analysiert werden können, müssen zunächst entsprechende Einzelposten überhaupt vorhanden sein. Für das Schreiben von Einzelposten gelten dabei folgende Voraussetzungen:

▸ **Plan**
Planeinzelposten werden nur für bestimmte Planungsfunktionen unterstützt (siehe Abschnitt 3.4). Ferner muss der Status des Objekts das Schreiben von Planeinzelposten explizit erlauben oder eine Planintegration aktiviert sein.

▸ **Budget**
Jede Budgetänderung wird durch einen Einzelposten dokumentiert.

▸ **Obligo**
Ist die Obligoverwaltung aktiviert (siehe Abschnitt 5.2.1), werden alle Obligos in Form von Einzelposten verbucht.

▸ **Ist**
Bei jeder Istbuchung wird ein Einzelposten geschrieben. Auch bei Abgrenzungs- und Abrechnungsvorgängen werden Einzelposten erzeugt.

▶ **Zahlungen**

Einzelposten für Zahlungen werden im Projektsystem nur bei einem aktivierten PS-Cash-Management geschrieben (siehe Abschnitt 7.2.4). Für das Schreiben von Planeinzelposten zu Zahlungen muss zusätzlich der betriebswirtschaftliche Vorgang FIPA einem Nummernkreis zugeordnet sein.

Für Einzelpostenberichte wird die ALV-Oberfläche verwendet. Dabei wird die Darstellung der Daten durch eine Anzeigevariante (Layout) festgelegt, die Sie im Einstiegsbild eines Einzelpostenberichts auswählen können. Neben den standardmäßig ausgelieferten Anzeigevarianten können Sie in den Berichten auch eigene Layouts definieren. Die Definition von Layouts und deren Verwaltung wurde bereits in Abschnitt 7.1 erläutert.

Anzeigevarianten (Layouts)

Auswertungen mithilfe von Einzelpostenberichten

Im Standard stehen Ihnen unter anderem die folgenden Einzelpostenberichte zur Verfügung:

▶ Plankosten/-erlöse (CJI4)

▶ Hierarchische Kosten-/Erlösplanung (CJI9)

▶ Budget (CJI8)

▶ Obligo (CJI5)

▶ Istkosten/-erlöse (CJI3)

▶ Ergebnisermittlung (CJIF)

▶ Einzelpostenabrechnung (CJID)

▶ Planzahlungen (CJIB)

▶ Istzahlungen/Zahlungsobligo (CJIA)

Abbildung 7.18 zeigt die Auswertung der Einzelposten eines Projekts mithilfe des Berichts **Istkosten/-erlöse**. Die Darstellung der Einzelposten erfolgt in Form einer Liste, die mithilfe der ALV-Funktionen flexibel angepasst werden kann (Spaltenauswahl, Sortierung, Filterung, Summen- und Zwischensummen, Extremalwerte, Darstellung in Microsoft Excel usw.). Die Oberfläche erlaubt Ihnen standardmäßig zusätzlich z.B. auch das Drucken, Versenden oder Exportieren der Berichtsdaten.

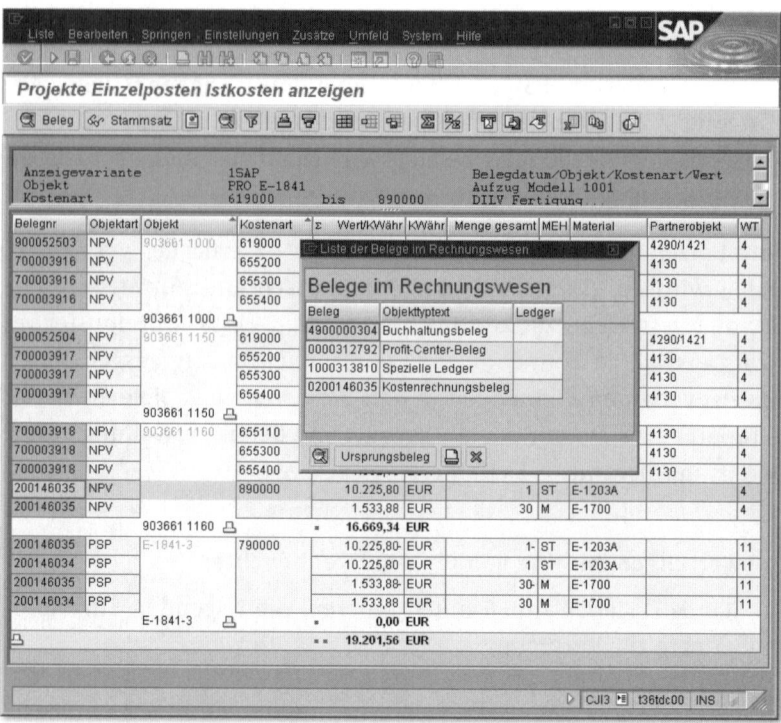

Abbildung 7.18 Einzelpostenbericht mit Auswahl der Umfeldbelege

Umfeldbelege Eine sehr nützliche Funktion von Einzelpostenberichten ist die Möglichkeit, in das Umfeld der Einzelposten zu verzweigen. So können Sie in die Stammdaten der Objekte und Partnerobjekte abspringen oder sich den Ursprungsbeleg eines Einzelpostens anzeigen lassen, also z.B. die Rückmeldung, die zu Kosten auf einem Vorgang geführt hat. Insbesondere haben Sie die Möglichkeit, über das Menü auch alle Belege der Kostenrechnung zu analysieren, die bei dem jeweiligen Geschäftsvorgang erstellt wurden. Je nach Geschäftsvorgang können dies z.B. Kostenrechnungs-, Profit-Center- oder auch Finanzbuchhaltungsbelege sein (siehe Abbildung 7.18).

Mithilfe der Berichte des Infosystems Controlling haben Sie die Möglichkeit, alle projektbezogenen Rechnungswesendaten zu analysieren. Je nach Art der verwendeten Berichte stehen Ihnen dabei für die Auswertung unterschiedliche Oberflächen, Funktionen und Detaillierungsgrade zur Verfügung. Mithilfe von Bericht-Bericht-Schnittstellen können Sie von weniger detaillierten Berichten in immer genauere Berichtsarten abspringen. So können Sie z.B. die

Auswertung von Projektdaten mithilfe eines Hierarchieberichts beginnen, ausgewählte Daten in einem Kostenartenbericht weiteranalysieren, bei Bedarf für bestimmte Daten in einen Einzepostenbericht verzweigen und sich ggf. von hier aus alle relevanten Umfeldbelege anzeigen lassen.

7.2.4 PS-Cash-Management

Neben einer Auswertung projektbezogener Daten hinsichtlich Kosten und Erlösen ist gerade für sehr kapitalintensive Projekte auch eine Planung und Analyse von Zahlungsflüssen bzw. Einnahmen und Ausgaben relevant, um z.B. einen positiven Cashflow und somit ggf. Zinsgewinne zu realisieren. Zu diesem Zweck können Sie im Projektsystem das so genannte PS-Cash-Management einsetzen.[13] Das PS-Cash-Management bietet Funktionen sowohl für die Planung von Ein- und Auszahlungen Ihrer Projekte als auch zur projektbezogenen Auswertung von Zahlungen und Zahlungsverpflichtungen. Dabei können für Projekte relevante Zahlungsdaten aus der Finanzbuchhaltung (z.B. Ein- und Auszahlungen, Anzahlungen und Anzahlungsanforderungen), dem Einkauf (Obligos aufgrund von Bestellanforderungen oder Bestellungen) und dem Vertrieb (Daten aus Kundenangeboten, -aufträgen, Fakturaanforderungen oder Fakturen) in das PS-Cash-Management fortgeschrieben werden.

Voraussetzungen für den Einsatz des PS-Cash-Managements

Für den Einsatz des PS-Cash-Managements sind bestimmte Einstellungen im Einführungsleitfaden des SAP-Systems vorzunehmen. Zunächst werden Finanzkreise als organisatorische Einheiten zur Strukturierung Ihres Unternehmens aus Finanzmittelsicht benötigt. Für das PS-Cash-Management müssen Sie anschließend eine Zuordnung von Buchungskreisen zu den Finanzkreisen vornehmen. Dabei können Sie mehrere Buchungskreise einem Finanzkreis zuordnen. Über diese Zuordnung findet später eine Ableitung der Finanzkreise

Finanzkreise

---

13 Anders als z.B. im Treasury, in dem Zahlungen nach Kreditoren- und Debitorengruppen gegliedert und Zahlungsflüsse für das gesamte Unternehmen betrachtet werden, findet im PS-Cash-Management die Planung und Auswertung von Zahlungsdaten immer projektbezogen statt. Das PS-Cash-Management wird daher auch als Projekt-Cash-Management bezeichnet. Zusätzliche Informationen zum Thema PS-Cash-Management finden Sie auch in dem Sammelhinweis 417 511.

aus den betroffenen Buchungskreisen der Geschäftsvorfälle statt. Die Zuordnung der Buchungskreise und die Definition von Finanzkreisen nehmen Sie im allgemeinen Customizing der Unternehmensstruktur vor.

Finanzpositionen   Die Planung und Fortschreibung von zahlungsrelevanten Daten in das PS-Cash-Management erfolgt auf Basis von Finanzpositionen und deren Verknüpfung mit Sachkonten. Finanzpositionen dienen somit der Gliederung von Einnahmen und Ausgaben. Abbildung 7.19 zeigt die Bearbeitung einer Finanzposition in der Customizing-Transaktion FMCIA. Die Eigenschaften einer Finanzposition werden durch die beiden Felder (Attribute) **Finanzvorgang** und **Finanzpositionstyp** gesteuert. Der Finanzvorgang repräsentiert betriebswirtschaftliche Geschäftsvorfälle und steuert die Fortschreibung der entsprechenden Zahlungsdaten.

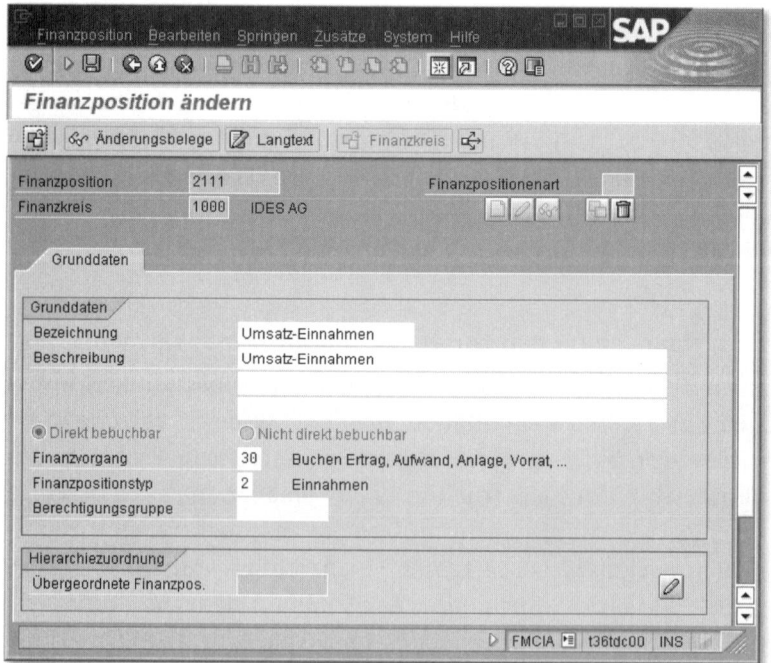

Abbildung 7.19 Beispiel für die manuelle Definition einer Finanzposition

[»]   Beachten Sie, dass in das PS-Cash-Management nur Daten aus Geschäftsvorfällen zum **Finanzvorgang 30 (Buchen Ertrag, Aufwand, Anlage, Vorrat, …)** fortgeschrieben werden.

Mithilfe von Finanzpositionstypen findet eine Differenzierung von Daten z.B. nach Bestand, Einnahmen oder Ausgaben statt. Damit eine Fortschreibung von Daten mit Bezug zu Finanzpositionen durchgeführt werden kann, müssen Sie Finanzpositionen noch einem oder auch mehreren relevanten Sachkonten zuordnen.

Sie können Finanzpositionen manuell anlegen und eine Zuordnung zu Sachkonten vornehmen (FMCIA und FIPOS). Sie können jedoch auch eine maschinelle Erstellung von Finanzpositionen und Zuordnungen verwenden (FIPOS, siehe Abbildung 7.20). Dabei erstellt das System Vorschlagswerte für Finanzpositionen und deren Attribute automatisch anhand von Daten der Sachkonten. So wird z.B. die Bezeichnung einer Finanzposition aus der Bezeichnung des Sachkontos übernommen, die Attribute der Finanzposition werden aus der Art des Sachkontos abgeleitet, die Finanzposition selbst wird dem Sachkonto zugeordnet.

Maschinelle Erstellung von Finanzpositionen

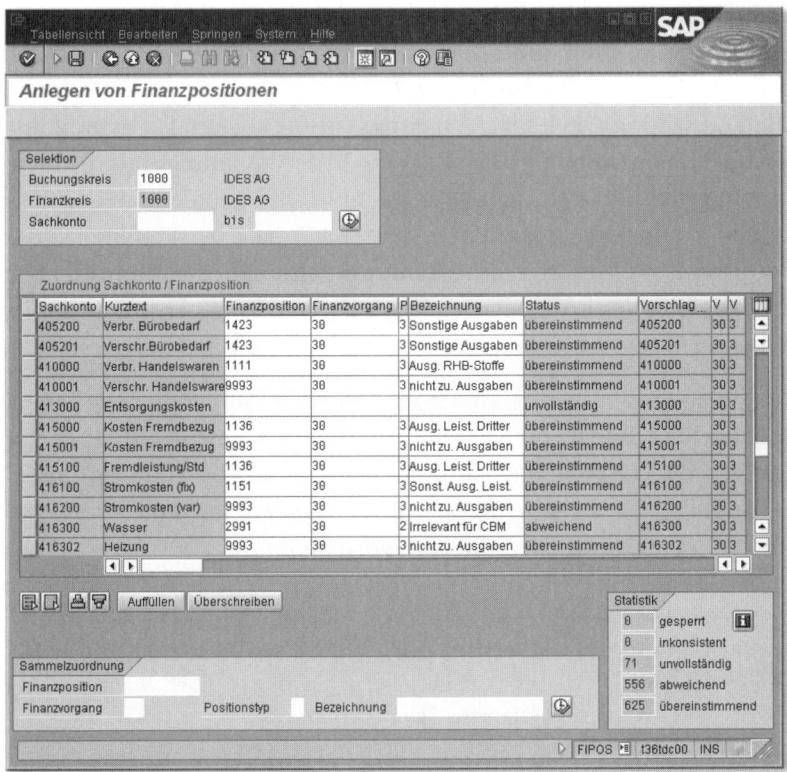

Abbildung 7.20 Transaktion FIPOS zur maschinellen Erstellung von Finanzpositionen

Probleme bei der Ableitung oder auch Abweichungen der Vorschlagswerte zu bereits existierenden Finanzpositionen werden in
Form von Status ausgewiesen. Vor der Übernahme der Vorschlagswerte können Sie bei Bedarf noch eine manuelle Änderung der
Finanzpositionen vornehmen. Mithilfe der Transaktion FM3N können Sie Zuordnungen von Finanzpositionen zu Sachkonten auch
noch einmal überprüfen, können Sie sich z.B. eine Liste aller Finanzpositionen ohne Zuordnung oder umgekehrt auch Sachkonten ohne
eine Finanzposition anzeigen lassen.

[»]

Wenn Sie einem Finanzkreis nur einen Buchungskreis zugeordnet haben,
empfiehlt sich in der Regel die maschinelle Erstellung und Zuordnung von
Finanzpositionen. Beachten Sie beim Einrichten des PS-Cash-Managements, dass Sie allen relevanten Sachkonten eine Finanzposition zuordnen. Beachten Sie ferner, dass ggf. auch andere SAP-Komponenten (z.B.
Treasury, Haushaltsmanagement) dieselben Finanzpositionen nutzen.

Damit Sie Hierarchieberichte zur Auswertung der Zahlungsdaten
verwenden können, müssen Sie die Finanzpositionen noch Wertkategorien (siehe auch Abschnitt 7.2.1) zuordnen. Hierfür steht Ihnen
die Transaktion OPI4 zur Verfügung. Für die spätere Fortschreibung
von Zahlungsdaten muss der Vorgang KAFM (**Zahlungsdaten**) einem
Nummernkreis zugeordnet sein. Damit im Rahmen der Zahlungsplanung Einzelposten geschrieben werden können, muss zusätzlich der
Vorgang FIPA (**Automatische Zahlungsplanung**) eine Zuordnung zu
einem Nummernkreis besitzen. Sie können diese Zuordnungen mithilfe der Customizing-Transaktion KANK vornehmen.

Aktivierung
des PS-Cash-
Managements

Nachdem Sie alle notwendigen Einstellungen vorgenommen haben,
müssen Sie schließlich noch das PS-Cash-Management aktivieren. Sie
können diese Aktivierung mithilfe der Transaktion OPI6 im Customizing des Projektsystems separat für jeden Buchungskreis, der
einem Finanzkreis zugeordnet ist, vornehmen.

[»]

Nach der Aktivierung des PS-Cash-Managements für einen Buchungskreis
schreibt das System alle projektbezogenen, zahlungsrelevanten Daten aus
Geschäftsvorfällen dieses Buchungskreises in das PS-Cash-Management
fort. Dabei werden zusätzliche Belege im SAP-System erzeugt, die ggf.
Auswirkungen auf die Performance des Systems haben können.

Zahlungsplanung

Für die Planung der Zahlungsflüsse Ihrer Projekte stehen Ihnen verschiedene Möglichkeiten zur Verfügung. Zum einen können Sie – analog zur Detailplanung von Kosten und Erlösen (siehe Abschnitt 3.4.3) – manuell Ein- und Auszahlungen mit Bezug zu Finanzpositionen auf der Ebene von PSP-Elementen planen. Sie können für die manuelle Zahlungsplanung auf Standardlayouts zurückgreifen (diese müssen Sie ggf. zunächst aus dem Mandanten 000 importieren) oder auch eigene Layouts und Planerprofile im Customizing des Projektsystems erstellen. Die manuelle Zahlungsplanung ist periodengerecht, jedoch nicht tagesgenau.

Manuelle Zahlungsplanung

Zum anderen können Planzahlungen aus Vorgangsdaten und Rechnungsplänen, Fakturaplänen an PSP-Elementen oder auch aus Kundenangeboten oder -aufträgen, die auf ein Projekt kontiert sind, abgeleitet werden. Diese Formen der Zahlungsplanung sind tagesgenau, wobei ggf. auch entsprechende Zahlungsbedingungen berücksichtigt werden können. Für Netzpläne findet eine Fortschreibung der Zahlungsdaten nur statt, wenn Sie vorgangskontierte Netzpläne und die asynchrone Netzplankalkulation (CJ9K) für die Ermittlung der Plandaten verwenden. Weitere Details zur Kalkulation von Netzplänen, der Verwendung von Rechnungs- und Fakturierungsplänen sowie zur Fortschreibung von Plandaten aus Vertriebsbelegen werden in den Abschnitten 3.4.5 und 3.5.3 erörtert.

Automatische Zahlungsplanung

Fortschreibung von Obligo- und Istzahlungsdaten

Im Rahmen der Realisierungsphase von Projekten werden bei aktiviertem PS-Cash-Management automatisch Zahlungen und Zahlungsverpflichtungen aus dem Einkauf und der Finanzbuchhaltung in das PS-Cash-Management fortgeschrieben, sofern die entsprechenden Geschäftsvorfälle sich auf Finanzpositionen zum Finanzvorgang 30 beziehen und eine Kontierung auf PSP-Elemente, Vorgänge bzw. Netzpläne und zugeordnete Aufträge vorliegt. Folgende kreditorische und debitorische Geschäftsvorfälle werden berücksichtigt:

▶ Bestellanforderungen und Bestellungen

▶ Anzahlungsanforderungen, Anzahlungen und Anzahlungsverrechnungen

▸ Rechnungs- und Zahlungseingänge

Die Fortschreibung der Daten der unterschiedlichen Geschäftsvorfälle erfolgt dabei unter verschiedenen Werttypen.[14] Zahlungsverpflichtungen werden sukzessive durch die entsprechenden Zahlungen abgebaut. Im Projektsystem können Sie zur Korrektur von Fehlkontierungen zusätzlich auch Zahlungsumbuchungen mithilfe der Transaktion FMWA vornehmen.

Ausnahmen von der automatischen Fortschreibung

Beachten Sie bei der Fortschreibung von Zahlungsdaten noch folgende Besonderheiten: Solange Sie keine Zahlungsübernahme (CJFN) durchgeführt haben, werden Daten ausgeglichener Rechnungen und Teilzahlungen unter dem Werttyp 54 (**Rechnungen**), jedoch noch nicht unter dem Werttyp 57 (**Zahlungen**) ausgewiesen. Skontosätze von Istzahlungen werden erst nach Ausführen des Reports SAPF181 im PS-Cash-Management berücksichtigt. Wenn Sie das PS-Cash-Management nachträglich aktivieren, müssen Sie ggf. zunächst Einkaufsdaten und anschließend Daten der Finanzbuchhaltung in das PS-Cash-Management übernehmen. Hierzu stehen Ihnen die Transaktionen OPH4 und OPH5 bzw. OPH6 zur Verfügung. Für einen korrekten Ausweis der Daten sollten Sie dann noch mithilfe der Transaktion CJEN die Projektinfodatenbank neu aufbauen.

Auswertungen von Zahlungsdaten

Für die Auswertung projektbezogener Zahlungsdaten stehen Ihnen im Projektsystem zum einen Hierarchieberichte, zum anderen Einzelpostenberichte standardmäßig zur Verfügung. Während die Einzelpostenberichte eine tagesgenaue Analyse der Daten erlauben, findet die Auswertung in den Hierarchieberichten nur periodengenau statt. Aus einem Hierarchiebericht können Sie für ausgewählte Daten jedoch auch in einen Einzelpostenbericht verzweigen und sich bei Bedarf hier auch alle relevanten Umfeldbelege anzeigen lassen. Details zu Hierarchie- und Einzelpostenberichten wurden bereits in den Abschnitten 7.2.1 und 7.2.3 erläutert. Abbildung 7.21 zeigt exemplarisch die Auswertung von Zahlungsdaten eines Projekts mithilfe des Hierarchieberichts **Einnahmen/Ausgaben aller Geschäftsjahre**.

---

14 Anzahlungen können bei nicht aktiviertem PS-Cash-Management unter dem Werttyp 12 in Berichten ausgewertet werden, ist das PS-Cash-Management aktiv, wird der Werttyp 61 verwendet.

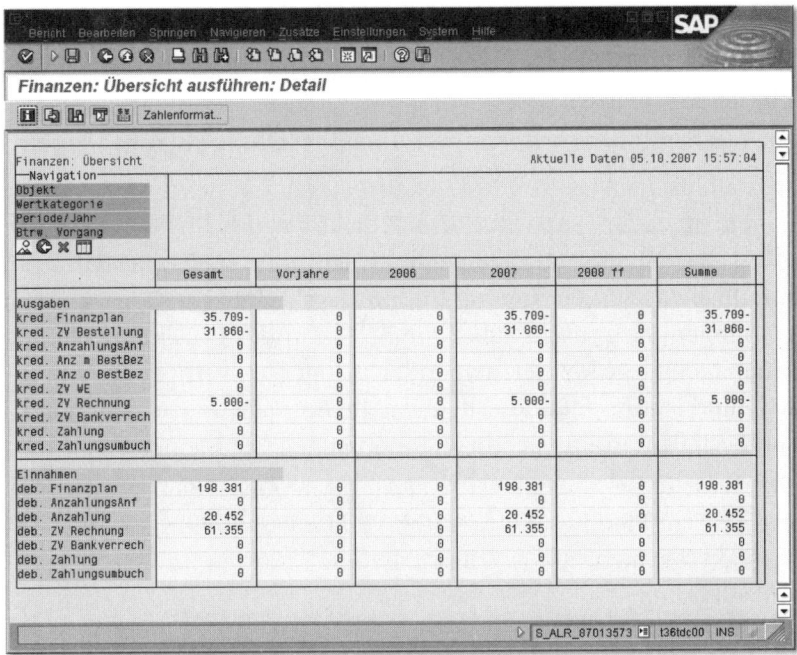

Abbildung 7.21 Beispiel für die Auswertung von Einnahmen und Ausgaben mithilfe der klassischen Darstellung eines Hierarchieberichts

7.3 Logistische Berichte

In Abschnitt 5.5.3 wurde mit dem ProMan bereits ein Werkzeug vorgestellt, das die Analyse praktisch aller logistischen Informationen zu projektbezogenen Beschaffungen innerhalb einer Transaktion erlaubt. Auch das Infosystem Strukturen, das in Abschnitt 7.1 erläutert wurde, stellt diverse Berichte für die Auswertung logistischer Daten, wie z.B. von Termin- und Mengeninformationen oder Status, zur Verfügung. Speziell für die Analyse der Termine von Materialkomponenten können Sie auch das Progress Tracking nutzen, das in Abschnitt 5.7.3 erörtert wurde.

In diesem Abschnitt werden nun zusätzliche Berichte aus dem Reporting des Projektsystems vorgestellt, die Sie zur Auswertung logistischer Daten von Einkaufsprozessen und Materialbeschaffungen verwenden können. Insbesondere werden auch Kapazitätsberichte behandelt, die zur Gegenüberstellung der Kapazitätsangebote und -bedarfe von Arbeitsplätzen und Einzelkapazitäten und somit zur Analyse der Kapazitätsauslastung dienen können.

7.3.1 Bestellanforderungen und Bestellungen zum Projekt

Speziell für die Analyse von Einkaufsbelegen mit Bezug zu Projekten stehen Ihnen im Reporting des Projektsystems die Transaktionen ME5J (**Bestellanforderungen zum Projekt**) und ME2J (**Bestellungen zum Projekt**) zur Verfügung. Im Einstiegsbild dieser Transaktionen bestimmen Sie zunächst über die Selektion der Projektobjekte, auf denen die Belege kontiert sein müssen, ggf. durch eine freie Abgrenzung und Statusselektionsschemata, die Auswahl der zu analysierenden Bestellanforderungen bzw. Bestellungen. Sie können dabei auch Informationen der Einkaufsbelege selbst als zusätzliche Selektionskriterien verwenden. Komplexere Selektionen können Sie als Varianten sichern.

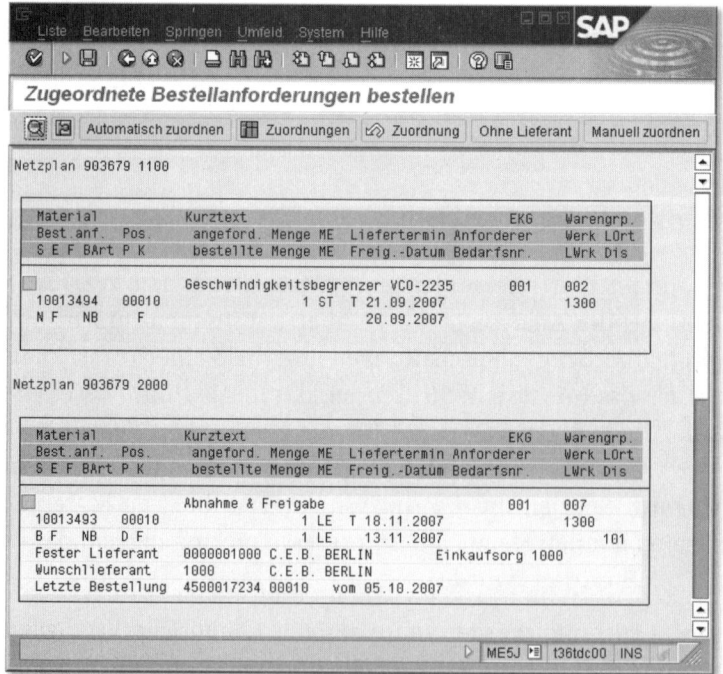

Abbildung 7.22 Tabellarische Darstellung von Bestellanforderungen zum Projekt in der Transaktion ME5J

Nach Ausführen des Berichts werden Daten der selektierten Bestellanforderungen bzw. Bestellungen in Form einer Liste aufgeführt, die Sie bei Bedarf auch ausdrucken können. Abbildung 7.22 zeigt ein Beispiel für die Auflistung von Bestellanforderungen in der Transaktion ME5J. Für weitere Informationen können Sie in die Anzeige der jeweiligen Einkaufsbelege selbst verzweigen. In dem Bericht ME5J (**Bestellanforderungen zum Projekt**) stehen Ihnen zusätzlich z.B. die folgenden Funktionen zur Verfügung:

- Absprung in die Anzeige von Materialstammdaten, Berichten zum Materialbestand, Rahmenverträgen, Infosätzen oder Lieferantenbeurteilungen

- Vormerkung von Bestellanforderungen zur Anfragebearbeitung

- Manuelle oder automatische Zuordnung von Lieferanten

- Übersicht der bestehenden Zuordnungen und Anlegen von Bestellungen

- Absprung in Änderungen der Bestellanforderungen und zugeordnete Bestellungen

Funktionen der ME5J

Wenn Sie den Bericht ME2J für die Auswertungen von Bestellungen zu Ihren Projekten nutzen, können Sie z.B. folgende Funktionen verwenden:

- Absprung in Bestellentwicklungen und Änderungen der Bestellungen

- Anzeige oder Pflege von Einteilungen

- Anzeige der Leistungen in Dienstleistungspositionen

Funktionen der ME2J

Im Reporting des Projektsystems finden Sie zusätzlich noch die Transaktionen ME5K (**Bestellanforderungen zur Kontierung**), ME2K (**Bestellungen zur Kontierung**) und ME3K (**Rahmenverträge**), die Sie für allgemeine Auswertungen von Einkaufsbelegen nutzen können.

7.3.2 Materialberichte

Im Infosystem Strukturen stehen Ihnen bereits verschiedene Übersichten zur Auswertung materialbezogener Daten zur Verfügung (siehe Abschnitt 7.1). Mithilfe der Einzelübersichten CN52/CN52N (**Materialkomponenten**) des Infosystems Strukturen können Sie z.B. Daten zu Material in Netzplänen oder in zugeordneten Aufträgen analysieren. Die Einzelübersichten CN44/CN44N und CN45/CN45N können Sie für eine Auswertung von Plan- und Fertigungsaufträgen zu Projekten nutzen. Darüber hinaus stehen Ihnen im Projektsystem noch die folgenden Materialberichte zur Verfügung:

▶ **Bedarf/Bestand** (MD04)
Diese Liste zeigt Ihnen die Bestandssituation von Material sowie Bedarfe und geplante Zugänge in den verschiedenen Bestandssegmenten (siehe Abbildung 3.45).

▶ **Bewerteter Projektbestand** (MBBS)
Dieser Bericht dient zur Auswertung von Material, das in bewerteten Projekt- oder Kundenauftragsbeständen geführt wird.

▶ **Fehlteile** (CO24)
Mithilfe dieses Berichts können Sie Materialkomponenten analysieren, die im Rahmen der Verfügbarkeitsprüfung (siehe Abschnitt 3.3.3) als Fehlteile gekennzeichnet wurden.

▶ **Bedarfsverursacher** (MD09)
Insbesondere bei mehrstufigen Fertigungsprozessen können Sie diesen Bericht verwenden, um z. B. für ausgewählte Aufträge oder Bestellungen den ursprünglichen Bedarfsverursacher zu ermitteln.

▶ **Reservierungen** (MB25)
Dieser Bericht zeigt Ihnen eine Liste der Reservierungen zu ausgewählten Materialien.

▶ **Auftragsbericht** (MD4C)
Mithilfe dieses Berichts können Sie die ggf. mehrstufige Fertigung von Material für Projekte überwachen.

7.3.3 Kapazitätsberichte

Mithilfe der Einzelübersichten Kapazitätsbedarfe (CN50/CN50N) des Infosystems Strukturen (siehe Abschnitt 7.1.2) können Sie Soll-, Ist- und Restkapazitätsbedarfe von Projekten analysieren. Diese Berichte zeigen jedoch nur die Kapazitätsbedarfe der selektierten Objekte an. Ein Vergleich der Kapazitätsbedarfe mit den zur Verfügung stehenden Kapazitätsangeboten ist mithilfe dieser Berichte nicht möglich.

Für eine Analyse der Kapazitätsauslastung der in Projekten benötigten Kapazitäten werden im Projektsystem Berichte der SAP-Anwendung Kapazitätsplanung verwendet. Bei diesen Berichten wird zwischen (einfachen) Kapazitätsauswertungen und erweiterten Kapazitätsauswertungen unterschieden.

Beide Berichtsarten werden über so genannte Gesamtprofile gesteuert, die im Customizing der Kapazitätsplanung definiert werden.
Diese Gesamtprofile sind wiederum nur Zusammenfassungen verschiedener untergeordneter Profile, die die Datenselektion, Auswer-
tungsoberfläche und Funktionen der Kapazitätsberichte bestimmen.
Im Standard sind bereits diverse Gesamtprofile für unterschiedliche
Auswertungszwecke vorhanden und Transaktionen des SAP-Menüs
zugeordnet. Bei Bedarf können Sie die Zuordnung von Transaktionscodes zu Gesamtprofilen mithilfe von Parametern benutzerspezifisch
ändern.

Bei den einfachen Kapazitätsauswertungen können Sie im Einstiegsbild über das Menü jedoch auch ein abweichendes Gesamtprofil auswählen oder bei Aufruf der Transaktion CM07 direkt das Gesamtprofil angeben. Für erweiterte Kapazitätsauswertungen ist eine
Änderung des Gesamtprofils beim Berichtsaufruf nicht möglich. Sie
können jedoch mithilfe der Transaktion CM25 direkt beim Einstieg
ein Standard- oder selbst definiertes Profil für die erweiterte Auswertung auswählen. Tabelle 7.1 listet einige Transaktionen, die standardmäßig zugeordneten Gesamtprofile sowie die Parameter, mit
denen Sie diese Zuordnung in den Benutzerstammdaten ändern
können, auf.

Transaktion (Transaktionscode)	Gesamtprofil	Parameter
Belastung (CM01)	SAPX911	CY1
Aufträge (CM02)	SAPX912	CY2
Vorrat (CM03)	SAPX913	CY3
Rückstand (CM04)	SAPX914	CY4
Überlast (CM05)	SAPX915	CY5
Arbeitsplatzsicht (CM50)	SAPSFCG020	CY:
Einzelkapazitätssicht (CM51)	SAPSFCG022	CY~
Auftragssicht (CM52)	SAPSFCG021	CY_
PSP-Element/Version (CM53)	SAPPS_G020	CY8
Arbeitsplatz/Version (CM55)	SAPPS_G021	CY?
Version (CM54)	SAPPS_G022	CY9

Tabelle 7.1 Parameter zur Zuordnung von Gesamtprofilen zu Transaktionscodes

Kapazitätsauswertungen

Im Einstiegsbild der Kapazitätsauswertungen selektieren Sie die Arbeitsplätze und Kapazitätsarten, die Sie analysieren möchten. Der Zeitraum, in dem die Daten von der Datenbank gelesen werden, wird dabei fest durch das Auswahlprofil bestimmt, das im Gesamtprofil des Berichts hinterlegt ist. Für die Auswertung der Kapazitätsauslastung stehen nun drei unterschiedliche Übersichten zur Verfügung, zwischen denen Sie bei Bedarf hin- und herwechseln können.

Standardübersicht   Abbildung 7.23 zeigt die Standardübersicht einer Kapazitätsauswertung. In einer Standardübersicht werden periodisch, d.h. je nach Anforderung z.B. tage-, wochenweise usw., die Kapazitätsbedarfe an den Kapazitäten der ausgewählten Arbeitsplätze dem Angebot dieser Kapazitäten tabellarisch gegenübergestellt. In den Spalten **freie Kapazität** und **Belastung** werden zusätzlich die Differenz und das Verhältnis der Kapazitätsangebote und -bedarfe ausgewiesen. Existiert in einer Periode eine Überlast, d.h., übersteigen die Bedarfe das Angebot einer Kapazität, wird die entsprechende Berichtszeile farblich hervorgehoben.

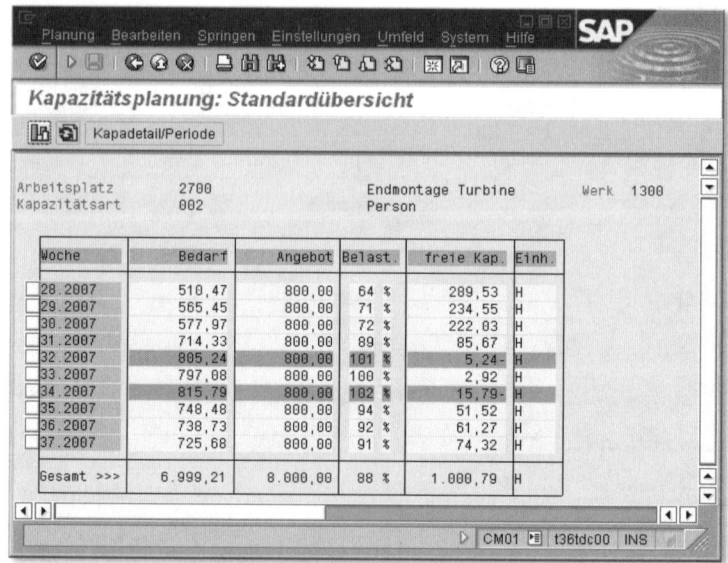

Abbildung 7.23 Standardübersicht einer Kapazitätsauswertung

Kapazitätsdetails   Um zu analysieren, welche Objekte die Kapazitätsbedarfe in den einzelnen Perioden verursachen, müssen Sie von der Standardübersicht zur Sicht **Kapazitätsdetails** wechseln. Diese Sicht listet die Bedarfsverursacher der in der Standardübersicht selektierten Bedarfe auf (siehe Abbildung 7.24). Über eine Feldauswahl können Sie bestimmen, welche Daten zu den verschiedenen Bedarfsverursachern angezeigt werden sollen. Zusätzlich können Sie Spalten miteinander vergleichen, sich also die Differenz und das Verhältnis zweier Spalten anzeigen lassen. Aus dieser Sicht können Sie ggf. auch Rückmeldungen zu ausgewählten Bedarfsverursachern erstellen oder stornieren.

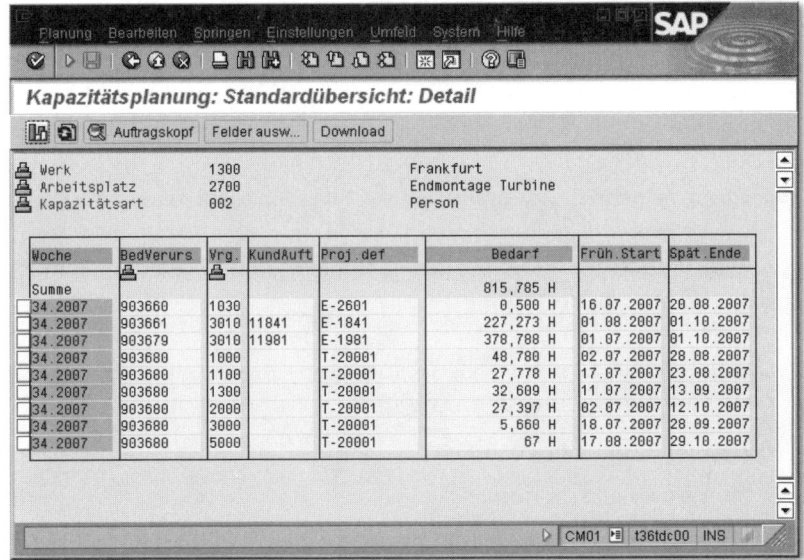

Abbildung 7.24 Detailsicht einer Kapazitätsauswertung

Variable Übersicht

Die in der variablen Übersicht dargestellten Spalten, mit Ausnahme der fest vorgegebenen Periodenspalte, sind vollständig abhängig von den Einstellungen des Listenprofils, das im Gesamtprofil hinterlegt ist. Abbildung 7.25 zeigt eine variable Übersicht, in der z.B. Kapazitätsbedarfe von Werkaufträgen, also z.B. von Fertigungsaufträgen und operativen Netzplänen, und die Bedarfe aufgrund von Planaufträgen separat aufgelistet werden.

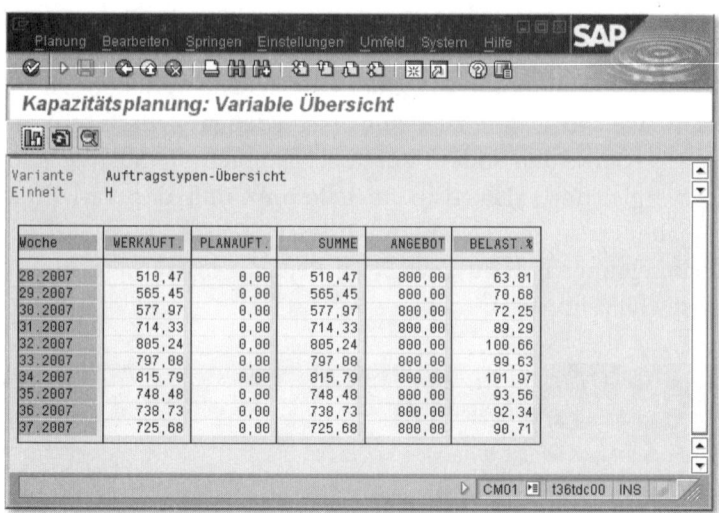

Abbildung 7.25 Beispiel für die variable Übersicht einer Kapazitätsauswertung

Funktionen
von Kapazitäts-
auswertungen

Folgende Funktionen stehen Ihnen für alle Sichten der Kapazitätsauswertungen zur Verfügung:

► Ausdruck und Export der Sichten

► Grafische Darstellung von Daten

► Auffrischen der Berichtsdaten

► Hintergrundverarbeitung

► Absprung in diverse Umfeldinformationen, abhängig von der
jeweiligen Sicht z.B. in Arbeitsplätze, Kapazitäten, Bedarfsverursacher usw.

Sie können in den einfachen Kapazitätsauswertungen auch die Profile wechseln, die die Eigenschaften des Berichts festlegen, oder auch
temporär allgemeine Einstellungen des Berichts ändern. Abbildung
7.26 zeigt die temporären Anpassungsmöglichkeiten der Berichtseinstellungen. Beachten Sie insbesondere das Kennzeichen **Verteilung aus Arbeitsplatz/Vorgang**, das festlegt, dass die Verteilung der
Kapazitätsbedarfe über die Dauer der Bedarfsverursacher über den
Verteilungsschlüssel des Vorgangs bzw. Arbeitsplatzes gesteuert
wird (siehe Abschnitt 3.2.1). Ist das Kennzeichen nicht gesetzt,
bestimmen Verteilungsschlüssel des Berichts über die Verteilung der
Kapazitätsbedarfe.

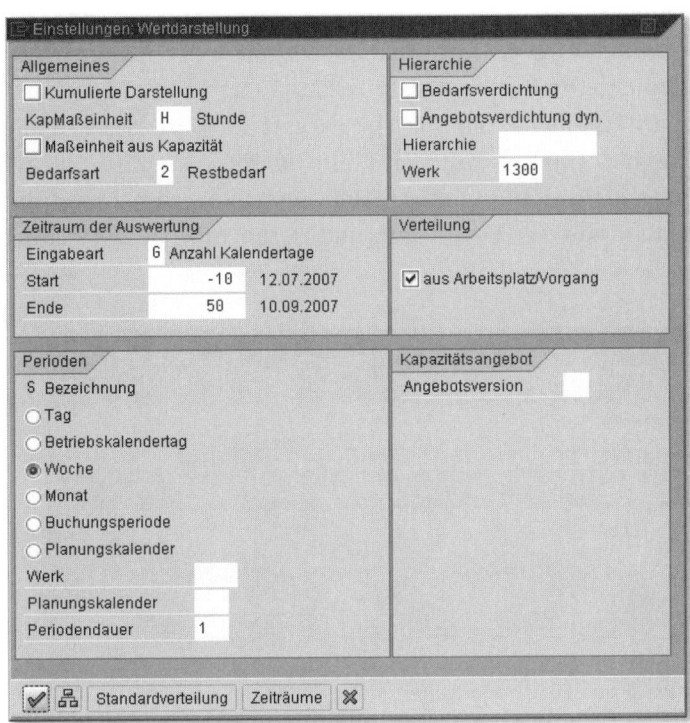

Abbildung 7.26 Beispiel für die allgemeinen Einstellungen einer Kapazitäts-auswertung

Die einfachen Kapazitätsauswertungen besitzen jedoch auch verschiedene Einschränkungen, z. B. können Sie keine Istkapazitätsbedarfe mithilfe dieser Berichte analysieren. Ferner ist auch eine Auswertung von Kapazitätssplits, d. h. von Kapazitätsbedarfen z. B. an einzelnen Personen der Arbeitsplätze, nicht möglich. Für die Auswertung dieser Kapazitätsdaten können Sie jedoch erweiterte Kapazitätsauswertungen im Projektsystem verwenden.

Einschränkungen der Kapazitäts-auswertungen

Erweiterte Kapazitätsauswertungen

Im Einstiegsbild der erweiterten Kapazitätsauswertungen nehmen Sie die Auswahl der zu analysierenden Kapazitäten vor. Abbildung 7.27 zeigt zum Beispiel das Standardeinstiegsbild der Transaktion CM53 (**PSP-Element/Version**). Die Selektion der Kapazitäten erfolgt hier über die Angabe von Projekten. Das System ermittelt anhand dieser Selektion alle Arbeitsplätze des Projekts und deren Kapazitätsbedarfe. Dabei werden jedoch auch die Bedarfe anderer Projekte und Aufträge ermittelt. Ob z.B. das Standardangebot der Arbeitsplätze oder das verdichtete Angebot der Einzelkapazitäten einer Kapazitätsart als Kapazitätsangebot im Bericht dargestellt wird, steuern die Unterprofile des Gesamtprofils. Im Einstiegsbild können Sie bei Bedarf temporär Einstellungen der Zeiträume, die zum Lesen der Kapazitätsdaten von der Datenbank und deren Anzeige verwendet werden, ändern.

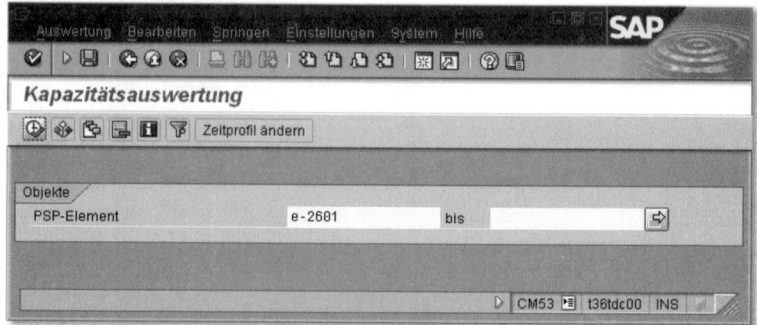

Abbildung 7.27 Einstiegsbild der erweiterten Kapazitätsauswertung PSP-Element/Version

Standardübersicht und Kapazitätsdetails

In den erweiterten Kapazitätsauswertungen wird zwischen zwei Sichten unterschieden. In der *Standardübersicht* werden Kapazitätsbedarfe und Kapazitätsangebote periodisch gegenübergestellt (siehe Abbildung 7.28). Mithilfe einer Feldauswahl können Sie entscheiden, welche Spalten, z.B. welche Kapazitätsbedarfe, angezeigt werden sollen. Zur Auswertung der Bedarfsverursacher müssen Sie zur Sicht **Kapazitätsdetails** wechseln. Sie können die Kapazitätsdetails für einzelne Perioden nacheinander analysieren (**KapaDetail/Einzel**) oder auch für mehrere Perioden gleichzeitig (**KapaDetail/Sammel**).

Funktionen der erweiterten Kapazitätsauswertungen

In den erweiterten Kapazitätsauswertungen können Sie darüber hinaus folgende Funktionen nutzen:

▸ Ausdruck und Export der Daten

▸ Feldauswahl

▸ Sortieren, Gruppieren und Verdichten von Daten

▸ Absprung in die Anzeige von z.B. Arbeitsplatz-, Kapazitäts-, Personaldaten sowie ggf. von Bedarfsverursachern

Damit Sie Istkapazitätsbedarfe in erweiterten Kapazitätsauswertungen analysieren können, müssen zum einen die relevanten Arbeitsplätze die Ermittlung von Istkapazitätsbedarfen vorsehen (siehe Abschnitt 3.2.1), zum anderen müssen die Selektionsprofile der entsprechenden Gesamtprofile die Auswertung von Istkapazitätsbedarfen erlauben. Bei Bedarf können Sie auch die Listenprofile der Gesamtprofile im Customizing bereits so anpassen, dass automatisch Spalten zu Istkapazitätsbedarfen in den Berichten angezeigt werden (siehe Abbildung 7.28).

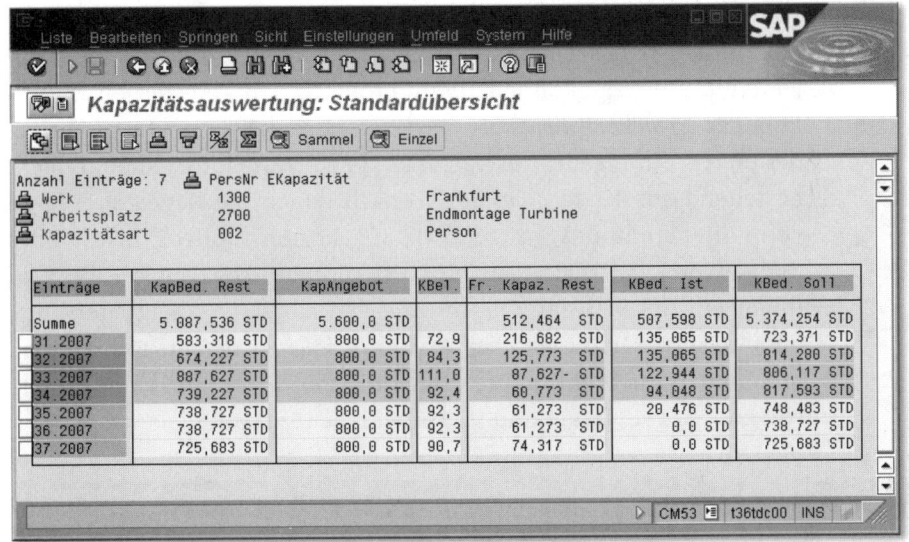

Abbildung 7.28 Standardübersicht einer erweiterten Kapazitätsauswertung

Mithilfe von erweiterten Kapazitätsauswertungen können Sie auch gesplittete Bedarfe, z.B. an einzelnen Personen, analysieren. Standardmäßig steht Ihnen hierfür bereits der Bericht CM51 (**Einzelkapasicht**) bzw. das Gesamtprofil SAPSFCG022 zur Verfügung. Wurden Bedarfe an einzelnen Personalressourcen nur aufgrund von Netzplanvorgängen erzeugt, können Sie ferner den Bericht CMP9 (**Auswertung der Arbeitsverteilung**) im Projektsystem verwenden (siehe Abbildung 3.25 in Abschnitt 3.2.2).

Im Gegensatz zu den einfachen Kapazitätsauswertungen können Sie die Berichtsdaten der erweiterten Kapazitätsauswertungen nicht auffrischen. Um den jeweils aktuellen Stand der Kapazitätssituation analysieren zu können, müssen Sie also diese Berichte zunächst ver-

Einschränkungen der erweiterten Kapazitätsauswertungen

lassen und dann eine neue Selektion der Daten vornehmen. Sie können darüber hinaus in den erweiterten Auswertungen nicht – wie in den einfachen Kapazitätsauswertungen – andere Profile für die Analyse der Daten auswählen. Auch eine temporäre Änderung von Berichtseinstellungen, wie z.B. des Periodenrasters oder der Verdichtung über Arbeitsplatzhierarchien, ist für erweiterte Kapazitätsauswertungen nicht möglich.

7.4 Projektverdichtung

Für ein übersichtliches, stark verdichtetes Reporting sehr vieler Projekte und Aufträge können Sie im Projektsystem die spezielle Funktion der *Projektverdichtung* einsetzen. Bei der Projektverdichtung definieren Sie eigene Auswertungs- bzw. Verdichtungshierarchien, bestehend aus Hierarchieknoten, nach denen Sie Bewegungsdaten von Projekten und Aufträgen, wie z.B. Kosten, Obligos, Erlöse oder Budgetwerte, aggregiert analysieren können. Abbildung 7.29 zeigt Ihnen ein Beispiel der Auswertung verdichteter Projektdaten mithilfe des Hierarchieberichts **Kosten/Erlöse/Ausgaben/Einnahmen**. In dem dargestellten Beispiel findet die Verdichtung auf den Hierarchieknoten **Projektart** und **Verantwortlicher** statt.

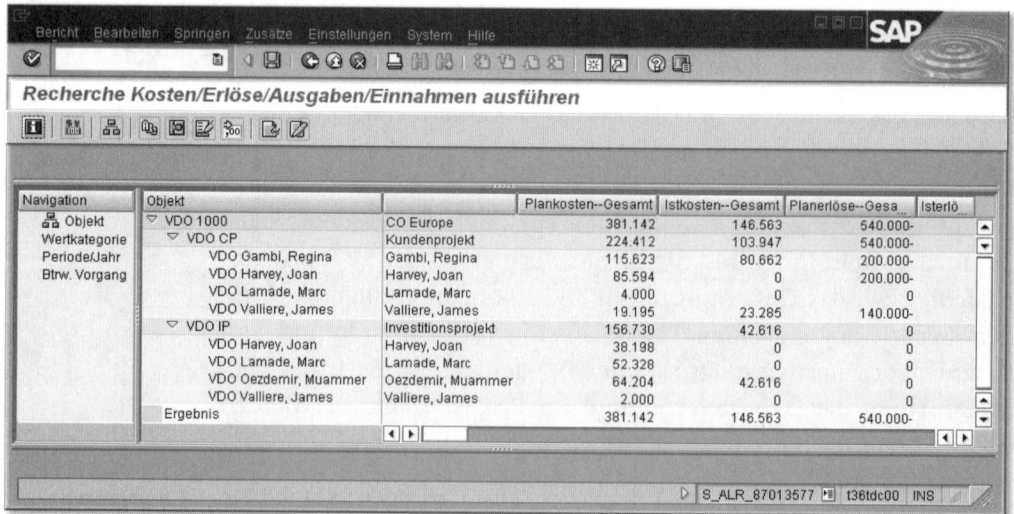

Abbildung 7.29 Beispiel einer Auswertung verdichteter Projektdaten

Sie können entweder Klassifizierungsmerkmale oder Stammdaten-felder der Objekte als Hierarchieknoten verwenden. Im ersten Fall spricht man von einer *Projektverdichtung über Klassifizierung*, im anderen Fall von einer *Projektverdichtung über Stammdaten*. Die Form der Projektverdichtung – über Klassifizierung oder über Stammdaten – wird dabei durch das Kennzeichen **Verdichtung über Stammdaten** im Projekt- bzw. Netzplanprofil gesteuert. Wenn Sie ein Projekt mit Vorlage anlegen, übernimmt das System die Form der Verdichtung jedoch aus der Vorlage. Wurde die Vorlage über die Klassifizierung verdichtet und soll das neue Projekt jetzt jedoch über Stammdatenfelder verdichtet werden, müssen Sie die Form der Verdichtung mithilfe des Reports RCJCLMIG umsetzen.[15]

[«]

Da eine Verdichtung über die Stammdatenfelder der Objekte diverse Vorteile gegenüber der älteren Form, der Verdichtung über eine Klassifizierung, hat, empfiehlt SAP die Verwendung der Projektverdichtung über Stammdaten. Für eine Umsetzung der Verdichtung über Klassifizierung auf eine Verdichtung über Stammdaten können Sie den Report RCJCLMIG verwenden. Die nachfolgenden Erläuterungen beziehen sich allesamt auf die Projektverdichtung über Stammdaten.

Bevor Sie die Projektverdichtung einsetzen können, müssen Sie zunächst die Hierarchie der Knoten festlegen, in der Sie Daten auswerten möchten. Sie erstellen Verdichtungshierarchien mithilfe der Transaktion KKR0 (siehe Abbildung 7.30). Dabei legen Sie zunächst für jede Verdichtungshierarchie fest, welche Objektarten bei einer Verdichtung berücksichtigt werden sollen. Sie können die Verdichtungen jeweils für Innen-, Instandhaltungs- und Service-, Fertigungs-aufträge sowie Projekte und Kundenaufträge aktivieren. Wenn Sie eine Verdichtung von Projekten durchführen, werden dabei jedoch automatisch immer auch die zugeordneten additiven Netzpläne und Aufträge mit verdichtet. Aus Performancegründen können Sie bei Bedarf für Verdichtungshierarchien im nächsten Schritt festlegen, dass einzelne Summensatztabellen von einer Verdichtung ausgeschlossen werden sollen.

Verdichtungs-hierarchien

---

15 Wurden im Rahmen der Verdichtung über die Klassifizierung Merkmale als Hierarchieknoten verwendet, zu denen kein Stammdatenfeld existiert, können Sie eine Kundenerweiterung nutzen, um diese Merkmale als zusätzliche Felder bei der Verdichtung über Stammdaten zu berücksichtigen.

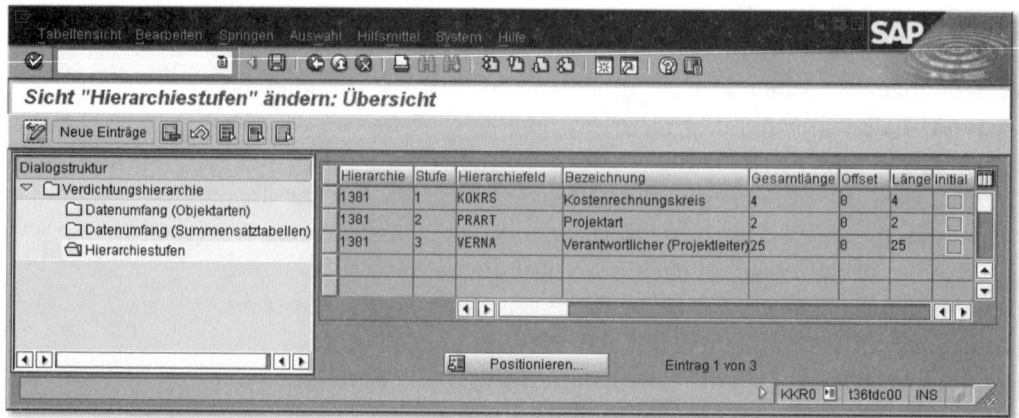

Abbildung 7.30 Beispiel für die Definition einer Verdichtungshierarchie

Schließlich bestimmen Sie bei der Definition einer Verdichtungshierarchie die Hierarchieknoten. Dazu legen Sie maximal neun Hierarchiestufen an und geben jeweils den Namen des Stammdatenfeldes an, das zur Verdichtung von Bewegungsdaten auf dieser Stufe herangezogen werden soll. Das System summiert im Rahmen der Verdichtung später Daten von Objekten mit gleichen Feldwerten, wobei die Objekte und Feldwerte zunächst über eine so genannte *Vererbung* bestimmt werden müssen.

Der oberste Knoten einer Verdichtungshierarchie ist immer der Kostenrechnungskreis. Eine kostenrechnungskreisübergreifende Verdichtung ist also nicht möglich. Die Liste der Stammdatenfelder, die als Hierarchieknoten verwendet werden können, ist vorgegeben. Bei Bedarf können Sie mithilfe einer Kundenerweiterung jedoch auch beliebige zusätzliche Felder als Knoten verwenden.

Vererbung Mithilfe der Vererbung (Transaktion CJH1) bestimmen Sie, welche Objekte an einer Verdichtung teilnehmen und welche Stammdatenfeldwerte für diese Objekte bei der Verdichtung verwendet werden sollen. Im Einstiegsbild der Transaktion (siehe Abbildung 7.31) spezifizieren Sie dazu zunächst die Projekte, deren Daten später verdichtet werden sollen. Wenn Sie anschließend die Vererbung ausführen, ermittelt das System aus diesen Projekten all diejenigen PSP-Elemente, in denen das Kennzeichen **ProjVerdichtung** in den Stammdaten gesetzt ist (siehe auch Abschnitt 2.2), und schreibt diese und die relevanten Stammdatenfeldwerte dieser PSP-Elemente in die Tabelle PSERB. Gleichzeitig nimmt das System eine logische Vererbung dieser Feldwerte auf alle untergeordneten Objekte, Vorgänge, zugeordneten Aufträge und PSP-Elemente ohne das Kennzeichen **ProjVerdichtung** vor und schreibt auch diese Objekte und die vererbten Feldwerte in die Tabelle PSERB. Die eigentlichen Stammdaten der Objekte werden durch eine Vererbung jedoch nicht geändert.

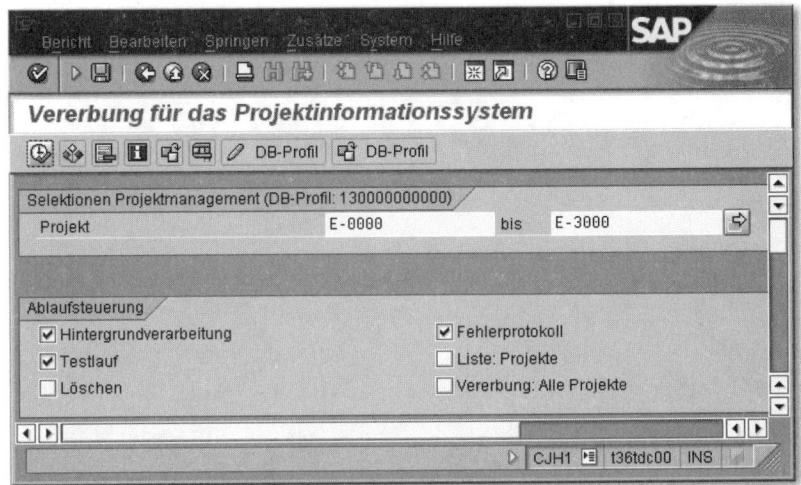

Abbildung 7.31 Einstiegsbild der Vererbung von Projektdaten

Sie können die Vererbung nacheinander für unterschiedliche Projekte durchführen und so die Daten der Tabelle PSERB nach und nach erweitern. Haben sich relevante Stammdatenänderungen ergeben, müssen Sie die Vererbung wiederholen, um eine Aktualisierung der Tabelle vorzunehmen. Die Objekte und Feldwerte der Tabelle PSERB stellen die Grundlage für die spätere *Verdichtung* von Daten dar. Mithilfe der Transaktion CJH2 können Sie sich das Ergebnis der Vererbung anzeigen lassen.

Nachdem Sie mindestens eine Vererbung durchgeführt haben, nehmen Sie in einem zweiten Schritt die Verdichtung der Daten über die Transaktion KKRC vor. Im Einstiegsbild dieser Transaktion (siehe Abbildung 7.32) geben Sie die Verdichtungshierarchie oder ggf. auch -teilhierarchie an, nach der eine Verdichtung erfolgen soll, sowie den Zeitraum für die Verdichtung. Wenn Sie die Transaktion ausführen, ermittelt das System die Verdichtungsobjekte und deren Stammdatenfeldwerte aus der Tabelle PSERB, selektiert deren Bewegungsda-

Verdichtung

ten und schreibt das verdichtete Ergebnis auf den jeweiligen Hierarchieknoten in die Datenbanktabelle RPSCO fort.

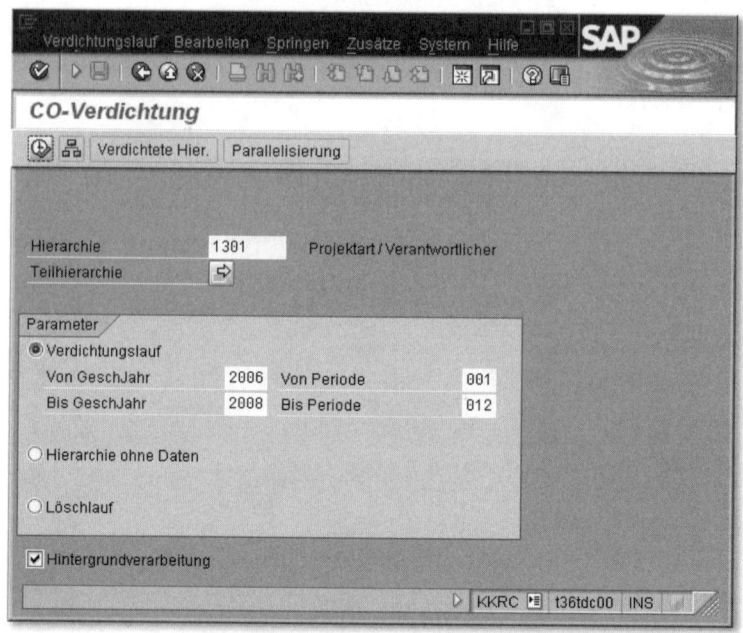

Abbildung 7.32 Einstiegsbild der Verdichtung von Projektdaten

Verdichtungs-
berichte

Für die Auswertung der verdichteten Rechnungswesendaten stehen im Projektsystem eigene Hierarchie- und Kostenartenberichte zur Verfügung. Im Einstiegsbild dieser Berichte geben Sie die Verdichtungshierarchie oder auch -teilhierarchie an, die für die Darstellung der Daten verwendet werden soll. Für diese Verdichtungshierarchie muss zuvor eine Verdichtung durchgeführt worden sein. Je nach Bericht geben Sie weitere Selektionsbedingungen an, wie z.B. einen Auswertungszeitraum oder die CO-Version der zu analysierenden Daten. Zusätzliche Erläuterungen zur Projektverdichtung finden Sie auch in den Hinweisen 313 899 und 701 076.

7.5   Zusammenfassung

Im Projektsystem stehen Ihnen diverse Berichte für ein Echtzeit-Reporting aller Projektdaten zur Verfügung. Je nachdem, welche Daten Sie analysieren möchten, verwenden Sie Berichte des Infosystems Strukturen, Hierarchie-, Kostenarten- oder Einzelpostenberichte des Infosystems Controlling oder logistische Berichte, wie z. B. Material- oder Kapazitätsauswertungen. Mithilfe der Projektverdichtung haben Sie die Möglichkeit, Daten sehr vieler Projekte gleichzeitig, übersichtlich und nach selbst definierten Verdichtungskriterien zu analysieren.

Überblick

Viele Unternehmen setzen mehrere unterschiedliche Programme für das Management von Projekten ein. Dieses Kapitel behandelt einige typische Szenarien, wie das Projektsystem mit anderen Programmen integriert werden kann.

8 Integrationsszenarien mit anderen Projektmanagement-Werkzeugen

Für einen bidirektionalen Datenaustausch mit anderen Projektmanagement-Werkzeugen bzw. allgemein externen Programmen können Sie im Projektsystem die External-Project-Software-Schnittstelle (EPS-Schnittstelle) nutzen. Typische Verwendungen dieser Schnittstelle sind z. B. der Export von Projektdaten zu Präsentationszwecken, ein initialer Datentransfer in das Projektsystem aus Altsystemen oder auch die Integration spezieller, oft selbst programmierter Werkzeuge für einzelne Aspekte des Projektmanagements (Erstellung von Materiallisten, Terminierung, Offlinebearbeitung von Objekten usw.). Die EPS-Schnittstelle basiert auf so genannten *Business-Objekttypen* und *Business Application Programming Interfaces* (BAPIs).

Mithilfe von Business-Objekttypen werden die Daten des SAP-Systems nach betriebswirtschaftlichen Kriterien in einzelne Komponenten gegliedert. Für das Projektsystem existieren z. B. die Business-Objekttypen *ProjectDefinition*, *WorkBreakDownStruc* und *Network*, mit denen Daten zu Projektdefinitionen, Projektstrukturplänen und Netzplänen gekapselt werden.[1] Jeder Business-Objekttyp stellt dabei klar definierte Methoden zur Kommunikation mit externen Programmen zur Verfügung. Diese Methoden werden als BAPIs bezeichnet. Der Datenaustausch mithilfe von BAPIs zwischen den

Business-Objekte

---

[1] Business-Objekttypen sind vergleichbar mit *Klassen* in objektorientierten Programmiersprachen. Ein einzelnes Business-Objekt, z. B. ein spezieller Netzplan, entspricht somit einer spezifischen *Instanz* einer Klasse.

externen Programmen und einem Business-Objekt kann dabei in beide Richtungen erfolgen.

BAPIs
Die Daten von Business-Objekten sind von außen nur über BAPIs sichtbar. Diese Trennung von Daten und Zugriffsmethoden erlaubt es Ihnen, mithilfe von BAPIs Business-Objekte zu lesen, zu ändern oder anzulegen, ohne dass Sie alle SAP-spezifischen Implementierungsdetails des entsprechenden Business-Objekttyps kennen müssen. Mithilfe der Transaktion BAPI können Sie sich die Liste der Business-Objekttypen, der jeweils zur Verfügung stehenden BAPIs sowie eine detaillierte Dokumentation zu jedem BAPI im SAP-System anzeigen lassen. Im Anhang finden Sie eine Liste der BAPIs zu den drei Business-Objekttypen des Projektsystems.

Die EPS-Schnittstelle ermöglicht den Zugriff auf Daten des Projektsystems. Für den Austausch dieser Daten mit anderen Programmen wird jedoch noch eine zusätzliche Schnittstelle benötigt, die eine Abbildung der Projektsystem-Daten auf Datenfelder der externen Software und umgekehrt vornimmt. Sie können diese Schnittstellen selbst entwickeln, es existieren jedoch bereits eine Reihe solcher Schnittstellen für diverse Standardprogramme, wie z.B. für Microsoft Project oder Primavera, die von Partnern der SAP oder von anderen Anbietern bezogen werden können. Für einen Datenaustausch des Projektsystems mit Microsoft Project Client stellt SAP selbst eine für Kunden und Partner kostenlose Schnittstelle zur Verfügung. Diese so genannte Open-PS-Schnittstelle für Microsoft Project wird nun im Folgenden näher erläutert. Anschließend werden in diesem Kapitel noch Integrationsszenarien zu cProjects und dem SAP xApp Resource and Portfolio Management behandelt.

8.1 Open PS für Microsoft Project

Verwendungszwecke
Mithilfe der Schnittstelle Open PS für Microsoft Project können Sie zum einen Projekte des Projektsystems nach Microsoft Project Client herunterladen. Zum anderen können Sie auch Projektdaten in das Projektsystem hochladen, um neue Projekte anzulegen oder bestehende Projekte zu ändern. Das Herunterladen von Projekten nach Microsoft Project ist insbesondere für Projektmitglieder nützlich, die Projektdaten offline, z.B. für Kundenpräsentationen, benötigen. Sie können Projekte beliebig oft herunterladen und dabei entweder

jedes Mal neue Projekte in Microsoft Project anlegen oder bereits zuvor heruntergeladene Projekte aktualisieren.

Bei Bedarf können Sie heruntergeladene Projekte, z.B. im Rahmen von Terminabsprachen mit Geschäftspartnern vor Ort, auch in Microsoft Project ändern und diese Änderungen zurück in das SAP-System übertragen oder auch neue Projekte in Microsoft Project anlegen und durch das Hochladen somit auch neue Projekte im Projektsystem erstellen. Für das Hochladen, also das Ändern oder Anlegen von Projekten im SAP-System, benötigen Benutzer explizit die Rolle SAP_PS_EPS.[2]

Mithilfe der Open-PS-Schnittstelle können hauptsächlich Struktur-, Termin- und Ressourcendaten zwischen dem Projektsystem und Microsoft Project ausgetauscht werden. Zu Informationszwecken können jedoch auch Plan- und Istkosten von Vorgängen nach Microsoft Project heruntergeladen werden. Um eine Ressourcenplanung auf Ebene von Personen in Microsoft Project vorzunehmen, können Sie auch Personendaten aus dem Personalwesen des SAP-Systems nach Microsoft Project herunterladen.

Datenaustausch

Da Microsoft Project und das Projektsystem unterschiedliche Strukturen und Datenfelder für Projekte verwenden, muss Open PS eine geeignete Abbildung der Strukturen und Daten treffen. So werden Vorgänge z.B. als Aufgaben in Microsoft Project abgebildet und PSP-Elemente als Sammelaufgaben, wenn den PSP-Elementen Vorgänge zugeordnet sind, andernfalls werden sie ebenfalls als Aufgaben hinterlegt. Materialkomponenten können z.B. nicht heruntergeladen werden. In der Dokumentation der Open-PS-Schnittstelle finden Sie eine detaillierte Erläuterung der Abbildung der verschiedenen Strukturobjekte. Insbesondere beinhaltet diese Dokumentation eine Auflistung darüber, welche Felder der Projektsystem-Objekte auf welche Felder von Microsoft Project abgebildet werden.

Die Dokumentation sowie die Open-PS-Schnittstelle selbst müssen Sie über das Software Distribution Center der SAP herunterladen.[3]

Open-PS-Installation

---

2 Sie müssen die Rolle SAP_EPS_EPS, die zum Hochladen von Daten aus Microsoft Project in das Projektsystem benötigt wird, zunächst mithilfe der Transaktion PFCG im SAP-System anlegen. Dabei müssen Sie keine weiteren Einstellungen für diese Rolle vornehmen.

3 Den aktuellen Pfad zum Herunterladen der Open-PS-Schnittstelle finden Sie auf den Internetseiten des Projektsystems (*service.sap.com/ps*).

Um Open PS nutzen zu können, müssen Sie die Schnittstelle lokal auf dem Computer installieren, auf dem auch Microsoft Project Client installiert ist. Wenn Sie anschließend Open PS starten, wird automatisch auch Microsoft Project mit einer zusätzlichen Open-PS-Symbolleiste geöffnet. Um eine Verknüpfung mit dem Projektsystem zu erstellen, müssen Sie als Nächstes Angaben zum SAP-Benutzer und dem SAP-System selbst machen. Um diese Angaben nicht bei jedem Aufruf neu vornehmen zu müssen, können Sie diese Benutzer- und Systemdaten speichern.

Open-PS-Einstellungen

In den Einstellungen von Open PS wählen Sie unter anderem die Objekttypen aus, die zwischen dem Projektsystem und Microsoft Project ausgetauscht werden sollen (siehe Abbildung 8.1). Möchten Sie auch Daten aus Benutzerfeldern des Projektsystems mit Microsoft Project austauschen, müssen Sie in den Einstellungen die Zuordnung der Benutzerfelder zu Microsoft-Project-Feldern festlegen. Die anderen Einstellungen sind voreingestellt und müssen in der Regel nicht angepasst werden.

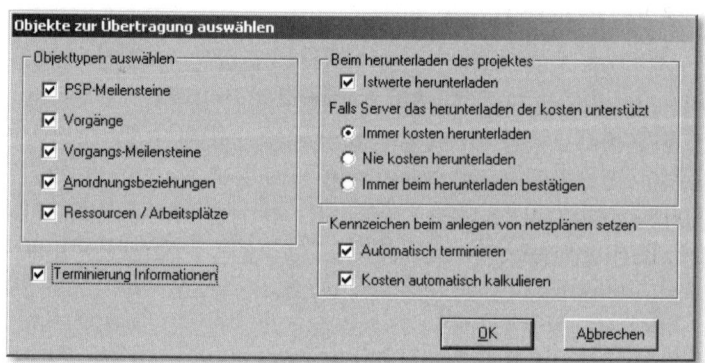

Abbildung 8.1 Open-PS-Einstellungen zur Übertragung von Daten

Benutzung der Open-PS-Schnittstelle

Die Benutzung von Open PS soll nun an einem einfachen Beispiel-Szenario erläutert werden. Nachdem Sie die Open-PS-Schnittstelle eingerichtet und gestartet haben, können Sie eine Verbindung zu einem SAP-System herstellen, wobei Sie sich mit einem SAP-Benutzer an dem System anmelden müssen. Nach der Verbindung stehen Ihnen nun weitere Funktionen in der Open-PS-Symbolleiste zur Verfügung. So können Sie z.B. das Herunterladen eines Projekts aus dem Projektsystem ausführen. Dabei selektieren Sie in einem Dialogfenster das Projekt, das Sie herunterladen möchten (siehe Abbildung

8.2). Das Herunterladen mehrerer Projekte gleichzeitig ist nicht möglich. Bei Bedarf können Netzpläne des Projekts während der Bearbeitung in Microsoft Project automatisch gesperrt werden. In einem Protokoll können Sie sich anschließend Details über das Herunterladen der Daten anzeigen lassen.

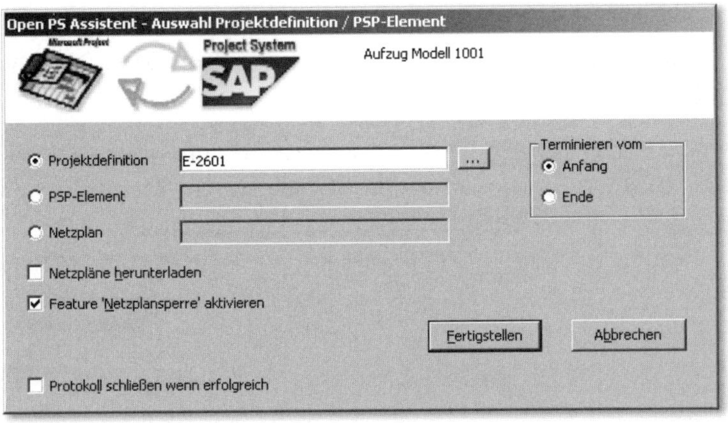

Abbildung 8.2 Open-PS-Dialogfenster zum Herunterladen von Projekten nach Microsoft Project

In der Open-PS-Darstellung in Microsoft Project wird nun das heruntergeladene Projekt angezeigt (siehe Abbildung 8.3 auf der nächsten Seite). Zusammen mit Struktur- und Termindaten werden auch die Arbeitsplätze der Vorgänge in Form von Ressourcen nach Microsoft Project heruntergeladen und können in der Ressourcen-Darstellung analysiert werden. Wenn Sie zusätzliche Arbeitsplätze oder auch Personalressourcen des SAP-Systems für eine Ressourcenplanung in Microsoft Project verwenden möchten, können Sie über Open PS nach geeigneten Ressourcen im SAP-System suchen und diese zusätzlich herunterladen.

Das Projekt kann nun in Microsoft Project ausgewertet und bei Bedarf auch weiterbearbeitet werden. Sie können z.B. die Terminplanung ändern, neue Aufgaben hinzufügen und Anordnungsbeziehungen erstellen oder Ressourcen den Aufgaben zuordnen. Wenn Sie einer Aufgabe mehr als eine Ressource, insbesondere Personalressourcen, zuordnen, werden diese nach dem Hochladen in das Projektsystem als Vorgangselemente abgebildet. Für neu angelegte Aufgaben können Sie mithilfe eines Kennzeichens steuern, ob diese

Änderungen am Projekt in Microsoft Project

491

Aufgaben später auch in das Projektsystem hochgeladen werden
können oder nur für eine Planung in Microsoft Project dienen sollen.

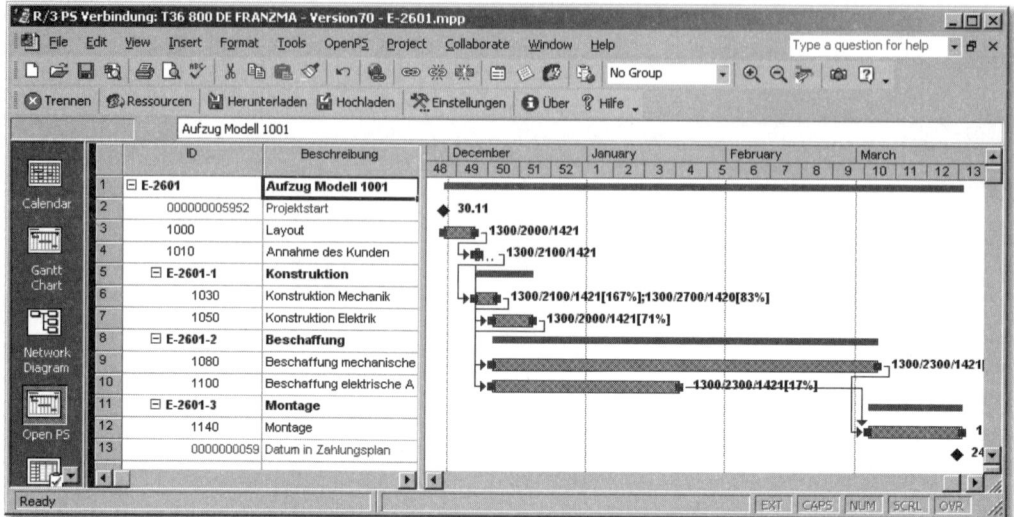

Abbildung 8.3 Darstellung eines mithilfe der Open-PS-Schnittstelle exportierten
Projekts in Microsoft Project

Um die geänderten Projektdaten wieder in das Projektsystem zu
übertragen, können Sie das Hochladen des Projekts starten. Haben
Sie Netzpläne beim Herunterladen gesperrt, können Sie diese beim
Hochladen wieder entsperren. Open PS vergleicht nun das Micro-
soft-Project-Projekt mit dem Projekt im Projektsystem und zeigt
Ihnen eine Liste der Aktualisierungen an. Sie können alle Aktualisierungen übernehmen oder auch nur eine Auswahl der zu aktualisie-
renden Daten treffen. Mithilfe eines Protokolls können Sie sich
schließlich alle Details des Hochladens anzeigen lassen.

8.2   cProjects

Neben dem Projektsystem bietet SAP auch cProjects als ein Werkzeug für das operative Management von Projekten an. Sie können
cProjects eigenständig, unabhängig vom Projektsystem, einsetzen,
Sie können cProjects jedoch auch in Kombination mit dem Projektsystem nutzen. cProjects ist aufgrund seiner Konzeption und seines
Funktionsumfangs insbesondere für Entwicklungs- und Dienstleis-

tungsprojekte geeignet. Bevor die Integrationsmöglichkeiten zwischen dem Projektsystem und cProjects erörtert werden, werden im Folgenden zunächst die wichtigsten Funktionen von cProjects behandelt.

cProjects umfasst Funktionen für eine phasenorientierte Strukturierung von Projekten (siehe Abbildung 8.4), für eine Terminplanung sowie verschiedene Möglichkeiten zur Verwaltung von Dokumenten. Die Ressourcenplanung in cProjects basiert auf Rollen, die den Ressourcenbedarf eines Projekts beschreiben, und Geschäftspartnern, die als Ressourcen für eine Besetzung der Rollen verwendet werden. Um die Erstellung von Projekten zu vereinfachen, können Sie in cProjects Projektvorlagen definieren und als Kopiervorlage nutzen. Simulationsversionen können im Rahmen der Projektdurchführung für »Was-wäre-wenn«-Analysen verwendet werden. Der Lebenszyklus der Strukturobjekte eines cProjects-Projekts kann durch Status gesteuert werden. Der Übergang zwischen zwei Phasen eines Projekts wird typischerweise durch spezielle Abnahmeprozesse in cProjects geregelt. Dabei können Sie mithilfe so genannter Checklisten sicherstellen, dass alle notwendigen Aspekte zur Abnahme einer Phase erfüllt wurden. Mithilfe von Projektstatusberichten und Versionen können Sie den Verlauf eines Projekts in cProjects dokumentieren.

Funktionsumfang von cProjects

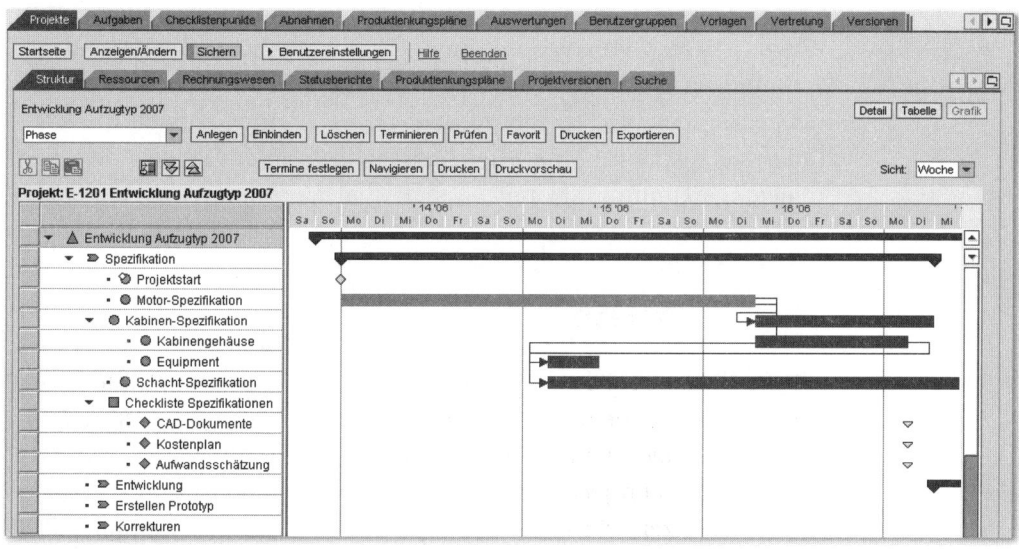

Abbildung 8.4 Beispiel einer Projektstruktur in cProjects

Mithilfe eines Berechtigungskonzepts, das auf Access Control Lists (ACL) basiert, können in cProjects sehr leicht Berechtigungen objektbezogen – bis hin zu einzelnen Dokumenten – vergeben werden. Spezielle Projektauswertungen, vordefinierter Business Content für das Business Information Warehouse sowie die Anbindung von cProjects an das SAP-Alert-Management erlauben eine effektive Überwachung aller cProjects-Projekte. Die Verwendung von Internetbrowsern oder einem SAP-Enterprise-Portal als Benutzeroberfläche von cProjects, die Möglichkeit, alle Bezeichnungen und Beschreibungen von cProjects-Objekten mehrsprachig zu erfassen, sowie Integrationsszenarien zu cRooms und insbesondere cFolders unterstützen eine kooperative Planung und Durchführung von Projekten.

cProjects bietet weitere Integrationsszenarien unter anderem zu SAP Supplier Relationship Management (SRM), z.B. zur Beschaffung externer Projektressourcen, zum Arbeitszeitblatt CATS für die Rückmeldung von so genannten Aufgaben von cProjects-Projekten oder auch zum SAP xApp Resource and Portfolio Management (siehe Abschnitt 8.3). Mittels *Objektverknüpfungen* können darüber hinaus praktisch alle Strukturobjekte von cProjects-Projekten mit Objekten eines SAP ERP-Systems verbunden werden.

Objektverknüpfungen

So können Sie z.B. eine Phase in cProjects und einen Netzplan des Projektsystems über eine Objektverknüpfung miteinander verbinden. Diese Objektverknüpfung erlaubt Ihnen, anschließend z.B. Daten des Netzplans gemeinsam mit den Daten der Phase in Auswertungen von cProjects zu analysieren. Ferner können die Daten des Netzplans für eine Ermittlung so genannter Schwellenwertverletzungen und somit zum automatischen Versenden von Alert-Nachrichten in cProjects verwendet werden. Die Objektverknüpfung erlaubt es Ihnen auch, Daten des Netzplans in der Phase auszuwerten (siehe Abbildung 8.5) oder bei Bedarf direkt aus cProjects in die Detail-Anzeige oder auch Bearbeitungstransaktionen für den Netzplan abzuspringen. Dazu muss in dem entsprechenden ERP-System ein ITS installiert sein. Die Definition der Objektverknüpfungen und der benötigten RFC-Verbindung zum ERP-System erfolgt im Customizing von cProjects. Im Standard werden bereits verschiedene Objektverknüpfungen für cProjects ausgeliefert. Abbildung 8.6 zeigt z.B. die Definition einer Objektverknüpfung für Netzpläne des Projektsystems.

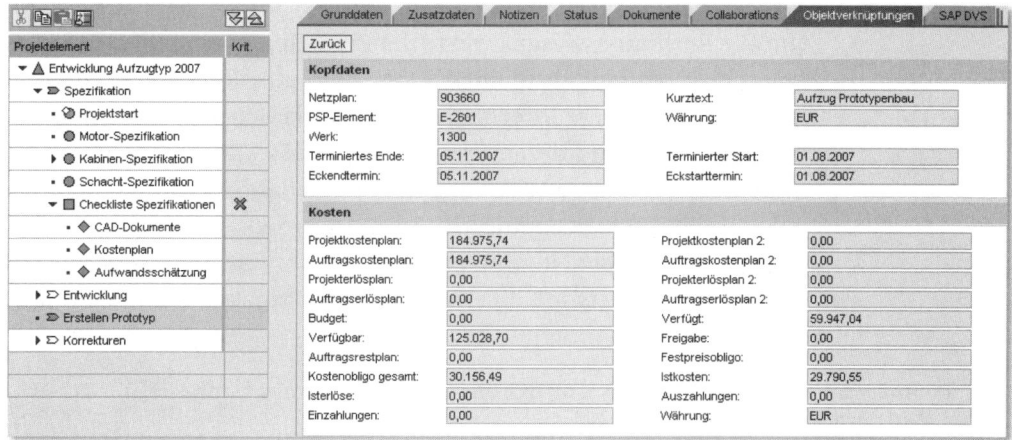

Abbildung 8.5 Beispiel für die Anzeige von Netzplandaten in cProjects

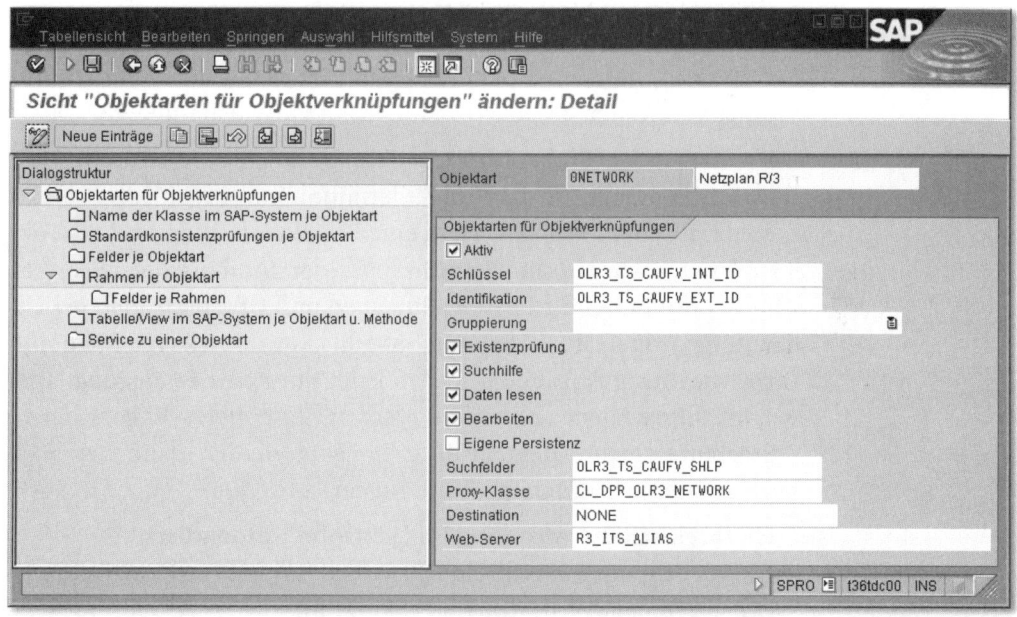

Abbildung 8.6 Definition einer Objektverknüpfung im cProjects-Customizing

Besondere Integrationsszenarien zwischen dem Projektsystem und cProjects können für den Austausch von Controlling-Daten verwendet werden. Da cProjects – mit Ausnahme einer rudimentären Kosten- und Erlösplanung auf Basis geplanter Ressourcenbedarfe – keinerlei Rechnungswesenfunktionen bietet, können parallel zu den

Rechnungswesen-integration

Projekten in cProjects Projekte im Projektsystem geführt werden, um alle Rechnungswesenaspekte der Projektplanung und -durchführung hierarchisch abzubilden. Aus cProjects können zu diesem Zweck insbesondere Informationen zu geplanten und rückgemeldeten Leistungen und deren Kosten- bzw. Erlössätzen an das Projektsystem übergeleitet werden und hier bei Bedarf um weitere Kosten-, Erlös- oder auch Budgetdaten ergänzt werden. Dabei gibt es verschiedene Möglichkeiten, so genannte *Controlling-Methoden*, wie ein Projekt in cProjects mit einem Projekt des Projektsystems verknüpft werden kann:

Controlling-Methoden

▶ **Hierarchisches Controlling (Strukturelement, manuell)**
Sie legen manuell einen Projektstrukturplan im Projektsystem an und ordnen anschließend in cProjects Phasen, Aufgaben und Unteraufgaben eines cProjects-Projekts den PSP-Elementen zu.[4]

▶ **Hierarchisches Controlling (Projektrolle, manuell)**
Sie legen ebenfalls einen Projektstrukturplan manuell im Projektsystem an, nehmen anschließend in cProjects jedoch eine Zuordnung von Rollen zu den verschiedenen PSP-Elementen vor.

▶ **Hierarchisches Controlling (Strukturelement, automatisch)**
Das System legt für die Projektdefinition eines cProjects-Projekts automatisch im Projektsystem eine Projektdefinition und ein Fakturierungselement an. Entsprechend der Struktur des cProjects-Projekts werden für Phasen, Aufgaben und Unteraufgaben jeweils untergeordnete PSP-Elemente erstellt und mit diesen verknüpft. Die maximale Anzahl der Stufen kann durch die Festlegung einer Controlling-Ebene bestimmt werden. Alle tiefer angeordneten Strukturelemente des cProjects-Projekts werden dann den PSP-Elementen der untersten Stufe zugeordnet.

▶ **Hierarchisches Controlling (Projektrolle, automatisch)**
Es werden automatisch eine Projektdefinition und ein Fakturierungselement auf der obersten Stufe im Projektsystem angelegt, für jede Rolle des cProjects-Projekts werden weitere PSP-Elemente erstellt.

---

4 Wenn Sie eine Phase einem PSP-Element zuordnen, werden automatisch auch alle untergeordneten Aufgaben diesem PSP-Element zugeordnet. Ordnen Sie eine Aufgabe einem PSP-Element zu, werden diesem auch die Unteraufgaben automatisch zugeordnet. Sie können diese automatischen Zuordnungen jedoch noch manuell ändern.

Je nachdem, ob Sie in cProjects mithilfe des Arbeitszeitblatts Zeitdaten für Aufgaben oder Rollen zurückmelden, verwenden Sie Controlling-Methoden mit Bezug zu Strukturelementen oder Projektrollen. Weitere Controlling-Methoden stehen Ihnen zur Verfügung, wenn Sie kein hierarchisches Controlling für ein cProjects-Projekt benötigen und anstelle von PSP-Elementen Innenaufträge als Controlling-Elemente im ERP-System für die Rechnungswesenintegration verwenden möchten.

> Bei Bedarf können Sie vor der Freigabe eines Projekts in cProjects noch manuelle Änderungen an Zuordnungen vornehmen, die mittels automatischer Controlling-Methoden erstellt wurden. In diesem Fall können Sie jedoch nicht mehr zu der automatischen Controlling-Methode zurückkehren. Dies bedeutet insbesondere, dass Sie für nachträglich in cProjects erstellte Projektelemente manuell Verknüpfungen anlegen müssen.

[«]

Ein Projektelement in cProjects kann maximal einem PSP-Element zugeordnet werden. Umgekehrt kann ein PSP-Element jedoch mit mehreren Elementen in cProjects verknüpft sein, sofern diese Elemente zum selben cProjects-Projekt gehören. Ferner gilt, dass Sie die Projektelemente eines cProjects-Projekts nicht PSP-Elementen unterschiedlicher Projekte im Projektsystem zuordnen können, verschiedene PSP-Elemente können jedoch durchaus Projektelementen unterschiedlicher cProjects-Projekte zugeordnet werden.

Die Festlegung der Controlling-Methode, der Controlling-Ebene und eines Controlling-Szenarios, das z.B. Angaben zum Kalkulationsschema oder zum Abrechnungsprofil der Controlling-Objekte im ERP-System enthält, nehmen Sie mit Bezug zur cProjects-Projektart im Customizing des ERP-Systems unter dem Menüpfad **Integration mit anderen SAP Komponenten** vor (siehe Abbildung 8.7 auf der nächsten Seite). Hier finden Sie auch Dokumentationen zu verschiedenen BAdIs, die Ihnen für kundeneigene Anpassungen der Rechnungswesenintegration zur Verfügung stehen.

Übertragung

Im Customizing von cProjects legen Sie zusätzlich in Abhängigkeit von der Projektart fest, wann ggf. das automatische Erstellen von Projekten und PSP-Elementen und die Überleitung der kalkulationsrelevanten Daten eines cProjects-Projekts in das Projektsystem erfolgen soll. Diese so genannte *Übertragung* kann unabhängig vom Status des cProjects-Projekts jedes Mal beim Sichern, automatisch bei jedem Sichern nach Setzen des Status **Zur Übertragung vorgemerkt** oder auch nach Setzen des Status **Freigegeben** erfolgen.

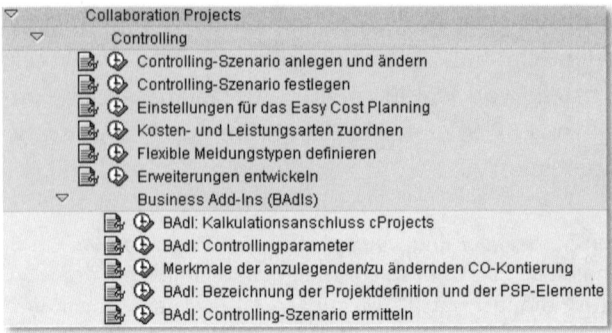

Abbildung 8.7 Einstellungen zur Rechnungswesenintegration im SAP-System des Projektsystems

Auch die Rechnungswesenintegration basiert technisch auf Objektverknüpfungen. Im Standard steht Ihnen in cProjects die Objektart **0FIN_INT_ERP_PS** zur Verfügung, in der Sie lediglich die RFC-Verbindung zu dem ERP-System des Projektsystems hinterlegen müssen, um diese für Objektverknüpfungen nutzen zu können. Sobald eine Objektverknüpfung zwischen einem cProjects-Projektelement und einem PSP-Element erstellt wurde, können Sie sich z.B. diverse Daten des PSP-Elements direkt in dem cProjects-Projektelement anzeigen lassen oder auch verschiedene Internetservices zu dem PSP-Element in cProjects aufrufen.

8.3   SAP xApp Resource and Portfolio Management

Während das Projektsystem und cProjects für die Detailplanung von Projekten und deren operative Abwicklung eingesetzt werden können, dient das SAP xApp Resource and Portfolio Management, kurz xRPM, der strategischen Analyse und Steuerung ganzer Projektportfolios von Unternehmen. Zu diesem Zweck können Sie verschiedene Portfolios in xRPM definieren und diese hierarchisch in *Portfoliobereiche* untergliedern (siehe Abbildung 8.8). Den Portfoliobereichen der untersten Stufe können Sie anschließend Projekte, Projektvorschläge oder auch beliebige andere Vorhaben eines Unternehmens in Form von *Portfolioelementen* zuordnen.

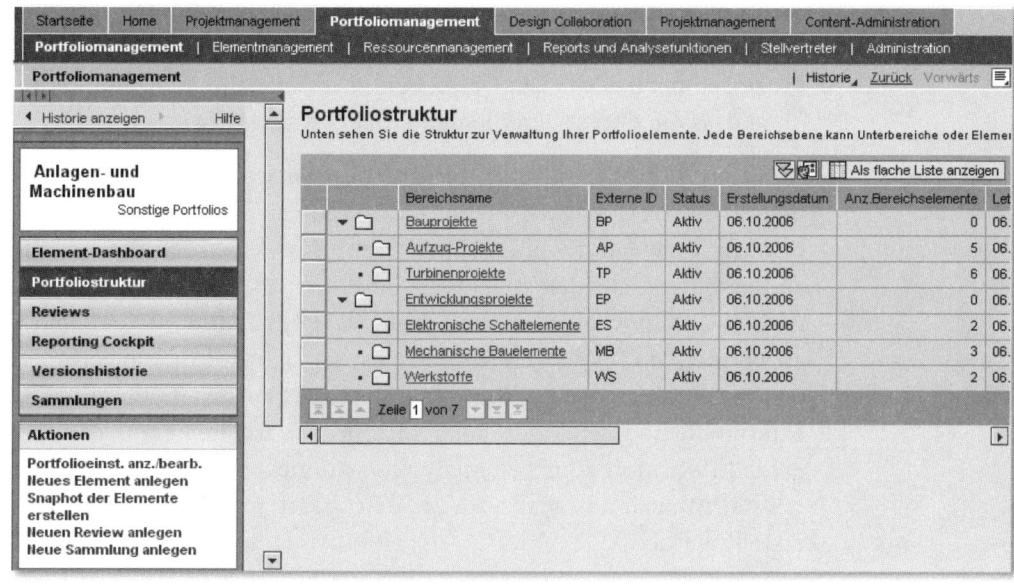

Abbildung 8.8 Beispiel einer Portfoliostruktur in xRPM

Wesentliche Daten dieser Portfolioelemente, wie z.B. der Aufbau, Termine, Ressourcenbedarfe oder Kosten- und Erlösinformationen, können aus zugeordneten FI/CO- und Projektmanagement-Systemen, wie z.B. Microsoft Project Server oder Client, cProjects oder auch aus dem Projektsystem automatisch abgeleitet werden. In xRPM können Sie diese Daten um weitere Informationen, strategische Finanz- oder Kapazitätsdaten oder kritische Erfolgsfaktoren ergänzen, um so die bottom-up hochgeladenen Daten mit top-down geplanten Werten zu vergleichen. Um die Erfassung kritischer Erfolgsfaktoren in xRPM, wie z.B. Wahrscheinlichkeiten zum technischen oder kommerziellen Erfolg eines Portfolioelements, zu vereinfachen, können Sie Fragebögen verwenden, die Sie selbst in xRPM definieren können.

Portfolioelemente

Sie können in xRPM also alle Vorhaben – unabhängig davon, mit welchen Projektmanagement-Werkzeugen deren operative Abwicklung erfolgt – einheitlich mithilfe von Reporting-Funktionen des xRPM oder auch Business-Information-Warehouse-Berichten analysieren und vergleichen. Für den Vergleich von Portfolioelementen können Sie insbesondere, basierend auf der strategischen Ausrichtung Ihres Unternehmens, eigene Bewertungsmodelle definieren, die Ihnen automatisch anhand der Daten der verschiedenen Ele-

499

mente eine Rangliste der Portfolioelemente erstellen. Mithilfe von »Was-wäre-wenn«-Analysen können Sie im Rahmen von Review-Prozessen bei Bedarf auch Daten von Portfolioelementen simulieren, ohne dass die operativen Elemente dabei geändert werden.

Aufgrund der einheitlichen technischen Struktur der Portfolioelemente kann xRPM auch für eine systemübergreifende Ressourcenplanung verwendet werden. Zu diesem Zweck werden die Bedarfe an Ressourcen aus den zugeordneten Projektmanagement-Systemen nach xRPM hochgeladen und hier als Rollen und Rollenbedarfe abgebildet. In xRPM können dann Geschäftspartner auf die verschiedenen Bedarfe verteilt werden. Geschäftspartner können dabei externe Ressourcen oder auch interne Mitarbeiter sein. Mithilfe einer Integration zum Personalwesen können die Geschäftspartner des xRPM auch automatisch aus Personaldaten des Personalwesens erstellt werden.

Up- und Download von Projektdaten
Im Folgenden soll nun die Integration des Projektsystems mit dem xRPM näher erläutert werden. Die Verknüpfung zwischen einem Portfolioelement bzw. der hierarchischen Struktur des Portfolioelements und einem Projekt des Projektsystems wird in xRPM auf der Ebene des Portfolioelements hergestellt. Sie können ausgehend von einem Portfolioelement ein Projekt im Projektsystem mithilfe eines operativen Projekts als Kopiervorlage erstellen (*Download*) oder auch ein bestehendes Projekt mit dem Portfolioelement verknüpfen und so Daten des Portfolioelements und dessen hierarchischer Struktur aus den Struktur- und Termindaten des Projekts ableiten (*Upload*, siehe Abbildung 8.9). Ein Portfolioelement kann dabei immer nur mit genau einem Projekt verknüpft werden.

Wenn Sie einmal eine Verknüpfung zwischen einem Portfolioelement und einem Projekt hergestellt haben, können Sie ein erneutes Hochladen von Daten aus dem Projektsystem und somit die Aktualisierung der Daten des Portfolioelements und seiner Struktur entweder manuell – bei Bedarf auch für mehrere Portfolioelemente gleichzeitig – anstoßen oder auch mithilfe des Programms /RPM/PROJECTS_BATCH_UPLOAD als Hintergrundjob in xRPM in regelmäßigen Zeitabständen einplanen. Welche Struktur-, Termin- oder Kapazitätsdaten in das xRPM hochgeladen werden, wird zum einen über Abbildungstabellen in xRPM bestimmt (siehe Abbildung 8.10) und zum anderen durch die Optionen, die Sie beim Hochladen der Daten auswählen (siehe Abbildung 8.9). Für die Abbildung von Werken eines Projekts auf Standorte des xRPM muss zuvor eine entsprechende Zuordnung im Customizing vorgenommen werden.

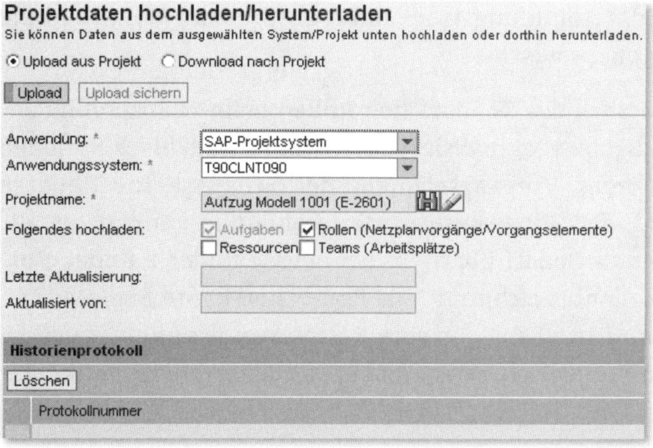

Abbildung 8.9 Upload eines Projekts aus dem Projektsystem nach xRPM

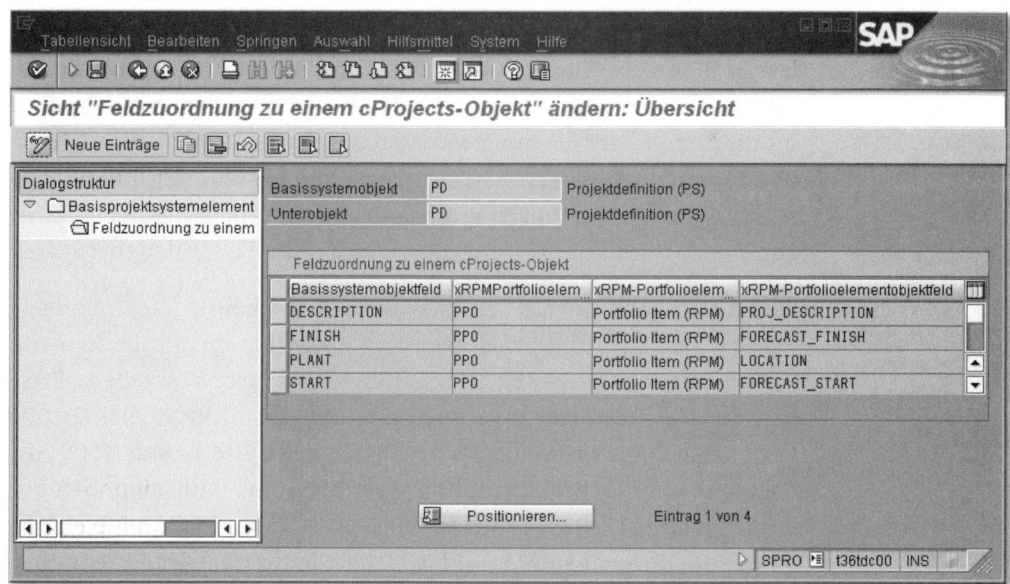

Abbildung 8.10 Beispiel für die Abbildung von Feldern der Projektdefinition auf Felder von Portfolioelementen

Wenn Sie beim Upload das Kennzeichen **Aufgaben** nicht setzen, werden nur Daten der Projektdefinition nach xRPM hochgeladen. Ist das Kennzeichen gesetzt, erzeugt der Upload der Projektdaten aus den PSP-Elementen, Netzplanköpfen, Vorgängen, Vorgangselementen und Meilensteinen des Projektsystems automatisch eine entsprechende hierarchische Struktur zu dem Portfolioelement in xRPM. Dabei steuern die Abbildungstabellen im Customizing des xRPM die Details des Datenaustauschs.

Setzen Sie zusätzlich das Kennzeichen **Rollen** beim Upload von Projektdaten, erzeugt bzw. aktualisiert das System automatisch für jeden Vorgang und jedes Vorgangselement des Projekts eine Rolle in xRPM. Je nach den Einstellungen der Abbildung kann dabei die geplante Arbeit als Bedarf übernommen werden oder z. B. der Vorgangstext als Rollenbezeichnung. Die Rollen und deren Bedarfe können anschließend in xRPM für eine Ressourcenplanung verwendet oder auch den strategisch geplanten Kapazitätsdaten gegenübergestellt werden.

Teams | Für die Ressourcenplanung können Sie auch die Zuordnung von Personen zu Arbeitsplätzen im Projektsystem mithilfe des Programms RPM_WRKCNTR_UPLOAD in das xRPM hochladen. Dabei erzeugt das Programm für einen Arbeitsplatz ein so genanntes *Team* in xRPM, dessen Identifikation sich aus dem Werk und der Identifikation des Arbeitsplatzes zusammensetzt. Findet das Programm anhand der Personalnummer der Personen entsprechende Geschäftspartner in xRPM, werden diese automatisch dem Team zugeordnet. Teams können z. B. zur Definition von Ressourcenpools in xRPM verwendet werden.

Controlling-Integration | Neben Struktur-, Termin- und Kapazitätsdaten können auch Budget-, Kosten-, Obligo-[5] und Erlösdaten von Projekten des Projektsystems zu Informationszwecken nach xRPM hochgeladen werden. Dazu müssen Sie im Projektsystem das Programm RPM_FIN02 und anschließend in xRPM das Programm /RPM/FIN_PLAN_INT[6] ausführen bzw. als Hintergrundjob einplanen. Die Einstellungen zur Finanzplanung im Customizing des xRPM steuern dabei, welche Werte des Projektsystems auf welche Finanzkategorien, -gruppen und -sichten der Finanzplanung in xRPM abgebildet werden.

---

5 Eine Unterscheidung von Obligos nach z. B. Bestellanforderungs- oder Bestellobligos ist dabei in xRPM jedoch nicht möglich.

6 Dieses Programm setzt voraus, dass Sie bereits zuvor einmal das Programm /RPM/PLAN_INT_PREP im xRPM-System ausgeführt haben.

Technisch ist die Integration zwischen dem Projektsystem und xRPM durch Objektverknüpfungen realisiert. Für die Verknüpfung von Portfolioelementen mit Strukturobjekten des Projektsystems sind in xRPM standardmäßig bereits alle notwendigen Objektverknüpfungen vorhanden, die Sie als Kopiervorlage für eigene Objektverknüpfungen nutzen können. Für jedes Projektsystem, das Sie mit xRPM verknüpfen möchten, müssen Sie jedoch zunächst ein logisches System und eine geeignete RFC-Verbindung in xRPM erstellen. Diese hinterlegen Sie dann in den relevanten Objektverknüpfungen und aktivieren sie anschließend. Für jedes Projektsystem wird dabei eine eigene Objektverknüpfung benötigt.

Integrations-voraussetzungen

Der Austausch von Controlling-Daten zwischen dem Projektsystem und xRPM geschieht mithilfe von Intermediate Documents (IDocs) und der Technologie des Application Link Enabling (ALE). Der dabei verwendete Nachrichtentyp lautet **RPMFIF**. Für diesen Nachrichtentyp müssen Sie ein geeignetes Verteilungsmodell erstellen und in das xRPM- bzw. das ERP-System verteilen. Durch die Definition geeigneter Partnerprofile im xRPM- und ERP-System können Sie die Verarbeitung der IDocs in den jeweiligen Systemen automatisieren.

8.4 Zusammenfassung

Das Projektsystem stellt diverse BAPIs für den Datenaustausch mit externen Programmen zur Verfügung. Mithilfe dieser BAPIs können Projektdaten aus dem Projektsystem exportiert werden sowie Projekte geändert oder auch neue Projektobjekte erstellt werden. Für den Datenaustausch mit Microsoft Project Client, cProjects und xRPM stellt SAP spezielle Schnittstellen zur Verfügung.

Anhang

A   BAPIs im Projektsystem

ProjectDefinition	
BAPI	**Beschreibung**
ExistenceCheck	Mit dieser Methode können Sie prüfen, ob eine Projektdefinition existiert.
Getlist	Diese Methode liefert Ihnen eine Liste von Projektdefinitionen zu Selektionskriterien.
Getdetail	Mit dieser Methode können Sie die Detailinformationen zur Projektdefinition lesen.
CreateFromData	Mit dieser Methode können Sie eine Projektdefinition anlegen.
Update	Mit dieser Methode können Sie eine Projektdefinition ändern.

Tabelle A.1 BAPIs zum Business-Objekttyp ProjectDefinition

WorkBreakdownStruct	
BAPI	**Beschreibung**
ExistenceCheck	Mit dieser Methode können Sie prüfen, ob ein PSP-Element existiert.
Getinfo	Mit dieser Methode können Sie die Detailinformationen zu Projektdefinitionen und PSP-Elementen sowie zugeordneten Meilensteinen und Vorgängen lesen.
Maintain	Mit dieser Methode können Sie die Projektdefinition, deren PSP-Elemente und hierarchische Beziehungen untereinander sowie Meilensteine an den PSP-Elementen bearbeiten. Zusätzlich steht die gesamte Funktionalität des BAPI Maintain des Business-Objekttyps Network zur Verfügung, das Ihnen auch eine Bearbeitung von Netzplänen erlaubt (siehe Tabelle A.3).
SaveReplica	Diese Methode wird nur intern im Rahmen der von SAP ausgelieferten ALE-Geschäftsprozesse für Projektstrukturpläne verwendet.

Tabelle A.2 BAPIs zum Business-Objekttyp WorkBreakdownStruct

Network	
BAPI	**Beschreibung**
ExistenceCheck	Mit dieser Methode können Sie prüfen, ob ein Netzplan existiert.
GetList	Diese Methode liefert Ihnen eine Liste von Netzplänen zu Selektionskriterien.
Getdetail GetInfo	Mit diesen Methoden können Sie die Detailinformationen zu einem Netzplan einschließlich aller Netzplanobjekte aus dem System lesen.
Maintain	Mit dieser Methode können Sie Daten eines Netzplankopfes, zugeordneter Vorgänge, deren Anordnungsbeziehungen sowie von Vorgangselementen und Meilensteinen bearbeiten.
GetListComponent	Diese Methode liefert Ihnen eine Liste von Materialkomponenten zu ausgewählten Vorgängen.
GetDetailComponent	Mit Hilfe dieser Methode erhalten Sie Detailinformationen zu Materialkomponenten ausgewählter Vorgänge.
AddComponent	Mit dieser Methode können Sie eine, aber auch gleichzeitig mehrere Materialkomponenten Netzplanvorgängen zuordnen.
ChangeComponent	Sie können mit dieser Methode Materialkomponenten eines Netzplans ändern. Eine Änderung der Beschaffungsart ist jedoch nicht möglich.
RemoveComponent	Mit dieser Methode können Sie Materialkomponenten eines Netzplans entfernen.
GetListConfirmation	Diese Methode liefert Ihnen alle Rückmeldungen zu einem Vorgang oder Vorgangselement.
GetDetailConfirmation	Mit Hilfe dieser Methode erhalten Sie Detailinformationen zu einer Rückmeldung eines Vorgangs oder Vorgangselements.
GetProposalConfirmation	Diese Methode liefert Ihnen Vorschlagswerte für die Erfassung einer Rückmeldung.
AddConfirmation	Mit dieser Methode können Sie Rückmeldungen zu Netzplanvorgängen/Vorgangselementen bzw. Splits erfassen.
CancelConfirmation	Mit dieser Methode können Sie eine bereits gebuchte Netzplanrückmeldung wieder stornieren.

Tabelle A.3 BAPIs zum Business-Objekttyp Network

B   Ausgewählte Datenbanktabellen des Projektsystems

Tabellenname	Kurzbeschreibung
PROJ	Projektdefinition
PRPS	PSP-Elemente
PRTE	Termine PSP-Elemente
PRHI	PSP-Hierarchie
AUFK/AFKO	Aufträge und Netzpläne
AFVC/AFVU/AFVV	Netzplanvorgänge
RESB	Materialkomponenten
MLST	Meilensteine
VS<Tabellenname>_CN	Stammdaten von Versionen

Tabelle B.1 Datenbanktabellen zu Stammdaten des Projektsystems

Identifikation	Kurzbeschreibung
RPSCO	Projektinfodatenbank (Kosten, Erlöse usw.)
RPSQT	Projektinfodatenbank (Mengen, statistische Kennzahlen usw.)
COSP	Primärkosten (Summensätze)
COSS	Sekundärkosten (Summensätze)
COSB	Abweichungen/Abgrenzung (Summensätze)
COEP	Istkosten (Einzelposten)
COOI	Obligo (Einzelposten)
COEJ	Plankosten (Einzelposten)
BBGE	Gesamtbudget, Gesamtplankosten
BPJA	Geschäftsjahresbudget, Geschäftjahresplanwerte
QBEW	Bewertung Projektbestand
MSPR	Bewerteter und unbewerteter Projektbestand

Tabelle B.2 Datenbanktabellen zu Bewegungsdaten des Projektsystems

C Transaktionen und Menüpfade

Das Menü des Projektsystems erreichen Sie im SAP-Standardmenü sowohl über den Einstieg **Logistik** als auch über den Einstieg **Rechnungswesen**.

In den SAP-Customizing-Einführungsleitfaden gelangen Sie mit Hilfe der Transaktion SPRO oder über den Menüpfad **Werkzeuge · Customizing · IMG · Projektbearbeitung**.

C.1 Strukturen und Stammdaten

C.1.1 Transaktionen im SAP-Menü

Operative Strukturen

Project Builder [CJ20N]: Projektsystem · Projekt · Project Builder

Projektplantafel [CJ27 / CJ2B / CJ2C]: Projektsystem · Projekt · Projektplantafel · Projekt anlegen / Projekt ändern / Projekt anzeigen

Strukturplanung [CJ2D / CJ20 / CJ2A]: Projektsystem · Projekt · Spezielle Pflegefunktionen · Strukturplanung · Projekt anlegen / Projekt ändern / Projekt anzeigen

Projektstrukturplan [CJ01 / CJ02 / CJ03]: Projektsystem · Projekt · Spezielle Pflegefunktionen · Projektstrukturplan · Anlegen / Ändern / Anzeigen

Projektdefinition [CJ06 / CJ07 / CJ08]: Projektsystem · Projekt · Spezielle Pflegefunktionen · Projektstrukturplan · Projektdefinition · Anlegen / Ändern / Anzeigen

Einzelnes Element [CJ11 / CJ12 / CJ13]: Projektsystem · Projekt · Spezielle Pflegefunktionen · Projektstrukturplan · Einzelnes Element · Anlegen / Ändern / Anzeigen

Netzplan [CN21 / CN22 / CN23]: Projektsystem · Projekt · Spezielle Pflegefunktionen · Netzplan · Anlegen / Ändern / Anzeigen

Massenänderung [CNMASS]: Projektsystem · Grunddaten · Werkzeuge · Massenänderung

Archivierung Projektstrukturen [CN80]: Projektsystem • Grunddaten • Werkzeuge • Archivierung • Projektstrukturen

Standardstrukturen und Versionen

Standard-PSP [CJ91 / CJ92 / CJ93]: Projektsystem • Grunddaten • Vorlagen • Standard-PSP • Anlegen/Ändern/Anzeigen

Standardnetz [CN01 / CN02 / CN03 / CN98]: Projektsystem • Grunddaten • Vorlagen • Standardnetz • Anlegen/Ändern/Anzeigen/Löschen

Standardmeilenstein [CN11 / CN12 / CN13]: Projektsystem • Grunddaten • Vorlagen • Standardmeilenstein • Anlegen/Ändern/Anzeigen

Simulation [CJV1 / CJV2 / CJV3 / CJV5]: Projektsystem • Projekt • Simulation • Anlegen/Ändern/Anzeigen/Löschen

Projekt übertragen [CJV4]: Projektsystem • Projekt • Simulation • Projekt übertragen

Projektversion [CN72]: Projektsystem • Projekt • Projektversion • Anlegen

C.1.2 Customizing-Aktivitäten

Operative Strukturen

Projektprofil anlegen [OPSA]: SAP Customizing Einführungsleitfaden • Projektsystem • Strukturen • Operative Strukturen • Projektstrukturplan • Projektprofil anlegen

Sonderzeichen für Projekt festlegen [OPSK]: SAP Customizing Einführungsleitfaden • Projektsystem • Strukturen • Operative Strukturen • Projektstrukturplan • Projektedition • Sonderzeichen für Projekt festlegen

Projektcodierung für Projekt festlegen [OPSJ]: SAP Customizing Einführungsleitfaden • Projektsystem • Strukturen • Operative Strukturen • Projektstrukturplan • Projektedition • Projektcodierung für Projekt festlegen

Verantwortlichen für PSP-Elemente anlegen [OPS6]: Customizing Einführungsleitfaden • Projektsystem • Strukturen • Operative Strukturen • Projektstrukturplan • Verantwortlichen für PSP-Elemente anlegen

Statusschema anlegen [OK02]: Customizing Einführungsleitfaden • Projektsystem • Strukturen • Operative Strukturen • Projektstrukturplan • Anwenderstatus Projektstrukturplan • Statusschema anlegen

Validierungen pflegen [OPSI]: Customizing Einführungsleitfaden • Projektsystem • Strukturen • Operative Strukturen • Projektstrukturplan • Validierungen pflegen

Substitutionen pflegen [OPSN]: Customizing Einführungsleitfaden • Projektsystem • Strukturen • Operative Strukturen • Projektstrukturplan • Validierungen pflegen

Nummernkreise für Netzplan festlegen [CO82]: Customizing Einführungsleitfaden • Projektsystem • Strukturen • Operative Strukturen • Netzplan • Steuerung für Netzläne • Nummernkreise für Netzplan festlegen

Netzplanarten pflegen [OPSC]: Customizing Einführungsleitfaden • Projektsystem • Strukturen • Operative Strukturen • Netzplan • Steuerung für Netzläne • Netzplanarten pflegen

Parameter für Netzplanart festlegen [OPUV]: Customizing Einführungsleitfaden • Projektsystem • Strukturen • Operative Strukturen • Netzplan • Steuerung für Netzläne • Parameter für Netzplanart festlegen

Netzplanprofile pflegen [OPUU]: Customizing Einführungsleitfaden • Projektsystem • Strukturen • Operative Strukturen • Netzplan • Steuerung für Netzläne • Netzplanprofile pflegen

Steuerschlüssel festlegen [OPSU]: Customizing Einführungsleitfaden • Projektsystem • Strukturen • Operative Strukturen • Netzplan • Steuerung für Netzlanvorgänge • Steuerschlüssel festlegen

Parameter für Teilnetzpläne festlegen [OPTP]: Customizing Einführungsleitfaden • Projektsystem • Strukturen • Operative Strukturen • Netzplan • Parameter für Teilnetzpläne festlegen

Verwendung der Meilensteine festlegen: Customizing Einführungsleitfaden • Projektsystem • Strukturen • Operative Strukturen • Meilensteine • Verwendung der Meilensteine festlegen

Profile für die Projektplantafel anlegen [OPT7]: Customizing Einführungsleitfaden • Projektsystem • Strukturen • Operative Strukturen • Projektplantafel • Profile für die Projektplantafel anlegen

Standardstrukturen und Versionen

Nummernkreise für Standardnetz festlegen [CNN1]: Customizing Einführungsleitfaden • Projektsystem • Strukturen • Vorlagen • Standardnetz • Nummernkreise für Standardnetz festlegen

Parameter zum Standardnetz festlegen [OP8B]: Customizing Einführungsleitfaden • Projektsystem • Strukturen • Vorlagen • Standardnetz • Parameter zum Standardnetz festlegen

Standardnetzprofile pflegen [OPS5]: Customizing Einführungsleitfaden • Projektsystem • Strukturen • Vorlagen • Standardnetz • Standardnetzprofile pflegen

Status für Standardnetz festlegen [OPUW]: Customizing Einführungsleitfaden • Projektsystem • Strukturen • Vorlagen • Standardnetz • Status für Standardnetz festlegen

Meilensteingruppen für Standardmeilensteine definieren [OPT6]: Customizing Einführungsleitfaden • Projektsystem • Strukturen • Vorlagen • Standardmeilenstein • Meilensteingruppen für Standardmeilensteine definieren

Versionsschlüssel für die Simulation festlegen [OPUS]: Customizing Einführungsleitfaden • Projektsystem • Simulation • Versionsschlüssel für die Simulation festlegen

Simulationsprofile pflegen: Customizing Einführungsleitfaden • Projektsystem • Simulation • Simulationsprofile pflegen

Profil für Projektversion anlegen [OPTS]: Customizing Einführungsleitfaden • Projektsystem • Projektversion • Profil für Projektversion anlegen

C.2 Planungsfunktionen

C.2.1 Transaktionen im SAP-Menü

Terminplanung

Ecktermine [CJ21 / CJ22]: Projektsystem • Termine • Ecktermine ändern / anzeigen

Prognosetermine [CJ23 / CJ24]: Projektsystem • Termine • Prognosetermine ändern / anzeigen

Projektterminierung [CJ29]: Projektsystem • Termine • Projekttermineirung

Gesamtnetzterminierung [CJ24]: Projektsystem • Termine • Gesamtnetztermineirung

Gesamtnetzterminierung (neu) [CJ24N]: Projektsystem • Termine • Gesamtnetztermineirung (neu)

Ressourcenplanung

(Projekt-)Arbeitsplatz [CNR1 / CNR2 / CNR3]: Projektsystem • Grunddaten • Stammdaten • Arbeitsplatz • Stammsatz • Anlegen / Ändern / Anzeigen

Arbeitsverteilung auf Personalressourcen [CMP2 / CMP3 / CMP9]: Projektsystem • Ressourcen • Arbeitsverteilung auf Personalressourcen • Projektsicht / Arbeitsplatzsicht / Auswertung

Kapazitätsabgleich [CM32 / CM26]: Projektsystem • Ressourcen • Kapazitätsplanung • Abgleich • Projektsicht • Plantafel grafisch / tabel.

Materialplanung

Einstufige Projektstückliste [CS71 / CS72 / CS73]: Logistik • Produktion • Stammdaten • Stücklisten • Stückliste • Projektstückliste • Einstufig • Anlegen / Ändern / Anzeigen

Mehrstufige Projektstückliste [CS74 / CS75 / CS76 / CSPB]: Logistik • Produktion • Stammdaten • Stücklisten • Stückliste • Projektstückliste • Mehrstufig • Anlegen / Ändern / Anzeigen / Projekt Browser

Stücklistenübernahme [CN33]: Projektsystem • Material • Planung • Stücklistenübernahme

iPPE Product Designer [PDN]: Logistik • Produktion • Stammdaten • Integriertes Produkt-Engineering • Product Designer

PSP-Elemente zur Bedarfszusammenfassung zuordnen [GRM4 / GRM3]: Projektsystem • Material • Planung • Bedarfszusammenfassung • PSP-Elemente einzeln / über Liste zuordnen

Dispositionsgruppen zuordnen [GRM5]: Projektsystem • Material • Planung • Bedarfszusammenfassung • Dispositionsgruppen zuordnen

Kosten- und Erösplanung

Gesamtplanung [CJ40 / CJ41]: Projektsystem • Controlling • Planung • Kosten im PSP • Gesamt • Ändern / Anzeigen

Kosten/Leistungsaufnahmen [CJR2 / CJR3]: Projektsystem • Controlling • Planung • Kosten im PSP • Kosten/Leistungsaufnahmen • Ändern / Anzeigen

Modelle für Easy Cost Planning [CKCM]: Projektsystem • Grunddaten • Vorlagen • Modelle für Easy Cost Planning

(Asynchrone) Netzplankalkulation [CJ9K]: Projektsystem • Controlling • Planung • Netzplankalkulation

Zahlungen im PSP [CJ48 / CJ49]: Projektsystem • Controlling • Planung • Zahlungen im PSP • Ändern / Anzeigen

Erlöse im PSP [CJ42 / CJ43]: Projektsystem • Controlling • Planung • Erlöse im PSP • Ändern / Anzeigen

Verkaufspreiskalkulation [DP81 / DP82]: Projektsystem • Controlling • Planung • Verkaufspreiskalkulation / Verkaufspreiskalkulation Projekt

Kosten und Erlöse kopieren (Einzel) [CJ9BS / CJ9CS / CJ9FS]: Projektsystem • Controlling • Planung • Kosten und Erlöse kopieren • PSP Plan in Plan / PSP Ist in Plan / Projektkalkulation kopieren

Kosten und Erlöse kopieren (Sammel) [CJ9B / CJ9C / CJ9F]: Projektsystem • Controlling • Planung • Kosten und Erlöse kopieren • PSP Plan in Plan / PSP Ist in Plan / Projektkalkulation kopieren

C.2.2 Customizing-Aktivitäten

Terminplanung

Terminierungsarten festlegen [OPJN]: Customizing Einführungsleitfaden • Projektsystem • Termine • Terminierung • Terminierungsarten festlegen

Terminierungsparameter für den Netzplan festlegen [OPU6]: Customizing Einführungsleitfaden • Projektsystem • Termine • Terminierung • Terminierungsparameter für den Netzplan festlegen

Parameter für PSP-Terminierung festlegen: Customizing Einführungsleitfaden • Projektsystem • Termine • Terminplanung im Projektstrukturplan • Parameter für PSP-Terminierung festlegen

Ressourcenplanung

Arbeitsplatzarten festlegen [OP40]: Customizing Einführungsleitfaden • Projektsystem • Ressourcen • Arbeitsplatz • Arbeitsplatzarten festlegen

Kapazitätsarten festlegen: Customizing Einführungsleitfaden • Projektsystem • Ressourcen • Kapazitätsarten festlegen

Profile für Arbeitsverteilung auf Personalressourcen anlegen [CMPC]: Customizing Einführungsleitfaden • Projektsystem • Ressourcen • Profile für Arbeitsverteilung auf Personalressourcen anlegen

Kontierungstypen und Belegart für Bestellanforderungen [OPTT]: Customizing Einführungsleitfaden • Projektsystem • Strukturen • Operative Strukturen • Netzplan • Steuerung für Netzplanvorgänge • Kontierungstypen und Belegart für Bestellanforderungen

Materialplanung

Beschaffunkskennzeichen für Materialkomponenten definieren [OPS8]: Customizing Einführungsleitfaden • Projektsystem • Material • Beschaffung • Beschaffunkskennzeichen für Materialkomponenten definieren

Kataloge (OCI-Schnittstelle): Customizing Einführungsleitfaden • Projektsystem • Material • Schnittstelle zur Beschaffung über Kataloge (OCI)

iPPE-Bezugsorte: Customizing Einführungsleitfaden • Projektsystem • Material • Integration von Projektsystem mit iPPE • Bezugsorte für die Integration von Projektsystem mit iPPE definieren

Bezugsorte für Stücklistenübernahme definieren: Customizing Einführungsleitfaden • Projektsystem • Material • Stücklistenübernahme • Bezugsorte für Stücklistenübernahme definieren

Felder in Stückliste und Vorgang als Bezugsorte definieren [CN38]: Customizing Einführungsleitfaden • Projektsystem • Material • Stücklistenübernahme • Felder in Stückliste und Vorgang als Bezugsorte definieren

Profile für die Stücklistenübernahme anlegen: Customizing Einführungsleitfaden • Projektsystem • Material • Stücklistenübernahme • Profile für die Stücklistenübernahme anlegen

Dispositionsgruppen für Bedarfszusammenfassung aktivieren: Customizing Einführungsleitfaden • Projektsystem • Material • Beschaffung • Dispositionsgruppen für Bedarfszusammenfassung aktivieren

Prüfungssteuerung definieren [OPJK]: Customizing Einführungsleitfaden • Projektsystem • Material • Verfügbarkeitsprüfung • Prüfungssteuerung definieren

Kosten- und Erlösplanung

CO-Versionen anlegen: Customizing Einführungsleitfaden • Projektsystem • Kosten • CO-Versionen anlegen

Planprofil anlegen/ändern [OPSB]: Customizing Einführungsleitfaden • Projektsystem • Kosten • Plankosten • Manuelle Kostenplanung im PSP • Hierarchische Kostenplanung • Planprofil anlegen/ändern

Kalkulationsvarianten für Einzelkalkulation anlegen [OKKT]: Customizing Einführungsleitfaden • Projektsystem • Kosten • Plankosten • Manuelle Kostenplanung im PSP • Einzelkalkulation • Kalkulationsvarianten anlegen

Easy Cost Planning: Customizing Einführungsleitfaden • Projektsystem • Kosten • Plankosten • Easy Cost Planning and Execution Services • Easy Cost Planning

Kalkulationsvarianten für Netzplankalkulation festlegen [OPL1]: Customizing Einführungsleitfaden • Projektsystem • Kosten • Plankosten • Maschinelle Kalkulation im Netzplan/Vorgang • Kalkulation • Kalkulationsvarianten festlegen

Auftragswertfortschreibung von Aufträgen zum Projekt festlegen [OPSV]: Customizing Einführungsleitfaden • Projektsystem • Kosten • Plankosten • Auftragswertfortschreibung von Aufträgen zum Projekt festlegen

DPP-Profil [ODP1]: Customizing Einführungsleitfaden • Projektsystem • Erlöse und Ergebnis • Integration mit Vertriebsbelegen • Angebotserstellung und Fakturierung für Projekte • Profile für Angebotserstellung und Fakturierung pflegen

C.3 Budget

C.3.1 Transaktionen im SAP-Menü

Budgetierung im Projektsystem

Originalbudget [CJ30 / CJ31]: Projektsystem • Controlling • Budgetierung • Originalbudget • Ändern / Anzeigen

Nachtrag [CJ37 / CJ36]: Projektsystem • Controlling • Budgetierung • Nachtrag • Im Projekt / Auf Projekt

Rückgabe [CJ38 / CJ35]: Projektsystem • Controlling • Budgetierung • Rückgabe • Im Projekt / Von Projekt

Umbuchung [CJ34]: Projektsystem • Controlling • Budgetierung • Umbuchung

Freigabe [CJ32 / CJ33]: Projektsystem • Controlling • Budgetierung • Freigabe • Ändern / Anzeigen

Massenfreigabe von Budget für Projekte [IMCBR3]: Projektsystem • Controlling • Budgetierung • Werkzeuge • Massenfreigabe von Budget für Projekte

Verfügbarkeitskontrolle [CJBV / CVBW]: Projektsystem • Controlling • Budgetierung • Werkzeuge • Verfügbarkeitskontrolle aktivieren / deaktivieren

Übernahme Plan nach Budget für Projekte [IMCCP3]: Projektsystem • Controlling • Budgetierung • Werkzeuge • Übernahme Plan nach Budget für Projekte

Budgetübertrag [CJCO]: Projektsystem • Controlling • Jahresabschluß • Budgetübertrag

Integration zum Investitionsmanagement

Vorschlag Plan [IM34]: Rechnungswesen • Investitionsmanagement • Programme • Programmplanung • Vorschlag Plan

Budgetverteilung [IM52 / IM53]: Rechnungswesen • Investitionsmanagement • Programme • Budgetierung • Budgetverteilung • Bearbeiten / Anzeigen

C.3.2 Customizing-Aktivitäten

Budgetierung im Projektsystem

Budgetprofil pflegen [OPS9]: Customizing Einführungsleitfaden • Projektsystem • Kosten • Budget • Budgetprofil pflegen

Toleranzgrenzen festlegen: Customizing Einführungsleitfaden • Projektsystem • Kosten • Budget • Toleranzgrenzen festlegen

Ausnahmekostenarten festlegen [OPTK]: Customizing Einführungsleitfaden • Projektsystem • Kosten • Budget • Ausnahmekostenarten festlegen

Verfügbarkeitskontrolle neu aufbauen [CJBN]: Customizing Einführungsleitfaden • Projektsystem • Kosten • Budget • Verfügbarkeitskontrolle neu aufbauen

Integration zum Investitionsmanagement

Programmarten definieren: Customizing Einführungsleitfaden • Investitionsmanagement • Investitionsprogramme • Stammdaten • Programmarten definieren

C.4 Prozesse der Projektdurchführung

C.4.1 Transaktionen im SAP-Menü

Kontierung von Belegen, Rückmeldungen und Beschaffungsprozesse

Bestellanforderungen [ME51N / ME52N / ME53N]: Logistik • Materialwirtschaft • Einkauf • Banf • Anlegen / Ändern / Anzeigen

Bestellung anlegen [ME21N / ME25 / ME58 / ME59]: Logistik • Materialwirtschaft • Einkauf • Bestellung • Anlegen • Lieferant/Lieferwerk bekannt / Lieferant unbekannt / über Banf-ZuordListe / Automat. Über Banfen

Wareneingang [MIGO]: Logistik • Materialwirtschaft • Einkauf • Bestellung • Folgefunktionen • Wareneingang

Leistungserfassung [ML81N]: Logistik • Materialwirtschaft • Einkauf • Bestellung • Folgefunktionen • Leistungserfassung • Pflegen

Leistungsverrechnungen [KB21N / KB23N / KB24N]: Projektsystem • Controlling • Leistungsverrechnung • Erfassen / Anzeigen / Stornieren

Einzelrückmeldung [CN25 / CN28 / CN29]: Projektsystem • Fortschritt • Rückmeldung • Einzelerfassung • Erfassen / Anzeigen / Stornieren

Sammelrückmeldung [CN27]: Projektsystem • Fortschritt • Rückmeldung • Sammelerfassung

CATS classic [CAT2 / CAT3]: Projektsystem • Fortschritt • Rückmeldung • Arbeitszeitblatt • CATS classic • Arbeitszeiten erfassen / anzeigen

CATS for service providers [CATSXT / CATSXT_ADMIN]: Projektsystem • Fortschritt • Rückmeldung • Arbeitszeitblatt • CATS for service providers • Eigene Arbeitszeiten erfassen / Arbeitszeiten erfassen

Überleitung [CATA / CAT7 / CAT6 / CATM / CAT9 / CAT5]: Projektsystem • Fortschritt • Rückmeldung • Arbeitszeitblatt • Überleitung • Komponentenübergreifend / Rechnungswesen / Personalwirtschaft / Externe Leistungen / Instandhaltungs-/Serviceabwicklung / Projektsystem

MRP-Lauf Projektbestand [MD51]: Projektsystem • Material • Planung • MRP Projekt

Lieferung aus Projekt [CNS0]: Projektsystem • Material • Realisierung • Lieferung aus Projekt

ProMan [CNMM]: Projektsystem • Material • Realisierung • Projektorientierte Beschaffung (ProMan)

Fakturierung, Projektfortschritt und Claim-Management

Faktura [VF01 / VF02 / VF03 / VF04 / VF11]: Logistik • Vertrieb • Fakturierung • Faktura • Anlegen / Ändern / Anzeigen / Fakturavorrat bearbeiten / Stornieren

Aufwandsbezogene Faktura [DP91 / DP96 / DP93]: Logistik • Vertrieb • Verkauf • Auftrag • Folgefunktionen • Aufwandsbezogene Faktura / Aufw. Faktura (Sammelverarbeitung) / Fakturierung zwischen Buchungskreisen

Meilensteintrendanalyse [CNMT]: Projektsystem • Infosystem • Fortschritt • Meilensteintrendanalyse

Fortschrittsermittlung [CNE1 / CNE2]: Projektsystem • Fortschritt • Fortschrittsermittlung • Einzelverarbeitung / Sammelverarbeitung

Progress-Analysis-Workbench [CNPAWB]: Projektsystem • Fortschritt • Progress-Analysis-Workbench

Progress Tracking [COMPXPD]: Projektsystem • Fortschritt • Progress Tracking

Claim [CLM1 / CLM2 / CLM3]: Projektsystem • Meldungen • Claim • Anlegen / Ändern / Anzeigen

Claim-Auswertungen [CLM10 / CLM11]: Projektsystem • Infosystem • Claim • Überblick / Hierarchie

C.4.2 Customizing-Aktivitäten

Kontierung von Belegen, Rückmeldungen und Beschaffungsprozesse

Execution Services: Customizing Einführungsleitfaden • Projektsystem • Kosten • Plankosten • Easy Cost Planning and Execution Services • Execution Services

Rückmeldeparameter festlegen [OPST]: Customizing Einführungsleitfaden • Projektsystem • Rückmeldung • Rückmeldeparameter festlegen

Arbeitszeitblatt CATS: Customizing Einführungsleitfaden • Anwendungsübergreifende Komponenten • Arbeitszeitblatt

ProMan-Profile: Customizing Einführungsleitfaden • Projektsystem • Material • Projektorientierte Beschaffung (ProMAn)

Projektfortschritt und Claim-Management

Fortschrittsanalyse: Customizing Einführungsleitfaden • Projektsystem • Fortschritt • Fortschrittsanalyse

Progress Tracking: Customizing Einführungsleitfaden • Projektsystem • Fortschritt • Progress Tracking

Claim-Management: Customizing Einführungsleitfaden • Projektsystem • Claim

C.5 Periodenabschluss

C.5.1 Transaktionen im SAP-Menü

Schedule Manager [SCMA]: Projektsystem • Controlling • Periodenabschluß • Schedule Manager

Nachbewertung Isttarife [CJN1 / CJN2]: Projektsystem • Controlling • Periodenabschluß • Einzelfunktionen • Nachbewertung Isttarife • Einzelverarbeitung / Sammelverarbeitung

Zuschläge Obligo und Ist [CJO8 / CJO9 / CJ44 / CJ45]: Projektsystem • Controlling • Periodenabschluß • Einzelfunktionen • Zuschläge • Einzelverarbeitung Obligo / Sammelverarbeitung Obligo / Einzelverarbeitung Ist / Sammelverarbeitung Ist

Zuschläge Plan [CJ46 / CJ47]: Projektsystem • Controlling • Planung • Verrechnungen • Zuschläge • Einzelverarbeitung / Sammelverarbeitung

Template-Verrechnung Ist [CPTK / CPTL]: Projektsystem • Controlling • Periodenabschluß • Einzelfunktionen • Template-Verrechnung • Einzelverarbeitung / Sammelverarbeitung

Template-Verrechnung Plan [CPUK / CPUL]: Projektsystem • Controlling • Planung • Verrechnungen • Template-Verrechnung • Einzelverarbeitung / Sammelverarbeitung

Verzinsung Ist [CJZ2 / CJZ1]: Projektsystem • Controlling • Periodenabschluß • Einzelfunktionen • Verzinsung • Einzelverarbeitung / Sammelverarbeitung

Verzinsung Plan [CJZ3 / CJZ5]: Projektsystem • Controlling • Planung • Verrechnungen • Verzinsung • Einzelverarbeitung / Sammelverarbeitung

Ergebnisermittlung Ist [KKA2 / KKAJ]: Projektsystem • Controlling • Periodenabschluß • Einzelfunktionen • Ergebnisermittlung • Durchführen • Einzelverarbeitung / Sammelverarbeitung

Ergebnisermittlung Plan [KKA2P / KKAJP]: Projektsystem • Controlling • Planung • Verrechnungen • Ergebnisermittlung • Durchführen • Einzelverarbeitung / Sammelverarbeitung

Projektbezogener Auftragseingang [CJA2 / CJA1]: Projektsystem • Controlling • Periodenabschluß • Einzelfunktionen • Auftragseingang • Einzelverarbeitung / Sammelverarbeitung

Kostenprognose [CJ9L / CJ9M]: Projektsystem • Controlling • Periodenabschluß • Einzelfunktionen • Kostenprognose • Einzelverarbeitung / Sammelverarbeitung

Abrechnungsvorschrift [CJB2 / CJB1]: Projektsystem • Controlling • Periodenabschluß • Einzelfunktionen • Abrechnungsvorschrift • Einzelverarbeitung / Sammelverarbeitung

Abrechnung Ist [CJ88 / CJ8G / CJIC]: Projektsystem • Controlling • Periodenabschluß • Einzelfunktionen • Abrechnung • Einzelverarbeitung / Sammelverarbeitung / Investitionsprojekt Einzelposten

Abrechnung Plan [CJ9E / CJ9G]: Projektsystem • Controlling • Planung • Verrechnungen • Abrechnung • Einzelverarbeitung / Sammelverarbeitung

C.5.2 Customizing-Aktivitäten

Gemeinkostenzuschläge: Customizing Einführungsleitfaden • Projektsystem • Kosten • Automatische und periodische Verrechnungen • Gemeinkostenzuschläge

Template-Verrechnungen: Customizing Einführungsleitfaden • Projektsystem • Kosten • Automatische und periodische Verrechnungen • Template-Verrechnungen von Gemeinkosten

Verzinsung: Customizing Einführungsleitfaden • Projektsystem • Kosten • Automatische und periodische Verrechnungen • Verzinsung

Ergebnisermittlung: Customizing Einführungsleitfaden • Projektsystem • Erlöse und Ergebnis • Automatische und periodische Verrechnungen • Ergebnisermittlung

Projektezogener Auftragseingang: Customizing Einführungsleitfaden • Projektsystem • Erlöse und Ergebnis • Automatische und periodische Verrechnungen • Auftragseingang

Abrechnung: Customizing Einführungsleitfaden • Projektsystem • Kosten • Automatische und periodische Verrechnungen • Abrechnung

C.6   Reporting

C.6.1   Transaktionen im SAP-Menü

Infosystem Strukturen

(Projekt-)Strukturübersicht [CN41N / CN41]: Projektsystem • Infosystem • Strukturen • Projektstrukturübersicht / Strukturübersicht

Einzelübersichten: Projektsystem • Infosystem • Strukturen • Einzelübersichten

Erweiterte Einzelübersichten: Projektsystem • Infosystem • Strukturen • erweiterte Einzelübersichten

Änderungsbelege [CN60 / CJCS / CN61]: Projektsystem • Infosystem • Strukturen • Änderungsbelege • Zum Projekt/Netzplan / Zum Standard-PSP / Zum Standardnetz

Infosystem Controlling und Verdichtung

Formular [CJE4 / CJE5 / CJE6]: Projektsystem • Infosystem • Werkzeuge • Hierarchieberichte • Formular • Anlegen / Ändern / Anzeigen

(Hiererachie-)Bericht [CJE1 / CJE2 / CJE3 / CJE0]: Projektsystem • Infosystem • Werkzeuge • Hierarchieberichte • Bericht • Anlegen / Ändern / Anzeigen / Ausführen

Plankostenbezogene Standard-Hierarchieberichte: Projektsystem • Infosystem • Controlling • Kosten • Planbezogen • Hierarchisch

Budgetbezogene Standard-Hierarchieberichte: Projektsystem • Infosystem • Controlling • Kosten • Budgetbezogen • Hierarchisch

Erlös-/Ergebnisbezogene Standard-Hierarchieberichte: Projektsystem • Infosystem • Controlling • Erlöse und Ergebnis • Hierarchisch

Berichtsgruppe [GR51 / GR52 / GR53 / GR54 / GR55]: Projektsystem • Infosystem • Werkzeuge • Kostenartenberichte • Definieren • Report Writer • Berichtsgruppe • Anlegen / Ändern / Anzeigen / Löschen / Ausführen

Kostenartenbericht [GRR1 / GRR2 / GRR3 / GR34]: Projektsystem • Infosystem • Werkzeuge • Kostenartenberichte • Definieren • Bericht • Anlegen / Ändern / Anzeigen / Löschen

Plankostenbezogene Standard-Kostenartenberichte: Projektsystem • Infosystem • Controlling • Kosten • Planbezogen • Nach Kostenarten

Erlös-/Ergebnisbezogene Standard-Kostenartenberichte: Projektsystem • Infosystem • Controlling • Erlöse und Ergebnis • Nach Kostenarten

Einzelpostenberichte: Projektsystem • Infosystem • Controlling • Einzelposten

Standard-Zahlungsberichte: Projektsystem • Infosystem • Controlling • Zahlungen

Verdichtung [CJH1 / CJH2 / KKRC]: Projektsystem • Infosystem • Werkzeuge • Verdichtung • Vererbung/Auswertung Vererbung/Verdichtung

Standardberichte zur Verdichtung: Projektsystem • Infosystem • Controlling • Verdichtung

Logistische Berichte

Bestellanforderungen zum Projekt [ME5J / ME5K]: Projektsystem • Infosystem • Material • Bestellanforderungen • Zum Projekt / Zur Kontierung

Bestellungen zum Projekt [ME5J / ME5K]: Projektsystem • Infosystem • Material • Bestellungen • Zum Projekt/Zur Kontierung

Materialberichte [CN52N / MD04 / CO24 / MB25 / MD4C / MBBS]: Projektsystem • Infosystem • Material • Materialkomponenten / Bedarfs-/Bestand / Fehlteile / Reservierungen / Auftragsbericht / Bewerteter Projektbestand

Kapazitätsauswertung Arbeitsplatzsicht [CM01 / CM02 / CM03 / CM04 / CM05]: Projektsystem • Ressourcen • Kapazitätsplanung • Auswertung • Arbeitsplatzsicht • Belastung/Aufträge/Vorrat/Rückstand /Überlast

Erweiterte Auswertung [CM50 / CM51 / CM52]: Projektsystem • Ressourcen • Kapazitätsplanung • Auswertung • Erweiterte Auswertung • Arbeitsplatzsicht/EinzelkapaSicht/Auftragssicht

Erweiterte Auswertung Projektsicht [CM53 / CM54 / CM55]: Projektsystem • Ressourcen • Kapazitätsplanung • Auswertung • Erweiterte Auswertung • Projektsicht • PSP-Elem/Version / Version / Arbeitsplatz/Vers

C.6.2   Customizing-Aktivitäten

Datenbankprofil [OPTX]: Customizing Einführungsleitfaden • Projektsystem • Infosystem • Selektion • Profil für Datenbankselektion festlegen

Projektsicht für Infosystem festlegen [OPUR]: Customizing Einführungsleitfaden • Projektsystem • Infosystem • Selektion • Projektsicht für Infosystem festlegen

Statusselektionsschema [BS42]: Customizing Einführungsleitfaden • Projektsystem • Infosystem • Selektion • Selektionsschema für Infosystem definieren

Infosystem Strukturen

PS-Infoprofil [OPSM]: Customizing Einführungsleitfaden • Projektsystem • Infosystem • Technische Projektberichte • Gesamtprofil für Infosystem fetslegen

Profil für Aufruf der Übersichten festlegen [OPSL]: Customizing Einführungsleitfaden • Projektsystem • Infosystem • Technische Projektberichte • Profil für Aufruf der Übersichten festlegen

Infosystem Controlling und Verdichtung

Wertkategorien: Customizing Einführungsleitfaden • Projektsystem • Kosten • Wertkategorien

Finanzpositionen: Customizing Einführungsleitfaden • Projektsystem • Zahlungen • Finanzpositionen

PS-Cashmangement aktivieren [OPI6]: Customizing Einführungsleitfaden • Projektsystem • Zahlungen • Projekt-Cashmanagement im Buchungskreis aktivieren

(Hierarchie-)Berichte importieren [CJEQ]: Customizing Einführungsleitfaden • Projektsystem • Infosystem • Infosystem Kosten/Erlöse • Hierarchiebericht • Berichte importieren

(Kostenarten-)Berichte importieren [OKSR]: Customizing Einführungsleitfaden • Projektsystem • Infosystem • Infosystem Kosten/Erlöse • Kostenartenanalyse • Standardberichte • Berichte importieren

Neuaufbau der Projektinfo-Datenbank [CJEN]: Customizing Einführungsleitfaden • Projektsystem • Infosystem • Infosystem Kosten/Erlöse • Projektinfo-Datenbank (Kosten, Erlöse, Zahlungen) • Neuaufbau der Projektinfo-Datenbank

Verdichtungshierachie pflegen [KKR0]: Customizing Einführungsleitfaden • Projektsystem • Infosystem • Bereichscontrolling • Projektverdichtung • Verdichtungshierarchie pflegen

Logistische Berichte

Profile für Kapazitätsauswertung [OPA2 – OPA6]: Customizing Einführungsleitfaden • Produktion • Kapazitätsplanung • Auswertung • Profile • Auswahlprofile / Einstellungsprofile / Listenprofile / Grafikprofile / Gesamtprofile festlegen

Profile für erweiterte Auswertung [OPD0 – OPD4]: Customizing Einführungsleitfaden • Produktion • Kapazitätsplanung • Kapazitätsabgleich und Erweiterte Auswertung • Gesamtprofil / Selektionsprofil / Zeitprofil / Auswertungsprofil / Periodenprofil definieren

D   Der Autor

 **Dr. Mario Franz** ist seit 2000 als Schulungsberater bei der SAP Deutschland AG & Co. KG tätig. Seine Schwerpunkte liegen im Bereich des mySAP PLM Programm- und Projektmanagements (SAP PS, cProjects und SAP xRPM). Er hat diverse SAP-Kurse zum Thema Programm- und Projektmanagement entwickelt und wirkt an der Ausbildung von PS-Beratern im Rahmen der SAP Consultant Education mit.

Index

Integrate mySAP SRM with other SAP R/3 core components

Obtain key knowledge about strategies, functionalities and methodologies

Gain detailed and practical understanding of mySAP SRM

approx. 400 pp., 69,95 Euro / US$
ISBN 978-1-59229-068-0, Feb 2007

Enhancing Procurement with mySAP SRM

www.sap-press.com

Sachin Sethi

Enhancing Procurement with mySAP SRM

This book will help readers leverage valuable insights into strategies and methodologies for implementing mySAP SRM to enhance procurement in their companies.
Tips and tricks, changes brought about by 5.0 and customization will be woven in throughout the book. It will provide detailed information on integration and dependencies of mySAP SRM with core SAP R/3 components like MM, IM, FI and HR.

Effectively analyze supply chain processes, Inventory and Purchasing

Avoid the hassle of custom ABAP reports by using LIS

Up to date for ECC 5.0

328 pp., 2007, 69,95 Euro / US$ 69.95
ISBN 978-1-59229-108-3

Understanding the SAP Logistics Information System

www.sap-press.com

Martin Murray

Understanding the SAP Logistics Information System

Gain a holistic understanding of LIS and how you can use it effectively in your own company. From standard to flexible analyses and hierarchies and from the Purchasing Information System to Inventory Controlling, this book is chock full of crucial information and advice. Learn how to fully use this flexible SAP tool that allows you to collect, consolidate, and utilize data. Learn how to run reports without any ABAP experience thus saving your clients both time and money.

Produktionsplanung
und -steuerung mit SAP

www.sap-press.de

Understand and use SAP SD effectively and efficiently

Apply SAP SD to your own company's business model and make it work for you

A reference guide for the SAP SD professional

approx. 500 pp., 69,95 Euro / US$ 69,95
ISBN 1-59229-101-5, Jan 2007

Effective SAP SD

www.sap-press.com

D. Rajen Iyer

Effective SAP SD

Get the Most Out of Your SAP SD Implementation

From important functionalities to the technical aspects of any SD implementation, this book has the answers. Use it to troubleshoot SD-related problems and learn how BAdIs, BAPIs and IDocs work in the sales and distribution area. Understand how SAP SD integrates with modules like MM, FI, CO and Logistics. This practical guide is perfect for those looking for in-depth SD information, while those in need of implementation and upgrade information will find this reference an invaluable resource as well.

Hat Ihnen dieses Buch gefallen?
Hat das Buch einen hohen Nutzwert?

Wir informieren Sie gern über alle
Neuerscheinungen von SAP PRESS.
Abonnieren Sie doch einfach unseren
monatlichen Newsletter:

www.sap-press.de